Betriebliches Gesundheitsmanagement

Mario A. Pfannstiel · Harald Mehlich
(Hrsg.)

Betriebliches Gesundheitsmanagement

Konzepte, Maßnahmen, Evaluation

Herausgeber
Mario A. Pfannstiel
Fakultät Gesundheitsmanagement
Hochschule Neu-Ulm
Neu-Ulm, Deutschland

Harald Mehlich
Fakultät Gesundheitsmanagement
Hochschule Neu-Ulm
Neu-Ulm, Deutschland

ISBN 978-3-658-11580-7   ISBN 978-3-658-11581-4 (eBook)
DOI 10.1007/978-3-658-11581-4

Die Deutsche Nationalbibliothek verzeichnet diese Publikation in der Deutschen Nationalbibliografie; detaillierte
bibliografische Daten sind im Internet über http://dnb.d-nb.de abrufbar.

Springer Gabler
© Springer Fachmedien Wiesbaden 2016

Gedruckt auf säurefreiem und chlorfrei gebleichtem Papier

Springer Gabler ist Teil von Springer Nature
Die eingetragene Gesellschaft ist Springer Fachmedien Wiesbaden GmbH

Vorwort

Betriebliches Gesundheitsmanagement (BGM) spielt in produkt- und dienstleistungs-
orientierten Unternehmen eine zentrale Rolle. Während in großen Unternehmen häufig
schon ein BGM besteht, erweist sich die Umsetzung des BGM in kleinen und mittleren Unternehmen (KMU) häufig als schwierig. Die Entwicklung und Einführung eines
BGM ist eng verknüpft mit gesundheitsförderlichen Strukturen und Prozessen und der
Befähigung der Mitarbeiter sich eigenverantwortlich und gesundheitsgewusst in einem
Unternehmen zu verhalten. Ziel von Maßnahmen zum systematischen und strukturierten
BGM ist die Reduzierung von Belastungen bei den Mitarbeitern. Erreicht werden kann
dies durch geeignete Maßnahmen auf Arbeitgeber- und Arbeitnehmerseite. Entschei-
dungsträger und Betriebliche Gesundheitsmanager übernehmen hierbei die Planung,
Durchführung und Kontrolle von Maßnahmen zum BGM. Zu den Erfolgsfaktoren beim
BGM zählen z. B. eine Verbesserung der Führungskultur, Qualifikation der Mitarbeiter,
Maßnahmen zur Vereinbarkeit von Privatleben und Beruf und die altersgerechte Arbeitsgestaltung. Im Gegensatz zu den jüngeren Mitarbeitern sind ältere Mitarbeiter häufig
zuverlässiger, sie verfügen über Berufserfahrung und haben berufliche Routine, sie können Situationen realistischer einschätzen, sind sozial kompetenter, haben ein ausgepräg-
tes Verantwortungsbewusstsein und kennen die betrieblichen Zusammenhänge. Auf der
anderen Seite besteht weniger die Bereitschaft sich weiterzubilden, teilweise haben sie
Angst vor Veränderungen und Neuerungen und einige sind gesundheitlich aufgrund von
körperlichen Verschleiß eingeschränkt. Allen Mitarbeitern gemeinsam ist, dass die Globalisierung und der Strukturwandel zu Unsicherheit und Zeitdruck, aber auch zu einer
gesteigerten Komplexität und Verantwortung führen. Mitarbeiter, die unter Stress stehen, sind anfälliger für die Entstehung von chronischen Krankheiten. Eine hohe Belastung kann auch durch Mobbing, Burn-out und eine innere Kündigung entstehen. Die
Ursache für Mobbing kann auf vielfältige Faktoren zurückgeführt werden, z. B. eine
konfliktreiche Arbeitsatmosphäre, mangelhaftes Führungsverhalten und geringe Handlungsspielräume und eine mangelnde Transparenz. Burn-out entsteht u. a. durch eine
hohe Arbeitsbelastung, mangelhafte Kontrolle über Arbeitsabläufe und Arbeitsbedingungen und Konflikte zwischen den Anforderungen und den persönlichen Wertvorstellungen
der Mitarbeiter. Die Ursachen für eine innere Kündigung sind z. B. unrealistisch hohe

Anforderungen, ein Glaubwürdigkeitsproblem der Führung und ein Mangel an immateriellen und materiellen Anreizen. Damit sich derartige Beeinträchtigungen in Organisationen nicht ausbreiten, ist ein aktives BGM erforderlich. Bei einem aktiven BGM können durch verschiedene Maßnahmen die Gesundheit, die Produktivität, die Qualität und die Motivation der Belegschaft nachhaltig gefördert werden. Die Förderung ist deshalb notwendig, da nur gesunde Mitarbeiter zuverlässig arbeiten und hochwertige Arbeitsleistungen erbringen können. Sind die Mitarbeiter im Unternehmen gesund, dann kann dies gegenüber einem konkurrierenden Unternehmen ein Vorsprung darstellen, um herausragende Unternehmensergebnisse zu erzielen und um den langfristigen Erfolg zu sichern. Auskunft über den aktuellen Stand und den Erfolg des BGM in einem Unternehmen können Kennzahlen geben. Mithilfe von Kennzahlen können die Stärken und die Schwächen bei der Umsetzung der Betrieblichen Gesundheitsförderung in einem Unternehmen aufgezeigt werden. Für Unternehmen bilden Kennzahlen eine wichtige Entscheidungsgrundlage und sie dienen zur Darstellung komplexer Zusammenhänge in Form einer verdichteten Zahl. Jedes Unternehmen verfügt über einen individuellen Kennzahlenpool zur Früh- und Späterkennung von potenziellen Handlungsfeldern. Bei der Früherkennung helfen Kennzahlen dabei Maßnahmen frühzeitig zu setzen, noch bevor ein Unternehmen von den Entwicklungen unmittelbar betroffen ist. Bei der Späterkennung zeigen Kennzahlen bereits eingetretene Ergebnisse oder Entwicklungen auf, die sich auf ein Unternehmen unmittelbar auswirken und auf die zu reagieren ist. In diesem Sammelband werden Kennzahlen, Instrumente und praktische und theoretische Vorgehensweisen und Gesundheitsangebote zum BGM aufgezeigt, die sich auf die Organisations- und Personalentwicklung beziehen. Ferner geht der Sammelband auf den Arbeits- und Gesundheitsschutz und das betriebliche Eingliederungsmanagement ein (siehe Abb. 1).

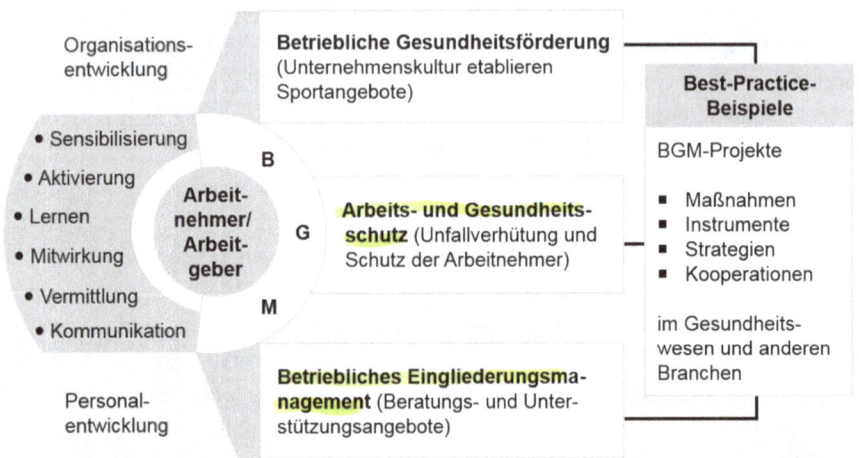

Abb. 1 Betriebliches Gesundheitsmanagement in der Praxis. (Quelle: Eigene Darstellung 2016)

Die Beiträge der einzelnen Autoren in diesem Sammelband sind wie folgt zusammengestellt: Zusammenfassung, Gliederung, Einleitung, Hauptteil, Schluss, Literaturverzeichnis und Autorenbiografien. Die Ausführungen und Erkenntnisse der Beiträge werden von jedem Autor in der Schlussbetrachtung am Beitragsende zusammengefasst. Im Anhang wird ein Stichwortverzeichnis bereitgestellt, das zum besseren Verständnis des Sammelbandes dienen und die gezielte Themensuche beschleunigen soll.

Wir möchten uns bei den zahlreichen Autorinnen und Autoren des Bandes bedanken, die viele interessante und spannende Themen aus Praxis und Wissenschaft in den Band eingebracht haben. Weiterhin möchten wir uns ganz herzlich an dieser Stelle bei Frau Hasenbalg und Frau Vrushali Kulkarni bedanken, die uns bei der Erstellung des Sammelbandes sehr unterstützt hat und ihre Ideen zum Layout eingebracht hat.

Neu-Ulm, Deutschland
im Mai 2016

Mario A. Pfannstiel
Harald Mehlich

Inhaltsverzeichnis

Die Herausgeber

Mario A. Pfannstiel M.Sc., M.A. ist Fakultätsreferent und wissenschaftlicher Mitarbeiter am Kompetenzzentrum „Vernetzte Gesundheit" an der Hochschule Neu-Ulm und Doktorand an der Universität Potsdam. Er besitzt ein Diplom der Fachhochschule Nordhausen im Bereich „Sozialmanagement" mit dem Vertiefungsfach „Finanzmanagement", einen M.Sc.-Abschluss der Dresden International University in Patientenmanagement und einen M.A.-Abschluss der Technischen Universität Kaiserslautern und der Universität Witten/ Herdecke im Management von Gesundheits- und Sozialeinrichtungen. Im Herzzentrum Leipzig arbeitete er als Referent des Ärztlichen Direktors. An der Universität Bayreuth war er beschäftigt als wissenschaftlicher Mitarbeiter am Lehrstuhl für Strategisches Management und Organisation im Drittmittelprojekt „Service-4Health". Seine Forschungsarbeit umfasst zahlreiche Beiträge zum Management in der Gesundheitswirtschaft.

Prof. Dr. Harald Mehlich ist Dekan der Fakultät Gesundheitsmanagement an der Hochschule Neu-Ulm und Mitglied im Kompetenzzentrum „Vernetzte Gesundheit". An der Universität Bamberg übernahm er die Leitung des BMBF-Forschungsprojekt „Virtuelle Unternehmens- und Arbeitsstrukturen im Kommunalbereich". Er leitete zahlreiche Beratungs- und Evaluationsprojekte mit Schwerpunkt Computereinsatz in Produktion und Verwaltung. Beim Fraunhofer-Institut für Arbeitswirtschaft und Organisation (IAO), Stuttgart, arbeitete er an Projekten zur Einführung von Computern in Verwaltung und Produktion. Seine Forschungsschwerpunkte liegen im Bereich IT-Vernetzung und Datenverarbeitung im Gesundheitswesen und Informations- und Betriebliches Gesundheitsmanagement.

Überwindung betrieblicher Barrieren für ein betriebliches Gesundheitsmanagement in kleinen und mittelständischen Unternehmen

Mustapha Sayed und Sebastian Kubalski

Zusammenfassung

Der demografische Wandel und seine Auswirkungen auf die Arbeitsmärkte führen bei kleinen und mittelständischen Unternehmen (KMU) zunehmend zu einer alternden Belegschaft und zeitgleich zu einem Fachkräftemangel, da es für KMUs immer schwieriger wird geeignete (Nachwuchs-)Fachkräfte zu finden. Damit Arbeitnehmer noch im höheren Alter leistungsfähig bleiben und die Gewinnung neuer Fachkräfte durch attraktive Sozialleistungen gefördert wird, ist die Einführung eines Betrieblichen Gesundheitsmanagements (BGM) von großer Bedeutung – insbesondere für KMU. Im Kontext von KMU scheitert die Umsetzung von BGM häufig an Ressourcenmangel, Vorrang des Tagesgeschäfts und fehlendem Wissen zur Umsetzung von BGM. Eine Lösungsmöglichkeit für diese Barrieren kann die Bildung regionaler Gesundheitsnetzwerke sein. Eine tragende Rolle kann dabei die gesetzliche Krankenversicherung (GKV) spielen.

Inhaltsverzeichnis

M. Sayed (✉) · S. Kubalski
Deutsche BKK, Willy-Brandt-Platz 8, 38440 Wolfsburg, Deutschland
E-Mail: Dr.Mustapha.Sayed@deutschebkk.de

S. Kubalski
E-Mail: Sebastian.Kubalski@deutschebkk.de

© Springer Fachmedien Wiesbaden 2016
M.A. Pfannstiel und H. Mehlich (Hrsg.), *Betriebliches Gesundheitsmanagement*,
DOI 10.1007/978-3-658-11581-4_1

1.1 Hintergrund

Die aktuellen gesellschaftlichen Herausforderungen in der Arbeitswelt wie Fachkräftemangel, technologischer Fortschritt, internationaler Wettbewerbsdruck, aber auch
Aspekte wie demografischer Wandel und die Zunahme von Zivilisationskrankheiten
führen zu stetig zunehmenden Anforderungen an Unternehmen. Die dadurch veränderten Arbeits- und Lebensbedingungen konfrontieren auch Mitarbeiter in Unternehmen mit
immer neuen Anforderungen und Belastungen. Vor diesem Hintergrund wird es immer
wichtiger, dass Unternehmen nicht nur auf die fachliche Qualifikation ihrer Mitarbeiter
achten, sondern durch die Implementierung eines betrieblichen Gesundheitsmanagements (BGM) den Erhalt einer gesunden, motivierten und leistungsfähigen Belegschaft
sicherstellen. Nur gesunde Mitarbeiter sind in der Lage, motiviert und leistungsfähig
zu sein, daher ist Gesundheit ein entscheidender Erfolgs- und Wettbewerbsfaktor. Das
gilt sowohl für Großunternehmen als auch für klein- und mittelständische Unternehmen (KMU), auch wenn KMU andere Voraussetzungen und Bedürfnisse haben als
Großunternehmen.

Die Studie der Deutschen Gesellschaft für Personalführung (2013) zeigt, dass betriebliches Gesundheitsmanagement unabhängig von Unternehmensgröße und Branche für
Unternehmen zunehmend an Bedeutung gewinnt. Während 2009 nur 42 % der befragten
Personalmanager angeben, das BGM zukünftig eine starke Relevanz für das Personalmanagement in ihren Unternehmen einnehmen wird, sind 2013 78 % der Personalmanager dieser Ansicht. Ähnliche Ergebnisse zeigen Untersuchungen der Hays Group (Eilers
et al. 2014). Demnach geben die interviewten Personalentscheider unterschiedlichster
Unternehmensgröße an, sich vor allem mit den Themen Führung, Mitarbeiterbindung,
Unternehmenskultur und Beschäftigungsfähigkeit zu befassen. Alle diese Themen können durch ein nachhaltiges BGM gefördert werden. Die Ergebnisse der Studien zeigen:
BGM steht mittlerweile bei vielen deutschen Unternehmen auf der Tagesordnung. Allerdings existiert bei der Einführung von BGM eine Diskrepanz zwischen Bewusstsein und
Handeln der Unternehmen, wie aus der Studie der Initiative Gesundheit und Arbeit (iga)
für KMU mit 50 bis 500 Beschäftigten hervorgeht. Während laut der iga-Studie 80 % der
Befragten BGM grundsätzlich als sinnvoll erachten, erhält das Thema in vielen Unternehmen aktuell noch zu wenig Priorität, sodass es häufig nicht zur konkreten Umsetzung
kommt (Bechmann et al. 2011).

Auf politischer Ebene wurde mit dem seit Jahren geforderten Präventionsgesetz ein Meilenstein erreicht. Mit dem Ziel der Stärkung von Prävention und Gesundheitsförderung verabschiedete der Deutsche Bundestag am 18. Juni 2015 das Präventionsgesetz. Der Gesetzgeber hat mit dem Präventionsgesetz ausdrücklich das Ziel formuliert, eine stärkere Verankerung der betrieblichen Gesundheitsförderung auch in den kleinen und mittelständischen Betrieben zu erreichen.

1.1.1 Rahmenbedingungen für KMU

Die Veränderungen in der Arbeitswelt stellen insbesondere KMU vor große Herausforderungen. Der demografische Wandel hat für Unternehmen eine immer älter werdende Belegschaft sowie weniger zur Verfügung stehende Fachkräfte für die Nachbesetzung zur Folge. Laut dem Fortschrittsreport „Altersgerechte Arbeitswelt" des Bundesministeriums für Arbeit und Soziales (2013) werden mehr als zwei Fünftel aller Menschen im erwerbsfähigen Alter Anfang des nächsten Jahrzehnts 50 Jahre und älter sein. Für Betriebe wird es somit immer schwieriger, geeignete (Nachwuchs-)Fachkräfte zu finden – insbesondere für KMU, die weniger Zeit und Geld in die Fachkräftesuche investieren können als Großunternehmen. Die Leistungsfähigkeit von Unternehmen ist unter anderem von der körperlichen und psychischen Gesundheit der Mitarbeiter abhängig. Das ist für Unternehmen im Zuge der demografischen Entwicklung insofern eine Herausforderung, da sich der Gesundheitszustand im Durchschnitt mit zunehmendem Alter verschlechtert (Kniepsch und Pfaff 2015). Zwar sinkt mit steigendem Alter die Erkrankungshäufigkeit, deren Dauer steigt aber im Altersverlauf und nimmt dadurch einen enormen Einfluss auf die Höhe des Krankenstands ein (Badura 2010). Der aktuelle BKK Gesundheitsreport (Kniepsch und Pfaff 2015) zeigt unter Berücksichtigung der Arbeitsunfähigkeitstage, dass Erwerbstätige vor allem aufgrund von Muskel-Skelett-Erkrankungen und psychischen Erkrankungen ausfallen. Die Zahl der Krankheitstage aufgrund von psychischen Erkrankungen hat in den letzten Jahren stetig zugenommen. Die Folgen psychischer Erkrankungen sind jedoch nicht nur in den Arbeitsunfähigkeitstagen zu beobachten, sondern zeigen sich auch beim vorzeitigen Ausscheiden aus dem Erwerbsleben. Die Studie der Bundespsychotherapeutenkammer (2013) kommt anhand der Daten der Deutschen Rentenversicherung zu dem Ergebnis, dass fast jede zweite Frühverrentung (42 %) durch eine psychische Erkrankung verursacht wird.

KMU merken im Besonderen, wenn Beschäftigte wegen Krankheit ausfallen und die Arbeit von den verbliebenen Kollegen übernommen werden muss. Kurzfristig ist ein solcher Ausgleich machbar, langfristig müssen zum Schutz der Beschäftigten andere Wege gefunden werden, besonders bei hoher Auslastung und steigendem Wettbewerbsdruck (Breucker et al. 2014). BGM kann dabei einen zentralen Faktor darstellen, um die Arbeits- und Beschäftigungsfähigkeit der Mitarbeiter zu erhalten. Denn es hilft dabei, nachhaltig etwas für die Leistungsfähigkeit des Unternehmens und der Beschäftigten zu tun und den heutigen Herausforderungen aktiv zu begegnen. Im Vergleich zu Großunternehmen gibt es in KMU zahlreiche Vorteile für die Umsetzung von BGM wie die kurzen Kommunikations- und Informationswege und die häufig vorhandenen flachen Hierarchien, welche die Einführung eines BGM vereinfachen. Weiterhin ist die Geschäftsführung nah an den Arbeitsbedingungen, da sie stärker in das Tagesgeschäft eingebunden sind als Großunternehmen, sodass eine unbürokratische und schnelle Umsetzung von BGM-Maßnahmen in KMU möglich ist. Da vielfach keine oder nur wenige Führungskräfte existieren, ist der Geschäftsführer oder Inhaber meist auch direkt in die Umsetzung und Gestaltung eines BGM involviert. Hierdurch ergeben sich vor allem Chancen hinsichtlich des Stellenwertes im Unternehmen, der Kommunikation sowie der regionalen Vernetzung zu anderen KMU. Es handelt sich bei KMU oft um eher familiär geführte Unternehmen, in denen sich alle Beschäftigten untereinander kennen und ein enger Kontakt zur Führungskraft besteht. Die verhältnismäßig geringe Mitarbeiteranzahl ermöglicht zudem eine stärkere Beteiligung der Belegschaft an der Gestaltung und Umsetzung des BGM. Das bietet die Möglichkeit, innerhalb kurzer Zeit ganze Belegschaften geschlossen für die Teilnahme an Gesundheitsförderungsprojekten zu motivieren. So werden auch Mitarbeiter mit sehr geringer Gesundheitsorientierung erreicht, die sich auf eigene Initiative hin für das Thema Gesundheit nur bedingt interessieren würden.

Trotz der zahlreichen Vorteile für die Einführung eines BGM ist dies bislang in KMU noch wenig verbreitet. Neben dem Vorrang des Tagesgeschäfts und den fehlenden personellen und finanziellen Ressourcen werden Informationsdefizite wie fehlendes Wissen zur Umsetzung von BGM oder fehlende Kenntnisse über externe Unterstützungsmöglichkeiten als Hinderungsgründe genannt (Bechmann et al. 2011). Es gibt vor allem in den Kleinstbetrieben für das Thema Gesundheit häufig keine feste Zuständigkeit oder Anlaufstelle im Unternehmen. Das Tagesgeschäft lässt es häufig nicht zu, ein strategisches BGM aufzubauen. Die Bereitstellung finanzieller und personeller Ressourcen nimmt mit sinkender Unternehmensgröße deutlich ab (Kayser et al. 2013). Folglich kommt der Ressourcenthematik eine besondere Stellung zu – Effizienz ist wichtig. Fachkräfte für das Thema BGM sind in kleineren Unternehmen vielfach nicht vorhanden, da Personalangelegenheiten über Steuerberater oder in sehr kleinen Personalabteilungen abgewickelt werden. Ebenso sind die Ressourcen für betriebsmedizinische Betreuung und Arbeitssicherheit nur in beschränktem Maße verfügbar. Folglich liegen meist auch keine Gefährdungsbeurteilungen oder systematische Fehlzeitenanalysen vor, auch mit Blick auf den Datenschutz (Mindestgröße der Auswertungsgruppen) (Morsch 2015). KMU sind daher vielfach personell, finanziell als auch inhaltlich auf externe Fachunterstützung angewiesen.

1.1.2 Chancen eines Betrieblichen Gesundheitsmanagements für KMU

Große Betriebe haben bereits den Nutzen von BGM erkannt und setzen entsprechende finanzielle und personelle Ressourcen ein. Eine Reihe von Studien zeigen, dass sich eine Investition in ein BGM lohnt – auch für KMU (Chapman 2012; Baicker et al. 2010). Um die gesundheitliche Gesamtsituation im Unternehmen zu beurteilen, werden sowohl von Großunternehmen als auch von KMU häufig Kennzahlen wie Krankenquote oder

Fehlzeitenquote hinzugezogen. Nach Schätzung der Bundesanstalt für Arbeitsschutz und Arbeitsmedizin (2007) sind bis zu 40 Prozent der krankheitsbedingten Ausfallzeiten durch ein effizientes Gesundheitsmanagement vermeidbar. Chapman (2012) kommt in seiner Metaanalyse zu dem Ergebnis, dass durch BGM bis zu 25 % der krankheitsbedingten Fehlzeiten gesenkt werden können.

Einen Überblick über die ökonomische Betrachtung und die Wirksamkeit von BGM liefert der der iga.Report 28, der eine wissenschaftliche Evidenz der Jahre 2006 bis 2012 zusammenstellt (Pieper und Schröer 2015). Die Evidenzlage zum ökonomischen Nutzen betrieblicher Gesundheitsförderung ist nach wie vor sehr heterogen. Dennoch gehen alle berücksichtigten Studien von einem positiven Return on Investment (ROI) für Investitionen in die Gesundheit am Arbeitsplatz aus. Demnach ist der Nutzen der Investitionen zu den Kosten durchschnittlich in einem Verhältnis von 1:2,7 (Pieper und Schröer 2015). Auch unter Berücksichtigung der Kennzahl Return on Prevention (ROP), welche das Präventionskosten-Präventionsnutzen-Verhältnis beschreibt, sind positive Effekte zu beobachten. In der Studie von Bräunig und Kohstall (2013) sollten die untersuchten Betriebe das Kosten-Nutzen-Verhältnis ihres Gesundheits- und Arbeitsschutz einschätzen. Im Durchschnitt geben die Befragten einen ROP von 2,2 an (Bräunig und Kohstall 2013).

Weiterhin kann BGM sogenannte „weiche Faktoren" wie Betriebsklima, Arbeitszufriedenheit, Motivation, Arbeitgeberattraktivität und Mitarbeiterbindung positiv beeinflussen, die auch eine wichtige Rolle für KMU spielen. Das Forschungsprojekt des Bundesministeriums für Arbeit und Soziales konnte einen signifikanten Zusammenhang zwischen dem Mitarbeiterengagement und dem Unternehmenserfolg nachweisen. Der größte Einfluss auf das Engagement nimmt dabei die Mitarbeiterorientierung ein (Hauser et al. 2008). Die Mitarbeitermotivation ist neben persönlichen auch von betrieblichen Aspekten wie Feedback zu der eigenen Leistung, Unterstützung durch Kollegen oder Möglichkeiten zur Weiterbildung abhängig (Bakker 2011). In Zeiten des demografischen Wandels und des Fachkräftemangels ist es für KMU sehr wichtig, Mitarbeiter langfristig an das Unternehmen zu binden, aber das betriebliche Umfeld auch für potenzielle Bewerber attraktiv zu gestalten. Booz & Company (2011) haben deutsche Unternehmen verschiedener Größen und Branchen befragt, welche Rolle die Attraktivität von Unternehmen für Mitarbeiter und die Bildung einer Arbeitgebermarke (Employer Branding) spielt. 72 % der Unternehmen geben an, dass Gesundheitsmanagement einen starken Einfluss im Wettbewerb um Fachkräfte einnimmt und kann demnach dazu beitragen, dass Bewerber das Unternehmen als attraktiven Arbeitgeber wahrnehmen (Booz & Company 2011).

1.2   Inhalte eines BGM für KMU

Unternehmen sind nach dem Arbeitsschutzgesetz verpflichtet, Maßnahmen zur Arbeitssicherheit umzusetzen. BGM kann dabei unterstützen, Arbeitsschutzthemen voranzutreiben, wie bereits in einigen Studien nachgewiesen werden konnte (Bräunig und Kohstall 2013; Bechmann et al. 2011). Ein nachhaltiges BGM bedeutet die dauerhafte Durchführung von Maßnahmen und wirksame betriebliche Arbeitsschutz- und Gesundheitspolitik im Unternehmen. Nach Bechmann et al. 2011 geben drei Viertel der KMU an, BGM im Rahmen des Arbeitsschutzes durchzuführen. Dieser hohe Anteil lässt vermuten, dass der Einstieg in das BGM über den Arbeitsschutz für KMU naheliegend ist. Ein umfassendes Betriebliches Gesundheitsmanagement integriert dabei Elemente wie Arbeits- und Gesundheitsschutz, Betriebliches Eingliederungsmanagement (BEM) zur Überwindung von Arbeitsunfähigkeit und Vermeidung von Fehlzeiten, Personalmanagement (Personal- und Organisationsentwicklung) und Betriebliche Gesundheitsförderung (BGF) zur Umsetzung von Maßnahmen zur Förderung der Gesundheit der Belegschaft. Gesundheit und Sicherheit im Betrieb sind dabei als Gemeinschaftsaufgabe zu betrachten. Der Arbeitgeber trägt im Unternehmen die Hauptverantwortung für sichere und gesunde Arbeitsbedingungen, aber ohne das Engagement, die Erfahrungen und die Kenntnisse der Mitarbeiter lassen sich keine Verbesserungen in diesem Bereich erzielen. Das hat auch der Gesetzgeber erkannt und mit dem Arbeitsschutzgesetz (1996) den Unternehmen mehr Eigenverantwortung bei Gesundheit und Sicherheit übertragen.

1.2.1 Physische und psychische Gefährdungsbeurteilung

Mit Inkrafttreten des Arbeitsschutzgesetzes (ArbSchG) im Jahr 1996 sind alle Arbeitgeber – unabhängig von der Mitarbeiterzahl – dazu verpflichtet, auf der Basis einer Beurteilung der Arbeitsbedingungen erforderliche Maßnahmen des Arbeitsschutzes festzustellen, umzusetzen und im Hinblick auf ihre Wirksamkeit zu evaluieren. Seit 2013 sind Unternehmen dazu verpflichtet bei dieser Gefährdungsbeurteilung explizit auch psychische Belastungen der Arbeit zu berücksichtigen. Die nach dem Arbeitsschutzgesetz vorgeschriebene Gefährdungsbeurteilung dient der Ermittlung von Gefahren und Belastungen. Die Gefährdungsbeurteilung enthält eine Analyse der ergonomischen Situation am Arbeitsplatz und eine Beurteilung der psychischen Belastungen. Auf ihrer Grundlage können Unternehmen Arbeitsschutzmaßnahmen ergreifen und beurteilen, wo die betriebliche Gesundheit noch verbessert werden kann. Die Beurteilung der physischen und psychischen Belastungsfaktoren am Arbeitsplatz bietet somit viele Ansatzpunkte für Maßnahmen des BGM, wodurch deutlich wird, wie wichtig es ist, dass Arbeitsschutz und BGF zusammenarbeiten, um einen effektiven Beitrag zum Erhalt der Arbeits- und Beschäftigungsfähigkeit zu ermöglichen. Durch eine sinnvolle Verzahnung von Betrieblicher Gesundheitsförderung und Arbeitsschutz können die gesetzlichen Verpflichtungen des Arbeitsschutzes erfüllt und gleichzeitig nachhaltig Leistungspotenziale der Mitarbeiter gefördert werden.

Der Gesetzgeber lässt den Unternehmen weitgehende Freiheiten zur Umsetzung der Gefährdungsbeurteilung. Der Arbeitgeber hat die Möglichkeit die Gefährdungsbeurteilung selbst durchzuführen oder andere fachkundige Personen wie beispielsweise Fachkräfte für Arbeitssicherheit damit zu beauftragen. Die Verantwortung für die Durchführung der Gefährdungsbeurteilung und die Umsetzung der Ergebnisse verbleibt dabei beim Arbeitgeber (Bundesanstalt für Arbeitsschutz und Arbeitsmedizin 2014). Erst ab einer Mitarbeiterzahl von größer als 10 ist eine Dokumentation für das Unternehmen verpflichtend.

Die Integration der psychischen Belastungen in die Gefährdungsbeurteilung ist zwar seit 2013 gesetzlich gefordert, wird bisher in den Unternehmen allerdings kaum umgesetzt (Deutsche Gesellschaft für Personalführung 2014). Insbesondere KMU haben Schwierigkeiten die Gefährdungsbeurteilung durchzuführen. Bei KMU ist eine betriebsärztliche und sicherheitstechnische Betreuung häufig nicht vorhanden, sodass sie auf externe Unterstützung angewiesen sind. Eine regelmäßige Betreuung des Unternehmens und Begehung der Arbeitsstätte durch Betriebsarzt und Fachkraft für Arbeitssicherheit findet in KMU sehr selten statt (Morsch 2015). Zur Unterstützung von KMU könnten hier durch die Zusammenarbeit der Sozialversicherungsträger Synergien genutzt werden, was nach Hantke (2013) bislang allerdings zu selten der Fall ist.

1.2.2 Gesundheit erlebbar gestalten

KMUs zeichnen sich durch strukturelle Besonderheiten aus, welche bei der Gestaltung eines BGM berücksichtigt werden müssen. In KMU sind insbesondere Gesundheitsmaßnahmen geeignet, welche für die Betriebe durch einen geringen Zeit- und Kostenaufwand umsetzbar sind. Gesundheitsaktionen eignen sich als Einstieg und Motivation für das Thema Gesundheit, um die Mitarbeiter stärker zu sensibilisieren und ein breites Bewusstsein in der Belegschaft zu erreichen. Aktionstage bieten KMU die Möglichkeit, die Mitarbeiter über gesundheitliche Themen und gesunde Lebensweisen zu informieren und Gesundheit erlebbar zu machen (Pieter und Allmann 2014). Dadurch kann die Handlungskompetenz und Eigenverantwortung der Belegschaft gestärkt werden und auf verhaltens- und verhältnispräventive Maßnahmen beispielsweise zu den Themen Bewegung, Ernährung, Sucht und psychische Gesundheit eingegangen werden. Das Gesundheitsangebot kann dabei Analysen des individuellen Gesundheitszustands wie Körperfettanalyse, Muskelfunktionstests, Untersuchung der Wirbelsäule, Messung der Entspannungsfähigkeit oder Haut- und Darmkrebsscreenings umfassen. Weiterhin kann die Beratung zu gesundheitsorientiertem Verhalten sowie Impulsvorträge zu verschiedenen Gesundheitsthemen Bestandteil eines Aktionstages sein.

Eine ganz entscheidende Rolle bei der Umsetzung in KMU spielen die zuständigen Geschäftsführer oder die Personalverantwortlichen, da sie ihre Mitarbeiter zum gesundheitsfördernden Verhalten anregen und motivieren sowie als Vorbild fungieren können. Nur durch ihre Unterstützung ist eine langfristige Implementierung eines gesundheitsbewussten Verhaltens in den Arbeitsalltag zu realisieren und eine gesundheitsförderliche Führungskultur zu etablieren.

Gesundheitstage können auch zu Beginn eines Gesundheitsprojekts als Auftaktveranstaltung verwendet werden, um die Mitarbeiter darüber zu informieren. Weiterhin ist es sinnvoll, im Anschluss an einen Aktionstag weiterführende Maßnahmen anzubieten, da Gesundheitsaktionen alleine noch keine nachhaltigen Effekte haben. Daher sollten Maßnahmen, je nach den Möglichkeiten im KMU, nicht nur aus vereinzelten Gesundheitsaktionen bestehen, sondern für ein ganzheitliches Verständnis von BGM als Bestandteil der Unternehmenskultur entwickelt werden. Welche Gesundheitsthemen und Maßnahmen für die Belegschaft im KMU relevant sind, muss bedarfs- und zielorientiert festgelegt werden. Hahnzog (2014) rät aufgrund der Aufgabenvielfalt und des benötigen Fachwissens zu BGM, dass KMU die Fachlichkeit zur Einführung eines BGM auslagern und durch externe Unterstützung sicherstellen lassen, um einen nachhaltigen BGM-Ansatz im Unternehmen zu ermöglichen. Für die Umsetzung der Maßnahmen können KMU auf externe Unterstützung wie Krankenkassen oder BGM-Dienstleister zurückgreifen. Krankenkassen haben den Vorteil, dass sie aufgrund ihres gesetzlichen Auftrags nach § 20b SGB V KMU bei der Umsetzung von BGF-Maßnahmen nicht nur personell, sondern auch finanziell unterstützen können.

1.2.3   Gesundheit nachhaltig gestalten

Um die Gesundheit der Mitarbeiter nachhaltig zu gestalten, reicht es nicht aus, einzelne Gesundheitsmaßnahmen im Unternehmen anzubieten. Nachhaltiges BGM ist ein systematischer und kontinuierlicher Managementprozess, der für eine erfolgreiche BGM-Implementierung eine strukturierte und prozessorientierte Vorgehensweise erfordert. Diese ganzheitliche BGM-Umsetzung gilt sowohl für KMU als auch für Großunternehmen, da die Vorgehensweise unabhängig von der Unternehmensgröße ist. Für die praktische Umsetzung des BGM-Prozesses hat sich das 6-Phasen-Modell als Leitfaden für das betriebliche Gesundheitsmanagement bewährt (Pieter und Allmann 2014).

Abb. 1.1 gibt einen Überblick der notwendigen Prozessschritte. Eine fundierte Bedarfsermittlung legt im Hinblick auf eine Ressourcenoptimierung die Basis für das weitere Vorgehen, die im ersten Schritt die Bildung einer BGM-Steuerungsgruppe aus betrieblichen Akteuren im Unternehmen vorsehen sollte. Auch in Kleinstunternehmen ist es möglich ein Steuerungsgremium zu bilden, welches sich beispielsweise aus Geschäftsführung, einem Mitarbeiter und einer Führungskraft zusammensetzt. Dabei

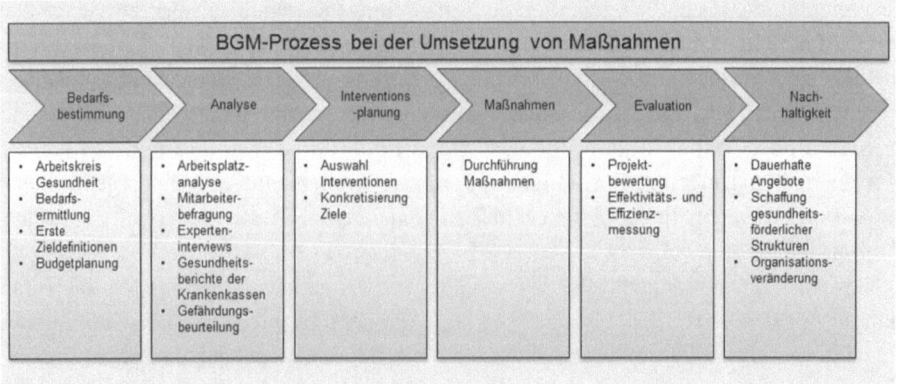

Abb. 1.1 BGM-Prozess nach dem 6-Phasen-Modell. (Eigene Darstellung in Anlehnung an Morsch 2015)

können externe Berater eine hilfreiche Unterstützung sein, um gemeinsame Ziele wie z. B. die Senkung des Krankenstands, Erhöhung der Mitarbeiterzufriedenheit oder Imageverbesserung zu formulieren und die dafür notwendige Budgetplanung festzulegen. Wichtig ist dabei, aus dem Kreis der Teilnehmer einen Verantwortlichen zu bestimmen, der für die Projektumsetzung und Koordination verantwortlich ist. Die Analyse ist das Kernstück des systematischen Vorgehens, da auf ihrer Grundlage die notwendigen Maßnahmen formuliert werden. Sie berücksichtigt dabei mögliche Ursachen und Einflussgrößen auf die Gesundheit der Mitarbeiter. Dabei können die Analyseergebnisse aus den gesetzlich verpflichtenden Gefährdungsbeurteilungen hinzugezogen werden. Diese können durch Messverfahren wie Mitarbeiterbefragungen, Gesundheitszirkel oder Experteninterviews erweitert werden. Ferner können die Gesundheitsberichte die Arbeitsunfähigkeitsdaten genutzt werden, welche branchen-, geschlechts- und altersspezifische Arbeitsunfähigkeitsdaten ermöglichen (Knieps und Pfaff 2014).

Nachdem die Analysephase abgeschlossen ist, erfolgt die Interventionsplanung zukünftiger Maßnahmen und Aktivitäten des Gesundheitsmanagements. Um eine nachhaltige Verankerung des Themas Gesundheit im Betrieb zu erreichen, bedarf es einer Kombination aus verhaltens- und verhältnispräventiven Maßnahmen (GKV-Spitzenverband 2015). Während verhältnispräventive Maßnahmen auf die Gestaltung struktureller und gesundheitsförderlicher Arbeitsbedingungen zielt, dienen verhaltenspräventive Maßnahmen der Motivation und Anleitung gesundheitsbewusster Verhaltensweisen der Beschäftigten. Hierbei sollte auf Maßnahmen zurückgegriffen werden, deren Wirksamkeit bereits nachgewiesen werden konnte (Pieper und Schröer 2015). Im nächsten Schritt werden die priorisierten und festgelegten Maßnahmen systematisch umgesetzt.

Die Evaluation verfolgt das Ziel zu erfahren, welche Auswirkungen die umgesetzten Interventionen haben. Im Fokus einer Evaluation kann eine Strukturevaluation (vor Beginn eines Projekts), Prozessevaluation (während eines Projekts) und Ergebnisevaluation (am Ende eines Projekts oder einer Maßnahme) stehen (Morsch 2015). Die gesammelten Informationen unterstützen bei der Entscheidung, ob ein Gesundheitsprojekt oder eine Maßnahme fortgeführt, optimiert oder beendet werden soll. Dies kann beispielsweise durch eine Mitarbeiterbefragung (pre/post-Vergleich), eine erneute Arbeitsplatzanalyse oder durch den Vergleich möglicher Veränderungen des Krankenstands erfolgen. In der letzten Phase, der Nachhaltigkeit, werden die BGM-Maßnahmen durchgeführt, die sich anhand der Ergebnisse der Evaluation als effektiv erwiesen haben. Sobald ein Unternehmen dauerhaft BGM-Maßnahmen umsetzt, ist das nach Morsch (2015) ein Hinweis, dass BGM Bestandteil der Unternehmenskultur geworden ist.

1.3 Strukturen und Finanzierung eines BGM für KMU

Damit BGM in KMUs also nachhaltig implementiert werden kann, muss neben einer inhaltlichen Ausrichtung an notwendigen (rechtlich geforderten) und wirksamen Maßnahmen insbesondere die personelle, fachliche und finanzielle Ressourcenknappheit überwunden werden. Mögliche Ansätze hierzu werden im Folgenden dargestellt.

1.3.1 Das regionale Gesundheitsnetzwerk als Strukturlösung für KMUs

Ein Ansatz zum Umgang mit den vorher dargestellten strukturellen Besonderheiten ist die Kooperation zwischen KMUs und weiteren regionalen Partnern. So existieren bereits mehrere regionale Netzwerkansätze zur Schaffung von KMU-Synergien im betrieblichen Gesundheitsmanagement. Der Grundgedanke lautet: Im Netzwerk können Gesundheits-maßnahmen und -strukturen etabliert werden, für die das einzelne KMU keine Ressourcen aufbringen kann. Beispielhaft können hier die Ansätze der Initiative GeMit – „Gesunder Mittelstand" des BVMW (Bundesverband mittelständische Wirtschaft), das Projekt InnoGema der Hochschule für Technik und Wirtschaft Berlin oder das Projekt „BGM in KMU" (Interessensgemeinschaft Gesundheit) der Deutschen BKK genannt werden:

- Im Rahmen von GeMit werden bundesweit Betriebsnachbarschaften für KMUs gegründet, in denen gemeinsam Maßnahmen initiiert und Gesundheitsstrukturen aufgebaut werden, für die das einzelne Unternehmen die notwendigen Ressourcen nicht aufbringen kann. Dabei werden sie durch einen Koordinator, einen BGM-Experten und Krankenkassen unterstützt. Die Grundlage bildet ein im Vorfeld vertraglich vereinbartes Vorgehen (Bundesverband der mittelständischen Wirtschaft 2016).
- Das Projekt InnoGema besteht darin, regionale Netzwerke zu etablieren, in denen KMU, Dienstleister, Sozialversicherungsträger und Berufsverbände zusammenarbeiten, um BGM-Konzepte für KMU zu entwickeln und zu erproben. Das Netzwerk wird durch ein Projektbüro von InnoGema koordiniert und läuft in fünf standardisierten Phasen ab (Hantke 2013).
- Der Ansatz der Interessengemeinschaft Gesundheit verfolgt den Ansatz, im Netzwerk einen gemeinsamen Gesundheitsmanager zu nutzen, welcher den Aufbau von Maßnahmen und Strukturen für die beteiligten Unternehmen übernimmt und die Zusammenarbeit mit der Krankenkasse koordiniert. Hierfür wurden im Vorfeld mit den Teilnehmern ein Vorgehen und der Ressourceneinsatz abgestimmt.

Die Netzwerkansätze GeMit, InnoGema und Interessensgemeinschaft Gesundheit umfassen im Kern vier Erfolgsfaktoren:

1. Transparenz und Verbindlichkeit zwischen den Beteiligten
2. Vernetzung und Austausch der KMUs
3. Koordination und Umsetzung durch einen Dienstleister
4. Fachliche und finanzielle Unterstützung durch Sozialversicherungsträger

Diese vier Faktoren sollten als Basis für den erfolgreichen Strukturaufbau von Gesundheitsprojekten im KMU-Kontext zugrunde gelegt werden, um deren Besonderheiten Rechnung zu tragen. Die genauere Ausgestaltung wird im Folgenden beschrieben.

1.3.1.1 Transparenz und Verbindlichkeit zwischen den Beteiligten

Die Basis für eine nachhaltige Zusammenarbeit bilden Transparenz und Verbindlichkeit. Hierzu gehören neben festen Terminen und offener Kommunikation vor allem schriftlich definierte Inhalte und Verbindlichkeiten für die Umsetzung. Vielfach scheitern BGM-Projekte an der mangelnden inhaltlichen Greifbarkeit, insbesondere wenn mehrere Partner beteiligt sind, da offen bleibt, welche Konsequenzen sich für den einzelnen aus dem Projekt ergeben. Entsprechende Vereinbarungen sichern darüber hinaus für alle Mitwirkenden die tatsächliche Umsetzung der Projektinhalte.

Für die praktische Umsetzung hat sich daher eine schriftliche Vereinbarung über den Projektverlauf sowie Rechte und Pflichten der beteiligten Partner als sinnvoll erwiesen. Diese sollte v. a. folgende Elemente beinhalten:

- Projektziele und Laufzeit zur Definition eines gemeinsamen Verständnisses, was in einer bestimmten Projektlaufzeit erreicht werden soll
- Umzusetzende Inhalte/Module des Projektes (ggf. mit Zeitschiene) zur Konkretisierung des Projektumfangs
- Rechte und Pflichten der Beteiligten
  - Allgemeine Grundlagen (Projekttreffen, Entscheidungsfindung)
  - Unternehmen (Umsetzung der Module, einzubringende Ressourcen, Mitwirkungspflichten, Beauftragung von Dienstleistern, Vergütungsansprüche gegenüber Sozialversicherungsträgern)
  - Gesundheitsmanager/Dienstleister (Inhalte, Beauftragung, Leistungserbringung projektbezogen/individuell, Vergütung und Rechnungslegung)
  - Sozialversicherungsträger (Leistungserbringung, Subvention von Projektleistungen, Möglichkeiten der werblichen Positionierung)
- Eintritt und Austritt von Beteiligten während der regulären Projektlaufzeit

1.3.1.2 Vernetzung und Austausch der KMUs

Der Vernetzung mit anderen Unternehmen, Dienstleistern und Sozialversicherungsträgern (v. a. Krankenkassen und Unfallversicherungsträger) kommt im Kontext des BGM für kleine und mittelständische Unternehmen eine besondere Bedeutung zu. Hierdurch sollen vor allem Informationsvermittlung, Best-Practice-Darstellung und die Kooperation der Partner gefördert werden (Bechmann et al. 2011).

Regelmäßige Treffen zwischen den beteiligten KMU und den weiteren Partnern bilden daher die Basis und sollen neben den vorgenannten Themen insbesondere die gemeinsame Entscheidungsfindung im Projekt sowie die Überwindung von Größennachteilen durch Einkaufsbündelung und gemeinsamen Strukturaufbau in der Region erreicht werden.

Die Basis bilden regelmäßige Projekttreffen. Diese erfolgen wechselnd bei einem beteiligten Unternehmen oder in den Räumlichkeiten eines beteiligten Partners. Die Kernthemen der Projekttreffen bilden dabei:

- Fachlicher Austausch über den aktuellen Umsetzungsstand und Erfahrungen in den Unternehmen
- Abstimmung und Entscheidungsfindung über die weiteren gemeinsamen Aktivitäten und Maßnahmen
- Fachlicher Input durch einen externen oder internen Partner

Die gemeinsame Abstimmung und Entscheidungsfindung über Projekt-/Netzwerkaktivitäten ist das wichtigste Element der Netzwerktreffen, da hierdurch das Fortkommen im Projekt sichergestellt wird – z. B. bei der Entscheidung über den Einkauf gemeinsamer Maßnahmen.

Die Bündelung des Einkaufs von Gesundheitsleistungen umfasst neben dem Einkauf von Leistungen der betrieblichen Gesundheitsförderung auch den Aufbau von überbetrieblichen Strukturen. Durch die Bündelung des Einkaufs können sowohl preisliche Skaleneffekte (Mengenrabatte) realisiert werden, als auch Mindestteilnehmerzahlen erreicht werden, welche das einzelne KMU nicht generieren könnte. Die Menge der zu verhandelnden Mitarbeiterzahlen kann neben Kursangeboten oder Seminaren insbesondere für den Aufbau von außerbetrieblichen Netzwerken von Bedeutung sein. Am Beispiel der Versorgung bei Rückenschmerzen können hierdurch z. B. kürzere Wartezeiten bei regionalen Fachärzten oder spezielle Angebote bei Leistungserbringern verhandelt werden.

Damit eine fachliche Entwicklung innerhalb des Netzwerkes stattfinden kann, werden regelmäßig aktuelle Themen des BGMs eingebracht und ein Erfahrungsaustausch zwischen den Beteiligten moderiert.

1.3.1.3 Koordination und Umsetzung durch einen Gesundheitsmanager

Aufgrund oftmals fehlenden eigenen Know-hows und personeller Ressourcen auf Seiten der KMUs ist die Schaffung einer projektbezogenen Koordinatoren- und Mentorenfunktion notwendig (Bechmann et al. 2011). Diese Ressource wird in Form eines Gesundheitsmanagers implementiert, der die Projektsitzungen koordiniert, als BGM-Berater fungiert und den Projektkreis sowie die Unternehmen in der gemeinsamen Umsetzung von Aktivitäten unterstützt. Als „ausführende Hand" des Projektkreises organisiert er die Umsetzung von Beschlüssen und organisiert gemeinsame Maßnahmen der Gesundheitsförderung (z. B. themenbezogene Vorträge, Seminare für Führungskräfte, Gesundheitskurse oder Firmenfitnesskooperationen). Weiterhin fungiert er als Berater, Koordinator und qualifikationsabhängig auch als Leistungserbringer für individuelle Maßnahmen, die einzelne Unternehmen des Projektkreises für ihre Mitarbeiter durchführen möchten (siehe Abb. 1.2).

Durch die Funktion des Gesundheitsmanagers ist sichergestellt, dass trotz der häufigen Hinderungsgründe wie Vorrang des Tagesgeschäftes oder fehlende personelle Ressourcen ein „Treiber" für das Projekt und letztendlich für das BGM jedes einzelnen Unternehmens existiert.

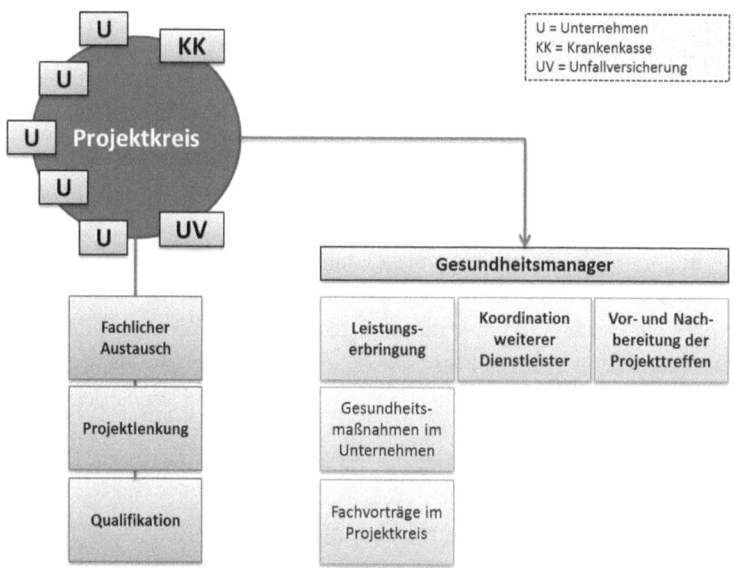

Abb. 1.2 Projektsteuerung. (Eigene Darstellung 2016)

Die Finanzierung vorab definierter oder im Projektkreis beschlossener projektbezogener Aktivitäten des Gesundheitsmanagers erfolgt aus einer Projektumlage aller beteiligten Partner. Für die Erbringung individueller Leistungen gegenüber einzelnen Unternehmen oder deren Mitarbeitern erfolgt eine direkte Abrechnung mit dem Unternehmen.

1.3.1.4 Fachliche und finanzielle Unterstützung durch Sozialversicherungsträger

Die Einbindung von Sozialversicherungsträgern, hier vor allem Krankenkassen und Berufsgenossenschaften (BG), in das Netzwerk mit den Unternehmen ist wichtig, da sie als Know-how-Träger und Finanzgeber fungieren können. Sie stellen KMU-spezifische Informationen zum betrieblichen Gesundheitsmanagement (Gesundheitsförderung und Arbeitsschutz), Möglichkeiten der Finanzierung und konkrete Maßnahmen zur Verfügung.

Im Rahmen des Netzwerkes sollten daher in jedem Fall BGM-Berater der beteiligten Krankenkasse(n) integriert werden, da diese neben praktischen Erfahrungen aus anderen Unternehmen auch sprachfähig zu Leistungen und Finanzierungsmöglichkeiten sind. Gleiches gilt für Vertreter der BG, wobei sich eine Einbindung aufgrund der Zuständigkeit unterschiedlicher BG schwierig gestalten kann. In jedem Fall sollten die zuständigen Aufsichtspersonen hinzugezogen werden, wenn es um Fragen der Arbeitssicherheit oder der Gefährdungsbeurteilung geht.

Sowohl Krankenkassen als auch BG bieten eigene Leistungen des BGMs an – hierbei reicht das Spektrum von Gesundheitstagen oder Screenings über Seminare bis hin zu

Arbeitsplatzprogrammen. Diese werden teilweise kostenneutral oder zumindest günstiger als marktüblich angeboten.

1.3.2 Finanzierung des regionalen Gesundheitsnetzwerkes durch die gesetzlichen Krankenkassen

Die Einführung des Präventionsgesetzes im Jahr 2015 hat den Stellenwert der Prävention – insbesondere im betrieblichen Kontext – nochmal unterstrichen. Durch die Aufstockung des Soll-Wertes für Präventionsausgaben auf 7 € pro Versichertem (pro Jahr) haben viele gesetzliche Krankenkassen neben den personellen Ressourcen zusätzlich die Mittel für (betriebliche) Gesundheitsförderung erhöht. Aufgrund der Bedeutung von Subventionsmöglichkeiten (siehe Abb. 1.3) für das regionale Gesundheitsnetzwerk und der steuerlichen Betrachtung von BGM werden diese im Folgenden genauer beschrieben.

1.3.2.1 Betriebliche Gesundheitsförderung nach § 20b SGB V

Die Betriebliche Gesundheitsförderung nach § 20b SGB V bildet die Finanzierungsbasis des regionalen Gesundheitsnetzwerkes. Hierdurch können sowohl die Netzwerkarbeit (überbetriebliche Netzwerkbildung) des Gesundheitsmanagers als auch die konkreten Leistungen der Gesundheitsförderung (z. B. Gesundheitstage, Seminare oder Kursangebote) finanziert werden. Die finanzierungsfähigen Leistungsarten gemäß dem aktuellen Handlungsleitfaden Prävention (GKV-Spitzenverband 2014) sind:

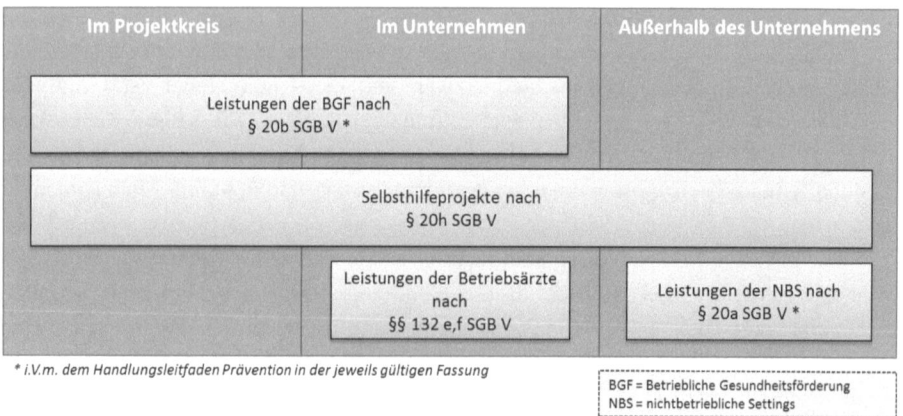

Abb. 1.3 Finanzierungsmöglichkeiten Gesundheitsnetzwerk und BGM. (Eigene Darstellung 2016)

Welche Möglichkeiten zur Finanzierung v. (betriebl.) Gesundheitsfdg. gibt es?

- Analyseleistungen (zur Feststellung des betrieblichen Bedarfs),
- Beratung zur Gestaltung gesundheitsförderlicher Arbeitsbedingungen
- Beratung zur Ziel- und Konzeptentwicklung
- Unterstützung beim Aufbau eines Projektmanagements
- Moderation von Arbeitsgruppen, Gesundheitszirkeln und ähnlichen Gremien
- Qualifizierung/Fortbildung von Multiplikatoren in Prävention und Gesundheitsförderung
- Umsetzung verhaltenspräventiver Maßnahmen
- Interne Öffentlichkeitsarbeit
- Dokumentation, Evaluation und Qualitätssicherung

In diesem Zusammenhang bestehen Krankenkassen übergreifende Qualitätskriterien hinsichtlich der Anbieter und der Ausgestaltung von Leistungen. Näheres hierzu regelt der Handlungsleitfaden Prävention in seiner jeweilig gültigen Fassung (GKV-Spitzenverband 2014).

Die Finanzierungshöhe obliegt dabei letztendlich allerdings jeder Krankenkasse selbst. Damit Leistungen der BGF durch Krankenkassen refinanziert werden können, ist eine vorherige Einbindung der Krankenkasse erforderlich – insoweit empfiehlt sich die Beteiligung einer oder mehrerer Krankenkasse von Beginn an.

1.3.2.2 Nichtbetriebliche Settings nach § 20a SGB V

Die Gesundheitsförderung in nichtbetrieblichen Settings (NBS) nach § 20 a SGB V dient im originären Sinne der Prävention in den Lebenswelten außerhalb des Betriebes (z. B. Stadtteile, Schulen, Kindergärten oder Vereine). Im Rahmen des regionalen Gesundheitsnetzwerkes können hierdurch Aktivitäten finanziert werden, welche den Mitarbeitern der beteiligten Unternehmen außerhalb der Unternehmen in entsprechenden Lebenswelten angeboten werden. Hierzu zählen insbesondere gemeinsame verhaltenspräventive Maßnahmen in Vereinen, welche auf die Zielgruppe der Beschäftigten ausgerichtet sind (z. B. Gesundheitsorientiertes Training oder Lauftraining) (GKV-Spitzenverband 2014). Die genaue Ausgestaltung und die kassenartenübergreifenden Qualitätskriterien regelt der Handlungsleitfaden Prävention in seiner jeweils gültigen Fassung.

Auch im Kontext der NBS ist eine vorherige Einbindung der Krankenkasse(n) notwendig.

1.3.2.3 Selbsthilfeförderung nach § 20h SGB V

Die Selbsthilfeförderung nach § 20h SGB V ermöglicht die Finanzierung von Selbsthilfegruppen und deren Projekte. Selbsthilfegruppen sind Zusammenschlüsse von Menschen mit bestimmten Erkrankungen, die Wissen zu diesen Erkrankungen austauschen, sich gegenseitig beim Umgang mit der Krankheit oder Therapie unterstützen und Aufklärungsarbeit betreiben. Selbsthilfegruppen sind daher Experten in eigener Sache und können für die betriebliche Arbeit eingebunden werden (siehe Abb. 1.4).

Zur gemeinsamen Durchführung von Selbsthilfeprojekten im Kontext des betrieblichen Gesundheitsmanagements, werden zuerst geeignete regionale Selbsthilfegruppen

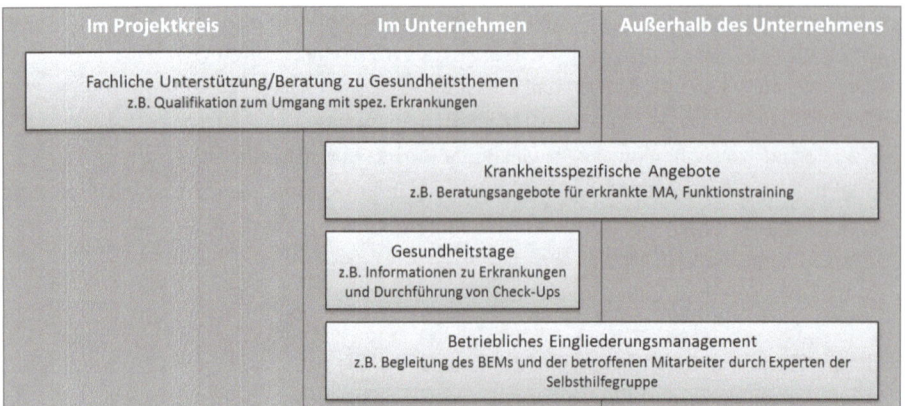

Abb. 1.4 Selbsthilfeförderung und BGM. (Eigene Darstellung 2016)

aus dem Netzwerk heraus angesprochen und anschließend über die Selbsthilfegruppe ein Projektantrag bei den beteiligten Krankenkassen gestellt. Aufgrund der Verausgabungspraxis der Krankenkassen sollt ein Projektantrag möglichst bis zum 31.03. des Jahres gestellt sein (Informationen zu Selbsthilfegruppen stehen unter www.nakos.de zur Verfügung).

1.3.2.4 Betriebsärztliche Versorgung nach §§ 132e, f SGB V

Im Rahmen des Präventionsgesetzes wurden ebenfalls die Möglichkeiten der betriebsärztlichen Versorgung gestärkt. Diese betreffen neben den Schutzimpfungen nach § 132e SGB V auch die Versorgungsmöglichkeiten (Gesundheitsuntersuchungen, BGF, Präventionsempfehlung und Heilmittelversorgung) nach § 132 f. SGB V (Bundesministerium der Justiz und für Verbraucherschutz 2016).

Die Krankenkassen sind seit 2016 zur Übernahme der Kosten (betriebs-)ärztlicher Schutzimpfungen (die nicht zu den Arbeitgeberverpflichtungen gehören), welche durch die STIKO (Ständige Impfkommission) empfohlen wurden, verpflichtet. Daher können Impfkampagnen durch einen vom Netzwerk beauftragten Arzt kostenneutral für die Mitarbeiter der beteiligten Unternehmen angeboten werden.

Darüber hinaus besteht die Möglichkeit, dass Krankenkassen Betriebsärzte vertraglich zur Erbringung von Versorgungsleistungen ermächtigen (nicht verpflichtend). Hierunter fallen vor allem die Erbringung betrieblicher Gesundheitsuntersuchungen (z. B. ein Gesundheitscheckup) oder die Verordnung von Heilmitteln (z. B. Massagen oder Krankengymnastik). Wenn größere Teile der Mitarbeiter der Netzwerkunternehmen bei ein bis drei Krankenkassen versichert sind, sollten hierzu Gespräche mit den entsprechenden Krankenkassen geführt werden, um die arbeitsplatznahe Gesundheitsversorgung durch einen Betriebsarzt zu stärken.

1.3.2.5 Steuerliche Betrachtung des betrieblichen Gesundheitsmanagements

Im Rahmen des Betrieblichen Gesundheitsmanagements wendet das Unternehmen Kosten für die Gesundheit seiner Beschäftigten auf, welche diesen teils direkt zugutekommen. Folglich kann es zu einer Bewertung als geldwerter Vorteil kommen, welche dazu führt, dass die Kosten für die Maßnahmen des betrieblichen Gesundheitsmanagements der Lohnsteuer und der Beitragspflicht in der Sozialversicherung unterliegen. Die Kosten für die Durchführung der Maßnahmen würden somit um Steuern und Sozialversicherungsbeiträge erhöht. Um dies zu umgehen existieren drei Konstellationen (Morsch 2015):

I. Befinden sich die Maßnahmen ganz oder im überwiegenden betrieblichen Eigeninteresse des Unternehmens, sind die Aufwendungen nicht als geldwerter Vorteil der Beschäftigten zu werten. Dies ist vor allem der Fall, wenn die Maßnahmen der gesundheitlichen Vorbeugung spezifischer beruflicher Beeinträchtigungen dienen oder krankheitsbedingte Ausfälle reduzieren sollen. Voraussetzung ist, dass die Maßnahmen konkret der Reduktion betrieblicher Gesundheitsprobleme dienen. Hierzu sind allerdings eine konkrete betriebliche Zielstellung sowie eine Analyse mit entsprechender Maßnahmenableitung zu dokumentieren. Eine Begrenzung auf einen Höchstbetrag existiert nicht.

II. Besteht kein ganz oder überwiegendes betriebliches Eigeninteresse des Unternehmens oder fehlt es an einer entsprechenden Zielstellung und Analyse, können Kosten für die betriebliche Gesundheitsförderung bis zu 500 € pro Arbeitnehmer pro Jahr aufgewendet werden. In diesem Fall besteht eine Befreiung von der Lohnsteuerpflicht (§ 3 Nr. 34 EStG) und Sozialversicherung, vorausgesetzt es handelt sich um Maßnahmen, welche den Anforderungen des Handlungsleitfadens Prävention in seiner jeweilig gültigen Fassung entsprechen.

III. Eine weitere Möglichkeit ist die Ausnutzung der Sachbezüge nach § 8 Abs. 2 Satz 9 EStG i. H. v. 44 € pro Mitarbeiter pro Monat, wobei genau geprüft werden sollte, inwieweit diese bereits ausgeschöpft wurden, da ein Überschreiten zu sofortiger Lohnsteuer- und damit auch Sozialversicherungspflicht führt.

Sollte im Rahmen des Projektes absehbar sein, dass Aufwendungen des Arbeitgebers die 500 €-Grenze überschreiten oder Maßnahmen finanziert werden, welche nicht dem Handlungsleitfaden Prävention entsprechen, ist eine Prüfung der Konstellationen I und III sinnvoll. In jedem Fall sollte dann eine vorherige Abklärung mit dem zuständigen Finanzamt erfolgen.

1.4   Schlussbetrachtung und Ausblick

Viele Unternehmen haben längst erkannt, dass mehr denn je motivierte, leistungsfähige, gut qualifizierte und vor allem gesunde Mitarbeiter zum entscheidenden Wettbewerbsfaktor geworden sind. Allerdings sinkt mit der Unternehmensgröße der Anteil der Unternehmen mit einem BGM. Die Wichtigkeit des Themas ist vielen Unternehmen bewusst, allerdings haben insbesondere Kleinstunternehmen einen großen Wettbewerbsnachteil, da ihnen nicht wie größeren Unternehmen die finanziellen und personellen Ressourcen zur Verfügung stehen. Daher ist zu empfehlen, dass KMU sich für die BGM-Umsetzung externe Unterstützung einholen. Im Rahmen des gesetzlichen Auftrages zu BGF sowie der Möglichkeit finanzielle Unterstützungen zu BGM zu leisten, können Krankenkassen für KMU ein hilfreicher Partner sein. Auch die eingangs beschriebenen Gesundheitsnetzwerke mit regionalen Partnern können eine Lösungsstrategie für die BGM-Umsetzung in KMU sein. Regionale Netzwerke und Kooperationen bündeln und verbreiten das vorhandene Wissen, bringen Erfahrungen zusammen und schaffen notwendige Strukturen für KMU. Durch das 2015 in Kraft getretene Präventionsgesetz besteht für KMU die Möglichkeit sich über das betriebliche Umfeld hinaus in anderen Settings wie beispielsweise Kommunen und Berufsschulen sowie mit Sportvereinen als Kooperationspartner gemeinsamen mit anderen KMU zu vernetzen. Weiterhin können durch eine bessere Zusammenarbeit der Sozialversicherungsträger wie Krankenkassen, Unfall- und Rentenversicherung Synergien für KMU genutzt werden, welche die Umsetzung sowohl der gesetzlichen Pflichten (physische und psychische Gefährdungsbeurteilung) als auch der Kür (BGM) in KMU zukünftig vereinfacht.

Literatur

Badura B, Schröder H, Klose J, Macco K (2010) Fehlzeitenreport 2009. Arbeit und Psyche. Springer, Berlin

Baicker K, Cutler D, Song Z (2010) Workplace wellness programs can generate savings. Health Aff 29(2):304–311

Bakker AB (2011) An evidence-based model of work engagement. Curr Dir Psychol Sci 20(4):265–269

Bechmann SJ (2011) iga.Report 20 Motive und Hemmnisse für Betriebliches Gesundheitsmanagement (BGM). AOK-Bundesverband, Berlin

Booz & Company (2011) Vorteil Vorsorge – Die Rolle der betrieblichen Gesundheitsvorsorge für die Zukunftsfähigkeit des Wirtschaftsstandortes Deutschland. http://www.felix-burda-stiftung.de/sites/default/files/documents/Studie_FBS_Booz_Vorteil_Vorsorge_2011.pdf.   Zugegriffen: 25. März. 2016

Bräunig D, Kohstall T (2013) Berechnung des internationalen „Return on Prevention" für Unternehmen: Kosten und Nutzen von Investitionen in den betrieblichen Arbeits- und Gesundheitsschutz. Projekt der Internationalen Vereinigung für Soziale Sicherheit, Deutschen Gesetzlichen Unfallversicherung und Berufsgenossenschaft Energie Textil Elektro Medienerzeugnisse, Abschlussbericht (2. Fassung). Deutsche Gesetzliche Unfallversicherung, Berlin

Breucker G, Siewerts D, Kubalski S, Kuhn D, Ramcke C, Sayed M, Schreier M (2014) Gesund. stark.erfolgreich. Der Gesundheitsplan für Ihren Betrieb – Handlungsleitfaden. Bundeszentrale für gesundheitliche Aufklärung im Auftrag des Bundesministeriums für Gesundheit. Druckerei J. Humburg, Berlin

Bundesanstalt für Arbeitsschutz und Arbeitsmedizin (2007) Mit Sicherheit mehr Gewinn. Wirtschaftlichkeit von Gesundheit und Sicherheit bei der Arbeit. Lausitzer Druck- und Verlagshaus, Bautzen

Bundesanstalt für Arbeitsschutz und Arbeitsmedizin (2014) Gefährdungsbeurteilung psychischer Belastung. Schmidt, Berlin

Bundesministerium der Justiz und Verbraucherschutz (2016) Sozialgesetzbuch (SGB) Fünftes Buch (V) – Gesetzliche Krankenversicherung – (Artikel 1 des Gesetzes v. 20. Dezember 1988, BGBl. I S. 2477). http://www.gesetze-im-internet.de/sgb_5/. Zugegriffen: 28. März. 2016

Bundesministeriums für Arbeit und Soziales (2013) Fortschrittsreports „Altersgerechte Arbeitswelt". Ausgabe 2: „Altersgerechte Arbeitsgestaltung". Hausdruckerei des BMAS, Berlin

Bundespsychotherapeutenkammer (2013) BPtK-Studie zur Arbeits- und Erwerbsunfähigkeit. Psychische Erkrankungen und gesundheitsbedingte Frühverrentung. http://www.bptk.de/uploads/media/20140128_BPtK-Studie_zur_Arbeits-und_Erwerbsunfaehigkeit_2013_1.pdf. Zugegriffen: 25. März 2016

Bundesverband der mittelständische Wirtschaft (2016) Projektvorstellung. http://www.bvmw.de/gemit/das-projekt-gemit/das-projekt-gemit.html. Zugegriffen: 25. März 2016

Chapman L (2012) Meta-evaluation of worksite health promotion economic return studies: 2012 update. Am J Health Promot 26(4):1–12

Deutsche Gesellschaft für Personalführung (2013) DGFP-Studie: Megatrends und HR Trends 2013. Praxis-Papier 3/2013. DGFP, Düsseldorf

Deutsche Gesellschaft für Personalführung (2014) Integriertes Gesundheitsmanagement. Konzept und Handlungshilfen für die Wettbewerbsfähigkeit von Unternehmen. W. Bertelsmann Verlag, Bielefeld

Eilers S, Möckel K, Rump J, Schabel F (2014) HR-REPORT 2014/2015. Schwerpunkt Führung. Hays, Mannheim

GKV-Spitzenverband (2014) Leitfaden Prävention. Handlungsfelder und Kriterien des GKV-Spitzenverbandes zur Umsetzung der §§ 20 und 20a SGB vom 21. Juni 2000 in der Fassung vom 10. Dezember 2014. GKV-Spitzenverband, Berlin

GKV-Spitzenverband (2015) Präventionsbericht 2015. Leistungen der gesetzlichen Krankenversicherung: Primärprävention und betriebliche Gesundheitsförderung Berichtsjahr 2014. Druckhaus print, Korschenbroich

Hahnzog S (2014) Betriebliche Gesundheitsförderung. Das Praxishandbuch für den Mittelstand. Springer, Wiesbaden

Hantke TN (2013) Betriebliches Gesundheitsmanagement – Erfolgsfaktor in einer sich wandelnden Arbeitswelt. Bundesverband Managed Care e.V., Berlin

Hauser F, Schubert A, Aicher M (2008) Unternehmenskultur, Arbeitsqualität und Mitarbeiterengagement in den Unternehmen in Deutschland. Abschlussbericht Forschungsprojekt Nr. 18/05. Ein Forschungsprojekt des Bundesministeriums für Arbeit und Soziales. Bundesministeriums für Arbeit und Soziales, Bonn

Kayser K, Zepf KI, Claus M (2013) Betriebliches Gesundheitsmanagement in kleineren und mittleren Unternehmen in Rheinland-Pfalz – Leitfaden L.C. Escobar Pinzon, Mainz

Knieps F, Pfaff H (2014) Gesundheit in Regionen. Zahlen, Daten, Fakten – mit Gastbeiträgen aus Wissenschaft, Politik und Praxis. BKK Gesundheitsreport 2014, 1. Aufl. MWV Medizinisch Wissenschaftliche Verlagsgesellschaft, Berlin

Knieps F, Pfaff H (2015) Langzeiterkrankungen. Zahlen, Daten, Fakten mit Gastbeiträgen aus Wissenschaft, Politik und Praxis. MWV Medizinisch Wissenschaftliche Verlagsgesellschaft, Berlin

Morsch A (2015) Studienbrief Betriebliches Gesundheitsmanagement III – Projektstudie. Deutsche
    Hochschule für Prävention und Gesundheitsmanagement, Saarbrücken
Pieper C, Schröer S (2015) iga.Report 28. Wirksamkeit und Nutzen betrieblicher Prävention.
    AOK-Bundesverband, Berlin
Pieter A, Allmann B (2014) Studienbrief Betriebliches Gesundheitsmanagement II –Methoden-
    kompetenzen im BGM. Deutsche Hochschule für Prävention und Gesundheitsmanagement,
    Saarbrücken

Über die Autoren

Dr. Mustapha Sayed, MPH ist seit Juni 2014 als Fachreferent im Bereich Betriebliches
Gesundheitsmanagement der Deutschen BKK beschäftigt. Nach seinem Public-Health-
Studium 2009 mit den Schwerpunkten Gesundheitsmanagement und Versorgungsforschung an der Universität Bremen war er fünf Jahre als wissenschaftlicher Mitarbeiter
am Institut für Epidemiologie, Sozialmedizin und Gesundheitssystemforschung an der
Medizinischen Hochschule Hannover tätig und dort für die wissenschaftliche Begleitung von Präventionsprojekten verantwortlich. An der Medizinischen Hochschule Hannover hat er aktuell einen Lehrauftrag im Studiengang Public Health zum Betrieblichen
Gesundheitsmanagement. Bei der Deutschen BKK ist er im Betrieblichen Gesundheitsmanagement für die Konzept- und Produktentwicklung sowohl in Trägerunternehmen
der Deutschen BKK als auch in kleinen und mittelständischen Unternehmen zuständig.
Darüber hinaus ist er für bundesweite Projekte wie das Projekt der Bundeszentrale für
gesundheitliche Aufklärung (BZgA) zum Betrieblichen Gesundheitsmanagement in
kleinen und mittelständischen Unternehmen als auch für das Projekt psyGA (Psychische Gesundheit in der Arbeitswelt) des Bundesministeriums für Arbeit und Soziales
verantwortlich.

Sebastian Kubalski, BA ist seit Januar 2014 als Fachbereichsleiter im Bereich Betriebliches Gesundheitsmanagement der Deutschen BKK beschäftigt. Nach seiner Ausbildung zum Sozialversicherungsfachangestellten absolvierte er ein berufsbegleitendes
betriebswirtschaftliches Studium mit den Schwerpunkten Marketing und Personal an
der Hochschule Niederrhein Mönchengladbach. Als Key-Account-Manager und Leiter
Marketing/Vertrieb war er bereits seit 2008 für das Betriebliche Gesundheitsmanagement gesetzlicher Krankenkassen verantwortlich. Er berät Unternehmen und begleitet als
Fachbereichsleiter verschiedene Gesundheitsprojekte, in denen KMU zum Betrieblichen
Gesundheitsmanagement motiviert und befähigt werden. Im Weiteren verantwortet er
den Aufbau regionaler Gesundheitsnetzwerke und ist Gründungsmitglied der BZgA-Ini-
tiative für KMU „Gesund. Stark. Erfolgreich. - Der Gesundheitsplan für Ihren Betrieb".

Sicher, gesund und motiviert im Kleinbetrieb

2

Manfred Hannig und Inga Bacher

Zusammenfassung

In Kooperation mit der Berufsgenossenschaft Nahrungsmittel und Gastgewerbe (BGN) startete der arbeitsmedizinische und sicherheitstechnische Dienst der BGN (ASD*BGN) Anfang 2014 das Projekt „Sicher, gesund und motiviert im Kleinbetrieb". Ziel ist die Entwicklung eines Beratungsangebots zum betrieblichen Sicherheits- und Gesundheitsmanagement (BSGM) für kleine und mittlere Betriebe. Für die Erarbeitung praxisnaher Maßnahmen wurden u. a. 60 ASD*BGN-Dienstleister – Arbeitsmediziner und Sicherheitsfachkräfte – telefonisch interviewt. Die qualitative Auswertung der Interviews ergab, dass sowohl ein vertiefendes Qualifizierungsangebot für die Dienstleister zum Thema BSGM gewünscht wurde, als auch ein Medienpaket, das die Dienstleister mit in die Betriebe nehmen können. Die Projektgruppe entwickelte daraufhin die Toolbox „Sicher und gesund. So läuft's rund!". Zusätzlich wurden deutschlandweit drei Blended-Learning-Seminare angeboten, an denen 35 Dienstleister teilnahmen. Momentan sind die Dienstleister damit beauftragt, Betriebe zu dem Thema zu beraten. Eine Evaluation zur Praktikabilität der entwickelten Angebote soll bis Herbst 2016 erfolgen.

M. Hannig (✉)
ASD*BGN, Berufsgenossenschaft Nahrungsmittel und Gastgewerbe, Südfeld 1a, 59174
Kamen-Heeren, Deutschland
E-Mail: Manfred.Hannig@bgn.de

I. Bacher
Berufsgenossenschaft Nahrungsmittel und Gastgewerbe, Dynamostraße 7–11, 68165
Mannheim, Deutschland
E-Mail: Inga.Bacher@bgn.de

© Springer Fachmedien Wiesbaden 2016
M.A. Pfannstiel und H. Mehlich (Hrsg.), *Betriebliches Gesundheitsmanagement*,
DOI 10.1007/978-3-658-11581-4_2

21

Inhaltsverzeichnis

2.1   Einleitung

Betriebliches Gesundheitsmanagement (BGM) in kleine und mittlere Unternehmen (KMU) einzuführen ist aufgrund der Besonderheiten von KMU mit 11 bis 50 Mitarbeitern im Gegensatz zu Großbetrieben eine Herausforderung. Begrenzte zeitliche und finanzielle Ressourcen machen es den Unternehmern nicht leicht, sich mit dem Themenfeld auseinanderzusetzen. Kleinbetriebe müssen deswegen für BGM sensibilisiert und motiviert werden. Dies kann z. B. dadurch erfolgen, dass betriebsindividuelle Lösungen generiert werden (Brandt et al. 2015). Um den Betrieben die Erarbeitung dieser Lösungen möglich zu machen, werden sie in dem hier vorgestellten Projekt „Sicher, gesund und motiviert im Kleinbetrieb" von geschulten Dienstleistern (Multiplikatoren), die den Betrieb kennen, zu dem Thema beraten. Hierbei können durch die Dienstleister auch Best-Practice-Beispiele aus anderen Betrieben vorgestellt werden. Auch dies ist für den Erfolg von BGM in Kleinbetrieben entscheidend (Brandt et al. 2015).

Da für die Berufsgenossenschaft Nahrungsmittel und Gastgewerbe (BGN) das BGM sehr stark mit dem betrieblichen Sicherheitsmanagement verknüpft ist, wird in diesem Beitrag nicht von BGM gesprochen – so wie üblich –, sondern von betrieblichem Sicherheits- und Gesundheitsmanagement (BSGM).

Die BGN verfügt über eine langjährige Erfahrung in der Beratung von Großbetrieben zum Thema BSGM z. B. bei Rhönsprudel (Tiedemann und Reichelt 2014), Van Houten GmbH & Co. KG (BGN 2010), der Upländer Bauernmolkerei (BGN 2008) und der Nestlé Deutschland AG (BGN 2007).

Gemeinsam wurde vom arbeitsmedizinischen und sicherheitstechnischen Dienst der BGN (ASD*BGN) und der BGN eine Bedarfsanalyse durchgeführt, bei der 60 Dienstleister des ASD*BGN bezüglich ihrer Erfahrungen in KMU interviewt wurden. Ziel der Bedarfsanalyse war die Entwicklung geeigneter Angebote für ein BSGM in KMU.

Ein kurzer Bericht über dieses Projekt ist auch im Jahrbuch Prävention 2016/2017 der BGN erschienen (BGN 2016).

2.2   Arbeitsmedizinische und sicherheitstechnische Betreuung

Alle Unternehmen, die zur BGN gehören, müssen sich um die arbeitsmedizinische und sicherheitstechnische Betreuung ihres Betriebes nach den gesetzlichen Vorgaben des Arbeitssicherheitsgesetzes (ASiG) kümmern. Der ASD*BGN ist die Lösung der BGN auf die gesetzlichen Vorschriften. Er soll insbesondere die kleineren und mittelständischen Mitgliedsbetriebe bei der geltenden Beratungspflicht unterstützen. Neben der ASD*BGN-Regelbetreuung bietet die BGN als alternative Betreuungsformen für die Unternehmen noch das Branchen- und Unternehmermodell an. Der ASD*BGN berät seine Mitgliedsbetriebe – derzeit über 100.000 – aus der Nahrungsmittelindustrie, der Fleischwirtschaft und des Hotel- und Gaststättengewerbes branchenspezifisch und bedarfsgerecht. Er nutzt hierfür die Erkenntnisse, welche die BGN in den einzelnen Branchen gesammelt hat. Durch ein bundesweites Netz von externen Dienstleistern wird sichergestellt, dass jedes Unternehmen einen kompetenten Ansprechpartner in seiner Nähe findet. Um die Betriebe umfassend beraten zu können, ist die ständige Erarbeitung und Aktualisierung von überbetrieblichem arbeitsmedizinischen und sicherheitstechnischen Branchen-Know-how von zentraler Bedeutung. Hierbei werden mit Hilfe von Projekten neue Erkenntnisse gewonnen, die im Anschluss an die Dienstleister und Unternehmen weitergegeben werden. Der ASD*BGN unterhält bundesweit vier Koordinationsstellen, die u. a. für die fachliche Führung und Qualifizierung der Dienstleister verantwortlich sind.

2.3   Hintergrund und Vorstellung des Projekts

Demografischer Wandel, Fachkräftemangel und Mitarbeiterbindung sind nur einige der zahlreichen Schlagwörter, mit denen sich zunehmend auch KMU auseinandersetzen müssen. Mehr denn je sind auch in diesen Betrieben Lösungen gefragt, um neue Mitarbeiter zu rekrutieren, altersgerechte Arbeitsplätze zu schaffen sowie zufriedene, gesunde und motivierte Beschäftigte im Betrieb vorzufinden. Viele Großunternehmen haben dies in der Vergangenheit schon erkannt und notwendige Schritte wie z. B. ein BSGM eingeführt. In KMU gestaltet sich dieser Prozess jedoch schwieriger. Die Gründe hierfür sind vielfältig. Neben Informationsdefiziten, fehlenden Ressourcen und der Angst vor zu hohen Kosten bei der Umsetzung hat das Tagesgeschäft für die Unternehmer häufig Vorrang (Initiative Gesundheit & Arbeit 2011; Meyer 2008). Es sind also Konzepte gefordert, die den Einstieg in ein BSGM erleichtern und fördern. Ein Ansatz, den auch die beiden vorgenannten Studien empfehlen, ist die verstärkte persönliche Beratung und Unterstützung der KMU. Dieser Punkt soll mit der Umsetzung des Projekts „Sicher, gesund und motiviert im Kleinbetrieb" konkretisiert werden.

2.3.1 Projektbeschreibung

Das Projekt startete im Frühjahr 2014. Ziel ist die Entwicklung und Umsetzung eines Beratungsangebots zum BSGM für KMU mit 11 bis 50 Mitarbeitern, unter Berücksichtigung der Bedarfe der Betriebe. Ein betriebliches Management für Sicherheit und Gesundheit im Betrieb soll nachhaltig dazu beitragen, dass

- die Beschäftigten gesund, leistungsfähig und leistungsbereit bleiben,
- die gesund erhaltenden Ressourcen der Beschäftigten gestärkt und ihre gesundheitlichen Kompetenzen erweitert werden,
- Sicherheit und Gesundheit in die betrieblichen Abläufe integriert werden,
- die Wirtschaftlichkeit erhalten bleibt bzw. verbessert wird (DGUV 2011).

Die für den ASD*BGN tätigen Dienstleister wurden für die Notwendigkeit des Themas BSGM in KMU sensibilisiert und entsprechend geschult. Als Multiplikatoren fungieren sie deutschlandweit in den Mitgliedsbetrieben des ASD*BGN als kompetente und langfristige Ansprechpartner, um mit den Unternehmen die ersten Schritte auf dem Gebiet des BSGM zu unternehmen. Unterstützt werden sie dabei von den Verantwortlichen der ASD*BGN-Koordinationsstellen. Der Projektablauf ist in Abb. 2.1 dargestellt.

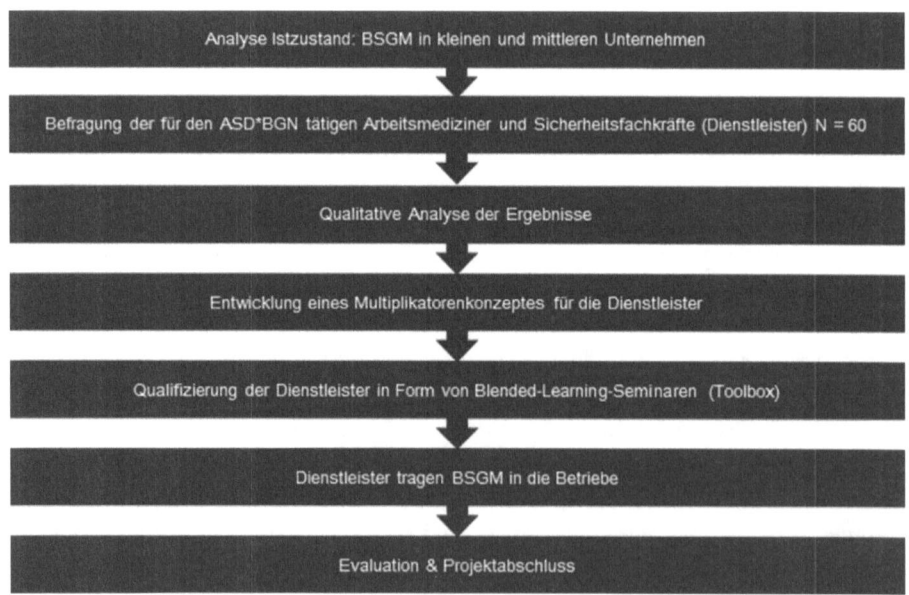

Abb. 2.1 Projektablauf

2.3.2   Nutzen für Betriebe und BGN

Für die Betriebe sollen sich ein Erkenntnisgewinn auf dem Gebiet des BSGM sowie ein umfassenderes Verständnis von Arbeits- und Gesundheitsschutz ergeben. Des Weiteren wird eine Verbesserung der Organisationsstruktur und -kultur des Betriebes im Sinne eines kontinuierlichen Verbesserungsprozesses angestrebt. Zugleich sollen die Unterstützung bei der Gefährdungsbeurteilung sowie der bessere Zugang zum Expertenwissen und zum Leistungsangebot der BGN gefördert werden.

Die BGN erwartet einen Erkenntnis- und Erfahrungsgewinn hinsichtlich der Beratung zum Thema BSGM in KMU. Erfolgsfaktoren und Stolpersteine sollen erkannt und entsprechend bewertet werden. Das Beratungsangebot für die Betriebe wird erweitert, indem eine branchenspezifische und individuelle Unterstützung zum Thema BSGM entwickelt wird.

2.3.3   Grundgedanken des ASD*BGN

Aus Sicht des ASD*BGN sind die in Abb. 2.2 dargestellten Grundgedanken unverzichtbar für das Gelingen eines BSGM. Der Unternehmer ist und bleibt der zentrale

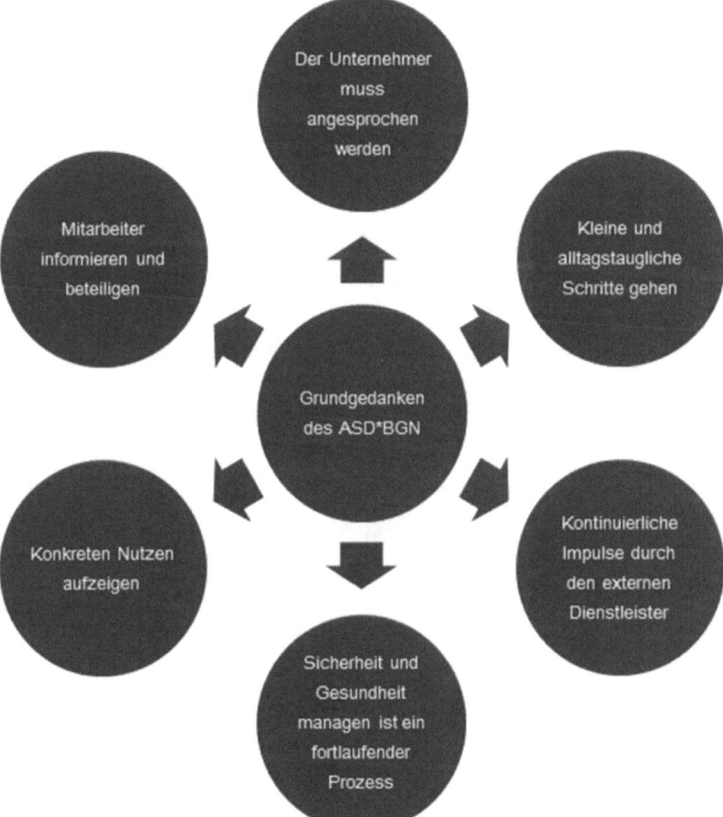

Abb. 2.2   Grundgedanken des ASD*BGN

Ansprechpartner. Er muss vor allem den Nutzen der Maßnahmen erkennen können, welche es in den Beratungen aufzuzeigen gilt. Kontinuierliche Impulse durch den Dienstleister unterstützen den Unternehmer bei diesem fortlaufenden Prozess. Ein weiterer Dreh- und Angelpunkt für die Umsetzung des BSGM ist das frühzeitige Informieren und Einbinden der Mitarbeiter. Das zeigen die Erfahrungen aus den erwähnten Projekten unter Abschn. 2.1.

Laut Jung (2004) stellen sich Erfolge erst dann ein, wenn ein alltagstaugliches Konzept mit einem überschaubaren Rahmen und abschätzbaren Aufwand vorhanden ist. Auch Brandt et al. (2015) machen deutlich, dass Maßnahmen individuell auf die Bedürfnisse des Betriebes zugeschnitten sein müssen und der Zugang nur über den Betriebsinhaber sinnvoll ist.

2.3.4 Ergebnisse der Dienstleisterinterviews

Bei der Erarbeitung praxisnaher Maßnahmen für die Einführung eines BSGM in KMU flossen neben den Erfahrungen der BGN (siehe Abschn. 2.1) auch die Erfahrungen und Erwartungen von 60 ASD*BGN-Dienstleitern – Arbeitsmedizinern und Sicherheitsfachkräften – mit ein. Dies geschah durch ein ca. einstündiges Telefoninterview. Tab. 2.1 listet die Interviewfragen auf.

Als ein zentrales Ergebnis konnte festgehalten werden, dass von den Dienstleistern bezüglich der Umsetzung vor Ort in den Betrieben ein vertiefendes

Tab. 2.1 Fragen zum Dienstleisterinterview

1.	Was bedeutet für Sie als Dienstleister BSGM im Kleinbetrieb? Was verstehen Sie darunter?
2.	Welche Chancen sehen Sie für Kleinbetriebe in der Gestaltung und Umsetzung eines BSGM?
3.	Wo liegen Ihrer Ansicht nach die Grenzen bei der Gestaltung von Prinzipien des BSGM in KMU?
4.	Was brauchen Kleinbetriebe zur Umsetzung eines BSGM aus Ihrer Sicht an Unterstützung und Werkzeugen vom ASD*BGN?
5.	Was benötigen Sie als Dienstleister seitens des ASD*BGN zur Unterstützung der Kleinbetriebe im BSGM?
6.	Mit welchen Themen/Anliegen kommen die Unternehmen auf Sie zu?
7.	Mit welchen Angeboten machen Sie in der Beratung von Kleinbetrieben gute Erfahrungen?
8.	Wie kann Ihrer Erfahrung nach der Unternehmer im Sinne einer Analyse seinen Betrieb unter die Lupe nehmen?
9.	Was machen die Betriebe schon längst in Bezug auf BSGM?
10.	Welche Strukturen und Akteure treffen Sie im Betrieb an?
11.	Welche Prozesse finden Sie im Kleinbetrieb vor?

Qualifizierungsangebot (siehe Abschn. 2.4) sowie eine Toolbox mit Medien zum Thema BSGM gewünscht wurde (siehe Abschn. 2.5). Vermehrt werden die Dienstleister auch auf das Thema Fachkräftemangel angesprochen. Nach Ansicht der Dienstleister benötigen die Unternehmen eine bedarfsorientierte Unterstützung, welche kurz, kompakt und branchenspezifisch ist. Wenn der Unternehmer motiviert werden kann, ein BSGM einzuführen, besteht nach Meinung der Dienstleister die Chance, gesunde und motivierte Mitarbeiter langfristig an den Betrieb zu binden. Hierbei benötigt er aber unbedingt eine externe Beratung und Begleitung. Die Befragung ergab auch, dass in den Betrieben häufig schon Prozesse vorhanden sind (z. B. regelmäßige Besprechungen oder ein Qualitätsmanagement), die als Ansatzpunkte für ein BSGM genutzt werden könnten. Als mögliche Hinderungsgründe werden fehlende Ressourcen und eine mangelnde Motivation genannt.

2.4   Blended-Learning-Seminare

Insgesamt nahmen 35 Arbeitsmediziner und Sicherheitsfachkräfte an drei Blended-Learning-Seminaren deutschlandweit teil. Diese bestanden aus einem eintägigen Präsenzseminar und einem Online-Portal, das Materialien zur Vor- und Nachbereitung der Präsenzseminare enthielt. Daneben gab es noch ein Online-Forum, in dem sich die Seminarteilnehmer über ihre Erfahrungen mit dem Thema BSGM austauschen konnten.

Das gesamte Seminarkonzept beruht auf dem Bildungsverständnis der BGN. Darin wird der Schwerpunkt auf das Selbstlernen der Teilnehmer gelegt, während die Dozenten dafür sorgen, dass ein geeigneter Rahmen dafür geschaffen wird.

Die Präsenzseminare zielten darauf ab, die Dienstleister zur Umsetzung des BSGM in KMU zu befähigen und zu motivieren. Weiterhin sollte ein einheitliches Verständnis vom BSGM in KMU erarbeitet werden. Medien und Beratungshilfen aus der Toolbox wurden vorgestellt und mögliche Vorgehensweisen in Beratungssituationen interaktiv eingeübt. Ein Schwerpunkt lag auf dem Instrument „So geht's mit Ideen-Treffen" (DGUV 2014). Hierzu wurde ein Film der Berufsgenossenschaft gezeigt (BGN 2015). Kernstück der Methode sind regelmäßige, nach einem festen Muster ablaufende Besprechungen, um z. B. Aspekte des Arbeitsschutzes im Rahmen eines kontinuierlichen Verbesserungsprozesses zu optimieren (DGUV 2014). Anschließend führten die Teilnehmer selbst ein „Ideen-Treffen" durch, um die Methode zu verinnerlichen. Ein zweiter Schwerpunkt lag auf dem Gesprächsleitfaden für die Dienstleister zum Einstieg in ein Beratungsgespräch. Die Konzeption dieses Leitfadens gründet auf dem transtheoretischen Modell der Veränderungsbereitschaft (Prochaska und DiClemente 1984). Das Modell beschreibt fünf Phasen der Veränderungsbereitschaft: Absichtslosigkeit, Absichtsbildung, Vorbereitung, Handlung und Aufrechterhaltung. Je nachdem, in welcher Phase sich ein Mensch befindet, werden Änderungen möglich. Unternehmer, die sich in der Phase der Absichtslosigkeit befinden, möchten keine Veränderung. In dieser Phase macht es also keinen Sinn, den Unternehmer zu beraten. Um Veränderungen zu unterstützen, ist es vielmehr für alle

Seiten hilfreich, eine den Phasen angemessene Unterstützung anzubieten. Dazu werden im erstellten Gesprächsleitfaden mehrere Leitfragen vorgeschlagen, die dem Dienstleister die Beratung von KMU erleichtern sollen.

Die Evaluationsbögen der Präsenzseminare zeigten, dass das Thema BSGM in KMU von den Dienstleistern als wichtig wahrgenommen wird. Die Möglichkeiten der Umsetzung in der Praxis wurden als mittelmäßig bewertet.

2.5   Die Toolbox „Sicher und gesund. So läuft's rund!"

In den Blended-Learning-Seminaren wurde den Teilnehmern auch die vom Projektteam entwickelte Toolbox vorgestellt. Sie hat zum Ziel, die Dienstleister bei ihren Unternehmensbesuchen zu unterstützen. In der Toolbox befindet sich eine Vorauswahl von BGN-Medien zu der Thematik BSGM, die für KMU von besonderem Interesse sein können. Dabei handelt es sich um Broschüren, Leitfäden, DVDs, Hör-CDs, Plakate, Flyer oder Beurteilungshilfen. Diese behandeln u. a. folgende Themen als Schwerpunkte:

- Stressbewältigung
- Haut- und Rückengesundheit
- Alkohol im Betrieb
- Beurteilungshilfen, z. B. bei psychischen Gefährdungen

Der eingängige Arbeitstitel der Toolbox lautet „Sicher und gesund. So läuft's rund!". Hierfür wurde eigens auch ein Logo entwickelt, um für das Thema einen Wiedererkennungseffekt in den Betrieben zu schaffen (siehe Abb. 2.3). In den Seminaren zeigte

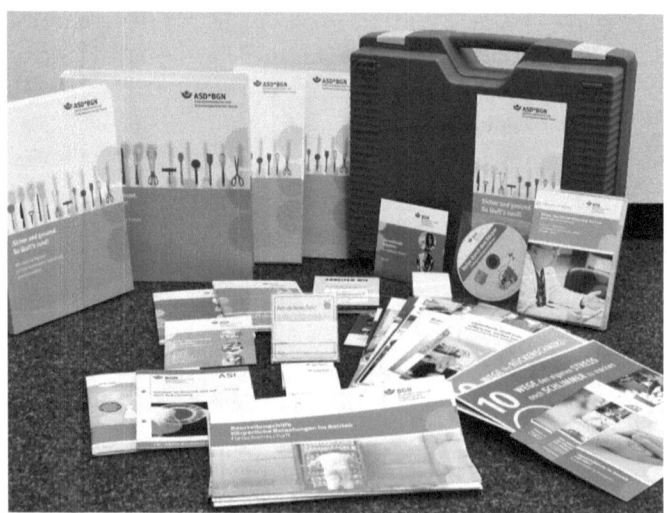

Abb. 2.3 Toolbox

sich, dass einige der BGN-Medien den Schulungsteilnehmern entweder nicht oder nur teilweise bekannt waren. Um die Unternehmer jedoch für das Thema BSGM sowie die Angebote und Hilfestellungen der BGN zu begeistern, ist es von entscheidender Bedeutung, dass die Dienstleister vor Ort über die einzelnen Instrumente Bescheid wissen und einschätzen können, an welcher Stelle es sinnvoll ist, diese auch anzuwenden bzw. vorzuschlagen. Die Medien kann der jeweils zuständige Dienstleister direkt beim ASD*BGN anhand einer hierfür entworfenen Bestellliste anfordern. Im Gespräch mit dem Unternehmer können die Angebote dann vorgestellt, besprochen und angewandt werden.

2.6 Erste praktische Erfahrungen

Bisher konnten 95 Betriebe (Stand Februar 2016) von den Dienstleistern bezüglich des Projektthemas BSGM aufgesucht und beraten werden. Das Zeitvolumen für die Beratungen betrug 165 h. Weitere Betriebsbesuche sind in Planung. Die ersten mündlichen Rückmeldungen der am Projekt teilnehmenden Dienstleister sind überwiegend positiv. Zudem sandten bisher 35 Unternehmer einen Evaluationsbogen (siehe Tab. 2.2) zurück.

Die theoretische Grundlage des Evaluationsbogens beruht, wie auch der Gesprächsleitfaden für die Dienstleister (siehe Abschn. 2.4), auf dem transtheoretischen Modell der Veränderungsbereitschaft (Prochaska und DiClemente 1984). Viele der Unternehmer gaben an, sich in der Vergangenheit schon mit BSGM beschäftigt zu haben. Für fast alle Befragten ist es nach der Beratung durch die Dienstleiser sehr oder ziemlich wahrscheinlich, dass sie sich weiterhin mit dem Thema beschäftigen. Knapp die Hälfte der Unternehmer gab an, damit schon begonnen zu haben.

Tab. 2.2 Fragen zur Evaluation an die Unternehmer

1. Haben Sie sich vorher mit BSGM beschäftigt?	Ja, hin und wieder, weder noch, eher nicht, gar nicht, weiß nicht
2. Konnte der Dienstleister (Ansprechpartner des ASD*BGN) Ihr Interesse für BSGM wecken?	Ja, ein bisschen, weder noch, eher nicht, gar nicht, weiß nicht
3. Haben Sie vor, sich weiterhin mit BSGM zu beschäftigen?	Sehr wahrscheinlich, ziemlich wahrscheinlich, weder noch, eher nicht, gar nicht, weiß nicht
4. Wann möchten Sie anfangen sich mit BSGM weiterhin zu beschäftigen?	Ich denke nicht darüber nach, etwas zu verändern, Innerhalb der nächsten 6 Monate möchte ich mich mit BSGM näher beschäftigen, Innerhalb der nächsten 4 Wochen möchte ich mich mit BSGM näher beschäftigen, Ich habe schon begonnen, mich damit zu beschäftigen

Die Medien aus der Toolbox finden großen Zuspruch. Der Leitfaden „So geht's mit Ideen-Treffen" (DGUV 2014) sowie die Broschüre „Kein Stress mit dem Stress" (BGN o. J.) werden als sinnvolle Anregungen beurteilt. Es werden auch Medien zu den Themen Stressbewältigung, Haut- und Rückengesundheit sowie Beurteilungshilfen für körperliche und psychische Belastungen in einer Vielzahl abgerufen. Allgemein zeichnet sich ab, dass langjährig betreute Betriebe, zu denen die Dienstleister schon ein Vertrauensverhältnis aufbauen konnten, für das Thema BSGM eher zugänglich sind. Es ist aber auch festzuhalten, dass einige Unternehmer nach einem anfangs bekundeten Interesse konkrete Maßnahmen entweder sehr langsam oder gar nicht umsetzen. Häufig ist der Unternehmer für eine Vielzahl von Aufgaben und Tätigkeiten zuständig, sodass er sich aufgrund von Zeit- und Ressourcenmangel nicht um das Thema kümmern kann. Teilweise bestehen auch Ängste, mit dem Thema überfordert zu sein.

2.7 Ausblick

Um KMU für BSGM zu sensibilisieren und zu motivieren, kann zukünftig an den Erfolgen dieses Projekts angeknüpft werden. Zum Beispiel kann das langfristige Angebot einer Qualifizierung, ähnlich dem vorgestellten Blended-Learning-Konzept, dazu beitragen, interessierte Dienstleister in dem Themengebiet auszubilden, um BSGM aus Sicht der BGN in die Betriebe zu tragen. Zur fachlichen und methodischen Unterstützung der Dienstleister wäre die weitere Produktion der Toolbox sinnvoll. Zudem sollten auch diejenigen Mitgliedsbetriebe der BGN von dem Beratungskonzept profitieren, welche nicht dem ASD*BGN angehören, weil sie eine andere Betreuungsform gewählt haben (Branchen- oder Unternehmermodell). Der Abschluss dieses Projekts erfolgt im Herbst 2016. Bis dahin wird die Evaluation, die auch die Sicht der Dienstleister und Unternehmer berücksichtigt, abgeschlossen sein.

2.8 Schlussbetrachtung

Bei der Umsetzung des Projekts hat es sich als sehr hilfreich erwiesen, die Dienstleister im Vorfeld mit einzubinden. Sie wissen, durch ihre jahrelange Vor-Ort-Betreuung, wie die Unternehmer und Betriebe aufgestellt sind und welche konkreten Hilfestellungen diese am ehesten benötigen. Daneben ist den Dienstleistern weiteres und notwendiges Wissen zu vermitteln, um die Betriebe kompetent begleiten zu können. Über das entwickelte Multiplikatorenkonzept erhält die BGN eine Rückmeldung, wie das Thema BSGM in den Betrieben umgesetzt wird und was möglicherweise noch ergänzt, optimiert oder angepasst werden sollte. Allen Beteiligten ist klar, dass man erst am Beginn eines langwierigen Beratungsprozesses steht, den es sich aber lohnt, in Angriff zu nehmen. Nach Ansicht der beiden Autoren werden die kontinuierliche Begleitung der Betriebe und das langjährige Vertrauensverhältnis zwischen Berater und Unternehmer dazu führen, dass sich erste Erfolge in kleinen und mittleren Betrieben bald einstellen werden.

Literatur

BGN (2007) Unternehmensziel Sicherheit & Gesundheit – das Nestlé-Projekt. In: Berufsgenossen-schaft Nahrungsmittel und Gastgewerbe (BGN) Jahrbuch Prävention 2007. BGN, Mannheim, S 64–67

BGN (2008) Unternehmen wachsen sicher und gesund – die Upländer Bauernmolkerei. In: Berufs-genossenschaft Nahrungsmittel und Gastgewerbe (BGN) Jahrbuch Prävention 2008. BGN, Mannheim, S 76–79

BGN (2010) Van Houten geht „Fit durch den Alltag". In: Berufsgenossenschaft Nahrungsmittel und Gastgewerbe (BGN) Jahrbuch Prävention 2010. BGN, Mannheim, S 123–124

BGN (2015) Erklärfilm „Ideentreffen". Berufsgenossenschaft Nahrungsmittel und Gastgewerbe (BGN). http://gastronomie-stress.de/10175/32213. Zugegriffen: 25. Febr. 2016

BGN (2016) Sicher und gesund. So läuft's rund! In: Berufsgenossenschaft Nahrungsmittel und Gastgewerbe (BGN) Jahrbuch Prävention 2016/2017. BGN, Mannheim, S 9

BGN (o. J.) Kein Stress mit dem Stress, Eine Handlungshilfe für Beschäftigte. Broschüre, 2. Aufl. Berufsgenossenschaft Nahrungsmittel und Gastgewerbe (BGN), Mannheim

Brandt M, Holtermann I, Kunze D (2015) Betriebliches Gesundheitsmanagement für Klein- und Kleinstunternehmen. In: Badura B, Ducki A, Klose J, Meyer M, Schröder H (Hrsg) Fehlzeiten-Report 2015, Neue Wege für mehr Gesundheit – Qualitätsstandards für ein zielgruppenspezifi-sches Gesundheitsmanagement. Springer, Berlin, S 61–69

DGUV (2011) Gemeinsames Verständnis zur Ausgestaltung des Präventionsfeldes „Gesundheit im Betrieb" durch die Träger der gesetzlichen Unfallversicherung und die Deutsche Gesetzli-che Unfallversicherung (DGUV). http://www.dguv.de/medien/inhalt/praevention/themen_a_z/ gesundheit_betrieb/documents/gemein_verst_gib.pdf. Zugegriffen: 29. Dez. 2015

DGUV (Hrsg) (2014) Gesund und fit im Kleinbetrieb. So geht's mit Ideen-Treffen. Tipps für Wirt-schaft, Verwaltung und Dienstleistung, DGUV Information 206–007 (Broschüre). Deutsche Gesetzliche Unfallversicherung e. V. (DGUV), Berlin

Initiative Gesundheit & Arbeit (2011) iga.Report 20, Motive und Hemmnisse für Betriebliches Gesundheitsmanagement (BGM), Umfrage und Empfehlungen, 2. Aufl., AOK Bundesverband, BKK Bundesverband, DGUV, Verband der Ersatzkassen e. V. (vdek). Berlin

Jung B (2004) Betriebliche Gesundheitsförderung im Sinn moderner Gesundheitswissenschaften unter besonderer Berücksichtigung von Klein- und Mittelunternehmen. Diplomarbeit. http:// www.forschungsnetzwerk.at/downloadpub/DiplomArbeit_BGF_KMU_Oesterreich.pdf. Zuge-griffen: 30. Dez. 2015

Meyer J-A (2008) Gesundheit in KMU, Widerstände gegen Betriebliches Gesundheitsmanagement in kleinen und mittleren Unternehmen, Gründe, Bedingungen und Wege zur Überwindung. Techniker Krankenkasse. Hamburg

Prochaska JO, DiClemente CC (1984) The transtheoretical approach: towards a systematic eclectic framework. Jones Irwin, Homewood

Tiedemann S, Reichelt C (2014) Sicherheit, Gesundheit, Qualität. Das BSGM Projekt bei Rhön-sprudel, Berufsgenossenschaft Nahrungsmittel und Gastgewerbe. http://bgm.portal.bgn. de/11662/52790?wc_lkm=12376. Zugegriffen: 19. Jan. 2016

Über die Autoren

Manfred Hannig Dipl.-Ing. arbeitet als Leiter der Koordinationsstelle Kamen-Heeren, Bereich Sicherheitstechnik, für den ASD*BGN. Er besitzt einen Dipl.-Ing.-Abschluss der Fachrichtung „Sicherheitstechnik" der Bergischen Universität Wuppertal. Bevor er zum ASD*BGN kam, war er für mehrere Unternehmen als Sicherheitsingenieur tätig. Seine Arbeitsschwerpunkte liegen in der fachlichen Führung der Dienstleister des ASD*BGN sowie im Projektmanagement.

Inga Bacher M.A arbeitet als wissenschaftliche Mitarbeiterin im Fachbereich „Betriebliches Gesundheitsmanagement" der BGN. Sie besitzt einen M.A.-Abschluss in „Prävention und Gesundheitsförderung" der Universität Flensburg sowie einen B.Sc.-Abschluss der Universität Maastricht in „Public Health Sciences". Am Uniklinikum Heidelberg arbeitete sie als wissenschaftliche Mitarbeiterin und war dort in der Lehre und in Patientenseminaren tätig.

Gesundheitsangebote für kleine und mittlere Betriebe im ländlichen Raum: Ansätze der SVLFG

Christian Hetzel, Erich Koch und Michael Holzer

Zusammenfassung

Die Betriebe in der Land- und Fortwirtschaft sowie im Gartenbau zählen ganz überwiegend zu den kleinen und mittleren Betrieben. Gesundheitsförderung und Prävention stehen hier angesichts der logistischen und wirtschaftlichen Gegebenheiten vor großen Herausforderungen. Die Sozialversicherung für Landwirtschaft, Forsten und Gartenbau (SVLFG) orientiert ihre Angebote an den sozialen Bedingungen und spezifischen Bedarfen der bei ihr versicherten Menschen. Sie nutzt dabei ihren in Deutschland einzigartigen Charakter als selbstverwaltete und Sozialversicherungszweig übergreifend zuständige Organisation. Ihre Angebote zielen auf die Gesundheitsförderung und darüber hinausgehend auf die Stärkung des familiären und gesellschaftlichen Zusammenhalts. Sie tragen damit nicht nur zur Gesunderhaltung der versicherten Menschen und ihrer Angehörigen, sondern auch zur Stärkung der ländlichen Regionen bei. In diesem Sinn sind die Gesundheitsangebote auch Angebote zur Stärkung von Familie, Unternehmen, Berufsstand und Region.

C. Hetzel (✉)
Institut für Qualitätssicherung in Prävention und Rehabilitation GmbH (iqpr), Deutsche Sporthochschule Köln, Köln, Deutschland
E-Mail: hetzel@iqpr.de

E. Koch
Stabsstelle Selbstverwaltung/Öffentlichkeitsarbeit, Sozialversicherung für Landwirtschaft, Forsten und Gartenbau, Kassel, Deutschland
E-Mail: Erich.Koch@svlfg.de

M. Holzer
Stabsstelle Selbstverwaltung/Öffentlichkeitsarbeit, Sozialversicherung für Landwirtschaft, Forsten und Gartenbau, Kassel, Deutschland
E-Mail: Michael.Holzer@svlfg.de

© Springer Fachmedien Wiesbaden 2016
M.A. Pfannstiel und H. Mehlich (Hrsg.), *Betriebliches Gesundheitsmanagement*,
DOI 10.1007/978-3-658-11581-4_3

Inhaltsverzeichnis

3.1   Einleitung

Die Sozialversicherung für Landwirtschaft, Forsten und Gartenbau (SVLFG) ist eine selbstverwaltete und Sozialversicherungszweig übergreifend zuständige Organisation. Sie umfasst mit Unfallversicherung, Kranken- und Pflegeversicherung sowie Alterssicherung vier Sozialversicherungszweige „unter einem Dach". Im Idealfall betreut sie ihre Kunden das ganze Leben lang. Diese Konstellation ist einmalig in Deutschland (Koch 2014). Darin liegt aus systemischer Perspektive unter anderem die Chance Sozialversicherungszweig übergreifende Interventionsstrategien anzubieten.

Eine weitere Besonderheit ist die Struktur der Versicherten und deren Lebenswelt. Die SVLFG hat einen überdurchschnittlich hohen Anteil an älteren Versicherten. Einerseits nehmen allgemein chronische Krankheiten mit dem Alter zu. Andererseits sind ältere Land- und Forstwirte vielfach jenseits des gesetzlichen Renteneintrittsalters aktiv und helfen im Familienbetrieb mit. Die Arbeit bis ins hohe Alter ist eher die Regel als die Ausnahme. Die meisten Betriebe sind Einzelunternehmen, das heißt die Landwirtin oder der Landwirt betreiben das Unternehmen allein oder mit ihren Familien. Das Setting ist überwiegend kleinbetrieblich geprägt (Die Bodennutzungshaupterhebung 2015 zeigt folgende Betriebsgrößenstruktur: 25 % der Betriebe bewirtschaften eine Fläche bis 10 ha, 45 % bis 50 ha, 17 % bis 100 ha und 13 % 100 ha und mehr. Allerdings werden in der amtlichen Statistik Kleinstbetriebe unter zwei Hektar nur in Ausnahmefällen erfasst, sodass der Anteil der Kleinstbetriebe real deutlich größer sein dürfte.). Darüber hinaus sind zu betreuende Arbeitnehmer aber auch bei großen Kommunal- oder Agrarbetrieben beschäftigt. Die Versicherten leben und arbeiten überwiegend im ländlichen Raum, der vielfach strukturelle Schwächen in der gesundheitlichen Versorgung aufweist (Holzer 2011).

Die Arbeit in kleinen und mittleren Betrieben ist in verschiedenen Wirtschaftszweigen untersucht. Charakteristisch für das kleinbetriebliche Setting ist der „Balanceakt auf hohem Seil" (Pröll et al. 2004), d. h. Arbeitsbelastungen wie beispielsweise hohe Arbeitsintensität und Schutzfaktoren der Arbeit wie beispielsweise Handlungsspielräume sind koexistent. Dieser Balanceakt zeigt sich auch in der Land- und Fortwirtschaft sowohl national (siehe unten) auch als international (z. B. Lunner et al. 2013). Dabei wird insbesondere psychischen Belastungen eine zunehmende Bedeutung beigemessen (Deipenbrock und Burose 2014). Nicht nur wegen des überdurchschnittlichen Anteils älterer Menschen, sondern auch wegen des fortschreitenden Strukturwandels in der Landwirtschaft dürfte der Balanceakt sogar auf höherem Niveau als in anderen Wirtschaftszweigen ausgeprägt sein. So zeigen die amtlichen Statistiken (Landwirtschaftszählungen als Vollerhebung, Strukturerhebungen als Stichproben), dass die Anzahl der Betriebe weiter gesunken ist. In knapp 70 % der Einzelunternehmen mit einer/m 45 Jahre und älteren Betriebsinhaber/in gibt es keine oder nur eine ungewisse Hofnachfolge (Statistische Ämter des Bundes und der Länder 2011). Gemäß der Agrarstrukturerhebung 2013 hat inzwischen jeder dritte landwirtschaftliche Betrieb Einkommensalternativen geschaffen, beispielsweise Urlaubs- und Freizeitangebote auf dem Bauernhof, die Verarbeitung und Direktvermarktung landwirtschaftlicher Erzeugnisse oder die Erzeugung erneuerbarer Energien.

Im kleinbetrieblichen Setting zeigt sich über alle Wirtschaftszweige hinweg ein Umsetzungsdefizit für Maßnahmen im Handlungsfeld Arbeit und Gesundheit (Hollederer 2007; Beck und Lenhard 2016). Mögliche Ursachen sind, dass innerbetriebliche Artikulationsinstanzen (z. B. Interessenvertretungen) fehlen, dass außerbetriebliche Strukturen (z. B. Innungen, Kammern, Berufsverbände) zu wenig partizipieren und dass die Ressourcen der gesetzlich beauftragten Akteure betrieblicher Gesundheitspolitik angesichts der Vielzahl der Klein- und Kleinstunternehmen begrenzt sind.

Ziel der vorliegenden Arbeit ist es, ausgewählte Gesundheitsangebote der SVLFG in Konzept, Zugang, Durchführung und Ergebnissen zu beschreiben (Leistungen im Bereich der Sicherheitstechnik und des Arbeits- und Gesundheitsschutzes werden aus Platzgründen hier ausgeschlossen (weiterführend siehe http://www.svlfg.de/30-praevention)). Dies dürfte auch für andere Wirtschaftszweige und andere Akteure betrieblicher Gesundheitspolitik von Interesse sein. Denn die besondere Versichertenstruktur versteht die SVLFG als Chance und als Potenzial, Mehrwert für den ländlichen Raum zu schaffen. In diesem Sinn sind die Gesundheitsangebote auch Angebote zur Stärkung von Familie, Unternehmen, Berufsstand und Region. Zudem könnten der Interventionsansatz und das systemische Potenzial der SVLFG beispielhaft sein, das angedeutete Ressourcenproblem zu lösen.

3.2   Handlungsleitende Prinzipien für die Gesundheitsangebote der SVLFG

Betriebliche Gesundheitspolitik in kleinen und mittleren Unternehmen sollte nach der Expertenkommission der Bertelsmann-Stiftung/Hans-Böckler-Stiftung (Pröll, Dechmann und Georg 2004) mindestens gekennzeichnet sein durch

- ein ressourcenorientiertes kooperatives Handlungsmodell und eine pragmatische, alltagstaugliche Instrumentierung,
- die Einbeziehung außerbetrieblicher Ansprachemöglichkeiten und Angebote,
- die Nutzung moderner Kommunikationsformen und -medien und
- die Unterstützung durch betriebsnahe Netzwerke und kooperierende Institutionen.

Dem folgt die SVLFG weitgehend. Herausgehoben sei die Partizipation, weil sie sowohl theoretisch (Wright 2010) als auch real für die SVLFG für die Entwicklung und Durchführung von Gesundheitsangeboten das zentrale handlungsleitende Element ist. So führt die SVLFG Befragungen zur Bedarfsermittlung durch und setzt Fokusgruppen zur Bedarfsermittlung und Evaluation ein. Regelmäßig durchgeführte Expertenworkshops dienen der Evaluation und Qualitätssicherung. Die Teilnehmenden der Fokusgruppen und Expertenworkshops (z. B. Landfrauen, Berufsstand, Präventionsdienst der SVLFG) sind wiederum Multiplikatoren für die Bewerbung und Initiierung der Gesundheitsangebote. Zum Beispiel gibt es enge Kooperationen zwischen der SVLFG und dem Berufsstand bzw. den Landfrauen, sodass im ländlichen Raum flächendeckend und „auf Augenhöhe" mit den Kunden kommuniziert werden kann. Auf diese Weise werden Bedarfe erkannt, Angebote darauf abgestimmt und zur Teilnahme an Angeboten motiviert.

Durch diese partizipativen Elemente stellt die SVLFG sicher, dass die Interventionen pragmatisch, alltagstauglich und bedarfsgerecht sind. Zudem entstehen regionale betriebsnahe Netzwerke bzw. werden diese ausgebaut. Ergänzt wird dieses qualitative Element durch quantitativ ausgerichtete Bedarfserhebungen, deren Ergebnisse im nachfolgenden Kapitel skizziert werden.

Mit diesen Prinzipien sind folgende Gesundheitsangebote entstanden. Sie werden dauerhaft und bundesweit durchgeführt und sind Gegenstand der vorliegenden Arbeit:

- Trainings- und Erholungswoche für pflegende Angehörige
- Seminar „Betriebsübergabe – ein Gesundheitsthema"
- Sturzprävention – „Trittsicher durchs Leben"
- Seminar „Gesprächsführung nach traumatischen Ereignissen"

3.3 Epidemiologische Befunde „Studie 55plus"

Die SVLFG hat eine Basisstudie durchgeführt, um das Bedarfsprofil der versicherten Personen zu ermitteln. Die erste Studie wurde in Bayern durchgeführt, das durch klein- und familienbetriebliche Strukturen geprägt ist. Sie ist repräsentativ (Hetzel 2012a; Hetzel et al. 2015). Die Transferfähigkeit auf andere Regionen wurde in einer weiteren Studie weitgehend bestätigt (Hetzel 2013a).

Die wesentlichen Ergebnisse in Bezug auf ältere Betriebsinhaberinnen und -inhaber sowie ältere mithelfende Familienangehörige seien schlaglichtartig zusammengefasst – „Ältere" ist hier kalendarisch definiert: 55 Jahre bis weit über die gesetzliche Renteneintrittsalter hinaus. Die Freude an der Arbeit und die Lebenszufriedenheit sind überdurchschnittlich und jeweils eng mit hohen Entscheidungsspielräumen verbunden. Das dürfte auch erklären, dass die Arbeit im Alter größtenteils eigenmotiviert ist. Die subjektive Gesundheit ist durchschnittlich. Beschwerden des Muskel-Skelett-Apparates sowie Befindensbeeinträchtigungen dominieren. All diese Gesundheitsindikatoren sind entgegen den Erwartungen kaum von Betriebsgröße und -ausrichtung abhängig. Ursächlich scheint neben der individuellen physiologischen Alterung vor allem die Qualität der Betriebsübergaberegelung zu sein. Dies wird dadurch gestützt, dass die Betriebsübergabe auch das Risiko für eine Gratifikationskrise deutlich determiniert – und Gratifikationskrisen erhöhen das Erkrankungsrisiko (Siegrist et al. 2009). Gleichzeitig ist der Anteil derartiger Risikopersonen im Agrarsektor überdurchschnittlich.

Ferner wird durch die Studie das Tätigkeitsspektrum der Älteren fassbar. Zum einen sind sie häufig in betriebswirtschaftlichen Randbereichen im Betrieb sowie im Wald aktiv. Zum anderen ist der Anteil der Personen, die zu Hause ein Familienmitglied pflegen, überdurchschnittlich.

3.4   Gesundheitsangebote

3.4.1   Trainings- und Erholungswoche für pflegende Angehörige

Hintergrund
Pflegende Angehörige sind angesichts der hohen Belastungen weniger gesund als Personen ohne private Pflegeaufgaben (jüngst COMPASS 2015). Zudem sind sie eine tragende Säule pflegerischer Versorgungsstrukturen. In der Landwirtschaft ist der Anteil pflegender Angehöriger erhöht.

Beschreibung der Intervention
Vor diesem Hintergrund bietet die SVLFG die Trainings- und Erholungswoche für pflegende Angehörige an. Seit dem Jahr 2006 haben bundesweit an inzwischen elf Standorten mehr als 2000 Personen daran teilgenommen. Dieses Angebot ist ein Alleinstellungsmerkmal in der gesetzlichen Sozialversicherung – Vergleichbares gab („Pflegen und sich pflegen lassen" der Techniker Krankenkasse, Dlugosch und Mücke 2006) oder gibt es („Mach mal PAUSE" der BARMER GEK, www.pause-pflege.de) nur temporär.

Die Trainings- und Erholungswoche ist eine stationäre Gruppenintervention für pflegende Angehörige mit dem Ziel der Gesundheitsförderung und Prävention. Sie dauert acht Tage und ist auf Gruppen bis maximal 15 pflegende Angehörige (ohne die gepflegten Personen) ausgerichtet. Das Angebot wird durch die SVLFG nach den gesetzlichen Vorgaben finanziert; die Teilnehmerinnen und Teilnehmer zahlen einem Eigenanteil von 99,– EUR. Einschlusskriterien sind, dass eine Pflegestufe vorliegt und dass entweder die pflegende oder die gepflegte Person in der landwirtschaftlichen Pflegekasse versichert ist oder dass die gepflegte Person durch einen landwirtschaftlichen Arbeitsunfall pflegebedürftig geworden ist.

Zum Interventionsbeginn wird die eigene Pflegesituation im Hinblick auf pflegebezogene und psychologische Aspekte analysiert. Dies erfolgt in moderierten Gruppendiskussionen sowie optional in einem Einzelgespräch. Schwerpunktsetzungen bei den
auf die Pflegeverrichtung bezogenen Informationen und Trainingsmaßnahmen erfolgen
nach individuellen Bedarfen und in Abstimmung mit den Teilnehmenden (Informationen
zu Krankheitsbildern, Umgang mit Demenz, Transfer- und Lagerungstechniken, Hygiene, Ernährung, Medikamente, Sterbebegleitung). Ergänzend werden Informationen
zu gesetzlichen Leistungsansprüchen, Unfallschutz und Angeboten zur Unterstützung
und Entlastung gegeben. Ziel der auf die psychologischen Aspekte bezogenen Anteile
ist der Aufbau personaler Ressourcen sowie die erfolgreiche Bewältigung der mit der
Pflege verbundenen primären und sekundären Stressoren (Auslöser von und Umgang
mit Stress, Konfliktbewältigung, Kommunikation, Akzeptanz der Pflegesituation, Beziehung zur pflegebedürftigen Person, Aufbau von Selbstwirksamkeit und Gesundheitsverhalten). Konzeptionelle Basis sind insbesondere Stresstheorien sowie Elemente aus der
Selbstmanagement-Therapie. Methodisch werden gruppentherapeutische Ansätze (Wirk-
mechanismen nach Yalom, für die Intervention detailliert dargestellt in Engel und Engel
2012) eingesetzt und optionale Einzelgespräche geführt, um auf individuelle Bedarfe zu
reagieren. Tägliche Angebote zu Entspannungstechniken (autogenes Training, progressive Muskelrelaxation), zu Bewegungsübungen für ein individuelles Heimprogramm
und zur Freizeitgestaltung fördern den Aufbau gesundheitsförderlichen Verhaltens und
lassen Erholungseffekte erwarten. Die auf die Pflegeverrichtung bezogenen Inhalte einschließlich emotionsorientierter Anteile werden von Pflegefachkräften und Physiothera-
peutInnen erbracht. Diplom-PsychologInnen leiten die gemeinsamen Gesprächsrunden,
die optionalen Einzelgespräche und die Entspannungseinheiten. Die Programmabläufe
zeigen etwa folgende Zeitanteile: Pflegekurs einschließlich emotionsorientierter Anteile
50 %, Psychologie einschließlich Entspannung 20 %, Bewegung 20 %, Informationen
10 %.

Rekrutierung der Teilnehmenden
Die Rekrutierung der Teilnehmenden erfolgt über allgemeine Öffentlichkeitsarbeit
(Artikel in Regional- und Fachzeitungen, Internetauftritt, Informationsveranstaltungen), über Ansprache durch Multiplikatoren (insbesondere der örtliche Berufsstand und
der SVLFG-Präventionsdienst) sowie persönliche Anschreiben von zufällig ausgewählten pflegebedürftigen Personen, die bei der SVLFG versichert sind. Der persönlichen
Ansprache kommt die größte Bedeutung zu.

Evaluation
Der Verlauf des subjektiven Wohlbefindens nach der Trainings- und Erholungswoche
wurde von 2007 bis 2010 in zwei Regionen getrennt evaluiert (Hetzel 2010, 2012b) und
zudem metaanalytisch ausgewertet (Hetzel et al. 2016). Demnach liegt bei Beginn der
Intervention etwa jede zweite teilnehmende Person im Bereich einer klinisch relevanten

Abb. 3.1 Verlauf des Wohlbefindens abhängig von der Belastungsentwicklung (durchgezogene Linie für zunehmende Belastungen, gestrichelte Linie für stabile Belastungen). (Hetzel et al. 2016)

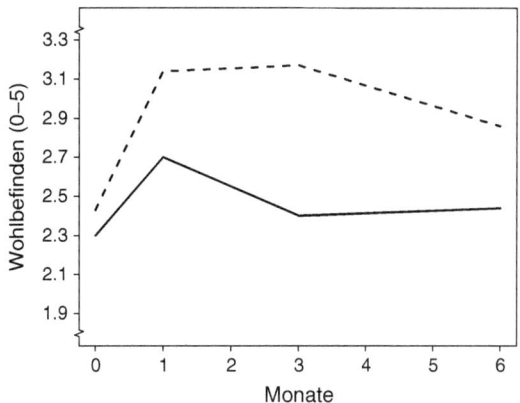

Depression. Abb. 3.1 zeigt, dass das subjektive Wohlbefinden gemäß WHO-5-Index kurzfristig (ein Monat) sehr deutlich und mittelfristig (bis sechs Monate) bei über die Zeit stabilen Belastungen noch immer deutlich über dem Ausgangswert liegt. Bei über die Zeit zunehmenden Belastungen scheint das Wohlbefinden mittelfristig zumindest stabilisiert zu werden.

Potenziale zur Verbesserung der Nachhaltigkeit der kurzfristig sehr deutlichen Effekte wurden mit den Angebotsverantwortlichen diskutiert. Als Ansatzpunkte zur Steigerung der Nachhaltigkeit wurden folgende Aspekte identifiziert:

- systematischen Aktivitäten im Nachgang zur Trainings- und Erholungswoche (z. B. regelmäßige Informations- und Motivationsschreiben),
- aufsuchende professionelle Beratung durch psychosoziale und pflegebezogene Fachkräfte,
- Telefon- oder E-Coaching,
- Förderung der Selbsthilfe (z. B. Teilnahme an Angehörigengruppen) und
- Folgeseminare.

Von diesen Aspekten werden einige inzwischen umgesetzt. Herausgehoben sei die aufsuchende Pflegeberatung. So wurden Pflegeberater ausgebildet, die die Pflegepersonen und ihre Angehörigen zu Hause und/oder am Telefon beraten. Sie beraten die Versicherten in akuten oder bereits bestehenden Pflegesituationen. Künftig sollen die Pflegeberater ein besonderes Augenmerk auf die emotionale Belastung der pflegenden Angehörigen richten. In einem vom Spitzenverband Bund der Gesetzlichen Krankenkassen geförderten und vom Robert-Bosch-Krankenhaus in Stuttgart und der Universität Tübingen geleiteten Projekt werden Pflegeberater der SVLFG speziell dazu geschult, die emotionale Belastung der Pflegepersonen zu erfassen und mit den Betroffenen Lösungsmöglichkeiten zu erarbeiten.

3.4.2   Seminar „Betriebsübergabe – ein Gesundheitsthema"

Hintergrund
Betriebsübergabe ist ein Thema für fast jeden Zweiten in der Land- und Forstwirtschaft
und dem Gartenbau über 55 Jahre. „Ist die wirtschaftliche Zukunft des Hofes geklärt?
Was ist rechtlich zu beachten?" Derartige Fragen bilden häufig nur die Spitze eines Eis-
berges. Unter der Oberfläche verbergen sich weitere Fragen: "Werde ich nach der Hofübergabe noch gebraucht? Wie sieht mein Leben nach der Übergabe aus?" Diese und
viele weitere ungeklärte Fragen gehen zulasten der Gesundheit. Dieser Bedarf wurde
durch die oben dargestellten Befragungen „55plus" deutlich und wurde partizipativ mittels Telefoninterviews bei Betriebsübergebern und mittels Fokusgruppe konkretisiert
(Hetzel 2013b).

Beschreibung der Intervention
Bei dem viertägigen Seminar „Betriebsübergabe – ein Gesundheitsthema" steht die emo-
tionale Seite der Übergabe im Mittelpunkt. Geleitet werden die Seminare von Diplom-
Sozialpädagoginnen, die auch Einzel- und Paargespräche anbieten. Das Angebot ist finanziert
über gesetzliche Leistungen zuzüglich einem Eigenanteil für Übernachtung und Verpflegung.
Folgende Bausteine werden bearbeitet (Renner und Mayer 2012, Hetzel 2013b):

- Baustein 1: Betriebsbiografie – Rückblick, Überblick, Ausblick
  Es geht um Traditionen, Werte, Realitäten, Investitionen und Ergebnisse, Wünsche,
  Visionen, Hoffnungen. Der eigene Prozess als Betriebsleiterin bzw. Betriebsleiter
  sowie die Rolle und Position werden reflektiert zwischen Herkunft, Gegenwart und
  Zukunft. Der Fokus liegt auf Wertschätzendem und Ressourcenorientierung.
- Baustein 2: Wertschätzung
  Die Teilnehmer sollen konkret Selbstanerkennung für ihr „Lebenswerk" entwi-
  ckeln sowie eine Achtung für sich und den Partner/Angehörige. Für was bin ich als
  Betriebsleiterin bzw. Betriebsleiter dankbar, auf was bin ich stolz – was macht mein
  Lebenswerk aus? Antworten dazu führen meist zu einem Gefühl von Dankbarkeit,
  was oft als Entlastung erlebt wird. Auf der Grundlage dieser „Ernte" können die heik-
  len, unangenehmen und herausfordernden Aspekte der Übergabe besprochen werden.
- Baustein 3: Rechtliche Rahmenbedingungen
  Die Teilnehmer sollen erkennen, welche Rahmenbedingungen für eine geordnete
  Betriebsübergabe notwendig sind. Hier werden von externen Experten die wesent-
  lichen rechtlichen Rahmenbedingungen vorgetragen und diskutiert. Ziel ist es einen
  Überblick zu verschaffen. Nachgelagert soll in einem Einzelgespräch die individuelle
  Situation bearbeitet werden.
- Baustein 4: Leistungsfähigkeit und Grenzen im Alter
  Wie verändert sich meine körperliche Leistungsfähigkeit im Alter? Was kann ich wie
  trainieren? Wie kann ich meine Arbeit altersgerecht und sicher organisieren? Zu die-
  sen Fragen referiert ein Sicherheitsberater der SVLFG und stellt sich der Diskussion.

- Baustein 5: Übergabe und Erwartungen
  Den Teilnehmern wird Hilfestellung gegeben, damit die eigenen Erwartungen und Vorstellungen bewusst werden, sie diese formulieren und in der Familie kommunizieren können. Mithilfe der Gruppe werden die Erwartungen auf Zieldienlichkeit überprüft und gegebenenfalls die Bereitschaft zur Zielkorrektur angeregt. Dies ist eine der intensivsten und nachhaltigsten Lernerfahrungen. Im Blick auf das Miteinander der Generationen werden die eigenen Erfahrungen reflektiert und die Vorstellungen der Abgrenzung zwischen Gemeinsamkeit und Autonomie herausgearbeitet. Hier ist vor allem von Bedeutung, wie sich das Familiensystem über die Generationen hinweg durch eine Vielfalt an Lebensentwürfen und Gestaltungsmöglichkeiten verändert hat und wie dies bei den Generationen zu veränderten Zielen und Zielerreichungsvarianten geführt hat (mit mehr oder weniger verborgenem Konfliktpotenzial). Es geht dabei inhaltlich u. a. um Einheirat früher und heute, die Bedeutung der Ehe für den Betrieb, Erwartungen an die Übernehmer, Erwartungen an den Partner.
- Baustein 6: Das Staffelholz gut übergeben
  Die Hofübergabe ist wie ein Staffellauf. Was alles ist notwendig, damit das Staffelholz erfolgreich übergeben werden kann?
- Baustein 7: Übergabe aus Sicht der „Jungen"
  Im Dialog mit der (familienfremden) jungen Generation soll die Übertragungssituation (Vergleich fremder Nachfolger mit dem eigenen Nachkommen) genutzt werden. Die „fremde Öffentlichkeit" ermöglicht eine eigene, familienunabhängige Selbstdarstellung und erweitert bei den Teilnehmern das Potenzial an Lösungsmöglichkeiten und Kompetenzen. Ein Dialog in Anwesenheit der eigenen Kinder verläuft (aus Erfahrung) nicht in dieser Offenheit.
- Baustein 8: Gestaltung der Übergabe und den Startschuss geben
  Jeder Übergeber wünscht sich, dass sein Nachfolger ein erfolgreicher Unternehmer wird. Welche Möglichkeiten habe ich als Übergeber, den "Jungen" einen guten Start als Betriebsleiterin bzw. Betriebsleiter zu geben? Übergänge werden leichter realisiert und psychisch bewältigt, wenn sie mit Ritualen verknüpft werden. Konkrete Vorschläge und Anleitung, für ein Übergaberitual an den Nachfolger, werden erarbeitet.
- Baustein 9: Die Zeit nach der Übergabe
  Wie wird sich mein Leben nach der Übergabe ändern und wie kann ich mich darauf vorbereiten? Durch Konkretisierung der neuen Lebensphase werden die Bedenken minimiert und durch (Re)-Aktivierung von Interessen und neuen Lebenszielen kann Zuversicht und Aktivität ausgeweitet werden.
- Möglichkeit für Einzelgespräche
  Während des Seminars besteht für die Teilnehmer und Teilnehmerinnen die Möglichkeit, mit der Leiterin des Seminars nach Vereinbarung Einzelgespräche zu führen.

Rekrutierung der Teilnehmenden
Die Rekrutierung der Teilnehmenden erfolgt über allgemeine Öffentlichkeitsarbeit (Artikel in Regional- und Fachzeitungen, Internetauftritt, Informationsveranstaltungen) und

über Ansprache durch Multiplikatoren (insbesondere der SVLFG-Präventionsdienst, der SVLFG-Innendienst, der örtliche Berufsstand, Maschinenringe).

Evaluation

An dem Seminar nehmen etwa hälftig Männer teil, in der Regel gemeinsam mit der Ehefrau. Die Akzeptanz der Teilnehmenden ist herausragend. Die Evaluation belegt, dass die Intervention zielgerichtetes Handeln aktiviert und die Zuversicht verbessert (Hetzel 2013b; Hetzel und Holzer 2014).

> Während des Seminars werden die Teilnehmer sichtbar entspannter, es wird viel gelacht und es entsteht ein tragendes „Wir-Gefühl" in der Gruppe. Durch das Seminar gelingt es den Teilnehmern mit ihrer Emotionalität in Kontakt zu kommen, sie bekommen wieder Zugang zu persönlichen Ressourcen und ihr Gefühl der Lebensqualität vertieft sich. Vor allem Paare profitieren davon u. a. für ihre Beziehung, wenn sie vom Partner persönliche und emotionale Äußerungen erfahren, die zu Hause nie ausgesprochen werden. Im Verlauf der vier Tage weitet sich für viele der Blick auf ihre Übergabesituation, die Zukunft ist weniger angstbesetzt und das Zutrauen in die eigenen Bewältigungskräfte ist stärker geworden. Rückmeldungen von Teilnehmern nach ein bis zwei Jahren bestätigen, dass sie immer noch auf Erkenntnisse und auf stärkende Erinnerungen aus dem Seminar zurückgreifen und es nachhaltig positive Wirkung hat. Das Seminar habe dazu beigetragen, dass die Betriebsübergabe und die Zeit danach beeinflussbarer wurden (Hospach in Hetzel 2013b, S. 68).

Die Erfahrungen mit einem branchenübergreifenden Seminar legen nahe, dass die Thematik kein landwirtschaftliches Spezifikum ist, sondern auch für andere Wirtschaftszweige bedeutsam ist (Hetzel 2013b, S. 79 f.).

Abschließend sei erwähnt, dass das Projekt bei der Internationalen Bodenseekonferenz 2013 erfolgreich nominiert war.

3.4.3   Sturzprävention – „Trittsicher durchs Leben"

Hintergrund

Erfahrungen und die „Studie 55plus" zeigen, dass Personen in der Land- und Forstwirtschaft bis ins hohe Alter aktiv sind. Sie räumen auf, gehen nachschauen, rechen zusammen, sie misten und füttern. Sie sind also viel auf den Beinen. Das ist zum einen gesund. Zum anderen aber ist es meist ein Sturz, der den Oberschenkelhals brechen lässt und aus dem bis dahin mobilen Altenteiler einen Pflegefall macht. Das will die SVLFG verhindern.

Intervention

Die SVLFG hat sich deshalb zusammen mit dem Deutschen LandFrauenverband, dem Robert-Bosch-Krankenhaus in Stuttgart mit seinem Medizinischen Forschungsinstitut und dem Deutschen Turner-Bund (DTB) zum Ziel gesetzt, flächendeckend auf dem Land

Sturzpräventionskurse anzubieten. Die Landfrauen organisieren die Kurse vor Ort in den Dörfern. Getragen von den Sportvereinen führen entsprechend ausgebildete Übungsleiter die Kurse vor Ort durch. Dieses bürgerschaftliche Engagement macht es möglich, ein qualitativ hochwertiges Angebot im ländlichen Raum, im näheren Umfeld der Zielgruppe, stattfinden zu lassen – das Angebot kommt zum Menschen.

„Wer regelmäßig übt, ganz gezielt bestimmte Muskelpartien stärkt und Gleichgewicht und Koordination schult, stürzt weniger, und wenn doch, sind die Verletzungsfolgen meist nicht so gravierend", sagt Prof. Dr. Clemens Becker, Chefarzt der Geriatrie und geriatrischen Rehabilitation am Robert-Bosch-Krankenhaus in Stuttgart und Sprecher der Bundesinitiative Sturzprävention.

An dieser Erkenntnis setzt das Sturzpräventionsangebot „Trittsicher durchs Leben" an. An sechs Abenden erlernen die Teilnehmerinnen und Teilnehmer Kraft- und Balanceübungen. Dabei werden spezielle Übungen mit Gewichtsmanschetten an den Beinen absolviert. Zusätzlich werden auf Luftkissen die Körperbalance und die Fähigkeit, mehrere Dinge gleichzeitig zu tun, geschult. Sicht- und erlebbarer Erfolg: Muskelaufbau, Erlangen einer aufrechten Körperhaltung und jede Menge Spaß.

Die Trittsicher-Kurse nehmen sowohl Elemente des Otago-Programms als auch Elemente des Programms „Standfest und Stabil" des DTB auf (Rapp und Kampe o. J.). Beide Programme sind weisungsführend im Bereich der sturzpräventiven Übungsprogramme. Insbesondere das Otago-Programm ist das Heimtraining mit der weltweit besten Evidenz. Dadurch ist es möglich, die Übungen sowohl in der Gruppe als auch zu Hause durchzuführen.

Die Mediziner Prof. Dr. Clemens Becker und Priv. Doz. Dr. Kilian Rapp sowie die Sportwissenschaftlerin Karin Kampe sind international anerkannte Experten im Bereich der Sturzprävention. Sie waren wesentlich an der Konzeption und Entwicklung des Trittsicher-Programms beteiligt. Außerdem lag die Organisation und Durchführung der Ausbildung von nahezu 700 Übungsleitern in ihrer Hand.

„Seitdem ich den Kurs besucht habe, kann ich wieder viel leichter die Treppe zum Melkstand rauf und runter gehen", so die Rückmeldung einer Allgäuer Bäuerin.

Das positive Ergebnis strahlt auf alle Zweige der landwirtschaftlichen Sozialversicherung aus: Weniger Sturzunfälle bei mithelfenden Rentnern entlastet die Unfallversicherung, Reduzierung von sturzbedingten Unfällen in Heim und Freizeit entlastet die Kranken- und Pflegeversicherung, weniger sturzbedingte Reha-Maßnahmen bei aktiven Landwirten entlastet die Rentenkasse der SVLFG.

Die Trittsicher-Kurse sind auch Teil eines vom Bundesministerium für Forschung und Bildung geförderten Projektes zu muskuloskelettalen Erkrankungen. Dabei sollen auch ökonomische Effekte einer systematischen Sturzprävention gemessen werden. Ebenso wird das Zusammenspiel von Stürzen und einer verminderten Knochendichte eruiert. Die wissenschaftliche Beratung und Begleitevaluation erfolgt durch ein Konsortium von Wissenschaftlern des Robert-Bosch-Krankenhauses Stuttgarts (Priv. Doz. Dr. Kilian Rapp, Klinik für geriatrische Rehabilitation), der Universität Ulm (Prof. Dr. D. Rothenbacher, Institut für Epidemiologie) und des Universitätsklinikums Hamburg-Eppendorf

(Prof. Dr. H-H. König, Institut für Gesundheitsökonomie und Versorgungsforschung), weiteres unter www.trittsicher.org.

Rekrutierung der Teilnehmenden

Die Rekrutierung der Teilnehmenden für die Trittsicher-Kurse erfolgt über allgemeine Öffentlichkeitsarbeit (Artikel in Regional- und Fachzeitungen, Internetauftritt, Informationsveranstaltungen) und über Ansprache durch Multiplikatoren (insbesondere der SVLFG-Präventionsdienst, der SVLFG-Innendienst, die Landfrauen, Maschinenringe).

Im Rahmen der erwähnten Studie werden in einem clusterrandomisierten Ansatz zudem ausgewählte Personen aktiv angesprochen und zur Teilnahme an dem Programm motiviert. Landkreise stellen dabei die Cluster-Einheit dar (47 Interventions- und 143 Kontroll-Landkreise). Geplant ist 10.000 – 11.000 Versicherte auf diese Weise zu kontaktieren.

Evaluation

Die Trittsicher-Kurse werden derzeit im Rahmen der genannten Studie evaluiert. Primäre Zielgröße sind osteoporotische Frakturen, sekundäre Zielgrößen sind Prozessvariablen des Programms (z. B. die Teilnahmerate, die Durchführungsrate einer Knochendichtemessung). Zudem wird eine Kosteneffektivitätsanalyse basierend auf Abrechnungsdaten der SVLFG durchgeführt.

3.4.4 Seminar „Gesprächsführung nach traumatischen Ereignissen"

Hintergrund

Menschen haben oft Scheu und Angst, auf andere zuzugehen, denen Schlimmes widerfahren ist. „Das Schrecklichste war für mich, dass eine Nachbarin die Straßenseite wechselte, als sie mir das erste Mal nach dem Tod meines Mannes begegnete", sagte eine Bäuerin, die an dem zweitägigen Seminar der SVLFG teilgenommen hat. Die SVLFG möchte diese Sprachlosigkeit überwinden helfen und einen Beitrag dazu leisten Menschen, die Traumatisches (z. B. Tod oder Erkrankung eines Angehörigen) erlebt haben, zu stabilisieren. Wer rechtzeitig und angemessen auf Menschen zugeht, ihnen Zeit zum Zuhören und Reden schenkt oder anbietet, in Alltagsdingen zu unterstützen, hilft, dass die Betroffenen/Traumatisierten diesen Prozess verarbeiten können. Die Gefahr, dass die Belastung die physische Gesundheit beeinträchtigt oder zu einer dauerhaften psychischen Erkrankung führt, wird reduziert. Langzeitfolgen – wie chronischen Belastungsstörungen – soll vorgebeugt werden. Das hilft in erster Linie den Betroffenen. Es hilft aber auch der Versichertengemeinschaft der SVLFG. Egal welcher Versicherungszweig für Behandlungskosten oder eventuelle Rentenzahlungen verantwortlich ist, Kostenträger ist und bleibt immer die Versichertengemeinschaft der SVLFG.

Intervention

Menschen können durch schwere Unfälle, Todesfälle oder lebensbedrohende Erkrankungen traumatisiert werden. Die SVLFG möchte ihren Versicherten in solchen Situationen helfen.

Dazu bietet sie ein zweitägiges Seminar für Frauen und Männer aus dem Agrarbereich an. Es soll in erster Linie dazu dienen, praktisch anwendbares Wissen zu erhalten über wichtigste Grundlagen in einer Gesprächssituation:

- wenn aus dem dörflichen, nachbarschaftlichen oder auch aus dem eigenen verwandtschaftlichen Umfeld durch schwere Schicksalsschläge die Welt auf den Kopf gestellt wird,
- wie mit Schocksituationen oder traumatisierten Zuständen in den betroffenen Familien umgegangen werden kann.

Es richtet sich insbesondere an die SVLFG-Versicherten, die aufgrund ihrer sozialen Kompetenz und ihres ehrenamtlichen und/oder beruflichen Engagements Kontakt mit traumatisierten Menschen haben (z. B. Landfrauen im Ehrenamt, ehrenamtliche Vertreter der Berufsstände, Dorfhelferinnen und Betriebshelfer). Durch das Seminar soll den Teilnehmenden ein Rüstzeug an die Hand gegeben werden, um auf traumatisierte Personen zugehen zu können, sie in ihrer schwierigen Lebensphase zu unterstützen, in Dingen des Alltags zu helfen und sie gegebenenfalls zu professioneller Hilfe zu ermutigen. Die Teilnehmenden sollen in dem Seminar auch lernen, als Ansprechpartner nicht selbst zu sehr von der schweren Situation belastet zu werden.

Das Konzept wurde von der Unfallkasse Post und Telekom entwickelt, von der SVLFG modifiziert und für ihren Versichertenkreis angepasst.

Das Seminar „Gesprächsführung nach traumatischen Ereignissen" besteht aus einem zweitägigen Grundseminar, in dem Grundlagen zum Umgang mit traumatisierten Menschen vermittelt werden. Zweitägige Aufbauseminare sowie halbtägige Folgetreffen dienen der Nachhaltigkeit, der weiteren Wissensvermittlung und dem Erfahrungsaustausch.

Rekrutierung der Teilnehmenden

Die Rekrutierung der Teilnehmenden erfolgt über allgemeine Öffentlichkeitsarbeit (Artikel in Regional- und Fachzeitungen, Internetauftritt, Informationsveranstaltungen) und über Ansprache durch Multiplikatoren (insbesondere der SVLFG-Präventionsdienst, der SVLFG-Innendienst, der örtliche Berufsstand, Maschinenringe).

Evaluation

Die Zufriedenheit mit dem Seminar, die Bedeutung der vermittelten Inhalte und die im Seminar gebildeten Handlungsabsichten werden mittels Fragebogen am Ende des Seminars erhoben. Derzeit ist eine Masterarbeit mit dem Titel „Entwicklung und partielle Umsetzung eines Evaluationskonzeptes für das Psychosoziale Netzwerk der SVLFG" in Arbeit.

3.5   Schlussbetrachtung

Unter den kleinen und mittleren Betrieben nehmen die Betriebe in der Land- und Forstwirtschaft sowie im Gartenbau traditionell einen wichtigen Platz ein. Angesichts der
gerade in diesem Sektor hohen Arbeitsbelastung sind wirksame Gesundheitsangebote
von besonderer Bedeutung. Die in diesen Betrieben lebenden und arbeitenden Menschen
sind in der SVLFG versichert. Sie unterscheiden sich von Versicherten in der allgemeinen Sozialversicherung unter anderem durch die besonderen Lebens- und Arbeitsverhältnisse. Dazu zählt die Generationen übergreifende Solidarität und Zusammenarbeit.
Hierbei spielt die ältere Generation eine zentrale und aktive Rolle.

Keine Berufsgruppe bleibt so lange aktiv in den Arbeitsprozess eingebunden, wie die
Versicherten der SVLFG. Bleiben diese lange gesund und zufrieden, sind sie der Kitt
für ein funktionierendes Gemeinwesen im ländlichen Raum: als uneigennützige Helfer
in den Betrieben, als Ehrenamtliche in den Vereinen, als pflegende Angehörige und als
Vorbilder für ihre Enkel. Maßgeschneiderte Gesundheitsangebote helfen, den familiären
und gesellschaftlichen Zusammenhalt zu stärken. Die SVLFG nimmt an ihren Kunden
Maß. Befragungen, Diskussionen mit den Versicherten und wissenschaftliche Begleitun-
gen liefern wichtige Erkenntnisse, aufgrund derer die SVLFG passgenaue Angebote für
ihre Kunden entwickelt.

Eingangs wurde aufgezeigt, dass die SVLFG das Potenzial hat, über die Sozialversicherungszweige hinweg zu agieren. So werben beispielsweise die Präventionsmitar-
beiter der Berufsgenossenschaft bei ihren Betriebsbesichtigungen und Vorträgen für alle
Gesundheitsangebote. Sie kennen ihre Kunden, wissen was ihnen „fehlt" und können so
gezielt auf Gesundheitsangebote hinweisen. Erkundigt sich ein versicherter Unternehmer
bei der Alterskasse, weil er altersbedingt seinen Betrieb aufgeben möchte, kann ihn der
Mitarbeiter auf das Seminar „Betriebsübergabe – ein Gesundheitsthema" ansprechen.
Wie exemplarisch gezeigt, sind die Effekte jeweils übergreifend. Deren Nachweis ist nur
durch die Ganzheitlichkeit des SVLFG-Systems möglich. Insofern kann die SVLFG bei-
spielgebend sein für sozialversicherungsübergreifende Konzepte.

Die enge Zusammenarbeit mit den berufsständischen Vertretungen ist eine weitere Stärke. Die eine Kooperation ermöglichenden Strukturen sind flächendeckend im
ländlichen Raum vorhanden. So organisieren die Landfrauen für die SVLFG Sturzpräventionskurse in den Dörfern. Damit erreicht die SVLFG ihre Versicherten in deren
Lebensumfeld. Dieser Settingansatz zeigt, wie der ländliche Raum durch Zusammenarbeit verschiedener Akteure und getragen durch bürgerschaftliches Engagement mit qualitativ hochwertigen Gesundheitsangeboten versorgt werden kann.

Literatur

Beck D, Lenhardt U (2016) Betriebliche Gesundheitsförderung in Deutschland: Verbreitung und Inanspruchnahme. Ergebnisse der BIBB/BAuA-Erwerbstätigenbefragungen 2006 und 2012. In: Gesundheitswesen 78(1):56–62

COMPASS (2015) Befragungsergebnisse Pflegeberatung und Belastung Angehöriger. http://www.compass-pflegeberatung.de/fileadmin/user_upload/Kurzauswertung_Forsa-Befragung_20150715.pdf. Zugegriffen: 5. Jan. 2016

Deipenbrock JA, Burose O (2014) Fit bis ins hohe Alter. *ASU Arbeitsmedizin Sozialmedizin Umweltmedizin 49(8),* 571–573

Dlugosch GE, Mücke M (2006) „Pflegen und sich pflegen lassen" – Evaluation eines Seminarangebotes für pflegende Angehörige. In: Loidl-Keil R, Laskowski W (Hrsg) Evaluationen im Gesundheitswesen – Konzepte, Beispiele, Erfahrungen. Hampp, München, S 279–329

Engel J, Engel M (2012) Warum Gruppen wirken. In: Landwirtschaftliche Pflegekasse Hessen Rheinland-Pfalz und Saarland (LPK HRS) (Hrsg) Auszeit für pflegende Hände. LPK HRS, Kassel, S 88–97

Hetzel C (2010) Personen in belastenden Situationen (PibS): Eine Trainings- und Erholungswoche für pflegende Angehörige als Angebot der Land- und forstwirtschaftlichen Sozialversicherung Niederbayern/Oberpfalz und Schwaben (LSV NOS) – Evaluationsbericht. LSV NOS, Landshut

Hetzel C (2012a) Arbeitsbedingungen und Gesundheit bei älteren Personen in Familienunternehmen. University of Bamberg Press, Bamberg

Hetzel C (2012b) Evaluationsbericht: Personen in belastenden Situationen (PibS). In: Landwirtschaftliche Pflegekasse Hessen Rheinland-Pfalz und Saarland (LPK HRS) (Hrsg) Auszeit für pflegende Hände. LPK HRS, Kassel, S 26–67

Hetzel C (2013a) Arbeit, Gesundheit und Pläne fürs Alter in der Land- und Forstwirtschaft – Ergebnis der Befragung 55plus. http://www.svlfg.de/30-praevention/prv0110-aktuelles/z_archiv2013/prv0080/55plus_bericht.pdf. Zugegriffen: 5. Jan. 2016

Hetzel C (2013b) Betriebsübergabe – ein Gesundheitsthema. Projekt im Auftrag des Bayerischen Staatsministeriums für Umwelt und Gesundheit. http://www.svlfg.de/31-gesundheitsangebote/images_pdf/abschlussbericht_evaluation_betriebsuebergabe.pdf. Zugegriffen: 5. Jan. 2016

Hetzel C, Holzer M (2014) Die innerfamiliäre Betriebsübergabe als Handlungsfeld der Gesundheitsförderung. Gesundheitswesen 76(10):678–680

Hetzel C, Holzer M, Allinger F, Watzele R, Hörmann G, Weber A (2015) Ist Arbeit im Alter gesund? Erkenntnisse aus Familienunternehmen am Beispiel der bayerischen Agrarwirtschaft. Gesundheitswesen. doi:10.1055/s-0034-1396852

Hetzel C, Opfermann-Kersten M, Holzer M (2016) Das subjektive Wohlbefinden von pflegenden Angehörigen nach einer Trainings- und Erholungswoche: Mehrebenenmodelle für längsschnittliche Daten. Zeitschrift für Gesundheitspsychologie 24(1):13–28

Hollederer A (2007) Betriebliche Gesundheitsförderung in Deutschland. Ergebnisse des IAB-Betriebspanels 2002 und 2004. Gesundheitswesen 69(2):63–67

Holzer M (2011) Befragung 55plus. Ländlicher Raum 62(1):34–35

Koch E (2014) Das agrarsoziale Sicherungssystem. Arbeitsmed Sozialmed Praventivmed 49(8), 567–568

Lunner Kolstrup C, Kallioniemi M, Lundqvist P, Kymäläinen HR, Stallones L, Brumby S (2013) International perspectives on psychosocial working conditions, mental health, and stress of dairy farm operators. J Agromedicine 18(3):244–255

Pröll U, Dechmann U, Georg A (2004) Wirkungsbedingungen, Handlungspotenziale und Interventionsmöglichkeiten überbetrieblicher Akteure bei der Weiterentwicklung von Gesundheit und Sicherheit in Klein- und Mittelbetrieben In: Bertelsmann-Stiftung/Hans-Böckler-Stiftung (Hrsg) Zukunftsfähige betriebliche Gesundheitspolitik – Vorschläge der Expertenkommission. Bertelsmann Stiftung, Gütersloh (CD ROM)

Rapp K, Kampe K (o. J.) Trittsicher durchs Leben. Mein Heim-Training. Ein Programm der Landwirtschaftlichen Krankenkasse (LKK) in der Sozialversicherung für Landwirtschaft, Forsten und Gartenbau (SVLFG) in Zusammenarbeit mit dem Deutschen LandFrauenverband (dlv) und dem Deutschen Turner-Bund (DTB). http://www.trittsicher.org/files/trittsicher_heimtraining_2015-07-14_2.pdf. Zugegriffen: 5. Jan. 2016

Renner S, Mayer C (2012) Betriebsübergabe – ein Gesundheitsthema. Geplant – geregelt – gesund: Unterstützung für die Hofübergabe an die nächste Generation in Niederbayern/ Oberpfalz und Schwaben. In: Gostomzyk JG, Enke MC (Hrsg) Der Bayerische Gesundheitsförderungs- und Präventionspreis (BGPP) 2012. Gesundheit in allen Lebenswelten, Bd 25. Landeszentrale für Gesundheit in Bayern, München, S 108–109 (Schriftenreihe der Landeszentrale für Gesundheit in Bayern)

Siegrist J, Dragano N, Wahrendorf M (2009) Psychosoziale Arbeitsbelastungen und Gesundheit bei älteren Erwerbstätigen: eine europäische Vergleichsstudie. Hans-Böckler-Stiftung, Düsseldorf

Statistische Ämter des Bundes und der Länder (2011) Agrarstrukturen in Deutschland Einheit in Vielfalt. Regionale Ergebnisse der Landwirtschaftszählung 2010. http://www.statistikportal.de/statistik-portal/landwirtschaftszaehlung_2010.pdf. Zugegriffen: 5. Jan. 2016

Über die Autoren

Dr. Christian Hetzel ist wissenschaftlicher Mitarbeiter am Institut für Qualitätssicherung in Prävention und Rehabilitation GmbH (iqpr) an der Deutschen Sporthochschule Köln. Er ist Diplom-Sportwissenschaftler mit Schwerpunkt Prävention und Rehabilitation sowie Diplom-Kaufmann. Er hat promoviert zu dem Thema „Arbeitsbedingungen und Gesundheit von älteren Personen in Familienunternehmen". Seine Forschungsarbeit umfasst zahlreiche Beiträge zum Handlungsfeld „Arbeit und Gesundheit".

Dr. Erich Koch leitet die Stabsstelle Selbstverwaltung/Öffentlichkeitsarbeit der Sozialversicherung für Landwirtschaft, Forsten und Gartenbau (SVLFG).

Michael Holzer ist Leiter des Abschnitts Gesundheitsangebote in der Stabstelle Selbstverwaltung/Öffentlichkeitsarbeit der Sozialversicherung für Landwirtschaft, Forsten und Gartenbau (SVLFG). Er ist Diplom Agraringenieur, Pferdewirtschaftsmeister und Technischer Aufsichtsbeamter.

BGM – Vorteil Gesundheit im Handwerk

4

Frank Klingler

Zusammenfassung

Die Erfahrung aus der Praxis zeigt, dass ein Betriebliches Gesundheitsmanagement (BGM) in kleinen Handwerksunternehmen ebenso erfolgreich implementiert werden kann wie in großen Industrieunternehmen. Die prozentual geringere Inanspruchnahme von Maßnahmen im BGM von kleinen Handwerksunternehmen lässt sich nicht darauf zurückzuführen, dass Gesundheit hier eine geringere Rolle spielt. Barrieren sind vielmehr die große Rollenvielfalt, die der betriebliche Entscheider einnimmt und die daraus resultierende Zeitknappheit. Dadurch werden in manchen Fällen Aufgaben, die wie das BGM nicht gesetzlich vorgeschrieben sind und deren direkter Zusammenhang mit dem Unternehmenserfolg nicht gesehen wird, zurückstellt. Sensibilisierung, Information und Motivation über den Nutzen und die Effekte von BGM sind weiterhin von den Akteuren im BGM zu leisten. Bei der ständigen Reflexion über geeignete Zugangswege zu kleinen Handwerksunternehmen müssen die speziellen Bedürfnisse und Ressourcen dieser Zielgruppe immer wieder hinterfragt und aktualisiert werden. Aus der Nachbetrachtung des Fallbeispiels kann sogar gesagt werden, dass gerade in kleinen Handwerksunternehmen tief greifende Veränderungen innerhalb des BGM-Prozesses möglich waren, da Entscheidungswege kurz sind und die flachen Hierarchieebenen eine enge Anbindung des betrieblichen Entscheiders an die Ebene der Mitarbeiter ermöglicht. Bei der Sicherung der Nachhaltigkeit der erzielten Effekte sind die externen Akteure, wie die gesetzliche Krankenversicherung, besonders gefordert durch geeignete strukturelle Maßnahmen dem Unternehmen Handlungssicherheit zu geben.

F. Klingler (✉)
Bereich Prävention, IKK classic, Schönaicherstrasse 12, 71032 Böblingen, Deutschland
E-Mail: Frank.Klingler@ikk-classic.de

© Springer Fachmedien Wiesbaden 2016
M.A. Pfannstiel und H. Mehlich (Hrsg.), *Betriebliches Gesundheitsmanagement*,
DOI 10.1007/978-3-658-11581-4_4

Inhaltsverzeichnis

4.1   Ausgangssituation BGM in kleinen Handwerksunternehmen

Kleine Handwerksunternehmen und Management? Wie lässt sich das mit einander vereinen, wenn doch mit hochgekrempelten Ärmeln Pragmatismus in den Unternehmen gelebt wird und da angepackt wird, wo es auch etwas anzupacken gibt? Vielleicht ist genau dies der Schlüssel zum Erfolg, um ein Betriebliches Gesundheitsmanagement in kleinen Handwerksunternehmen erfolgreich und nachhaltig einzuführen. Denn die Entscheidungswege sind kurz und die Hierarchien flach.

Erst seit wenigen Jahren richtet sich der Fokus der Akteure, die BGM begleiten, auf kleine und mittlere Unternehmen. Die Bundesrahmenempfehlung der Nationalen Präventionskonferenz, die am 19.02.2016 verabschiedet wurden, führt kleine und mittlere Unternehmen und ihre Beschäftigten als gesonderte Zielgruppe für das Handlungsfeld „betriebliche Gesundheitsförderung" auf (NPK 2016). Das Positionspapier „Klein – Gesund – Wettbewerbsfähig" vom 07. Mai 2015 des Deutschen Netzwerkes für Betriebliche Gesundheitsförderung (DNBGF 2015) beschreibt erstmals die besonderen Ressourcen von kleinen Unternehmen und die Chancen, die sich diesen bieten, wenn sie sich auf den Prozess eines BGMs einlassen. Auch der Leitfaden Prävention in der Fassung vom 10. Dezember 2014 des Spitzenverbandes der gesetzlichen Krankenversicherung (GKV) widmet zum ersten Mal ein Kapitel „Betriebliche Gesundheitsförderung in Klein- und Kleinstunternehmen" der Beschreibung einer Vorgehensweise im BGM für diese „besondere" Zielgruppe (GKV-Spitzenverband 2014).

Nach ihrer Marktrelevanz in Deutschland dürften Kleinst- und Kleinunternehmen sowie Handwerksunternehmen keine „besondere" Zielgruppe sein:

- 95,5 % aller Betriebe von den 3,7 Mio. Betrieben, die den Unternehmensbestand in Deutschland ausmachen, sind Kleinst- und Kleinunternehmen unter 50 Beschäftigte (Bundesagentur für Arbeit 2014).
- 27,2 % (1 007 016 Betriebe im Handwerk zum 31.12.2014) von den 3,7 Mio. Betrieben sind Handwerksbetriebe,
- 12,6 % (5,38 Mio. Beschäftigte in 2014) von insgesamt 42,7 Mio .Erwerbstätigen in Deutschland sind im Handwerk beschäftigt,
- 27,3 % (370 995 Auszubildende Stand 2014) von insgesamt 1,4 Mio. Auszubildenden wurden im Handwerk ausgebildet (ZDH 2014).

Die Anzahl der umgesetzten Maßnahmen im Themenfeld der betrieblichen Gesundheitsförderung (BGF) scheinen widerzuspiegeln, dass Gesundheit in kleineren Betrieben eine geringere Rolle spiele als in größeren Unternehmen. Der Anteil der kleineren Betriebe, die mit BGF-Aktivitäten erreichten wurden, lag in 2014 bei nur 27 %. Allerdings war die Steigerung des Anteils der kleineren Betriebe an allen geförderten Betrieben überproportional. In 2013 lag der Anteil der erreichten kleineren Betriebe bei gerade 21 %. (GKV-Spitzenverband 2015). Dem Bericht ist allerdings nicht zu entnehmen, ob bei den erreichten Betrieben lediglich isolierte Maßnahmen der BGF durchgeführt wurden oder ob mit der Implementierung eines BGMs begonnen wurde.

Laut dem oben genannten Positionspapier des DNBGF liegt die geringe Inanspruchnahme nicht darin, dass BGM in kleineren Betrieben nicht oder nur schwer umgesetzt werden kann, sondern eher darin begründet, dass geeignete Konzepte zumindest teilweise fehlen und daher viele BGM-Akteure diese Zielgruppe nicht in den Blick nehmen würden (DNBGF 2015).

Die Erfahrungen der IKK classic aus den letzten Jahrzehnten im Rahmen der Umsetzung von Maßnahmen in der BGF und bei der Begleitung und Beratung im Prozess des BGMs zeigen, dass ein BGM gut in Handwerksunternehmen installiert werden kann, wenn die besonderen Strukturen der Unternehmen beachtet werden. Dies wird in diesem Beitrag stellvertretend durch ein für Handwerksunternehmen typisches Fallbeispiel skizziert.

4.2 Handwerk und Sozialversicherung

Die Idee der Solidarität im Handwerk reicht bis ins Mittelalter zurück. Schon damals taten sich die Handwerker in Gilden und Zünften zusammen und boten für kranke „Kollegen" Unterstützungsleistungen an. Die sogenannten Krankenladen waren der Ursprung für die handwerkliche Krankenkassen, die Innungskrankenkassen.

Die Innungskrankenkassen wurden im Zuge der Sozialgesetzgebung des deutschen Reichskanzlers Otto von Bismarck 1883 zu Trägern der gesetzlichen Krankenversicherung. Fünf Jahre nach der Einführung der gesetzlichen Krankenversicherung waren bereits 55.400 Handwerker in 401 Innungskrankenkassen versichert. Bis zur

Jahrhundertwende verdreifachte sich die Zahl der Mitglieder auf 160.000 Versicherte in rund 610 Innungskrankenkassen (IKK e. V. 2016).

Auch heute bestehen noch diese engen Beziehungen zwischen dem Handwerk und den Innungskrankenkassen, die eine historisch gewachsene Betreuung, an den Bedürfnissen der Handwerksbetriebe ausgerichtet, anbieten.

Aktuell gibt es 6 Innungskrankenkassen bei denen ca. 5,5 Mio. Versicherte betreut werden.

4.3   BGM im Handwerk – ökonomischer Nutzen oder humanitäre Aufgabe?

Die Einführung eines BGMs wird den Betrieben im Vergleich zu den gesetzlich geregelten Bereichen wie der Arbeitsschutz und das Betriebliche Eingliederungsmanagement (BEM) nicht vorgeschrieben. Es stellt sich jedem Betrieb zwangsläufig die Frage, warum er sich zusätzlich mit dieser Aufgabe belasten soll. Besonders im Handwerk ist dieser Aspekt nicht zu unterschätzen, da sich meistens der Betriebsinhaber dieser Aufgabe neben seinen sowieso schon vielfältigsten Rollen annimmt. Der erkannte Nutzen muss demzufolge höher sein als die aufgewendeten Ressourcen. Tatsächlich bemühen sich die Akteure in der Prävention eine schlüssige Nutzenargumentation zu liefern. Die IGA Reporte 13 und 20 liefern für eine Berechnung des Return on Investment (ROI) Hinweise (BKK Bundesverband 2008, 2011).

Als Realtypus ist der Homo oeconomicus vor allem dann nur sehr bedingt brauchbar, wenn man ihn auf die Rolle des Profitmaximierers reduziert und daraus eindimensional monetäre Anreizsysteme ableitet, wie empirische Überprüfungen zeigen (Schlicht 2003).

Rein ökonomische Betrachtungsweisen nach der Art „Wenn Sie einen Euro in die Gesundheit Ihrer Mitarbeiter investieren, erhalten Sie 4,60 Euro zurück" (BKK Bundesverband 2008) mögen unter Umständen den einen oder anderen Betrieb dazu bewegen, sich dem Thema Gesundheit und Arbeit zu nähern.

Im Handwerk sind die Beziehungen zwischen Betriebsinhaber und Mitarbeitern und zwischen Handwerkern und Kunden oftmals enger als in größeren Unternehmen und in anderen Berufen.

Das Handwerk zeigt hier schon seit langem, dass humanitäre Werte, also Menschlichkeit, notwendig sind, um diese Beziehungsgestaltungen aufrecht zu erhalten.

Die Erfahrungen der IKK classic in den umgesetzten BGM-Projekten in Handwerksbetrieben zeigen, dass sich besonders zufriedenstellende Schlussbetrachtungen von Mitarbeitern und Betriebsinhabern ergeben, wenn die Entscheider im Betrieb auch ein Stück „Herz" ins BGM hineintragen und es als humanitäre Aufgabe verstehen, sich um die Gesundheit im Betrieb und ihrer Mitarbeiter zu kümmern.

Nimmt man diese ethische Fragestellung auf, also ob es besser ist BGM als humanitäre Aufgabe zu verstehen, oder dies nur dem ökonomischen Zwecke wegen zu betreiben, kommt man allerdings dem Ziel, mehr kleine Unternehmen für BGM zu begeistern nicht näher. Es unterliegt vielmehr der Sorgfaltspflicht der Akteure bei den Absprachen zu den Zielen, die der Betrieb mit BGM verfolgt, zu entscheiden ob die geplanten Maßnahmen auch geeignet sind, die Gesundheit der Mitarbeiter zu fördern, oder ob sie der schieren Profitmaximierung dienen.

Es ist also genauso wenig richtig BGM zu betreiben und falsch keinen Gedanken an BGM zu verschwenden, als auch BGM nur als gut zu bezeichnen, wenn es einem humanitären Zweck verfolgt und es als moralisch „böse" zu kennzeichnen, wenn die Profitmaximierung im Vordergrund steht. Diese moralische Doppelcodierung richtig versus falsch und gut versus böse wird sowieso nicht als Entweder-oder verstanden, sondern sieht die Kategorien als jeweiliges Ende eines Kontinuums an (Luhmann 1978). So ist es vielleicht ein wenig richtiger BGM zu betreiben, als es sein zu lassen und ein wenig besser – in der moralischen Codierung „gut" gedacht – auch noch den humanitären Aspekt im Auge zu behalten, als diesen außen vor zu lassen.

Ein Beispiel, wie humanitäre Verpflichtung gut einher geht mit ökonomischer Nutzenerwartung hat der ZDH geliefert, in dem er für Flüchtlinge, die in Ausbildung gebracht werden können, ein Aufenthaltsrecht forderte. Sicher hatte der ZDH die Nöte der Handwerksunternehmen, die leer stehende Ausbildungsplätze und Mangel an Fachkräften beklagen, im Blick (ZDH 2016). Der humanitäre Aspekt geht hier dennoch gut mit der ökonomischen Betrachtungsweise einher.

Welcher Anteil – humanitärer Aspekt oder ökonomische Betrachtungsweise – die Oberhand behält, muss deswegen sicher nicht analytisch ermittelt werden. Die Prävention ist noch auf dem Weg, sich als so selbstverständlich darzustellen und sich der Nutzenargumentation zu entledigen, wie die anderen Säulen Akutbehandlung, Pflege und Rehabilitation im deutschen Gesundheitssystem, deren Ausgaben den Gesundheitsfonds in 2014 auf 205 Mrd. EUR haben anschwellen lassen. Die 2 EUR, die in 2016 pro Versicherten in der BGF verausgabt werden sollen, nehmen sich doch eher bescheiden aus (GKV 2016).

4.4 Familiengeführte Handwerksunternehmen – Paradoxien und Strategien

Eine Psychologin, welche die Gesundheitsmanager der IKKen vor mehreren Jahren in der Durchführung von Gesundheitszirkeln schulte, warnte vor den „grauen Eminenzen" in den typischen familiengeführten Handwerksunternehmen. Diese grauen Eminenzen, wie zum Beispiel die Tochter, die Schwester, die Schwägerin oder der Senior des Betriebsinhabers, seien in der Funktion als Beschäftigter im Unternehmen mächtiger, als Kollegen mit der gleichen Tätigkeit aber ohne Familienzugehörigkeit. In der Beratungspraxis war der Ratschlag für die Gesundheitsmanager, sich dieser grauen Eminenzen bewusst zu sein und dass diese unsichtbare Machtverschiebung besonderer Sensibilität bedarf. Arist von Schlippe, Inhaber des Lehrstuhles „Führung und Dynamik von Familienunternehmen", bezeichnet das Konstruktionsprinzip der eng aufeinander bezogenen Ko-Evolution von Unternehmen und Familie als „Doppelgesichtigkeit", die ein spezifisches Spannungsfeld erzeugt, welches Chancen und genauso Risiken beinhaltet (Schlippe 2011). Diese Chancen und Risiken gilt es im Prozess eines BGMs zu kennen. Besonders heikel sind den Erfahrungsberichten der Gesundheitsmanager zufolge Themen, die bei der Analyse zutage treten und in direktem Zusammenhang mit dem Unternehmer oder Beschäftigten, die der Unternehmerfamilie angehören, stehen. Solche Themen können zum Beispiel Führungskultur, Unternehmensstrategie, Betriebsklima aber auch Arbeitsorganisation sein. Sind diese Themen im Unternehmen – aus welchen Gründen auch immer – tabuisiert, besteht die Gefahr, dass Lösungsansätze, auch wenn sie von den Mitarbeitern vorgeschlagen und erarbeitet werden, nicht die Ursache des Themas treffen. Dass Themen, werden sie auf der Sachebene diskutiert, die Tendenz haben zu zirkulieren, obwohl sie die Personenebene betreffen, ist keine neue Erkenntnis und aus der Beratungspraxis bekannt. An Glaubenssätzen zu rütteln wie „schon der Seniorchef wusste immer am besten, was gut für das Unternehmen ist" ist das Schwierigste, was sich ein Berater im BGM-Prozess aufbürden kann. Werden solche Themen, insofern sie tatsächlich von Bedeutung sind, allerdings nicht in Angriff genommen und am Ende eines Beratungsprozesses bleiben nur als Beispiel genannt ein paar wenige ergonomische Verbesserungen übrig, bleiben die Ergebnisse aus dem BGM-Prozess für alle Seiten unbefriedigend.

Die Paradoxien in den Familienunternehmen kann der Berater sicher nicht auflösen, doch kann es schon hilfreich sein, wenn sich das Unternehmen mit seinen Angehörigen dieser Paradoxien bewusst wird. Nach Schlippe verlieren die Paradoxien ihre lähmende Kraft, wenn eine Metaposition eingenommen werden kann (Schlippe 2007).

Das folgende Fallbeispiel zeigt, welche Chancen für einen Handwerksbetrieb durch einen BGM-Prozesse entstehen können.

4.5   Angewandtes BGM-Konzept

Die Abbildung „Gesundheit in der Arbeitswelt" (siehe Abb. 4.1) verdeutlicht das Aufgabenspektrum der Gesetzlichen Krankenversicherung im betrieblichen Gesundheitsmanagement. Die Krankenkassen konzentrieren sich besonders auf die Erbringung von Leistungen in der BGF.

Die Leistungen der Krankenkassen in der BGF standen teilweise in der Kritik, nicht nachhaltig angelegt zu sein und nur dem Zwecke zu dienen, in möglichst kurzer Zeit viele Adressen zu akquirieren, die später zur Neukundengewinnung genutzt werden. Das Fallbeispiel zeigt anschaulich, dass die Unterstützungsleistungen der IKK classic durch einen strukturierten BGM-Prozess deutlich intensiver als isolierte Maßnahmen wirken und auch einer Überprüfung der Qualität, wie sie zum Beispiel in der Luxemburger Deklaration zur betrieblichen Gesundheitsförderung in der Europäischen Union beschrieben sind, standhalten.

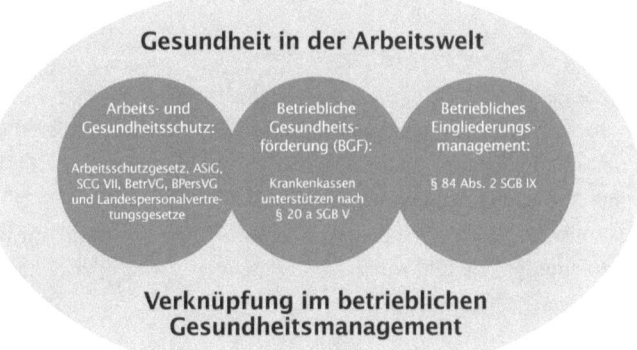

Abb. 4.1 Gesundheit in der Arbeitswelt. (Quelle: IKK classic 2016 in Anlehnung an GKV-Spitzenverband 2014)

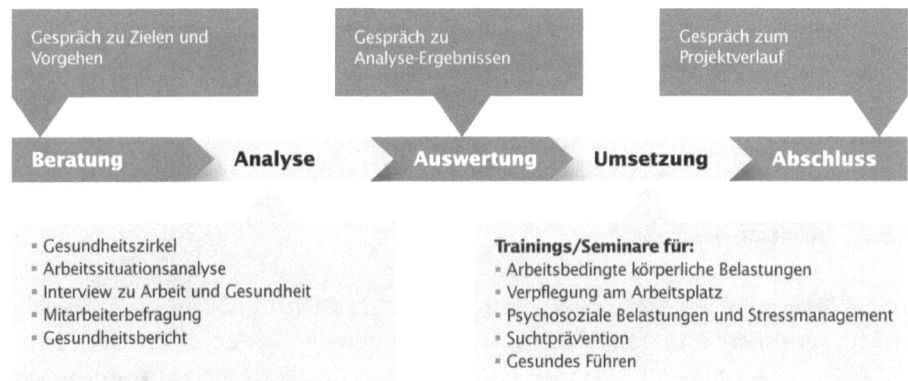

Abb. 4.2 Ablauf BGM der IKK classic. (Quelle: IKK classic 2016)

Das Vorgehen in der BGF wird in einem Gesamtprozess gesteuert, in den alle relevanten betrieblichen und ggfs. außerbetrieblichen Akteure eingebunden werden. Im Vorgehen werden bestehende Strukturen, wie zum Beispiel ein Arbeitsschutzausschuss genutzt, um diesen Prozess zu steuern. Wenn in kleineren Betrieben diese Strukturen nicht vorhanden sind, gilt es diese Strukturen aufzubauen und gleichzeitig nachhaltig anzulegen.

Gute Erfahrungen hat die IKK classic damit gemacht, diese Strukturen in gesonderten Vereinbarungen mit dem Betrieb festzuschreiben und damit eine größtmögliche Verbindlichkeit herzustellen.

Der gesteuerte Prozess im BGM der IKK classic, in den die Unternehmensleitung und die betriebliche Interessenvertretung, Mitarbeiter sowie ggf. weitere Experten mit eingebunden werden, wird in der Abb. 4.2 dargestellt.

4.6   Fallbeispiel Autocentrum Elliger in Oettersdorf (Thüringen)

Dieses Fallbeispiel zeigt einen typischen pragmatischen Zugangsweg von Handwerksunternehmen zur Implementierung eines BGMs. Ein konkreter Krankheitsfall eines Mitarbeiters rückte das Thema Gesundheit und Arbeit in den Fokus des Geschäftsführers.

Der betriebliche Entscheider benötigte sicherlich auch eine gewisse Sensibilität für das Thema Gesundheit verbunden mit der Erkenntnis, dass Gesundheit eben auch eine betriebliche Angelegenheit ist und nicht nur etwas, worum sich der Mitarbeiter in seiner Freizeit kümmern soll (IKK classic 2016).

4.6.1   Das Autocentrum Elliger

Beim Autocentrum Elliger sind 28 Mitarbeiter beschäftigt, von denen ca. die Hälfte in der Werkstatt arbeitet. Die anderen Mitarbeiter sind in den Bereichen Verkauf, Aufbereitung, Marketing und Buchhaltung beschäftigt. Geschäftsführer des Autocentrum Elliger ist Gerd Kögler.Das Unternehmen hat sich auf den Verkauf und die Reparatur von Citroën-Fahrzeuge.spezialisiert und zählt seit Jahren zum Club der besten Citroën-Händler Deutschlands.

4.6.2   Ausgangssituation

Als ein Mitarbeiter des Autocentrums Elliger aufgrund einer stressbedingten Erkrankung ausfiel, wurden die Zusammenhänge zwischen Gesundheit und Arbeit schnell zu einem wichtigen Thema im Unternehmen. Um alle Mitarbeiter für das Thema Stress zu sensibilisieren, wurde ein Workshop Stressmanagement durchgeführt.

Nach den positiven Erfahrungen aus diesem Workshop hatte Herr Kögler bewusst die Entscheidung getroffen in das Thema Gesundheit weiterhin Ressourcen zu investieren und ein BGM mit der IKK classic anzugehen. Sein Ziel war es, Gesundheit im Betrieb systemisch anzulegen und eine strukturierte Herangehensweise kennen zu lernen.

4.6.3   Die Etappen

Juli 2014   In dem Workshop Stressmanagement bekamen die Teilnehmer die Gelegenheit zu reflektieren, wie bei ihnen Stress entsteht und welche individuellen Ansatzpunkte sie haben. In einem Praxisteil wurden kleine Entspannungsmethoden als Möglichkeit einer kurzen Intervention während der Arbeit gelernt.

August 2014	Einstieg in ein nachhaltig angelegtes BGM. Auftaktgespräch mit Abschluss einer Rahmenvereinbarung und der Teilnahme am BGM-Bonus der IKK classic.
Oktober 2014	Interviews am Arbeitsplatz mit allen Beschäftigten in Werkstatt, Verkauf, Aufbereitung, Marketing und Buchhaltung. Bei den einzelnen Items hatten die interviewten Mitarbeiter die Möglichkeit, bei jeder Frage wie zum Beispiel „Anerkennung durch den Vorgesetzten" eine Wertung in fünf Abstufungen von „belastet mich" bis „fördert mich" anzugeben. Die fünf Wertungsmöglichkeiten werden durch einen Farbverlauf von rot über gelb zu grün von „beansprucht mich" bis hin zu „fördert mich" gekennzeichnet. Befragungsschwerpunkte waren Körperliche Einflussfaktoren, Arbeitsbedingungen, Arbeitsorganisation, Kommunikation, Verpflegung und derallgemeine Gesundheitszustand. Bei jeder Kategorie hatte der interviewte Mitarbeiternoch die Möglichkeit zu einer freien Äußerung.
November 2014	Besprechung der Ergebnisse des Auswertungsgespräches: Wichtigste Ergebnisse: Anhand der ausgewerteten Daten konnten keine Beanspruchungsschwerpunkte erkannt werden. Lediglich die einzelnen Fragen zu „Anerkennung durch Vorgesetzte", „Kommunikation" und „Umgang mit Stress" näherten sich mittleren Werten und waren damit außerhalb der mit farblich grün gekennzeichneter Wertung. Ein Alleinstellungsmerkmal dieses Projektes war, dass alle frei geäußerten Bemerkungen in den Maßnahmenplan übertragen wurden. Der Maßnahmenplan umfasste 67 Punkte. Wichtigste vereinbarte Ziele: Durchführung Seminar „Gesundes Führen" für Führungskräfte. Training „Psychosoziale Belastungen" für Mitarbeiter und Führungskräfte, Durchführung von Workshops mit den Mitarbeitern zur Verbesserung der innerbetrieblichen Kommunikation, ergonomische Arbeitsplatzbegehung durch einen Sportwissenschaftler, Training zum Umgang mit arbeitsbedingten körperlichen Belastungen für Mitarbeiter und Führungskräfte.
Januar 2015	Erste Intervention: Seminar Gesundes Führen. Inhalte: Belastungs-/Ressourcenmodell, Rolle der Führungskraft, Teufelskreis der Kommunikation, Unterbrechungsmöglichkeiten erarbeiten, Wertschätzung als Gesundheitsfaktor.
Januar 2015	Weitere Intervention: Training „Psychosoziale Belastungen am Arbeitsplatz". Inhalte: Stressprozess, eigene Stressoren und Bewältigungsmechanismen kennen lernen. Übungen zur Blitzentspannung kennen lernen und üben. Stressverstärker kennen lernen und bearbeiten. Systematisches Problemlösen kennen lernen und einüben.

Februar bis März 2015	Weitere Intervention: Training „Arbeitsbedingte körperliche Belastungen". Inhalte: Lösungsmechanismen kennenlernen, um arbeitsbedingte körperliche Belastungen zu reduzieren; eigene Bewegungsverhalten reflektieren und Verhalten anpassen können, Ausgleichsübungen kennen und Effekte einschätzen können.
April 2015	Abschlussgespräch mit schriftlicher Vereinbarung, welche Maßnahmen vom Betrieb weitergeführt werden. Wichtigste Vereinbarungen: Regelmäßige Mitarbeitergespräche, um die Kommunikation im Betrieb stetig zu verbessern; Verstärkung gemeinsamer Aktivitäten zur Steigerung des Wir-Gefühls; Hospitationen der Mitarbeitern untereinander und abteilungsübergreifend, um besser verstehen zu können, was Kollegen machen und was diese „bewegt"; Gesundheit bleibt „Chefsache".
Mai bis Juni 2015	Weitere Intervention: Training „Gesundheitsgerechte Verpflegung". Inhalte: Reflexion des eigenen Essverhaltens, Lösungsmechanismen zur Verbesserung der Verpflegung am Arbeitsplatz erlernen und Lösungen umsetzen, gemeinsames Pausenvesper.

4.6.4   Die wichtigsten Maßnahmen im Projekt

Thema: Wie kann die betriebliche Kommunikation und Information verbessert werden?
Lösungsansatz: Team Chat statt ständiger Unterbrechungen:

Ziel war es, interne Telefonate zu reduzieren, weil das bei den Mitarbeitern zu ständigen Störungen und Arbeitsunterbrechungen geführt hat.

Diese Kommunikation läuft nun über den Team Chat und kann nach Beendigung einer Tätigkeit bearbeitet werden. Jeder kann jedem bzw. einer definierten Gruppe eine Frage oder Info schicken. Diese erscheint als Sprechblase unten im Bildschirm und kann nicht weggeklickt werden und nicht übersehen werden. Sie verschwindet erst vom Bildschirm, wenn geantwortet wurde. Alle Kommunikation wird gespeichert und bleibt nachvollziehbar. Die Beschäftigten können nun den Zeitpunkt der Unterbrechung selbst steuern und nach der Beendigung einer Tätigkeit reagieren.

Was hat es gebracht? „Die Mitarbeiter fühlen sich deutlich weniger gestresst, weil sie das Telefon nicht dauernd unterbricht. Sie können ihre aktuelle Tätigkeit beenden und dann kurz antworten. Das spart deutlich Zeit ein und man erreicht schnell viele Kollegen. Sie haben es gut angenommen und alle nutzen es."

Thema: Wie kann ich effektive Arbeitsteams zusammenstellen?

Statement: „Ich stelle feste Teams in der Werkstatt bewusst zusammen."

Lösungsansatz: Herr Kögler, stellt die Schichten/Teams nach Mentalität und Wissensstand bewusst zusammen. Ihm ist es wichtig, dass die Mitarbeitenden, die eng zusammenarbeiten, sich menschlich gut verstehen und gerne zusammenarbeiten und dass sie sich vom Leistungs- und Wissensstand ergänzen und voneinander lernen. Sein Ziel ist, dass jede/s Schicht/Team den gleichen Leistungs- und Wissensstand hat. Dazu hat er für jeden Mitarbeiter ein persönliches kurzes Profil erstellt. Damit jedem im Team seine Aufgaben klar sind, hat er diese in konkreten Aufgabenbeschreibungen definiert und mit jedem besprochen.

Die Azubis haben immer den gleichen Ausbilder in der eigenen Schicht.

Was bringt's?: „Die Kompetenzen der Mitarbeitenden nehmen zu, weil sie unterschiedliche Stärken haben und voneinander lernen. Wenn einer ausfällt, bricht nicht gleich alles zusammen – effektive Zusammenarbeit."

Thema: Wie kann ich die Mitarbeiter beteiligen und effektiv Probleme lösen?

Lösungsansatz: Besprechung mit Führungskräften.

Erfolgsfaktor: jede Woche am selben Tag zur selben Uhrzeit – verbindlich.

Ablauf: Herr Kögler sammelt in einer Faltmappe alles, was die Woche über anfällt. Auch die Führungskräfte können ihm Themen bringen, die in die Faltmappe kommen. In der Besprechung wird Thema für Thema aus der Faltmappe besprochen und alle anfallenden Aufgaben verbindlich verteilt. In der nächsten Besprechung wird die Abarbeitung aller verteilten Aufgaben durchgesprochen.

Was bringt's?: „Die verteilten Aufgaben werden seither verbindlich abgearbeitet. Es findet ein wunderbarer Informationsaustausch zwischen Geschäftsführung und Führungskräften statt. Es herrscht eine offene Gesprächsatmosphäre – FK haben Raum für Probleme – es werden effektive Lösungen gefunden und somit Konflikte vermieden."

Thema: Wann greife ich ein?

Statement: „Wenn ich Konfliktanzeichen oder Unstimmigkeiten im Team wahrnehme, greife ich ein."

Lösungsansatz: Wenn Herr Kögler Unstimmigkeiten in einem Team wahrnimmt oder Mitarbeiter ihm davon berichten, ruft er die Betroffenen zu einem „Runden Tisch" zusammen. Das Vorgehen wurde bei der Einführung allen Mitarbeitenden vorgestellt und wird seitdem gelebt.

Alle setzen sich an einen runden Tisch. Jeder Mitarbeitende hat die Möglichkeit, seine Sichtweise des Problems vorzustellen. Alle sprechen nacheinander und jeder kann ausreden. Herr Kögler hört sich alle Sichtweisen und Standpunkte an und überlegt sich daraufhin Lösungsideen, die er den Betroffenen vorstellt und mit ihnen bespricht. Gemeinsam wird das weitere Vorgehen verbindlich vereinbart.

Was bringt's?: „Es geht oft um Kleinigkeiten, wo man sofort den Wind aus den Segeln nehmen kann und erst gar kein ernster Konflikt entsteht."

Thema: Überforderung vermeiden

Statement: Stress durch Veränderungen wird durch spezielle Schulungspläne deutlich reduziert

Lösungsansatz: Bei anstehenden Neuerungen/Veränderungen setzt sich Herr Kögler mit den betroffenen Mitarbeitern zusammen und entwickelt dafür gemeinsam einen Schulungsplan.

Zudem hat jeder Mitarbeiter einen individuellen Schulungsplan pro Jahr. Im Einzelgespräch werden Pflichtschulungen und Schulungen nach persönlichem Interesse des Mitarbeitenden für ein Jahr festgelegt.

Was bringt's?: Die Veränderungen lassen sich stressfreier einführen, weil alle gut eingebunden und vorbereitet sind. Auch die individuellen Weiterbildungsbedürfnisse werden berücksichtigt.

Thema: Wie kann ich die Beschäftigten beteiligen?

Statement: Wir haben eine Informationstafel im Pausenraum installiert.

Lösungsansatz: Die Idee dazu haben die Beschäftigten im Rahmen des Betrieblichen Gesundheitsmanagements entwickelt, weil sie besser informiert sein möchten. Die Informationen werden wöchentlich bzw. monatlich aktualisiert. Folgende Informationen werden ausgehängt:

Ein monatliches Rundschreiben über aktuelle Informationen, Änderungen, Neuerungen, Auswertungen (Statistiken über Verkaufs- u. Reparaturzahlen) und die Jahresergebnisse 1 × im April. Die Kundenzufriedenheitsbefragung.

Gemeinsame Aktivitäten mit Bildern (Ausflüge, Feste, …)

Urlaubskarten.

Rezeptwoche: eigene Rezepte von Mitarbeitenden werden montags ausgehängt – einfach+gesund, jede Woche neue Rezepte (Weiterführung des Seminars „gesunde Verpflegung", an dem die Mitarbeiter teilgenommen hatten).

Was hat's gebracht?: „Der Kommunikations- und der Infofluss haben sich verbessert; Mitarbeiter wissen Bescheid, was im Betrieb los ist; sie bringen jetzt mehr Ideen ein, um interne Abläufe zu verbessern, das Wir-Gefühl wird gestärkt."

Thema: Wie kann ich wertschätzendes Feedback geben, das der Andere es annehmen kann?

Statement: Ich beschäftige mich systematisch gemeinsam mit meinen Führungskräften mit dem Thema „wertschätzendes Feedback"

Lösungsansatz: Start dafür war ein Seminar zum Thema „gesundes Führen". Wertschätzendes Feedback war ein Themenblock. Danach haben wir gemeinsam in unserer regelmäßigen Führungsbesprechung das Thema aufgearbeitet und Maßnahmen dazu entwickelt. Wir haben uns auf ein strukturiertes Gespräch mit jedem Mitarbeiter 1 × pro Jahr vereinbart. Dafür haben wir einen Leitfaden und einen Vorbereitungsbogen entwickelt, haben die Gespräche durchgeführt und positives Feedback der Beschäftigten dafür bekommen. Um das alltägliche Feedback kümmert sich jede Führungskraft selbst. Wir machen die Erfahrungen damit in unseren Besprechungen zum Thema. Es ist ein fester Tagesordnungspunkt. Wir werden nun jedes Jahr einen Tag ein Seminar zum Thema „gesunde Führung" organisieren, damit wir an dem Thema dranbleiben und uns weiterentwickeln.

Was bringt's?: „Die Beschäftigten freuen sich über Feedback, sind motivierter und geben uns Wertschätzung zurück."

Thema: Wie kann ich gut für mich selbst sorgen?

Statement: „Ich bin mir durch das Seminar ‚gesunde Mitarbeiterführung' über meine Vorbildfunktion bewusst geworden."

Lösungsansatz: Herr Kögler macht sich nun bewusst Gedanken über sein Verhalten und reflektiert es. „Ich achte sehr darauf, wie ich mich ernähre. Ich bin sportlich aktiv. Ich achte auf meine Gesundheit. Die Seminare zu den Themen Bewegung, Ernährung und Stressbewältigung im Rahmen des Betrieblichen Gesundheitsmanagements haben mich da ein großes Stück weiter gebracht."

Was bringt's?: „Ich fühle mich selbst deutlich besser und meine Beschäftigten setzten sich auch mit der eigenen Gesundheit auseinander. Gesundheit ist bei uns im Betrieb zum Thema geworden."

Thema: Arbeitsvorbereitung und Materialwirtschaft optimieren

Lösungsansatz: Werkzeug und Maschinen sind einsatzbereit und die Mitarbeitenden übernehmen Verantwortung dafür. Jeder Mitarbeitende hat sein Werkzeug farblich markiert.

Es gibt einen festen Ansprechpartner für defektes Werkzeug bzw. Maschinen, der sich schnell darum kümmert.

Was bringt's?: „Die Verantwortlichkeit für das eigene Werkzeug hat sich erhöht und die Mitarbeiter kümmern sich gut darum."

Thema: Verbesserung des Gesundheitsverhaltens in Bezug auf Verpflegung am Arbeitsplatz

Lösungsansatz: Essen und Trinken in angenehmer Atmosphäre und ohne Hetze

Gemeinsam Essen kann das Team stärken – ist aber keine Pflicht

Im Rahmen des Betrieblichen Gesundheitsmanagements wurde das Thema „gesunde Pausenverpflegung" in drei Seminareinheiten im Betrieb durchgeführt. Zum Abschluss hatten die Mitarbeiter die Aufgabe ein „gesundes Buffet" zu organisieren. Jeder hat etwas dafür mitgebracht. Das hat allen so viel Spaß gemacht, dass gemeinsam beschlossen wurde, dies zweimal pro Jahr zu wiederholen.

Was bringt's?: „Ich staune regelmäßig, was die Mitarbeiter vor- und zubereiten. Das hätte ich nicht gedacht. Das ist ‚gehobenes Restaurantniveau'. Ich mache gar nichts. Es ist toll, wie sie das umsetzen."

4.6.5 Abschließende Statements der Akteure

Zum Projektende haben sich das Autocentrums Elliger und die IKK classic noch einmal in abschließenden Statements zu dem Projekt geäußert.

Gerd Kögler, Geschäftsführer

„Meine Mitarbeiter sind unser größtes Kapital. Mit Unterstützung der IKK classic haben wir ein Gesundheitsmanagement erfolgreich eingeführt. Schwerpunkte waren Maßnahmen zur Stressbewältigung, die Verbesserung der Ergonomie an den Arbeitsplätzen und die Wichtigkeit einer gesunden Verpflegung bewusst zu machen. Der Erfolg ließ nicht lange auf sich warten. Mitarbeiter und Geschäftsleitung setzen gemeinsam das Gelernte nachhaltig um. Neue Handlungsfelder für das nächste Jahr wurden bereits vorgeschlagen."

Michael Zschach, Meister

„Seitdem jeder sein eigenes, farblich gekennzeichnetes Werkzeug hat, entfällt lästiges Suchen. Jeder hält seine Sachen in Schuss und hat sie sofort griffbereit."

Gesundheitsmanagerin der IKK classic, Kerstin Wagner

„Kommunikation im Unternehmen passiert nicht unbedingt automatisch, daher ist es wichtig, entsprechende Strukturen zu schaffen. Das kann die tägliche Morgenbesprechung sein, die Schichtübergabe, eine Pinnwand oder ein gemeinsamer Pausenraum, der von den Mitarbeitern zu festgelegten Zeiten genutzt wird."

4.7 Schlussbetrachtung

BGM ist in kleinen Handwerksunternehmen genauso gut umsetzbar wie in großen Unternehmen. Der betriebliche Entscheider, hier meistens der Geschäftsführer oder der Betriebsinhaber, spielt eine entscheidende Rolle im Prozess. Besonders befriedigende Schlussbetrachtungen der Beteiligten ergeben sich, wenn neben der ökonomischen Nutzenerwartung, die mit der Implementierung eines BGMs verbunden wird, auch der humanitäre Aspekt eine Rolle bei der Herangehensweise spielt. Kürzere Entscheidungswege, flachere Hierarchien und eine direkte Kommunikation zu den Beschäftigten sind Erfolgsfaktoren, die besonders kleinere Unternehmen auszeichnen.

Bei der Sicherung der Nachhaltigkeit ist besonders darauf zu achten, dass Verantwortlichkeiten im Unternehmen breit auf verschiedene Akteure und nicht nur auf den betrieblichen Entscheider verteilt werden.

Literatur

BKK Bundesverband (Hrsg) (2008) Wirksamkeit und Nutzen betrieblicher Gesundheitsförderung und Prävention. iga.Report 13. BKK Bundesverband, Essen

BKK Bundesverband (Hrsg) (2011) Motive und Hemmnisse für Betriebliches Gesundheitsmanagement (BGM). iga.Report 20. BKK Bundesverband, Berlin

Bundesagentur für Arbeit (Hrsg) (2014) Statistik: Arbeitsmarkt in Zahlen, Betriebe und sozialversicherungspflichtige Beschäftigung. Bundesagentur für Arbeit, Nürnberg

DNBGF (Hrsg) (2015) Positionspapier KLEIN – GESUND – WETTBEWERBSFÄHIG: Betriebliche Gesundheitsförderung in Kleinbetrieben stärken. Deutsches Netzwerk für Betriebliche Gesundheitsförderung (DNBGF). http://www.dnbgf.de/fileadmin/downloads/foren/kmu/DNBGF_KMU_Positionspapier_2015.pdf. Zugegriffen: 26. Febr. 2016

GKV-Spitzenverband (Hrsg) (2014) Leitfaden Prävention. GKV-Spitzenverband, Berlin

GKV-Spitzenverband (Hrsg) (2015) Präventionsbericht 2015. GKV-Spitzenverband, Korschenbroich

GKV-Spitzenverband (Hrsg) (2016) Kennzahlen der Gesetzlichen Krankenversicherung. GKV-Spitzenverband, Berlin

IKK classic (2016) Betriebliches Gesundheitsmanagement – Unsere Referenzen. https://www.ikk-classic.de/oc/de/firmenkunden/gesund-im-betrieb/betriebliches-gesundheitsmanagement/. Zugegriffen: 20. Febr. 2016

IKK e. V. (2016) Entstehung und Geschichte der Innungskrankenkassen. https://www.ikkev.de/wir-ueber-uns/ikk-system-historie/. Zugegriffen: 28. Febr. 2016

Luhmann N (1978) Soziologie der Moral. In: Luhmann N, Pfürtner SH (Hrsg) Theorietechnik und Moral. Suhrkamp, Frankfurt a. M, S 8–116

NPK (Hrsg) (2016) Bundesrahmenempfehlungen der Nationalen Präventionskonferenz nach § 20d Abs. 3 SGB V, verabschiedet am 19. Februar 2016, Nationale Präventionskonferenz (NPK), Berlin

Schlicht E (2003) Der Homo oeconomicus unter experimentellem Beschuss. In: Held M, Kubon-Gilke G, Sturn R (Hrsg.) Experimentelle Ökonomik. Jahrbuch Normative und institutionelle Grundfragen der Ökonomik 2, Metropolis, Marburg, S 291–330

Schlippe A von (2007) Paradoxien in Familienunternehmen. Z Familienunternehmen Stift 2011(1):8–13

Schlippe A von (2011) Das Balancieren von Paradoxien in Familienunternehmen – mit der Struktur versöhnen. In: Rausch K (Hrsg) Organisation gestalten – mit Struktur vereinen. Lengerich, Pabst, S 109–127

ZDH (Hrsg) (2014) Daten und Fakten zum Handwerk für das Jahr 2014, Zentralverband des Deutschen Handwerks (ZDH). https://www.zdh.de/daten-fakten/kennzahlen-des-handwerks.html. Zugegriffen: 11. Jan. 2016

ZDH (Hrsg) (2016) Flüchtlinge für das Handwerk gewinnen. Zentralverband des Deutschen Handwerks (ZDH). https://www.zdh.de/presse/interviews/fluechtlinge-fuer-das-handwerk-gewinnen.html. Zugegriffen: 11. Jan. 2016

Über den Autor

Frank Klingler Diplom Sportpädagoge ist Referent für Betriebliches Gesundheitsmanagement bei der IKK classic. Er vertritt die IKK classic in verschiedenen Gremien, Zusammenschlüssen und Arbeitsgemeinschaften, wie dem Arbeitskreis Gesundheit in der Arbeitswelt, der Gemeinsamen Deutschen Arbeitsschutzstrategie (GDA) und der

Offensive Mittelstand – einer Initiative von INQA. Als größte handwerkliche Krankenkasse ist die IKK classic bundesweit tätig und betreut Versicherte und Arbeitgeber in
ganz Deutschland. Die Kasse mit Hauptsitz in Dresden ist mit rund 7.000 Beschäftigten an bundesweit über 250 Standorten tätig. Die IKK classic bietet Betrieben an allen
Standorten Begleitung, Beratung und Unterstützung im BGM durch erfahrene und qualifizierte Gesundheitsmanager an.

BGM-3-Jahreskonzept: Erfolgreiche Umsetzung im Detailhandelsunternehmen

Urs Näpflin, Claude Chappuis und Frédéric Favre

Zusammenfassung

Unfälle im Beruf und in der Freizeit, aber auch krankheitsbedingte Fehlzeiten machen oft einen markanten Anteil der beeinflussbaren betrieblichen Kosten aus. Noch höher sind die Kosten auf der Basis von Produktivitätsverlusten, welche durch Präsentismus, also Beschwerden und gesundheitliche Probleme der Mitarbeitenden am Arbeitsplatz, entstehen. Das Detailhandelsunternehmen Migros Wallis wollte mit einem 3-Jahreskonzept für betriebliches Gesundheitsmanagement die Absenzen senken und auf tiefem Niveau stabilisieren. Zugleich wollte das Unternehmen auch motivierende und stimulierende Arbeitsbedingungen schaffen. Auf der Basis einer Sondierung zu Beginn wurden drei Handlungsfelder definiert: Ergonomie, Ernährung und Bewegung und mental und emotional gesund. Die Umsetzung der einzelnen Handlungsfelder erstreckte sich über je ein Jahr. Dabei wurde der Führungsschulung und der Kommunikation großes Gewicht beigemessen. Praxisbezogene Workshops, Informationsveranstaltungen und Angebote für die Mitarbeitenden waren weitere zentrale Komponenten in der Umsetzung. Und der Erfolg? Es konnte schon im zweiten Jahr eine Reduktion der krankheitsbedingten Fehlzeiten um 23 % festgestellt werden.

U. Näpflin (✉)
Fachgruppe Beratung BGM, Suva, Fluhmattstr. 1, 6002 Luzern, Schweiz
E-Mail: urs.naepflin@suva.ch

C. Chappuis
Offres de prévention, Suva, Fluhmattstr. 1, 6003 Luzern, Schweiz
E-Mail: claude.chappuis@suva.ch

F. Favre
Département ressources humaines, Société coopérative Migros Valais, Rue des Finettes 45, 1920 Martigny, Schweiz
E-Mail: frederic.favre@migrosvs.ch

© Springer Fachmedien Wiesbaden 2016
M.A. Pfannstiel und H. Mehlich (Hrsg.), *Betriebliches Gesundheitsmanagement*,
DOI 10.1007/978-3-658-11581-4_5

Damit ergibt sich allein aufgrund der geringeren Fehlzeitenrate ein Einsparpotenzial im Durchschnitt über die drei Jahre von 1.5 Mio. CHF. Es ist auch davon auszugehen, dass die Problematik des Präsentismus verringert wurde.

Inhaltsverzeichnis

5.1   Einleitung

Viele Wege führen nach Rom. Welcher ist wohl der beste? Vor dieser Frage stehen viele Unternehmungen, wenn es darum geht, die Gesundheit, Leistungsfähigkeit und Anwesenheit der Mitarbeitenden zu fördern. Leider gibt es kein Navigationsgerät, um diese Frage zu beantworten. So lassen es viele Unternehmungen trotz Handlungsbedarf bei Alibiübungen bewenden. Die Migros Genossenschaft Wallis in Martigny, Schweiz stand als Detailhandelsunternehmen und mit über 1700 Mitarbeitenden vor dieser Frage. Bereits im 2014 erfüllte das Unternehmen die BGM-Qualitätskriterien und wurde mit dem Label Friendly Work Space© ausgezeichnet. Damit bekannte sich die Geschäftsleitung zum mitarbeiterorientierten, nachhaltigen betrieblichen Gesundheitsmanagement. Ein zentraler Aspekt in dieser Entwicklung stellte das in Kooperation mit dem Präventionspartner Suva und weiteren Partnern entwickelte 3-Jahres-Präventionskonzept dar.

Das Konzept orientierte sich an den folgenden Leitlinien der Luxemburger-Deklaration (2016), welche zugleich als Erfolgskriterien für die betriebliche Gesundheitsförderung gelten:

- Partizipation: Einbezug der gesamten Belegschaft
- Integration: Berücksichtigung von BGF bei allen wichtigen Entscheidungen und in allen Unternehmensbereichen
- Projektmanagement: Systematische Durchführung der Maßnahmen und Programme
- Ganzheitlichkeit: Verhaltens- als auch verhältnisorientierte Maßnahmen; Verbinden von Risikoreduktion und Ausbau von Schutzfaktoren und Gesundheitspotenzialen.

5.2   Zielsetzung des Gesamtprojekts

Unfälle im Beruf und Freizeit und vor allem krankheitsbedingte Fehlzeiten machen oft einen markanten Anteil der betrieblichen Kosten aus. Zusätzlich beträgt der Anteil an verlorenen Arbeitsstunden und damit Produktivitätseinbußen bei Beschwerden am Arbeitsplatz bzw. „Arbeit trotz Krankheit" im Durchschnitt 8 % (Präsentismus 2011). Verlorene Arbeitsstunden durch Präsentismus werden auf das 2-Fache bis 4.7-Fache der Fehlzeiten veranschlagt (Präsentismus kann teuer werden 2011).

Die Absenzen zu senken und auf tiefem Niveau zu stabilisieren war das Hauptziel des Projekts. Mit der „Strategie Migros Valais 2011–2015" unter dem Stichwort „betriebliches Gesundheitsmanagement - BGM" wurden folgende Teilziele verfolgt:

1. Sensibilisieren aller Mitarbeitenden bezüglich der Themen Sicherheit bei der Arbeit, in der Freizeit und im Sport
2. Empfehlungen und Instrumente hierfür zur Verfügung stellen
3. Motivierende und stimulierende Arbeitsbedingungen schaffen und dabei die Sicherheit und Gesundheit respektieren
4. Die vorbildliche, respektvolle Haltung bezüglich Sicherheit und Gesundheit gegenüber den Mitarbeitenden auch in der Öffentlichkeit kommunizieren.

Unter dem Projekttitel: „Vivre mieux au quotidien – besser leben im Alltag" sollte das individuelle Verhalten thematisiert aber auch betriebliche, strukturelle Rahmenbedingungen angegangen werden.

5.3   Vorgehen von der Planung bis zur Evaluation des BGM-Konzepts

Im Folgenden werden die Schritte von der Sondierung über die Planung, Umsetzung bis zur Evaluation im Konzept beschrieben. Besonders hervorzuheben ist die Bedeutung der Kommunikation, welche in der Planung aber auch in der Umsetzung besonders gewichtet wurde.

5.3.1   Sondierung, Planung

Wo wollte man ansetzen? Welche Themen sollten im Zentrum stehen? Welches war die wirksame, nachhaltige und dennoch kostengünstige Strategie? Wie sollten Geschäftsleitung, Führungskräfte und allen voran die Mitarbeitenden überzeugt und motiviert werden?

Resultate der Mitarbeiterumfrage zeigten erste Hinweise über die Handlungsfelder. Es waren Probleme mit der Arbeitsplatzgestaltung und den vielfältigen körperlichen

Belastungen im Verkauf, in der Logistik oder in der Administration. Ebenso zeigten die Unfallkennzahlen, dass Stolper-, Rutsch- und Sturzunfälle in der Arbeit und in der Freizeit überdurchschnittlich hoch waren. Als bedeutendes Handlungsfeld wiesen die Ausfallkennzahlen und Beobachtungen auch auf das Thema Gesundheitsbewusstsein, Fitness und (Fehl-)Ernährung hin. Schließlich sollte aufgrund gehäufter Ausfälle mit psychischen und Erkrankungen die psychosozialen Symptome und Belastungen analysiert und entsprechende Maßnahmen umgesetzt werden.

Der Vorgehensprozess orientierte sich an folgendem Konzept zur Implementierung eines BGM-Systems (Abb. 5.1).

Der Aktionsplan wurde auf drei Phasen aufgeteilt (Abb. 5.2).

1. Phase: Körperliche Aktivität und Ergonomie (2013)
2. Phase: Ernährung und Bewegung (2014)
3. Phase: Mental und emotional gesund (2015)

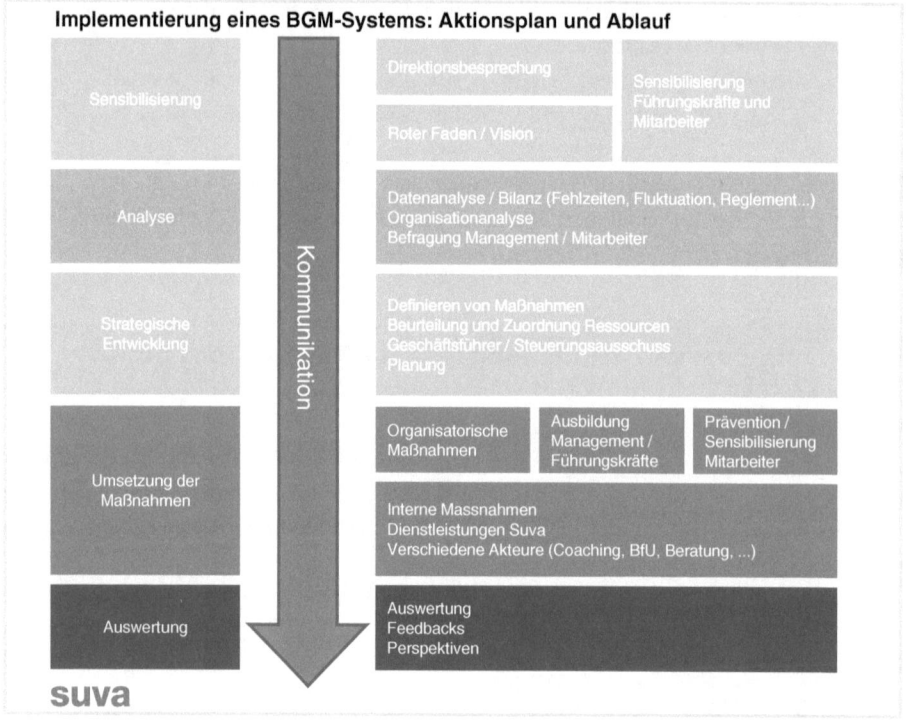

Abb. 5.1 Vorgehensschritte zur Implementierung eines BGM-Systems. (Quelle: Eigene Darstellung Suva 2015)

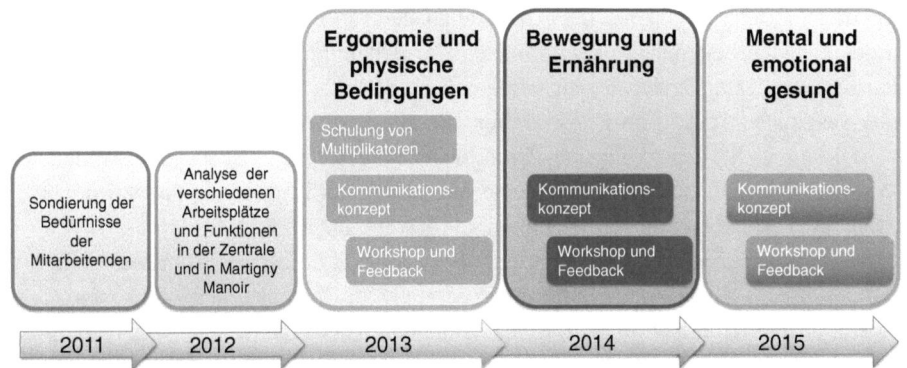

Abb. 5.2 Vorgehensschritte zur Implementierung eines BGM-Systems. (Quelle: Eigene Darstellung Migros VS 2014)

5.3.2 Kommunikation

Die Erfahrung zeigt, dass der betriebsinternen Kommunikation oft zu wenig Beachtung geschenkt wird. Mit klaren Kennzahlen und einem überzeugenden Maßnahmenkonzept kann die Geschäftsleitung für die Notwendigkeit von Maßnahmen überzeugt werden. Das genügt aber nicht. Die mittleren und unteren Managementebenen müssen ebenfalls im Boot sein. Sie sind es, welche hinter den Maßnahmen stehen müssen. Sie sind es, die mit ihrer Vorbildfunktion motivierend unterstützen können und durch ihr organisatorisches Engagement schließlich den Betrieb trotz allem aufrechterhalten müssen.

Die Projektleitung für BGM kämpft oft mit der Skepsis der Führungspersonen. Forderung, die Präventionsaktivitäten mit möglichst geringem organisatorischem und zeitlichem Aufwand umzusetzen, sind weitere Hürden, wirkungsvoll intervenieren zu können. Im Projekt gelang es schließlich, die Führungspersonen zu überzeugen indem sie frühzeitig über das Gesamtkonzept informiert wurden. Auch der frühe Einbezug in die Planung während der einzelnen Umsetzungsphasen diente diesem Zweck. Schließlich verhallten die skeptischen Voten aufgrund der sehr positiven Feedbacks der Mitarbeitenden in der ersten Umsetzungsphase.

5.3.3 Körperliche Aktivität und Ergonomie 2012 bis 2013

Nach der Analyse der körperlichen Belastungen an den Arbeitsplätzen wurde ein Schulungskonzept zur individuellen Beratung am Arbeitsplatz durch einen Physiotherapeuten und CREE (Centre for Registration of European Ergonomists) zertifizierten Ergonomen erstellt. Externe Multiplikatoren, allesamt mit Fachausbildung in Physiotherapie, setzten das Konzept bei allen Mitarbeitenden am Einzelarbeitsplatz um. Dabei wurden gemeinsam mit den Mitarbeitenden die ergonomische Gestaltung der Arbeitsplätze und die körperlichen Belastungen bei der Arbeit analysiert. Je nach Belastungsschwerpunkten wurden die Mitarbeitenden in der optimalen Körperhaltung, dem kraftschonenden Bewegungsablauf oder der guten Lastenhandhabung angeleitet. Hinweise auf die Bedeutung eines Ausgleichs- und Kräftigungstrainings rundeten die Beratung ab. Festgestellte technische Mängel, Stolperstellen oder Umfeldbelastungen wie z. B. Zugluft wurden rapportiert und zeitnah durch entsprechende Maßnahmen korrigiert. Begleitet wurden die Maßnahmen mit zielgerichteten Kommunikationsmitteln (Abb. 5.3).

154 individuelle Beratungen wurden allein an Bildschirmarbeitsplätzen umgesetzt. 65 Beratungsgespräche und Maßnahmen betrafen die Informatik. 98 Personen in der Logistik trainierten die optimale Lastenhandhabung. Hier konnten auch einzelne organisatorische oder technische Entlastungsmaßnahmen umgesetzt werden. Im Verkauf wurden 1022 Personen bezüglich guter Haltung und Entlastung bei der Lastenhandhabung geschult. Zugleich konnten 132 Verbesserungsmaßnahmen im Kassenbereich umgesetzt werden.

Die Feedbacks zeigten ein überwältigendes Resultat. Über 90 % zeigten sich zufrieden bis sehr zufrieden mit der individuellen Beratung und Schulung am Arbeitsplatz. Dieses Resultat wurde nicht zuletzt auch aufgrund der unzähligen umgesetzten technischen oder arbeitsplatzbezogenen Maßnahmen erreicht. Für die Führungskräfte erwies sich das Umsetzungsmodell ebenfalls als optimal. So mussten die Einsatzpläne nicht verändert und das Personal im direkten Kundenkontakt nur kurzfristig aus dem Arbeitsprozess genommen werden.

Abb. 5.3 Kommunikationsmittel zum Thema körperliche Belastungen und Gleichgewichtstraining zur Sturzprävention. (Quelle: Eigene Darstellung Migros VS 2016)

5.3.4   Ernährung und Bewegung (2014)

In der vorangegangen Phase wurde die Vertrauensbasis gegenüber dem Thema BGM geschaffen. So war der Grundstein gelegt, in der zweiten Phase das individuelle, persönliche Gesundheitsverhalten ansprechen zu können. Folgenden drei Säulen standen im Zentrum der Umsetzung:

- Selbstanalyse zum Ernährungsverhalten mittels Fragebogen
- Workshops (Atelier zum Thema Essen im Alltag, Fachkurs zum Thema Ernährung)
- Weitergehende individuelle Ernährungs- und Bewegungsberatung.

Acht Ernährungsfachspezialisten setzten die Ateliers und Workshops um. Es wurden 26 Kurzworkshops zum Thema ausgewogene Zwischenverpflegung (z. B. Zusammenstellen eines Sandwichs nach den Ernährungsgrundlagen) in der Nähe der Arbeitsplätze veranstaltet. Die Teilnehmenden konnten sich dabei zusätzlich für eine individuelle Erstberatung bei einer Ernährungsfachperson anmelden. In einem etwa halbstündigen Beratungsgespräch wurden, auf der Grundlage eines vorab zugesandten Fragebogens, das jeweilige Ernährungs- und Bewegungsverhalten besprochen und ein individueller Maßnahmenplan erstellt. Zugleich wurden die Mitarbeitenden motiviert, die geplanten Schritte umzusetzen. Schließlich wurden den Mitarbeitenden Ernährungsfachkurse angeboten. Die ursprünglich geplanten 4 Kurse mussten auf 10 erweitert werden. Begleitet wurde das Thema Bewegung und Ernährung durch weitere Maßnahmen:

- Versand eines Briefes mit der Ankündigung der Kampagne an alle Mitarbeitenden
- Verteilung einer Wasserflasche und eines Informationsblatts zum Thema Wasser
- Plakate (Abb. 5.4) und Broschüren zum Thema Ernährung und Bewegung

Abb. 5.4 Plakate zum Ernährungsverhalten. (Quelle: Eigene Darstellung Migros VS 2014)

Insgesamt zeigte sich auch hier eine sehr hohe Gesamtzufriedenheit der über 1000 Teilnehmenden mit einem Durchschnittswert von 9.0 auf der Skala von 10 Punkten.

5.3.5   Mental und emotional gesund (2015)

Unter dem Slogan: „A quoi ressemble votre journée – wie sieht dein Tag aus?" wurde das Thema psychische Ausgeglichenheit und Gesundheit thematisiert. Drei Ansatzebenen stand dabei im Zentrum:

- Analyse der individuellen und betrieblichen Stressbelastung und Stressursachen mittels Online-Fragebogen www.stressnostress.ch (Stressnostress 2016). Die generellen Resultate der Analyse wurden den Mitarbeitenden schriftlich kommuniziert. Gleichzeitig wurde darauf hingewiesen, dass dort betriebliche Maßnahmen angegangen würden, wo sich auf der Grundlage der Analyse Handlungsbedarf ergeben würde.
- Informationsveranstaltung für Mitarbeitende zum Stressmanagement und Empfehlung zu betrieblichen Angebote im Umgang mit Stress wie z. B. individuelle Beratung, Entspannungstechniken, Zeitmanagement (Abb. 5.5).
- Schulung der Führungspersonen zum Stressmanagement, zur Früherkennung und Wiedereingliederung bei stressbedingten Fehlzeiten ihrer Mitarbeitenden

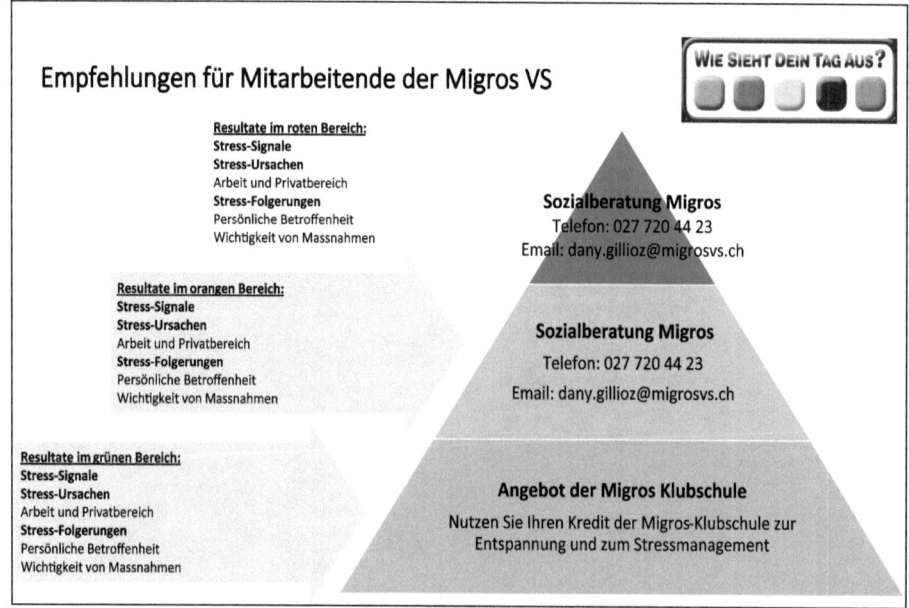

Abb. 5.5 Weitergehende Kurs- und Beratungsangebote für Mitarbeitende zum Thema mentale und emotionale Gesundheit. (Quelle: Eigene Darstellung Migros VS 2015)

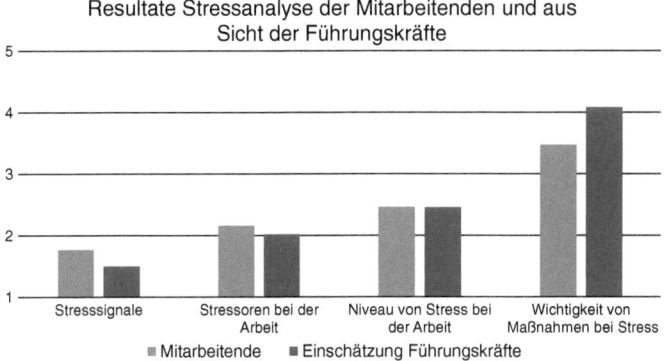

Abb. 5.6 Resultate der Stressanalyse bei den Mitarbeitenden (N = 420) und Einschätzung des Stressniveaus bei den Mitarbeitenden durch Führungskräfte (N = 158). (Quelle: Eigene Darstellung Suva 2016)

- Umsetzung von Maßnahmen entsprechend der Analyseergebnisse auf organisationaler Ebene.

Viele Mitarbeitende verfügen nicht über einen PC-gestützten Arbeitsplatz. So musste das Angebot der individuellen Stressanalyse brieflich erfolgen. Das war sicher einer der Gründe für den eher geringen Rücklauf von 25 %. Auch die Resultate der Analyse, welche ein eher tieferes Stressniveau zeigten (Abb. 5.6), können als Grund herangezogen werden. Das Stressniveau wurde von den Mitarbeitenden in etwa auf dem Niveau von Referenzbetrieben der Schweiz beurteilt. In einzelnen Organisationseinheiten zeigten sich höhere Werte. Diese werden mit den Zuständigen im Rahmen der Maßnahmenplanung weiter verfolgt.

Das Thema Stress war folglich für viele Mitarbeiterinnen und Mitarbeiter nicht derart brisant, dass sie sich damit auseinander setzen mussten und wollten. Dies bestätigte auch die Einschätzung durch die Führungskräfte, welche das Stressniveau ihrer Mitarbeitenden ähnlich tief beurteilten.

Insgesamt aber war die Auseinandersetzung mit dem schwierigen Thema sowohl für die Mitarbeitenden als auch für die Führungskräfte wertvoll. Dies bestätigten die positiven Feedbacks. Zugleich wurde damit ein Instrumentarium zur Enttabuisierung und zum richtigen Umgang mit psychischen und stressbedingten Erkrankungen bei den Führungskräften geschaffen.

5.4 Schlussbetrachtung und Ausblick

Erfolg ergibt sich nur, wenn man davon überzeugt ist. Diese Grundhaltung wurde von der Projektleitung und der Geschäftsleitung von Beginn vermittelt. Letztere gab schließlich das Okay zum Startschuss für ein dreijähriges Projekt, für welches in dieser Zeit über 300.000 CHF investiert wurden.

Und der Erfolg? Es konnte bereits nach zwei Jahren eine Reduktion der krankheitsbedingten Fehlzeiten um 23 % festgestellt werden. Damit ergibt sich allein aufgrund der
geringeren Fehlzeitenrate ein Einsparpotenzial im Durchschnitt über die drei Jahre von
1.5 Mio. CHF. Es ist auch davon auszugehen, dass die Problematik des Präsentismus
verringert wurde.

Nun geht es darum, den Erfolg zu konsolidieren. Als nächste Schritte wird die Füh-
rungskräfte-Schulung mit dem Thema BGM erweitert. Zudem soll das Thema Arbeitsplatzgestaltung und Ergonomie periodisch neu lanciert, die Auszubildenden in das
Konzept stärker einbezogen und die Stress- und Gesundheitsanalyse mit entsprechenden
Maßnahmen systematisch wiederholt werden.

Literatur

BKK (2011) Präsentismus kann teuer werden. BKK 2011(4):247 ff
Bundesanstalt für Arbeitsschutz und Arbeitsmedizin (2011) Präsentismus. Ein Review zum Stand
    der Forschung. Bundesanstalt für Arbeitsschutz und Arbeitsmedizin, Dortmund
Luxemburger-Deklaration (2016) Luxemburger-Deklaration. http://www.luxemburger-deklaration.de.
    Zugegriffen: 29. Febr. 2016
Stressnostress (2016) Stressnostress. http://www.stressnostress.ch. Zugegriffen: 29. Febr. 2016

Über die Autoren

Dr. phil. Urs Näpflin hat nach seiner Ausbildung zum diplomierten Pflegefachmann
7 Jahre im Kantonsspital Luzern und Sarnen in der Akutpflege gearbeitet. Er absolvierte
in dieser Zeit das Studium der Psychologie an der Universität Zürich und schloss dieses
mit dem Doktorat im Bereich Arbeitswissenschaften ab. Während seiner Tätigkeiten in
der Forschung und einem Nachdiplom-Abschluss in Arbeit und Gesundheit an der ETH
Zürich arbeitete er als Arbeitshygieniker und Arbeitspsychologe bei der Assekuranz Broker
AG in Zürich. Seit 2002 ist Urs Näpflin bei der Schweizerischen Unfallversicherung Suva
als Leiter der Fachgruppe Präventionsberatung tätig. Mit seinem Fachteam, bestehend aus
den Spezialisten der Bereiche HR, Ergonomie, Physiotherapie, Gesundheitspsychologie
und Bewegungswissenschaften berät er Betriebe in Fragen des betrieblichen Gesundheitsmanagement. Ergänzend zur Beratungstätigkeit ist er in der Planung, Organisation und
Umsetzung von Tagungen, Lehrgängen, Kursen und Workshops involviert.

Claude Chappuis hat nach seiner Ausbildung zum Buchhalter und dem anschlie-
ßenden Studium in Kulturmanagement an der Universität Lausanne verschiedene
Sprachaufenthalte in Deutschland, Kanada und Italien absolviert. Danach arbeitete er
während 17 Jahren als stellvertretender Leiter in der Finanzabteilung des Schweizerischen Landesmuseums in Zürich. Seit acht Jahren ist er der bei der Schweizerischen

Unfallversicherung Suva tätig. Sein Aufgabengebiet umfasst die Lehrtätigkeit und die Unternehmensberatung mit den Schwerpunkten Prävention von Freizeitunfällen und betriebliches Gesundheitsmanagement. Weiter leitet er Projekte zur Forschung und Entwicklung von Präventionsmodulen unter anderem mit Methoden der digitalen Kommunikation und der virtuellen Realität.

Dr. Frédéric Favre ist Inhaber eines eidgenössischen Diploms im Personalwesen sowie eines Masters in Organisationsmanagement und Entwicklung des Humankapitals. Zudem hat er ein Executive Doctorate in Business Administration erfolgreich abgeschlossen. In seiner beruflichen Laufbahn war er bei mehreren großen Detailhändlern in verschiedenen Positionen im Personalwesen tätig. Seit mehreren Jahren arbeitet Frédéric Favre bei Migros Wallis im Personalwesen, ab 2014 als Leiter HR. Seit seiner Tätigkeit in der Migros Wallis ist Frédéric Favre unter anderem Gründer und Leiter eines Unternehmens, das Unternehmen im Personalwesen beratend zur Seite steht, er gibt HR-Kurse an der Fachhochschule HEG Arc in Neuenburg, ist Gerichtsbeisitzer am Arbeitsgericht Kanton Wallis und Prüfungsexperte an den eidgenössischen HR-Diplomprüfungen.

Gesundes Handeln bei Entrepreneuren – Was etablierte Unternehmen lernen können

6

Tobias Bergmann

Zusammenfassung

Start-ups sind junge Unternehmen, die in der Regel über wenige Ressourcen verfügen und in eine noch ungewisse Zukunft blicken. Vermeintlich bündeln Entrepreneure, die Akteure in den Start-ups, die vorhandenen Ressourcen nicht auf den Bereich betriebliche Gesundheit. Doch der teils bewusste, teils unbewusste Umgang der Gründer mit dem Thema Stress bietet für etablierte Unternehmen wertvolle Perspektiven auf gesundes Handeln unter knappen Ressourcen. Ziel des Beitrags ist es, mit dem Rückgriff auf eine im Jahr 2014 in der Gründerszene Kaiserslauterns durchgeführte qualitative Untersuchung, verschiedene Handlungsempfehlungen für Start-ups wie auch für etablierte Unternehmen anzubieten. Die aufgezeigten Handlungsmöglichkeiten liegen hierbei auf der Mikro-, Meso- und Makroebene. Eine der wichtigsten Ressourcen ist das Eigen- und Fremdverständnis als selbst reflektierter Ermöglicher. Dieses Rollenbild räumt den handelnden Individuen ein Expertentum der eigenen Gesundheit ein und eröffnet ein Bewusstsein für Stressoren und Ressourcen.

Inhaltsverzeichnis

T. Bergmann (✉)
Kaiserslautern, Deutschland
E-Mail: Tobias.Bergmann1@gmx.de

© Springer Fachmedien Wiesbaden 2016
M.A. Pfannstiel und H. Mehlich (Hrsg.), *Betriebliches Gesundheitsmanagement*,
DOI 10.1007/978-3-658-11581-4_6

6.1   Einleitung

Die Forschung zu dem Thema Entrepreneurship ist lange Zeit vernachlässigt worden und erlebt erst seit den letzten Jahrzehnten einen Aufschwung und den Versuch, die Forschung zu systematisieren (vgl. Fueglistaller et al. 2008, S. 5 f.). Dabei finden sich auch zu dem Thema Stressoren und Ressourcen in Start-ups nur vereinzelte Forschungsarbeiten, die einen Blick auf das Gesundheitshandeln der Gründer (In diesem Beitrag wird aufgrund einer besseren Lesbarkeit auf Formen wie „EntrepreneurInnen" und „ArbeitnehmerInnen" verzichtet. Die nachfolgenden Ausführungen beziehen sich sowohl auf weibliche als auch auf männliche Akteure.) werfen. Stress bei der Arbeit bleibt gerade Gründern, die ein neues Unternehmen schaffen, nicht vorenthalten. Darum bietet Forschung, die in dieses Feld stößt, spannende Einsichten. Diese Einsichten lassen sich nicht nur auf die Situation der Entrepreneure beschränken, sondern können ebenso Impulse für die Handlungen und Prozesse in etablierten Unternehmen liefern. Eine im Sommer 2014 durchgeführte qualitative Studie in Kaiserslautern eröffnet bei näherer Betrachtung der Stressoren und Ressourcen von Entrepreneuren ein Rollenbild, dessen kognitive Grundhaltung einen maßgeblichen Beitrag zu gesundem Handeln, auch in etablierten Unternehmen, leisten kann. Durch und neben diesem Rollenbild ergeben sich Handlungsempfehlungen, die auch in ressourcenstarken Unternehmen genutzt werden können.

6.2   Entrepreneure und etablierte Unternehmen

Um die nachfolgenden Handlungsempfehlungen besser nachvollziehen zu können, wird ein Blick auf die Akteure, die Entrepreneure, deren Situation, und deren Organisationen, die Start-ups, geworfen. Die definitorische Bestimmung eines Entrepreneurs ist in der Forschung noch nicht eindeutig (vgl. Heinrichs und Walter 2013). Schaut man auf die Versuche, den Begriff für verschiedene Forschungsvorhaben greifbar zu machen, so zeichnen sich einige Eingrenzungen ab (vgl. Horneber 2013; Malek und Ibach 2004; Fueglistaller et al. 2008):

Entrepreneure …

- stehen einem/r Risiko/unsicheren Situation/unsicheren Zukunft gegenüber.
- generieren neue/verbesserte Verfahren/Produkte/Organisationsformen/Dienstleistungen
- sehen die unternehmerische Gelegenheit und ergreifen diese.

Entrepreneurship ist dabei der Gründungsprozess, den Entrepreneure vorantreiben.

> Entrepreneurial activity is the enterprising human action in pursuit of the generation of value, through the creation or expansion of economic activity, by identifying and exploiting new products, processes or markets. Entrepreneurship is the phenomenam associated with entrepreneurial activity (Ahmad und Seymour 2008, S. 14).

Start-ups sind in diesem Prozess die Organisationen, in welchen das Handeln der Entrepreneure stattfindet und die dem Entrepreneurship ein wirtschaftliches Korsett geben. Ähnlich dem Begriff des Entrepreneurs und des Entrepreneurships gibt es für Start-ups unterschiedliche Definitionen. Im Kontext der vorgenommen Studie wurden Start-ups verstanden als (vgl. Bundesverband Deutsche Start-ups e. V. 2015; Rothenberger 2012; Luger und Koo 2005).

- neue/junge,
- aktive,
- innovative,
- wachstumsorientierte,
- häufig mit wenig Eigenkapital ausgestattete,
- und verschiedene Phasen durchlaufende Unternehmen.

Zwischen Start-ups und etablierten Unternehmen zeigen sich klare Abgrenzungen, die sich in unterschiedlichen Ausprägungen auf diversen Ebenen zeigen, Schoss beschreibt diese beispielsweise so:

> Das etablierte Unternehmen kann viel verlieren: Seine Kunden, seine Reputation, seinen Gewinn, seinen gesamten Wert. Deshalb muss die Unternehmensführung darauf bedacht sein, die Stärken zu bewahren und die Marktposition zu verteidigen. Dafür müssen Prozesse standardisiert, Details weiter optimiert und Wettbewerbsvorteile systematisiert werden. (…) Das Start-up hat wenig zu verlieren, es hat noch keine Kunden, keine Reputation, keinen Umsatz. Es hat auch noch keine gefestigten Strukturen und das endgültige Geschäftsmodell muss sich erst noch entwickeln (Schoss 2013, S. 55 f.).

Diese Darstellung ist eine idealtypische. Auch in den Anfangsphasen einer Gründung finden sich Prozesse der Standardisierung. Ein großer Unterschied sind allerdings die Ressourcen. Etablierte Unternehmen, seien es nun KMUs oder weltumfassende Konzerne, haben bereits bestehende Ressourcen und einen Wert, der sich über viele Jahre ausgestaltet hat. Entrepreneure und ihre Start-ups hingegen agieren in einem Spannungsfeld zwischen Unsicherheit, mangelnden Ressourcen, Chancen und dem Glauben an eine innovative Idee. In diesem Spannungsfeld ergeben sich spannende Perspektiven auf den Umgang mit Stress, Ressourcen und entsprechenden Handlungsempfehlungen.

6.3   Die qualitative Studie

Die im Sommer 2014 durchgeführte Studie untersucht Entrepreneure mit unterschiedlichen Gründungsideen und Geschäftsmodellen im Raum Kaiserslautern. Durch die Präsenz von namhaften Forschungsinstituten, wie dem deutschen Forschungszentrum für künstliche Intelligenz (DFKI) und dem Fraunhofer Institut, einer technisch-naturwissenschaftlichen Universität sowie Hochschule, verschiedenen Initiativen und Unterstützungsangebote für Gründer, findet sich eine gründungsaffine Atmosphäre in der Region wieder. Die häufig technisch geprägten Gründungen und bereits bestehenden Unternehmen bringen Kaiserslautern einen wichtigen Platz im Software-Cluster, welches auch als Silicon Valley Europas bezeichnet wird, ein (vgl. Software-Cluster 2016).

   Durch die Unterstützung verschiedener Gatekeeper, die „Schlüsselpersonen in Institutionen" (Helfferich 2011, S. 175) wie zum Beispiel der Gründungsberatung sind, konnten regionale Gründer, die alle die Position des Geschäftsführers innehatten, gewonnen werden. Die interviewten Start-ups besitzen durch ihre neuen und speziellen Produkte und Dienstleistungen auf dem Markt einen Innovationscharakter und sie waren zum Zeitpunkt der Interviews nicht älter als 10 Jahre. Dabei stammten die Produkte und Dienstleistungen überwiegend aus einem technik- und informatiknahen Bereich, wobei auch eine Unternehmung aus der Genussmittelbranche interviewt wurde. Die Gründungen befanden sich entweder, angelehnt an die Unternehmensphasen, die Gutberlet beschreibt (vgl. Gutberlet 2012, S. 45), in der Planung, im Aufbau, während des Markteintritts oder der Weiterentwicklung der Gründung. Einige Start-ups hatten bereits über das Gründungsteam hinaus Mitarbeiter. Die Gesprächspartner waren vor der Gründung zum Teil im Berufsleben fest verankert. Andere gründeten als Studierende ihr Unternehmen. Insgesamt konnte eine breite Diversität der Gesprächspartner, die für eine qualitative Analyse des Feldes unerlässlich ist, erreicht und intensive Interviews mit zehn Gründern durchgeführt werden.

   Um die Stressoren und Ressourcen zu identifizieren nutzte die Studie qualitative Methoden. Auf standardisierte Fragebogen oder Massenerhebungen wurde verzichtet, um möglichst tief gehend die Sinnstrukturen und das Erleben der Untersuchungsteilnehmer zu verstehen. So können dank verbalisierter „Erfahrungsrealität" (Bortz und Döring 2006, S. 296) Stressbelastungen und Ressourcen identifiziert, die Komplexität der Erfahrungswelt der Befragten Rechnung getragen und die „kognitiven Repräsentationen" (Helfferich 2011, S. 30) aufgedeckt werden. Speziell kam das problemzentrierte Interview nach Andreas Witzel (vgl. Witzel 2000) zum Einsatz. Das problemzentrierte Interview hat keinen festen Ablauf, „sondern die Interviewenden können schon sehr früh strukturierend und nachfragend in das Gespräch eingreifen, Themen einführen, Kommentare und Bewertungen erbitten oder im Sinne eines dialogisch diskursiven Vorgehens bereits im Interview selbst beginnen, die eigenen Interpretationen kommunikativ zu validieren" (Mey und Mruck 2010, S. 425). So kann die Sichtweise und das Erleben der Befragten bereits im Diskurs exploriert werden. Die Auswertung der Interviews erfolgte mittels der qualitativen Inhaltsanalyse nach Mayring (2003). Die „qualitative Inhaltsanalyse will Texte systematisch analysieren, indem sie das Material schrittweise mit theoriegeleitet am Material entwickelten Kategoriensystemen bearbeitet" (Mayring 2002, S. 114). Das Kategoriensystem greift auf gängige Stressmodelle und eine breite Auflistung von Stressoren und Ressourcen zurück, die aus aktueller Literatur gewonnen wurde (vgl. Bamberg et al. 2006; Nerdinger et al. 2011; Lohmann-Haislah 2012; Landy und Conte 2013). Nach einem mehrmaligen Durchlauf durch das transkribierte Interviewmaterial, konnte eine Reihe von Stressoren und Ressourcen sowie verschiedene Zusammenhänge und Handlungsempfehlungen identifiziert werden. Genau diese Ergebnisse liefern spannende Anknüpfungspunkte für die Diskussion um das Betriebliche Gesundheitsmanagement in Start-ups und in anderen Unternehmensformen.

6.4 Handlungsempfehlungen – Die Rolle des selbst reflektierten Ermöglichers

Eine der wichtigsten Handlungsempfehlungen, die aus der Inhaltsanalyse ersichtlich wurde, ist ein selbstreflexiver Umgang mit dem Thema Stress. Diese Selbstreflexion bedarf einer grundsätzlichen kognitiven Haltung, die sowohl die Entrepreneure selbst als auch die Mitarbeiter der Start-ups als „Experten ihrer eigenen Gesundheit" (Becker et al. 2010, S. 462) begreift und die entsprechend Handlungen und Strukturen beeinflusst. Jene kognitive Grundhaltung findet ihre handelnde Umsetzung in der Rolle des selbst reflektierten Ermöglichers. Gemeint ist damit, dass die Individuen sich selbst in die Lage versetzen, als Experten der eigenen Gesundheit und somit intrapersonal zu agieren. Die Individuen gehen das Thema der eigenen Gesundheit reflektiert an und handelnd dem Erfahrungsgewinn entsprechend. Weiterhin schaffen die selbst reflektierten Ermöglicher, sobald sie eine Führungsverantwortung inne haben oder ein anderes Individuum die Selbstreflexion nicht leisten kann, ein Umfeld, welches Handeln als Experte der eigenen Gesundheit ermöglicht. Sie agieren hier interpersonal.

Dieses Rollenbild bringt Handlungsempfehlungen auf unterschiedlichen Ebenen mit sich, die sich nicht nur auf die Strukturen eines Start-ups reduzieren, sondern einen globalen Charakter haben. Die Ebenen lassen sich, anknüpfend an das gängige Analysemodell der Soziologie (vgl. Henecka 2009, S. 34), als Mikro-, Meso- und Makroebene bezeichnen. Die Mikroebene eröffnet den Blick auf das Individuum und dessen Handlungsoptionen. Auf der Mesoebene wird der Fokus auf das Gestaltungpotenzial der Strukturen und Prozesse in die jeweilige Organisation gelegt. Die Makroebene ermöglicht die Organisation im Umfeld und Austausch mit anderen Organisationen und gesellschaftlichen Strukturen zu sehen. Nachfolgend werden einige Ergebnisse, die aus der Inhaltsanalyse des Interviewmaterials gewonnen und strukturiert wurden, dargestellt und für die Anwendung in etablierten Unternehmen nutzbar gemacht.

Welche Rolle spielt die Selbstreflexion als Handlungsempfehlung für Betriebl. Gesundheitsmanagement?

6.4.1   Handlungsempfehlungen auf Mikroebene

Wie vorab diskutiert, ist eine wichtige Handlungsempfehlung, die im Individuum selbst liegt und die für die Rolle des selbst reflektierten Ermöglichers unerlässlich ist, den eigenen Umgang mit Gesundheit zu reflektieren. Ein Gründer beschreibt diese Reflexion beispielsweise so:

> Obama ist ja höchst introvertiert. Das heißt, der zieht sich zurück nach seinen ganzen Meetings damit er eine gewisse Zeit alleine ist und seine Akkus wieder aufladen kann. Man muss sich halt einfach kennen. Manche Menschen wissen halt auch nicht, warum es so ist und warum sie sich anders fühlen. Da muss man wissen wie man tickt, wo man sich einzuordnen hat (Interviewpartner 2, S. 112).

Dieser Gründer leitet auch direkt aus seinen Beobachtungen eigene Strategien ab:

> Der Introvertierte muss allein sein, muss alles durchgrübeln. Der will wirklich gar keinen sehen. Der braucht dann mal irgendwie ein paar Tage Ruhe und dann geht es wieder, dann sind die Akkus wieder voll, dann kann er wieder powern. Und bei mir ist es genau umgekehrt. Ich kann auch alleine sein, also da fällt mir auch nicht die Decke auf den Kopf, aber wenn ich unterwegs bin, dann lädt das auch schon meine Akkus gleich mit auf. Wenn ich Leute treffe, in Gesprächen bin, interessante Menschen kennenlernen kann (Interviewpartner 2, S. 112).

Neben dem Einnehmen der kognitiven Grundhaltung und die damit verbundenen Handlungsweisen, gibt es noch weitere, konkrete Handlungsempfehlungen, die zum Expertentum der eigenen Gesundheit beitragen und die Rolle stärken. Dazu gehört die Aneignung von Wissen zu dem Thema Gesundheit und die aktive Auseinandersetzung damit. Dies umfasst beispielsweise entsprechende Literatur zu lesen und den Besuch von Informationsveranstaltungen. Allein die Auseinandersetzung mit dem Thema eröffnet andere Denkweisen und kognitive Neustrukturierungen, die beispielsweise zu positiven Deutungen vormals als stressig empfundener Situationen beitragen oder die Handlungsmöglichkeiten erweitern können. So erläutert ein Gründer, der sich nach eigenen Angaben sehr gestresst fühlte, dass er durch die Auseinandersetzung mit entsprechender Literatur eine andere Denk- und Arbeitsweise eingenommen hat:

> Das ist einfach die Einstellung zu der Sache. Dieses kognitive Nicht-Stressen. Letztes Jahr da gab es noch kein Spin-off und auch die Idee war unkonkret, aber die allgemeine Arbeitsbelastung war so schlimm, dass ich auch im privaten Umfeld relativ leicht die Nerven verloren habe, wenn mal etwas nicht so lief, wie ich das wollte. Und da habe ich einfach gelernt damit umzugehen. Das heißt, wenn man jetzt zehn Minuten mal an der Kasse steht, weil es nicht vorwärts geht, dann bleibt man halt cool. Also so Sachen, wo ich früher total überreagiert habe. Mittlerweile auch jetzt hier, wenn abends die Mailbox voll ist und ich habe mein Zeug nicht geschafft, dann gehe ich trotzdem heim und sonst habe ich da gesessen bis die Mailbox leer war und war verzweifelt. Also einfach die Einstellung: Es gibt auch ein Morgen und wichtige Sachen macht man zuerst und wenn irgendwas mal hinten runter fällt, dann ist es auch nicht schlimm. Also einfach die Einstellung zu der Sache geändert (Interviewpartner 5, S. 149).

Bei der Auseinandersetzung mit dem Thema Gesundheit finden die Entrepreneure mit der Zeit nicht nur zu kognitiven Umdeutungen, sondern auch zu eigenen Bewältigungsstrategien. Die einen Gründer zielen auf eine achtsame und gesunde Lebensweise, andere nehmen den Urlaub als bewussten Schnitt zur Arbeit, andere wiederum gehen in ihrer Freizeit sportlichen Aktivitäten nach. Wichtig ist hier auch das Kennenlernen und Ausprobieren verschiedener Angebote. Ein Entrepreneur entgegnet beispielsweise auf die Frage, welche Ressourcen er bei sich entdeckt hat:

> Wenn ich sehr viel zu tun habe und mit allem unsicher bin. Unbewusst fange ich dann an gar nichts zu machen, dann fange ich an Blödsinn zu machen. So gehe ich damit um, bis ich merke, was los ist. Im Sinne von positiver Stressbewältigung. Dazu gehört Bewegen, Rausgehen. Ich merk das manchmal richtig stark, wenn ich den ganzen Tag am Computer gesessen bin. Ich geh dann raus. Das muss nicht mal Sport sein, Rausgehen hilft unglaublich. Vielleicht durchaus auch ein Eis essen oder so etwas. So ganz kleine Sachen können gut helfen. Ich muss zugeben, drüber reden unter Umständen, kann aber auch fast eher negativ sein. Manchmal will ich auch überhaupt nicht darüber reden, weil man sich den ganzen Tag damit beschäftigt und das immer im Kopf hin- und herwälzt und dann das nochmal alles neu zu erklären, wenn die Freundin beispielsweise fragt „was ist denn los" und dann soll ich erzählen was los ist. Dann will ich in dem ganz konkreten Moment nicht darüber reden. Wenn ich Abstand gewonnen habe, dann will ich schon eher darüber reden. Ein bisschen ablenken. Was Physisches auf jeden Fall. Ich spiele auch mal gerne Computer. Ist dann auch kein bestimmter Stil. Ich habe vor einiger Zeit beim Kickboxen angemeldet, weil mich das interessiert hat (Interviewpartner 6, S. 157).

Neben der privaten Ebene gibt es auf der beruflichen Ebene Strategien, um die Stressbelastungen zu reduzieren. Grundlage ist hier ein bewusster Umgang mit der eigenen Arbeitsweise und den eigenen Zielen. Dazu gehört konkreter, dass man sich mit Themen wie Zeitmanagement, Priorisieren, verschiedenen Arbeitsweisen und einer klaren Strukturierung der Arbeit auseinandersetzt. Ein Gründer organisiert sich so:

> Du machst deine Arbeit in 25 Minuten Schritten und es gibt noch andere Konsequenzen. Eben die Arbeit muss unglaublich konzentriert erfolgen, man soll sich nicht unterbrechen lassen. Oder so Sachen wie, wenn es irgendwas gibt, dann schreibt man sich das auf und arbeitet das später ab. So Geschichten halt. Auf diese Art und Weise kann ich während der Arbeit gut mit Belastung umgehen. Ich mache eigentlich jeden Tag einen Mittagsschlaf. Wir schauen auch, dass wir nicht viel zu lange arbeiten. Also um sechs ist also wirklich jeder fertig. Das ist auch bei uns im Team, wenn einer mal zu lange da sitzt, dann sagen wir auch, du musst nicht so lange arbeiten (Interviewpartner 6, S. 158).

Die klare Strukturierung auf der Arbeit findet, wie es in dem Zitat anklingt, auf der Mikroebene bei den Gründern besonderen Ausdruck in dem Zeit nehmen für sich und der Fähigkeit „Nein sagen zu können". Es geht sowohl darum, den Sinn und die eigenen Ziele zu reflektieren, als auch eine klare Trennung zur Arbeit herzustellen. Mit einem Abstand zur Gründung können bei einem der Entrepreneure so Kreativitätsblockaden gelöst werden.

[Handschriftliche Notiz:] Welche Handlungsempfehlungen werden auf der Mikro-, Meso-, & Makroebene aus der Studie abgeleitet?

Der Körper sendet eigentlich die Signale, dass dies [gemeint war Abstand zu gewinnen] mal notwendig ist. Im Wesentlichen ist es genau das. Man merkt jetzt einfach schneller, wann man fertig ist und wann es einfach mal Zeit wird, die Arbeit niederzulegen. Bei mir war es zum Beispiel so: Kurz vor dem Urlaub hatte ich einen sehr großen Kreativitätsstau, ich konnte eigentlich gar nicht mehr kreativ arbeiten. Und in meinem Teil des Geschäftes ist es eben notwendig, dass ich das bin (Interviewpartner 4, S. 127 f.).

Ein anderer Gründer beschreibt dies ähnlich:

Wichtig ist, dass man die Dinge trennt voneinander. Man kann Vollgas geben, pedal to the metal, kannst du machen mit deinen persönlichen Fähigkeiten. Aber so extrem wie du Gas gibst, musst du auch einen Cut machen danach. Dass muss sich auch wirklich die Waage halten können. Das ist bei mir auch wirklich so, dass du dann auch wirklich mal das Handy ausschaltest, oder auch wirklich Aktivitäten suchst, oder auch wirklich mal Urlaub machst (Interviewpartner 8, S. 185).

Gerade bei andauernden Stressbelastungen ist ein Abflachen der Stresskurve dringend erforderlich. Eine ständige Alarmbereitschaft kann fatale Folgen haben (vgl. Litzcke et al. 2013). Das „Nein sagen können" erforderte bei den Gründern häufig einen Lernprozess, findet sich dann aber bei den Gründungen in dem Tagesgeschäft wieder. Dies wiederum erfordert eine Kultur, die ein berechtigtes "Nein" akzeptiert, ohne in Argumentationszwänge zu verfallen, und die ein Gespür für die Belange der Kollegen zulässt.

Die Erfahrungen von Menschen, die in einer ähnlichen Situation wie die Gründer steckten, ist eine weitere wichtige Ressource für viele Entrepreneure. Umso sinnvoller ist es darum, Angebote sozialer Unterstützung zu nutzen. Diese Unterstützung kann unterschiedlich aussehen. Coachings, Beratungsangebote diverser Einrichtungen, Wissen aus dem eigenen Netzwerk, Tipps von Verbänden, Fortbildungen und so weiter sind mögliche Quellen. Soziale Unterstützung kann rein instrumentell und informativ sein und durch Unterstützung von Kollegen kommen:

Bei der IHK waren wir auch mal, aber nur für eine Rechtsberatung. Das meiste, was wir genutzt haben ist eigentlich alles aus dem Gründungsbüro gekommen. Und darüber haben sich interessanterweise auch direkt wieder Kontakte ergeben, die wir dann nutzen konnten. Wir haben da Gründer kennengelernt, mit denen wir dann zusammen gearbeitet haben, wir haben einen Dozenten kennengelernt, den wir um Rat fragen konnten, wenn wir etwas nicht wussten. Das hat natürlich auch den Stress bei manchen Fragen reduziert, weil wir einfach jemanden hatten, der in dem Thema Bescheid wusste. Zum Beispiel das Thema Versicherungen, das ist für einen Selbständigen halt essentiell, wenn es um Haftpflicht geht oder wenn es um Altersvorsorge geht oder so etwas (Interviewpartner 4, S. 132 f.).

Die emotionale Unterstützung, welche sich in der aktiven Nachfrage nach dem Wohlbefinden und dem Versuch den Akteur zu verstehen, äußert, ist ebenso eine wichtige Ressource für viele Entrepreneure, die diese Unterstützung häufig durch Freunde und

Familie erfahren. Die Gründer berichteten von der Nutzung dieser verschiedenen Unterstützungsformen. Selbst reflektierte Ermöglicher sollten ihr Netzwerk ebenso aufbauen und nutzen, um durch soziale Unterstützung eine Reduzierung von Stressoren und eine Stärkung von Ressourcen zu erfahren.

6.4.2 Handlungsempfehlungen auf der Mesoebene

Wie bereits im vorherigen Abschnitt diskutiert, ist auch die Fähigkeit „Nein" sagen zu können wichtig. Diese Fähigkeit setzt Selbstreflexion und das Wissen um die eigenen Ziele voraus, sie braucht aber auch Raum auf Organisationsebene. Das heißt, dass in der Organisation die nötige Akzeptanz vorherrscht und eine Kultur, die die Grenzen der Individuen respektiert, aktiv kommuniziert wird. Gründer betonen beispielsweise, dass nicht jede Konferenz oder Messe besucht werden muss, wenn die eigentlichen Ressourcen dies nicht hergeben. Ebenso muss nicht jeder Auftrag angenommen werden. So sagt ein Gründer bezogen auf seine Lernprozesse: „Also wenn ich heute einen Vortrag halten müsste darüber, was ich einem Gründer so mitgeben würde, das wäre so einer der wichtigsten Dinge, die ich ihm sagen würde. Lerne „nein" zu sagen" (Interviewpartner 4, S. 141). Ein anderer Gründer räumt diese Option seinen Mitarbeitern aktiv ein und schafft so durch offene Kommunikation von akzeptierten Grenzen bei gleichzeitiger Wertschätzung der geleisteten Arbeit eine gute Grundlage für die Akzeptanz „Nein zu sagen".

> Bei uns ist es auch mal so. Wenn einer sagt, ich mache morgen etwas anderes, meine Mutter kommt vorbei oder was auch immer, wenn einer spontan einen Tag frei braucht, dann bekommen die auch mal einen Tag frei. Das wird denen auch nicht auf die Urlaubstage angerechnet oder so. Oder wenn einer sagt „bei uns ist nationaler Feiertag", wir haben zum Beispiel Leute in Kroatien oder Rumänien, die haben andere Feiertage als wir und wenn einer sagt „ich will lieber am Wochenende was machen" und dann gucken wir auch nicht drauf, was die dann am Wochenende machen. Es geht uns auch um Qualität statt Quantität. Wenn es einer mal übertreibt, dann sagen wir auch mal „du kannst jetzt ruhig mal nach Hause gehen". Oder wenn einer krank ist und arbeitet vom Bett aus, dann sagen wir auch mal, dass das nicht sein muss. Wenn die das wollen, dann können die das natürlich machen. Manche finden Erfüllung darin, manche möchten noch etwas erledigt bekommen. Klar, wir werden die jetzt nicht davon abhalten, im Urlaub vom Campingplatz aus einzuloggen. Gibt es alles. Aber wir versuchen zumindest bewusst klarzustellen, dass das nicht sein muss (Interviewpartner 6, S. 158 f.).

Darüber hinaus nimmt die bewusste Zusammensetzung des (Gründer)Teams einen großen Stellenwert in der Stressbewältigung ein. Durch eine klare Verteilung der Kompetenzen auf unterschiedliche Bereiche kann effizient gearbeitet werden.

> Das muss in der Gruppe funktionieren. Wenn das in der Gruppe nicht funktioniert, dann kann jemand einen Einser-Schnitt haben, dann wird er nicht genommen. Das muss in der Gruppe passen. Es muss generell das Gesamtspiel passen. Wenn das Gesamtspiel nicht passt, dann macht Zusammenarbeit keinen Sinn (Interviewpartner 2, S. 114).

Die Verteilung des Workloads und die Option, fair zu delegieren, gehen mit dieser bewussten Gestaltung und Steuerung der Teamprozesse einher.

> Zusätzlich sind es noch die Mitarbeiter. Die können zusätzlich noch Stress abfedern. Ich denke auch, was ganz wichtig ist, ist vorausschauend zu handeln. Bei mir ist es so, dass ich im August für zwei Monate mal absolut außen vor bin, weil ich meine letzte Klausur schreibe. Deswegen auch die Maßnahme, die zwei Mitarbeiter einzustellen. Die sollen dann meiner Mitgründerin unter die Arme greifen, Projekte von mir auffangen und managen (Interviewpartner 4, S. 138 f.).

Grundsätzlich ist Klarheit eine Voraussetzung für gesundes Handeln. Klare Zielvorgaben und klare Verantwortlichkeiten sind wichtig, um möglichst reibungslos zu arbeiten. Ein Gründer sagt zum Beispiel: „Wenn jeder weiß wie das Ziel ist, dann laufen die alle schon in eine Richtung" (Interviewpartner 4, S. 130 f.). Dazu nutzen die Gründer, die schon Angestellte in ihrem Start-up haben sogar Mitarbeitergespräche:

> Wir haben jeden Monat mindestens ein Gespräch mit den Mitarbeitern. Der CTO, mein Kumpel, der hat mehr direkten Kontakt mit den Entwicklern, ich selbst eher weniger, ich spreche mit denen alle drei Monate und das ist kein Konfliktgespräch, sondern mehr so ein Mitarbeitergespräch, ob es irgendwelche Probleme gibt oder ob sie andere Betätigungsfelder gerne haben wollen. Der CTO spricht mit jedem einmal den Monat. Und grundsätzlich versuche ich offen zu sein. Das haben wir von Anfang an gleich gesagt, dass wir das so machen wollen, nicht, dass da etwas unter den Tisch gekehrt wird oder so (Interviewpartner 6, S. 155).

Eine weitere wichtige Ressource ist das Wissen über die Persönlichkeit der Mitgründer und Mitarbeiter, über deren Art mit Konflikten umzugehen und über deren Verhaltensweisen bei Stress. Dieses Wissen sollte bewusst erörtert und diskutiert werden und in der Teamzusammensetzung und Aufgabenverteilung berücksichtigt werden. Hier hat besonders die Führungsperson als selbst reflektierter Ermöglicher die Aufgabe, Zusammensetzung und Bedürfnisse des Teams zu durchdenken und den Mitarbeitern die Möglichkeit zu geben, ihre eigenen Reflexionsprozesse zu erleben und die Ergebnisse in Diskussionen einzubringen.

Ein vorgelagerter Schritt ist hierfür von großer Bedeutung. Dieser Schritt ist ein durchdachtes Recruiting. Eine professionelle Herangehensweise an die Auswahl neuer und vor allem passender Teammitglieder ist unerlässlich. Auf das Recruiting sollte ein strukturierter Onboardingprozess, der die, wie oben bereits besprochen, wichtige

Ressourcen der klaren Ziele und Zuständigkeiten diskutiert und festlegt und die entsprechenden Werte und Grundhaltungen kommuniziert. So wird der Grundstein gelegt, um die Mitarbeiter zum Handeln als Experten der eigenen Gesundheit zu befähigen.

6.4.3 Handlungsempfehlungen auf der Makroebene

Auf der Makroebene ist eines der großen Themen bei den Gründern ein notwendiger Kulturwandel. Es wird sich eine Kultur des Scheiterns gewünscht, die Scheitern nicht stigmatisiert, sondern die positiven Seiten daran erkennt und als eine Lernerfahrung etabliert. Diese Kultur unterstützt den Mut zum innovativen und auch zum Andersdenken. Scheitert man, macht Fehler und fällt, so sehen die Entrepreneure darin die große Chance, zu lernen.

> Und das ist auch der Grund [im Interview ging es vorher darum, dass man als Gründer seine eigene Erfahrungsprozesse machen muss], warum in Amerika Startups, die schon einmal gescheitert sind, stark unterstützt werden. Weil Investoren investieren noch lieber in Amerika in Leute oder Teams, die eine Gründung versemmelt haben. Und in die wird gerne investiert. In Deutschland ist es umgekehrt. Da heißt es „Oh der ist gebrandmarkt auf ein Leben lang". Totaler Nonsens. Totaler Käse. Wir brauchen eine Kultur des Scheiterns. Das ist wichtig. Das ist eher so ein kultureller Stress. Und das ist ein Ansatzpunkt, der wichtig ist. Ich weiß wie wir oft im Bekanntenkreis gesagt wird „Oh Hilfe. Und wenn das nicht klappt, was machen wir dann". Anstatt das zu unterstützen. Amerikanische Denkweise ist eher, die pushen einen, die finden das geil, was man macht. Und in der deutschen Denkweise sucht man erst einmal zehn Argumente, warum man das nicht funktionieren könnte (Interviewpartner 2, S. 109).

Die Unternehmen können auf der gesellschaftlichen Ebene einen wertvollen Beitrag leisten, indem sie durch die eigenen Prozesse und die eigene Unternehmenskultur und deren Kommunikation nach innen und außen, die Akzeptanz von Fehlern erhöhen, Scheitern nicht verurteilen, sondern als Lernprozess verstehen und somit als Vorreiter, auch auf sozialer Ebene, Vorbild für andere sind.

Um die eigene Kultur nach außen zu tragen oder diese Themen in den sozialen Diskurs zu bringen, bietet sich eine eigenständige und gezielte Ansprache von gut vernetzten regionalen und überregionalen Akteuren an. Dazu zählen zum Beispiel Aktivitäten in Berufsvereinigungen oder Verbänden, der Kontakt zu politischen Entscheidungsträgern und lokalen Medien. Aber auch die Teilnahme an Wettbewerben, die eigene Gesundheitsangebote und Leistungen in der Unternehmenslandschaft bekannt machen, bieten das Potenzial eine andere Denkweise zu etablieren. Der selbst reflektierte Ermöglicher erlaubt sich und anderen zu scheitern und stellt dies im öffentlichen Raum zum Diskurs Tab. 6.1 zeigt abschließend eine Zusammenfassung der diskutierten Handlungsempfehlungen, unterteilt nach den verschiedenen Ansatzebenen.

Tab. 6.1 Zusammenfassung der Handlungsempfehlungen auf Mikro-, Meso- und Makroebene

Ebene	Handlungsmöglichkeiten
Mikro	*Rollenbild des selbst reflektierten Ermöglichers kennenlernen und nutzen* • Umgang mit eigener Gesundheit reflektieren • Aneignung von Wissen zum Thema Gesundheit und aktive Auseinandersetzung damit • Gewahr werden von eigenen Bewältigungsstrategien • Verschiedene Aktivitäten für die Freizeitgestaltung kennenlernen und ausprobieren • Bewusster Umgang mit den eignen Zielen und der eigenen Arbeitsweise • Lernen „Nein zu sagen" • Verschiedene Formen der sozialen Unterstützung suchen und annehmen
Meso	*Rollenbild des selbst reflektierten Ermöglichers für andere zugänglich machen* • Durchdachtes Recruiting • Strukturierter Onboardingprozess • Wissen über die Persönlichkeit der Kollegen • Bewusste Zusammensetzung des Teams • Kommunikation einer Kultur, die die Grenzen der Individuen respektiert • Bewusste Verteilung des Workloads • Option, fair zu delegieren • Klare Zielvorgaben und klare Verantwortlichkeiten • Wertschätzung der geleisteten Arbeit
Makro	*Rollenbild des selbst reflektierten Ermöglichers über die Organisation hinaus bekannt machen* • Kultur des Scheiterns, die eine Akzeptanz von Fehlern auch auf sozialer Ebene erhöht, im öffentlichen Diskurs thematisieren • Kommunikation der eigenen Unternehmenswerte auch nach außen • Kooperation mit regionalen und überregionalen Akteuren

6.5   Schlussbetrachtungen

Die Situation der Entrepreneure unterscheidet sich von der der etablierten Unternehmen. Gründer befinden sich mit ihren innovativen Ideen häufig im wirtschaftlichen Aufbruch und manchmal auch im persönlichen Umbruch. Die Entscheidung, ein Start-up zu gründen, ist eine mit Risiken behaftete. Die untersuchten Start-ups waren keine Gründungen aus der Not heraus, sondern Entscheidungen, die einer hohen Reflexion hinsichtlich der Unternehmensprozesse und der Zukunft der Organisationsentwicklung bedürfen. Dieses Bewusstsein gepaart mit der Einstellung, nicht Opfer, sondern Handelnder zu sein, ist ein guter Nährboden für die Rolle des selbst reflektierten Ermöglichers. Gemeint ist damit, dass die Individuen sich selbst in die Lage versetzen, als Experten der eigenen Gesundheit zu agieren, dass die Ermöglicher aber auch, sobald sie eine Führungsverantwortung inne haben oder ein anderes Individuum die Selbstreflexion nicht leisten kann, ein Umfeld schaffen, welches Gesundheitshandeln ermöglicht.

Bei den Entrepreneuren wurde dieses Rollenbild, neben all den anderen Handlungsempfehlungen nicht in einem aktiven Gesundheitsmanagement eingebettet, sondern teilweise sogar unbewusst gelebt. Hier liegt die große Chance der etablierten Unternehmen, die weitaus mehr Ressourcen zur Verfügung haben, um das Rollenbild zu systematisieren und in einem aktiven Gesundheitsmanagement zu institutionalisieren. Die Handlungsempfehlungen sind ebenso wie die Idee des selbst reflektierten Ermöglichers Gedankenanstöße und kognitive Grundlage, um die Arbeit an der Gesundheit in den Unternehmen in eine positive Richtung zu lenken. Entscheider und Mitarbeiter in etablierten Unternehmen können das Rollenbild akzeptieren und den Mitarbeitern das Expertentum der eigenen Gesundheit zugestehen. Gerade bei Unternehmen mit vielen Mitarbeitern liegt das Steuerungspotenzial bei Teamleitern, die die Gedankenwelt vorleben und kommunizieren. Gesellt sich hierzu eine Organisationsstruktur und -kultur, die das Handeln in dieser Rolle ermöglicht, so bietet sich hier das Potenzial, Gesundheit wie die interviewten Gründer zu denken und als Experte der eigenen Gesundheit zu handeln.

Literatur

Ahmad N, Seymour RG (2008) Defining entrepreneurial activity: definitions supporting frameworks for data collection. http://dx.doi.org/10.1787/243164686763. Zugegriffen: 4. Dez. 2015

Bamberg E, Keller M, Wohlert C, Zeh A (2006) BGW – Stresskonzept. Das arbeitspsychologische Stressmodell. https://www.bgw-online.de/SharedDocs/Downloads/DE/Medientypen/bgw_forschung/EP-SKM1_Stresskonzept_Das_arbeitspsychologische_Stressmodell_Download.pdf?__blob=publicationFile. Zugegriffen: 12. Jan. 2016

Becker K, Brinkmann U, Nachtwey O (2010) Die Krise in der Krise – Subjektive Wahrnehmungen und Reaktionsmuster von Beschäftigten. http://www.boeckler.de/wsimit_2010_09_becker.pdf. Zugegriffen: 5. Jan. 2016

Bortz J, Döring N (2006) Forschungsmethoden und Evaluation für Human- und Sozialwissenschaftler, 4. Aufl. Springer, Heidelberg

Bundesverband Deutsche Startups e. V. (2015) Kriterien für die ordentliche Mitgliedschaft. https://deutschestartups.org/ueber-uns/verein/#kriterien-fuer-die-mitgliedschaft. Zugegriffen: 1. Febr. 2016

Fueglistaller U, Müller C, Volery T (2008) Entrepreneurship – Modelle – Umsetzung – Perspektiven, 2. Aufl. GWV Fachverlage, Wiesbaden

Gutberlet S (2012) Determinanten der Markteintrittsreihenfolge von imitativen Internet Start-ups. Eine empirische Untersuchung über die Geschwindigkeit bei der Unternehmensentstehung und ihr Einfluss auf den Unternehmenserfolg. Gabler, Wiesbaden

Heinrichs S, Walter S (2013) Who becomes an entrepreneur? A 30-years-review of individual-level research and an agenda for future research. http://hdl.handle.net/10419/68590. Zugegriffen: 4. Dez. 2015

Helfferich C (2011) Qualität qualitativer Daten. Ein Schulungsmanual zur Durchführung qualitativer Einzelinterviews, 4. Aufl. VS Verlag, Wiesbaden

Henecka HP (2009) Grundkurs Soziologie, 9. Aufl. UVK, Konstanz

Horneber C (2013) Der kreative Entrepreneur: eine empirische Multimethoden-Studie. Springer Gabler, Wiesbaden

Landy FJ, Conte JM (2013) Work in the 21st century. An introduction to industrial and organizational psychology, 4. Aufl. Wiley, Hoboken

Litzcke S, Schuh H, Pletke M (2013) Stress, Mobbing und Burn-out am Arbeitsplatz – Umgang mit Leistungsdruck – Belastungen im Beruf meistern – Mit Fragebögen, Checklisten, Übungen, 6. Aufl. Springer, Berlin

Lohmann-Haislah A (2012) Hintergründe und Rahmenbedingungen. http://www.baua.de/de/Publikationen/Fachbeitraege/Gd68.pdf?__blob=publicationFile. Zugegriffen: 13. Jan. 2016

Luger MI, Koo J (2005) Practical problems in new firm research: defining and tracking business start-ups. Small Bus Econ 24(1):17–28

Malek M, Ibach PK (2004) Entrepreneurship – Prinzipien, Ideen und Geschäftsmodelle zur Unternehmensgründung im Informationszeitalter. dpunkt.verlag, Heidelberg

Mayring P (2002) Einführung in die qualitative Sozialforschung: Eine Anleitung zu qualitativem Denken, 5. Aufl. Beltz, Weinheim

Mayring P (2003) Qualitative Inhaltsanalyse. Grundlagen und Techniken, 8. Aufl. Beltz, Weinheim

Mey G, Mruck K (2010) Interviews. In: Mey G, Mruck K (Hrsg) Qualitative Forschung in der Psychologie. VS Verlag, Wiesbaden, S 423–435

Nerdinger FW, Blickle G, Schaper N (2011) Arbeits- und Organisationspsychologie, 2. Aufl. Springer, Berlin

Rothenberger J (2012) Der Streit um eine Definition: Was ist ein Startup? http://startwerk.ch/2012/11/07/der-streit-um-eine-definition-was-ist-ein-startup/. Zugegriffen: 9. Dez. 2015

Schoss J (2013) Was etablierte Unternehmen von Start-ups lernen können. Warum bahnbrechende Innovationen eher von Start-ups initiiert werden. In: Grichnik D, Gassmann O (Hrsg) Das unternehmerische Unternehmen. Revitalisieren und Gestalten der Zukunft mit Effectuation – Navigieren und Kurshalten in stürmischen Zeiten. Gabler, Wiesbaden, S 53–65

Software-Cluster (2016) Die Cluster-Region. http://www.software-cluster.org/de/software-cluster/die-clusterregion. Zugegriffen: 31. Jan. 2016

Witzel A (2000) Das problemzentrierte Interview. http://www.qualitativeresearch.net/index.php/fqs/article/view/1132/2519.%5D. Zugegriffen: 15. Dez. 2015

Über den Autor

Tobias Bergmann, M.A. studierte an der Technischen Universität Kaiserslautern „Integrative Sozialwissenschaft". Seine Schwerpunkte sind individuelles und organisationales Handeln mit dem Fokus auf Gesundheit, die Folgen von Marktgrenzenverschiebungen und Institutionalisierungsprozesse. Im Bezug darauf untersuchte er in seiner Bachelorarbeit die Institutionalisierung des Marktes von Social Media Dienstleistern durch Aktivitäten eines großen Verbandes. Er stellte diese, gemeinsam mit Daniel Kerpen und Benjamin Gundermann, unter dem Präsentationstitel „Social Media: Regulierung und institutioneller Wandel in der Internetökonomie. Konkurrenz, Kooperation und Netzwerkbildung am Beispiel des Bundesverbandes Digitale Wirtschaft (BVDW)" im Rahmen des Technikkongresses der deutschen Gesellschaft der Soziologie vor. Zur Zeit arbeitet Herr Bergmann als Personalreferent.

Partizipative Auseinandersetzung mit psychosozialen Risiken im Unternehmen: Analyse, Workshops und ein Train-the-Trainer-Konzept als Beitrag zur gesundheitsförderlichen Organisationsentwicklung

7

Martial Berset, Andrea Deufel, Cosima Dorsemagen und Andreas Krause

Zusammenfassung

Wir stellen ein Vorgehen vor, das von Unternehmen dazu verwendet werden kann, a) Arbeitsbedingungen hinsichtlich psychosozialer Risiken zu analysieren und b) Maßnahmen abzuleiten, um diesen Risiken zu begegnen und sie zu minimieren. Gleichzeitig trägt das Vorgehen durch die Kombination mit einem Train-the-Trainer-Ansatz zur Qualifizierung interner Moderatoren bei und stellt, indem dauerhafte Prozesse und Strukturen zur Bearbeitung psychosozialer Risiken implementiert werden, auch einen Beitrag zur Organisationsentwicklung dar. Diese Prozesse und Strukturen sind ein Frühwarnsystem, welches den Akteuren in Unternehmen erlaubt rechtzeitig ungünstige Entwicklungen zu erkennen und darauf zu reagieren. Der Ansatz kann in dieser oder abgewandelter Form von jedem Unternehmen verwendet werden, welches die Bearbeitung psychosozialer Risiken in den betrieblichen Gesundheitsschutz integrieren möchte. Das Verfahren ist auch für eine Gefährdungsbeurteilung psychischer Belastungen in Deutschland sehr gut geeignet.

M. Berset (✉) · A. Deufel · C. Dorsemagen · A. Krause
Hochschule für Angewandte Psychologie, Fachhochschule Nordwestschweiz, Olten, Switzerland
E-Mail: martial.berset@fhnw.ch

A. Deufel
E-Mail: andrea.deufel@fhnw.ch

C. Dorsemagen
E-Mail: cosima.dorsemagen@fhnw.ch

A. Krause
E-Mail: andreas.krause@fhnw.ch

© Springer Fachmedien Wiesbaden 2016
M.A. Pfannstiel und H. Mehlich (Hrsg.), *Betriebliches Gesundheitsmanagement*, DOI 10.1007/978-3-658-11581-4_7

Inhaltsverzeichnis

7.1   Psychosoziale Risiken

Unter psychosozialen Risiken versteht das schweizerische Staatssekretariat für Wirtschaft (SECO) ungünstige Merkmale der Arbeits- und Organisationsgestaltung, wie z. B. Zeitdruck oder viele Arbeitsunterbrechungen, welche von außen auf die menschliche Psyche einwirken (SECO 2015). Im Folgenden wird ein Verfahren erläutert, wie Unternehmen Arbeitsbedingungen hinsichtlich psychosozialer Risiken analysieren können, um danach Maßnahmen zur Reduktion dieser Risiken abzuleiten. Das Verfahren wird mit einem Train-the-Trainer-Ansatz kombiniert, was das Unternehmen unterstützen soll, sich in Richtung einer gesundheitsfreundlichen Organisation zu entwickeln. Das Verfahren ist damit im Schnittbereich zwischen betrieblichem Gesundheitsmanagement, Organisationsentwicklung und Personalentwicklung anzusiedeln.

Bei Entscheidungsträgern in Unternehmen lösen Begriffe wie psychosoziale Risiken und Gefährdungen vielfach Skepsis aus. Beispielsweise wird von Geschäftsleitungen befürchtet, dass die Aufmerksamkeit zu einseitig auf negative Ereignisse im Arbeitsalltag gelenkt wird. Präferiert werden Ansätze, die etwa Engagement, Glück, Inspiration oder Flow-Erleben hervorheben. Tatsächlich erfüllt Erwerbsarbeit viele positive Funktionen und Erwerbstätige sind gesünder als Nicht-Erwerbstätige (Moreau-Gruet 2014): Erwerbsarbeit ermöglicht uns unsere Qualifikationen weiterzuentwickeln und unsere Identität zu formen und strukturiert unsere Zeit. Erwerbsarbeit ist auch ein Ort der sozialen Kontakte und bietet die Möglichkeit der sozialen Anerkennung (Semmer und Meier 2014). Gleichzeitig sind die negativen Effekte ungünstiger Arbeitsbedingungen auf das Wohlbefinden und die Gesundheit gut belegt (Rau und Buyken 2015; Zapf und Semmer 2004). Es finden sich z. B. Zusammenhänge mit der Schlafqualität (Berset et al. 2011), Burn-out (Lee und Ashforth 1996) und langfristig sogar mit dem Tod durch kardiovaskuläre Krankheiten (Kivimäki et al. 2015). Ungünstige Arbeitsbedingungen und die damit einhergehenden negativen Konsequenzen für die Gesundheit von Arbeitnehmenden bedeuten zudem negative Konsequenzen für das Unternehmen: mehr Absenzen (Schaufeli, Bakker und van Rhenen 2009), höhere Kündigungsabsicht (Bowling et al. 2015) und weniger Engagement (Hakanen et al. 2008). Insofern scheint es naheliegend, wenn nicht beinahe zwingend, dass ein erfolgreiches Unternehmen darum bemüht sein sollte, seine Arbeitsbedingungen so wenig gesundheitsschädigend wie möglich oder sogar gesundheitsförderlich zu gestalten. Hinzu kommt, dass Unternehmen in der EU, also beispielsweise in Deutschland (Arbeitsschutzgesetz; § 5 ArbSchG) von Gesetzes wegen verpflichtet sind, psychische Belastungen im Rahmen von Gefährdungsbeurteilungen zu erfassen und vorbeugende Maßnahmen zu entwickeln (European Agency for Safety and Health at Work 2015; Lenhardt und Beck 2016).

7.2   Von der Analyse der Arbeitssituation bis zur Evaluation

Wir stellen eine systematische Herangehensweise für Unternehmen vor, um das Reduzieren psychosozialer Risiken und Stärken psychosozialer Ressourcen als gemeinsame Herausforderung auf allen Hierarchieebenen eines Unternehmens zu verankern. Dabei geht es auch um die Enttabuisierung psychischer Belastungen und Beanspruchungen: Das Ansprechen etwa individueller Überlastsituationen ist mit Selbstzweifeln verbunden und wird in Unternehmen vielfach sanktioniert („Ist diese Person etwa nicht die Richtige für die Stelle?", „Love it, change it or leave it"). Das zentrale Anliegen des Verfahrens besteht darin, diese Tabuisierung und Vereinzelung zu durchkreuzen und Orte zum vertrauensvollen Austausch im Arbeitsalltag zu schaffen, in denen die Arbeitssituation individuell und gemeinsam reflektiert und konkrete Verbesserungen in Gang gesetzt werden können. Angestrebt werden Verbesserungen, die nicht allein der Erhöhung von Effektivität dienen, sondern spürbare positive Auswirkungen auf die Gesundheit der Mitarbeitenden haben. Wir sind davon überzeugt, dass bei psychischen Belastungen gleichzeitig mehrere Akteure aktiv werden sollten. Erstens sind Mitarbeitende selbst gefordert (z. B. keine Emails vor dem Schlafengehen lesen). Zweitens können Teams gemeinsam handeln (z. B. sich gegenseitig entlasten oder gemeinsam Prioritäten setzen). Drittens sind Führungskräfte gefordert ihr Führungsverhalten weiterzuentwickeln (z. B. sich angesichts zunehmend mobil-flexiblen Arbeitens alle zwei Wochen einen Überblick zur Auslastung der einzelnen Mitarbeitenden machen). Viertens müssen organisationale Unterstützungssysteme aktiv werden, zu denen wir auch die Geschäftsleitung zählen (z. B. ausreichend Besprechungs- wie auch Erholungsräume bereitstellen oder bei sozialen Konflikten neutrale Moderatoren vermitteln).

Das Verfahren lässt sich in fünf Etappen unterteilen (vgl. Abb. 7.1):

- Fragebogenerhebung zur Analyse der psychosozialen Arbeitssituation (Grobanalyse)
- Ergebnisrückmeldung
- Workshops zur Bestimmung einer Hauptgefährdung und zur Entwicklung von Maßnahmenideen (Feinanalyse)
- Umsetzen von Maßnahmen und Integration in den Arbeitsalltag
- Evaluation (Wirksamkeitskontrolle)

In einer ersten Etappe (1) wird mit einem Fragebogen, welcher von der Belegschaft ausgefüllt wird, die subjektive Einschätzung der Arbeitsbedingungen erhoben. Die

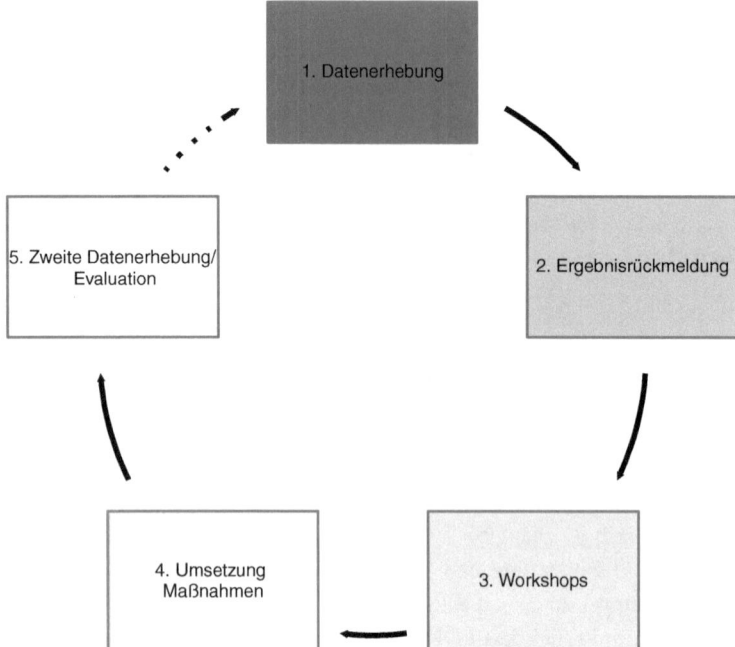

Abb. 7.1 Zyklus zur kontinuierlichen Analyse und Bearbeitung psychosozialer Risiken. (Quelle: Eigene Darstellung 2016)

Gesamtergebnisse der Befragung werden in der zweiten Etappe (2) den Mitarbeitenden und Führungskräften präsentiert. In der dritten Etappe (3) werden in einzelnen Organisationseinheiten Workshops durchgeführt mit dem Ziel, die für das jeweilige Team spezifischen Befunde aus der Fragebogenerhebung zu vertiefen und zu validieren, die Risiken in den Arbeitsbedingungen zu priorisieren und Maßnahmenideen zu entwickeln. Die Maßnahmen sollen dann im Anschluss an die Workshops umgesetzt und ihre Wirksamkeit erprobt werden (Etappe 4). Ob tatsächlich Maßnahmen umgesetzt wurden und ob diese auch eine Verbesserung der Arbeitsbedingungen erbracht haben, wird in der fünften Etappe (5) evaluiert. Die Evaluation kann gleichzeitig auch wieder der Start eines neuen Zyklus darstellen. Im Folgenden gehen wir detailliert auf die einzelnen Etappen ein.

Etappe 1: Fragebogenerhebung
Erstellen des Fragebogens: Eine schriftliche Befragung der Mitarbeitenden eignet sich – sofern bestimmte Voraussetzungen wie etwa eine ausreichend große Gruppe gegeben sind – gut zur Grobanalyse der Arbeitssituation, wenn psychosoziale Risiken

ermittelt werden sollen (Krause und Deufel 2014). Bevor eine schriftliche Befragung durchgeführt werden kann, muss jedoch geklärt werden, welche Belastungen der Fragebogen konkret erfassen soll, wobei insbesondere „Anforderungen" und „Ressourcen" fokussiert werden. Anforderungen wie z. B. Zeitdruck und Rollenunklarheit erfordern Aufwand, um sie zu bewältigen und bedingen entsprechende physische und psychische Kosten (Bakker und Demerouti 2007). Diese Anforderungen können zu einer „Stressreaktion" führen (u. a. negative Gefühle, körperliche Erregung; vgl. Zapf und Semmer 2004). Ressourcen hingegen, z. B. Handlungsspielraum oder soziale Unterstützung, sind grundsätzlich positiv zu bewerten, da sie bei der Zielerreichung unterstützend wirken und die negativen Auswirkungen der Anforderungen reduzieren (Bakker und Demerouti 2007). Hoch ausgeprägte Anforderungen und geringe Ressourcen können als psychosoziale Risiken betrachtet werden. Ein Fragebogen zur Erhebung psychosozialer Risiken in der Arbeitssituation sollte sowohl Anforderungen als auch Ressourcen erfassen, da deren Zusammenspiel wichtig ist, um Probleme in der Arbeitssituation verstehen und wirksam verändern zu können (Igic et al. 2015).

Anforderungen und Ressourcen können in verschiedenen Bereichen der Arbeitssituation identifiziert werden: Sie können in der Aufgabe selbst liegen (z. B. zu komplexe Aufgaben), in der Organisation der Arbeit wurzeln (z. B. Rollenunklarheit), aus den physischen Bedingungen resultieren (z. B. Lärm), aus den sozialen Bedingungen entstehen (z. B. Konflikte oder soziale Unterstützung) oder auf den organisatorischen Rahmenbedingungen beruhen (z. B. Lohnpolitik; vgl. Semmer und Meier 2014). Eine gute Orientierung bietet die Broschüre „Schutz vor psychosozialen Risiken am Arbeitsplatz" vom schweizerischen Staatssekretariat für Wirtschaft (SECO 2015) oder die „Empfehlungen zur Umsetzung der Gefährdungsbeurteilung psychischer Belastung" der Gemeinsamen Deutschen Arbeitsschutzstrategie (Gemeinsame Deutsche Arbeitsschutzstrategie 2016; vgl. auch Morschhäuser et al. 2014).

Ein Fragebogen zur Analyse psychosozialer Risiken sollte auch Zufriedenheit, Motivation und Wohlbefinden der Mitarbeitenden erfassen („Beanspruchung"). Dies ist im Rahmen von Gefährdungsbeurteilungen zwar nicht vorgeschrieben, ist jedoch sehr zu empfehlen, um Arbeitsmerkmale zu eruieren, die besonders relevant für die Gesundheit sind.

Zwei Ansätze zur Generierung eines Fragebogens können empfohlen werden: Die Wahl eines bestehenden Instrumentes oder das Zusammenstellen verschiedener Skalen zu einem neuen, maßgeschneiderten Instrument. Die Zusammenstellung verschiedener Skalen bietet große Gestaltungsspielräume, kann doch ein Fragebogen so genau diejenigen Aspekte abdecken, die das Unternehmen erfassen möchte (ein Beispiel für eine Skala zur Messung von Zeitdruck findet sich in Tab. 7.1). Dies ist aber auch eine anspruchsvolle Herangehensweise, weil sie eine genaue Kenntnis der entsprechenden Messinstrumente und deren Urheberrechte bedingt und dadurch sehr aufwendig ist (Krause und Deufel 2014). Der zweite Ansatz ist die Verwendung bestehender Fragebogeninstrumente. Die Bundesanstalt für Arbeitsschutz und Arbeitsmedizin (BAuA) bietet auf ihrer Webseite beispielsweise eine "Toolbox" an, die bei der Suche nach geeigneten

Tab. 7.1 Beispiel einer Skala zur Messung von Zeitdruck (gekürzte Variante aus dem COPSOQ). (Quelle: Eigene Darstellung in Anlehnung an Nübling et al. 2005)

Frage	Skalierung
1. Müssen Sie sehr schnell arbeiten?	Nie/fast nie, selten, manchmal, oft, immer
2. Ist Ihre Arbeit ungleich verteilt, sodass sie sich auftürmt?	Nie/fast nie, selten, manchmal, oft, immer
3. Wie oft kommt es vor, dass Sie nicht genügend Zeit haben, alle Ihre Aufgaben zu erledigen?	Nie/fast nie, selten, manchmal, oft, immer
4. Müssen Sie Überstunden machen?	Nie/fast nie, selten, manchmal, oft, immer

Fragebögen sehr hilfreich sein kann. In der Schweiz ist das S-Tool ein verbreitetes Instrument zur Erfassung der Arbeitsbedingungen (Igic et al. 2015). In der Praxis kommt häufig eine Mischform zum Zug: Es werden bestehende Fragebögen als Basis genommen, die dann den eigenen Bedürfnissen und Schwerpunkten entsprechend angepasst und ggf. ergänzt werden. Nicht zu empfehlen sind reine Eigenkonstruktionen von Fragebögen, die von betrieblichen Praktikern erstellt werden, da oftmals das benötigte Expertenwissen zur Güte von Analyseinstrumenten fehlt und die Aussagekraft der Analyseergebnisse unter Umständen nicht gewährleistet ist.

Generell gilt: Die Auswahl eines zum Unternehmen und zu den Tätigkeiten passenden Fragebogens und das Sicherstellen einer guten methodischen Qualität sind die ersten zentralen Schritte auf dem Weg zu einem guten Verfahren. Es lohnt sich, diese Wahl entsprechend sorgfältig vorzunehmen und allenfalls auch professionelle Hilfe beizuziehen.

Bestimmen der Auswertungseinheiten: Vor Beginn der Datenerhebung ist ferner zu klären, für welche Mitarbeitendengruppen separate Auswertungen vorgenommen werden sollen. Zunächst ist dabei die Frage entscheidend, für welche organisationalen Einheiten eine separate Ergebnisauswertung von Interesse sein wird. Im Idealfall wären alle Teams als eigene Auswertungseinheit anzusetzen – jedoch sind diese Einheiten aus Datenschutzperspektive häufig nicht groß genug. Es stellt sich in der Praxis also häufig die Frage, welche organisationalen Einheiten sinnvoll gemeinsam betrachtet werden können. Dabei empfehlen wir die organisationale und räumliche Nähe sowie die Ähnlichkeiten der Tätigkeiten als Entscheidungskriterien heranzuziehen. Für die definierten Befragungseinheiten werden separate Ergebnisberichte erstellt, die wiederum die Grundlage für die weitere Arbeit in den Workshops sind. Generell ist wichtig, die Zusammensetzung der Workshops bei der Definition der Auswertungseinheiten bereits mit im Blick zu haben. Ideal ist es, wenn für jeden Bereich, für den ein Workshop durchgeführt wird, eine eigene Auswertung der Fragebogenerhebung vorliegt.

Praktische Umsetzung der Erhebung: Eine Datenerhebung online durchzuführen ist meist die ökonomisch sinnvollste Variante. Dies ist aber nicht immer vollumfänglich möglich, da möglicherweise nicht alle der Befragten überhaupt Zugriff auf einen

Computer bei der Arbeit haben. Entsprechend kann es wichtig sein, gleichzeitig die Möglichkeit eines Papierfragebogens anzubieten, um alle Beschäftigten zu erreichen. Ebenfalls zu berücksichtigen ist, ob die Fragebögen in unterschiedlichen Sprachen angeboten werden sollten. Sind die Daten gesammelt, müssen sie aufbereitet und analysiert werden. Dabei werden für alle vorab definierten Befragungseinheiten Ergebnisberichte erstellt. Bereits im Vorfeld sollten Mitarbeitende transparent über die Rahmenbedingungen der Befragung informiert werden, um mögliche Bedenken hinsichtlich Anonymität und Datenschutz zu reduzieren. Sinnvoll an dieser Stelle ist ein externer Partner, der die ausgefüllten Fragebögen auswertet und alle Rohdaten verwaltet, um klar kommunizieren zu können, dass die Originalfragebögen der Personen innerbetrieblich nicht im Umlauf sein werden.

Etappe 2: Ergebnisrückmeldung
Gegenstand der zweiten Etappe ist die Rückmeldung der Befragungsergebnisse an die Führungskräfte und Mitarbeitenden aller befragten Organisationseinheiten. Ziel dieser Etappe ist es, alle Beteiligten weiterhin am Prozess teilnehmen zu lassen und sie über die Ergebnisse der Erhebung zu informieren. Während bei den nachfolgenden Workshops die spezifischen Ergebnisse der einzelnen Befragungseinheiten im Vordergrund stehen, werden hier zunächst die Gesamtergebnisse – je nach Größe der Befragung also des gesamten Unternehmens oder einer gesamten Organisationseinheit – fokussiert. Entsprechend können diese Veranstaltungen auch in einem größeren Rahmen abgehalten werden. In diesem Zusammenhang ist es – ähnlich wie bereits zum Projektstart, der hier nicht weiter behandelt wird – von zentraler Bedeutung den Mitarbeitenden einen Überblick über das Projekt zu geben und dessen Ziele, sowie die Erwartungen an die Belegschaft klar zu formulieren. Gleichzeitig sollte auch ein klares Bekenntnis der Unternehmensspitze erfolgen, aktiv werden zu wollen. Ziele sind das Herstellen von Transparenz, realistische Erwartungen an den Folgeprozess zu ermöglichen und eventuelle Bedenken in der Belegschaft abzubauen. Gleichzeitig wird es bei der Präsentation der Gesamtergebnisse vorkommen, dass einzelne Teams den Eindruck haben, dass ihre spezifische Situation zu wenig deutlich geworden ist. Somit kann die Veranstaltung auch genutzt werden, Interesse an den folgenden Workshops zu wecken, wo die Ergebnisse der einzelnen Teams betrachtet und konkrete, für die jeweilige Arbeitssituation passende Maßnahmenideen abgeleitet werden.

Damit die Ergebnisrückmeldung gut gelingt, müssen die Daten in eine Form gebracht werden, welche sie interpretierbar macht und sich didaktisch gut vermitteln lässt. Eine speziell für Praktiker wichtige Frage bei der Darstellung und Interpretation der Daten ist jene nach den Grenzwerten, d. h. ab wann eine bestimmte Ausprägung in den Resultaten als normal, hoch oder tief bezeichnet werden kann bzw. ab wann ein Wert als „auffällig" gilt. Objektive Grenzwerte sind bei psychosozialen Risiken jedoch selten verfügbar oder als eher willkürlich einzuordnen, zumindest beim Einsatz von Fragebögen (Krause und Deufel 2014). Um dennoch sinnvoll Orientierung geben zu können, können zwei Ansätze unterschieden werden, um „auffällige" Skalen identifizierbar machen. Der erste Ansatz ist relational: Die Ergebnisse der Befragung werden mit Vergleichswerten in Beziehung gesetzt. Zum Beispiel ermöglichen manche Fragebogeninstrumente, den Wert eines Unternehmens mit einem durchschnittlichen Wert der ganzen Branche zu vergleichen (z. B. COPSOQ; Nübling et al. 2005). Auch können Werte einzelner Einheiten mit dem Durchschnittswert des Gesamtunternehmens verglichen werden. Eine statistisch definierte hohe Abweichung von diesem Vergleichswert wird dann als auffällig betrachtet.

Dieser Ansatz birgt jedoch die Schwierigkeit, dass eine hohe Abweichung noch nichts darüber aussagt, ob sich ein Wert tatsächlich schon im problematischen Bereich befindet – oder inwieweit sogar der Vergleichswert als kritisch zu bewerten ist. Hier kann der zweite Ansatz unterstützend wirken, bei dem absolute Häufigkeiten betrachtet werden. Es wird also z. B. betrachtet, wie viele Personen die Frage „Müssen Sie sehr schnell arbeiten?" (vgl. Tab. 7.1) mit „immer" oder „oft" beantworten und ab einem bestimmten Anteil, z. B. einem Drittel, wird dies als auffällig betrachtet. Die Definition sinnvoller Grenzen erfordert Erfahrung und Expertenwissen; so kann es beispielsweise sinnvoll sein, bei sozialen Stressoren bereits einen geringeren Anteil kritischer Werte als auffällig zu definieren.

In der Praxis versuchen wir in der Regel beide Ansätze zu kombinieren. In Abb. 7.2 ist ein Beispiel auf Basis der in Tab. 7.1 enthaltenen Skala zu Zeitdruck ersichtlich. Die Breite und die Schattierung der Balken gibt an, wie häufig eine Antwortalternative gewählt wurde (je breiter der Balken, desto häufiger die Antwort) und ob die inhaltliche

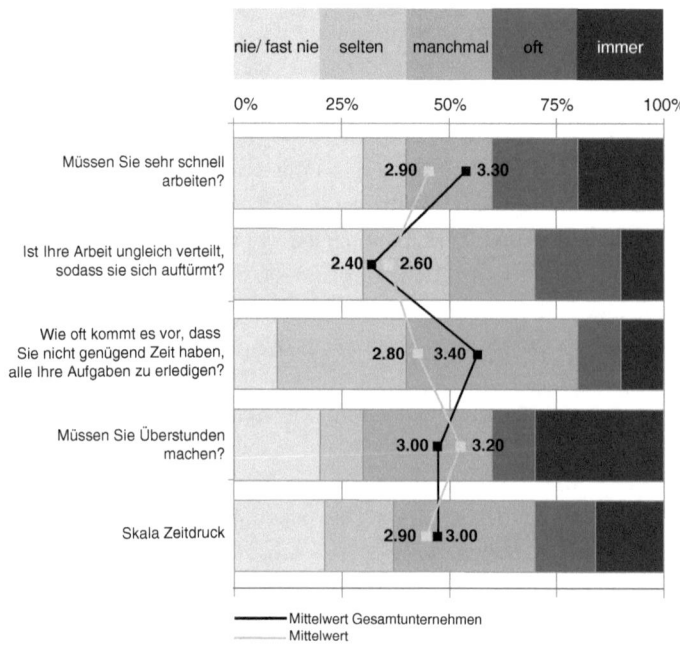

Abb. 7.2 Beispiel einer möglichen Darstellung der Resultate. (Quelle: Eigene Darstellung 2016)

Aussage der Antwort eher negativ (dunkel) oder positiv (hell) zu interpretieren ist – je heller, desto besser. Basierend auf den Anteilen können dann Grenzwerte definiert werden. Gleichzeitig stellen die beiden Punkte in der Mitte Mittelwerte dar: einerseits jener von einem spezifischen Team (weiß) und andererseits jener des ganzen Unternehmens (schwarz) (üblicherweise verwenden wir statt Schwarz und Weiß die Farben Rot und Grün). Der Vergleich der beiden Mittelwerte ermöglicht es auffällige Abweichungen zu entdecken.

Etappe 3: Workshops
Die Workshops erlauben es, die Anonymität der schriftlichen Befragung zu verlassen und in einem geschützten und begleiteten Rahmen in den persönlichen Austausch über die vorliegenden Ergebnisse der jeweiligen Befragungseinheit zu kommen. Es ist sinnvoll, zum Einstieg fokussiert auf die besonders auffälligen Ergebnisse einzugehen. Die Workshops setzen sich entweder aus einem kompletten Team zusammen oder es werden Delegierte entsandt. Besteht eine spezifische Organisationseinheit aus verschiedenen Untergruppen (z. B. Mitarbeitende mit sehr unterschiedlichen Tätigkeitsprofilen oder verschiedene Teams), ist es sinnvoll, dass diese Untergruppen adäquat repräsentiert sind. Das Verfahren erlaubt es auch mit größerer Heterogenität bezüglich der Arbeitstätigkeiten in der Gruppe umzugehen, die Moderation der Workshops wird aber dadurch anspruchsvoller. Es hat sich zudem bewährt, die Workshops getrennt für Mitarbeitende mit und ohne Führungsfunktion durchzuführen. Ratsam ist es, in den Workshops für Mitarbeitende die direkte Führungskraft zum Abschluss hinzuzuziehen, um eine gemeinsame Sichtweise zur Arbeits- und Belastungssituation im Team und eine gute gemeinsame Weiterbearbeitung zu ermöglichen. Insgesamt ist es sinnvoll, dass die Workshops so zeitnah wie möglich an der Datenerhebung liegen, damit die Ergebnisse noch aktuell und gültig sind.

Die Workshops haben primär zwei Ziele: 1. Das aus Sicht der Mitarbeitenden wichtigste psychosoziale Risiko (die sogenannte „Hauptgefährdung") verständlich zu benennen und sicherzustellen, dass die Führungskraft diese Sichtweise versteht und akzeptiert. 2. Die Entwicklung von Maßnahmenideen, um diese Hauptgefährdung zu verringern.

Der Workshop als Interventionsform bietet zudem die Möglichkeit zur Validierung der Ergebnisse aus dem Fragebogen, bindet die Belegschaft mit ein (Partizipation), fördert die Enttabuisierung psychosozialer Risiken und unterstützt die Teams einen gemeinschaftlichen Ansatz im Umgang mit diesen Risiken zu finden (Krause und Deufel 2014).

Der Workshop kann in fünf Schritte unterteilt werden (vgl. Tab. 7.2). In einem ersten Schritt (1) werden die Ergebnisse aus dem spezifischen Bereich den Workshop-Teilnehmenden präsentiert. Bereits im Vorfeld des Workshops wird vom Moderator eine Zusammenfassung der für den Bereich relevanten psychosozialen Risiken erstellt (besonders hoch ausgeprägte Anforderungen und besonders niedrig ausgeprägte Ressourcen). Ausgehend von dieser Zusammenstellung soll im zweiten Schritt (2) von den Workshop-Teilnehmenden gemeinsam geprüft werden, welcher dieser Aspekte aktuell die eigene Gesundheit am stärksten beeinträchtigt. Im weiteren Verlauf des Workshops

Tab. 7.2 Überblick über den Ablauf eines Workshops

Schritt	Thema präzisiert
1. Ergebnisrückmeldung	Die Befragungsergebnisse der spezifischen Organisationseinheit werden rückgemeldet, dabei wird auf besonders auffällige Ergebnisse fokussiert. Die Teilnehmenden können Rückmeldung geben, wie gut diese Ergebnisse ihren tatsächlichen Arbeitsalltag widerspiegeln
2. Priorisieren der psychosozialen Risiken und Definition der Hauptgefährdung	Die Teilnehmenden schätzen die Bedeutung der psychosozialen Risiken für die eigene Gesundheit ein: zunächst individuell, was danach auf ein Poster übertragen wird, wo dann ein Gruppenbild entsteht. Das Ergebnis ist eine Priorisierung der psychosozialen Risiken in dem Team und die Identifikation des wichtigsten Themas („Hauptgefährdung")
3. Konkretisieren der Hauptgefährdung	Die Hauptgefährdung wird auf den Alltag heruntergebrochen und mit konkreten Beispielen illustriert. Wurde z. B. Zeitdruck in Schritt 2 als Hauptgefährdung identifiziert, gilt es zu klären, in welchen Situationen denn dieser Zeitdruck ganz konkret auftritt. Das Ergebnis ist ein gemeinsames Verständnis dafür, wie sich in dieser spezifischen Organisationseinheit „Zeitdruck" genau ausdrückt
4. Sammeln von Maßnahmenideen	Es werden Ideen für Maßnahmen gesucht, welche das psychosoziale Risiko reduzieren. Hilfreich ist die Berücksichtigung unterschiedlicher Ansatzebenen: die Teilnehmenden machen sich Gedanken dazu, was sie als Individuen zu einer Verbesserung beitragen können, sie können sich überlegen, was sie gemeinsam als Team unternehmen wollen und was ihre Führungskräfte oder die Unterstützungssysteme in der Organisation (inkl. Personalabteilung und Unterstützungssysteme) beitragen könnten. Besonders vielversprechend ist es bei psychosozialen Risiken, wenn es gelingt, auf allen Ebenen gleichzeitig aktiv zu werden
5. Übergabe und weitere Planung	Der direkten Führungskraft werden die Ergebnisse des Workshops vorgestellt. Die Führungskraft hat die Möglichkeit Fragen zu stellen. Ziel ist ein gemeinsames Verständnis der Workshopergebnisse bei Mitarbeitenden und Führungskraft. Wichtig ist in dieser Phase auch, dass bestimmt wird, wie das weitere Vorgehen aussehen wird

wird dann, im Sinne einer Priorisierung, auf das für die Mehrheit bedeutsamste psycho-soziale Risiko fokussiert, das wir auch als Hauptgefährdung bezeichnen. Damit die Ent-wicklung von Maßnahmenideen in einem vierten Schritt (4) gut gelingt, ist im dritten Schritt (3) eine Konkretisierung der Hauptgefährdung notwendig. Mit „Konkretisierung" meinen wir das Herunterbrechen eines abstrakten Begriffs wie z. B. „Zeitdruck" auf den betrieblichen Alltag der Workshop-Teilnehmenden. Denn ist einmal klar wie, wann und warum Zeitdruck entsteht, sind die Voraussetzungen gegeben, um Ideen zu entwickeln, wie mit Zeitdruck künftig umgegangen oder wie er reduziert werden kann. Bei mehreren gleichermaßen relevanten psychosozialen Risiken oder aber bei einer großen, ggf. auch heterogenen Workshopgruppe, kann es sinnvoll sein, in dieser Phase in mehreren Klein-gruppen zu arbeiten. Werden die Workshops mit Führungskräften zur eigenen Arbeitssi-tuation durchgeführt, kann es sinnvoll sein, verschiedene Hierarchieebenen phasenweise getrennt arbeiten zu lassen.

Im fünften und letzten Schritt (5) des Workshops werden die erarbeiteten Inhalte mit der direkten Führungskraft besprochen, welche für den letzten Teil des Workshops hin-zukommt. Ziel dabei ist es, der Führungskraft die erarbeiteten Ergebnisse vorzustellen, ihr die Möglichkeit zu geben Fragen zu stellen und allenfalls Stellung zu beziehen. Meis-tens müssen die Ideen im Nachgang noch einmal konkretisiert und besprochen werden, es müssen Abklärungen getroffen werden et cetera. Der Workshop dient jedoch als Ini-tialzündung für das gemeinsame Auseinandersetzen mit psychischen Risiken im Team. Damit dieser Startschuss nicht ungehört verhallt, ist es ganz zentral, zum Schluss des Workshops ein konkretes weiteres Vorgehen zu vereinbaren. Dies kann unterstützt wer-den, indem die nächsten Schritte (inkl. Verantwortlichkeiten) bestimmt werden (z. B. wird vereinbart, dass jemand eine bestimmte Information einholt oder zu einer Folgesit-zung einlädt).

Ein guter Zeitrahmen für einen Workshop dieser Art sind rund 4 h. Während dies auch ausgedehnt werden kann, ist eine Verkürzung nicht zu empfehlen ohne dass klare Quali-tätseinbußen zu befürchten wären.

Etappe 4: Umsetzung von Maßnahmen
Die Umsetzung der entwickelten Maßnahmen ist schlussendlich das entscheidende Ele-ment zur Entwicklung einer gesundheitsförderlichen Organisation. Wichtig ist zunächst, dass der Schwung, der in den Workshops entstanden ist, aufgenommen wird und nicht versandet. Die in den Workshops beschlossenen „nächsten Schritte" sollten möglichst zeitnah weiter bearbeitet und umgesetzt werden.

Auf Basis unserer Erfahrungen aus verschiedenen Projekten können verschiedene Erfolgsfaktoren für diese Etappe benannt werden:

- Verschiedene miteinander verzahnte Maßnahmen: Für einige Risiken kann es gelin-gen, bereits mit einer einzigen Maßnahme Verbesserungen zu erzielen, gerade wenn es um physische Gefährdungen geht (z. B. Vorrichtungen gegen Zugluft montieren,

Hebehilfe anschaffen). Bei den psychosozialen Risiken hingegen braucht es häufig mehrere Maßnahmen, die auf die spezifische Situation der jeweiligen Organisationseinheit zugeschnitten sind und die auf verschiedenen Ebenen (bei jedem einzelnen Beschäftigen, im Team, in der gesamten Organisation) ansetzen, um die Risiken mittel- bis langfristig erfolgreich reduzieren zu können. Zudem braucht es oft Ausdauer: Es kann einige Zeit dauern, bis die tatsächliche Wirkung von Maßnahmen auch spürbar ist, etwa weil sich neue Prozesse oder Vorgehensweisen erst etablieren müssen, bis sie als erfolgreiche Routine betrachtet werden können. Gleichwohl lohnt es sich, im Rahmen der Maßnahmenumsetzung auch immer wieder zu prüfen, welche „Quick Wins" erreichbar sind, um die Motivation und Geduld für den mittelfristigen Entwicklungsprozess aufrecht zu erhalten.

- Realistische Erwartungen: Die vollständige Beseitigung von Gefährdungen ist in den meisten Fällen utopisch. Realistisch ist jedoch eine Reduktion der psychosozialen Risiken. Es ist wichtig, dass sich alle Beteiligten über die realistisch zu erreichenden Ergebnisse im Klaren sind.

- Partizipation und Dezentralisierung der Verantwortung: Wichtig für die Umsetzung von Maßnahmen ist auch eine Dezentralisierung der Verantwortung. Während häufig die Funktion eines Gesundheitsreferenten o. ä. in den Zentralbereichen des Unternehmens angesiedelt ist, ist es wichtig den Teammitgliedern bereits im Workshop klar zu kommunizieren, dass auch sie in der Pflicht stehen aktiv zu werden. In unseren Projekten hat sich gezeigt, dass es hilfreich ist einzelne Mitarbeitende zu bestimmen, welche sich dem Thema „Arbeit und Gesundheit" etwas intensiver annehmen bzw. sich darum kümmern („Kümmerer", „Gesundheitslotse" o. ä.). Die Aufgabe dieser Personen ist es, ein besonderes Augenmerk auf dieses Thema zu richten, dafür zu sorgen, dass es an Teammeetings regelmäßig auf die Agenda aufgenommen wird und diesbezüglich mit der Führungskraft und den Verantwortlichen in den Zentralbereichen (z. B. mit dem Leiter des betrieblichen Gesundheitsmanagements) im Austausch zu bleiben.

- Unterstützungsfunktionen einbeziehen: Insbesondere bei psychosozialen Risiken, welche von den betroffenen Teams und ihren Führungskräften direkt nicht beeinflussbar sind, ist es wichtig, dass Möglichkeiten bestehen Unterstützung hinzuzuziehen. Hier kann eine zentral verantwortliche Funktion im Unternehmen, etwa eine Gesundheitsreferentin, als entscheidende Schnittstelle von besonderer Bedeutung sein und die Kommunikation zum Top-Management sicherstellen. So kann es möglich werden, dass das Unternehmen als Resultat von Ideen und Vorstößen aus den Teams Projekte veranlasst, welche die entsprechenden Ideen für das ganze Unternehmen umsetzen.

- Führungskräfte als Schlüsselpersonen für eine erfolgreiche Umsetzung: Unsere Erfahrungen zeigen, dass die hierarchisch wichtigste Führungskraft der spezifischen Organisationseinheit entscheidend dazu beiträgt, ob die Umsetzung von Maßnahmen nachhaltig gelingt oder nicht. Sie sollte sich mindestens ein bis zweimal im Jahr aktiv dem Thema annehmen, auch in enger Kollaboration mit den „Kümmerern", und damit auch signalisieren, dass Initiativen vonseiten der Mitarbeitenden in diesem Bereich erwünscht sind und unterstützt werden.

Etappe 5: Evaluation

Ein Unternehmen, das Geld für die Bearbeitung psychosozialer Risiken in die Hand nimmt, wird wissen wollen, ob seine Investitionen von Erfolg gekrönt sind: Wurden Maßnahmen umgesetzt? Haben sich die Arbeitsbedingungen verbessert? Geht es den Mitarbeitenden besser? Zur Beantwortung dieser Fragen sollte das Projekt evaluiert werden. Hierfür gibt es verschiedene Ansatzpunkte:

In einem ersten Schritt kann geprüft werden, ob der Prozess in einer guten Qualität durchgeführt wurde. Hierfür können bereits die Workshop-Teilnehmenden im Anschluss an die Workshops befragt werden. Eine gute Qualität der Workshops ist eine wichtige Voraussetzung, aber noch kein hinreichender Indikator dafür, ob tatsächlich auch Maßnahmen umgesetzt wurden und ob sich die Arbeitsbedingungen verbessert haben. Die Evaluation der umgesetzten Maßnahmen erfolgt etwas nachgelagert und kann zweistufig ablaufen. Einerseits kann, nach etwa 6–12 Monaten, direkt in den Teams nachgefragt werden, welche Maßnahmen konkret umgesetzt wurden. Sodann stellt sich die Frage, ob ein positiver Einfluss auf die Arbeitsbedingungen erkennbar wird. Zusätzlich empfiehlt sich eine weitere Erhebung zu einem späteren Zeitpunkt, z. B. 2 Jahre später, mit dem gleichen Fragebogen, der bereits in der Etappe 1 verwendet wurde. Mit dem Vergleich zwischen zwei Zeitpunkten kann geprüft werden, ob sich die Arbeitsbedingungen zwischenzeitlich verbessert haben. Diese zweite Erhebung kann dann wiederum als Ausgangspunkt für einen neuen Projektzyklus betrachtet werden, was dann den Einstieg in eine kontinuierliche Entwicklung der Organisation in Richtung eines gesundheitsförderlichen Unternehmens bedeutet.

7.3   Train-the-Trainer: Die Qualifizierung interner Moderatoren

Eine Herausforderung des im vorangehenden Kapitel dargestellten Konzeptes liegt in der Menge an durchzuführenden Workshops. Je nach Größe des Unternehmens kann diese schnell im mittleren zweistelligen Bereich liegen (Daumenregel: MA-Anzahl/33, wenn eine flächendeckende Umsetzung angestrebt wird). Da die Workshops relativ zeitnah zur Datenerhebung durchgeführt werden sollten, damit die Resultate aus der Befragung noch aktuell und gültig sind, entsteht ein hoher Bedarf an Moderatoren, welche die Workshops durchführen. Um eine ökonomische Umsetzung zu fördern, haben wir ein „Train-the-Trainer"-Konzept entwickelt: ein Konzept zur Schulung von Mitarbeitern und Mitarbeiterinnen aus dem Unternehmen, um diese zu befähigen, die oben skizzierten Workshops selbst durchzuführen. Sowohl in der Privatwirtschaft wie auch im öffentlichen Sektor konnten wir dieses Konzept bereits erfolgreich erproben. Die betriebsinternen Moderatoren sollten mit Fingerspitzengefühl ausgewählt werden, insbesondere sollte ihnen dort, wo sie zum Einsatz kommen, Neutralität zugesprochen werden können. Falls Fragebogenergebnisse auf erhebliche soziale Konflikte in einzelnen Organisationseinheiten hinweisen, sollte für solche Teams eine externe Moderation beigezogen werden.

Um als interner Moderator für die Workshops qualifiziert werden zu können, sollten die infrage kommenden Personen bereits Vorerfahrung in der Moderation von Gruppen vorweisen können. Grundwissen zum Zusammenhang von Arbeit und Gesundheit ist hilfreich, aber nicht zwingend, mindestens sollte Sensibilität und Interesse für dieses Thema vorhanden sein. Sind die Voraussetzungen gegeben, kann es mit der Ausbildung losgehen, welche folgende Elemente enthält:

- Eine erste Schulung von vier Stunden
- Vorbereitungsaufgaben auf die zweite Schulung
- Eine zweite Schulung von vier Stunden
- Hospitationen
- Kollegiale Beratung

In den beiden Schulungen, die ca. 2–4 Wochen auseinander liegen sollten, sind die beiden primären Ziele einerseits theoretische Inhalte zu vermitteln und andererseits ein erstes Übungsfeld zu bieten. An theoretischen Grundlagen stehen zuerst die Wirkungszusammenhänge von Arbeitsbedingungen und Gesundheit an. Danach werden der Ablauf und die Logik des Workshops in den Vordergrund gestellt. So viele Elemente aus dem Workshop wie möglich sollen in den beiden Schulungen auch praktisch geübt und ausprobiert werden. Es wird z. B. gelehrt und geübt, wie die Ergebnisse aus der Fragebogenerhebung gedeutet und didaktisch sinnvoll vermittelt werden können. Der Umgang mit den in den Workshops verwendeten Hilfsmitteln (Karten und Poster) wird dargestellt und ausprobiert. Es werden aber auch Handlungsmöglichkeiten bei allfälligen „unerwarteten Situationen" aufgezeigt und diskutiert. Besonders wichtig ist die erfolgreiche Integration der für die letzte Stunde hinzugekommenen Führungskraft in den Prozess. Zudem geht es um die Vermittlung von Tipps und Tricks, auch zur Vermeidung von Fallstricken. Um die Zeit zwischen den beiden Schulungen optimal nutzen zu können und den zweiten Termin so effizient wie möglich zu gestalten, wird den Schulungsteilnehmenden ein „Arbeitsheft" mitgegeben, welches ihnen erlaubt, das Gelernte Revue passieren zu lassen, Fragen zu notieren und sich gut auf den nächsten Termin vorzubereiten.

Nach der Durchführung der Schulungen wird den internen Moderatoren die Möglichkeit geboten ein- bis zweimal einem Workshop, der von einem erfahrenen Moderator durchgeführt wird, beizuwohnen bzw. dort zu hospitieren. Je nach Bedürfnis und Kompetenz des zu schulenden Moderators kann dieser bereits am ersten Termin mehr oder weniger aktiv eingebunden werden, z. B. indem gewisse Schritte zu zweit moderiert werden und indem der externe Moderator sich Stück für Stück zurückzieht. So kann ein individuell abgestimmtes Heranführen an die Workshop-Durchführung gewährleistet werden.

Um auch nach erfolgreichem Einstieg in die Workshop-Moderation den Austausch zwischen den Moderatoren und die gegenseitige Hilfestellung zu fördern, ist die Umsetzung einer kollegialen Beratung hilfreich. Die Moderatoren beraten sich gegenseitig zu schwierigen Situationen in der Workshop-Moderation. Ein erster Termin sollte dabei unter der Leitung einer mit dieser Methode vertrauten Person durchgeführt werden. Weitere Termine können dann von den internen Moderatoren selbst durchgeführt werden.

Mit diesem Konzept wird das wichtigste Know-how zur Durchführung der Workshops in das Unternehmen integriert. Dies stellt einen Wissenszuwachs für die Organisation dar und reduziert den Bedarf an externen Moderatoren.

7.4   Ein Fallbeispiel

Die Verwaltung eines Landkreises in Deutschland begleiteten wir in den Jahren 2014 und 2015. Das Amt hatte rund 1100 Mitarbeitende in sehr unterschiedlichen Berufen und war über mehrere Häuser und Außenstellen verteilt.

Es wurde analog den im vorangehenden Abschnitt dargestellten Etappen vorgegangen. Die Datenerhebung fand in Zusammenarbeit mit der Freiburger Forschungsstelle Arbeits- und Sozialmedizin (FFAS) statt und als Fragebogen wurde der COPSOQ (Copenhagen Psychosocial Questionnaire; vgl. Nübling et al. 2005) eingesetzt, der um einige psychosoziale Risiken ergänzt wurde, um die Bedürfnisse der Organisation noch besser abzudecken. Das Ausfüllen des Fragebogens konnte entweder online oder auf Papier ausgefüllt werden.

Die Resultate aus der Fragebogenbefragung wurden den Mitarbeitenden und Führungskräften in großen Informationsveranstaltungen präsentiert. Die beiden Schulungen zur Ausbildung der internen Moderatoren fanden vor dem Start der Workshops statt, sodass beim ersten, von unserer Arbeitsgruppe durchgeführten Workshop, bereits eine interne Moderatorin hospitieren konnte. Bei jedem von uns durchgeführten Workshop hospitierten ein bis zwei interne Moderatoren, sodass nach und nach immer mehr Workshops durch die internen Moderatoren ausgerichtet werden konnten. Insgesamt wurden 28 Workshops durchgeführt, davon 23 für Mitarbeitende und fünf für Führungskräfte. Die Hälfte der Mitarbeitendenworkshops konnte von den intern ausgebildeten Moderatoren durchgeführt werden. Alles in allem fanden die Workshops über ein knappes Jahr verteilt statt.

Die Umsetzung von Maßnahmen ist zur Zeit des Verfassens dieses Beitrags in Gange. Erste Feedbacks aus den Einheiten deuten darauf hin, dass in vielen Organisationseinheiten Prozesse angestoßen werden konnten. Das Amt plant drei Jahre nach der ersten Datenerhebung wiederum eine Datenerhebung vorzunehmen, was einen Vergleich der Ergebnisse vor und nach der Umsetzung von Maßnahmen ermöglichen wird.

Evaluation des Verfahrens

Um sich frühzeitig ein Bild zu machen, ob der Prozess in der gewünschten Qualität durchgeführt werden konnte, hat unsere Arbeitsgruppe eine Evaluation des Verfahrens durchgeführt. Dabei standen drei Fragestellungen im Vordergrund:

1. Lässt sich mit diesem Vorgehen das (für die jeweilige Organisationseinheit) wichtigste psychosoziale Risiko identifizieren?
2. Lassen sich gute Maßnahmenideen ableiten, um dieses psychosoziale Risiko zu reduzieren?
3. Gelingt die Qualifizierung der internen Moderatoren?

Zur Beantwortung der ersten beiden Fragestellungen haben wir die Evaluationsbögen herangezogen, die nach jedem Workshop von den Teilnehmenden ausgefüllt wurden (N = 232). Die Frage, ob im Workshop tatsächlich die wichtigste Gefährdung identifiziert werden konnte, wurde von 92 % aller Workshop-Teilnehmenden mit „ja" (56 %) oder „eher ja" (36 %) beantwortet. Das Vorgehen scheint sich also bewährt zu haben. Leicht kritischer, aber doch noch zufriedenstellend, sind die Antworten bei der Frage, ob sinnvolle Maßnahmen abgeleitet werden konnten: 84 % haben mit „ja" (25 %) oder „eher ja" (59 %) geantwortet.

Zur Beantwortung der dritten Fragestellung haben wir die Bewertung der externen Moderatoren aus unserer Arbeitsgruppe mit den Bewertungen der neun internen Moderatoren aus dem Amt verglichen. Die Qualifizierung konnte als gelungen betrachtet werden, da die internen Moderatoren sehr positiv bewertet wurden und die Workshops aus Sicht der Teilnehmenden in der nahezu gleichen Qualität durchführen konnten wie die externen, erfahrenen Moderatoren aus unserer Arbeitsgruppe. Weitere Hinweise auf eine gelungene Qualifikation kamen aus einer schriftlichen Befragung der internen Moderatoren. Auf die Frage, ob die Ziele in den Workshops erreicht werden konnten, antworteten drei Moderatoren mit „eher ja" und fünf mit „ja". Jedoch wurde die Frage, ob bereits der erste Workshop in guter Qualität durchgeführt werden konnte von zwei Moderatoren mit „eher nein" beantwortet (bei zwei Moderatoren „eher ja" und bei fünf Moderatoren „ja"). Dies deutet darauf hin, dass grundsätzlich die Qualifikation erfolgreich war, evtl. aber einzelne Personen von einer Zusatzveranstaltung profitiert hätten. Acht von neun Moderatoren haben zudem den Eindruck, dank diesem Projekt zu einem besseren Moderator geworden zu sein. Es ist also anzunehmen, dass die Qualifizierung der Moderatoren auch über dieses spezifische Projekt hinaus positive Effekte für das Amt haben wird.

7.5 Abschließende Bemerkungen

Nachdem wir in den Abschnitten 2 und 3 ein prototypisches Verfahren skizziert haben, wie ein Prozess zur Analyse von psychosozialen Risiken und Maßnahmenentwicklung aussehen könnte und in Kap. 4 ein Fallbeispiel zur Illustration beschrieben haben, möchten wir zum Abschluss auf ein paar Punkte aufmerksam machen, die es zu berücksichtigen lohnt.

Eine strukturelle Frage

Häufig ist die Projektleitung für ein Projekt dieser Art in den Zentralbereichen der Unternehmung angesiedelt, also z. B. beim Gesundheitsmanagement, der Arbeitssicherheit, dem Personalwesen o. ä. Es ist also ein Projekt, dass, insbesondere aus der Perspektive der Linie, „von oben" organisiert und durchgeführt wird. Im Verlaufe des Prozesses, mit dem Workshop als zentralem Scharnier, soll jedoch ein Gefühl der Eigenverantwortung in die Linie transportiert werden: Die Teams sollen die Verbesserung ihrer Arbeitsbedingungen auch selbst an die Hand nehmen. Das bedeutet, dass eine Verschiebung und Dezentralisierung der Verantwortung von den Zentralbereichen in die Linie hinaus stattfindet. Führungskräfte, welche sich dazu bekennen, unterstützend wirken und Ressourcen bereitstellen, sind für den Erfolg dieser Verantwortungsübernahme sehr entscheidend. Wünschenswert ist es, in den Teams niederschwellige Strukturen zu schaffen, z. B. mit einem „Kümmerer" und periodischen Meetings zum Besprechen und Reduzieren alltäglicher Belastungen, sodass der wichtigste Teil der Auseinandersetzung „lokal", also im Team vor Ort, stattfindet. Ein Gesundheitsreferent im Zentralbereich hat dann für das Team eine eher beratende und unterstützende Funktion, insbesondere um die Kommunikation mit der Geschäftsführung sicherzustellen oder um Koordinationsaufgaben über verschiedene Teams hinweg zu unterstützen.

Organisationsentwicklung und Installierung permanenter Strukturen

Die Errichtung „niederschwelliger Strukturen" ist nicht nur hilfreich zur Förderung der Eigeninitiative, sondern ist auch ein zentrales Element, um ein zeitlich begrenztes Projekt in eine nachhaltige Entwicklung der Organisation zu überführen. Damit kann eine kontinuierliche Verbesserung der Arbeitsbedingungen erreicht und damit auch die Attraktivität als Arbeitgeber gestärkt werden.

Schon kleine Maßnahmen können hierbei einen bedeutsamen Effekt haben, wenn z. B. einzelne Mitarbeitende und/oder Führungskräfte definiert werden, die sich etwa der Reduktion von Arbeitsunterbrechungen vertiefter annehmen und das Thema regelmäßig bei Teammeetings auf die Agenda setzen, ein „Einschlafen" verhindern und auch auf erreichte Erfolge hinweisen. Das hier dargestellte Verfahren kann in Zyklen wiederkehrend durchgeführt werden. Die Art und Weise der Durchführung der Gruppendiskussionen im Alltag hängt stark davon ab, wie weit die Selbstorganisation in den Teams ist. Können die Teams diese Art von Veranstaltungen selbst durchführen und werden spürbar von ihren direkten Führungskräften unterstützt, wird die Wahrscheinlichkeit eines Erfolgs vergrößert.

Commitment und Transparenz

Eine der größten Gefahren, die einem Projekt solcher Art droht, ist das Misstrauen der Belegschaft darin, dass vonseiten der Unternehmensführung ein tatsächliches Interesse an Änderung besteht sowie die Befürchtung, dass die „Übung" nur „für die Schublade" ist. Besteht dieses Misstrauen, ist es schwierig, die Mitarbeitenden davon zu überzeugen, sich aktiv und gemeinsam an einer Verbesserung der Situation zu beteiligen. Das Misstrauen kann mit Resignation und Passivität einhergehen. Um dem entgegenzuwirken, muss das Bekenntnis des Top-Managements zum Projekt unmissverständlich sein und klar kommuniziert werden. Ferner muss der Prozess des gesamten Projektes gut geplant und kommuniziert sein. Auf die Frage „Was passiert nach den Workshops mit den Maßnahmenideen?" müssen klare Antworten gegeben werden können. Die Ankündigung einer bereits geplanten Evaluation zur Überprüfung der umgesetzten Maßnahmen hilft das Commitment des Managements zu unterstreichen.

Wie geht es weiter: Weiterentwicklungen

Insbesondere die Befähigung der Teams in Eigenverantwortung an der Verbesserung ihrer Arbeitsbedingungen zu arbeiten, wollen wir in kommenden Projekten weiter fördern. Zum Beispiel werden wir in einem Projekt erproben Teamsprecher/innen zu qualifizieren, oben dargestellte Workshops in den eigenen Teams durchzuführen. Der Vorteil liegt auf der Hand: Ist das Know-how zur Durchführung solcher Gruppendiskussionen dezentral im Unternehmen direkt in den Teams vorhanden, steigt auch die Wahrscheinlichkeit, dass solche Diskussionen geführt werden. Die Herausforderung besteht darin, ob es Teammitgliedern gelingt den Rollenwechsel zwischen Moderator und Teammitglied erfolgreich vorzunehmen oder ob es allenfalls auch eine Redefinition der Moderatorenrolle benötigt. Dem werden wir in einem kommenden Projekt auf den Grund gehen.

Literatur

Bakker A, Demerouti E (2007) The job demands-resources model: state of the art. J Manag Psychol 22(3):309–328

Berset M, Elfering A, Lüthy S, Lüthi S, Semmer NK (2011) Work stressors and impaired sleep: rumination as a mediator. Stress Health 27(2):e71–e82

Bowling NA, Alarcon GM, Bragg CB, Hartman MJ (2015) A meta-analytic examination of the potential correlates and consequences of workload. Work Stress 29(2):95–113

European Agency for Safety and Health at Work (2015) Second European survey of enterprises on new and emerging risks (ESENER-2). EU-OSHA, Bilbao

Gemeinsame Deutsche Arbeitsschutzstrategie (2016) Arbeitsschutz in der Praxis. Empfehlungen zur Umsetzung der Gefährdungsbeurteilung psychischer Belastung. Nationale Arbeitsschutzkonferenz, Berlin. http://www.gda-portal.de

Hakanen JJ, Schaufeli WB, Ahola K (2008) The job demands-resources model: a three-year cross-lagged study of burnout, depression, commitment, and work engagement. Work Stress 22(3):224–241

Igic I, Keller A, Luder L, Elfering A, Semmer NK, Brunner B, Wieser S (2015) Job-stress-index 2015. Kennzahlen zu psychischer Gesundheit und Stress bei Erwerbstätigen in der Schweiz. Gesundheitsförderung Schweiz, Bern

Kivimäki M, Jokela M, Nyberg S, Singh-Manoux A, Fransson E, Alfredsson L, Bjorner J, Borritz M, Burr H, Casini A, Clays E, De Bacquer D, Dragano N, Erbel R, Geuskens G, Hamer M, Hooftman W, Houtman I, Jöckel K, Kittel F, Knutsson A, Koskenvuo M, Lunau T, Madsen I, Nielsen M, Nordin M, Oksanen T, Pejtersen J, Pentti J, Rugulies R, Salo P, Shipley M, Siegrist J, Steptoe A, Suominen S, Theorell T, Vahtera J, Westerholm P, Westerlund H, O'Reilly D, Kumari M, Batty G, Ferrie J, Virtanen M (2015) Long working hours and risk of coronary heart disease and stroke: a systematic review and meta-analysis of published and unpublished data for 603 838 individual. Lancet 386(10005):1739–1746

Krause A, Deufel A (2014) Kombinierter Einsatz von Fragebogen, Beobachtung und Gruppendiskussion im Rahmen der Gefährdungsbeurteilung, Webanhang zu Gefährdungsbeurteilung psychischer Belastung. Erfahrungen und Empfehlungen, Bundesanstalt für Arbeitsschutz und Arbeitsmedizin (baua). Schmidt, Berlin

Lee RT, Ashforth BE (1996) A meta-analytic examination of the correlates of the three dimensions of job burnout. J Appl Psychol 81(2):123–133

Lenhardt U, Beck D (2016) Prevalence and quality of workplace risk assessments – findings from a representative company survey in Germany. Saf Sci 86:48–56

Moreau-Gruet F (2014) Monitoring zur psychischen Gesundheit – mit Fokus ‹Ältere Menschen› und ‹Stress am Arbeitsplatz›. Arbeitspapier 2, Aktualisierung 2014, Gesundheitsförderung Schweiz, Bern

Morschhäuser M, Beck D, Lohmann-Haislah A (2014) Psychische Belastung als Gegenstand der Gefährdungsbeurteilung. In: Bundesanstalt für Arbeitsschutz und Arbeitsmedizin (baua) (Hrsg) Gefährdungsbeurteilung psychischer Belastung. Erfahrungen und Empfehlungen. Schmidt, Berlin, S 19–44

Nübling M, Stößel U, Hasselhorn H-M, Michaelis M, Hofmann F (2005) Methoden zur Erfassung psychischer Belastungen – Erprobung eines Messinstrumentes (COPSOQ). Wirtschaftsverlag NW, Bremerhaven

Rau R, Buyken D (2015) Der aktuelle Kenntnisstand über Erkrankungsrisiken durch psychische Arbeitsbelastungen. Z Arbeits Organ 59(3):113–129

SECO (2015) Schutz vor psychosozialen Risiken am Arbeitsplatz, Informationen für Arbeitgeber und Arbeitgeberinnen. SECO, Bern

Semmer NK, Meier LL (2014) Bedeutung und Wirkung von Arbeit. In: Schuler H, Moser K (Hrsg) Lehrbuch Organisationspsychologie, 5. Aufl. Huber, Bern, S 559–604

Zapf D, Semmer NK (2004) Stress und Gesundheit in Organisationen. In: Schuler H (Hrsg) Organisationspsychologie – Grundlagen und Personalpsychologie (Enzyklopädie der Psychologie, Themenbereich D, Serie III, Bd 3). Hogrefe, Göttingen, S 1007–1112

Über die Autoren

Dr. Martial Berset ist wissenschaftlicher Mitarbeiter an der Fachhochschule Nordwestschweiz und ist im Bereich der angewandten Forschung und der akademischen Lehre tätig. Dabei war und ist er in mehreren Projekten zur Analyse von psychosozialen Risiken tätig, sei es als Moderator und/oder als Projektleiter. Er hat an der Universität Bern Arbeits- und Organisationspsychologie studiert und promoviert zum Thema Stress,

Erholung und Gesundheit. Seine Interessen drehen sich ganz grundsätzlich um den Einfluss von Stressoren und Ressourcen auf das Gesundheitsverhalten und die Gesundheit und dabei fokussiert auf den Zusammenhang von Stressoren und Schlafqualität.

Andrea Deufel ist Diplom-Psychologin und Systemische Beraterin (SG). Sie hat an der Albert-Ludwigs-Universität Freiburg i.Br. Psychologie studiert und Weiterbildungen zur Systemischen Beraterin sowie Stressverhaltenstrainerin absolviert. Als wissenschaftliche Mitarbeiterin und Studiengangleiterin in der Weiterbildung an der Fachhochschule Nordwestschweiz beschäftigt sie sich im Schwerpunkt mit den Themen Arbeit und Gesundheit, Betriebliches Gesundheitsmanagement, Psychosoziale Gefährdungsbeurteilungen und Stress und begleitet Organisationen bei der Umsetzung von Projekten in diesen Themenfeldern.

Cosima Dorsemagen ist Diplom-Psychologin und Juristin (LL.B.). Sie hat an den Universitäten Freiburg im Breisgau, Bonn und Hagen studiert und arbeitet als Wissenschaftliche Mitarbeiterin, Studiengangleiterin und Dozentin in der Weiterbildung an der Hochschule für Angewandte Psychologie der Fachhochschule Nordwestschweiz. In angewandten Forschungs- und Entwicklungsprojekten rund um das Thema Arbeit und Gesundheit beschäftigt sie sich u.a. mit der Frage, wie sich aktuelle Formen der Leistungssteuerung auf die Gesundheit und Leistungsfähigkeit von Beschäftigten auswirken. Sie unterstützt und begleitet Organisationen bei der Analyse und gesundheitsförderlichen Gestaltung psychosozialer Arbeitsbedingungen.

Prof. Dr. Andreas Krause ist seit 2006 Dozent für Arbeit und Gesundheit an der Hochschule für Angewandte Psychologie der Fachhochschule Nordwestschweiz und leitet den Studiengang CAS Betriebliches Gesundheitsmanagement. Der Schwerpunkt seines Teams ist innovatives betriebliches Gesundheitsmanagement. In Kooperationsprojekten mit Unternehmen werden neue Wege erprobt, mobil-flexibles Arbeiten auf gesundheitsförderliche Weise umzusetzen. Er hat Psychologie an der Universität Osnabrück studiert. Anschliessend war er wissenschaftlicher Mitarbeiter an den Universitäten Flensburg und Freiburg im Breisgau. Seine Forschungs- und Entwicklungsprojekte wurden u.a. gefördert über das Elite-Postdoktoranden-Programm der Landesstiftung Baden-Württemberg, von SNF, DFG und Gesundheitsförderung Schweiz.

Arbeitsbedingte psychische Belastung als besondere Herausforderung für die Präventionsarbeit: Die moderierten Verfahren der betrieblichen Gefährdungsbeurteilung als treibende Kraft auch für das BGM

8

Roland Portuné, Boris Ludborzs und Miriam Rexroth

Zusammenfassung

Sowohl aus arbeitspsychologischer wie auch aus rechtlicher Sicht ist es erforderlich, arbeitsbedingte psychische Belastung im Rahmen der Gefährdungsbeurteilung nach Arbeitsschutzgesetz mithilfe geeigneter Methoden zu berücksichtigen. Das vorliegende Kapitel gibt einen Überblick über relevante Hintergründe und beleuchtet dabei sowohl arbeitspsychologische, rechtliche sowie politische Aspekte. Darauf aufbauend werden mit dem DGUV Ideentreffen und dem Problemlöseworkshop der BG RCI zwei moderierte Analyseverfahren als Methode zur Gefährdungsbeurteilung vorgestellt und diskutiert. Beide Verfahren bringen zudem mit einem Fokus auf verhältnispräventive Aspekte der Arbeitsgestaltung Chancen auch im Hinblick auf das betriebliche Gesundheitsmanagement mit sich. Entsprechende Möglichkeiten werden diskutiert.

R. Portuné (✉) · B. Ludborzs · M. Rexroth
Prävention, Kompetenz-Center Gesundheit im Betrieb, Referat Arbeitspsychologie,
Berufsgenossenschaft Rohstoffe und chemische Industrie (BG RCI), Heidelberg, Deutschland
E-Mail: roland.portune@bgrci.de

B. Ludborzs
E-Mail: roland.portune@bgrci.de

M. Rexroth
E-Mail: miriam.rexroth@bgrci.de

© Springer Fachmedien Wiesbaden 2016   111
M.A. Pfannstiel und H. Mehlich (Hrsg.), *Betriebliches Gesundheitsmanagement*,
DOI 10.1007/978-3-658-11581-4_8

Inhaltsverzeichnis

8.1   Einführung

Nach wie vor herrscht im Themenfeld der psychischen Belastung große Unsicherheit bezüglich der Begriffe und Hintergründe: Was genau ist psychische Belastung, psychische Beanspruchung, psychische Erkrankung, Depression, Burn-out, Stress, Mobbing? Und immer noch sind die meisten Praktiker verunsichert, wie eine Gefährdungsbeurteilung zur psychischen Belastung vorschriftsmäßig durchzuführen ist. Muss eine Fachkraft für Arbeitssicherheit auch psychotherapeutische Kenntnisse haben? Wie viel arbeitspsychologische Expertise muss im Unternehmen vorhanden sein? Ab wann braucht ein Betrieb Unterstützung durch externe Fachleute? Hier setzt der Beitrag an und stellt wichtige arbeitspsychologische und rechtliche Hintergründe zum Thema arbeitsbedingter psychischer Belastung dar. Hilfreich zur Orientierung sind sowohl aktuelle Entwicklungen in der Gemeinsamen Deutschen Arbeitsschutzstrategie („Schutz und Stärkung der Gesundheit bei arbeitsbedingter psychischer Belastung") als auch die insbesondere für betriebliche Praktiker hilfreiche Darstellung in vereinfachten anschaulichen Modellen, zum Beispiel im Dreiebenen-Interventionsmodell psychischer Belastung (Portuné et al. 2014).

Moderierte Verfahren finden seit längerer Zeit in Betrieben und Verwaltungen in verschiedenem Kontext wie z. B. der betrieblichen Gesundheitsförderung („Gesundheitszirkel") oder dem Qualitätsmanagement („Qualitätszirkel") Verwendung. In der betrieblichen Gesundheitsförderung wurden mit dem „Düsseldorfer Ansatz" oder dem „Berliner Ansatz" (zusammenfassend z. B. Frieling und Sonntag 1999) auch Verfahren mit deutlich verhältnispräventiver Ausrichtung entwickelt. In der betrieblichen Praxis zeigt sich jedoch – wenn überhaupt gesundheitsbezogenes Engagement vorhanden ist – weit verbreitet ein Übergewicht verhaltenspräventiver Maßnahmen. Mit dem DGUV

Ideen-Treffen und dem BG RCI Problemlöse-Workshop werden zwei moderierte Verfahrenskonzepte unterschiedlicher Verfahrenstiefe vorgestellt, die im großen Themenfeld Sicherheit und Gesundheit im Betrieb, insbesondere im Bereich der arbeitsbedingten psychischen Belastung eingesetzt werden können. Sie sind beide verhältnispräventiv ausgerichtet und gut geeignet zur Gefährdungsbeurteilung psychischer Belastung. Schließlich wird auch auf ihre Kombinationsmöglichkeiten eingegangen, sowie auf ihren Nutzen als Basisinstrumente und treibende Kraft für das Betriebliche Gesundheitsmanagement.

8.2 Arbeitspsychologische Hintergründe

Aus arbeitswissenschaftlicher Sicht kann auf der Basis aussagekräftiger empirischer Forschungsergebnisse als gut belegt gelten, dass psychische Belastung und Gesundheit sehr eng zusammenhängen (Rau und Buyken 2015; Sonntag et al. 2010; Hasselhorn und Portuné 2010). Im Sinne der von der GDA in Bezug genommenen Norm DIN EN ISO 10075 (2000), Teil 1, ist psychische Belastung zunächst neutral zu definieren, nämlich als „die Gesamtheit aller erfassbaren Einflüsse, die von außen auf den Menschen zukommen und auf ihn psychisch einwirken". Psychische Belastung kann somit negative und positive Auswirkungen mit sich bringen. Konsequenterweise folgt daraus, dass es im Arbeits- und Gesundheitsschutz nicht Zielvorstellung sein kann, psychische Belastung zu vermeiden. Stattdessen ist es Aufgabe der Arbeitsgestaltung, Anforderungen und Belastungen so zu gestalten, dass eine möglichst optimale Beanspruchung der Mehrheit der arbeitenden Menschen gewährleistet wird (Wieland-Eckelmann 1998). Menschen unterscheiden sich aber auch bekanntermaßen in ihren jeweiligen Fähigkeiten und Fertigkeiten, sodass darüber hinaus bereits im Vorfeld die Auswahl der geeigneten Personen für die jeweiligen Arbeitsplätze wichtig ist. Auch die flexible oder differenzielle Gestaltung der Arbeitssysteme, die unterschiedliche Arbeitsweisen gestattet, damit auch einzelne Personen optimal beansprucht tätig werden können, ist eine weitergehende Herausforderung.

Gestaltungsziel ist also durch verhältnispräventive Maßnahmen Schädigungslosigkeit und Beeinträchtigungsfreiheit zu sichern, negative Folgen psychischer Belastung wie psychische und physische Erkrankungen zu verhüten. Hierzu besteht eine gesetzliche Verpflichtung (vgl. den nächsten Abschnitt „Rechtliche Hintergründe"). Darüber hinaus beeinflussen moderierte Verfahren eine Fülle weiterer psychologisch wie betriebswirtschaftlich hochrelevanter Aspekte in positiver Weise. Vor allem Arbeitsorganisation und -abläufe und die unterschiedlichsten Formen der Zusammenarbeit stellen in jedem Betrieb Felder dar, in denen immer Verbesserungen möglich sind. Immer mehr Betriebe erkennen die vielfältigen Zusammenhänge und versuchen, Chancen und Risiken entsprechend anzugehen. Dennoch ist sehr oft auch noch eine erhebliche Sensibilisierung notwendig, da „psychische Belastung" weit verbreitet als „persönliches Problem einzelner Beschäftigter" wahrgenommen wird. Dadurch werden damit zusammenhängende Aufgaben und Chancen im Arbeits- und Gesundheitsschutz bzw. für BGM und Organisationsentwicklung nicht genügend wahrgenommen.

Wichtig ist, von einem ganzheitlichen Gesundheitsbegriff auszugehen, da psychische Belastung sich auf Aspekte der psychischen und/oder der körperlichen Gesundheit auswirken kann. Es ist gut belegt, dass bei der Entstehung insbesondere kardiovaskulärer Erkrankungen (z. B. Herzinfarkt) psychosoziale Faktoren häufig eine entscheidende Rolle spielen (z. B. Rau und Buyken 2015; Collins et al. 2005; Siegrist 2010; Backé et al. 2012). Mithilfe bewährter arbeitspsychologischer Modelle wie dem Job-Strain-Modell von Karasek und Theorell (1990) konnte gezeigt werden, dass hohe Arbeitsanforderungen in Verbindung mit geringem Handlungsspielraum im Hinblick auf das kardiovaskuläre Erkrankungsrisiko besonders riskant sind. Auf die Bedeutsamkeit sozialpsychologischer Variablen, insbesondere sozialer Unterstützung, wurde in weiteren Überarbeitungen des Modells hingewiesen (Demerouti 2010). Auch bei chronischen Rückenschmerzen sind Zusammenhänge mit psychischen Faktoren mittlerweile gut belegt (Zimolong et al. 2008; Stadler und Spieß 2009). Unterstützung für entsprechende betriebliche Sensibilisierung und Wissensvermittlung bietet die DGUV-Information 206-019 („Rundum gestärkt: Wie psychosoziale Faktoren bei der Prävention von Muskel-Skelett-Krankheiten am Arbeitsplatz berücksichtigt werden können") Bonnemann et al. (2015).

Ein aktueller Gesamtüberblick zur Frage, welche Zusammenhänge zwischen arbeitsbedingter psychischer Belastung und negativen gesundheitlichen Folgeerscheinungen als belegt gelten können, wird von Rau und Buyken (2015) gegeben. Mehrere Metaanalysen wurden ausgewertet und bilden die Grundlage dafür, dass zwischen folgenden Dimensionen ein wissenschaftlicher Zusammenhang als gesichert gilt:

- zwischen Gestaltung/Verfügbarkeit des Handlungsspielraums und Herz-Kreislauf-Erkrankung, Depression und psychische Beeinträchtigung
- zwischen Überstunden mit Herz-Kreislauf-Erkrankungen und Depression
- zwischen Arbeitsintensität und Depression und psychischer Beeinträchtigung
- zwischen sozialer Unterstützung und Depression und psychischer Beeinträchtigung
- zwischen Rollenstress/Unsicherheit und Depression und Angst
- zwischen aggressivem Verhalten („Bullying") und Depression und Angst
- zwischen „Job strain" (hohe Arbeitsintensität bei geringem Handlungsspielraum) und Herz-Kreislauf-Erkrankungen, Depression, Angst und psychischer Beeinträchtigung
- zwischen „Effort-reward-imbalance" und Herz-Kreislauf-Erkrankung, Depression und psychischer Beeinträchtigung

Betrachtet man die aktuellen Forschungsergebnisse, wird deutlich, dass erfolgreiche Präventionsarbeit stets sowohl an den Menschen als auch an den Arbeitsbedingungen anzusetzen hat, damit also verhaltens- und verhältnispräventiv sein muss (vgl. Ulich und Wülser 2009). Verhaltensprävention wird im Sinne der DIN-Spezifikation als „verhaltensorientierte bzw. personenbezogene Interventionen, d. h. Maßnahmen verstanden, die darauf abzielen, die Gesundheit durch Änderung des persönlichen Verhaltens zu fördern" (DIN SPEC 91020 2012, S. 8). Verhältnisprävention hingegen bedeutet „verhältnisorientierte bzw. bedingungsorientierte Interventionen, d. h. Maßnahmen, die darauf abzielen, durch Änderung der Arbeitsbedingungen Gesundheit zu fördern und z. B. krankheitsbedingte Fehlzeiten zu verringern. Zu den Arbeitsbedingungen zählen z. B. Anforderungen an die Organisationsmitglieder, Belastungen, ergonomische Aspekte" (DIN SPEC 91020 2012, S. 8). Aufgrund des Arbeitsschutzgesetzes (vgl. folgenden Abschnitt) sowie auch aus der Perspektive der gesetzlichen Unfallversicherung (Cosmar et al. 2014) ist die Verhältnisprävention vorrangig anzustreben.

8.3 Rechtliche Hintergründe

Aufgrund der geschilderten Bedeutung im Themenfeld Arbeit und Gesundheit kann es nicht verwundern, dass auch die Rechts- bzw. Gesetzeslage entsprechend angepasst worden ist. Im Kontext der Rahmenrichtliniensetzung der Europäischen Union zeichnete sich bereits im Jahr 1989 eine bedeutsame Wende ab. In deutsches Recht umgesetzt wurde die dem deutschen Arbeitsschutzgesetz zugrunde liegende Richtlinie 89/391/ EWG des Rates vom 12. Juni 1989 über die „Durchführung von Maßnahmen zur Verbesserung der Sicherheit und des Gesundheitsschutzes der Arbeitnehmer bei der Arbeit" erst gut 7 Jahre später, mit dem Inkrafttreten des Arbeitsschutzgesetzes am 7. August 1996. Dieses „Gesetz über die Durchführung von Maßnahmen des Arbeitsschutzes zur Verbesserung der Sicherheit und des Gesundheitsschutzes der Beschäftigten bei der Arbeit", forderte in § 5 eine Gefährdungsbeurteilung, in der auch psychische Belastung mit berücksichtigt werden sollte. Sie wurde aber nicht explizit ausgewiesen, sodass sich in der Anfangszeit die meisten Betriebe nicht ernsthaft damit befassten. Aufgrund der mangelnden Umsetzung wurde zeitweise sogar bereits von einer „Regelungslücke" (Urban 2011) gesprochen. Über das BUK-NOG wurde das Arbeitsschutzgesetz dann 2013 wie folgt konkretisiert:

Arbeitsschutzgesetz
§ 4 Allgemeine Grundsätze
Der Arbeitgeber hat bei Maßnahmen des Arbeitsschutzes von folgenden allgemeinen Grundsätzen auszugehen:
1. Die Arbeit ist so zu gestalten, das eine Gefährdung für das Leben sowie die physische und die psychische Gesundheit möglichst vermieden und die verbleibende Gefährdung möglichst gering gehalten wird;
[…]

§ 5 Beurteilung der Arbeitsbedingungen
(1) Der Arbeitgeber hat durch eine Beurteilung der für die Beschäftigten mit ihrer Arbeit verbundenen Gefährdung zu ermitteln, welche Maßnahmen des Arbeitsschutzes erforderlich sind.
[…]
(3) Eine Gefährdung kann sich insbesondere ergeben durch

[…]
6. psychische Belastungen bei der Arbeit.

Weitere relevante Gesetze können hier nur kurz angerissen werden. Dabei ist zunächst das Arbeitssicherheitsgesetz (ASIG) zu nennen, das seit den 1970er Jahren z. B. die Beratung bezüglich arbeitspsychologischer Fragestellungen zu den Aufgaben der Betriebsärzte zählt. Weiterhin wichtig ist das Fünfte Buch Sozialgesetzbuch (SGB V), das der gesetzlichen Krankenversicherung zwischenzeitlich wieder einen weit reichenden Auftrag zur betrieblichen Gesundheitsförderung erteilt. Daneben bringt das Siebte Buch Sozialgesetzbuch (SGB VII) den „erweiterten Präventionsauftrag" für die gesetzliche Unfallversicherung auf den Punkt. Neben Arbeitsunfällen und Berufskrankheiten sind demzufolge seit 1996 auch arbeitsbedingte Gesundheitsgefahren durch die Unfallversicherungsträger präventiv zu verhüten. Themenrelevante Unfallverhütungsvorschriften sind die „Grundsätze der Prävention" sowie die DGUV V2, die erweiterte psychologische Aufgaben für Betriebsärzte und Fachkräfte für Arbeitssicherheit in einem modernen betrieblichen Gesundheitsmanagement festlegt. Seit dem Jahr 2015 regelt zusätzlich das Präventionsgesetz Aktivitäten und Zusammenspiel verschiedener „Player" im großen Feld der gesundheitlichen Präventionsarbeit. Schließlich findet sich im Neunten Buch Sozialgesetzbuch (SGB IX) die Grundlage für das „Betriebliche Eingliederungsmanagemet" (BEM), das neben der primärpräventiv und bedingungsbezogen durchzuführenden Gefährdungsbeurteilung ein weiteres wichtiges Element im betrieblichen Gesundheitsmanagement darstellt.

Auf der einen Seite ist die Botschaft klar: Die Befolgung der genannten gesetzlichen Grundlagen ermöglicht Betrieben, ein tragfähiges Gesundheitsmanagement unter Berücksichtigung psychischer Belastung im Rahmen der Gefährdungsbeurteilung einzurichten. Auf der anderen Seite ist jedoch zu erkennen, dass Betrieben dies nicht leicht fällt. Das hängt zum einen damit zusammen, dass die Kenntnis der Rechtslage im Arbeits- und Gesundheitsschutz bei vielen Unternehmern nicht sonderlich gut ausgeprägt ist. So konnten mehr als die Hälfte von knapp 1000 befragten Unternehmern („Welche Arbeitsschutzgesetze und Verordnungen kennen Sie aus Ihrer betrieblichen Praxis?") überhaupt keine rechtliche Quelle nennen (Stegmann und Matschke 2012). Aber auch bei Kenntnis des 2013 konkretisierten Arbeitsschutzgesetzes bleibt die Unsicherheit, was genau zu tun ist und mithilfe welcher Methoden wer im Betrieb dies umsetzen könne. Diese Bestandsaufnahme führt aufseiten der Unfallversicherungsträger dazu, dass begonnen wurde, insbesondere für kleine und mittlere Unternehmen (KMU) tragfähige und praxisbezogene Konzeptionen zu entwickeln, um eine Gefährdungsbeurteilung psychischer Belastung durchführen zu können.

8.4   Konsens und Präzisierung in der Gemeinsamen Deutschen Arbeitsschutzstrategie (GDA)

Obwohl die Konzepte „psychische Belastung" oder „Gefährdungsbeurteilung psychischer Belastung" auf persönlicher Ebene sehr unterschiedlich wahrgenommen werden, besteht auf der Entscheider-Ebene der GDA und der beteiligten Institutionen unter Inbezugnahme von Normen zwischenzeitlich weitgehend Konsens. Von besonderem Interesse ist dabei – vor allem für viele betriebliche Verantwortliche oder Interessenvertreter-Akteure – dass mittlerweile auch die Sozialpartner weitreichende Übereinstimmung erzielt haben („Gemeinsame Erklärung der Sozialpartner" 2014).

Zunächst fordert die GDA die Priorität einer bedingungsbezogenen, verhältnispräventiver Vorgehensweisen auch im Themenfeld der Gefährdungsbeurteilung psychischer Belastung: „Entsprechend der Rangfolge der Schutzmaßnahmen stehen für die Träger der GDA auch beim Thema „Psychische Belastung" die verhältnispräventiven Ansätze im Vordergrund. Das Hauptaugenmerk richtet sich auf die gute, das heißt menschengerechte Gestaltung der Arbeitsplätze und Arbeitsabläufe. Der erste Ansatzpunkt hierfür ist die betriebliche Gefährdungsbeurteilung" (GDA 2012, S. 5). Wichtig aus rechtlicher Sicht ist hierbei insbesondere auch der Verweis, dass die Leitlinie Psyche durch die direkte Anbindung an das Arbeitsschutzgesetz das in höchstem Maß verrechtlichte Regelwerk zu psychologischen Sachverhalten bedeutet.

Weiterhin besteht im Rahmen der Definition einer „Gefährdung" weit reichende Übereinkunft, z. B. dass kein Vorhandensein von „Grenzwerten" o. ä. zu fordern ist: „Gefährdung generell kann definiert werden als „die Möglichkeit eines Schadens oder einer gesundheitlichen Beeinträchtigung ohne bestimmte Anforderungen an deren Ausmaß oder Eintrittswahrscheinlichkeit"" (GDA 2008).

In Anhang 2 der zitierten „Leitlinie Gefährdungsbeurteilung und Dokumentation" sind in der „Übersicht der Gefährdungsfaktoren" neben z. B. mechanischen, elektrischen oder thermischen Gefährdungen unter der Ziffer 10. auch „Psychische Faktoren" aufgeführt. Beispielhaft aufgeführt werden dazu:

- ungenügend gestaltete Arbeitsaufgabe (z. B. überwiegende Routineaufgaben, Über-/ Unterforderung)
- ungenügend gestaltete Arbeitsorganisation (z. B. Arbeiten unter hohem Zeitdruck, wechselnde und/oder lange Arbeitszeiten, häufige Nachtarbeit, kein durchdachter Arbeitsablauf)
- ungenügend gestaltete soziale Bedingungen (z. B. fehlende soziale Kontakte, ungünstiges Führungsverhalten, Konflikte)
- ungenügend gestaltete Arbeitsplatz- und Arbeitsumgebungsbedingungen (z. B. Lärm, Klima, räumliche Enge, unzureichende Wahrnehmung von Signalen und Prozessmerkmalen, unzureichende Softwaregestaltung)
- die Aufzählung ist nicht abschließend

Damit ist in der GDA klar geregelt, was in einem großen Teil der Betriebe und Verwaltungen immer noch nicht angekommen zu sein scheint:

> Bei der Gefährdungsbeurteilung im Sinne des Arbeitsschutzgesetzes geht es immer um die Beurteilung und Gestaltung der Arbeit. Auch bei der Gefährdungsbeurteilung psychischer Belastung steht die Beurteilung und Gestaltung der Arbeit in Bezug auf die psychische Belastung im Vordergrund. Es geht nicht um die Beurteilung der psychischen Verfassung oder Gesundheit der Beschäftigten. Die Gefährdungsbeurteilung leistet damit einen wichtigen Beitrag zur menschengerechten Gestaltung von Arbeit und daraus folgend zum Erhalt der Gesundheit, Motivation und Beschäftigungsfähigkeit der Beschäftigten.

Die soeben zitierte erforderliche Ausrichtung der Gefährdungsbeurteilung psychischer Belastung stammt aus den „Empfehlungen der GDA-Träger zur Umsetzung der Gefährdungsbeurteilung psychischer Belastung" (GDA 2014, S. 5). Aufgabe der betrieblichen Verantwortlichen ist es, eine Gefährdungsbeurteilung psychischer Belastung im hier zitierten Sinne zu gewährleisten. Aufgrund des noch nicht genügend entwickelten Kenntnisstandes in der betrieblichen Praxis ist jedoch zu vermuten, dass es voraussichtlich noch längere Zeit notwendige Aufgabe der Präventionsexperten bleiben wird, sich für die weitere Verbreitung der Erfordernis einer Gefährdungsbeurteilung psychischer Belastung im hier zitierten Sinne einzusetzen. Um betrieblichen Verantwortlichen das komplexe Themenfeld verständlich vermitteln zu können, haben sich die nachfolgend zusammengefassten Modelle zur Veranschaulichung bewährt.

8.5 Komplexitätsreduzierende didaktische Erklärungsmodelle für Praktiker

Psychische Belastung – ist das nicht etwas Privates? Kann man überhaupt etwas tun? Und wenn ja, was? Zunächst lässt sich mithilfe des „magischen Quadrats des Arbeits- und Gesundheitsschutzes" (Portuné 2009) mit einfachen Methoden, zum Beispiel auf einem Flipchart, und grafisch anschauliche Weise zeigen, dass auch beim Thema psychische Belastung die erfolgreiche Orientierung in den grundlegenden Dimensionen „Raum" und „Zeit" hilfreich ist (vgl. Abb. 8.1).

Das üblicherweise weit verbreitete „Grundverständnis" bezüglich psychischer Belastung verortet diese nach „rechts oben", indem gefragt wird, was man denn tun könne für Personen, die ein wie auch immer geartetes „psychisches Problem" hätten und nicht mehr so seien wie früher. Im „magischen Quadrat" wird visualisiert, dass die Gefährdungsbeurteilung präventiv und auf die betrieblichen Verhältnisse abzielt. Gleichwohl kann und muss aber dennoch einiges getan werden für betroffene Einzelpersonen – z. B. im Zusammenhang der betrieblichen Fürsorgepflicht. Indiziert sein können dabei beispielsweise Methoden wie Konfliktmediation, Coaching, Psychotherapie, auf betrieblicher Ebene gewährleistet z. B. durch ein funktionierendes BEM oder ein „Employee Assistance Program" (z. B. Wenninger 2015). Nachholbedarf wird durch

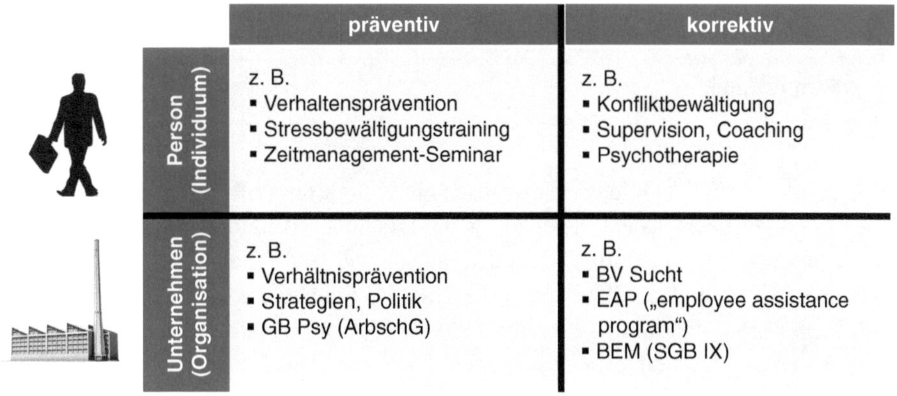

	präventiv	korrektiv
Person (Individuum)	z. B. • Verhaltensprävention • Stressbewältigungstraining • Zeitmanagement-Seminar	z. B. • Konfliktbewältigung • Supervision, Coaching • Psychotherapie
Unternehmen (Organisation)	z. B. • Verhältnisprävention • Strategien, Politik • GB Psy (ArbschG)	z. B. • BV Sucht • EAP („employee assistance program") • BEM (SGB IX)

Abb. 8.1 Das „magische Quadrat" des Arbeits- und Gesundheitsschutzes. (Quelle: Portuné 2009)

Ungleichgewichtigkeit in den einzelnen Zellen verdeutlicht. Zumeist im Quadranten präventiv/verhältnisbezogen – hier lässt sich die Gefährdungsbeurteilung psychischer Belastung einordnen – fehlen häufig nachhaltige Maßnahmen.

Das „Drei-Ebenen-Modell psychischer Belastungen" von Windemuth et al. (2010a, b) bezieht zusätzlich die gesellschaftliche Ebene ein. Veranschaulicht werden dabei die recht unterschiedlichen Konsequenzen, ob der jeweilige Fokus der Betrachtung auf einzelne Menschen mit ihren jeweiligen Persönlichkeitsmerkmalen, Fähigkeiten und Fertigkeiten gerichtet ist (Ebene 1) oder ob auf der betrieblichen Ebene Themen wie Arbeitsaufgaben, Arbeitsorganisation und soziale Bedingungen betrachtet werden (Ebene 2). Schließlich wird auch die gesellschaftliche Ebene mit entsprechenden Themen wie dem demografischen Wandel, der Wirtschaftslage oder der Vereinbarkeit von Familie und Beruf (Ebene 3) als hochrelevant für das Themenfeld der psychischen Belastung aufgezeigt. Für die betriebliche Gefährdungsbeurteilung psychischer Belastung nach Arbeitsschutzgesetz ist die betriebliche Ebene die entscheidende. Das bedeutet nicht, dass die beiden anderen Ebenen nicht relevant seien oder dass man dort nichts bewirken könne. Dazu sind aber über die Gefährdungsbeurteilung hinaus weitere „Werkzeuge" notwendig, wie im Folgenden beispielhaft gezeigt:

Das Drei-Ebenen-Interventionsmodell (Portuné et al. 2014) ist eine hilfreiche Visualisierung der Kombination der beiden genannten Modelle „Magisches Quadrat" und „Dreiebenenmodell psychischer Belastung" und zeigt unter Berücksichtigung der räumlichen und der zeitlichen Dimension, in welchen Quadranten betriebliche Interventionen schwerpunktmäßig einzuordnen sind. Die räumliche Dimension differenziert zwischen dem jeweiligen Fokus auf

- Mensch,
- Betrieb,
- Gesellschaft

Die zeitliche Achse unterscheidet zwischen

- „präventiv" und
- „korrektiv".

Somit resultieren 6 Quadranten, die grafisch ein komplexes Problemfeld für die betrieblichen Praktiker überschaubar machen. Es wird dadurch erkennbar, welche Maßnahmen der Prävention und Intervention wann und wo sinnvoll sind. Themenbezogene Beispiele für Interventionen finden sich in der Abb. 8.2 am Beispiel der Problematik des Burnout.

Betrieblichen Praktikern wird durch das Drei-Ebenen-Interventionsmodell ermöglicht, sich in einem komplexen Problemfeld zu orientieren. Dabei wird zum einen verdeutlicht, dass ausschließlich an der Person ansetzende Maßnahmen angesichts der Komplexität der Problematik nicht genügen können. Dies kennzeichnet den Handlungsbedarf. Andererseits wirkt unterstützend, sich bewusst zu machen, dass man nicht „bei

Abb. 8.2 Das Dreiebenen-Interventionsmodell am Beispiel der Problematik des Burnout. (Quelle: Portuné et al. 2014, Abbildung erstellt durch Manuela Gleitzelt)

Null" anfängt, da nahezu jeder Betrieb bereits in mindestens einem der Felder aktiv ist. Schließlich wird erkennbar, dass üblicherweise nicht einzelne Akteure auf allen Ebenen tätig werden können – Kommunikation, Zusammenarbeit und gegebenenfalls Vernetzung sind notwendig. Deshalb sprechen wir von einem BGM-Ansatz. Schließlich wird eine Versachlichung der Problematik möglich. Vor dem Hintergrund der Berechtigung aller Aspekte wird erkennbar, dass nicht Streit und Polemik, sondern die gemeinsame Suche nach Lösungen angezeigt ist.

8.6 Tradition und Eignung moderierter Besprechungsverfahren im betrieblichen Kontext

Moderierte Verfahren haben in Form von Qualitäts- oder Gesundheitszirkeln eine lange Tradition. Auch im Qualitätsmanagement sind Konzepte zentral, nach denen durch eine nachhaltig wirksame Einbindung der Beschäftigten „kontinuierliche Verbesserungsprozesse" erzielt werden können, die eine dauerhaft wirksame Einhaltung von Qualitätsstandards möglich machen (zusammenfassend z. B. Frieling und Sonntag 1999). Auch gesunde Arbeit kann als Qualitätsmerkmal betrachtet werden.

Bezüglich der Frage, welche Methoden geeignet sind, um die betriebliche Gefährdungsbeurteilung psychischer Belastung durchzuführen, sind im Konsens der GDA drei verschiedene „Instrumentenklassen" als prinzipiell geeignet und empfehlenswert beschrieben worden:

- Standardisierte schriftliche Mitarbeiterbefragungen
- Beobachtung/Beobachtungsinterviews
- Moderierte Analyseworkshops

In der Praxis liegen in vielen Fällen Kombinationen der Verfahren vor, da jede Klasse, auch Befragung oder Beobachtung, spätestens bei der Maßnahmenfindung in ein irgendwie geartetes moderierendes Verfahren einmündet. Unter „moderierten Analyseworkshops" wird im Konsens der GDA verstanden:

> Bei dieser Vorgehensweise wird die psychische Belastung in einem moderierten Workshop identifiziert und erfasst, unter Bezugnahme sowohl auf das Erfahrungswissen der Beschäftigten und Führungskräfte als auch auf das Fachwissen von Experten. Bestimmte Formen von Analyseworkshops sind insbesondere für kleine Betriebe oder Organisationseinheiten empfehlenswert. Voraussetzungen sind eine offene Gesprächskultur und eine ausreichend vertrauensvolle Atmosphäre im Unternehmen. Sofern diese Bedingungen gegeben sind, bieten moderierte Analyseworkshops eine gute Möglichkeit, psychische Belastungen bei der Arbeit differenziert zu beschreiben, zu beurteilen und ggf. Maßnahmenvorschläge zu entwickeln (GDA 2014, S. 9–10).

In der „Gemeinsamen Erklärung Psychische Gesundheit in der Arbeitswelt" der Sozialpartner und des BMAS kommt es – abgeleitet aus den Empfehlungen der GDA Psyche, in der die Tarifpartner ebenfalls vertreten waren – zum Ausdruck, dass es nicht den einen Königsweg zur Berücksichtigung psychischer Belastung in der Gefährdungsbeurteilung gibt: „Zur Erfassung belastender Arbeitsmerkmale eignen sich verschiedene Verfahren. In Betracht kommen Arbeitsplatzbeobachtungen, Befragungen von Mitarbeiterinnen und Mitarbeitern oder moderierte Verfahren".

Die besondere Eignung moderierter Besprechungsverfahren ist insbesondere wie folgt begründet: Workshopverfahren setzen auf die intensive Beteiligung der Beschäftigten. Dies ist von besonderer Bedeutung, sowohl im Hinblick auf deren Insiderkenntnisse der betrieblichen Arbeitsbedingungen als auch aufgrund der dadurch erhöhten Akzeptanz für auf diesem Weg bedarfsorientiert abgeleitete Maßnahmen. So sind nach der Durchführung einer arbeitswissenschaftlichen Mitarbeiterbefragung üblicherweise mithilfe von moderierten Arbeitsgruppen die Ergebnisse im Hinblick auf den damit zu begründenden Handlungsbedarf einzuschätzen (Collett 2016, in Druck). Auch bei den Beobachtungsverfahren gibt es üblicherweise eine moderierte Sitzung der Beobachter, um über einen zunächst gemeinsam zu begründenden Konsens dann ebenfalls zu überlegen, was konkret und bedarfsorientiert zu tun ist. Im Folgenden werden wichtige Grundlagen der moderierten Verfahren an zwei Beispielen, dem DGUV Ideen-Treffen und dem BG RCI Problemlöse-Workshop (PLW-GBPB) dargestellt. Die Ideen-Treffen sind als relativ einfaches Verfahren in besonderer Weise auch für kleine und mittlere Betriebe (KMU) zur eigenverantwortlichen Durchführung geeignet, während der PLW-GBPB als komplexeres Verfahren höhere Anforderungen an die Moderation stellt.

8.7 Das DGUV Ideen-Treffen als Beispiel für ein KMU-taugliches Workshop-Konzept

Auf der Ebene der Deutschen Gesetzlichen Unfallversicherung (DGUV) sind spezialisierte Fachbereiche und Sachgebiete gegründet worden mit dem Ziel, die bei den einzelnen Berufsgenossenschaften und Unfallkassen vorhandene Expertise zu bündeln und nicht zuletzt auch abgestimmte Konzepte und Produkte für die Anwendungspraxis zu entwickeln. Ein Beispiel hierfür ist das DGUV Ideen-Treffen. Dieses ist im DGUV-Sachgebiet „Psyche und Gesundheit in der Arbeitswelt" erarbeitet und im Hinblick auf die Gefährdungsbeurteilung psychischer Belastung aktualisiert worden (Berger et al. 2014). Als Workshop-Konzept setzt es auf die Beteiligung der Beschäftigten und verfolgt das Ziel kontinuierlicher Verbesserungsprozesse. Es fokussiert auf die Arbeitsbedingungen und entspricht damit auch der strategischen Ausrichtung, die durch die DGUV in ihrem „Positionspapier" (DGUV 2014) zum Ausdruck gebracht wurde: „Im Rahmen der Präventionsanstrengungen der Unfallversicherungsträger nimmt die systematische Integration von Sicherheit und Gesundheit in die Strukturen und Managementprozesse des Unternehmens einen hohen Stellenwert ein. Ziel ist es, einen kontinuierlichen Verbesserungsprozess als einen Beitrag auch zu einer guten Arbeitskultur zu fördern. Die Beurteilung der Arbeitsbedingungen hat dabei eine zentrale Bedeutung. Die Erfassung möglicher Gefährdungen am Arbeitsplatz stellt den Ausgangspunkt zu sicheren und gesunden Arbeitsbedingungen dar" (S. 7). Im Folgenden wird der Ablauf der Ideen-Treffen in Kürze zusammengefasst:

Schritt 1
Was läuft – was läuft nicht? (ca. 15 min)
   Jeder Teilnehmer/jede Teilnehmerin gibt Antworten auf folgende Fragen:

- Was ist in letzter Zeit gut gelaufen?
- Was sollte verbessert werden?

Die Frage nach positiven und negativen Aspekten ist aus zwei Gründen sehr wichtig: Zum einen soll eine positive, zumindest konstruktive Grundstimmung erreicht werden, damit in einem lösungsorientierten Klima gearbeitet werden kann. Darüber hinaus ist es per se wichtig, sich auch die positiven Ressourcen bewusst zu machen und sich gegebenenfalls dafür einzusetzen, dass das, was heute gut ist, auch morgen noch so bleiben kann. Methodisch sollte die Eingangsabfrage üblicherweise durch das Beschriften von Moderationskarten – zunächst jede/r für sich – erfolgen.

Schritt 2
Hauptthema finden (ca. 5 min)
   Aus den Verbesserungswünschen wird ein Thema ausgewählt. Die Auswahl kann durch Abstimmung erfolgen. Leitfrage:

- Welches Thema ist so wichtig, dass es bearbeitet werden soll?

Aufgrund der kompakten Struktur der Ideen-Treffen-Sitzung von ca. einer Stunde ist eine Priorisierung notwendig. Das bedeutet nicht, dass die anderen Themen damit entfallen – diese sollten in einem „Themenspeicher" für zukünftige Sitzungen gesammelt werden. Als hilfreich für die Priorisierung eines Themas hat sich methodisch das Verteilen von Klebepunkten erwiesen.

Schritt 3
Lösungen finden (ca. 30 min)
   Fragen, die zum Ziel führen:

- Was ist vorhanden/anders, wenn wir unser Ziel erreicht haben? z. B. „Werkzeug befindet sich immer am jeweils vorgesehenen Platz." (positiv formulieren!)
- Was kann jeder Einzelne heute und morgen tun, um das Ziel zu erreichen? z. B. „Ich lege Werkzeug, das ich nicht mehr brauche, sofort zurück." (Eigeninitiative)
- Was können wir tun, dass es so bleibt? z. B. „Wir überprüfen und optimieren das bisherige Ordnungssystem. Wir schaffen ggf. neue Halterungen und Schränke an." (kurz- und mittelfristige Planung)

- Welche positive und negative Auswirkung hat das Erreichen des Zieles? z. B. positiv: „Es geht schneller."; negativ: „Jeder muss diszipliniert sein."

Hintergrund ist die Vorstellung, die Lösungsidee so konkret wie möglich zu beschreiben. Oftmals ist es für die Teilnehmer leichter, einen ungünstigen Aspekt abzulehnen, als stattdessen eine positive Zielvorstellung zu beschreiben. Wichtig ist, dass man mit der Moderation die Gruppe neutral im Sinne von „allparteilich" und wertschätzend begleitet. Schließlich ist wichtig, dass es auch vor dem Hintergrund der Definition psychischer Faktoren in der GDA legitim ist, mit Arbeitsumgebungsthemen zu beginnen. Zum einen sind z. B. auch Arbeitsunterbrechungen, die durch fehlendes Werkzeug hervorgerufen werden, als psychische Belastung, die zu optimieren ist, anzusehen. Darüber hinaus benötigt die Ideen-Treffen-Gruppe zu Beginn zumeist einige Sitzungen, um Vertrauen in die Methode und deren Stellenwert im eigenen Unternehmen zu entwickeln. Erst im Laufe der Zeit, wenn die Methode gut im Unternehmen etabliert ist, sollten die bearbeiteten Inhalte der Ideen-Treffen mit den durch die GDA genannten Merkmalsbereichen Arbeitsaufgabe, Arbeitsorganisation, soziale Faktoren und Arbeitsumgebung – abgeglichen werden.

Schritt 4
Aufgabenblatt erstellen (ca. 5 min)
    Die Ergebnisse schriftlich festlegen:

- Wer macht was bis wann?

Das Erarbeiten des Aufgabenblattes ist im Sinne des Qualitätsmanagements der entscheidende Schritt zwischen Planung und verbindlicher Umsetzung. Falls Führungskräfte im Ideen-Treffen nicht direkt anwesend waren, können gegebenenfalls Zwischenvereinbarungen erforderlich werden, so z. B. „Information an/weitere Absprache/Vereinbarung mit…". Die Frage ob Führungskräfte direkt teilnehmen sollten oder nicht, wird häufig gestellt und zum Teil kontrovers diskutiert. Das Ideen-Treffen lässt eine flexible Handhabung zu. Generell gesprochen kann die Abwesenheit von Führungskräften die Prozesse der Gruppe fördern, da Führungskräfte zu beeinflussend wirken können. Die Einbindung der Führungskräfte nach der Ideen-Treffen-Sitzung ist hingegen unbedingt erforderlich.

Folgetreffen
Ab dem 2. Treffen: Was hat sich seit dem letzten Ideen-Treffen getan? (ca. 5 min)
    Die verantwortlichen Personen informieren über Veränderungen. Leitfragen dabei sind:

- Was hat sich getan bzw. was habe ich erreicht?
- Was hat gut geklappt?
- Welche Hindernisse sind aufgetreten?
- Wie soll weiter vorgegangen werden?

Abb. 8.3 Ablauf des DGUV-Ideen-Treffens. (Quelle: Berger et al. 2014, erarbeitet im DGUV-Sachgebiet „Psyche und Gesundheit in der Arbeitswelt")

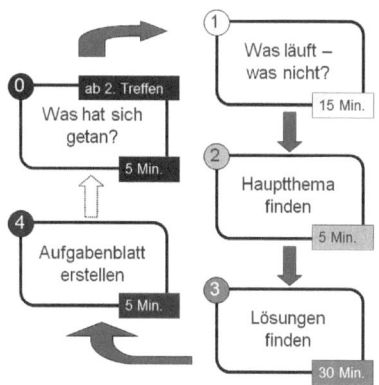

Im Aufgabenblatt werden die noch erforderlichen Maßnahmen notiert. Lösungsvorschläge, die nicht umgesetzt werden konnten, müssen nochmals besprochen werden (Schritt 3, siehe auch Abb. 8.3).

Zwischenzeitlich ist die Methode Ideen-Treffen in der Praxis gut bewährt (Heinen et al. 2012; Heinen 2016). Ist die Methode im Unternehmen angekommen und haben die Beschäftigten Vertrauen gefasst, können nach und nach die durch die GDA benannten Merkmalsbereiche psychischer Belastung im Rahmen der Ideen-Treffen abgearbeitet werden. Dazu gibt es nach entsprechender Prüfung einen Konsens über die Gremien der DGUV, dass die Methode geeignet ist, die Gefährdungsbeurteilung psychischer Belastung als kontinuierlichen Verbesserungsprozess durchzuführen Darüber hinaus entsprechen die Ideen-Treffen den in der GDA aktuell erarbeiteten Qualitätsanforderungen (GDA 2016). Auch im staatlichen Recht hat das Ideentreffen bereits Erwähnung gefunden. In der letztjährig neu gefassten Betriebssicherheitsverordnung ist auch die Technische Regel für Betriebssicherheit 1151 („Gefährdungen an der Schnittstelle Mensch – Arbeitsmittel – Ergonomische und menschliche Faktoren, Arbeitssystem –") aktualisiert worden. Hier findet sich auch ein Verweis auf die Ideen-Treffen als geeignete Methodik im Themenfeld der betrieblichen Gefährdungsbeurteilung psychischer Belastung.

8.8 Der Problemlöse-Workshop mit Fokussierung auf psychische Belastung und Gefährdung (PLW-GBPB)

Der Problemlöse-Workshop wurde von Psychologen der früheren BG Chemie und jetzt fusionierten BG RCI entwickelt und ist auch dem Typ der moderierten Vorgehensweisen zuzuordnen (Ludborzs und Portuné 2012). Das Verfahren wurde vor mehr als zehn Jahren entwickelt und bis heute anhand der Erfahrungen schrittweise inhaltlich und verfahrensökonomisch optimiert. Die heutige Form des Verfahrens kann als ausgereift betrachtet werden und wurde deshalb für versicherte Betriebe der BG RCI zur kostenfreien Anwendung in der Praxis freigegeben. Die Basis ist ein Verfahrensmanual (Ludborzs, Portuné und

Rexroth: Manual zur Durchführung des Problemlöse-Workshops zur Gefährdungsbeurteilung für psychische Belastung bei Arbeitstätigkeiten (PLW-GBPB)) (Heidelberg 2016a, b). Praktiker können mithilfe des Manuals der ausführlich beschriebenen Vorgehensweise folgen, um dadurch alle Kriterien der beschriebenen erforderlichen Prozessqualität zu erfüllen. Hilfreich sind auch die im Manual beschriebenen Erfahrungen zu möglichen Umsetzungsproblemen. Wenn der Anleitung im Manual Rechnung getragen wird, kann davon ausgegangen werden, dass für das Verfahren alle von der GDA vorgegebenen Qualitätskriterien erfüllt sind und eine erfolgreiche Verhältnisprävention ermöglicht wird, der ein akzeptables Aufwand-/Nutzenverhältnis zugrunde liegt.

Das Verfahren erfüllt die von der GDA vorgegebenen Qualitätsanforderungen:

- Der PLW-GBPB ist wie das Ideen-Treffen prinzipiell für alle Branchen, Berufs- oder Tätigkeitsarten geeignet, in besonderer Weise auch für mittlere und größere Firmen.
- Im Manual sind alle zwingenden Anwendungsvoraussetzungen und darüber hinaus die wünschenswerten Voraussetzungen, die eine erfolgreiche Durchführung begünstigen, beschrieben. Die wichtigsten drei zwingenden Voraussetzungen sind:
  - Während des zweiten Halbtages des Workshops muss ein Vertreter des TOP-Managements Stellung nehmen zu den am vorherigen Halbtag von den Teilnehmern des Workshops erarbeiteten Maßnahmenvorschläge zur Optimierung der psychischen Belastung und mit ihnen gemeinsam eine von ihm autorisierte To-do-Liste erarbeiten, in der festgelegt wird, wer, wie, bis wann welche Aufgaben erledigen muss.
  - Es muss Einverständnis bestehen, dass sich die gleiche Teilnehmergruppe, zusammen mit dem gleichen Vertreter des TOP-Management, nach sechs bis zehn Monaten ein zweites Mal für drei bis vier Stunden trifft um eine vorgegebene Form der Wirksamkeitskontrolle durchzuführen. Für den Fall, dass geplante Maßnahmen nicht wirksam waren, muss die Zusicherung vorliegen, dass in einer vertiefenden Analyse besser geeignete Maßnahmen angestrebt werden.
  - Es muss eine ausreichend hohe Moderatorenkompetenz vorhanden sein, die eine wertschätzende konstruktive Diskussion zwischen Vertretern des Top-Managements und Beschäftigten ohne Führungsaufgaben garantiert. Zusätzlich muss der Moderator die Anforderungen der GDA an die Prozessqualität berücksichtigen. Diese Vorgaben werden im Manual ausführlich beschrieben.
- Die methodische Qualität des Verfahrens ist durch eine ausreichend große Zahl von erfolgreichen Gefährdungsbeurteilungen in den unterschiedlichsten organisatorischen und zielgruppenbezogenen Einheiten bestätigt worden. Ein ausreichend hoher Anteil der beschlossenen Maßnahmen hat sich in der Wirksamkeitskontrolle als erfolgreich erwiesen.
- Das Verfahren hat in der Praxis bewiesen, dass es für die Gefährdungsbeurteilung geeignet ist. Es beurteilt Tätigkeiten und Ausführungsbedingungen und berücksichtigt die Arbeitsaufgabe, Arbeitsorganisation, Arbeitsumgebung und die sozialen Beziehungen. Es beinhaltet Hilfestellungen zur Beurteilung, ob Maßnahmen zur

Minderung von Gefährdungen durch psychische Belastung erforderlich sind oder nicht. Und es beinhaltet die Einbeziehung von Beschäftigten in das Vorgehen.

Zum Ablauf des PLW-GBPB:

Der Workshop dauert zwei aufeinanderfolgende halbe Tage, entweder einen Nachmittag und den darauf folgenden Vormittag oder wenn spezielle Arbeitszeitbedingungen, zum Beispiel Schichtarbeit, vorhanden sind, zwei mal vier Stunden an zwei aufeinanderfolgenden Tagen. Zusätzlich wird nach etwa sechs bis zehn Monaten ein halber Tag für die Wirksamkeitskontrolle der realisierten Maßnahmen und der bedarfsorientierten Ableitung von zu modifizierenden weiterführenden Maßnahmen benötigt.

Wünschenswert ist zu Beginn eine Einführung eines Mitglieds des leitenden Managements, das auch am Folgetag anwesend ist. In der kurzen Einführung soll die Bereitschaft kommuniziert werden, alle Vorschläge wertschätzend zu diskutieren, mit dem Ziel, geeignete Maßnahmen in einer gemeinsamen To-do-Liste mit personellen und terminlichen Verbindlichkeiten zu verabreden und die getroffenen Verabredungen nachhaltig zu verfolgen und zu fördern. Und schließlich zu einem späteren Termin gemeinsam eine objektive Überprüfung der Wirksamkeit durchzuführen und bei Bedarf weiterführende Maßnahmen abzuleiten. Sollten diese Voraussetzungen im Vorfeld der Entscheidungsfindung vonseiten des Betriebes nicht zugesagt werden können, ist von einer Durchführung des PLW-GBPB abzuraten, denn dieses Commitment ist eine entscheidende Voraussetzung für den Erfolg.

Sehr wichtig ist die Auswahl der Teilnehmenden. Basis ist die gesetzliche Vorgabe, dass sinnvolle und zielführende Analyseeinheiten, entweder von vorhandenen Organisationseinheiten oder ähnlich arbeitenden Zielgruppen, zusammengestellt werden. Optimal sind etwa 10 bis maximal 16 Teilnehmer, zu denen dann noch mindestens ein Betriebsrat, die Fachkraft für Arbeitssicherheit und wenn möglich auch der Betriebsarzt kommt, die den Prozess begleiten.

Der Einstieg in das Verfahren geschieht mit der in der Moderation bekannten Pinnwandtechnik (Sammeln von Gedanken und Überlegungen auf Kärtchen, die auf Tafeln angepinnt werden, Clusterung in Blöcke mit ähnlicher Thematik, Priorisierung durch Punkte etc.) Auf diese Vorgehensweise wird hier nicht weiter eingegangen, da sie überwiegend bekannt ist und ein Basiswerkzeug in der Moderationspraxis darstellt. Der Einstieg ist niederschwellig, also ohne Vorgaben sehr breit angelegt. Niederschwellig ist ebenfalls, dass in dieser Phase die oben genannten Merkmale der psychischen Belastung durch unterschiedliche zu verwendende Kärtchenfarben in die Sammlung integriert sind. Denn jeder Teilnehmer bekommt die folgende Vorgabe mündlich und in schriftlicher Form (im Original sind die Vorgaben entsprechend farbig unterlegt, siehe Abb. 8.4).

Da als Ergebnis üblicherweise relativ viele erarbeitete Kärtchen zur Verfügung stehen, nehmen die Teilnehmer eine Clusterung in Gruppen mit ähnlichen Fragestellungen vor und priorisieren mit Punkten die herausgearbeiteten Themenfelder. Nun werden zwei Unterarbeitsgruppen gebildet, die in sinnvoller Arbeitsteilung, festgelegt durch den Moderator, die Themen in Bezug zu den gegebenen Prioritäten (zum Beispiel Cluster mit Priorität 1 und 4 in der einen, Priorität 2 und 3 in der anderen Unterarbeitsgruppe).

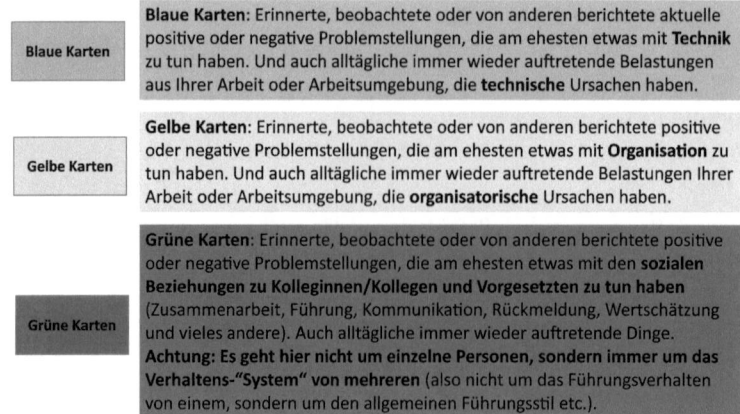

Abb. 8.4 Zuordnung verschiedener Aspekte im Problemlöse-Workshop. (Quelle: Ludborzs et al. 2016a, b)

In diesen beiden Arbeitsgruppen sollen dann drei Aufgaben auf Flipchart-Blättern ausgearbeitet werden:

a) Die Stärken und Ressourcen der Analyseeinheit,
b) die Verbesserungs- und Optimierungsnotwendigkeiten und
c) die darauf basierenden Vorschläge von geeigneten Maßnahmen.

Diese letzte Aufgabe geschieht in besonderer Weise. Die Teilnehmer übernehmen die Perspektive des Vorgesetzten/„Wenn ich Chef wäre") und stellen sich vor, sie könnten die abzuleitenden Maßnahmen auch anweisen. Dieses Vorgehen bedeutet, dass die Teilnehmer nicht nur vage Maßnahmenvorschläge, sondern ganz konkrete Vorschläge im Sinne einer To-do-Liste erarbeiten. In vielen Workshops läuft dann über weite Strecken eine Diskussion „auf Augenhöhe" ab. Entgegen möglicher Befürchtungen ist es deshalb für einen Moderator üblicherweise keine besonders schwierige Herausforderung, eine wertschätzende Diskussion zwischen den Workshop-Teilnehmenden und dem „echten" Geschäftsführer zu gewährleisten. Schwierigkeiten könnte es eher geben, wenn von den Teilnehmern gemachte Vorschläge wegen zu großer Allgemeinheit oder zu vagem Inhalt vom Vertreter des leitenden Managements, abgewertet oder abgelehnt werden müssten. Sehr konkreten Vorschlägen kann wertschätzend mit Sachargumenten begegnet werden, sehr allgemeine Vorschläge (im Sinne „Ich würde darüber nachdenken…"), die dann im besten Fall mit der Aufgabe, sie zu konkretisieren zurückgewiesen werden müssten, liefern eher implizite Misserfolgserlebnisse.

Die an die Arbeitsgruppenmitglieder kommunizierten und schriftlich vorgegebenen Unterlagen hierzu und zum nächsten Schritt sind in der digitalen Version des Manual bereitgestellt. Sie können hier aber im Rahmen des vorgegebenen Umfangs des Beitrages nicht abgebildet werden.

Etwa 40 min vor Ende des ersten Halbtages erhalten dann die beiden Unterarbeitsgruppen den Auftrag, die erarbeiteten Verbesserungs- und Optimierungspotenziale aus der Sicht der psychischen Belastung und Gefährdung zu beurteilen. Kern dieser Aufgabe ist eine Skala zur psychischen Belastung in sechs Abstufungen, mit der diese Potenziale jeweils bewertet werden sollen. Dies ist wieder eine niedrigschwellige Vorgehensweise, denn die aufgrund der DIN-Norm gegebene Definition von Belastung ist relativ schwer zu vermitteln und könnte unerwünschte Selektionsstrategien bei den Teilnehmern fördern, die eine einseitige Betrachtungsweise und die Nichtberücksichtigung der gesetzlich vorgegebenen Vollständigkeit der Merkmalsbereiche der psychischen Belastung bedeuten könnten.

Im zweiten halbtägigen Teil werden von den Teilnehmenden dem anwesenden Mitglied des leitenden Managements alle Ergebnisse vorgestellt. Häufiger, und das ist auch empfehlenswert, bezieht dieser zusätzlich auch Führungskräfte der zweiten Ebene und Sachverständige ein, die für die Analyseeinheit zuständig sind oder die Prozesse genau kennen. Natürlich sind auch Betriebsratsvertreter, Fachkräfte für Arbeitssicherheit und möglichst der Betriebsarzt anwesend. Die Moderation strebt eine wertschätzende Diskussion an, die in eine möglichst konkrete To-do-Liste einmündet. Hilfestellung für alle eventuell auftretenden Schwierigkeiten bietet das Manual an. Hier soll nur ein wichtiges Kriterium vorgestellt werden: Wenn die Diskussion um einen Maßnahmenvorschlag zeitlich die vorhandenen Ressourcen zu sprengen droht, sollte in die Aufgabenliste eingebracht werden, bis wann von welchem Verantwortlichen eine vertiefende Behandlung, ggf. unter Einbeziehung eines internen oder externen Experten stattzufinden hat und die aktuelle Diskussion beendet werden. Auch zur Wirksamkeitskontrolle sind unter der angegebenen Quelle (Ludborzs et al. 2016a, b) ausführliche Hinweise gegeben.

8.9 Kombinationsmöglichkeiten von Workshop-Konzepten

Beide hier vorgestellten Workshopkonzepte DGUV Ideen-Treffen und BG RCI Problemlöse-Workshop lassen sich auch kombinieren und bieten dadurch flexible Möglichkeiten der Anwendung und einer dauerhaft gelingende Integration in das jeweilige Unternehmen. So kann zum einen mit dem im Problemlöse-Workshop beschriebenen komplexeren Verfahren begonnen werden, um sich in relativ kurzer Zeit verlässliche Überblicke zu verschaffen. Ausgehend davon kann dann das Ideen-Treffen nach und nach in der Fläche ausgerollt werden, um einzelnen Teams eine nachhaltig wirksame Möglichkeit zu bieten, kontinuierliche Verbesserungsprozesse zu erarbeiten. Umgekehrt ist es auch möglich, mit den Ideen-Treffen zu beginnen und dabei hierfür geeigneten Beschäftigten die Möglichkeit zu bieten, Erfahrungen in der Moderation der Gruppen zu sammeln und so immer mehr in die Rolle des Moderators oder der Moderatorin hineinzuwachsen, und sich zunehmend sicherer dabei zu fühlen. Sodann kann es bei entsprechender Moderationsqualifizierung möglich werden, auch den komplexeren BG RCI Problemlöse-Workshop als interner Moderator zu übernehmen. Zur Unterstützung und Gewährleistung des notwendigen Workshop-Ablaufes steht das unter 8. genannte Trainer-Manual zur Verfügung.

8.10   Workshop-Konzepte als "Motor" für das BGM

Die Gefährdungsbeurteilung ist wie beschrieben stark verrechtlicht. Mittlerweile ist auch seitens der Arbeitgeberverbände klar bestätigt worden, dass die Gefährdungsbeurteilung psychischer Belastung eine unternehmerische Verpflichtung darstellt. Demgegenüber werden die darüber hinaus gehenden Aspekte des BGM als durch die Arbeitgeber freiwillig zu erbringende Zusatzleistungen betrachtet. Aus der Sicht der Arbeitspsychologie bzw. des BGM hingegen wird die Gefährdungsbeurteilung psychischer Belastung als Teil des BGM betrachtet (z. B. Ulich und Wülser 2009). Unabhängig davon wird im Folgenden aus Sicht der Praxis argumentiert, dass und wie die Gefährdungsbeurteilung psychischer Belastung das BGM insgesamt voranbringen kann.

Denn grundsätzlich gelten für die Gefährdungsbeurteilung psychischer Belastung und das Betriebliche Gesundheitsmanagement (BGM) analoge Prozessschritte. Das Arbeitsschutzgesetz betrachtet die Gefährdungsbeurteilung als kontinuierlichen Verbesserungsprozesses, indem festgesetzt wird, dass die Arbeitsbedingungen zu beurteilen sind, sodann erforderliche Maßnahmen abgeleitet werden müssen, die schließlich nach ihrer Umsetzung auf ihre Wirksamkeit hin zu überprüfen sind. Im BGM wird das bewährte Vorgehen von Walter (2010) zwar mit anderen Begriffen, inhaltlich jedoch nahezu identisch entsprechend beschrieben, indem „Diagnose", „Interventionsplanung", „Intervention" und „Evaluation" als entscheidend wichtige Schritte im Hinblick auf die „Kernprozesse" genannt werden.

Die hier beschriebenen Workshop-Konzepte zeichnen sich u. a. dadurch aus, dass in ihnen sozusagen „in Miniatur" ebenso vorgegangen wird, indem zunächst gefragt wird, was bei der Arbeit gut und was nicht so gut läuft, sodann Ideen entwickelt oder Maßnahmen geplant werden, die in der Folge umzusetzen sind. In der nächsten moderierten Besprechung wird sodann gemeinsam diskutiert, ob die Maßnahmen erfolgreich umgesetzt wurden oder wo gegebenenfalls noch Bedarf zum Nachsteuern besteht. Damit sind moderierte Besprechungen nach den hier vorgestellten Konzeptionen in besonderer Weise geeignet, die Verhältnisprävention im Betrieb voranzubringen. Davon wird nicht zuletzt auch das betriebliche Gesundheitsmanagement insgesamt profitieren, da mehrfach zu Recht kritisiert wurde, dass in vielen Betrieben das „BGM" sich – falls überhaupt vorhanden – fast ausschließlich im Bereich der „Verhaltensprävention" bewegt. (z. B. Mohr und Udris 1997; Ulich und Wülser 2009).

Betrachtet man die Landschaft kleiner und mittlerer Unternehmen (KMU), teilweise jedoch auch die größeren Betriebe und Verwaltungen, wünscht man dem BGM deutlich mehr Schubkraft. Häufig ist die Unternehmenskultur noch nicht genügend weit entwickelt, dass Gesundheit als wichtiger Wert für sich, aber auch als Bedingung für Leistungsfähigkeit und Wertschöpfung angesehen wird. Die gesetzliche Verpflichtung, eine Gefährdungsbeurteilung psychischer Belastung durchführen zu müssen, und die damit verbundene Chance, dazu moderierte Besprechungsverfahren benutzen zu dürfen, könnte neue Synergien entwickeln. Damit geht auch einher, dass über die deutliche Orientierung im Hinblick auf verhältnispräventive Aspekte die weit verbreiteten Defizite in der betrieblichen BGM-Praxis ausgeglichen werden können. Hierbei wird es darauf ankommen, die jeweiligen Chefetagen zum einen davon zu überzeugen, dass moderierte Besprechungsverfahren ein praktikabler und Erfolg versprechender Weg zur Erfüllung einer wichtigen gesetzlichen Verpflichtung sind. Dem kommt entgegen, dass viele Betriebe heute eine deutliche Affinität zu Workshop-Verfahren haben. Zum anderen wird es jedoch von entscheidender Bedeutung sein, den internen betrieblichen Moderatoren ein angemessenes Zeitbudget und ausreichende Möglichkeiten zu ihrer Weiterqualifizierung zu geben. Führungskräften sollte bewusst werden, dass ein Workshop-Konzept an sich schon ein sehr wertschätzendes Format darstellt. Immer wieder wird aus der Praxis rückgemeldet, dass allein die Wahl des Workshopkonzeptes die „halbe Miete" für ein erfolgreiches und nachhaltiges Vorgehen gewesen sei. Was die Führungskräfte der mittleren Ebenen angeht, ist zum einen wichtig, dass sie selbst die Workshops unterstützen, sei es durch ihre direkte Mitarbeit, sei es durch zügige Information und Kommunikation im Nachgang der jeweiligen Arbeitskreise. Und schließlich darf nicht passieren, wovor viele Führungskräfte – manchmal leider zurecht – Angst haben: Dass nämlich gute Ergebnisse, die durch die eigenen Mitarbeiter im Workshop erarbeitet worden sind, ihnen von der nächsthöheren Führungsetage als Bumerang vor die Füße fallen nach dem Motto „Da hätten Sie aber wirklich schon mal selbst draufkommen können in all den Jahren!". Seit längerem ist auch international gut belegt, dass die Unterstützung der Unternehmensleitung ein entscheidender Erfolgsfaktor für das Gelingen von Projekten ist – und dies insbesondere auch im Bereich von „Safety and Health" (Israel et al. 1996). Insofern ist auch hier abschließend darauf hinzuweisen, dass der Erfolg auch der hier zusammengefassten moderierten Verfahren sehr stark beeinflusst wird von der konstruktiven Unterstützung durch die Unternehmensleitung sowie durch die Führungskräfte insgesamt.

8.11 Schlussbetrachtung

Sowohl aus arbeitspsychologischer wie auch aus rechtlicher Sicht ist es notwendig, arbeitsbedingte psychische Belastung im Rahmen der Gefährdungsbeurteilung nach Arbeitsschutzgesetz mithilfe geeigneter Methoden zu berücksichtigen. Das DGUV Ideen-Treffen und der BG RCI Problemlöse-Workshop sind moderierte Analyseverfahren, die in unterschiedlicher struktureller Komplexität, aber beide verhältnispräventiv orientiert, gut geeignet sind, die Gefährdungsbeurteilung psychischer Belastung durchzuführen. Die Workshop-Konzepte lassen sich auch kombinieren, um die nachhaltige betriebliche Umsetzung im Sinne kontinuierlicher Verbesserungsprozesse zu unterstützen. Aus Sicht des betrieblichen Gesundheitsmanagements können dadurch Defizite, die in einem Übergewicht verhaltensorientierter Maßnahmen gegenüber der weit verbreitet weniger engagiert vorgenommenen Verhältnisprävention bestehen, überwunden werden.

Literatur

Backé EM, Latza U, Schütte M (2012) Wirkung psychosozialer Belastung auf das Herz-Kreislauf-System. In: Lohmann-Haislah A (Hrsg) Stressreport Deutschland 2012. Psychische Anforderungen, Ressourcen und Befinden. Bundesanstalt für Arbeitsschutz und Arbeitsmedizin, Dortmund, S 155–163

Berger S, Portuné R, Rohn S, Wagner G, Willingstorfer B (2014) Arbeiten: Entspannt – gemeinsam – besser. So geht's mit Ideen-Treffen. (DGUV-I 206-007). Tipps für Wirtschaft, Verwaltung und Dienstleistung. DGUV, Berlin

BMAS, BDA, DGB (Hrsg) (2014) Gemeinsame Erklärung Psychische Gesundheit in der Arbeitswelt. Bundesministerium für Arbeit und Soziales. Bundesverband Deutscher Arbeitgeberverbände. Deutscher Gewerkschaftsbund. http://www.bmas.de/SharedDocs/Downloads/DE/PDF-Publikationen/a-449-gemeinsame-erklaerung-psychische-gesundheit-arbeitswelt.pdf;jsessionid=230C3933F16BFA49C7FF3EF7F2187C89?__blob=publicationFile. Zugegriffen: 11. März 2016

Bonnemann S, Gerardi C, Hoehne-Hückstädt U, Kix J, Kühn M, Kunz T, Nordbrock C, Portuné R, Rexroth M, Theiler A, Wagner G (2015) Rundum gestärkt: Wie psychosoziale Faktoren bei der Prävention von Muskel-Skelett-Krankheiten am Arbeitsplatz berücksichtigt werden können. DGUV-Information 206-019. DGUV, Berlin

Collett M (2016) Moderierte Analyseworkshops im Rahmen der Gefährdungsbeurteilung psychischer Belastungen: Herausforderungen und Chancen bei Moderation und Ableitung bedarfsorientierter Maßnahmen – ein Beitrag aus der Praxis. Asanger, Kröning (im Druck)

Collins SM, Karasek RA, Costas K (2005) Job Strain and autonomic indices of cardiovascular disease risk. Am J Ind Med 48:182–193

Cosmar M, Eichendorf W, Portuné R (2014) Maßnahmen für die psychische Gesundheit im Betrieb und Verantwortlichkeiten aus Sicht der DGUV. In: Angerer P, Glaser J, Gündel H, Henningsen P, Lahmann C, Letzel S, Nowak D (Hrsg) Psychische und psychosomatische Gesundheit in der Arbeit. Ecomed, Heidelberg, S 319–325

Demerouti E (2010) Das Arbeitsanforderungen-Arbeitsressourcen Modell von Burnout und Arbeitsengagement. In: Deutsches Institut für Normung e. V. (Hrsg) Psychische Belastung und Beanspruchung. DIN, Berlin, S 51–60

DGUV (Hrsg) (2014) Psychische Belastung und Beanspruchung bei der Arbeit: Grundverständnis und Handlungsrahmen der Träger der gesetzlichen Unfallversicherung und der Deutschen Gesetzlichen Unfallversicherung (DGUV). http://www.dguv.de/medien/inhalt/praevention/fachbereiche/fb-gib/documents/pospapier.pdf. Zugegriffen: 2. Aug. 2016

DIN EN ISO 10075 (2000) Ergonomische Grundlagen bezüglich psychischer Arbeitsbelastung – Teil 1: Allgemeines und Begriffe. Beuth, Berlin

DIN SPEC 91020 (2012) Betriebliches Gesundheitsmanagement. Beuth, Berlin

Frieling E, Sonntag K-H (1999) Lehrbuch Arbeitspsychologie, 2. vollst. überarb. u. erw. Aufl. Huber, Göttingen

GDA (Hrsg) (2008) Leitlinie Gefährdungsbeurteilung und Dokumentation. Bundesministerium für Arbeit und Soziales, Länderausschuss für Arbeitsschutz und Sicherheitstechnik (LASI), Deutsche Gesetzliche Unfallversicherung (DGUV). Gemeinsame Deutsche Arbeitsschutzstrategie (GDA), Berlin

GDA (Hrsg) (2012) Leitlinie Beratung und Überwachung bei psychischer Belastung am Arbeitsplatz. Bundesministerium für Arbeit und Soziales, Länderausschuss für Arbeitsschutz und Sicherheitstechnik (LASI), Deutsche Gesetzliche Unfallversicherung (DGUV). Gemeinsame Deutsche Arbeitsschutzstrategie (GDA), Berlin

GDA (2014) Empfehlungen zur Umsetzung der Gefährdungsbeurteilung psychischer Belastung. Bundesministerium für Arbeit und Soziales, Länderausschuss für Arbeitsschutz und Sicherheitstechnik (LASI), Deutsche Gesetzliche Unfallversicherung (DGUV)

GDA (Hrsg) (2016) Empfehlungen zur Umsetzung der Gefährdungsbeurteilung psychischer Belastung. Bundesministerium für Arbeit und Soziales, Länderausschuss für Arbeitsschutz und Sicherheitstechnik (LASI), Deutsche Gesetzliche Unfallversicherung (DGUV). Gemeinsame Deutsche Arbeitsschutzstrategie (GDA), Berlin

Hasselhorn H-M, Portuné R (2010) Stress, Arbeitsgestaltung und Gesundheit. In: Badura B, Hehlmann WU (Hrsg) Betriebliche Gesundheitspolitik. Der Weg zur gesunden Organisation. Springer, Heidelberg, S 361–376

Heinen E (2016 in Druck) Die DGUV-Information 206-007 „So geht's mit Ideen-Treffen" zur Gefährdungsbeurteilung psychischer Belastung: Eine einfache Methode mit Herausforderungen. Asanger, Kröning

Heinen E, Ludborzs B, Rohn S, Portuné R (2012) Von der betrieblichen Basisqualifikation bis zur Ideenwerkstat in der Praxis – für gute Lösungen und gegen Stress. In: Athanassiou G, Schreiber-Costa S, Sträter O (Hrsg) Psychologie der Arbeitssicherheit und Gesundheit. Sichere und gesunde Arbeit erfolgreich gestalten – Forschung und Umsetzung in die Praxis. Asanger, Kröning, S 273–276

Israel BA, Baker EA, Goldenhar LM, Heaney CA, Schurman SJ (1996) Occupational stress, safety and health: conceptual framework and principles for effective prevention interventions. J Occup Health Psychol 1(3):261–286

Karasek RA, Theorell T (1990) Healthy work. Stress, productivity and the reconstruction of working life. Basic Books, New York

Ludborzs B, Portuné R (2012) Problemlöse-Workshop zu Sicherheit und Gesundheit im Betrieb. DGUV-Forum 6(12):20–21

Ludborzs B, Portuné R, Rexroth M (2016a) Manual zur Durchführung des Problemlöse-Workshops zur Gefährdungsbeurteilung für psychische Belastung bei Arbeitstätigkeiten (PLW-GBPB) Schrift der Berufsgenossenschaft Rohstoffe und chemische Industrie, Heidelberg

Ludborzs B, Portuné R, Rexroth M (2016b) Qualitätskriterien für moderierte Verfahren zur Gefährdungsbeurteilung – Erfahrungen mit dem PLW-GBPB, einem Workshop-Konzept der BG RCI. Asanger, Kröning (im Druck)

Mohr G, Udris I (1997) Gesundheit und Gesundheitsförderung in der Arbeitswelt. In: Schwarzer R (Hrsg) Gesundheitspsychologie. Hogrefe, Göttingen, S 553–573

Portuné R (2009) Zwischen Kür und Knochenarbeit. Psychosoziale Aspekte und Gesundheit im Arbeitsleben. In: Ludborzs B, Nold H (Hrsg) Psychologie der Arbeitssicherheit und Gesundheit. Entwicklungen und Visionen. Asanger Verlag, Kröning, S 234–252

Portuné R, Windemuth D, Jung D (2014) Das Dreiebenen-Inteventionsmodell. In: Windemuth D, Petermann O, Jung D (Hrsg) Psychische Erkrankungen im Betrieb. Universum-Verlag, Wiesbaden, S 17–43

Rau R, Buyken D (2015) Der aktuelle Kenntnisstand über Erkrankungsrisiken durch psychische Arbeitsbelastungen. Ein systematisches Review über Metaanalysen und Reviews. Z Arbeits Organ 59(3):113–129

Siegrist J (2010) Effort reward imbalance at work and cardiovascular diseases. Int J Occup Med Environ Health 23(3):279–285

Sonntag K (2010) Ressourcenorientiertes Gesundheitsmanagement – eine arbeits- und organisationspsychologische Perspektive. In: Sonntag K, Stegmaier R, Spellenberg U (Hrsg) Arbeit, Gesundheit, Erfolg: Betriebliches Gesundheitsmanagement auf dem Prüfstand: Das Projekt BiG. Asanger, Kröning, S 243–258

Sonntag K, Stegmaier R, Spellenberg U (2010) Arbeit, Gesundheit, Erfolg: Betriebliches Gesundheitsmanagement auf dem Prüfstand: Das Projekt BiG. Asanger, Kröning

Stadler P, Spieß E (2009) Arbeit – Psyche – Rückenschmerzen. Einflussfaktoren und Präventions-möglichkeiten. Arbeitsmed Sozialmed Praventivmed. 44(2):68–76

Stegmann R, Matschke B (2012) Kleinbetriebe: Kenntnisstand von Unternehmern auf dem Gebiete des Arbeitsschutzes (Teil 1/3). Sich ist Sich Arbeitsschutz Aktuell 2012(5): 225–227

Ulich E, Wülser M (2009) Gesundheitsmanagement in Unternehmen. Arbeitspsychologische Pers-pektiven, 3. Aufl. Gabler, Wiesbaden

Urban H-J (2011) Regelungslücke psychische Belastungen schließen. Interview mit Hans-Jürgen Urban. In: Kamp L Pickshaus K (Hrsg) Regelungslücke psychische Belastungen schließen. Dokumente und Gutachten. Hans-Böckler-Stiftung/Vorstand FB Arbeitsgestaltung und Qua-lifizierungspolitik der Industriegewerkschaft Metall (IGM), S 4–10. http://www.boeckler.de/pdf/p_mbf_regellungsluecke.pdf. Zugegriffen: 15. März 2016

Walter U (2010) Standards des Betrieblichen Gesundheitsmanagements. In: Badura B, Walter U, Hehlmann T (Hrsg) Betriebliche Gesundheitspolitik. Der Weg zur gesunden Organisation, 2. Aufl. Springer, Heidelberg, S 147–161

Wenninger G (2015) Externe anonyme Mitarbeiterberatung (EAP) bei psychosozialen Belastun-gen: Methoden, Möglichkeiten und Grenzen. In: Nold H, Wenninger G (Hrsg) Gesundes und unfallfreies Arbeiten – Vision Zero. Asanger, Kröning, S 107–121

Wieland-Eckelmann R (1998) Methoden der Belastungs- Beanspruchungsermittlung und ihre betriebliche Umsetzung. In: Bundesanstalt für Arbeitsschutz und Arbeitsmedizin (Hrsg) Psychi-sche Belastung und Beanspruchung unter dem Aspekt des Arbeits- und Gesundheitsschutzes. (Tagungsbericht). Bundesanstalt für Arbeitsschutz und Arbeitsmedizin, Dortmund, S 35–45

Windemuth D, Jung D, Petermann O (Hrsg) (2010a) Praxishandbuch psychische Belastungen imBeruf. Vorbeugen. Erkennen. Handeln. Universum Verlag, Wiesbaden

Windemuth D, Jung D, Petermann O (2010b) Das Drei-Ebenenmodell psychischer Belastungen im Betrieb. In: Windemuth D, Jung D, Petermann O (Hrsg) Praxishandbuch psychische Belastun-gen im Beruf. Vorbeugen. Erkennen. Handeln. Universum Verlag, Wiesbaden, S 13–15

Zimolong B, Elke G, Bierhoff H-W (2008) Den Rücken stärken. Grundlagen und Programme der betrieblichen Gesundheitsförderung. Hogrefe, Göttingen

Über die Autoren

Roland Portuné, Dipl.-Psych. ist Leiter des Referates Arbeitspsychologie bei der Berufsgenossenschaft Rohstoffe und chemische Industrie (BG RCI) in Heidelberg. Auf der Ebene des Spitzenverbandes der Deutschen Gesetzlichen Unfallversicherung (DGUV) leitet er das Sachgebiet „Psyche und Gesundheit in der Arbeitswelt". Davor war er von 2000–2010 bei der Unfallkasse Nordrhein-Westfalen, wo er die Ausbildung zur Aufsichtsperson nach Sozialgesetzbuch VII und zur Fachkraft für Arbeitssicherheit absolvierte. Tätigkeitsschwerpunkte der letzten Jahre sind die Integration psychischer Belastung in die Gefährdungsbeurteilung nach Arbeitsschutzgesetz, psychologische Wei-terbildung der zumeist naturwissenschaftlich- technisch qualifizierten Aufsichtspersonen, Mitarbeit in verschiedenen Gremien z. B. der DGUV sowie die arbeitspsychologische Beratung der bei der BG RCI versicherten Betriebe.

Boris Ludborzs, Dipl.-Psych. hat 32 Jahre zunächst bei der BG Chemie und dann bei der fusionierten BG RCI gearbeitet. Seit seinem Renteneintritt 2014 arbeitet er freiberuflich für Unfallversicherungsträger und Betriebe mit dem Schwerpunkt Gefährdungsbeurteilung zur psychischen Belastung. Bis 2014 war er in den verschiedensten Gremien der Unfallversicherungsträger und der GDA engagiert, u. a. bei der Erarbeitung der GDA-Leitlinie zur psychischen Belastung. Er ist Mitglied des Vorstandes der Sektion Wirtschaftspsychologie des Berufsverbandes Deutscher Psychologinnen und Psychologen.

Dr. Miriam Rexroth, Dipl.-Psych. ist seit 2013 im Referat Arbeitspsychologie der BG RCI beschäftigt. Zuvor promovierte sie am Lehrstuhl für Arbeits- und Organisationspsychologie an der Universität Heidelberg und arbeitete in einem Beratungsinstitut. Forschungsschwerpunkte sind verschwommene Grenzen zwischen den Lebensbereichen und deren Auswirkung auf die Gesundheit und Work-Life-Balance von Arbeitnehmenden. Tätigkeitsschwerpunkte bei der BG RCI sind u. a. auch die Beratung der versicherten Betriebe zur Gefährdungsbeurteilung psychischer Belastung sowie Konzeption und Mitwirkung an Qualifizierungsmaßnahmen zum Thema.

Challenge und Hindrance Appraisal psychischer Arbeitsbelastungen als Indikatoren des betrieblichen Gesundheitsmanagements

9

Joachim Gerich

Zusammenfassung

Instrumente zur Erfassung psychischer Arbeitsbelastungen konzentrieren sich häufig auf die Erhebung der Intensität von Arbeitsbedingungen, welche a-priori entweder als gesundheitsfördernde oder -beeinträchtigende Tätigkeitsmerkmale angesehen werden. Anknüpfend an die transaktionale Stresstheorie gehen neuere Challenge/Hindrance-Ansätze davon aus, dass Arbeitsbedingungen von Arbeitnehmer/innen in unterschiedlichem Ausmaß als Herausforderung bzw. als Belastung wahrgenommen werden und letztlich diese subjektive Bewertung die Gesundheitsrelevanz einer Arbeitsbedingung bestimmt. Resultate einer empirischen Untersuchung anhand eines heterogenen Samples von 631 Arbeitnehmer/innen bestätigen die Varianz der subjektiven Bewertung von Arbeitsbedingungen. Die Ergebnisse zeigen weiterhin, dass die subjektive Bewertung von Arbeitsbedingungen besser zur Prädiktion subjektiver Gesundheits- und Befindlichkeitsindikatoren geeignet ist, als Informationen über die Intensität der Arbeitsbedingungen. Die Resultate legen ebenfalls nahe, dass die unterschiedliche Bewertung von Arbeitsbedingungen nicht nur individuellen Persönlichkeitsmerkmalen zugeschrieben werden können, sondern auch von organisationalen Merkmalen abhängig ist. Betriebliches Gesundheitsmanagement sollte sich daher nicht ausschließlich auf generalisierte Annahmen zu günstigen und ungünstigen Arbeitsbedingungen stützen, sondern auch die Möglichkeit einer subjektiven Redefinition durch gezielte Entwicklung organisationaler Rahmenbedingungen in Betracht ziehen.

J. Gerich (✉)
Institut für Soziologie, Johannes Kepler Universität, Altenbergerstraße 69, 4040 Linz, Österreich
E-Mail: joachim.gerich@jku.at

© Springer Fachmedien Wiesbaden 2016
M.A. Pfannstiel und H. Mehlich (Hrsg.), *Betriebliches Gesundheitsmanagement*,
DOI 10.1007/978-3-658-11581-4_9

Inhaltsverzeichnis

9.1   Einleitung

Instrumente zur Evaluierung psychischer Arbeitsbelastungen wie auch Instrumente zur Arbeitsanalyse, wie sie im Rahmen von BGM und BGF verwendet werden (z. B. KFZA, Prümper et al. 1995; COPSOQ, Nübling et al. 2005) konzentrieren sich primär auf die Erhebung der Intensität von Arbeitsbedingungen, welche a priori entweder als positive, der Gesundheit zuträgliche Ressourcen (z. B. Handlungsspielraum, Vielfältigkeit) oder als negative, der Gesundheit abträgliche Arbeitseigenschaften (z. B. Zeitdruck, Arbeitsunterbrechungen) definiert werden. Informationen aus diesen Erhebungen werden in der Regel dazu verwendet, nötige Interventionen abzuleiten, bei denen einem zu hohen Ausmaß an zuvor negativ bewerteten Arbeitsbedingungen entgegengewirkt werden soll.

Eine allgemeingültige Einteilung von Arbeitsmerkmalen in positive und negative Bedingungen kann jedoch aus mehreren Gründen hinterfragt werden. Einerseits legen Forschungsergebnisse nahe, dass Gesundheitseffekte von Stressoren von zahlreichen Nebenbedingungen abhängen. So zeigten bspw. Schmitt et al. (2015), dass die Auswirkungen von Zeitdruck auf das Arbeitsengagement in Abhängigkeit der Tätigkeitscharakteristik (der empfundenen Sinnhaftigkeit der auszuführenden Tätigkeit) variiert. Bakker und Sanz-Vergel (2013) fanden, dass tätigkeitsbezogene Anforderungen je nach Tätigkeitsbranche sowohl zu erwünschten als auch unerwünschten Effekten auf die Befindlichkeit führen können. Prominente theoretische Ansätze zum Zusammenhang zwischen Arbeitsbelastungen und gesundheitlichen Folgen wie bspw. das Job-Demand Control Modell (Karasek 1979), das Job-Demand Resources Modell (Bakker und Demerouti 2007) oder das Effort-Reward-Modell (Siegrist 1996) gehen explizit davon aus, dass die gesundheitsbezogene Wirkungsweise bestimmter tätigkeitsbezogener Anforderungen nicht isoliert zu betrachten ist, sondern in Abhängigkeit weiterer Tätigkeits- und Organisationsbezogener Merkmale steht.

Weiterhin steht eine allgemeingültige a-priori Kategorisierung von Arbeitsmerkmalen in gewissem Widerspruch zu stresstheoretischen Annahmen wie bspw. der transaktionalen Stresstheorie (Lazarus und Folkman 1986), welche annimmt, dass die Wirkung von Stressoren auf das individuelle Gesundheitssystem vorwiegend durch die jeweils subjektive Bewertung der Stressoren (primary appraisal) und der Bilanzierung verfügbarer Bewältigungsressourcen (secondary appraisal) bedingt ist. Die unterschiedliche Bewertung von Stressoren ist dabei nicht nötiger Weise ausschließlich auf unterschiedliche personenbezogene Charakteristika (wie z. B. individuell unterschiedliche Robustheit oder Selbstwirksamkeit) zurückzuführen, sondern kann auch kulturell und – mit Hinblick auf arbeitsbezogene Stressoren – organisationsbezogen variieren (z. B. Hobfoll 2001). Ganster und Rosen (2013, S. 5) resümieren diesbezüglich in einer Überblicksarbeit zum Zusammenhang zwischen arbeitsbezogenem Stress und Gesundheit: „There seems to be little disagreement that psychosocial stressors exert their effects primarily through how the individual perceives and evaluates them".

9.2 Challenge-/Hindrance-Modelle zur Erklärung der gesundheitsbezogenen Wirkungen von tätigkeitsbezogenen Stressoren

In Anlehnung an die Konzepte von Distress und Eustress schlagen Cavanough et al. (2000) eine Unterscheidung von Challenge- und Hindrance-Stressoren vor. Als Challenge-Stressoren werden solche Tätigkeitsmerkmale bezeichnet, welche aus Sicht der Ausführenden zwar potenziell belastend sein können, jedoch auch persönlichen Nutzen und inhaltliche Bereicherung („gain") beinhalten können. Als Hindrance-Stressoren werden dagegen solche belastenden Tätigkeitsmerkmale bezeichnet, welche mit persönlicher Zielerreichung im Widerspruch stehen oder diese behindern.

Die Autoren nahmen – basierend auf Befragungen von Managern und Studierenden - eine Kategorisierung von arbeitsbezogenen Stressoren in Challenge (z. B. Zeitdruck) und Hindrance-Stressoren (z. B. Rollenkonflikte) vor. Sie fanden, dass die Exposition gegenüber Challenge-Stressoren mit positiven affektiven Outcomes (Arbeitszufriedenheit) und die Exposition gegenüber Hindrance-Stressoren mit negativen Outcomes verbunden sind. Ähnliche Resultate wurden von Boswell et al. (2004), LePine et al. (2004) und Podsakoff et al. (2007) berichtet. Widmer et al. (2012) argumentieren dagegen, dass die Exposition bezüglich Challenge-Stressoren sowohl über negative (z. B. Überlastung) als auch über positive Wirkungspfade (z. B. Steigerung des Selbstwertes) Einfluss auf die individuelle Befindlichkeit nehmen kann, wodurch es in Summe zu einer Suppression des Zusammenhangs zwischen Arbeitsbedingungen und individueller Befindlichkeit (d. h. einer vermeintlich neutralen Wirkung) kommen kann.

Neuere Beiträge im Rahmen des Challenge-Hindrance Frameworks (Webster et al. 2011; Searle und Auton 2015) kritisieren an dem ursprünglichen Konzept zum einen, dass Arbeitsbedingungen a priori und gleichsam generalisierend in Challenge- und Hindrance-Faktoren eingeteilt werden und zum zweiten, dass Challenge- und Hindrance-Eigenschaften von Arbeitsbedingungen als strikte Gegensatzpaare aufgefasst werden. Stattdessen wurde von diesen Autoren – in konsequenter Anwendung transaktionaler Stresstheorien – vorgeschlagen, die individuelle Variation der Bewertung („appraisal")

Was sind Challenge -& Hindrance Stressoren?

von Arbeitsbedingungen entlang von Challenge- und Hindrance-Dimensionen zu berücksichtigen.

Vor diesem Hintergrund könnten sich Interventionen zur Verbesserung von Arbeitsbedingungen nicht nur auf die Reduktion der Intensität von – a priori ungünstig klassifizierten – Tätigkeitsmerkmalen konzentrieren. Es wäre auch denkbar, dass sich Interventionen auch darauf richten, dass vorhandene Arbeitsbedingungen von Arbeitnehmer/innen in stärkerem Maße als Challenge und in geringerem Maße als Hindrance-Faktoren wahrgenommen werden.

9.3   Eine Untersuchung zum Challenge-Hindrance-Ansatz

Im Folgenden werden die Ergebnisse einer Untersuchung anhand eines heterogenen Samples von Arbeitnehmer/innen präsentiert. Dazu wurde eine postalische Befragung bei einer Zufallsstichprobe von 3000 Arbeitnehmer/innen durchgeführt, welche bei der Oberösterreichischen Gebietskrankenkasse pflichtversichert sind. Die Grundgesamtheit umfasst annähernd 90 % aller nicht selbstständig Erwerbstätigen in der Region Oberösterreich. Die nachfolgenden Analysen beziehen sich auf 631 retournierte auswertbare Fragebögen.

9.3.1   Fragestellung und Vorgehensweise

Mithilfe der Untersuchung soll die Frage beantwortet werden, inwiefern subjektive Challenge-/Hindrance-Bewertungen von Arbeitsbedingungen relevante zusätzliche Informationen hinsichtlich des Gesundheitszustandes und der Arbeitszufriedenheit von Arbeitnehmer/innen liefern. Weiterhin soll geprüft werden, inwiefern die individuelle Bewertung eines gegebenen Ausmaßes einer bestimmten Arbeitsbedingung von ausgewählten organisations- und tätigkeitsbezogenen Merkmalen abhängt.

Den Ausgangspunkt der Untersuchung bilden acht Items eines häufig eingesetzten Instruments zur Erfassung von Arbeitsbedingungen (KFZA, Prümper et al. 1995), welche den subjektiven Grad der Exposition hinsichtlich dieser Bedingungen erfasst. In der vorliegenden Untersuchung wurden Items aus den Dimensionen Handlungsspielraum (selbstständig Planen und Einteilen), Vielseitigkeit (Lernmöglichkeiten, wechselnde Tätigkeiten), Ganzheitlichkeit („Bei meiner Arbeit sehe ich selber am Ergebnis, ob meine Arbeit gut war oder nicht"), Zusammenarbeit (enge Zusammenarbeit mit Kolleg/innen), berücksichtigt, welche a priori als positiv bewertete Arbeitseigenschaften kategorisiert werden (Ehlbeck et al. 2008; Prümper et al. 1995). Weiterhin wurden qualitative Arbeitsbelastungen (Komplexität der Tätigkeit), quantitative Arbeitsbelastungen (Zeitdruck) und Arbeitsunterbrechungen als negativ kategorisierte Arbeitseigenschaften ausgewählt. In Ergänzung dazu wurde Verantwortung als zusätzliche Dimension mit dem Item „Bei meiner Arbeit trage ich viel Verantwortung" erfasst, da hohes Ausmaß an Verantwortung in anderen Untersuchungen häufig (a priori) als Challenge-Stressor berücksichtigt wird (Boswell et al. 2004; Cavanough et al. 2000; Searle und Auton 2015; Webster et al. 2011). Als Antwortvorgabe wurde einheitlich eine fünfteilige Ratingskala („trifft gar nicht" zu bis „trifft völlig zu") eingesetzt.

Für jedes dieser Items wurde im Anschluss an die Beurteilung der Exposition eine Challenge-Bewertung („Dieser Umstand ist für mich eine Chance/Herausforderung") und eine Hindrance-Bewertung („Dieser Umstand ist für mich eine Belastung") anhand vierstufiger Ratingskalen („stimme gar nicht zu" bis „stimme voll und ganz zu") erhoben. Verteilungskennzahlen der Arbeitsbedingungen und deren Bewertungen sind in Tab. 9.2 ersichtlich.

Als Outcomevariablen wurden in dieser Untersuchung die Burnout-Neigung, ein Beschwerdeindex und die Arbeitszufriedenheit erfasst. Operationalisierungen und Verteilungsmaße sind in Tab. 9.1 zusammengefasst.

Aus dem Bereich der tätigkeits- und organisationsbezogenen Variablen, für welche ein Zusammenhang mit der Bewertung von Arbeitsbedingungen vermutet wird, wurde die Bemühung des Unternehmens um die Work-Life-Balance der Mitarbeiter/innen, die empfundene Gratifikation für die Tätigkeit, der organisationsbezogene Selbstwert, das Bürokratieausmaß, das tätigkeitsbezogene Kohärenzgefühl und die empfundene Arbeitsplatzunsicherheit berücksichtigt. Informationen zur Operationalisierung und Verteilungskennzahlen sind in Tab. 9.1 ersichtlich.

9.3.2 Resultate

Aus den durchwegs negativen Korrelationen zwischen den Challenge- und Hindrance-Bewertungen der einzelnen Arbeitsbedingungen in Tab. 9.2 ist zunächst erwartungsgemäß abzuleiten, dass Tätigkeitsmerkmale, welche stärker als Challenge wahrgenommen werden, in geringerem Maße als Hindrance bewertet werden (und umgekehrt). Die überwiegend geringe Stärke dieser Korrelationen zeigt allerdings auch, dass es sich bei Challenge- und Hindrance-Bewertungen nicht um strikte Gegensatzpaare handelt.

Dies kann weiter anhand der Zusammenhänge zwischen der Intensität der Arbeitsbedingung und den Challenge- bzw. Hindrance-Bewertungen präzisiert werden. Im Wesentlichen sind anhand dieser Resultate vier Typen von Arbeitsbedingungen zu unterscheiden.

Arbeitsbedingungen des ersten Typs (wechselnde Tätigkeiten, Zusammenarbeit und Lernerfordernisse) zeichnen sich dadurch aus, dass eine höhere Exposition vorwiegend als Herausforderung interpretiert wird. Zusammenhänge zwischen dem Ausmaß der Exposition und der Hindrance-Bewertung zeigen sich jedoch nicht oder zumindest nur in sehr geringem Ausmaß. Das bedeutet, dass der Umkehrschluss – wonach ein Fehlen dieser vorwiegend positiv bewerteten Tätigkeitseigenschaften zu einer Belastungswahrnehmung führt – nicht bestätigt werden kann. Obwohl somit das Ausmaß der Challenge-Bewertung vorwiegend durch ein höheres Ausmaß dieser (vorwiegend positiv

Tab. 9.1 Operationalisierung und Verteilungskennzahlen von Outcome- und unabhängigen Variablen

	k	Quelle/Ausprägungen/Operationalisierung bzw. Beispielitems	MW	SD
Outcomevariablen				
Burn-out	6	Copenhagen Burnout Inventory, Kristensen et al. (2005), 1 = gering, 5 = hoch; „Wie häufig fühlen sie sich emotional erschöpft"; $\alpha = 0{,}89$	2,67	0,71
Beschwerden	13	1 = nie, 5 = immer; aufgetretene somatische und psychosomatische Symptome (z. B. Migräne/Kopfschmerzen, Herz-Kreislauf Beschwerden) innerhalb der letzten 12 Monate; $\alpha = 0{,}83$	2,00	0,57
Arbeitszufriedenheit	4	Weyer et al. (1980); 1 = gering, 4 = hoch; „Ich habe einen wirklich interessanten Beruf"; $\alpha = 0{,}73$	3,11	0,62
Unabhängige Variablen				
Work-Life- Balance	1	1 = ja, 0 = nein; „Wird in dem Unternehmen, in dem Sie tätig sind, darauf geachtet, dass das Arbeits- und Privatleben in Einklang gebracht werden kann?"	0,58	0,49
Gratifikation	3	ERI-Skala, Siegrist et al. (2009); 1 = gering, 4 = hoch; „Wenn ich an all die erbrachten Leistungen und Anstrengungen denke, halte ich die erfahrene Anerkennung für angemessen"; $\alpha = 0{,}82$	2,62	0,78
Organisationsbezogener Selbstwert (OBSE)	4	Kanning und Hill (2012); 1 = gering, 4 = hoch; „Man nimmt mich im Unternehmen ernst"; $\alpha = 0{,}86$	3,19	0,66
Bürokratie	1	„In unserem Unternehmen gibt es so viele Regeln, dass ich gar nicht mehr alle kenne" 1 = trifft gar nicht zu, 4 = trifft voll zu	2,35	0,94
Tätigkeitsbezogenes Kohärenzgefühl (SOC)	2	1 = gering, 5 = hoch, Bauer und Jenny (2007), Polaritätsprofile zur Tätigkeitsbewertung „sinnlos" versus „sinnvoll" und „unbedeutend" versus „bedeutend"; Itemkorrelation = 0,64	4,20	0,85

(Fortsetzung)

Tab. 9.1   (Fortsetzung)

	k	Quelle/Ausprägungen/Operationalisie-rung bzw. Beispielitems	MW	SD
Arbeitsplatzunsicherheit	1	„Inwieweit machen Sie sich Sorgen über einen möglichen Verlust Ihres Arbeitsplatzes?" 1 = gar keine Sorgen, 4 = starke Sorgen	2,09	0,93

k: Anzahl der Items; MW: Mittel- bzw. Anteilswert; SD: Standardabweichung

Tab. 9.2   Deskriptive Informationen und Korrelationen zwischen Exposition (e), Challenge-Bewertung (c) und Hindrance-Bewertung (h)

	MW_e (SD_e)	MW_c (SD_c)	MW_h (SD_h)	r(e,c) (p)	r(e,h) (p)	r(c.h) (p)
Wechselnde Tätigkeiten	3,59 (1,13)	2,95 (0,89)	1,91 (0,88)	0,58 (<0,001)	0,00 (0,947)	−0,27 (<0,001)
Zusammenarbeit	3,87 (1,13)	3,00 (0,85)	1,86 (0,86)	0,45 (<0,001)	0,00 (0,954)	−0,22 (<0,001)
Neues lernen	3,74 (1,08)	3,04 (0,90)	1,85 (0,89)	0,65 (<0,001)	−0,09 (0,035)	−0,33 (<0,001)
Arbeitsunterbrechungen	3,23 (1,16)	2,08 (0,91)	2,65 (0,99)	0,02 (0,708)	0,60 (<0,001)	−0,21 (<0,001)
Quantitative Arbeitsbelastung	3,72 (1,08)	2,35 (0,96)	2,82 (0,99)	0,06 (0,155)	0,62 (<0,001)	−0,23 (<0,001)
Handlungsspielraum	3,33 (1,15)	3,00 (0,92)	1,86 (0,89)	0,70 (<0,001)	−0,44 (<0,001)	−0,44 (<0,001)
Ganzheitlichkeit	4,05 (1,00)	3,19 (0,90)	1,77 (0,86)	0,70 (<0,001)	−0,28 (<0,001)	−0,31 (<0,001)
Qualitative Arbeitsbelastung	3,56 (1,11)	2,98 (0,84)	1,98 (0,85)	0,55 (<0,001)	0,16 (<0,001)	−0,11 (0,008)
Verantwortung	4,05 (0,97)	3,07 (0,84)	2,21 (0,91)	0,49 (<0,001)	0,23 (<0,001)	−0,12 (0,004)

r = Produkt-Moment Korrelationen (p-Werte in Klammern), MW = Mittelwerte, SD = Standardabweichunge = Exposition, c = Challenge-Bewertung, h = Hindrance-Bewertung

bewerteten) Arbeitsbedingungen erklärbar ist, bestehen gleichzeitig individuell unterschiedliche Hindrance-Bewertungen, welche weitgehend unabhängig vom verfügbaren Ausmaß der Arbeitsbedingung sind.

Ähnlich dazu wird bei Arbeitsbedingungen des zweiten Typs (Arbeitsunterbrechungen, quantitative Arbeitsbelastungen) eine höhere Exposition vorwiegend als Hindrance bewertet. Ein geringes Ausmaß der Intensität dieser Arbeitsbedingungen ist dagegen nicht systematisch mit stärkerer Challenge-Bewertung verknüpft. Auch hier lässt sich

somit ein Umkehrschluss, wonach das Fehlen vorwiegend negativ bewerteter Arbeitsbedingungen zu einer positiven Bewertung der Bedingung führt, nicht bestätigen.

Als „bipolare" Tätigkeitseigenschaften können demgegenüber die Arbeitsbedingungen des dritten Typs (Handlungsspielraum und Ganzheitlichkeit der Tätigkeit) bezeichnet werden. Eine höhere Intensität dieser Bedingungen wird tendenziell als Challenge,
eine geringere Intensität tendenziell als Hindrance bewertet.

Ein höheres Ausmaß an Arbeitsbedingungen des vierten Typs (qualitative Arbeitsbelastungen und Verantwortung) wiederum wird sowohl als Hindrance als auch als Challenge zugleich wahrgenommen.

Tab. 9.3 zeigt die Zusammenhänge zwischen Exposition sowie Hindrance- und Chal-
lenge-Bewertungen mit den drei Outcomevariablen (Burnout, Beschwerdebelastung und
Arbeitszufriedenheit). Dargestellt sind direkte Effekte auf Basis von Regressionsanalysen – d. h., die Effekte von Exposition, Challenge- und Hindrance-Bewertung unter
Konstanthaltung der jeweils anderen Variablen. Das Lebensalter, das Geschlecht und der
berufliche Status wurden ebenfalls als Kontrollvariablen berücksichtigt.

Aus den Ergebnissen ist zunächst ersichtlich, dass das Ausmaß der Hindrance-Bewertung aller berücksichtigten Arbeitsbedingungen signifikante Effekte hinsichtlich aller
drei Outcomevariablen aufweist. Das bedeutet, dass eine höhere Hindrance-Bewertung
einer Arbeitsbedingung unabhängig von ihrer Intensität mit einer höheren Burn-out-
Gefährdung, mit einem höheren Beschwerdeausmaß und einer geringeren Arbeitszufriedenheit verknüpft ist.

Ebenso kann umgekehrt bestätigt werden, dass eine höhere Challenge-Bewertung
aller Arbeitsbedingungen (unabhängig vom jeweiligen Ausmaß der Exposition) mit
höherer Arbeitszufriedenheit assoziiert ist.

Hinsichtlich der beiden gesundheitsbezogenen Outcomevariablen (Burn-out und
Beschwerdebelastung) scheint das Ausmaß der Challenge- im Vergleich zu Hindrance-
Bewertungen von geringerer Bedeutung zu sein. Dennoch weisen Personen, welche ihr
jeweiliges Ausmaß an Arbeitsunterbrechungen, quantitativer Belastung und Verantwortung in höherem Ausmaß als Herausforderung wahrnehmen, bessere Gesundheitsoutco-
mes auf. Eine stärkere Challenge-Wahrnehmung des Ausmaßes an Zusammenarbeit ist
ebenfalls mit geringerer Beschwerdebelastung assoziiert.

Für die Intensität der Arbeitsbedingungen selbst sind – insbesondere im Vergleich
zur Hindrance-Bewertung der Arbeitsbedingungen – nur wenige signifikante Zusammenhänge mit den Outcomevariablen zu bestätigen. Dennoch ist anzumerken, dass ein
stärkeres Ausmaß wechselnder Tätigkeiten, höhere Lernerfordernisse und höhere Verantwortung – jeweils unabhängig von der subjektiven Bewertung – mit höherer Arbeitszufriedenheit einhergehen. Häufiger wechselnde Tätigkeiten gehen – unabhängig von ihrer
subjektiven Bewertung – mit geringerer Beschwerdebelastung einher. Höhere quantitative und qualitative Belastung sowie höhere Verantwortung sind – unabhängig von der
subjektiven Bewertung – mit einer stärkeren Burn-out Gefährdung verbunden.

Tab. 9.4 zeigt nun die beobachtbaren Effekte der berücksichtigten organisations-
und tätigkeitsbezogenen Merkmale auf die Challenge- bzw. Hindrance-Bewertung von

Tab. 9.3 Direkte Effekte von Exposition, Challenge- und Hindrance-Bewertungen hinsichtlich der Outcome-Variablen

	Burn-out			Beschwerden			Arbeitszufriedenheit		
	e	c	h	e	c	h	e	c	h
Wechselnde Tätigkeiten	−0,06 (0,279)	−0,04 (0,462)	0,40 (<0,001)	−0,11 (0,031)	−0,05 (0,327)	0,33 (<0,001)	0,12 (0,009)	0,23 (<0,001)	−0,35 (<0,001)
Zusammenarbeit	0,04 (0,367)	−0,09 (0,072)	0,26 (<0,001)	0,04 (0,382)	−0,10 (0,034)	0,25 (<0,001)	0,04 (0,412)	0,17 (0,001)	−0,24 (<0,001)
Neues lernen	0,04 (0,505)	−0,07 (0,220)	0,30 (<0,001)	−0,04 (0,512)	−0,02 (0,686)	0,29 (<0,001)	0,18 (0,001)	0,27 (<0,001)	−0,23 (<0,001)
Arbeitsunterbrechungen	0,08 (0,140)	−0,17 (<0,001)	0,28 (<0,001)	0,03 (0,545)	−0,14 (0,001)	0,22 (<0,001)	−0,02 (0,752)	0,16 (<0,001)	−0,23 (<0,001)
Quantitative Arbeitsbelastung	0,21 (<0,001)	−0,13 (0,001)	0,34 (<0,001)	0,05 (0,378)	−0,11 (0,010)	0,30 (<0,001)	0,04 (0,444)	0,19 (<0,001)	−0,26 (<0,001)
Handlungsspielraum	−0,02 (0,806)	−0,07 (0,265)	0,34 (<0,001)	−0,05 (0,405)	−0,03 (0,596)	0,33 (<0,001)	0,02 (0,720)	0,22 (<0,001)	−0,27 (<0,001)
Ganzheitlichkeit	0,02 (0,808)	−0,04 (0,576)	0,25 (<0,001)	−0,00 (0,943)	−0,03 (0,624)	0,23 (<0,001)	0,10 (0,090)	0,22 (<0,001)	−0,16 (<0,001)
Qualitative Arbeitsbelastung	0,13 (0,012)	−0,09 (0,062)	0,36 (<0,001)	0,02 (0,663)	−0,06 (0,236)	0,33 (<0,001)	0,09 (0,096)	0,20 (<0,001)	−0,21 (<0,001)
Verantwortung	0,17 (0,001)	−0,22 (<0,001)	0,32 (<0,001)	0,10 (0,070)	−0,15 (0,003)	0,30 (<0,001)	0,18 (<0,001)	0,20 (<0,001)	−0,23 (<0,001)

Standardisierte Regressionskoeffizienten aus OLS-Regressionen (p-Werte in Klammern). Kontrollvariablen: Lebensalter, Geschlecht und beruflicher Status.

Tab. 9.4 Effekte von organisations- und tätigkeitsbezogenen Merkmalen hinsichtlich der Challenge- bzw. Hindrance-Bewertung von Arbeitsbedingungen

	Work-Life-Balance	Gratifikation	OBSE	Bürokratie	SOC	Arbeitsplatzun-sicherheit
Wechselnde Tätigkeiten						
Challenge	0,12***	0,21***	0,25***	−0,09**	0,20***	−0,02
Hindrance	−0,25***	−0,36***	−0,33***	0,27***	−0,28***	0,12**
Zusammenarbeit						
Challenge	0,16***	0,23***	0,22***	−0,08*	0,15***	−0,06
Hindrance	−0,18***	−0,26***	−0,32***	0,18***	−0,27***	0,09*
Neues lernen						
Challenge	0,12***	0,18***	0,23***	−0,12***	0,19***	−0,06
Hindrance	−0,18***	−0,29***	−0,27***	0,20***	−0,23***	0,15***
Arbeitsunterbrechungen						
Challenge	0,07	0,21***	0,21***	−0,07	0,17***	0,01
Hindrance	−0,12***	−0,19***	−0,22***	0,06	−0,11**	0,02
Quantitative Arbeitsbelastung						
Challenge	0,14**	0,31***	0,29***	−0,06	0,17***	−0,04
Hindrance	−0,13***	−0,21***	−0,18***	0,10**	−0,16***	0,08*
Handlungsspielraum						
Challenge	0,10***	0,13***	0,15***	−0,03	0,12***	−0,02
Hindrance	−0,17***	−0,23***	−0,16***	0,09*	−0,07	0,04
Ganzheitlichkeit						
Challenge	0,08**	0,10***	0,12***	0,01	0,08**	−0,01
Hindrance	−0,12**	−0,12**	−0,10*	0,10*	−0,09*	0,11**
Qualitative Arbeitsbelastung						
Challenge	0,04	0,15***	0,21***	−0,06	0,16***	−0,01
Hindrance	−0,18***	−0,23***	−0,20***	0,12***	−0,12**	0,14***
Verantwortung						
Challenge	0,15***	0,19***	0,23***	−0,05	0,15***	−0,07
Hindrance	−0,18***	−0,25***	−0,22***	0,16***	−0,15***	0,16***

Standardisierte Regressionskoeffizienten (*: $p < 0,05$; **: $p < 0,01$; ***: $p < 0,001$) hinsichtlich der Challenge- bzw. der Hindrance-Bewertung der einzelnen Arbeitsbedingungen (OLS-Regressionen). Kontrollvariablen: Exposition hinsichtlich der jeweiligen Arbeitsbedingung, Lebensalter, Geschlecht und beruflicher Status.

Arbeitsbedingungen. In diesen Regressionsanalysen wurde jeweils die individuelle Intensität der Arbeitsbedingung (sowie Lebensalter, Geschlecht und beruflicher Status der Befragten) kontrolliert.

Die Ergebnisse legen daher nahe, dass höhere Gratifikation für die Tätigkeit, die Wahrnehmung eines höheren organisationsbezogenen Selbstwertes, wahrgenommene

Anstrengungen des Unternehmens, die Work-Life-Balance der Mitarbeiter/innen zu unterstützen sowie ein höheres tätigkeitsbezogenes Kohärenzgefühl damit verbunden sind, dass Arbeitsbedingungen unabhängig von deren Intensität in stärkerem Ausmaß als Challenge und in geringerem Ausmaß als Hindrance wahrgenommen werden. Ein hohes Ausmaß an organisationaler Bürokratie sowie mangelnde Arbeitsplatzsicherheit scheinen vorwiegend dazu zu führen, dass die Hindrance-Bewertung von Tätigkeitsmerkmalen unabhängig von deren Intensität verstärkt wird.

9.4 Schlussfolgerungen

A-priori Annahmen zur Kategorisierung von Arbeitsbedingungen können auf Basis der Resultate zwar insofern bestätigt werden, als bspw. ein höheres Ausmaß an wechselnden Tätigkeiten, Zusammenarbeit mit Kolleg/innen, Lernmöglichkeiten, Handlungsspielraum und Ganzheitlichkeit mit tendenziell positiven (Challenge-) Bewertungen einhergehen. Ein höheres Ausmaß an Arbeitsunterbrechungen, quantitativen und qualitativen Arbeitsbelastungen geht tendenziell mit einer höheren Belastungsbewertung (Hindrance) einher.

Die Ergebnisse zeigen jedoch auch, dass Arbeitsbedingungen, welche als Herausforderung und Chance wahrgenommen werden, nicht zwingend als wenig belastend angesehen werden. Das bedeutet, dass auch bei Arbeitsbedingungen, welche durchschnittlich eher positiv konnotiert sind, gleichzeitig eine substanzielle Varianz der Belastungseinschätzung dieser Bedingungen vorliegt. Obwohl bspw. ein höheres Ausmaß an wechselnden Tätigkeiten, Zusammenarbeit mit Kolleg/innen und Lernmöglichkeiten insgesamt eher positiv konnotiert ist, variiert gleichzeitig die Belastungseinschätzung, welche diesen Bedingungen zugleich zugeschrieben wird. Dass es sich dabei um substanzielle Varianz handelt, zeigt sich daran, dass es vor allem das jeweils individuelle Belastungsausmaß ist, das diesen eher positiv konnotierten Arbeitsbedingungen zugeschrieben wird, welches zur Prognose des Gesundheitszustandes von Arbeitnehmer/innen am besten geeignet scheint. Die Ergebnisse legen insgesamt nahe, dass den subjektiven Bewertungen von Arbeitsbedingungen durch die Arbeitnehmer/innen stärkere Bedeutung für den Gesundheitszustand und die Arbeitszufriedenheit zukommt, als das Ausmaß oder die Intensität dieser Bedingungen selbst. Die Ergebnisse stehen damit im Einklang mit den Annahmen der transaktionalen Stresstheorie und jenen neuerer Challenge-/ Hindrance-Modellen.

Weiterhin kann aus den Resultaten geschlossen werden, dass Unterschiede in den subjektiven Bewertungen von Arbeitsbedingungen nicht ausschließlich unterschiedlichen Persönlichkeitsmerkmalen zugeschrieben werden können. Die Ergebnisse zeigen exemplarisch, dass die subjektive Bewertung eines bestimmten Ausmaßes einer Arbeitsbedingung systematisch mit organisations- und tätigkeitsbezogenen Merkmalen in Zusammenhang steht. Auch wenn Arbeitnehmer/innen vergleichbaren Arbeitsbedingungen ausgesetzt sind, werden diese stärker als Herausforderung und weniger als Belastung erlebt, wenn sie sich in einer Organisation befinden, welche sich um die Herstellung von Work-Life-Balance bemüht, welche sichtbare Anerkennung für die Arbeitsleistungen zeigt, den Arbeitnehmer/innen Wertschätzung entgegen bringt, und sie mit sinnhaften Tätigkeiten betraut. Umgekehrt werden vergleichbare Arbeitsbedingungen in stärkerem Ausmaß als hindernd und belastend erlebt, je stärker die Arbeitsumgebung durch bürokratische Strukturen geprägt ist, oder wenn die Arbeitsplatzsicherheit beeinträchtigt scheint.

Ähnliche Resultate wurden jüngst auch von Paškvan et al. (2016) im Rahmen einer Längsschnittstudie berichtet. Die Autor/innen untersuchten die Auswirkungen von Arbeitsintensivierungen hinsichtlich Burn-out und Arbeitszufriedenheit. Auch in dieser Studie wurde bestätigt, dass Auswirkungen von Arbeitsintensivierungen nicht primär durch deren Ausmaß, sondern durch deren subjektive Bewertung (in dieser Studie als eindimensionale Bewertung zwischen den Polen Challenge und Hindrance erhoben) erklärbar sind. Weiterhin konnte auch in dieser Studie bestätigt werden, dass Arbeitnehmer/innen unter der Bedingung eines partizipativen Organisationsklimas Arbeitsintensivierungen in höherem Ausmaß als Challenge wahrnehmen.

Ergänzend ist allerdings hervorzuheben, dass sowohl in der Untersuchung von Paškvan et al. (2016), als auch in der hier präsentierten Studie die Effekte der Intensität von Arbeitsbedingungen auf Gesundheitsindikatoren und Arbeitszufriedenheit nicht vollständig durch Challenge-/Hindrance-Bewertungen mediiert werden. So legen die Resultate der vorliegenden Studie nahe, dass ein höheres Ausmaß quantitativer und qualitativer Belastungen sowie ein höheres Ausmaß an Verantwortung – unabhängig von der individuellen Bewertung dieser Bedingungen – mit einem höheren Burn-out-Risiko einhergehen. Ein höheres Ausmaß wechselnder Tätigkeiten geht – unabhängig von der subjektiven Bewertung – mit einer geringeren Beschwerdebelastung und höherer Arbeitszufriedenheit einher. Lernmöglichkeiten und ein höheres Verantwortungsausmaß sind – unabhängig von subjektiven Bewertungen – mit höherer Arbeitszufriedenheit assoziiert. Diese Ergebnisse stehen auch in Einklang mit Schlussfolgerungen aus anderen Untersuchungen (Webster et al. 2011), wonach bestimmte Arbeitsbedingungen auch dann gesundheitsgefährdend sein können, obwohl sie von Arbeitnehmer/innen positiv bewertet werden. Dennoch werden diese direkten Effekte von Arbeitsbedingungen durchgängig von Effekten der subjektiven Bewertung flankiert. Das bedeutet letztlich, dass positive und negative Auswirkungen von Arbeitsbedingungen durch deren subjektive Bewertung verstärkt oder gemildert werden können.

Die Erkenntnisse legen insgesamt nahe, dass im Rahmen von betrieblichem Gesundheitsmanagement und betrieblicher Gesundheitsförderung nicht nur Daten zur Intensität von Arbeitsbedingungen berücksichtigt werden sollten, sondern auch die subjektiven Bewertungen durch die Arbeitsplatzinhaber/innen. Ebenso sollten nicht ausschließlich a priori Annahmen zu günstigen und ungünstigen Arbeitsbedingungen leitend für die Gestaltung gesunder Organisationen und deren Evaluierung sein. Gesundheitsbezogene Interventionen welche sich bspw. ausschließlich daran orientieren, negativ konnotierte Tätigkeitseigenschaften zu reduzieren, mögen zwar subjektive empfundene Belastungen reduzieren, laufen jedoch auch Gefahr, dass dadurch zugleich auch positive

Herausforderungen für Mitarbeiter/innen eliminiert werden. Auch vor dem Hintergrund, dass die Intensität mancher Arbeitsbedingungen oftmals nur schwer modifiziert werden kann, sollte zusätzlich die Möglichkeit bedacht werden, dass auch eine Redefinition der subjektiven Bewertung dieser Bedingungen durch Organisationsentwicklung im Sinne einer Gesundheitsförderung angestrebt werden kann.

Literatur

Bakker AB, Demerouti E (2007) The job demands-resources model: state of the art. J Manag Psychol 22(3):309–328. doi:10.1108/02683940710733115

Bakker AB, Sanz-Vergel AI (2013) Weekly work engagement and flourishing: the role of hindrance and challenge job demands. J Vocat Behav 83(3):397–409. doi:10.1016/j.jvb.2013.06.008

Bauer G, Jenny G (2007) Development, implementation and dissemination of occupational health management (OHM): putting salutogenesis into practice. In: McIntyre S, Houdmondt J (Hrsg) Occupational health psychology. European perspectives on research, education and practice. ISMAI, Castelo da Maia, S 219–250

Boswell WR, Olson-Buchanan JB, LePine MA (2004) Relations between stress and work outcomes: the role of felt challenge, job control, and psychological strain. J Vocat Behav 64(1):165–181. doi:10.1016/S0001-8791(03)00049-6

Cavanaugh MA, Boswell WR, Roehling MV, Boudreau JW (2000) An empirical examination of self-reported work stress among U.S. managers. J Appl Psychol 85(1):65–74. doi:10.1037/0021-9010.85.1.65

Ehlbeck I, Lohmann A, Prümper J (2008) Erfassung und Bewertung psychsicher Belastungen mit dem KFZA – Praxisbeispiel Krankenhaus. In: Leittretter S (Hrsg) Arbeit in Krankenhäusern human gestalten. Arbeitshilfe für die Praxis von Betriebsräten, betrieblichen Arbeitsschutzexperten und Beschäftigten in Krankenhäusern. Hans-Böckler-Stiftung, Düsseldorf, S 32–58

Ganster DC, Rosen CC (2013) Work stress and employee health: a multidisciplinary review. J Manag 39(5):1085–1122. doi:10.1177/0149206313475815

Hobfoll SE (2001) The influence of culture, community, and the nested-self in the stress process: advancing conservation of resources theory. Appl Psychol 50(3):337–421. doi:10.1111/1464-0597.00062

Kanning UP, Hill A (2012) Organization-based self-esteem scale: adaptation in an international context. J Bus Media Psychol 3(1):13–21

Karasek RA (1979) Job demands, job decision latitude, and mental strain: implications for job redesign. Adm Sci Q 24(2):285–308. doi:10.2307/2392498

Kristensen TS, Borritz M, Villadsen E, Christensen KB (2005) The copenhagen burnout inventory: a new tool for the assessment of burnout. Work & Stress 19(3):192–207. doi:10.1080/02678370500297720

Lazarus RS, Folkman S (1986) Cognitive theories of stress and the issue of circularity. In: Appley MH, Trumbull R (Hrsg) Dynamics of stress: physiological, psychological, and social perspectives. The Plenum series on stress and coping. Plenum Press, New York, S 63–80

LePine JA, LePine MA, Jackson CL (2004) Challenge and hindrance stress: relationships with exhaustion, motivation to learn, and learning performance. J Appl Psychol 89(5):883–891. doi:10.1037/0021-9010.89.5.883

Nübling M, Stößel U, Hasselhorn H, Michaelis M, Hofmann F (2005) Methoden zur Erfassung psychischer Belastungen; Erprobung eines Messinstrumentes (COPSOQ). Bundesanstalt für Arbeitsschutz und Arbeitsmedizin, Dortmund

Paškvan M, Kubicek B, Prem R, Korunka C (2016) Cognitive appraisal of work intensification. Int J Stress Manage 23(2):124–146. doi:10.1037/a0039689

Podsakoff NP, LePine JA, LePine MA (2007) Differential challenge stressor-hindrance stressor relationships with job attitudes, turnover intentions, turnover, and withdrawal behavior: a meta-analysis. J Appl Psychol 92(2):438–454. doi:10.1037/0021-9010.92.2.438

Prümper J, Hartmannsgruber K, Frese M (1995) KFZA. Kurz-Fragebogen zur Arbeitsanalyse. Z Arbeits Organ 39(3):125–132

Schmitt A, Ohly S, Kleespies N (2015) Time pressure promotes work engagement; test of illegitimate tasks as boundary condition. J Pers Psychol 14(1):28–36

Searle BJ, Auton JC (2015) The merits of measuring challenge and hindrance appraisals. Anxiety Stress Coping 28(2):121–143. doi:10.1080/10615806.2014.931378

Siegrist J (1996) Adverse health effects of high-effort/low-reward conditions. J Occup Health Psychol 1(1):27–41. doi:10.1037/1076-8998.1.1.27

Siegrist J, Wege N, Pühlhofer F, Wahrendorf M (2009) A short generic measure of work stress in the era of globalization: effort-reward imbalance. Int Arch Occup Envir Health 82(8):1005–1013. doi:10.1007/s00420-008-0384-3

Webster JR, Beehr TA, Love K (2011) Extending the challenge-hindrance model of occupational stress: the role of appraisal. J Vocat Behav 79(2):505–516. doi:10.1016/j.jvb.2011.02.001

Weyer G, Hodapp V, Neuhauser S (1980) Weiterentwicklung von Fragebogenskalen zur Erfassung der subjektiven Belastung und Unzufriedenheit im beruflichen Bereich (SBUS-B). Psychol Beitr 22(2):335–355

Widmer PS, Semmer NK, Kälin W, Jacobshagen N, Meier LL (2012) The ambivalence of challenge stressors: time pressure associated with both negative and positive well-being. J Vocat Behav 80(2):422–433. doi:10.1016/j.jvb.2011.09.006

Über den Autor

PD. Dr. Joachim Gerich ist Soziologe und assoziierter Professor am Institut für Soziologie, Abteilung für Empirische Sozialforschung an der Johannes Kepler Universität Linz. Seine Arbeitsschwerpunkte umfassen die Gesundheitsforschung und die sozialwissenschaftliche Methodenforschung.

Vernetzung zur Förderung der psychischen Gesundheit in der Schweiz am Beispiel des Netzwerks Psychische Gesundheit Schweiz

10

Annette Hitz und Maggie Graf

Zusammenfassung

In der Schweiz widmet sich seit 2011 unter anderem das Netzwerk Psychische Gesundheit Schweiz (NPG) dem Themenfeld psychische Gesundheit, basierend auf einem Zusammenarbeitsvertrag zwischen den Trägerorganisationen (Bundesamt für Gesundheit, Gesundheitsdirektorenkonferenz der Kantone, Gesundheitsförderung Schweiz, Staatssekretariat für Wirtschaft, Bundesamt für Sozialversicherungen). Das Netzwerk versteht sich als multisektorale nationale Initiative zur Förderung der psychischen Gesundheit und Verminderung psychischer Erkrankungen. Es ist ein Zusammenschluss von Organisationen, Institutionen und Unternehmen, die sich für die psychische Gesundheit engagieren.

Inhaltsverzeichnis

A. Hitz (✉)
Netzwerk Psychische Gesundheit Schweiz, c/o Gesundheitsförderung Schweiz,
Bern, Schweiz
E-Mail: annette.hitz@npg-rsp.ch

M. Graf
Grundlagen Arbeit und Gesundheit Staatssekretariat für Wirtschaft SECO,
Bern, Schweiz
E-Mail: maggie.graf@seco.admin.ch

© Springer Fachmedien Wiesbaden 2016   151
M.A. Pfannstiel und H. Mehlich (Hrsg.), *Betriebliches Gesundheitsmanagement*,
DOI 10.1007/978-3-658-11581-4_10

10.1   Einleitung

Das Netzwerk Psychische Gesundheit Schweiz (NPG) ist ein Zusammenschluss von Organisationen, Institutionen und Unternehmen, die sich für die psychische Gesundheit der Schweizer Bevölkerung engagieren.

In der Schweiz wird Gesundheitsförderung und Prävention nicht auf nationaler Ebene koordiniert, da es dafür keine bundesgesetzliche Grundlage gibt. Ende 2012 scheiterte die Vorlage für ein Bundesgesetz über Prävention und Gesundheitsförderung im Ständerat an der sogenannten Schuldenbremse. Zeitlich parallel dazu hatten die Schweizerische Konferenz der kantonalen Gesundheitsdirektorinnen und -direktoren (GDK 2016) in Zusammenarbeit mit dem Bundesamt für Gesundheit (BAG) und mit finanzieller Unterstützung der Stiftung Gesundheitsförderung Schweiz ein „Konzept zur Stärkung der Gesundheitsförderung im Rahmen eines Netzwerks Psychische Gesundheit" (Schibli et al. 2010) erarbeitet. 2011 wurde daraufhin das Netzwerk Psychische Gesundheit Schweiz gegründet, das von der GDK, dem Bund (BAG, SECO, BSV) und der Stiftung Gesundheitsförderung Schweiz getragen wird. Mittels des NPG soll die Vernetzung, der Wissensaustausch und das Schnittstellenmanagement zwischen möglichst vielen Akteuren und Maßnahmen in den Bereichen Psychische Gesundheit und Gesundheitsförderung verbessert werden.

10.1.1   Zielsetzung und Gliederung

Dieser Artikel gibt einen Überblick über die Vernetzungsaktivitäten des Netzwerks Psychische Gesundheit Schweiz. Es wird dabei als Beispiel die Vernetzung der NPG-Organe angeführt und die Förderung der psychischen Gesundheit am Arbeitsplatz durch Vernetzung beschrieben. Der Leitgedanke dazu lautet: Vernetzung zur Förderung der psychischen Gesundheit am Beispiel des Netzwerks Psychische Gesundheit Schweiz.

Der Artikel gliedert sich folgendermaßen: Das vorliegende Kapitel „Einleitung" beschreibt die Ausgangslage in der Schweiz und die Zielsetzung dieses Artikels. Im Kapitel „Das Netzwerk Psychische Gesundheit Schweiz" wird das NPG mit seinem Auftrag und dessen Organe behandelt. Das Kapitel „Vernetzungsarbeit" beschreibt die Vernetzung der Organe des Netzwerks Psychische Gesundheit Schweiz. Das Kapitel „Das NPG und psychische Gesundheit am Arbeitsplatz" befasst sich mit den Aktivitäten des Netzwerks Psychische Gesundheit Schweiz zur Förderung der psychischen Gesundheit am Arbeitsplatz. Das letzte Kapitel beinhaltet die Diskussion und den Ausblick.

10.1.2　Ausgangslage: Psychische Gesundheit in der Schweiz

Gemäß des dritten Monitoringberichts des Schweizerischen Gesundheitsobservatoriums (Obsan) leiden knapp 17 % der Schweizer Bevölkerung an einer oder mehreren psychischen Erkrankungen, die von Angststörungen und Essstörungen bis hin zu Depressionen und anderen schweren Krankheiten reichen können (Schuler und Burla 2012). Psychische Krankheiten gehören zu den häufigsten und den einschränkendsten Krankheiten überhaupt. Die Beeinträchtigungen wirken sich auf alle Lebensbereiche der Betroffenen aus. Außerdem verursachen psychische Krankheiten hohe volkswirtschaftliche Kosten. Somit stellen psychische Erkrankungen eine große gesundheitspolitische wie auch gesamtvolkswirtschaftliche Herausforderung dar, die eine intensive Zusammenarbeit aller Akteure verlangt.

Der Bericht Psychische Gesundheit in der Schweiz (Bürli et al. 2015) beschreibt, dass sich der Bundesrat in seiner Strategie „Gesundheit 2020" angesichts der Zunahme chronischer, nichtübertragbarer Krankheiten für eine verbesserte Koordination und Stärkung der verschiedenen Aktivitäten in den Bereichen Gesundheitsförderung, Prävention und Früherkennung ausgesprochen hat. Gemäß Bürli et al. (2015), sollte man, um die psychische Gesundheit zu verbessern, verschiedene Bevölkerungsgruppen in unterschiedlicher Weise mit Maßnahmen und Programmen erreichen. Besonders zu beachten sind dabei Lebensphasen und ihre Übergänge und kritische Lebensereignisse (z. B. Tod oder längere Arbeitslosigkeit).

Volkswirtschaftliche Kosten

Psychische Erkrankungen verursachen hohe volkswirtschaftliche Kosten, man geht in der Schweiz von über 12 Mrd. Franken jährlich aus (Jäger und Rössler 2008). In den EU-Ländern belaufen sich die gesellschaftlichen Kosten von psychischen Störungen Schätzungen zufolge auf durchschnittlich 3–4 % des Bruttoinlandprodukts (WHO 2003). Wendet man den 4 %-Ansatz auf die Schweiz an, hätten die psychischen Krankheiten im Jahre 2010 Folgekosten von insgesamt über 22 Mrd. CHF zur Folge gehabt (Schuler und Burla 2012). Wittchen und Jacobi (2005 zit. nach Bürli et al. 2015, S. 21) unterteilen diese in direkte Kosten für ambulante und stationäre Behandlung, direkte nicht-medizinische Kosten (z. B. Transportkosten) sowie indirekte Kosten, die unter anderem durch Produktivitätseinbußen oder Arbeitsabsenzen anfallen.

10.1.3 Ausgangslage: Akteure im Thema psychische Gesundheit in der Schweiz

Der Bericht Psychische Gesundheit in der Schweiz (Bürli et al. 2015) legt detailliert dar, welcher Akteur in der Schweiz welche Aufgaben im Feld der psychischen Gesundheit wahrnimmt. Nachfolgend die Beschreibung.

Der Bund

In der Schweiz fehlen auf Bundesebene die spezial-gesetzlichen Grundlagen für die Prävention und Früherkennung psychischer Krankheiten. Implizit ist das Thema Psychische Gesundheit jedoch – im Einklang mit der WHO-Definition des Begriffs Gesundheit – in allen rechtlichen Erlassen, in denen von Gesundheit die Rede ist, eingeschlossen.

Aus diesem Grund kann der Bund in jenen Bereichen mit Bezug zur Gesundheit, in denen er einen Auftrag hat, beispielsweise Arbeitsrecht, Sozialversicherungen, Statistik und Information der Bevölkerung, auch im Bereich Psychische Gesundheit tätig sein.

Der Bund hat folgende Aufgaben inne (Bürli et al. 2015, S. 28):

Das Bundesamt für Statistik (BFS) trägt zur Datenlage im Bereich Psychische Gesundheit, psychische Krankheiten und Suizid bei.

Das Bundesamt für Sozialversicherungen (BSV) befasst sich im Kontext der IV mit der Eingliederung von Personen, die aufgrund von körperlichen oder psychischen Erkrankungen von Invalidität bedroht oder betroffen sind. Zudem kann der Bund gestützt auf das Gesetz über die Förderung der außerschulischen Kinder- und Jugendarbeit (Kinder und Jugendförderungsgesetz KJFG) Finanzhilfen gewähren. Eines der Ziele des Gesetzes ist die Förderung des geistigen Wohlbefindens der Kinder und Jugendlichen. Des Weiteren setzt das BSV gemeinsam mit Partnern Jugendschutzprogramme im Bereich der Gewaltprävention sowie im Jugendmedienschutz um.

Das Bundesamt für Gesundheit (BAG) ist im Rahmen des Vollzugs des Kranken- und Unfallversicherungsgesetzes im Bereich der Bezeichnung der von der obligatorischen Krankenpflegeversicherung vergüteten Leistungen bei psychischen Erkrankungen tätig.

Das Staatssekretariat für Wirtschaft (SECO) befasst sich sowohl mit psychischen Überbelastungen im Kontext des Arbeitnehmerschutzes sowie der Integration chronisch kranker Personen in der Beschäftigungspolitik. Zudem spielen die kantonalen Behörden, z. B. die Arbeitsinspektorate und die Arbeitsvermittlungsstellen, eine direkte Rolle.

Kantone und Gemeinden

Hinsichtlich der Aktivitäten im Bereich Psychische Gesundheit beschreibt der Bericht Psychische Gesundheit Schweiz (Bürli et al. 2015), dass in den letzten Jahren fast alle

Kantone unter Einbezug von Gemeinden Präventionsaktivitäten entwickelt haben. Die Rolle der Gemeinden wird speziell hervorgehoben, da diese über ihre Strukturen (u. a. Schulen, Heime, Väter- und Mütterberatungsstellen) und Verantwortungsbereiche (u. a. im Sozialwesen) den Zugang zu Zielgruppen ermöglichen.

Die Autorinnen des Berichts (Bürli et al. 2015) zeigen auf, dass die Kantone zwar auf breiter Ebene aktiv sind, der Umfang und Fokus der Programme und Aktivitäten sich in jedem Kanton unterscheiden. Einige Kantone setzten thematische Schwerpunkte (z. B. auf bestimmte Zielgruppen oder Lebensbereiche), andere Kantone behandeln alle Facetten der psychischen Gesundheit inklusive der Behandlung und der Reintegration ins Erwerbsleben.

Nichtregierungsorganisationen und Fachverbände
Zahlreiche Nichtregierungsorganisationen (NGOs) und Fachverbände engagieren sich im Bereich Psychische Gesundheit. Gemäß Bürli et al. (2015), sind die Aktivitäten der NGOs und Fachverbände divers. Diese Gruppierungen setzen aufgrund ihrer Erfahrung und Fähigkeiten, Projekte und Programme um und leisten damit einen wesentlichen Beitrag zur Verbesserung der psychischen Gesundheit bzw. ihrer gesellschaftlichen Rahmenbedingungen. Gemeinsam ist, dass sie sich für die Anliegen von psychisch erkrankten Menschen und/oder für Angehörige und Fachpersonen einsetzen sowie gegen Vorurteile und Benachteiligungen kämpfen. Für Betroffene und Angehörige werden z. B. kostenlose telefonische Beratungen bei psychischen oder rechtlichen Problemen angeboten oder Entlastungsdienste und Selbsthilfegruppen organisiert. Für Fachpersonen werden Weiterbildungen durchgeführt und Austauschmöglichkeiten geschaffen.

10.1.4 Ausgangslage: Psychische Gesundheit am Arbeitsplatz

Das Thema psychische Gesundheit am Arbeitsplatz wird im Bericht Psychische Gesundheit in der Schweiz (Bürli et al. 2015) umfangreich behandelt.

Die Autorinnen (Bürli et al. 2015) stellen fest, dass Arbeit sowohl für die Stärkung der psychischen Gesundheit als auch bei der Entstehung psychischer Erkrankungen eine große Rolle spielt. Es wird beschrieben, dass Erwerbsarbeit nicht nur existenzsichernd, sondern auch für die persönliche Entwicklung, für die Identitätsbildung und die soziale Integration von Bedeutung ist. Arbeit und die damit verbundenen Aspekte wie Wertschätzung und Anerkennung haben im Erwachsenenalter einen hohen Stellenwert für die psychische Gesundheit. Unpassende Arbeitsbedingungen sowie Arbeitslosigkeit äußern sich oft mit einer Verschlechterung der (psychischen) Gesundheit. Ungünstige Arbeitsbedingungen können sowohl einen Einfluss auf die körperliche Gesundheit haben als auch psychische Probleme und Erkrankungen (mit-)auslösen. Der Bericht Psychische Gesundheit in der Schweiz (Bürli et al. 2015) erwähnt, damit Mitarbeitende gesund bleiben und gute Arbeit leisten können, die Arbeit nach gesundheitsschützenden Kriterien gestaltet sein sollte.

Weiter beschreiben die Autorinnen (Bürli et al. 2015) in ihrem Bericht, dass das Schweizerische Arbeitsgesetz (ArG, SR 822.11) zum Ziel hat, Arbeitnehmerinnen und Arbeitnehmer vor denjenigen Arbeitsbedingungen zu schützen, die gesundheitliche Beeinträchtigungen nach sich ziehen. Das beinhaltet Vorschriften über den allgemeinen Gesundheitsschutz sowie die Arbeits- und Ruhezeiten. In den Wegleitungen zu den Verordnungen des Arbeitsgesetzes wird vermerkt, dass die Arbeitnehmer und Arbeitnehmerinnen aus gesundheitlichen Gründen vor überlangen oder auf andere Weise beschwerlichen Arbeitszeiten geschützt werden sollen. Die Verordnung 3 zum Arbeitsgesetz spezifiziert die Pflichten der Arbeitgebenden in Bezug auf den allgemeinen Gesundheitsschutz: Die Arbeitgebenden müssen alle Maßnahmen treffen, die nötig sind, um den Gesundheitsschutz zu wahren und zu verbessern und die physische und psychische Gesundheit der Arbeitnehmenden zu gewährleisten (Art. 2 Grundsatz). Weiter wird ausgeführt, dass die Arbeit geeignet organisiert und die Integrität der Arbeitnehmenden gewahrt sein muss. Die Kontrolle über die Umsetzung dieser Bestimmungen obliegt den kantonalen Arbeitsinspektoraten. Die aktuelle Bedeutung der psychischen Gesundheit für die Arbeit belegt auch der Umstand, dass der Schwerpunkt in der Arbeitsinspektion für die Jahre 2014 bis 2018 auf psychosoziale Risiken bei der Arbeit gelegt wurde. Das Ziel dabei ist, die Betriebe für ihre Präventionspflichten zu sensibilisieren. Die Federführung und die Evaluation liegen beim Staatssekretariat für Wirtschaft (SECO).

Der Bericht Psychische Gesundheit in der Schweiz (Bürli et al. 2015) erläutert, dass es heute schon zahlreiche Betriebe gibt, die sich aktiv mit der Förderung der Gesundheit der Mitarbeitenden auseinandersetzen. Studien belegen, dass diese Aktivitäten wirtschaftliche Vorteile (Produktivitätserhöhung) bringen. Insbesondere in Bezug auf die Förderung der psychischen Gesundheit sollen die Mitarbeitenden nach Möglichkeit interessante und abwechslungsreiche Aufgaben haben, sie sollten Einfluss nehmen können und am Arbeitsplatz soziale Unterstützung (z. B. Wertschätzung) erfahren. Maßnahmen, die diese Faktoren im Betrieb absichern, sollen Absenzen reduzieren und die Bindung der Beschäftigten begünstigen. Diese Ziele werden unter anderem im betrieblichen Gesundheitsmanagement behandelt.

Invalidität und psychische Erkrankungen

Bürli et al. (2015) führen weiter aus, dass psychische Erkrankungen, wenn sie zu spät erkannt und nicht adäquat behandelt werden, zu Invalidität führen können. Rund 43 % der IV-Berentungen erfolgen aus psychischen Gründen und stellen somit die häufigste Invaliditätsursache dar. In der Schweiz leidet ca. jeder dritte Bezüger und jede dritte Bezügerin von Invalidenrenten, Arbeitslosenentschädigung oder Sozialhilfe unter einer psychischen Erkrankung. Bei psychisch Erkrankten ist die Arbeitslosenquote zudem mehr als doppelt so hoch wie bei nicht psychisch beeinträchtigten Personen. Psychische Probleme stellen demnach in der Erwerbsbevölkerung eine große Herausforderung dar und die Belastung für das Sozial- und Gesundheitssystem ist ebenfalls beträchtlich.

Baer et al. (2011, zit. nach Bürli et al. 2015, S. 25) beschreiben in ihrem Forschungsbericht, dass, um eine vorzeitige Berentung zu verhindern, besonders bei psychischen

Erkrankungen, die Früherkennung zur Vermeidung von Chronifizierungen und allfälligem Arbeitsplatzverlust essenziell ist. Es ist zudem wichtig, die Betroffenen zu unterstützen und Eingliederungsmaßnahmen anzubieten. Die Reintegration in den Arbeitsprozess sowie der Erhalt und die Förderung der psychischen Gesundheit sind für den Einzelnen, für die Arbeitswelt und für die Volkswirtschaft zentral.

Zuständigkeiten
Die Zuständigkeiten der Akteure im Bereich psychische Gesundheit in der Arbeitswelt werden im Bericht Psychische Gesundheit in der Schweiz (Bürli et al. 2015) detailliert erläutert. So wurden beispielsweise in Ergänzung zu den im Arbeitsgesetz (ArG, SR 822.11) vorgeschriebenen Maßnahmen in den vergangenen Jahren verschiedene Maßnahmen im Bereich des Gesundheitsmanagements und der betrieblichen Gesundheitsförderung entwickelt und umgesetzt. Das Staatssekretariat für Wirtschaft (SECO) hat im Bereich der Betrieblichen Gesundheitsförderung einige Impulse gegeben, um die Aufsicht über den Vollzug des Arbeitsgesetzes zu ergänzen. Das Ziel war dabei, den Vollzug im Bereich der psychischen Gesundheitsrisiken durch Sensibilisierungsaktivitäten zu unterstützen. Die Stiftung Gesundheitsförderung Schweiz hat in den letzten Jahren in der Förderung der betrieblichen Gesundheitsförderung eine federführende Rolle übernommen. Auch die Schweizerische Unfallversicherungsanstalt (Suva) hat eine Beratung zur betrieblichen Gesundheitsförderung aufgebaut, dies im Rahmen ihrer Kundenbetreuungsangebote.

Bürli et al. (2015) skizzieren, dass die berufliche Eingliederung von Personen mit psychischen Erkrankungen eine Querschnittaufgabe ist, die das Gesundheitssystem, das Bildungssystem, das Sozialversicherungssystem und das Arbeitssystem angeht. Bei der Früherkennung und Eingliederung kommt jedoch der IV eine spezielle Rolle zu: Die im Jahr 2008 in Kraft getretene 5. IV-Revision brachte denn auch eine Verstärkung der Eingliederungsorientierung der IV mit sich. Es wurden nicht nur neue Eingliederungsmaßnahmen eingeführt, sondern neu war auch, dass die Eingliederung bei einer frühen Erfassung ansetzt und auf rasche niederschwellige Interventionen ausgerichtet ist. Früherfassung und Frühintervention haben auch einen präventiven Charakter, dienen sie doch dazu, dass Personen mit ersten Anzeichen einer möglichen Invalidität rasch erfasst werden und den Betroffenen mit Hilfe von geeigneten Interventionsmaßnahmen einen Verbleib im Arbeitsprozess bzw. eine rasche Wiedereingliederung ermöglicht wird. Dabei werden sekundäre Gesundheitsschäden so weit wie möglich vermieden, die durch die Arbeitslosigkeit selber verursacht sind.

10.2 Das Netzwerk Psychische Gesundheit Schweiz

In diesem Kapitel wird der Auftrag des Netzwerks Psychische Gesundheit Schweiz und dessen Organe behandelt.

10.2.1 Der Auftrag

Das Netzwerk Psychische Gesundheit Schweiz dient der Vernetzung von Akteuren und Maßnahmen im Bereich Förderung der psychischen Gesundheit und Verminderung von psychischen Erkrankungen. Es ist eine Nonprofit-Organisation ohne eigene Rechtskörperschaft. Grundlage bildet ein Zusammenarbeitsvertrag zwischen den Trägerorganisationen. Dem Vertrag zugrunde liegen das Konzept zur Stärkung der Gesundheitsförderung im Rahmen eines Netzwerks Psychische Gesundheit (Schibli et al. 2010) und der Strategieentwurf zum Schutz, zur Förderung, Erhaltung und Wiederherstellung der psychischen Gesundheit der Bevölkerung in der Schweiz (Rička et al. 2004). Ein Basisdokument regelt das Verhältnis zu den Mitgliedorganisationen. Das Netzwerk versteht sich als multisektorale nationale Initiative. Es ist politisch und konfessionell neutral und bezieht alle Berufsgruppen sowie Landesteile ein.

Das Netzwerk Psychische Gesundheit Schweiz leistet einen Beitrag zur Verbesserung der psychischen Gesundheit der Schweizer Bevölkerung. Möglichst viele Akteure sollen in diesem Netzwerk mitarbeiten. Das NPG ist langfristig angelegt und soll die Wirksamkeit der ergriffenen Maßnahmen erhöhen. Dies soll zu einem Mehrwert führen, der sowohl der Gesamtbevölkerung wie auch besonders gefährdeten Personengruppen zugutekommt. Das NPG bietet dafür eine Plattform für Akteure und ihre Maßnahmen im Bereich der psychischen Gesundheit, insbesondere ihrer Förderung sowie der Prävention psychischer Erkrankungen. Es macht so Synergiemöglichkeiten unter den Akteuren und ihren Maßnahmen sicht- und nutzbar. Die Akteure werden damit gestärkt und die Wirksamkeit und Effizienz ihrer Maßnahmen erhöht.

10.2.2 Die Organe

Die Organe des Netzwerks Psychische Gesundheit Schweiz bilden der Steuerungsausschuss der Trägerschaft, die Koordinationsstelle sowie die Expertengruppe (siehe Abb. 10.1).

Abb. 10.1 Die Organe des Netzwerks Psychische Gesundheit Schweiz

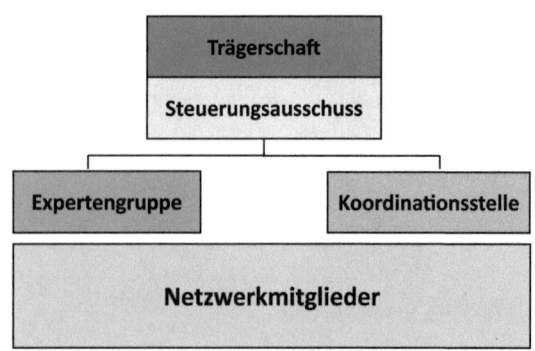

Der Steuerungsausschuss der Trägerschaft
Der Steuerungsausschuss der Trägerschaft ist das strategische Führungsgremium des NPGs. Er verabschiedet das Pflichtenheft für die Koordinationsstelle und die strategischen Themenschwerpunkte für den Leistungsauftrag der Koordinationsstelle für die jeweilige Vertragsperiode.

Die Trägerschaft des Netzwerks Psychische Gesundheit Schweiz besteht aus den nachfolgend skizzierten fünf Institutionen:

Bundesamt für Gesundheit (BAG)
Das Bundesamt für Gesundheit ist Teil des Eidgenössischen Departements des Innern. Es ist – zusammen mit den Kantonen – verantwortlich für die Gesundheit der Schweizer Bevölkerung und für die Entwicklung der nationalen Gesundheitspolitik. Zudem vertritt das BAG als nationale Behörde die Schweiz in Gesundheitsbelangen in internationalen Organisationen und gegenüber anderen Staaten (Website BAG).

Schweizerische Konferenz der kantonalen Gesundheitsdirektorinnen und -direktoren (GDK)
In der GDK sind die für das Gesundheitswesen zuständigen Regierungsmitglieder der Kantone in einem politischen Koordinationsorgan vereinigt. Zweck der Konferenz ist es, die Zusammenarbeit der 26 Kantone sowie zwischen diesen, dem Bund und mit wichtigen Organisationen des Gesundheitswesens zu fördern. Rechtlich und finanziell werden die Konferenz und ihr Zentralsekretariat durch die Kantone getragen (Website GDK).

Gesundheitsförderung Schweiz
Gesundheitsförderung Schweiz ist eine privatrechtliche Stiftung, die von Kantonen und Versicherern getragen wird. Mit gesetzlichem Auftrag initiiert, koordiniert und evaluiert sie Maßnahmen zur Förderung der Gesundheit (Krankenversicherungsgesetz, Art. 19). und zur Verhütung von Krankheiten. Das langfristige Ziel ist eine gesündere Schweiz (Website Gesundheitsförderung Schweiz).

Bundesamt für Sozialversicherungen (BSV)
Das BSV sorgt in seinem Zuständigkeitsbereich – AHV, Invalidenversicherung, Ergänzungsleistungen, berufliche Vorsorge (Pensionskassen), Erwerbsersatzordnung für Dienst Leistende und bei Mutterschaft sowie Familienzulagen – dafür, dass das Sozialversicherungsnetz gepflegt und den immer neuen Herausforderungen angepasst wird. Zudem ist es auf Bundesebene für die Themenfelder Familie, Kinder, Jugend und Alter, Generationenbeziehungen sowie für allgemeine sozialpolitische Fragen zuständig (Website BSV).

Staatssekretariat für Wirtschaft SECO
Das SECO ist das Kompetenzzentrum des Bundes für alle Kernfragen der Wirtschaftspolitik. Sein Ziel ist es, für ein nachhaltiges Wirtschaftswachstum zu sorgen. Dafür schafft

es die nötigen ordnungs- und wirtschaftspolitischen Rahmenbedingungen. Ein wichtiges Element dazu ist ein funktionierender und effizienter Arbeitsmarkt. Das Absichern von Arbeitsbedingungen, die die Gesundheit der Arbeitenden nicht beeinträchtigen, ist dabei eine Kernaufgabe. Die Verwaltung der Arbeitslosenentschädigungen und die Förderung der Beteiligung am Arbeitsmarkt gehören ebenfalls zu den Aufgaben des SECO. Das SECO ist deswegen daran interessiert, die Arbeitsintegration psychisch beeinträchtigter Personen zu unterstützen und abzusichern, damit die Arbeit nicht eine Quelle von psychischen Schäden wird (Website SECO).

Die Koordinationsstelle

Die Koordinationsstelle ist das operative Organ des Netzwerks. Ihre Aufgabe besteht im Aufbau einer nationalen Anlaufstelle für Fragen zu regionalen Programmen zur Förderung der psychischen Gesundheit und der Früherkennung von Depression und Suizidalität.

Die Expertengruppe

Die Expertengruppe gewährleistet die fachliche Verankerung des Netzwerks in Wissenschaft und Praxis. Sie steht dem Steuerungsausschuss und der Leitung der Koordinationsstelle bei Bedarf beratend zur Seite. In der Expertengruppe sind wesentliche Akteure im des Bereichs psychische Gesundheit vertreten, beispielsweise aus Bildungsinstitutionen, Verbänden und NGOs.

Die Netzwerkmitglieder

Entsprechend dem gewählten multisektoralen Zugang zur psychischen Gesundheit ist das Feld zum Netzwerk eingeladener Akteure weit gesteckt. Angesprochen sind öffentliche und private Organisationen in allen Lebensbereichen, die sich für die psychische Gesundheit oder Verminderung psychischer Erkrankungen auf Verhältnis- oder Verhaltensebene engagieren:

- öffentliche (nationale, kantonale, kommunale, regionale) Stellen für psychische Gesundheit/Gesundheitsförderung/Prävention
- Bündnisse gegen Depression
- öffentliche Stellen und Netzwerke für Suizidprävention
- öffentliche und private Dienstleistungsanbieter im Bereich Förderung psychischer Gesundheit/Primärprävention psychischer Erkrankungen
- psychologisch-psychiatrische Versorgung
- Rehabilitationsinstitutionen/-organisationen
- Grundversorger/Hausärzte/-ärztinnen
- Fachorganisationen
- Berufsorganisationen
- Betroffenenorganisationen
- Forschungs- und Bildungsinstitutionen zu psychischer Gesundheit/Krankheit

10.3   Vernetzungsarbeit

Das Kapitel „Vernetzungsarbeit" befasst sich mit der Vernetzung des Netzwerks Psychische Gesundheit Schweiz. Dazu wird die Vernetzung innerhalb der drei Organe des NPGs – dem Steuerungsausschuss der Trägerschaft, der Expertengruppe und der Netzwerkmitglieder – beschrieben.

10.3.1 Vernetzung des Steuerungsausschusses

Wer
Die fünf Trägerorganisationen des NPG bilden den Steuerungsausschuss: Das Bundesamt für Gesundheit (BAG), das Bundesamt für Sozialversicherungen (BSV), das Staatssekretariat für Wirtschaft (SECO), die Gesundheitsdirektorenkonferenz der Kantone und die Stiftung Gesundheitsförderung Schweiz. Außer vom BAG, das zwei Personen stellt, sitzt pro Trägerorganisation eine Vertreterin im Steuerungsausschuss ein.

Wie
Der Steuerungsausschuss trifft sich 3–4-mal pro Jahr für eine reguläre Sitzung plus einmal pro Jahr für eine Retraite. An diesen Sitzungen werden die Weichen für die Aktivitäten des NPGs gestellt und die Finanzierung abgesichert.

Erfolgsfaktoren
Ein wichtiger Erfolgsfaktor für die Umsetzung des Netzwerks Psychische Gesundheit Schweiz ist die Bekanntheit und das Ansehen der NPG-Trägerorganisationen: Die oben genannten fünf Organisationen bzw. Verwaltungseinheiten verschaffen dem Netzwerk Psychische Gesundheit Schweiz eine große Glaubwürdigkeit, was Interesse weckt und Türen öffnet. Auch die Trägerorganisationen profitieren von ihrem zeitlichen und finanziellen Engagement ins NPG, denn sie werden in der Öffentlichkeit als Förderer der psychischen Gesundheit wahrgenommen, quasi als Botschafterinnen für die psychische Gesundheit. Gleichzeitig wird mit diesem Engagement ihre Rolle und ihr Selbstverständnis im Rahmen der Förderung der psychischen Gesundheit in der Schweiz bestätigt. Zusätzlich erfahren die NPG-Trägerorganisationen selbst eine Sensibilisierung auf das Thema psychische Gesundheit. Sie haben so die Gelegenheit, Synergien zu nutzen und die Wirkung ihrer eigenen Aktivitäten auszubreiten.

Ein anderer Erfolgsfaktor bei der Gründung und Umsetzung der Idee des Netzwerks Psychische Gesundheit Schweiz waren Offenheit, Herzblut und ein mittel- bis langfristiger Zeithorizont der Gründerorganisationen.

Ein weiterer Erfolgsfaktor im Steuerungsausschuss des Netzwerks Psychische Gesundheit Schweiz ist die offene, respektvolle und grundsätzlich kooperative Kultur der Zusammenarbeit zwischen den Trägerorganisationen: Sie ziehen alle am gleichen Strang und setzen sich im Rahmen des NPG und innerhalb ihrer Organisationen für die Förderung der psychische Gesundheit ein. Das ist wichtig. Denn für den Erfolg reicht es nicht, wenn man in seinem Strategiegremium Vertreterinnen und Vertreter angesagter Institutionen vertreten hat, die dort einfach ihren Job machen. Das Herzblut für die Sache und Kommunikationsbereitschaft innerhalb der Trägerschaft ist zentral, dass das NPG nachhaltig und breit abgestützt erfolgreich wirken kann. Nur so kann das Image der psychischen Gesundheit in der Öffentlichkeit glaubwürdig vom Tabu zur Akzeptanz verändert werden.

Fazit

Der Austausch auf fachlicher Ebene und gemeinsame Meinungsbildungsprozesse fördern die interdepartementelle Zusammenarbeit. Es zeigt sich in diesem Gremium, dass behördliche Plattformen für einen regelmäßigen Informationsaustausch gewinnbringend für alle sind und die Kommunikation unter den einzelnen Organisationen vereinfacht. Aufgrund mehrjähriger Zusammenarbeit der (wenig wechselnden) Organisationsvertreterinnen im Steuerungsausschuss wurde ein Vertrauensverhältnis aufgebaut, das sich in den Sitzungen in einem offenen und respektvollen Informationsaustausch äußert. Dies resultiert in einer interessierten Offenheit und vereinfacht Gespräche, auch in anderen Themen, außerhalb des Steuerungsausschusses.

10.3.2 Vernetzung der Expertengruppe

Wer

Die aktuell 17 Mitglieder der NPG-Expertengruppe setzen sich aus Organisationen zusammen, die beispielsweise folgende Bereiche vertreten: Betroffene, Gesundheitsschutz am Arbeitsplatz, Suizidprävention, Suchtprävention, Grundversorger, Wissenschaft, Bildung und Privatversicherung.

Wie

Die Mitglieder der Expertengruppe treffen sich rund 2-mal pro Jahr zu einer von der Koordinationsstelle einberufenen und geleiteten Sitzung und besprechen dort fachliche Grundsatzfragen. Die Expertengruppe wird auch in nationale Prozesse eingebunden, etwa die Erarbeitung des Aktionsplanes Suizidprävention oder den Bericht Psychische Gesundheit in der Schweiz.

Erfolgsfaktoren

Die fachlich und organisational heterogen zusammengesetzte Expertengruppe bietet dem Netzwerk Psychische Gesundheit Schweiz die Chance, ein breites Fachwissen zu nutzen und sich über die Expertengruppenmitglieder direkt mit themenähnlichen Fachgebieten zu vernetzen. Dies ist sicherlich ein großer Erfolgsfaktor.

Ein weiterer Erfolgsfaktor im Zusammenhang mit der Expertengruppe ist die Nutzung von Synergien zwischen der Expertengruppe und dem Steuerungsausschuss der Trägerorganisationen. Die Expertengruppe als Think Tank für die Trägerorganisationen zu nutzen, hat sich als befruchtendes Engagement für beide Seiten erwiesen: Die Trägerorganisationen profitieren vom Fachwissen und der Vernetzung der Mitglieder der Expertengruppe. Zudem können die Trägerorganisationen die in der Expertengruppe vertretene Fachperson direkt ansprechen. Handkehrum bietet sich den in der Expertengruppe vertretenen Organisationen die Möglichkeit, an strategisch zentralen Projekten zur Weiterentwicklung der psychischen Gesundheit in der Schweiz direkten Einfluss zu nehmen.

Ein ganz wesentlicher Erfolgsfaktor ist die Bereitschaft und das Interesse der Mitglieder der Expertengruppe, sich in Sitzungsvorbereitungen und an Sitzungen im NPG einzubringen und dessen Themen und Anliegen mitzudiskutieren und kritisch zu reflektieren.

Fazit

Die Expertengruppe eignet sich aufgrund Anzahl Mitglieder und der vertretenen Organisationen als Soundingboard, zum Brainstorming und zur Validierung von strategischen Überlegungen. Gleichzeitig führt die Gruppengröße kombiniert mit den wenigen Kontaktpunkten dazu, dass die Expertengruppe eine eher lose Gruppierung ist. Die punktuelle Einbindung der Expertengruppe in praxisbezogene Projekte der Trägerorganisationen hat sich als beidseitig befruchtend erwiesen.

10.3.3 Vernetzung der Netzwerkmitglieder

Wer

Per Ende Februar 2016 sind im Netzwerk Psychische Gesundheit Schweiz knapp 180 Organisationen Mitglied: davon sind 64 nationale Fachverbände, 51 kantonale Einheiten, 5 städtische Organisationen, 8 Institutionen aus Bildung und Forschung, 15 Großunternehmen und KMU sowie 34 Kleinunternehmen.

Wie

Das NPG hat den Auftrag, möglichst viele Akteure im Bereich der Förderung, Erhaltung oder Wiederherstellung der psychischen Gesundheit in der Schweiz miteinander zu vernetzen. Umgesetzt wird dies mit:

- Einem jährlich durchgeführten Netzwerktreffen mit bisher 150 bis 800 Teilnehmenden
- Der Website www.npg-rsp.ch als zentrale Plattform zum Wissens- und Informationsaustausch
- Einem NPG-Newsletter, der viermal pro Jahr erscheint
- Mitglieder-Infomails nach Bedarf bzw. Aktualitäten, ca. 4–6 pro Jahr
- Regelmäßigen Fachtreffen (30–40 Teilnehmende)
- Bilateralen Austauschtreffen bei Bedarf

Weiter bietet das NPG auf seiner Website zwei eng fokussierte Rubriken „News" und „Agenda". Sie bieten aktuelle Meldungen bzw. Weiter-/Fortbildungsmöglichkeiten im Bereich psychische Gesundheit, insbesondere ihrer Förderung und der Prävention psychischer Erkrankungen, sowie zu Suizidprävention. Ebenfalls wird dort eine Dokumentensammlung zur freien Verfügung gestellt. Diese dichte Sammlung ausgewählter Informationen, Dokumente und nationalen und internationalen Studien zur psychischen Gesundheit wird laufend erweitert.

Erfolgsfaktoren

Ein Erfolgsfaktor des NPG ist die Förderung oder überhaupt Ermöglichung des Erfahrungs- und Wissensaustauschs zwischen Organisationen, die sich sonst nicht treffen oder miteinander austauschen würden. Deshalb sind für uns zentrale Partner Betriebe unterschiedlichster Größe und verschiedenste Organisationen (Kantone und NGOs), die Aktivitäten/Projekte im Bereich der psychischen Gesundheit umsetzen.

Ein weiterer Erfolgsfaktor ist das Erkennen des Nutzens des Informationsaustausches der Akteure sowie das Vertrauen ins NPG als Organisation. Gerade große Betriebe und Institutionen können in einem Austauschtreffen eine Vorbildfunktion übernehmen, indem sie als Pioniere offen über ihre Erfolge und Hürden in ihren Projekten berichten und Vertrauen haben, dass diese offenen Erfahrungsberichte entsprechend behandelt werden.

Die Netzwerktreffen sind der Erfolgsfaktor: Die Netzwerktreffen werden öffentlich entweder allein als separate Fachtagungen oder in Zusammenarbeit mit anderen Organisationen als gemeinsame Kongresse veranstaltet. Im zweiten Fall werden Partner bzw. Fachgemeinschaften gesucht, bei denen eine Sensibilisierung für psychische Gesundheit (in Ergänzung zur somatischen) oder für Gesundheitsförderung und Prävention (in Ergänzung zur Versorgung/Behandlung) wünschenswert ist. Durch diese Netzwerktagung-Partnerschaften wird das Thema Psychische Gesundheit in unterschiedlichsten Settings diskutiert. Die Mitglieder werden durch die gezielt organisierte Vernetzung gestärkt. Die Förderung des Austauschs untereinander zielt darauf ab, die Wirksamkeit und Effizienz ihrer Maßnahmen zu erhöhen.

Ein anderer Erfolgsfaktor ist die Niederschwelligkeit der Angebote des NPGs. Das Profil für potenzielle Mitgliedsorganisationen ist thematisch breit definiert, die Mitgliedschaft ist kostenlos.

Fazit

Das NPG befindet sich immer noch im Aufbau. Je mehr Organisationen Mitglied werden, umso breiter kann die Vernetzung und Sensibilisierung zur psychischen Gesundheit in der Schweiz vorwärts getrieben werden. Jedes Jahr kommen neue Organisationen dazu. Gerade die Partnertagungen haben sich aus Perspektive der Sensibilisierung auf die psychische Gesundheit als passend erwiesen. Hier zeigte sich, dass je nach Größe und Wichtigkeit der anderen Partner das NPG und vor allem seine Mitglieder in der großen

Menge untergingen. Um eine Identität und ein Wir-Gefühl innerhalb des Netzwerks Psychische Gesundheit auszubauen, organisiert das NPG seit 2016 auch Mitgliedertreffen: Eine Plattform von Mitgliedern für Mitglieder, die einzig dem internen Austausch unter den Mitgliedern dient.

10.4   Das NPG und psychische Gesundheit am Arbeitsplatz

Dieses Kapitel befasst sich mit den Aktivitäten des Netzwerks Psychische Gesundheit Schweiz zur Förderung der psychischen Gesundheit am Arbeitsplatz. Dazu wird erst die diesbezügliche Vernetzungsarbeit beschrieben. Im Anschluss wird das Projekt „10 Schritte für psychische Gesundheit" vorgestellt.

10.4.1 Vernetzung zur Förderung der psychischen Gesundheit am Arbeitsplatz

Die Koordinationsstelle des NPG bearbeitet grundsätzlich die ganze Breite des Feldes psychische Gesundheit. Um seine beschränkten Ressourcen effizient einzusetzen, werden zeitlich begrenzte Schwerpunkte definiert, beispielsweise psychische Gesundheit am Arbeitsplatz, Psychische Gesundheit von Kindern und Jugendlichen, Psychische Gesundheit an Übergängen im Lebensverlauf.

Zur Sensibilisierung für die psychische Gesundheit am Arbeitsplatz organisierte das Netzwerk Psychische Gesundheit Schweiz 2015 seine jährliche Netzwerktagung zum Thema „Arbeit und psychische Gesundheit – Herausforderung und Lösungsansätze". Diese 4. Netzwerktagung wurde in Kooperation mit Gesundheitsförderung Schweiz und weiteren Partnern in Zürich durchgeführt. An der Tagung wurden Belastungen und Ressourcen in der Arbeitswelt diskutiert. Die Tagung vermittelte praxisnahes Wissen zur Gestaltung psychischer Gesundheit am Arbeitsplatz sowie im Umgang mit psychisch beeinträchtigten Mitarbeitenden.

Weiter engagierte sich das NPG zusammen mit Gesundheitsförderung Schweiz in der Organisation des Schweizer Teils der zweiten BGM-Dreiländertagung mit dem Thema „Gesunde neue Arbeitswelt? Herausforderungen und Strategien für die Betriebliche Gesundheitsförderung und die psychosoziale Gesundheit", die 2015 in Bregenz stattfand. Die Dreiländertagung bot eine ideale Plattform zum fachlichen Wissens-Austausch, zur gegenseitigen Information über Projekte und zur Vernetzung mit Experten aus Deutschland, Österreich und der Schweiz.

Das Bekanntmachen von und das Lernen aus Projekten ist eine zentrale Aufgabe des NPG: Im Rahmen der regelmäßig stattfindenden Vernetzungstreffen lässt das Netzwerk Psychische Gesundheit Schweiz deshalb Mitglieder des Netzwerks aus großen und mittleren Schweizer Betrieben ihre Good-Practice Projekte und Programme an den Tagungen präsentieren. Ziel dabei ist es nicht nur, andere Betriebe über bestehende Projekte zu informieren und damit zu eigenen Aktivitäten zu motivieren und inspirieren, sondern auch, den Erfahrungsaustausch unter den Teilnehmenden gezielt zu unterstützen.

10.4.2 Vernetzung der Akteure im psychischen Gesundheitsschutz

Das SECO verbindet die kantonalen Arbeitsinspektoren mit dem NPG: So konnte sich das NPG im Rahmen einer nationalen Tagung der Arbeitsinspektion präsentieren, zudem stellt das SECO sicher, dass der Informationsfluss zwischen den Arbeitsinspektoraten und dem NPG fließt. Dazu gehören Auskünfte über den in der Arbeitsinspektion zwischen 2014 und 2018 durchgeführte thematische Schwerpunkt „Psychische Gesundheit". Ziel dabei ist es, dass die Arbeitsinspektoren Erfahrungen und Wissen im Bereich psychische Gesundheit aufbauen und die Betriebe über ihre gesetzlichen Pflichten und auf mögliche Präventionsmaßnahmen sensibilisieren. Die Durchführung des Themenschwerpunktes wird wissenschaftlich begleitet und die Wirkung in den Betrieben evaluiert. Studien des SECO zeigen, dass die Mehrzahl der Betriebe psychischen Belastungen bei der Arbeit und die Integration psychisch beeinträchtigte Personen beschäftigen, aber sehr wenig wissen, wie damit um zu gehen oder wie Experten beizuziehen (ESENER-Studie 2014). Das NPG kann hier einen Beitrag leisten, indem es hilft, gute Praxis-Beispiele zu verbreiten.

10.4.3 „10 Schritte für psychische Gesundheit" fürs Setting Arbeit

Neben der Vernetzung von Organisationen im Bereich psychische Gesundheit, koordiniert das NPG unter anderem das nachfolgend vorgestellte Projekt zur Sensibilisierung und Prävention psychischer Belastungen.

Die meisten Menschen wissen, wie sie ihre körperliche Gesundheit fördern können – beispielsweise durch eine gesunde Ernährung oder durch tägliche Bewegung. Es ist auch allgemein bekannt, dass Umwelt- und Arbeitsbedingungen die Gesundheit beeinflussen. Psychische Gesundheit und was man – ganz einfach und direkt – selber dafür tun kann wird jedoch kaum thematisiert. Die „10 Schritte für psychische Gesundheit" wurden von Pro Mente Oberösterreich konzipiert und sind als Denkanstöße gedacht.

Die einzelnen Schritte lauten:

1. Aktiv bleiben: Bewegung ist Voraussetzung für Entwicklung.
2. Sich entspannen: In der Ruhe liegt die Kraft.
3. Etwas Kreatives tun: Kreativität steckt in uns allen!
4. Neues lernen: Lernen ist Entdecken.
5. Sich beteiligen: Menschen brauchen eine lebendige Gemeinschaft.
6. Mit Freunden in Kontakt bleiben: Freunde sind wertvoll.
7. Darüber reden: Alles beginnt im Gespräch.

[handschriftliche Notiz:] Was beinhaltet das Projekt „10 Schritte für psych. Gesundheit"?

8. Um Hilfe fragen: Hilfe annehmen ist ein Akt der Stärke – nicht der Schwäche.
9. Sich nicht aufgeben: Die Krisen des Lebens meistern.
10. Sich selbst annehmen: Niemand ist perfekt.

Das Netzwerk Psychische Gesundheit Schweiz hat die Nutzungsrechte für die „10 Schritte" für die Schweiz erworben und stellt sie kostenlos interessierten Netzwerkmitgliedern zur Verfügung.

Aktuell setzen 22 Institutionen in der Schweiz die 10 Schritte für psychische Gesundheit-Kampagne um, mehrere davon eine adaptierte Version fürs Setting Arbeit. Verfügbar ist sie auf Deutsch, Italienisch, Französisch, Rätoromanisch, Albanisch, Bosnisch/Kroatisch, Englisch, Portugiesisch, Serbisch, Spanisch, Tamil und Türkisch. Indem möglichst viele Akteure mit der gleichen Botschaft arbeiten, wird ihre Wirkung, eine Sensibilisierung für die psychische Gesundheit, verstärkt.

10.5   Diskussion und Ausblick

In diesem Kapitel wird eine Diskussion geführt und ein Ausblick gegeben. Dazu wird die Evaluation des Netzwerks Psychische Gesundheit Schweiz erörtert. Anschließend legt die Akteursanalyse dar, ob das NPG die aus Sicht der Mitgliedsorganisationen richtigen Mitglieder dabei hat.

10.5.1 Evaluation des Netzwerks Psychische Gesundheit Schweiz

Eineinhalb Jahre nach Bestehen des NPG wurde eine externe formative Evaluation durchgeführt. Das Ziel dabei war, eine Grundlage für künftige Wirkungsevaluationen zu schaffen und einen Blick auf die Entwicklung und mögliche Weiterentwicklung des Netzwerks zu erhalten sowie zu erfahren, welche Lücken in den kommenden Jahren noch geschlossen werden sollten.

Folgende Fragestellungen wurden bei der von der Universität Zürich durchgeführten Evaluation untersucht:

1. Wie sind die Erfolgschancen für die Zielerreichung des Netzwerks Psychische Gesundheit Schweiz unter den gegebenen Rahmenbedingungen einzuschätzen?
2. Wie kann der Aufbau und das Funktionieren des Netzwerks Psychische Gesundheit Schweiz optimiert werden?

Die Ergebnisse der Evaluation wiesen darauf hin, dass der Aufbau und die Aktivitäten zur Förderung des Austauschs unter Fachleuten des Netzwerks Psychische Gesundheit Schweiz auf Zustimmung stoßen. So beschreibt der Schlussbericht der Evaluation (Widmer et al. 2013), dass dieses national ausgerichtete Netzwerk eine Angebotslücke zu schließen schien. Der Evaluationsbericht, hebt die strategischen Zielsetzungen und die multisektorale, breit abgestützte Trägerschaft des Netzwerks als sinnvoll hervor und erläutert, dass diese im Feld unbestritten sind. Die Autoren räumen dem Netzwerk Psychische Gesundheit Schweiz gute Erfolgschancen für die Erreichung seiner Ziele ein.

Widmer et al. (2013), erläutern weiter, dass die im Netzwerk verbundenen kurativen Ansätze verknüpft mit gesundheitsförderlichen Konzepten im Feld der psychischen Gesundheit auf gutes Echo stoßen. So stellt der Bericht weiter dar, dass das NPG von den relevanten Organisationen im Bereich der psychischen Gesundheit sowie von der Trägerschaft und der Expertengruppe als nützlich und hilfreich eingeschätzt werden und dass auch diese Gremien das integrative Konzept des Netzwerks Psychische Gesundheit Schweiz wertschätzen.

10.5.2 Akteursanalyse

Vier Jahre nach Gründung des Netzwerks Psychische Gesundheit Schweiz beschäftigte sich die Koordinationsstelle mit der Frage – aufgrund seines Auftrags: der Vernetzung von Akteuren, Wissen und Kompetenzen – welche Organisationen denn genau im Thema psychische Gesundheit in der Schweiz eine bedeutende Rolle spielen. Dies war der Auslöser, in einer Umfrage bei den NPG-Mitgliedsorganisationen, die wichtigsten in der Schweiz aktiven Organisationen im Bereich psychische Gesundheit zu ermitteln und sie gegebenenfalls in das Netzwerk einzubinden.

Grundlage für die Akteursanalyse war die Fragestellung:

Sind die wichtigen/einflussreichen Akteure im Bereich psychische Gesundheit in der Schweiz Mitglied im Netzwerk Psychische Gesundheit Schweiz?

Die Detailfragen befassten sich mit der eingeschätzten und zugeordneten Wichtigkeit einer Organisation im Bereich psychische Gesundheit, der Vernetzung der Organisationen untereinander, ihrem politischen Einfluss, dem Fach- und Expertenwissen, wegweisenden Projekten und Informationsquellen. Für das Netzwerk Psychische Gesundheit Schweiz zeigt die Zusammenfassung der Ergebnisse, dass das NPG in denjenigen Bereichen, die bezüglich seines Auftrags besonders relevant sind, von seinem Umfeld tatsächlich als wichtig gesehen wird, nämlich im Bereich des häufigen Kontaktes (Vernetzung) und dass das NPG als wichtige Informationsquelle wahrgenommen wird.

Weiter ist für das NPG von Bedeutung, ob sich die Fragestellung positiv beantwortet findet. In der nachfolgenden Auflistung finden sich dazu die Ergebnisse:

Wichtigste Organisationen:	Die ersten zehn Organisationen sind Mitglied.
Vernetzung:	Psychiatrische Dienste fehlen weitgehend.
Politischer Einfluss:	FMH (Schweizerische Ärztevereinigung) fehlt.
Fach- und Expertenwissen:	Die ersten zehn Organisationen sind Mitglied.
Wegweisende Projekte:	FMH fehlt.
Informationsquelle:	Die ersten zehn Organisationen sind Mitglied.

Wichtig zu erwähnen gilt hier, dass die obigen Ergebnisse aufgrund einer Umfrage des Netzwerks Psychische Gesundheit Schweiz bei seinen Mitgliedern entstanden sind. Das heißt, dass das NPG im Antwortverhalten der Teilnehmenden präsent war und ein Einfluss auf die Nennung des NPG anzunehmen ist. Die Stichprobe (n = 53) ist klein, daher ist keine allgemein gültige Aussage möglich. Die Ergebnisse dieser Akteursanalyse geben jedoch einen Eindruck über die Organisationslandschaft im Bereich psychische Gesundheit in der Schweiz. Sie wurden mit der NPG-Expertengruppe besprochen, welche sie als valide einstufte.

10.5.3 Ausblick

Momentan wird die dritte Verlängerung des Zusammenarbeitsvertrags zwischen den – immer noch gleichen – Trägerorganisationen aufgegleist. Per März 2016 sind 180 Organisationen Mitglied im Netzwerk Psychische Gesundheit Schweiz. Hier spiegelt sich die Langfristigkeit der Trägerorganisationen und die im Themenfeld psychische Gesundheit geschlossene Angebotslücke.

Aktivitäten zur Vernetzung weiterer Organisationen werden auch in Zukunft noch anstehen. So legt der Bericht Psychische Gesundheit Schweiz (Bürli et al. 2015) in seinen Empfehlungen dar, dass in der Schweiz Projekte und Maßnahmen zwar auf regionaler und kantonaler Ebene durchgeführt werden, jedoch teilweise nicht ausreichend koordiniert sind. Die Autorinnen des Berichts kommen zum Schluss, dass unter anderem im Bereich Vernetzung von Strukturen, dem Kernauftrag des NPGs, in der Schweiz noch Handlungsbedarf besteht.

Weiteres Potenzial zum weiteren Ausbau des NPGs besteht im Einbezug weiterer Gesellschafts- bzw. Lebensfelder, da die psychische Gesundheit stark multifaktoriell bedingt ist. Je mehr dieser Faktoren vom NPG einbezogen werden, desto größer wird die Wirkung.

Und zu guter Letzt: Die psychische Gesundheit umfasst alle Facetten des Lebens. Behörden hingegen haben einen klar definierten Rahmen ihres Handelns. Die Trägerschaft des Netzwerks Psychische Gesundheit Schweiz zeigt in ihrem Engagement, dass der Ansatz „(mental) health in all policies" sehr effizient und erfolgreich gelebt werden kann.

Literatur

Baer N, Frick U, Fasel T, Wiedemann W (2011) Schwierige Mitarbeiter – Wahrnehmung und Bewältigung psychisch bedingter Problemsituationen durch Vorgesetzte und Personalverantwortliche. BSV-Forschungsbericht 1/11. Bundesamt für Sozialversicherungen, Bern

Bundesamt für Gesundheit (2016) Das BAG. http://www.bag.admin.ch/org/index.html?lang=de. Zugegriffen: 30. März 2016

Bundesamt für Sozialversicherungen (2016) Das BSV. http://www.bsv.admin.ch/org/index. html?lang=de. Zugegriffen: 30. März 2016

Bürli C, Amstad F, Duetz SM, Schibli D (2015) Psychische Gesundheit in der Schweiz – Bestandesaufnahme und Handlungsfelder. Bundesamt für Gesundheit, Bern

European Survey of Enterprises on New and Emerging Risks ESENER (2014) European Agency for Safety and Health at Work EU-OSHA. Bilbao. https://osha.europa.eu/de/surveys-and-statistics-osh/esener. Zugegriffen: 31. März 2016

Gesundheitsförderung Schweiz (2016) Stiftung. http://gesundheitsfoerderung.ch/ueber-uns/stiftung.html. Zugegriffen: 30. März 2016

Jäger M, Rössler W (2008) Psychiatrische und neurologische Erkrankungen verursachen einen Sechstel der Gesundheitskosten. Medienmitteilung vom 14. Januar 2008. Universität Zürich, Zürich

Ricka R, Gurtner S, Lehmann P (2004) Strategieentwurf zum Schutz, zur Förderung, Erhaltung und Wiederherstellung der psychischen Gesundheit der Bevölkerung in der Schweiz. Bundesamt für Gesundheit, Bern. http://www.npg-rsp.ch/fileadmin/npg-rsp/Themen/BAG_Strategieentwurf_psyGes_2004.pdf. Zugegriffen: 30. März 2016

Schibli D, Huber K, Wyss F (2010) Konzept zur Stärkung der Gesundheitsförderung im Rahmen eines Netzwerks Psychische Gesundheit. http://www.npg-rsp.ch/fileadmin/npg-rsp/Konzept_2010.pdf. Zugegriffen: 30. März 2016

Schuler D, Burla L (2012) Psychische Gesundheit in der Schweiz. Monitoring 2012 (Obsan Bericht 52). Schweizerisches Gesundheitsobservatorium, Neuchâtel

Schweizerische Konferenz der kantonalen Gesundheitsdirektorinnen und -direktoren (2016) Die GDK. http://www.gdk-cds.ch/index.php?id=755. Zugegriffen: 30. März 2016

Staatssekretariat für Wirtschaft SECO (2016) Staatssekretariat für Wirtschaft SECO. https://www.seco.admin.ch/seco/de/home/seco/Staatssekretariat_fuer_Wirtschaft_SECO.html. Zugegriffen: 30. März 2016

WHO (2003) Investing in mental health. World Health Organization, Genf

Widmer T, Plüss L, Wenger J (2013) Evaluation Netzwerk Psychische Gesundheit Schweiz. Bundesamt für Gesundheit. Bern. http://www.npg-rsp.ch/de/metanav/ueber-uns/evaluation.html. Zugegriffen: 30. März 2016

Wittchen HU, Jacobi F (2005) Size and burden of mental disorders in Europe – a critical review and appraisal of 27 studies. Eur Neuropsychopharmacol 15(4):357–376

Über die Autoren

Annette Hitz arbeitet seit 2013 als Projektleiterin beim Netzwerk Psychische Gesundheit Schweiz. Sie verfügt über einen Master (M.Sc.) in Angewandter Psychologie und hat ein Nachdiplomstudium (MAS) in Prävention und Gesundheitsförderung.

Dr. sc. nat. ETH Maggie Graf Seit 1997 arbeitet Maggie Graf beim Staatssekretariat für Wirtschaft SECO, wo sie das Ressort Grundlagen Arbeit und Gesundheit leitet. Seit 2011 ist sie Mitglied im Steuerungsausschuss des Netzwerks Psychische Gesundheit Schweiz.

Gesundheitskompetenz entwickeln – Betriebliches Gesundheitsmanagement bei der Wieland-Werke AG – gemeinsam mit der Wieland BKK

11

Jürgen Schneider und Florian Schoof

Zusammenfassung

Der folgende Beitrag beschreibt, wie es der Wieland-Werke AG gelungen ist, gemeinsam mit der eigenen Betriebskrankenkasse ein ganzheitliches „Betriebliches Gesundheitsmanagement (BGM)" im Unternehmen zu verankern und warum sich dieser Schritt auch für andere Unternehmen lohnen kann. Darüber hinaus wird aufgezeigt, welche Voraussetzungen und Strukturen für den Erfolg des BGM geschaffen werden mussten, damit sich Gesundheitskompetenz bei den Mitarbeitern der Wieland-Werke AG von der Ausbildung an entwickeln und dann auch im späteren Berufsleben gehalten und gefördert werden kann. Hierbei wird auf einzelne Zielgruppen, wie die Schichtmitarbeiter, gezielter eingegangen und aufgezeigt, welche individuellen Maßnahmen das Unternehmen geschaffen hat, damit diese Zielgruppe nachhaltig die Gesundheitskompetenz entwickeln konnte. Ein weiterer Schwerpunkt wird auf ein präventives Ganzkörpertrainingskonzept gelegt, das aufzeigt, wie auch Zielgruppen, die den gesundheitspräventiven Themenstellungen eher ferner sind, zur aktiven Teilnahme motiviert werden können. Anschließend wird beschrieben, wie der stetigen Zunahme der Arbeitsunfähigkeiten infolge psychischer Erkrankungen mit einem

---

Der Beitrag basiert ganz wesentlich auf dem Artikel Schoof F. (2014) Gesundheitskompetenz entwickeln, in: Schwuchow K., Gutmann J. (Hrsg.) Personalentwicklung – Themen, Trends, Best Practices 2015, Haufe-Lexware, Freiburg, S. 306–318.

J. Schneider (✉)
Wieland BKK, Graf-Arco-Straße 36, 89079 Ulm, Deutschland
E-Mail: j.schneider@wieland-bkk.de

F. Schoof
Wieland-Werke AG, Graf-Arco-Straße 36, 89079 Ulm, Deutschland
E-Mail: florian.schoof@wieland.de

© Springer Fachmedien Wiesbaden 2016
M.A. Pfannstiel und H. Mehlich (Hrsg.), *Betriebliches Gesundheitsmanagement*,
DOI 10.1007/978-3-658-11581-4_11

171

dreistufigen Handlungsmodell begegnet werden kann. Abschließend werden die Ideen des Unternehmens für ein vielsichtiges Controlling des BGM vorgestellt.

Inhaltsverzeichnis

11.1   Die Herausforderung

„Nichts ist beständiger als der Wandel", hatte Heraklit von Ephesus (ca. 550–ca. 480 vor Chr.) einst formuliert (Hesse 2008). Auch die heutige Arbeitswelt ist von diesem Wandel betroffen und die Geschwindigkeit des Wandels hat in der heutigen globalen Welt massiv zugenommen. Die Unternehmen und Mitarbeiter sehen sich mit einer zunehmenden Komplexität in der Arbeitswelt, einer stark ansteigenden Veränderungsgeschwindigkeit und einer damit einhergehenden Unsicherheit konfrontiert (Rump und Eilers 2005).

Mitarbeiter, die nicht bereit sind, sich diesen Veränderungen anzupassen, werden auf dem internen und externen Arbeitsmarkt zunehmend Probleme erfahren. Die Unternehmen und ihre Mitarbeiter müssen innovativer, flexibler und noch leistungsfähiger sein, damit sie im globalen Wettbewerb bestehen können. Hierbei wird aufgrund des rasanten technologischen Fortschritts die Schere zwischen unteren und oberen Qualifikationsebenen immer weiter auseinandergehen. Das hat zur Folge, dass der Bedarf an Mitarbeitern, die ein gewisses Bildungs- und Qualifikationsniveau nicht vorweisen können, rapide abnehmen wird. Hierbei sind aber mit „Qualifikationen" zunehmend mehr als nur fachliche und technische Kompetenz gemeint. Die Personal-, Sozial und Methodenkompetenzen gewinnen immer mehr an Bedeutung. Gerade in Zeiten des demografischen Wandels wird vor allem die Gesundheitskompetenz an Wichtigkeit zunehmen und die Basis für Leistungs- und Beschäftigungsfähigkeit darstellen.

Der Begriff Gesundheitskompetenz meint in diesem Zusammenhang, dass Mitarbeiter Fähigkeiten besitzen, im täglichen Leben und Arbeitsalltag Entscheidungen zu treffen, die sich dann wiederum positiv auf die eigene Gesundheit auswirken (Kickbusch et al. 2005).

Immerzu steigende Kosten im Gesundheitssystem werden den Versicherten zunehmend weitergegeben. Die Menschen sind bereit, Geld in die Förderung der eigenen Gesundheit zu investieren, aber alleine das Geld wird nicht ausreichen, um die Gesellschaft gesünder zu machen. Statistiken zeigen, dass in Deutschland die durchschnittlichen Gesundheitsausgaben pro Kopf von 2010 bis 2013 inflationsbereinigt schneller stiegen als im OECD-Durchschnitt. Die jährlichen Pro-Kopf-Ausgaben für Gesundheit 2013 beliefen sich auf 4819 US\$ pro Person, im OECD-Schnitt lagen sie bei 3453 US\$. 76,3 % der Ausgaben kamen aus öffentlichen Kassen – 3,7 Prozentpunkte mehr als im OECD-Schnitt. Diese Zahlen stützen die Vermutung, dass die Menschen an einem gesunden Leben interessiert sind. Damit dieses Vorhaben gelingt, ist das Wissen über die eigene Gesundheit die Basis, dass Menschen überhaupt das eigene Verhalten gesundheitsförderlich ausrichten können. Dieses Wissen muss aber erst einmal sinnvoll und nachhaltig vermittelt werden.

Dass dies bislang nicht gelungen ist, zeigen Ergebnisse einer bundesweiten Umfrage des Wido Instituts der AOK. Der Gesundheitskompetenz-Score im internationalen Vergleich ist bei den Deutschen schlechter (Deutschland: 31,9 und internationaler Indexwert: 33,8) als im internationalen Vergleich. Bei 45 % der GKV-Versicherten ist der Kenntnisstand über die eigene Gesundheitskompetenz problematisch, bei 14,5 % sogar unzureichend. Diese Abweichung vom EU-Wert geht vor allem auf Fragestellungen rund um die Themengebiete Krankheitsbewältigung und Prävention zurück. Rund die Hälfte der Versicherten hat Probleme, gesundheitsrelevante Informationen zu finden, zu verstehen, zu beurteilen und letztendlich umzusetzen (Zok 2014).

Das Fazit ist hierbei, dass der Wille da ist, Gesundheit umzusetzen, aber es teilweise am ganzheitlichen Wissen um die eigene Gesundheit fehlt. Dadurch kann Krankheitsbewältigung und Prävention nicht im gewünschten Maße gefördert werden.

Diese Tatsache hängt sicherlich damit zusammen, dass Gesundheit ein sehr komplexes und vielfältiges Themengebiet ist und von vielen Einflussfaktoren abhängt. Außerdem agiert der Mensch nicht immer rational in seinem Verhalten. Obwohl er weiß, dass ein bestimmtes Verhalten gesundheitsschädlich sein kann, schläft er und bewegt sich zu wenig, raucht er, trinkt er und isst zu viel.

Erschwerend kommt in dieser Diskussion hinzu, dass ein ganzheitliches Verständnis des Gesundheitsbegriffs von entscheidender Bedeutung für die Gesunderhaltung der Menschen ist. Das klassische Verständnis, dass Gesundheit gleich die Abwesenheit von Krankheit ist, reicht nicht mehr aus. Es ist anzunehmen, dass diejenigen Menschen, die dieses Gesundheitsverständnis verinnerlicht haben, die eigene Gesundheitskompetenz besser entwickeln können.

In der Diskussion rund um die Themen Gesundheit, Leistungsfähigkeit und Beschäftigungsfähigkeit kommt in der westeuropäischen Arbeitswelt der demografische Wandel hinzu. Das führt zu einer Zunahme der Probleme. Denn eine älter werdende Belegschaft, die künftig mehr leisten soll, muss möglichst gesund und leistungsfähig sein. Nur so kann sie den Belastungen und Veränderungen auf Dauer gewachsen sein.

Das Lebensalter ist eine wichtige Einflussgröße für den Gesundheitszustand. Mit zunehmendem Lebensalter ist ein Anstieg gesundheitlicher Beschwerden zu beobachten (Statistisches Bundesamt 2008). Eine Reihe arbeitsmedizinischer Vorsorgeuntersuchungen belegen eine deutliche und stetige Erhöhung ärztlich dokumentierter Gesundheitsstörungen bei arbeitsfähigen Beschäftigten beginnend ab dem 45. Lebensjahr (Enderlein et al. 1998). Statistiken über den altersabhängigen Anstieg des Krankenstandes stützen dies. Trotz eines Rückgangs der Zahl der Arbeitsunfähigkeitsfälle nimmt der Krankenstand aufgrund des Anstiegs der durchschnittlichen Dauer der Arbeitsunfähigkeitsfälle mit dem Alter stark zu (Vetter 2003; Statistisches Bundesamt 2006; Gesundheitsberichterstattung des Bundes 2008).

Damit die Krankenstände in den nächsten Jahren nicht weiter ansteigen, müssen deshalb Unternehmen in verhaltens- und verhältnispräventive Voraussetzungen investieren. Denn aufgrund des Nachwuchs- und Fachkräftemangels gelingt es den Unternehmen nicht, das Durchschnittsalter durch kontinuierlichen Zuwachs junger Fachkräfte zu kompensieren.

11.2   Wie alles begann

„Gesundheit ist nicht alles, aber ohne Gesundheit ist alles nichts." Das wusste schon Arthur Schopenhauer. Auch in der mittlerweile fast 200-jährigen Unternehmensgeschichte der Wieland-Werke war Prävention und Gesundheitsförderung immer ein Handlungsfeld, das im Unternehmenskonzept integriert wurde – ganz im Sinne der Wieland-Firmenkultur, die von Anfang an vom Verständnis der sozialen Verantwortung für die Mitarbeiter geprägt war. Beispiele hierfür sind die Einführung einer eigenen Betriebskrankenkasse (BKK) 1834 und die Gründung einer Kinderkrippe 1877, sowie die Bereitstellung von sanitären Einrichtungen für die Mitarbeiter.

Seitdem wurden die verschiedensten Programme zum Wohle der Mitarbeiter entwickelt und auf den Weg gebracht. Neben den klassischen Institutionen im Bereich des BGM wie Werksärztlicher Dienst, Arbeitsschutz, Betriebssport und Suchthilfe gab es auch sehr früh Maßnahmen zur Gesundheitsförderung, Grippeschutzimpfwochen, kostenlose Kaltgetränke in der Produktion, gesunde Ernährung in den Kantinen, Gesundheitsfürsorgegespräche nach Arbeitsunfähigkeiten und vieles mehr. Ebenso bot die Wieland BKK schon sehr früh und bis heute Präventionsmaßnahmen an, die so weit wie möglich auf die Bedürfnisse der Mitarbeiter abgestimmt sind.

Diese und weitere gesundheitsfördernde Maßnahmen kamen jedoch jeweils nur punktuell zum Einsatz, das heißt, sie standen oftmals nur einem bestimmten Mitarbeiterkreis zur Verfügung oder wurden nicht systematisch eingesetzt und gemeinsam mit den beteiligten Partnern abgestimmt. Das entsprach nicht den Grundsätzen eines systematischen betrieblichen Gesundheitsmanagements.

11.3   Der Weg zum Betrieblichen Gesundheitsmanagement

Dies hat die Verantwortlichen dazu bewogen, ein ganzheitliches, strategisches Konzept zu entwickeln, um die Mitarbeiter für das Thema Gesundheit besser zu sensibilisieren und die Verantwortung für die eigene Gesundheit zu stärken. Ziel war es, wegzukommen vom „Gießkannenprinzip" hin zu einem strukturierten und zielgerichteten BGM-System, das lernt und sich selbst durch Regelkreise kontrolliert. Die salutogenen Faktoren der Mitarbeiter und des Unternehmens sollten zielgerichtet gefördert und nachhaltig eingesetzt werden. Ziel war es, die Gesundheitskompetenz aller Mitarbeiter nachhaltig zu entwickeln und zu einem Element der Unternehmenskultur zu machen.

Zur Erreichung des Ziels wurde

1. mit der Arbeitnehmervertretung eine Betriebsvereinbarung (BV) zur demografiefesten Personalpolitik geschlossen,
2. eine Organisationsstruktur für ein systematisches Betriebliches Gesundheitsmanagement installiert sowie
3. eine Dachmarke zur Kommunikation und Identifikation eingerichtet.

11.4   Die Betriebsvereinbarung (BV) zur demografiefesten Personalpolitik

Zur Schaffung verlässlicher Rahmenbedingungen wurde mit der Arbeitnehmervertretung im Jahr 2009 eine Betriebsvereinbarung (BV) zur demografiefesten Personalpolitik geschlossen. Diese BV regelt den zielgerichteten Mitteleinsatz für drei unterschiedliche Zwecke:

1. Betriebliche Alterszeit-Regelung
2. Ausbau der betrieblichen arbeitgeberfinanzierten Altersvorsorge und
3. Stärkung des betrieblichen Gesundheitsmanagements

11.5   Die Organisationsstruktur des BGM bei Wieland

Bei den Wieland-Werken wurde ein Lenkungsausschuss eingesetzt, der alle strategischen Entscheidungen trifft und die dafür nötigen Ressourcen bewilligt. Der Ausschuss ist mit allen Vorständen der Wieland-Werke AG, dem Abteilungsleiter Personal Geschäftsbereiche, den Verantwortlichen für Arbeits- und Gesundheitsschutz, dem Abteilungsleiter Industrial Engineering, dem Teamleiter Mitarbeiterbindung und dem werksärztlichen Dienst besetzt.

Abb. 11.1 zeigt die Struktur des BGM bei Wieland.

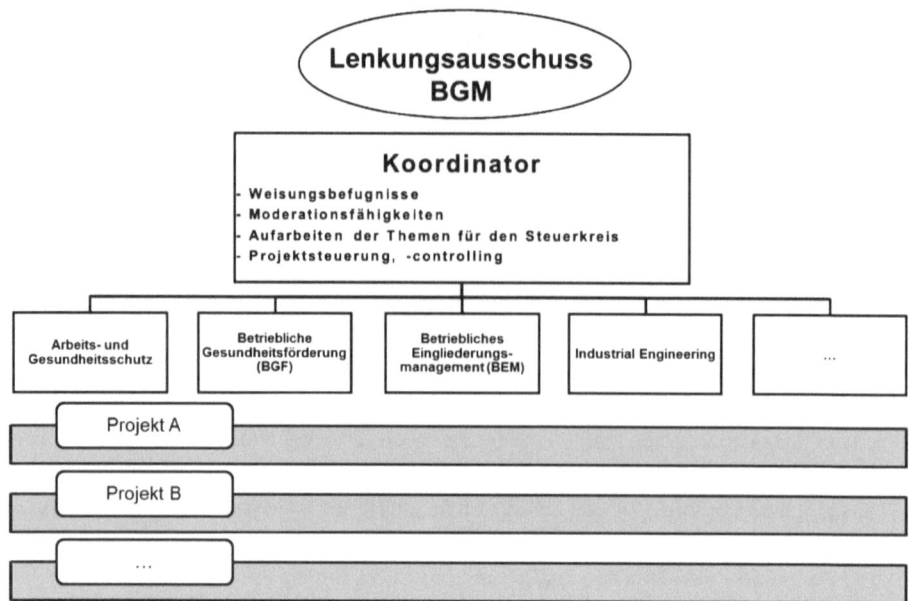

Abb. 11.1 Die Struktur des BGM bei Wieland

Vor der Umsetzung von Projekten und Maßnahmen steht eine Istanalyse mittels eines internen Kennzahlensystems für die einzelnen Unternehmensbereiche an. In einem Steuerungskreis mit dem jeweiligen Bereichsverantwortlichen werden dann Ziele und Maßnahmen entwickelt und abgestimmt. Im Anschluss an die Intervention in einem Pilot erfolgt die Evaluation der Maßnahmen. Erst dann werden die Maßnahmen auf weitere Bereiche im Unternehmen übertragen. Ein wichtiger Erfolgsfaktor ist dabei, die Mitarbeiter aktiv an Entscheidungen der einzelnen Maßnahmen zu beteiligen und somit die Unterstützung und Motivation zu fördern. Dies erfolgt in Workshops und Gesundheitszirkeln.

Das betriebliche BGM orientiert sich am Lernzyklus des BGM (Badura et al. 1999). Die Abb. 11.2 zeigt den Lernzyklus BGM bei Wieland.

11.6 Identitätsstiftung durch die Dachmarke „Wieland-in-Form"

Ein weiterer wichtiger struktureller und kommunikativer Schritt war die Implementierung der Marke „Wieland-in-Form". Die Marke wurde geschaffen, damit alle Leistungen rund um das Thema „Gesundheit & Sicherheit" in einer einheitlichen Sprache kommuniziert werden können. Botschaften an die jeweiligen internen und externen Zielgruppen können im Rahmen der internen Kommunikation klar und mit hohem

Abb. 11.2 Der Lernzyklus
BGM bei Wieland

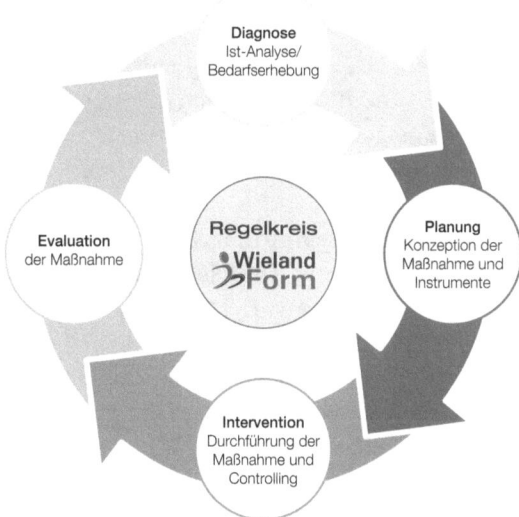

Abb. 11.3 Logo „Wieland in
Form"

Wiedererkennungswert vermittelt werden. Die Marke „Wieland-in-Form" vereint hierbei zwei Aspekte: Zum einen drückt sie ein physisches und psychisches „in-Form-sein"
der Mitarbeiter aus. Zum anderen bezieht sich der Begriff „in Form" auf die Produkte
des Unternehmens, nämlich Halbfabrikate aus Kupferlegierungen. Die Bildmarke bringt
dieses „in-Form-sein" dynamisch zum Ausdruck, insbesondere durch das als Männchen
stilisierte „in".

Die Marke transportiert somit einen ganzheitlichen Anspruch, das heißt, es geht nicht
darum, jeden Einzelnen mittels eines Fitness-Programms zum Leistungssportler zu trim-
men. Vielmehr sollen die Mitarbeiter dabei unterstützt werden, wie sie durch gesund-
heitsbewusstes Verhalten ihr Wohlbefinden am Arbeitsplatz und im Privaten gezielt
verbessern können. Das erfolgt immer abgestimmt auf die persönlichen Bedürfnisse
und individuellen Arbeitsbedingungen. Heute ist „Wieland-in-Form" als interne Marke
im Unternehmen bekannt und etabliert. Auch extern zeigen sich Erfolge, beispielsweise
durch zahlreiche Anfragen für Tagungen und Buchbeiträge. Außerdem ist das BGM mit
mehreren Zertifikaten, Siegeln und Preisen (Move Europe-Partner Excellence 2008, Corporate Health Award Exzellenz Siegel 2010, 2011, Großer Präventionspreis Baden-Württemberg 2010, Human Resources Excellence Award 2013) ausgezeichnet worden. Die
Abb. 11.3 zeigt das Wieland-in-Form-Logo.

11.7   Die eigene Betriebskrankenkasse als idealer Partner

Eine weitere gute Voraussetzung im Unternehmen ist die für Externe geschlossene Wieland BKK. Die BKK nimmt ihren Präventionsauftrag sehr ernst. Betriebliche Gesundheitsförderung ist direkt beim Vorstand der BKK angesiedelt. Die BKK ist in alle Maßnahmen eingebunden und tauscht sich regelmäßig mit dem Wieland Team des BGM aus.

Wo ansonsten dem Arbeitgeber in seinem Handeln Grenzen gesetzt sind, kann dann bei Wieland – wie in den folgenden Beispielen beschrieben – häufig der Stab an die BKK übergeben werden. Die Maßnahmen wirken dadurch nachhaltiger, weil sie wie aus einem Guss sind.

Durch die klare Definition der Zuständigkeiten bei einzelnen Maßnahmen ist der Datenschutz gewährleistet. Das stärkt auch das Vertrauen der Beschäftigten und motiviert sie zur Teilnahme.

Zudem unterstützt die Wieland BKK das Unternehmen bei Pilotprojekten finanziell. Das führt bei einigen Projekten und Maßnahmen dazu, dass Entscheidungen sehr schnell getroffen werden können, weil der finanzielle Aspekt teilweise erst einmal ausgeklammert werden kann.

11.8   Maßnahmen zur Stärkung der Gesundheitskompetenz

11.8.1 Gesundheitskompetenz für Auszubildende – ein ganzheitliches Konzept

Bereits in der Ausbildung wird Auszubildenden in einem umfangreichen Programm Gesundheitskompetenz vermittelt. Hierfür wurde 2011 das bisherige Gesundheits- und Präventionskonzept in der Ausbildung gemeinsam mit der Wieland BKK, den Werksärzten und der Personalentwicklung auf den Prüfstand gestellt. Die bisherigen Aktivitäten im Rahmen der Schulung zur Ersten Hilfe, Ergonomie, Suchtprävention oder AIDS-Vorbeugung wurden um die Bausteine Bewegung, Ernährung und Entspannung ergänzt. Die Ausbildungsleitung legt großen Wert auf eine frühzeitige und ganzheitliche Vermittlung von gesundheitsrelevanten Themen. Anlass dafür waren neuere Erkenntnisse aus der Hirnforschung, die ergeben haben, dass effektives Lernen unmittelbar von der körperlichen Fitness abhängig ist. Aufgrund einer schlechteren körperlichen Gesamtkonstitution bei jungen Menschen müssen zudem heute und in Zukunft Unternehmen noch mehr in die Förderung und Prävention investieren.

Ziel ist es, möglichst vielfältige, praxistaugliche Informationen und Maßnahmen rund um die Gesundheit anzubieten. Azubis und Studierende sollen vor allem nachhaltig am eigenen Körper erfahren, was es heißt, sich gesund zu ernähren und zu bewegen.

Damit nicht nur einmalige Aktionen stattfinden, wurde eine einstündige Sport- und Bewegungsstunde als fester Bestandteil der Ausbildung integriert. Die Freude am

Erleben der Bewegung steht bei den jungen Menschen im Vordergrund. Die Leitung weiß um Ihre Vorbildfunktion und nahezu alle Ausbilder sind in das Programm integriert. Sie nehmen aktiv teil und haben sich zu Nordic Walking Instruktoren ausbilden lassen. Einmal wöchentlich leiten Sie Kurse für die Auszubildenden. In den Wintermonaten absolvieren die Auszubildenden bei einem Sportklub bzw. in Fitnessstudios ein Fitness- und Bewegungsprogramm. Schwerpunktmäßig trainiert wird Koordination, Ausdauer und Kraft. Zusätzlich wird ein möglichst breites Spektrum an Sportmöglichkeiten angeboten. Unter professioneller Anleitung (Sportwissenschaftler, zertifizierte Fitnesstrainer) wird ein individueller Trainingsplan für alle Auszubildende erstellt.

Als weiterer Baustein kommt das Thema Ernährung hinzu. Auch hierin geht es um Wissensvermittlung und um konkrete Erlebnisse. Zunächst werden die Grundlagen in einem Workshop erarbeitet. Es folgt ein Einkaufstraining in einem Supermarkt und dann die Zubereitung der eingekauften Lebensmittel zu einer vollwertigen und fettarmen Mahlzeit. Regelmäßig organisieren die Azubis ein gesundes Frühstück. Fester Bestandteil in der Ausbildungsabteilung ist eine gut gefüllte Obstschale, die von den Auszubildenden und Ausbildern rege genutzt wird. Mit solchen Maßnahmen werden die Gesundheitskompetenz und eine ausgewogene Ernährung in den Arbeitsalltag integriert.

Durch Entspannung soll dem negativen Stress vorgebeugt werden. Deshalb erhalten die Azubis die Möglichkeit, verschiedene Entspannungsmethoden kennenzulernen. Durch das Erlernen der richtigen Techniken können diese im Alltag wirksam eingesetzt werden. Wichtig ist es aber vor allem, durch Selbstreflexion die eigenen Belastungen zu erkennen und diese möglichst zu reduzieren. Hierfür wird ein Workshop mit einer Psychologin durchgeführt.

Die Ergonomie am Arbeitsplatz wird schon immer intensiv geschult, weil das Knowhow und die Kompetenz frühzeitig vermittelt werden sollen. Dabei steht Wissen aus Anatomie und Physiologie des menschlichen Körpers, insbesondere der Wirbelsäule, im Vordergrund.

Der Ausbildungsleitung ist es sehr wichtig, dass die Auszubildenden und Studierenden verstehen und erleben können, dass regelmäßige sportliche Bewegung, gesunde Ernährung, Entspannung und viel Schlaf einen unmittelbaren Einfluss auf die Leistungsfähigkeit haben und sich damit insbesondere auf die Lernfähigkeit auswirken. Diese neuen Maßnahmen werden sehr positiv aufgenommen. Hier ein Zitat eines Auszubildenden im 1. Ausbildungsjahr:

> Mir gefällt das Sportprogramm Azubi Aktiv sehr gut, weil wir mit geschultem Personal gezielt jede Woche an unserer Ausdauer und Kraft trainieren können. Wir Azubis finden es klasse, dass Wieland uns jungen Auszubildenden die Möglichkeit bietet, unsere Gesundheit zu fördern.

Abb. 11.4 zeigt das Azubi-Aktiv-Programm bei Wieland.

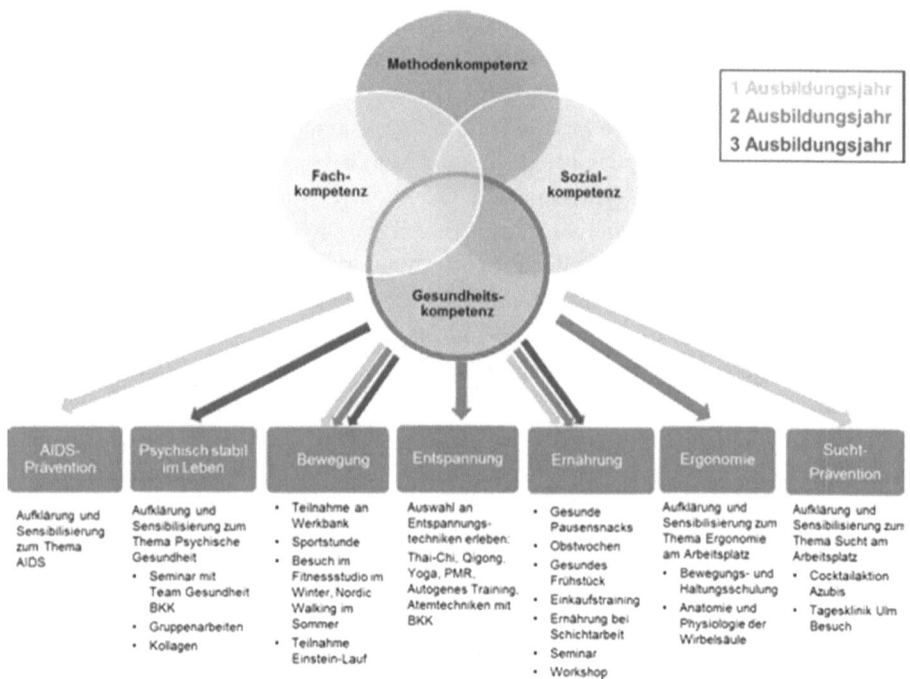

Abb. 11.4 Das Azubi-Aktiv-Programm

11.8.2 Gesundheitskompetenz für Nachtschicht-Mitarbeiter – ein ganzheitliches Konzept

Die Wieland-Werke produzieren im Schichtbetrieb und bieten seit jeher ihren Schicht-mitarbeitern eine „Nachtschicht-Kur" an. Dabei wurden bisher die Schichten in einem Punktesystem festgehalten. Ab einer bestimmten Punktzahl hatten die Mitarbeiter die Möglichkeit, drei Wochen bezahlte Freistellung inklusive eines finanziellen Beitrags des Unternehmens, in Anspruch zu nehmen. Während dieser Freistellung konnten sie kura-tive Maßnahmen durchführen. 2008 wurde das Angebot überarbeitet und stärker auf die Gesundheitsförderung ausgerichtet. Der Sicherung der Beschäftigungsfähigkeit sollte damit ein höherer Stellenwert gegeben werden. Im Ergebnis entstanden die Programme „Nachtschicht-Aktiv-Start" und „Nachtschicht-Aktiv-Bonus". Bei beiden Programmen ist im Vergleich zu früher die Teilnahme an den vorgesehenen Gesundheitsmaßnahmen verpflichtend. Die Programme sehen im Einzelnen wie folgt aus:

11.8.2.1 Nachtschicht-Aktiv-Start

Mitarbeitern, die neu mit Nachtschichtarbeit beginnen, wird nach etwa zwei Jah-ren ein spezielles Präventionsprogramm „Nachtschicht-Aktiv-Start" angeboten. Das Ziel des Programms ist, die Mitarbeiter in der Bewältigung der Nachtschichtarbeit zu unterstützen. Das Angebot und richtet sich an gewerbliche Angestellte (Produktion). Sie sind in der Regel zwischen 20 und 25 Jahre alt. Pro Jahr durchlaufen ca. 60 Mitarbeiter das Programm.

Das Programm setzt sich aus drei Blöcken zusammen, die sich über einen Zeitraum von ca. neun bis zwölf Monaten erstrecken:

- Block I: 7 Tage (Schulung und Training in einem externen Gesundheitszentrum)
- Block II: 3 h Ernährungsworkshop (ca. 8 Wochen später in den Werken)
- Block III: 4 Tage (Schulung und Training zur Auffrischung in einem externen Gesundheitszentrum, ca. 9–12 Monate nach Block I)

Die Inhalte umfassen (Block I–III):

- Gesundheits-Checks und ärztl. Beratungsgespräche (3 h.)
- körperliche Fitness (indoor/outdoor; insgesamt 22 h, 50 %)
- Ernährung (7 h, 12 %)
- Entspannung (7 h, 12 %)
- Schichtarbeit und Schlaf (4 h, 7 %)

Die Teilnahme gilt als reguläre Arbeitszeit. Bis auf die Reisekosten übernimmt das Unternehmen die Kosten vollständig. Den Auftakt bildet ein 7-tägiges Gesundheitstraining in der Gruppe fern vom Arbeitsalltag. Ziel des Trainings ist es, die Mitarbeiter für das Thema Gesundheit in der besonderen Situation der Schichtarbeit zu sensibilisieren. Sie sollen Handlungskompetenz erhalten, um anschließend ihr jetziges Verhalten kritisch zu hinterfragen und Verhaltensänderungen nachhaltig umzusetzen. Dabei erhalten die Teilnehmer zu Beginn durch eine ausführliche ärztliche Untersuchung ein Bild über ihren gesundheitlichen Zustand. Im Laufe der Woche erleben sie anhand von Schulungen und eigenen Aktivitäten Elemente aus den Bereichen Bewegung, Ernährung und Entspannung und Schlaf. Sie sollen erforschen, welche der vielen Möglichkeiten für sie am besten geeignet sind und in den Lebensalltag zu Hause übernommen werden könnten. Das Training endet mit einem ausführlichen ärztlichen Gespräch über die Untersuchungsergebnisse sowie mit einem persönlichen Plan für die nächsten Schritte zu Hause. Bei Bedarf beraten die Werksärzte, das BGM oder die Wieland BKK die Teilnehmer bei der Umsetzung im Alltag.

Ungefähr drei Monate später werden die Teilnehmer und ihre Lebenspartnerinnen zu einem dreistündigen Workshop über gesunde Ernährung eingeladen. Gemeinsam mit der Ernährungsexpertin aus dem Gesundheitszentrum reflektieren die Teilnehmer, welche Änderungen in der Ernährung erfolgreich umgesetzt werden konnten und wo Schwierigkeiten bestehen. Optional können sie gemeinsam mit ihren Lebenspartnerinnen ein spezielles Einkaufstraining in einem Supermarkt buchen.

Neun Monate später sind die Teilnehmer für vier weitere Tage im Gesundheitszentrum. Es erfolgt eine erneute ausführliche ärztliche Untersuchung mit einem Vergleich der

Werte aus dem ersten Baustein. Zudem reflektieren die Teilnehmer, welche Maßnahmen aus dem ersten Training im Alltag erfolgreich umgesetzt werden konnten. Erneut werden Aktivitäten aus den Bereichen Bewegung, Ernährung und Entspannung angeboten. Das Training endet wieder mit einem persönlichen Maßnahmenplan, bei dessen Umsetzung die Werksärzte und die BKK beraten. Bei den Feedbackrunden am Ende der Bausteine nehmen Vertreter des Unternehmens und der Wieland BKK teil, um die Rückmeldungen der Teilnehmer aufzunehmen. Hierbei werden Verbesserungsmöglichkeiten der einzelnen Bausteine und des Arbeitsumfeld im Unternehmen aufgenommen und besprochen. Erfolge zeigen sich in einem veränderten Ernährungs- und Bewegungsverhalten. Signifikante Veränderungen bei den medizinischen Daten werden direkt erfasst und den Teilnehmern zurückgemeldet.

11.8.2.2 Nachtschicht-Aktiv-Bonus

Bei diesem supplementären Programm haben auch ältere und langjährige Schichtarbeitende die Möglichkeit, an einer „Aktiv-Woche" teilzunehmen. Über eine Kombination von gesundheitsförderlichen Maßnahmen, die in einem System mit bestimmten Prozentsätzen festgelegt sind, werden Punkte gesammelt. Punkte können beispielsweise bei der Teilnahme an der „Vitalwerkstatt" (im Folgenden detaillierter beschrieben) und über absolvierte Nachtschichtpunkte erworben werden. Dabei sind pro Jahr maximal 20 % für die „Aktiv-Woche" möglich. Wenn 100 % erreicht sind, haben die Teilnehmer die Möglichkeit, an einer „Aktiv-Woche" – organisiert von der Wieland BKK – teilzunehmen, d. h. eine Woche aktiv rund um die Gesundheit zu verbringen.

11.8.3 Kompetenz für den ganzen Körper – von der „Werkbank" zur „Vitalwerkstatt"

Mit einem speziellen Präventionsprogramm können alle Mitarbeiterinnen und Mitarbeiter des Unternehmens seit 2006 einmal wöchentlich während der Arbeitszeit ihre Gesundheit trainieren. Das Programm umfasste in der ersten Phase von 2006 bis 2013 unter dem Namen „Werkbank" ein individuelles Wirbelsäulentraining für die tiefer liegende Wirbelsäulenmuskulatur im Bauch- und Rückenbereich und der Brust- und Schultermuskulatur. Ausgebildete Physiotherapeuten, Fitnessökonomen und Sportwissenschaftler betreuten die Mitarbeiter an verschiedenen Kraftgeräten und stellten damit ein qualitativ hochwertiges und individuell ausgerichtetes Trainingsprogramm sicher. Vorab wurde mithilfe eines Fragebogens und an den Trainingsgeräten der körperliche Gesundheitszustand des Trainierenden festgestellt. Danach legten die Therapeuten und Trainer den Rahmen für das Präventionstraining fest.

2013 haben Wieland und die Wieland BKK das Konzept weiterentwickelt, um einen noch größeren Nutzen zu generieren. Seither ist das spezifische Rückenkonzept auf ein individuelles Ganzkörpertraining ausgeweitet. Zusätzlich wird ein weiterer Fokus auf freie Übungen im Trainingsraum gelegt. Die freien Übungen stärken die

Eigenverantwortung der Mitarbeiter nachhaltig und werden vom Trainer durch einfache „Hausaufgaben" unterstützt. Eine Kontrolle der einzelnen Trainingsübungen wird durch einen Trainerpoint im Raum sichergestellt. Dadurch kann ein falsches Trainieren nahezu ausgeschlossen werden. Auch der Name wurde der Verbesserung folgend von „Werkbank" auf „Vitalwerkstatt" angepasst. Dadurch soll dem Mitarbeiter aufgezeigt werden, dass in der Werkstatt alle Werkzeuge für einen gesunden Körper vorhanden sind und trainiert werden können. Der Trainer ist ein Gesundheits-Lotse für die Mitarbeiter, der eine persönliche Beziehung aufbaut und bei Bedarf auf weitere gesundheitsförderliche und präventive Maßnahmen und Angebote verweisen kann. Die Mitarbeiter können zukünftig auch in ihrer Freizeit längere Trainingseinheiten (bis zu 40 min) buchen. Das Training begleitet ein Personaltrainer. Die Kosten trägt der Mitarbeiter selbst. Außerdem bietet die Wieland BKK in der Vitalwerkstatt qualitätsgesicherte und damit zertifizierte Präventionskurse im Sinne des § 20 SGB V an. Hierbei werden die Kosten bei einer regelmäßigen Teilnahme fast vollständig von der Wieland BKK übernommen.

Bei regelmäßiger Teilnahme am Vitalwerkstatt-Training (mindestens 15 Trainingseinheiten innerhalb von sechs Monaten) wird das Training auf das Bonusmodell der Wieland BKK angerechnet. Des Weiteren erhalten Wieland-Mitarbeiter an allen Standorten durch die Kooperation mit qualifizierten Fitness-Studios vergünstigte Konditionen und können neben dem Gerätetraining im Betrieb auch privat die eigene Gesundheit fördern. Mitarbeiter mit regelmäßiger Drei- oder Vierschichtarbeit erhalten über ein kontinuierliches Training in der Vitalwerkstatt im Programm Nachtschicht-Aktiv-Bonus die Möglichkeit zur Teilnahme an einer Gesundheitswoche.

11.8.4 Kompetenz zur Stärkung der Resilienz

Psychische Erkrankungen allgemein, genauso wie Depressionen und Erschöpfungszustände im Speziellen, stehen mehr und mehr im Fokus der Öffentlichkeit. In der betrieblichen Krankenversicherung wurden im Jahr 2013 15 % der Arbeitsunfähigkeitstage durch psychische – und Verhaltensstörungen verursacht (Kliner et al. 2015). Das bedeutet nicht zwangsweise eine Zunahme der Prävalenz, vielmehr spielen auch eine stärkere Aufmerksamkeit für diese Krankheitsbilder und eine geringere Stigmatisierung der Erkrankten eine Rolle. Trotzdem stellen der eingangs beschriebene Wandel der Arbeitswelt sowie das immer stärker von elektronischen Medien geprägte Freizeitverhalten die Menschen vor die Herausforderung, ihre psychische Widerstandsfähigkeit (Resilienz) zu stärken oder zu erhalten.

Das betriebliche Gesundheitsmanagement der Wieland-Werke hat 2011 in enger Zusammenarbeit mit der Wieland-BKK und der Universitätsklinik für Psychosomatische Medizin und Psychotherapie in Ulm, das Programm "Psychisch stabil im Leben" entwickelt und setzt dieses erfolgreich um.

Psychische Belastungen haben viele verschiedene Ursachen, die sowohl dem beruflichen wie auch dem privaten Umfeld zugeordnet werden können. Jeder Mensch geht damit anders um. Werden die Belastungen – egal woher sie kommen – zu groß und führen zu Erkrankungen, wirken sie sich allein schon in den Ausfallzeiten immer auf das berufliche Umfeld aus. Dem soll vorgebeugt werden. Aus diesem Grund wurden die Maßnahmen bei Wieland bewusst unter dem Namen "Psychisch stabil im Leben" gebündelt.

Das Konzept steht auf drei Säulen:

1. Seminare für alle Mitarbeiterinnen und Mitarbeiter
2. Schulungen für alle Führungskräfte
3. eine psychosomatische Sprechstunde zur frühzeitigen Erkennung von Symptomen und schnellen Vermittlung in Therapie

Die Maßnahmen sind so konzipiert, dass sie aufeinander aufbauen. In den ganztägigen Veranstaltungen erarbeiten Mitarbeiter und Trainer, welche Belastungen im Alltag auftreten und wie der Körper darauf reagiert. Mitarbeiter sollen in den Workshops die Grundlagen von psychischer Stabilität kennenlernen und daraus ableiten, wie sie am besten mit Belastungen umgehen. Außerdem bietet die Wieland BKK passende zertifizierte Kurse an, in denen die Fähigkeit zur Selbstreflexion gestärkt und verschiedene Entspannungsmethoden vermittelt werden.

Im Mai 2012 starteten die Schulungen für die Führungskräfte. Rund 400 Personen – vom Vorstand bis zum Schichtführer – wurden zum Thema psychische Gesundheit vom „Team Gesundheit", einem Unternehmen der betrieblichen Krankenversicherung, intensiv geschult. Damit werden zwei Ziele verfolgt. Zum einen sollen die Führungskräfte über ihre eigene psychische Stabilität und den Umgang damit nachdenken. Zum anderen geht es um die Wahrnehmung der Mitarbeiterinnen und Mitarbeiter. Mögliche psychische Belastungen oder Zeichen einer Erkrankung sollen früh erkannt und vor allem angesprochen werden. Die bisherigen Erfahrungen der Führungskräfte fallen sehr positiv aus, sie empfinden es als wichtig, dass sich Wieland mit diesem Thema intensiv auseinandersetzt.

Falls doch eine psychische Erkrankung oder auch nur ein Hinweis darauf auftritt, ist es sinnvoll, sich möglichst schnell an die Werksärzte oder die Experten der Wieland BKK zu wenden. Diese können die Mitarbeiterinnen und Mitarbeiter dann auf einem sehr schnellen Weg in die psychosomatische Sprechstunde vermitteln. Die Sprechstunde wird von der Wieland BKK angeboten und von der Universitätsklinik Ulm durchgeführt. Sollte aus der Sprechstunde heraus eine ambulante oder sogar stationäre Behandlung erforderlich sein, organisieren dies die Experten der Universitätsklinik und der Wieland BKK und sorgen für einen sehr schnellen Zugang zur Behandlung.

Die bisherigen Erfahrungen der Sprechstunde zeigen, dass zwei Ziele erreicht wurden: erstens, einen einfachen Zugang zu einem fachlichen Gespräch über mögliche seelische Belastungen ermöglichen und zweitens, Zielgruppen, die sonst eher keine Beratung in Anspruch nehmen würden, mit der Sprechstunde zu erreichen.

11.8.5 Kompetenz für eine gesunde Ernährung

Eine ausgewogene Ernährung ist ein wichtiges Element für das Wohlbefinden und beugt Herz-Kreislauf-Krankheiten, Adipositas, Diabetes mellitus und einigen Tumorkrankheiten vor. Obwohl oder gerade weil die Ernährung medial ein bedeutsames Thema ist, fällt es vielen Menschen schwer, die wesentlichen Grundregeln dauerhaft anzuwenden.

Die Wieland BKK für die Beschäftigten ein mehrstufiges Angebot:

1. die BKK-Ernährungssprechstunde zur Sondierung der Probleme
2. die BKK-Ernährungsberatung als ärztlich empfohlene tiefer gehende Analyse und zur Stärkung der Handlungskompetenz
3. die verschiedenen zertifizierten BKK-Kurse im Handlungsfeld Ernährung; insbesondere wenn das Körpergewicht nachhaltig reduziert werden sollte

Darüber hinaus bietet Wieland in den Betriebsrestaurants jeden Tag ein besonderes „Vitalessen" an und hat in den Zwischenverpflegungsbereichen das Angebot gesundheitsorientierter Ernährung stark ausgeweitet.

11.8.6 Freude an Gesundheit – das Vitalprogramm

Die Wieland-Sportgruppe, eine seit 35 Jahren im Unternehmen existierende Institution, hatte in den letzten Jahren wenig Zulauf bekommen. Deshalb suchte Wieland 2012 nach Möglichkeiten, wie mehr Beschäftige an Maßnahmen zur Verhaltensprävention herangeführt werden können. Ergebnis ist das Wieland-Vitalprogramm, das jeden Monat eine andere Sport-, Ernährungs- und Entspannungsaktion anbietet. Diese Aktionen stehen im Sinne des Ausprobierens. Sie haben deshalb bewusst keinen Kurs-Charakter, d. h. es gibt keine Teilnahmepflicht, um den Kurs abzuschließen. Auch Mitarbeiterpartner und Kinder können teilnehmen. Dadurch soll möglichst die ganze Familie ihre Gesundheitskompetenz steigern und sich damit gegenseitig stützen und motivieren. Die Aktionen dienen also als Sprungbrett zu regelmäßigen Aktivitäten in den BKK-Kursen, in der Wieland-Sportgruppe oder zu Hause.

Als zusätzlicher Anreiz wurde ein Bonus-Programm eingeführt. Pro Teilnahme an einer Aktion erhält jeder Mitarbeiter einen Stempel in den „Wieland-Vital-Pass" (siehe Abb. 11.5). Jeder Stempel ist dabei gleichbedeutend mit fünf Punkten. Die gesammelten Punkte können dann in Prämien eingelöst werden. Die Monatsaktionen starteten Anfang 2013 an den Standorten Ulm und Vöhringen. Seit 2013 gab es insgesamt mehr als 4000 Anmeldungen.

Abb. 11.5 Wieland-Vital-Pass

11.9 Strukturiertes Handeln bei chronischen Gesundheitsproblemen

Falsches Verhalten und unzureichende Behandlung können sich zu einer chronischen Erkrankung entwickeln, verbunden mit einer langen Arbeitsunfähigkeit.

Die Fallmanager der Wieland BKK kennen den erkrankten Wieland Mitarbeiter und sein Arbeitsumfeld persönlich. Im Sinne eines Kollegen aber vor allem eines Kümmerers besprechen sie mit ihm seine Situation und entwickeln mit ihm Wege, möglichst rasch zu genesen und an den Arbeitsplatz zurückzukehren.

Maßnahmen zur Gesundung verzögern sich oft durch die ausgeprägte Segmentierung im deutschen Gesundheitssystem. Die BKK-Fallmanager kennen die regionalen Segmente und verbinden sie bei jeder langen Arbeitsunfähigkeit zu einem individuellen Ganzen.

Dies geschieht, in dem sie die im Einzelfall erforderlichen Maßnahmen ermitteln und die für eine erfolgreiche Umsetzung notwendigen Partner zusammenbringen – egal, ob es sich um schnelle fachärztliche Untersuchungen, die rasche Einleitung rehabilitativer Leistungen oder um die schnelle Versorgung mit Hilfsmitteln handelt. Aufgrund der regionalen Konzentration auf die Landkreise Alb-Donau, Ulm und Neu-Ulm sind BKK Experten hervorragend vernetzt.

Es gibt besonders schwerwiegende Gesundheitsprobleme bei Arbeitnehmern, die den Aufgabenbereich des BKK Fallmanagers sprengen – zum Beispiel bei schweren Unfällen, verbunden mit einem Schädel-Hirn-Trauma, bei schweren Herz- oder Krebserkrankungen oder psychischen Krankheitsformen.

Hierfür stellt die BKK dem Arbeitnehmer und seiner Familie den BKK-Patientenbegleiter an seine Seite. Mit seinem ausgeprägt medizinischen Wissen begleitet er den Patienten in der schwierigen Phase in der Klinik und ist das ideale Bindeglied zwischen Ärzten, Therapeuten und der BKK.

In der Klärung der jeweiligen Situation des erkrankten Wieland-Arbeitnehmers und dem schnellen Zugang zu medizinischen Leistungen ist die Wieland BKK ein sehr wichtiger Baustein für ein erfolgreiches betriebliches Eingliederungsmanagement bei Wieland.

11.10 Controlling im BGM

Im Jahr 2013 wurde bei Wieland ein Controlling-System aufgebaut, um die Erfolge und den Nutzen der BGM-Maßnahmen zu messen. Hierfür wurden alle relevanten Daten in ein Kennzahlensystem integriert. Zu den Kennzahlen gehören:

- Daten des betrieblichen Gesundheitsberichtes der Wieland BKK
- Krankenstand
- Ergebnisse der Mitarbeiterbefragung
- Daten der Altersstrukturanalyse
- Teilnahmequoten bei BGF-Maßnahmen
- HR-Kennzahlen (Anzahl Mitarbeiter, Betriebszugehörigkeit, Fluktuation, …)
- Kennzahlen zur Arbeitssicherheit
- Daten aus dem Industrial Engineering (Belastungsanalysen Leitmerkmalmethode)

Fehlende Gesundheit wird durch subjektive Wahrnehmungen des eigenen Gesundheits-zustandes sowie durch objektive Kriterien mittels dokumentierter medizinischer Symptome und Diagnosen bestimmt.

Die Wieland BKK verfügt über die medizinischen Daten und kann diese in vielfältiger Art und Weise anonymisieren und aggregieren. Das Ergebnis ist der betriebliche Gesundheitsbericht. In seiner klassischen Form stellt er anonymisiert das Arbeitsunfähigkeitsgeschehen der Wieland-Werke auf verschiedenen Ebenen dar (Unternehmen, Werke, Abteilungen). Genauso sind weitere Analysen nach Lang- und Kurzzeiterkrankungen, nach Alter oder nach Geschlecht möglich. Knapp 90 % der Wieland-Beschäftigten sind bei der Wieland BKK versichert. Die ausgewerteten Daten sind daher sehr valide.

Alle Daten im Controlling-System werden in einem Cockpit aggregiert und dienen den Verantwortlichen dazu, zielgerichtete Maßnahmen zu entwickeln. Hierzu wird in einem Workshop mit den Führungskräften aus den jeweiligen Bereichen oder Abteilungen zuerst eine Sensibilisierung für das Thema BGM durch einen Impulsvortrag erzeugt. Anschließend werden die Daten analysiert und Maßnahmen sowie Projekte abgeleitet. Danach wird in einem Pilotbereich oder einer Pilotabteilung das Programm umgesetzt. Das Kennzahlensystem hat geholfen, im Unternehmen die Bereichsverantwortlichen mit harten und weichen Faktoren für das Thema BGM zu gewinnen.

Mit der Hochschule Kempten wurde 2014 das Kennzahlensystem von einer Projektgruppe unter wissenschaftlichen Bedingungen aufgearbeitet und verfeinert. Abb. 11.6 zeigt eine Übersicht der Kennzahlen, die notwendig sind, damit das Controlling im BGM noch ganzheitlicher betrachtet werden kann. Ziel ist es, die fehlenden Kennzahlen zu ergänzen und ein Reporting zu entwickeln. Die Bereiche sollen schnell und übersichtlich anhand ihrer Kennzahlen die Handlungsbedarfe erkennen können. Geplant ist mit einem Ampelsystem und einem Index zu arbeiten.

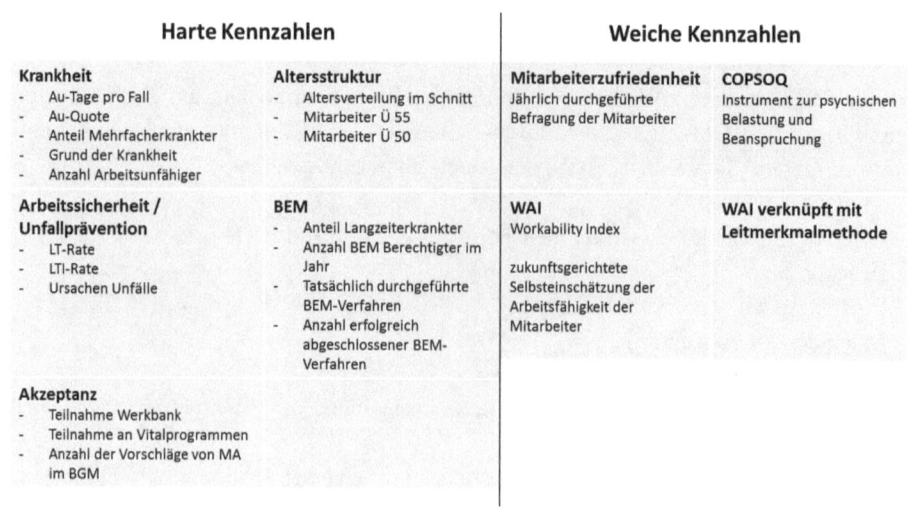

Abb. 11.6 Harte und Weiche Kennzahlen

11.11 Schlussbetrachtung

Die Wieland-Werke AG hat mit Ihrem Engagement in den vergangenen Jahren im BGM und der Gesundheitskompetenz der Beschäftigten viel erreicht und umgesetzt. Der Weg dahin war auch geprägt von Rückschlägen und Enttäuschungen. Bei allen Beteiligten im Unternehmen musste Überzeugungsarbeit geleistet werden und auch in Zukunft wird Beharrlichkeit von Nöten sein.

Aber, den Wieland-Werken ist es gelungen, durch ein ganzheitliches und nachhaltiges BGM die Gesundheitskompetenz bei den eigenen Mitarbeitern kontinuierlich weiter zu entwickeln.

Erfolgsfaktoren für das bisher Erreichte sind die Einrichtung des Lenkungsausschusses, das Vorhandensein einer eigenen Betriebskrankenkasse und das große Engagement aller Beteiligten.

Der zukünftige Weg wird aber noch viele Herausforderungen bieten. Denn die Auswirkungen des demografischen Wandels werden in den nächsten Jahren immer stärker spürbar. Hierfür sieht sich Wieland durch seine umfangreichen Maßnahmen und Angebote gut gerüstet.

Die Wieland-Werke AG

Die Wieland-Werke AG wurde 1820 in Ulm gegründet und gehört heute gemeinsam mit ihren internationalen Tochtergesellschaften in Europa, Asien, Südafrika und den USA zu den weltweit führenden Herstellern von Halbfabrikaten aus Kupfer- und Kupferlegierungen. Das Produktportfolio umfasst Bänder, Bleche, Rohre, Stangen, Drähte und Profile. Darüber hinaus fertigt Wieland Rippenrohre und Wärmeüberträger, Gleitlager und Systembauteile sowie Komponenten.

Mit einem Sortiment von über 100 Werkstoffen aus Kupfer und Kupferlegierungen bietet die Wieland-Gruppe optimale Produktlösungen für zahlreiche Branchen: Elektronik und Elektrotechnik, Automobilindustrie, Maschinenbau, Kälte-, Klima- und Heizungstechnik sowie Bauwesen und Installation.

Die Wieland-Gruppe beschäftigte im Geschäftsjahr 2014/2015 durchschnittlich 6780 Mitarbeite weltweit (Konsolidierungskreis) und verfügt über produzierende Gesellschaften, Schneidcenter und Handelsunternehmen in vielen europäischen Ländern, in den USA, in Asien und Südafrika. Diese globale Ausrichtung ermöglicht eine schnelle und flexible Versorgung der Kunden vor Ort. Der Anteil der Mitarbeiter im gewerblich technischen Bereich liegt bei 65 %, 35 % zählen zum kaufmännischen Bereich.

Im Geschäftsjahr 2014/2015 (1. Oktober 2014 bis 30. September 2015) konnte die Wieland-Gruppe im Vergleich zum Vorjahr ihren Umsatz um 0,4 % auf 2784 Mio. EUR (Vorjahr: 2772 Mio. EUR) steigern. Der Absatz fiel mit 443.000 Tonnen um 4,7 % geringer aus als im Vorjahr (Vorjahr: 465.000 Tonnen). Der Jahresüberschuss lag bei 48 Mio. EUR (Vorjahr: 31 Mio. EUR).

Die Wieland BKK

1834 gründete Philipp Jakob Wieland als einer der ersten Industriellen freiwillig eine Fabrik-Krankenkasse. Heute ist die Betriebskrankenkasse der Wieland-Werke AG eine der ältesten Krankenkassen in der Bundesrepublik Deutschland. Sie ist exklusiv für die Kranken- und Pflegeversicherung der aktiven und ehemaligen Beschäftigten der Wieland-Werke AG und deren Familienangehörigen zuständig und versichert 12.000 Personen.

Direkt in den Werken in Ulm und Vöhringen – nah an den Menschen. So sichert die Wieland BKK Beratung auf kürzest möglichen Wegen. Zuverlässige, konstante persönliche Ansprechpartner kennen die speziellen Bedürfnisse der Versicherten und der Wieland-Werke und helfen ganz individuell.

Dabei setzte die Wieland BKK mit 14 Beschäftigten im Geschäftsjahr 2015 in der Krankenversicherung rund 36 Mio. EUR und in der Pflegeversicherung rund 6 Mio. EUR um.

Literatur

Badura B, Ritter W, Scherf M (1999) Betriebliches Gesundheitsmanagement – Ein Leitfaden für die Praxis. Frisch, Berlin

Gesundheitsberichterstattung des Bundes (2008) Beiträge zur Gesundheitsberichterstattung des Bundes, Gesundheit und Krankheit im Alter. http://www.gbe-bund.de/pdf/Gesundh_Krankh_Alter.pdf. Zugegriffen: 2. Juni 2016

Hesse H (2008) Hier stehe ich, ich kann nicht anders. In 80 Sätzen durch die Weltgeschichte. Eichborn, Frankfurt a. M.

Kickbusch I, Maag D, Saan H (2005) Enabling healthy choices in modern health societies, Paper presented at Eighth European Health Forum, 5.–8. Oktober 2015, Bad Gastein, Austria. http://old.ilonakickbusch.com/health-literacy/Gastein_2005.pdf. Zugegriffen: 7. Mai 2016

Kliner K, Rennert D, Richter M (2015) Gesundheit in Regionen, Blickpunkt Psyche, BKK Gesundheitsatlas 2015. Medizinisch Wissenschaftliche Verlagsgesellschaft, Berlin

Rump J, Eilers S (2005) Managing employability. In: Rump J, Sattelberger T, Fischer H (Hrsg) Employability management. Gabler, Wiesbaden, S 13–73

Statistisches Bundesamt (2006) Leben in Deutschland. Ergebnisse des Mikrozensus 2005, Tabellenanhang zur Pressebroschüre. Statistisches Bundesamt, Wiesbaden

Statistisches Bundesamt (2008) Datenreport 2008. Ein Sozialbericht für die Bundesrepublik Deutschland. https://www.destatis.de/DE/Publikationen/Datenreport/Downloads/Datenreport2008.pdf?__blob=publicationFile. Zugegriffen: 2. Juni 2016

Vetter C (2003) Einfluss der Altersstruktur auf die krankheitsbedingten Fehlzeiten. In: Badura B, Schellschmidt H, Vetter C (Hrsg) Fehlzeiten-Report 2002: Demographischer Wandel, Herausforderungen für die betriebliche Personal- und Gesundheitspolitik, Berlin. http://boeckler.de/wsimit_2005_04_naegele.pdf. Zugegriffen: 3. Juni 2016

Zok K (2014) Wido-Monitor AOK, Unterschiede bei der Gesundheitskompetenz, Ausgabe 2/2014. http://www.wido.de/fileadmin/wido/downloads/pdf_wido_monitor/wido_mon_ausg_2_2014_0714.pdf. Zugegriffen: 5. Mai 2016

Über die Autoren

Jürgen Schneider trat im August 1976 in die Wieland-Werke AG in Ulm ein und absolvierte eine Ausbildung zum Industriekaufmann. Unmittelbar danach wechselte er in die Betriebskrankenkasse des Unternehmens und qualifizierte sich in den folgenden sechs Jahren an der BKK Akademie zum Krankenkassenbetriebswirt. Er war anschließend mit verschiedenen Aufgaben, insbesondere in der elektronischen Datenverarbeitung und der Versorgungssteuerung, betraut. Seit 2002 ist Jürgen Schneider Vorstand der Wieland BKK.

Florian Schoof trat im Juni 2011 in die Wieland-Werke AG in Ulm als Referent für betriebliches Gesundheitsmanagement ein. Heute arbeitet er in der Personalabteilung als Gruppenleiter und ist für die Mitarbeiterbindung bei der Wieland-Werke AG verantwortlich. Er hat Diplom Sportwissenschaften an der Deutschen Sporthochschule Köln mit dem Schwerpunkt Ökonomie und Management studiert und einen zweiten Studienabschluss 2009 im General Management (MBA) an der Steinbeis Hochschule Berlin berufsbegleitend absolviert.

Auf- und Ausbau von Resilienz und Gesundheitskompetenz – Motivation zu mehr Gesundheit für Führungskräfte und Mitarbeiter/innen

Petra Homberg

Zusammenfassung

Eine herausragende Rolle in der Stressbewältigung und dem Schutz der psychischen Gesundheit spielt der Auf- und Ausbau von Resilienz und Gesundheitskompetenz. Die Menschen fühlen sich besser und gesünder. Daneben bietet eine resiliente, widerstandsfähige Belegschaft einen großen Wettbewerbsvorteil. Die Mannschaft ist motivierter, kreativer und innovativer, die Fehler- und Ausschussquote geringer und es entstehen weniger Kosten für stressbedingte Ausfallzeiten. Somit entsteht eine Win-Win-Situation für alle Beteiligten. Dabei ist Resilienz und Gesundheitskompetenz keine angeborene Fähigkeit, sondern kann gezielt auf- und ausgebaut werden. Im folgenden Beitrag werden zwei unterschiedliche Programme in verschiedenen Unternehmen und Branchen zur Förderung dieser Kompetenzen vorgestellt. Abhängig von den Rahmenbedingungen der beteiligten Betriebe und der Spezifika ihrer Mitarbeiter/innen wurden die unterschiedlichen Interventionen geplant und durchgeführt: ein Top-Down-Vorgehen mit der Interventionsebene Führungskräfte sowie eine Bottom-up-Strategie, die sich an Mitarbeiter/innen richtet.

P. Homberg (✉)
Hauptabteilung Vertrieb, Service Gesunde Unternehmen, In der Witz 29, 55252 Mainz-Kastel, Deutschland
E-Mail: Petra.Homberg@he.aok.de

© Springer Fachmedien Wiesbaden 2016
M.A. Pfannstiel und H. Mehlich (Hrsg.), *Betriebliches Gesundheitsmanagement*,
DOI 10.1007/978-3-658-11581-4_12

Inhaltsverzeichnis

12.1   Einleitung

Globalisierung, Wettbewerbsdruck und demografischer Wandel stellen Unternehmen und ihre Beschäftigten vor immer komplexere Aufgaben. Die Dynamik des Marktes und die schnelllebigen Kundenbedürfnisse erfordern neue Beschäftigungsformen, die sich durch zeitliche und räumliche Flexibilität sowie Individualisierung auszeichnen. Dadurch entstehen Chancen wie eine bessere Vereinbarkeit von Beruf und Familie und Risiken wie die mögliche Überforderung des Einzelnen. Vor allem bei ständiger Erreichbarkeit, vielen Überstunden, wechselnden Einsatzorten und langen Anfahrtswegen zur Arbeit leiden Beschäftigte vermehrt an psychischen Beschwerden (Badura et al. 2012).

Zu den wichtigsten Ressourcen für die psychische Gesundheit gehören Planbarkeit und Sicherheit, verlässliche Werteorientierung sowie ausreichende Handlungsspielräume. Vor diesem Hintergrund stellen häufige Um- und Restrukturierungsmaßnahmen in Unternehmen mit den dazu gehörigen Unsicherheiten eine große Herausforderung dar. Die Beschäftigten müssen sich mit den vielfältigen Veränderungen von Technik, Strukturen, Arbeitsabläufen sowie Aufgaben- und Qualifikationsanforderungen auseinandersetzen. Der Stressreport Deutschland zeigt empirisch auf, dass Belastungen und Stress in restrukturierten Unternehmen ausgeprägter sind und in der Folge viele Gesundheitsbeschwerden häufiger auftreten (Köper 2012).

In diesem Zusammenhang rückt der gesundheitsschützende Faktor Resilienz oder psychische Widerstandsfähigkeit in den Fokus der betrieblichen Gesundheitsförderung. Schließlich gilt die Förderung von Stressbewältigungskompetenzen als wichtiges Handlungsfeld im Leitfaden Prävention des GKV Spitzenverbandes.

Resilienz (von lat. resiliere – „zurückspringen", „abprallen") oder psychische Widerstandsfähigkeit bezeichnet die Fähigkeit, Belastungen und Krisen zu bewältigen und als Anlass für Entwicklungen durch Zurückgreifen auf persönliche und soziale Ressourcen zu nutzen (Welter-Enderlin et al. 2006). Im betrieblichen Umfeld kann Resilienz als wichtige Kompetenz für Mitarbeiter/innen zur persönlichen Gesunderhaltung und im Sinne ihrer Beschäftigungsfähigkeit angesehen werden. Daher ist es wichtig Resilienz durch entsprechende Programme im Rahmen der betrieblichen Gesundheitsförderung auf- und auszubauen. Führungskräfte spielen in diesem Prozess eine entscheidende Rolle, wobei deren eigene Resilienz als zentrale Führungskompetenz fast schon vorausgesetzt wird.

Die Einflussfaktoren auf die Resilienz können gezielt gefördert und entwickelt werden (Bengel et al. 2012) und gelten als wichtiger Teilaspekt der Gesundheitskompetenz. Die Weltgesundheitsorganisation (WHO) versteht unter Gesundheitskompetenz (Health Literacy) die gesamten kognitiven und sozialen Fertigkeiten, die Menschen motivieren und befähigen, ihre Lebensweise gesundheitsförderlich zu gestalten. Zu diesen Fertigkeiten gehören Zugang, Verstehen sowie ein konstruktiver Umgang mit gesundheitsrelevanten Informationen. In diesem Sinne wird Resilienz auch durch den Auf- und Ausbau von Gesundheitskompetenz gefördert.

An wissenschaftlichen Erkenntnissen zum Thema herrscht kein Mangel. Was fehlt ist häufig die Umsetzung des vorhandenen Wissens in die Praxis. Das gilt für die Arbeitsbedingungen und das individuelle Verhalten der Beschäftigten gleichermaßen. Es ist daher wichtig, die Führungskräfte und die Beschäftigten für die Themen Resilienz und Gesundheitskompetenz zu sensibilisieren, vorhandene Fähigkeiten auszubauen und für den Transfer des Wissens in die betriebliche Praxis zu sorgen. Die Interventionen in den folgenden Praxisprojekten fokussieren auf die am besten erforschten und förderfähigen Aspekte der Resilienz wie soziale Unterstützung und Selbstwirksamkeit.

Dabei stehen folgende Interventionsebenen im Fokus:

Förderung von Resilienz durch Führungshandeln: Aktivitäten, Handlungen und Einstellungen der Führungskräfte, die geeignet sind, die eigene Resilienz sowie die der Mitarbeiter/innen zu erhöhen.

Selbstaktivierung von Mitarbeiter/innen: Handlungen und Aktivitäten des einzelnen Beschäftigten zur Förderung der individuellen Resilienz.

12.2 Praxisbeispiel 1: Förderung von Resilienz und Gesundheitskompetenz – ein Angebot für Führungskräfte beim Personaldienstleister Manpower

12.2.1 Das Unternehmen

Manpower ist der weltweit führende Dienstleister im Bereich der Arbeitnehmerüberlassung. Das Unternehmen ist an über 3000 Standorten in 78 Ländern tätig. Seit der

Gründung im Jahr 1948 bietet Manpower innovative HR-Lösungen für Unternehmen jeder Größe und nahezu aller Branchen an. Das Leistungsspektrum von Manpower umfasst unter anderem Arbeitnehmerüberlassung, Personalvermittlung und OnSite Management mit individuellen Bedarfsanalysen, Recruiting, Koordination, Einarbeitung und Abrechnung. Das National Head Office „Deutschland" ist in Eschborn.

Manpower agiert in einem schnelllebigen, hoch flexiblen Umfeld. Der Markt der Arbeitnehmerüberlassung ist aufgrund sich verändernder politischer Rahmenbedingungen und dem Wettbewerbsdruck einem permanenten Wandel unterzogen.

12.2.2 Zielgruppenspezifik

12.2.2.1 Besonderheiten in der Führung bei Personaldienstleistern

Ein wesentliches Merkmal der Belegschaft von Personaldienstleistern ist die Unterscheidung zwischen Stamm- und Zeitarbeitnehmer/innen. Die Stammbelegschaft von Manpower ist deutschlandweit in 40 Vertriebsgebiete (Areas) aufgeteilt, die von Area Manager/innen geführt werden. Deren Aufgaben reichen von der Umsatz- und Budgetverantwortung, der Verantwortung für die Umsetzung von Kundenprojekten, Personalführungsaufgaben bis hin zu aktivem Fördern des Betrieblichen Gesundheitsmanagements. Geführt werden diese Area Manager/innen von 5 Managing Directors, die u. a. das Vertriebsgebiet in der Gesamtheit verantworten.

Zeitarbeitnehmer/innen werden in Kundenbetrieben eingesetzt und letztendlich von den Area Manager/innen geführt. Die Area Manager/innen führen in ihrer Region die Consultants und Personaldisponenten, die primär den Kontakt zu den Zeitarbeiter/innen halten.

Die Zeitarbeitnehmer/innen sind vorwiegend in Kundenbetrieben tätig. Das bedeutet, dass die Rahmen- und Arbeitsbedingungen in der Regel von Manpower nicht direkt beeinflussbar sind. Bei der Verbesserung von Arbeitsbedingungen ist der Personaldienstleister von der Kritik- und Veränderungsbereitschaft des Kundenbetriebes abhängig. Kommt seitens des Personaldienstleisters geäußerte Kritik falsch an, kann es zum Abbruch der Kundenbeziehungen und dem Verlust des Auftrags führen. Darüber hinaus fühlen sich die Mitarbeiter/innen in der Zeitarbeit, vor allem bei kurzen Kundeneinsätzen, häufig nicht als Teil des Teams im Einsatzbetrieb und suchen verstärkt Unterstützung und Anerkennung durch die Führungskräfte von Manpower.

12.2.2.2 Besondere Belastungen für Führungskräfte in der Arbeitnehmerüberlassung

Persönliche Gespräche zwischen Führungskräften und Zeitarbeitnehmer/innen sind nicht zuletzt durch die räumliche Distanz häufig nicht realisierbar. Neben dem hohen Zeitdruck erschweren den „face-to-face"-Kontakt vor allem die dezentralen Strukturen und die Tatsache, dass die Mitarbeiter/innen in Kundeneinsätzen sind.

Die Arbeit in der Arbeitnehmerüberlassung stellt an die Führungskräfte der Stammbelegschaft hohe Anforderungen an Flexibilität, Belastbarkeit und Veränderungskompetenz. Vor allem kurzfristige Anfragen und Aufträge von Kunden sowie ständige Re- und

Umstrukturierungsmaßnahmen erfordern ein hohes Maß an Schnelligkeit und Anpassungsleistung, da beispielsweise Umsetzung und Reaktion auf politische Entscheidungen rasch und fehlerfrei erfolgen müssen.

In der Folge erleben die Mitarbeiter/innen häufig einen hohen Zeit- und Erfolgsdruck. Sie fühlen sich gestresst und haben Probleme beim Abschalten.

12.2.3 Betriebliches Gesundheitsmanagement des Unternehmens

12.2.3.1 Ausgangslage

Manpower startete seine BGM-Initiative mit Unterstützung der AOK – die Gesundheitskasse in Hessen bereits im Jahr 2009 und entwickelt seitdem die gesundheitsbezogenen Strukturen und Prozesse kontinuierlich weiter.

Die wichtigsten Bausteine des Betrieblichen Gesundheitsmanagements sind

- AU-Daten Analysen, die jährlich ausgewertet, interpretiert und diskutiert werden. Sie dienen als Benchmark-Größe und werden zur Planung weiterer Maßnahmen herangezogen. Die diagnosebezogenen Auswertungen geben Hinweise auf konkrete Interventionsfelder und erlauben vorsichtige Rückschlüsse auf den Erfolg von Maßnahmen.
- Im Rahmen einer dokumentierten Selbstbewertung erfolgte eine Analyse des Istzustandes im BGM. Mit Unterstützung der betreuenden AOK-Projektmanagerin nahmen die Entscheidungsträger des Unternehmens bestehende Strukturen und Prozesse unter die Lupe und definierten anschließend erreichbare Jahresziele. Anhand dieser Ziele wurden geeignete Maßnahmen ausgewählt, zeitlich geplant und Verantwortliche bestimmt. Die Bewertung der durchgeführten Maßnahmen erfolgt im Rahmen eines jährlichen Review-Workshops mit den Entscheidungsträgern des Unternehmens. In dieser Veranstaltung wird der Beitrag der Maßnahmen zur Zielerreichung beurteilt und auf dieser Grundlage die Ziele und Maßnahmen des Folgejahres geplant. Dieses Vorgehen trägt maßgeblich zur kontinuierlichen Verbesserung des BGM bei.
- Regelmäßige Mitarbeiterbefragungen erheben die subjektive Gesundheitssituation, die Zufriedenheit der Beschäftigten, die Stimmungslage im Unternehmen und mögliche Belastungsfaktoren. Auch die Ergebnisse der Mitarbeiterbefragung werden bei der Planung von BGM-Maßnahmen einbezogen.
- Regelmäßige Gesundheitsgespräche zwischen Führungskräften und Mitarbeiter/innen tragen dazu bei, dass Belastungsfaktoren frühzeitig identifiziert und entsprechende Verbesserungsmaßnahmen angestoßen werden.
- Workshops zu gesundheitsorientiertem Führen sollen die Führungskräfte für das Thema Gesundheit sensibilisieren und Ansatzpunkte für die Lösung gesundheitlich anspruchsvoller Situationen aufzeigen.
- Aktuelle Gesundheitsthemen werden auf diversen virtuellen Plattformen veröffentlicht. Sie sollen die Themen bei der Belegschaft platzieren, im Bewusstsein halten und die Vernetzung der Beschäftigten gefördert werden.

12.2.3.2 Zielgruppenspezifisches Gesundheitsangebot „Resilienz und Gesundheitskompetenz auf- und ausbauen" für die Führungskräfte von Manpower

Bei der Strategie und Konzeption von betrieblichem Gesundheitsmanagement ist das betriebliche Umfeld, die Beschäftigtenstruktur und die Belastungsschwerpunkte gleichermaßen zu berücksichtigen. Angesichts der spezifischen Situation von Manpower wurde eine klassische Top-Down-Strategie mit der Interventionsebene Führungskräfte gewählt. Diese Entscheidung fiel vor dem Hintergrund der Annahme, dass der Aus- und Aufbau von Resilienz und Gesundheitskompetenz bei dieser Hierarchieebene die größten Auswirkungen auf alle Mitarbeiter/innen haben werden. Die Maßnahme zielt zunächst auf die Stärkung der Selbstkompetenz und Selbstmanagementfähigkeiten der Führungskräfte, damit sie als Multiplikatoren ihre Mitarbeiter/innen entsprechend unterstützen können.

Projektziele

Ausgehend von den gesundheitsbezogenen Jahreszielen des Unternehmens, den Ergebnissen der AU-Daten-Analysen und Mitarbeiterbefragungen sowie den zielgruppenspezifischen Besonderheiten der Belegschaft legten die Entscheidungsträger mit Unterstützung der beratenden AOK-Projektmanagerin die Ziele wie folgt fest:

- Etablierung einer gesundheitsorientierten Führungskultur
- Sensibilisierung der Führungskräfte für das Thema „Resilienz und Gesundheitskompetenz als Führungsaufgabe"
- Entwicklung von Ideen zur Verbesserung der persönlichen und führungsbezogenen Gesundheitskonzepte
- Stärkung von Motivation und Eigenverantwortung der Führungskräfte
- Erarbeitung von Ansätzen für konkrete Verhaltensänderungen im Führungsalltag

Projektkonzeption

Die 2 Module des Führungsprogramms Im Rahmen einer aus 2 Modulen bestehenden Workshop-Reihe analysieren, reflektieren und stärken die Führungskräfte ihre eigene Widerstandsfähigkeit und Gesundheitskompetenz. Sie sollen achtsamer für gesundheitlich sensible Situationen werden, um ihre und die Resilienz und Gesundheit ihrer Mitarbeiter/innen gezielt fördern zu können. Zudem erweitern die Führungskräfte ihr Verhaltensrepertoire, um gesundheitlich anspruchsvollen (Stress-)Situationen zukünftig noch gelassener und flexibler zu begegnen.

Modul 1

Im Rahmen dieses eintägigen Workshops analysieren, reflektieren und stärken die Teilnehmer/innen ihre Fähigkeit, flexibel, gelassen und sicher auf verschiedene Anforderungen, Veränderungen und Krisen zu reagieren. Mithilfe verschiedener Methoden wie Rollenspiele und kollegiale Beratung sowie fachlicher Impulse erweitern sie das

Repertoire ihrer Bewältigungsstrategien, erarbeiten individuelle Lösungsansätze und erhalten konkrete Tipps zur Stärkung ihrer Widerstandsfähigkeit. Durch den Ausbau persönlicher und methodischer Kompetenzen soll die Leistungsfähigkeit, innere Balance und damit Wohlbefinden und Gesundheit nachhaltig gesteigert werden.

Die Teilnehmer/innen beschäftigen sich u. a. mit folgenden Themen:

- Was ist Resilienz? Welche Faktoren beeinflussen und fördern sie?
- Wie habe ich bisher Anforderungen und belastende Situationen bewältigt?
- Wie sieht mein persönliches Resilienz-Profil aus? Wo liegen meine Stärken? Wo besteht Entwicklungspotenzial?
- Wie kann ich schwierige Situationen zukünftig noch gelassener und sicherer bewältigen?

Modul 2

Im Rahmen dieses eintägigen Folge-Workshops vertiefen die Teilnehmer/innen die in Modul 1 erlernten Fähigkeiten zur Bewältigung anspruchsvoller (Stress-)Situationen und bauen ihr Repertoire an flexiblen Verhaltensmustern weiter aus. Im Fokus dieses Bausteins stehen herausfordernde Führungssituationen. Die Führungskräfte beschäftigen sich vorwiegend mit der Förderung von Resilienz und Gesundheitskompetenz bei ihren Mitarbeiter/innen. Anhand mitgebrachter, individueller Praxisbeispiele werden Herausforderungen des Führungsalltags reflektiert, mögliche Reaktionen besprochen und ggf. durch Probehandeln neue Verhaltensmuster eingeübt. Ziel ist dabei, das Besprochene in konkretes Handeln zu überführen.

Die Teilnehmer/innen beschäftigen sich u. a. mit folgenden Themen:

- Welche Erfahrungen habe ich mit den in Modul 1 erworbenen Kenntnissen und Fähigkeiten gemacht? Konnte ich neue Verhaltensmuster erfolgreich einsetzen?
- Wie sieht das Profil meiner Mitarbeiter/innen aus? Wo liegen deren Stärken? Wo besteht Entwicklungspotenzial?
- Wie kann ich meine Mitarbeiter/innen gezielt beim Auf- und Ausbau von Resilienz und Gesundheitskompetenz unterstützen?

12.2.3.3 Zielgruppe

Maximal 12 Führungskräfte, die ihre Widerstandskraft, Belastbarkeit, Flexibilität und ihr Führungshandeln in der Gruppe reflektieren und fördern möchten, um von der Vielfalt unterschiedlicher Herangehensweisen und Erfahrungen zu profitieren.

Das Format Workshop

Ein Workshop ist eine zeitlich begrenzte Gruppen-Veranstaltung, in der intensiv an einem Thema gearbeitet wird. Kennzeichnend ist dabei die kooperative, moderierte und zielorientierte Arbeitsweise. Der Moderation kommt dabei eine wichtige Rolle für die Erreichung der Ziele zu. Während die Teilnehmer/innen für die Inhalte zuständig sind, hat die Moderation die Prozessverantwortung für den zeitlichen und strukturellen

Ablauf. Durch gezielte Fragen oder inhaltliche Beiträge unterstützt sie die Gruppe bei der Erarbeitung von Ergebnissen und sorgt für den roten Faden in der Veranstaltung (Lipp et al. 2008).

Die Aufgaben der Moderation im Überblick:

- Definition des Ziels
- Organisatorische und methodische Vorbereitung
- Einführung in die Thematik
- Methodische und inhaltliche Impulse
- Steuerung der Diskussion/der Gespräche
- Inhaltliche Klärung bei Unklarheiten
- Visualisierung und Dokumentation der Ergebnisse

Das Format Workshop ist beim Aus- und Aufbau von Resilienz und Gesundheitskompetenz besonders geeignet, da die Teilnehmer/innen aktiv am gesamten Prozess beteiligt sind und somit ihre Eigenverantwortung, Selbstwirksamkeit und ihr Gestaltungswille gefördert wird. Schließlich stehen ihre Interessen, Themen und Fragen im Fokus. Das erfordert eine offene Planung des Workshops und eine flexible Arbeitsweise der Moderation. Auch Gruppengeschehnisse sowie Ideen und Beiträge der Teilnehmer/innen können als wichtige Lern-Impulse aufgegriffen und in der weiteren Vorgehensweise weitestgehend berücksichtigt werden. Es ist übrigens kein Workshop, wenn primär Wissen vermittelt oder vermittelte Inhalte in der Veranstaltung lediglich geübt werden sollen. Wissensvermittlung in Workshops dient nur als Hilfe zur Bewältigung von Aufgaben.

In den Workshops kommen im Idealfall Menschen zusammen, die gemeinsam Strategien entwickeln, Probleme lösen und voneinander lernen wollen. Je stärker dabei die Interaktion zwischen den Teilnehmer/innen gefördert und je weniger Vorbereitetes präsentiert wird, desto mehr neue Erkenntnisse werden durch das Lernen voneinander gewonnen. Während bei einem Seminar der Theorieanteil größer ist als der Praxisanteil, verhält es sich bei einem Workshop umgekehrt. Gerade dieser hohe Praxisbezug und der Fokus auf veränderbare Haltungen ermöglichen ein Höchstmaß an Wirksamkeit, Ressourcenorientierung und Nachhaltigkeit.

Die Führungskräfte lernen in den Workshops unterschiedliche Herangehensweisen für die Probleme ihres Alltags kennen. Sie erfahren dabei, dass sie nicht alleine mit ihren Schwierigkeiten sind und sich untereinander vernetzen können. Das ist gerade für Führungskräfte eine wichtige Erkenntnis, da sie es eher gewohnt sind, Probleme im Alleingang zu lösen und es sich damit häufig schwerer machen als es die Situation erfordert.

In der Moderation ist darauf zu achten, dass keine fertigen Lösungsschablonen geliefert werden, sondern Schritt für Schritt komplexe Probleme des Führungsalltags analysiert und mögliche Reaktionen erarbeitet werden. Die Individualität, Besonderheit und die Ressourcen der jeweiligen Beteiligten und Situationen werden dabei konsequent als Stärke begriffen und in die Lösung einbezogen. Dadurch entstehen tragfähige, konstruktive Lösungen für komplexe Situationen.

Das Format Workshop ist daher ideal für den Aus- und Aufbau von Resilienz und Gesundheitskompetenz geeignet. Viele Resilienzfaktoren werden en passant gefördert.

12.2.4 Methodik und Didaktik

Mithilfe handlungsorientierter Methoden können Strategien erarbeitet werden, die einen erweiterten Blick auf Stärken und Ressourcen ermöglichen. Dabei gilt es insbesondere Selbstwert und Optimismus zu fördern.

Für den Begründer des Psychodramas Jakob Levy Moreno (1890–1974) ist das Handeln des Menschen der stärkste Triggerpunkt für nachhaltige Verhaltensänderungen: „Handeln ist besser als reden" (Fürst et al. 2004). Mithilfe psychodramatischer Methoden wie Aufstellungen, Rollenspiele oder kleinen Inszenierungen können die Führungskräfte spielerisch neue Verhaltensmöglichkeiten im geschützten Rahmen ausprobieren. Erfahrungsgemäß erweitert sich dadurch das verfügbare Verhaltensrepertoire.

Die eingesetzten Methoden werden situations- und prozessbezogen um Elemente der kollegialen Beratung, themenzentrierten Interaktion sowie Entspannungsverfahren bzw. Ausgleichsübungen erweitert. Die Methoden orientieren sich dabei konsequent an den Inhalten und Prozessen, wobei Lösungsorientierung statt Problemfokussierung im Vordergrund steht.

Kurze, fokussierte, fachliche Beiträge sollten sich mit erlebnisorientierten, aktivierenden Angeboten abwechseln. Der Spaß an der Sache und eine spielerische, gelassene Haltung zielen auf die Langzeitwirkung der Maßnahme. Auf sich und die eigene Gesundheit zu achten, soll mit angenehmen Gefühlen verbunden werden und nicht mit Verzicht, Schwere und Humorlosigkeit. Gesundheit, Eigenverantwortung und Selbstwirksamkeit eröffnen Spielräume und bereichern das eigene Leben.

12.2.5 Evaluation

Die Auswertung der Veranstaltung erfolgt durch gezieltes Befragen. Die Teilnehmer/innen äußerten dabei insgesamt hohe Zufriedenheit mit der Durchführung und den persönlichen Erkenntnissen und Fortschritten.

Einige Originalzitate sollen dies illustrieren:

- „Ich habe erkannt, wann ich mir und meinen Mitarbeiter/innen im Wege stehe und unnötig Stress mache. Auch sehe ich Ansatzpunkte, wie ich gelassener reagieren kann."
- „Die Entspannungsübungen haben mir sehr gut getan. Das kann ich gut in meinen Alltag einbauen."
- „Ich habe einige problematische Situationen erkannt und Ideen bekommen, wie ich diese Situationen anders meistern kann."

- „Ich habe Anregungen bekommen, wie ich meinen Alltag stressfreier und mit Pausen gestalten kann".
- „Mir ist klar geworden, dass ich Grenzen setzen muss und ich weiß jetzt auch wie."
- „Mir ist bewusst geworden, dass ich viel achtsamer mit mir und meinen Mitarbeiter/ innen umgehen sollte."

Idealerweise erfolgt nach 6–12 Monaten ein Refresher, in dem die Führungskräfte gezielt nach Erfolgen und Misserfolgen der Maßnahme gefragt werden. Berichtete Misserfolge bilden den Ausgangspunkt für eine erneute Problemlösungssuche. Auch zwischenzeitlich aufgetauchte Themen können Gegenstand dieser Veranstaltung sein. Es hat sich bewährt, im Vorfeld des Refreshers per Mail die aktuellen Themen der Führungskräfte zu erfragen. Das gibt der Moderation die Möglichkeit gezielter die Veranstaltung vorzubereiten. Darüber hinaus verkürzt sich die zeitaufwendige Erwartungsabfrage zu Beginn des Workshops, sodass die Zeit noch besser genutzt werden kann.

Projektdauer: seit 2014

12.2.6 Zwischenfazit

Das Führungsprogramm ist als top-down-Strategie gut geeignet, um die Resilienz und Gesundheitskompetenz von Führungskräften und deren Mitarbeiter/innen zu fördern. Wichtig für den Erfolg und die Nachhaltigkeit dieses eher kurzen Programms ist, dass die Führungskräfte bereits für das Thema sensibilisiert sind und ihnen der Einfluss des Führungshandelns auf die Gesundheit ihrer Mitarbeiter/innen bekannt ist. Zudem ist es förderlich, dass es ein Bewusstsein für Gesundheit in allen Ebenen eines Unternehmens gibt. Das hält das Interesse an dem Thema wach und die Führungskräfte finden Ansatzpunkte für und Rückhalt bei erforderlichen Änderungen. Diese Faktoren sind maßgeblich für den Erfolg der Maßnahme verantwortlich.

12.3   Praxisbeispiel 2: Auf- und Ausbau von Gesundheitskompetenz als ein wichtiger Baustein von Resilienz bei Beschäftigten im Reinigungsdienst am Flughafen

12.3.1 Das Unternehmen

Das Dienstleistungsunternehmen wurde 1996 als Joint Venture gegründet. Die Gesellschaft hat ihren Sitz am Flughafen Frankfurt und beschäftigt knapp 800 Mitarbeiter/innen. Ihr Aufgabenspektrum umfasst die Reinigung der Kabinen unterschiedlichster Flugzeugtypen, die Ausstattung der Flugzeugkabinen (z. B. Decken, Kissen, Bordbücher, Toilettenartikel), Logistikleistungen (z. B. Notfall Catering Equipment,

Flugdokumente) und technischer Service (z. B. Instandsetzung und Wartung von Flugzeugabfertigungsgeräten).

Das Unternehmen erfüllt seine Aufgaben im umtriebigen Umfeld des Flughafens Frankfurt. Immer kürzer werdende Abfertigungszeiten der Flugzeuge, die stetig steigenden Ansprüche an Qualität und Service der Airlines bei gleichzeitig hohem Kostendruck bilden dabei eine große Herausforderung. Diese Anforderungen treffen auf eine Belegschaft mit einer langen Betriebszugehörigkeit und einem stetig steigenden Durchschnittsalter.

Wie bereits beschrieben, ist es wichtig, die Beschäftigtenstruktur und die Belastungsschwerpunkte genau zu kennen, um betriebliches Gesundheitsmanagement zielgenau konzipieren und Maßnahmen wirkungsvoll durchführen zu können. Bei diesem Unternehmen lassen sich mehrere Gruppen mit speziellen Interventionsbedingungen unterscheiden. Im Folgenden wird eine Auswahl dieser Faktoren kurz beschrieben.

12.3.2 Zielgruppenspezifik

12.3.2.1 Gesundheitliche Belastungen bei der Flugzeugreinigung

Arbeitsunfähigkeitsanalysen zeigen, dass in der Branche die Muskel-Skelett-Erkrankungen dominieren. Erfahrungsgemäß ist eine Kombination von körperlichen und psychischen Faktoren dafür verantwortlich. Körperliche Belastungen machen sich besonders durch Rücken-, Nacken- und Schulterbeschwerden bemerkbar. Dazu trägt ein Belastungs-Mix aus Zwangshaltungen, Arbeiten in gebückter Stellung und Über-Kopf-Arbeit bei.

Neben diesen physischen Faktoren spielen psychische Belastungen eine große Rolle im Krankheitsgeschehen. Besonders die immer knapper werdenden Abfertigungs- und Umlaufzeiten der Flugzeuge und die hohen Qualitätsansprüche der Airlines führen zu einem starken Termin- und Leistungsdruck. Die Mitarbeiter/innen berichten, dass sie immer schneller arbeiten müssten und ihre Arbeit häufig unterbrochen und gestört wird. Daneben erfordert das Arbeiten im multinationalen Team des Betriebes ein hohes Maß an Toleranz für andere Kulturen und Gebräuche sowie Team- und Konfliktfähigkeit. Vor allem bei Arbeiten unter hohem Zeitdruck kann es zu Konflikten zwischen Vorgesetzten und Mitarbeiter/innen sowie unter den Mitarbeiter/innen kommen. Die Mitarbeiter/innen fühlen sich dann sehr belastet, was Arbeitsunfähigkeit zur Folge haben kann.

12.3.2.2 Sozial ungleich verteilte Gesundheitschancen

Muskel- und Rückenschmerzen, Erschöpfung und Stress sind die von Beschäftigten am häufigsten genannten arbeitsbedingten Gesundheitsbeschwerden. Leistungs- und Termindruck wird als größte Belastung angesehen (European Foundation for the Improvement of Living and Working Conditions 2007). Stress stellt somit ein zentrales Gesundheitsproblem dar. Dabei ist der Gesundheitszustand bei Angehörigen weniger privilegierter Schichten deutlich schlechter als bei Menschen mit höherem Bildungsniveau

(Robert-Koch-Institut 2006). Auch das Gesundheitsverhalten ist in den unteren Bildungsschichten kritischer. Beispielsweise treibt die Mehrheit keinen Sport. Bewegungsmangel ist aber der Hauptgrund für die Entstehung chronischer Erkrankungen. Persönliche Ressourcen wie allgemeine Problemlösekompetenzen, Selbstvertrauen, generelle Lebenszufriedenheit und optimistische Zukunftserwartungen sind bei weniger privilegierten Schichten geringer ausgeprägt (Forjanic 2002).

12.3.2.3 Charakteristika der Tätigkeiten

Die Tätigkeiten in der Reinigungsbranche sind häufig geprägt durch wenig Autonomie, soziale Unterstützung und Anforderungen. Zu dieser Bewertung kommt man, wenn das international bekannte Stressmodell „Job-Demand-Control-(Support-)-Modell" von Karasek (1979) als Grundlage dient.

12.3.2.4 Motivation zur Gesundheitsförderung

Erfahrungsgemäß sehen besonders Angehörige weniger privilegierter Schichten die Verantwortung für die eigene Gesundheit eher im Außen z. B. beim Unternehmen oder im Medizinbetrieb. Eigenverantwortung und Selbstkompetenz ist weniger ausgeprägt. Untersuchungen zur Teilnahmemotivation an Gesundheitsfördermaßnahmen zeigen ein geringes Interesse dieser Personengruppe. Hausarbeitsverpflichtungen, ein zweiter Job, Schichtarbeit, mangelnde soziale Unterstützung, Alter und mangelnde Fitness werden als Motivationshindernisse genannt (Alexy 1990). Zudem liegt die Vermutung nahe, dass die Teilnahmemotivation gering ist, weil die Maßnahmen nicht auf die spezifischen Bedürfnisse und Lebenswelten dieser Personengruppe zugeschnitten ist (Campbell et al. 2000).

12.3.2.5 Lebensgestaltung und Stressmanagement

Eine im Rahmen des ReSuM-Projekts durchgeführte qualitative Studie zu Lebensgestaltung und Stressmanagement bei gering qualifizierten Frauen ergab sehr verschiedene Lebensgestaltungstypen. Gemeinsam ist jedoch allen, dass die Frauen ihre Identität vorwiegend aus dem Familienleben ziehen. Der Beruf und die Arbeitsaufgaben beeinflussen das Selbstbild weniger als eine erfolgreiche Partnerschaft, Kinder und die soziale Einbindung. Stress wird hauptsächlich durch die Arbeitszeiten und die körperlichen Belastungen in der Erwerbstätigkeit erlebt (Busch et al. 2009). Auch Männer unterer sozialer Schichten erleben ihre Arbeit vorwiegend als belastend und sehen ihre Ressourcen eher in den persönlichen Beziehungen und bei Freizeitaktivitäten.

12.3.2.6 Beschäftigte mit Migrationshintergrund

Im betrieblichen Kontext haben Migranten weniger soziale Ressourcen z. B. in Form von sozialer Unterstützung und Anerkennung durch Vorgesetzte und Kollegen als Deutsche (Simich et al. 2003). Hinzu addieren sich häufig belastete und ressourcenarme außerbetriebliche Lebensverhältnisse, die zu einer eher schlechteren Work-Life-Balance führen. Migrantinnen berichten über eine zweifache Diskriminierung durch ihren Migrationshintergrund und ihre Geschlechtszugehörigkeit.

12.3.3 Betriebliches Gesundheitsmanagement des Unternehmens

12.3.3.1 Ausgangslage

Das Unternehmen startete seine BGM-Initiative mit Unterstützung der AOK – die Gesundheitskasse in Hessen bereits im Jahr 2010 und entwickelt seitdem seine gesundheitsbezogenen Strukturen und Prozesse kontinuierlich weiter.

Die wichtigsten Bausteine des Betrieblichen Gesundheitsmanagements sind

- AU-Daten Analysen werden jährlich ausgewertet, interpretiert und diskutiert. Sie dienen als Benchmark und werden zur Planung weiterer Maßnahmen herangezogen. Die diagnosebezogenen Auswertungen geben Hinweise auf konkrete Interventionsfelder und erlauben vorsichtige Rückschlüsse auf den Erfolg von Maßnahmen.
- Im Rahmen einer Selbstbewertung wurde der Istzustand im BGM analysiert. Mit Unterstützung der betreuenden AOK-Projektmanagerin wurden bestehende Strukturen und Prozesse genauer unter die Lupe genommen. Im Anschluss definierten die Entscheidungsträger im Unternehmen erreichbare Jahresziele. Anhand dieser Ziele wurden geeignete Maßnahmen ausgewählt, zeitlich geplant und Verantwortliche bestimmt. Die Bewertung der durchgeführten Maßnahmen erfolgt im Rahmen eines jährlichen Review-Workshops mit Entscheidungsträgern des Unternehmens. In dieser Veranstaltung wird der Beitrag der Maßnahmen zur Zielerreichung beurteilt und auf dieser Grundlage die Ziele und Maßnahmen des Folgejahres geplant. Dieses Vorgehen trägt maßgeblich zur kontinuierlichen Verbesserung des BGM bei.
- Regelmäßige Mitarbeiterbefragungen erheben die Stimmungslage im Unternehmen und die Zufriedenheit der Beschäftigten. Auch diese Ergebnisse werden bei der Planung der BGF-Maßnahmen einbezogen.
- Begehung der Arbeitsplätze mit Unterstützung von (Bewegungs-)Fachkräften der AOK – die Gesundheitskasse in Hessen, um ein genaueres Bild der Belastungsschwerpunkte zu erhalten. Die betroffenen Mitarbeiter/innen wurden dabei zu ihren subjektiv wahrgenommenen Belastungen und ihren Ideen zur Verbesserung der Situation befragt. Diese Impulse wurden bei den Bewegungsprogrammen für Vorgesetzte und Mitarbeiter/innen berücksichtigt. Durch den Einbezug dieser Ideen sollte größtmögliche Akzeptanz für die Maßnahmen geschaffen und die Umsetzung in den Alltag ermöglicht werden.

12.3.3.2 Zielgruppenspezifisches Gesundheitsangebot „Gesundheitskompetenz auf- und ausbauen" im Rahmen eines Gruppencoachings für die Beschäftigten im Reinigungsdienst

Projektziele

Ausgehend von den gesundheitsbezogenen Jahreszielen des Unternehmens, den Ergebnissen der AU-Daten-Analysen sowie den zielgruppenspezifischen Besonderheiten der

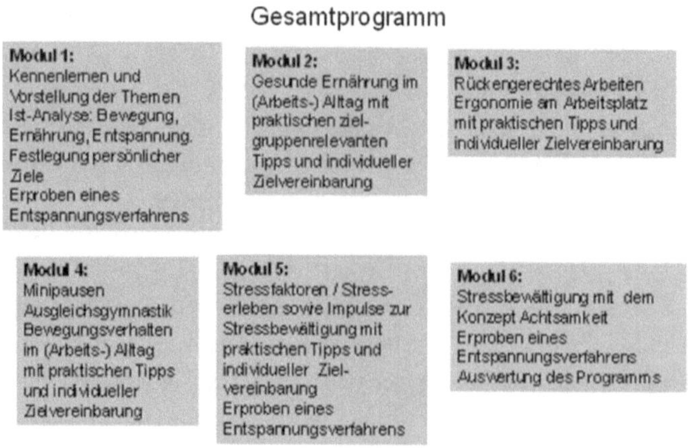

Gesamtprogramm

Abb. 12.1 Überblick zum Gesamtprogramm. (Quelle: Eigene Darstellung 2015)

Belegschaft legten die Entscheidungsträger mit Unterstützung der beratenden AOK-Projektmanagerin die Ziele wie folgt fest:

- Etablierung einer gesundheitsorientierten Unternehmenskultur
- Sensibilisierung der Beschäftigten für die Themen „Resilienz und Gesundheitskompetenz"
- Stärkung von Motivation und Eigenverantwortung der Mitarbeiter/innen
- Entwicklung von Ideen zur Verbesserung der persönlichen Gesundheitskonzepte
- Erarbeitung von Ansätzen für konkrete Verhaltensänderungen

Projektkonzeption

Abb. 12.1 zeigt die Module des Programms im Überblick.

Modul 1

Die Eröffnungsveranstaltung dient dem gegenseitigen Kennenlernen, der Vorstellung des Programms und der Festlegung von Interessen und Bedarfe der Teilnehmer/innen in den jeweiligen Handlungsfeldern. Ausgehend von einer subjektiven Einschätzung ihres Gesundheitszustands und den darauf bezogenen Zielen werden erste konkrete Vereinbarungen zu Verhaltensänderungen getroffen. Beispielsweise berichtete eine Teilnehmerin, dass sie sich gestresst fühle, weil sie zwischen Erwerbs- und Familienarbeit kaum Zeit zum Luftholen habe. Sie legte fest, dass sie zukünftig eine Station früher aus der U-Bahn aussteigt und diese 10 min für einen Spaziergang nutzt. In der letzten Sequenz dieses Termins erproben die Teilnehmer/innen die Progressive Muskelentspannung nach Jacobson.

Modul 2

In diesem Modul geht es schwerpunktmäßig um das Thema „gesunde Ernährung". Die Teilnehmer/innen nehmen zunächst das eigene Ernährungsverhalten unter die Lupe, identifizieren Schwachstellen und erhalten konkrete Tipps zur gesünderen Ernährung. Dabei ist wichtig, dass diese Vorschläge in den (Arbeits-)Alltag der Teilnehmer/innen passen, beispielsweise in die jeweilige Landesküche. Am Ende des Moduls treffen die Teilnehmer/innen konkrete Vereinbarungen zur Verbesserung ihres persönlichen Ernährungsverhaltens.

Modul 3

Bei diesem Treffen steht das Thema „Bewegung – rückengerechtes Arbeiten – Ergonomie" auf der Agenda. Zunächst werden die Teilnehmer/innen nach vorhandenen Beschwerden im Muskel-Skelett-System gefragt sowie das persönliche Bewegungsverhalten analysiert. Dazu gehört, dass die Belastungsschwerpunkte der Arbeit berücksichtigt werden. Anschließend gibt es konkrete Tipps und Vorschläge zur Verbesserung des eigenen Bewegungsverhaltens. Dabei werden auch Alternativen für besonders kritische Arbeitshaltungen und -abläufe erarbeitet. Praktische Übungen zum Ausgleich der Belastungen des (Arbeits-)Alltag runden das Treffen ab. Konkrete Zielvereinbarungen werden auch zum Ende dieses Moduls getroffen.

Modul 4

Auch in diesem Modul geht es um das Thema „Bewegung". Die aktive Gestaltung von (Bewegungs-)Minipausen und das Einüben und Vertiefen der Ausgleichsgymnastik (siehe Modul 3) bilden dabei den Schwerpunkt. Zudem wird analysiert, welche Faktoren Bewegung im Alltag fördern bzw. verhindern, Davon abgeleitet werden Wege zu mehr Bewegung im Alltag erarbeitet. Individuelle Vereinbarungen zur Verbesserung des eigenen Bewegungsverhaltens werden am Ende der Einheit getroffen.

Modul 5

Bei diesem Treffen steht das Thema Stressbewältigung auf dem Programm. Persönliche Stressfaktoren werden analysiert und Ansatzpunkte zur Verbesserung des Verhaltens erarbeitet. Dabei ist wichtig, dass die Teilnehmer/innen aus ihrer passiven Opferhaltung herauskommen und Verantwortung für ihr Verhalten übernehmen. Verhaltensmöglichkeiten und deren vermutliche Konsequenzen, die Einbeziehung von Netzwerken zur Entlastung und emotionalen Unterstützung stehen auf dem Programm. Entspannungsverfahren wie progressive Muskelentspannung und Atemübungen runden die Einheit ab. Individuelle Vereinbarungen zu Verhaltensänderungen stehen am Ende dieses Treffens.

Modul 6

Auch in diesem Modul geht es um die „Stressbewältigung": Konkrete Stresssituationen im Hinblick auf Teamarbeit bzw. Konflikte im Team werden genauer betrachtet. Bei dieser Einheit geht es schwerpunktmäßig um die Rolle von sozialer Unterstützung im Team und der Verbesserung des Kommunikations- bzw. Konfliktverhaltens. Ansatzpunkte zur „Entstressung" von Teams werden erarbeitet. Eine Übung zur Verbesserung der Achtsamkeit wird anschließend erprobt und wiederum individuelle Vereinbarungen zum bearbeiteten Thema festgelegt.

Auswertung

Zum Schluss erfolgt die Auswertung des gesamten Programms unter folgenden Fragestellungen:

- Welche Fortschritte sehen Sie bei sich?
- Wie ging es Ihnen zu Beginn und wie geht es Ihnen jetzt?
- Was hat Ihnen geholfen, was weniger?
- Wie können Sie die erzielten Erfolge festigen? Was sollte Ihr Unternehmen tun, um die neu gelernten gesundheitsförderlichen Verhaltensweisen zu unterstützen?
- Haben wir beim Programm noch etwas Wesentliches vergessen?

12.3.3.3 Erfolgskritische Faktoren

Die Module 2,3 und 4 werden von jeweiligen Fachexpert/innen wie Sport- bzw. Ernährungswissenschaftler/innen nach vorherigem Briefing durch die Projektleitung durchgeführt. So wird gewährleistet, dass alle Beteiligten die Ziele kennen und ihre Arbeit konsequent daran orientieren. Für die Teilnehmer/innen ist somit der rote Faden jederzeit erkennbar.

Nach der Durchführung dieser Module wird die Projektleitung zeitnah über den Verlauf der Sitzung und evtl. Besonderheiten informiert. Die Kenntnis der Modulverläufe und -prozesse ist wichtig, um bei Problemen rechtzeitig reagieren zu können. Außerdem hat sich gezeigt, dass die rasche Umsetzung von Teilnehmerfeedback und -kritik das Bewusstsein für ihre Selbstwirksamkeit stärkt. Schließlich erfahren die Teilnehmer/innen dadurch, dass sie Situationen aktiv im eigenen Sinne beeinflussen können.

Die Treffen finden einmal im Monat statt und sollten nicht länger als 2,5 h dauern. Damit wird der geringeren Aufmerksamkeits- und Konzentrationsspanne der Zielgruppe Rechnung getragen. Jede Einheit endet mit konkreten persönlichen Zielvereinbarungen über Verhaltensänderungen. Diese Vereinbarungen werden am besten schriftlich festgelegt. Dabei sollten die Leiter/innen darauf achten, dass die Ziele realistisch und überprüfbar sind. Da zwischen den Modulen immer 4 Wochen zum Ausprobieren neuer Verhaltensweisen liegen, zeigt sich, ob die gemachten Vereinbarungen praxistauglich sind. Zu Beginn jedes Moduls wird nach den Erfolgen gefragt und bei Misserfolgen nach den Gründen gesucht und ggf. neue Vereinbarungen getroffen.

Die Teilnehmerzahl sollte 12 nicht überschreiten.

12.3.3.4 Das Format Gruppencoaching

Coaching wird verstanden als ein interaktiver und personenzentrierter Begleitungsprozess, der berufliche und private Inhalte umfassen kann. Dabei steht die berufliche Rolle und damit zusammenhängende private Anliegen im Fokus. Coaching unterstützt

Menschen auf der Prozessebene. Der Coach liefert keine direkten Lösungsvorschläge, sondern begleitet die Klienten bei der Entwicklung eigener Lösungswege. Coaching ist also lösungs- und zielfokussiert, fördert die Selbstreflexion und Selbstmanagementfähigkeiten und ist Hilfe zur Selbsthilfe. Grundlage jedes hilfreichen Coachingprozesses ist eine tragfähige und durch gegenseitige Akzeptanz und Vertrauen gekennzeichnete Beziehung.

Coaching arbeitet mit transparenten Methoden und setzt ein ausgearbeitetes Konzept voraus, in dem das Vorgehen des Coachs erklärt und der Rahmen für Methoden, Techniken und Interventionen, Prozessabläufe und Wirkzusammenhänge festgelegt wird. Coaching findet in mehreren Sitzungen statt und ist zeitlich begrenzt. Der Coach arbeitet mit vereinbarten „Spielregeln", die Klienten freiwillig akzeptieren. Der Coach drängt den Klienten nicht seine Ideen und Meinung auf, sondern sollte stets eine unabhängige Position einnehmen (Rauen 2016).

Die Vorteile des Gruppencoachings
Beim Gruppencoaching können die Gruppenmitglieder ihre unterschiedliche Sichtweisen und Erfahrungen einbringen. Dadurch entstehen häufig Synergieeffekte, die bei der Entwicklung von Problemlösungen helfen können. Wahrnehmungsverzerrungen einzelner Personen können durch die Gruppe korrigiert werden. Dabei ist jedoch darauf zu achten, dass die Interessen Einzelner nicht durch den Gruppendruck zu kurz kommen. Ein erfolgreiches Gruppencoaching benötigt eine vertrauensvolle Arbeitsatmosphäre, in der sich die Gruppenmitglieder mit ihren Anliegen offen einbringen können. Der Coach sollte für eine ausgeglichene Balance zwischen Einzelanliegen und Gruppeninteressen sorgen und den Coachingprozess entsprechend steuern.

Diese gruppenbasierte Intervention erleichtert Lernprozesse und den Transfer des Gelernten in den Arbeitsalltag. Situativ-erfahrungsbezogene Ansätze unterstützen dabei individuelle Lernprozesse und Teamlernen gleichermaßen. So zeigen Studien zu Lernprozessen in Teams, dass die stabilen sozialen Beziehungen bei der Teamarbeit eine besondere Bedeutung für die Lernprozesse haben. Insbesondere die subjektive Wahrnehmung von psychologischer Sicherheit im eigenen Team erleichtert beispielsweise das Einholen von Rückmeldungen und die Diskussion von Fehlern (Edmondson et al. 2001).

Methodik und Didaktik
Ausgehend von der These Morenos, dass Handeln beste Voraussetzung für nachhaltige Verhaltensänderungen bietet, eignen sich psychodramatische Methoden wie Rollenspiele und kleine Inszenierungen für die Arbeit mit dieser Zielgruppe in besonderer Weise. Im spielerischen Handeln können neue Verhaltensmöglichkeiten im geschützten Raum ausprobiert werden. Erfahrungsgemäß erweitert sich dadurch das verfügbare Rollenrepertoire. Durch das aktive Tun wird den Teilnehmer/innen ihr Handeln bewusster. Das Erleben ist zwar gespielt, hat aber dennoch einen realen Erfahrungscharakter. Im Idealfall tritt sofort eine Verhaltensänderung ein.

Die eingesetzten Methoden beschränken sich jedoch nicht nur auf spielerische Interventionen. Situations- und prozessbezogen werden auch Elemente der kollegialen

Beratung, themenzentrierten Interaktion sowie Entspannungsverfahren bzw. Ausgleichs-übungen eingesetzt. Die Methoden orientieren sich dabei konsequent an den Inhalten und Prozessen. Lösungs- und Prozessorientierung statt Problemfokussierung steht bei der Arbeit im Vordergrund.

Kurze, fokussierte, fachliche Inputs sollten sich mit erlebnisorientierten, aktivierenden Angeboten abwechseln. Der Spaß an der Sache, eine spielerische Haltung und Geduld mit sich selbst sind wesentliche Elemente, um eine langfristige Wirkung dieser Maßnahme zu erzielen. Die Teilnehmer/innen erleben, dass auf sich und die eigene Gesundheit zu achten, nicht mit Verzicht, Leidensfähigkeit und Humorlosigkeit verknüpft ist. Sie können die Erfahrung machen, dass Gesundheit, Eigenverantwortung und Selbstwirksamkeit Spielräume eröffnen und ihr Leben bereichern kann.

Evaluation

Idealerweise erfolgt nach 6 Monaten ein Refresher, in dem gezielt nach Erfolgen und Misserfolgen der Maßnahme gefragt wird. Die Ergebnisse dieser Veranstaltung sollten in die weitere Vorgehensweise und Planung einbezogen werden.

Die Auswertung des Gesundheitscoachings erfolgte durch gezieltes Befragen. Die Teilnehmer/innen äußerten dabei insgesamt hohe Zufriedenheit mit der Durchführung der Maßnahmen und dem persönlichen Fortschritten.

Einige Originalzitate:

- „Ich habe mich selten so entspannt gefühlt. Die Progressive Muskelentspannung mache ich jetzt immer, wenn ich nach Hause komme"
- „Die Atemübungen zur Entspannung mache ich häufig zwischendurch. Das hilft mir beim Durchatmen und Entstressen".
- „Mein Mann und meine Kinder müssen neuerdings Aufgaben im Haushalt übernehmen. Das passt ihnen zwar nicht, aber sie machen es. In dieser gewonnenen Zeit, lege ich die Füße hoch"
- „Ich gehe neuerdings mit meinen Kindern einmal wöchentlich schwimmen, statt zu MacDonalds".
- „Die Ausgleichs-Übungen mit dem Thera-Band habe ich in meinen Alltag gut einbauen können".
- „Ich esse jetzt viel bewusster und wähle die Lebensmittel sorgfältiger aus".

Projektdauer: seit 2014

12.3.4 Zwischenfazit

Das Programm ist als Bottom-up-Maßnahme gut geeignet, um die Resilienz und Gesundheitskompetenz von Beschäftigten im Reinigungsdienst zu fördern. Die Rückmeldungen der Teilnehmer/innen geben Hinweise darauf, dass das Programm in gewünschter Weise nachhaltig wirkt. Die soziale Unterstützung in der Gruppe sowie deren Dynamik verbunden mit Inhalten, die für die Zielgruppe relevant sind, stellen die Weichen für eine dauerhafte Verhaltensänderung.

Für den langfristigen Erfolg dieser Maßnahme ist ebenso wichtig, dass Gesundheit in der Unternehmenskultur verankert ist und die gesamte Führungsebene hinter dem Thema steht. Nur so ist sichergestellt, dass gesundheitsfördernde Verhaltensweisen des Einzelnen nicht durch die betrieblichen Verhältnisse konterkariert werden. Schließlich ist betriebliche Gesundheitsförderung am effektivsten, wenn die Verhältnisse im Unternehmen das gesundheitsbezogene Verhalten der Beschäftigten unterstützen. Dazu ist es erforderlich, dass auf allen Hierarchieebenen das Thema Gesundheit präsent ist und bei relevanten unternehmerischen Entscheidungen eine Rolle spielt.

12.4 Ausblick

Der eingangs beschriebene Wandel der Arbeitswelt sowie neue Beschäftigungsformen erfordern die Weiterentwicklung erprobter Instrumente und die Erweiterung der Palette wirksamer Maßnahmen der Betrieblichen Gesundheitsförderung.

Die Betriebliche Gesundheitsförderung bietet einen systematischen Rahmen, um Kompetenzen zu fördern und zu Verhaltensänderungen zu motivieren.

Beim Auf- und Ausbau von Resilienz und Gesundheitskompetenz kann abhängig von den jeweiligen betrieblichen Rahmenbedingungen und Zielsetzungen auf verschiedenen Interventionsebenen angesetzt werden. Dabei stärken die beschriebenen verhaltensbasierten Programme primär die Kompetenzen von Einzelnen, insbesondere Eigenverantwortung, Selbstwirksamkeit und die Erweiterung von Gestaltungsspielräumen.

Führungsbeziehungen sind trotz aller Veränderungsprozesse ein stabiler Faktor in Unternehmen. Da Führungskräfte die Dosis von Veränderung und Beschleunigung, gesundheitsrelevante Prozesse und die Freiräume ihrer Mitarbeiter/innen mitsteuern können, ist es wichtig, diese Zielgruppe stärker in den Fokus der betrieblichen Gesundheitsförderung zu rücken. Vor dem Hintergrund, dass Führungskräfte immer häufiger mit komplexen Situationen, konträren Zielsetzungen und Dilemmata konfrontiert werden, ist es wichtig, diese veränderten Rahmenbedingungen zu reflektieren und mit geeigneten Maßnahmen zu tragfähigen Lösungen beizutragen. Einzelmaßnahmen können eine Entwicklung in die gewünschte Richtung anstoßen. Um die Führungskräfte nachhaltig bei ihren gesundheitsbezogenen Aufgaben zu unterstützen, sind regelmäßige Treffen zum Austausch, zur Reflexion und kollegialen Beratung sinnvoll. Es hat sich bewährt, diese Treffen schon im Vorfeld bzw. während des beschriebenen Führungsprogramms zu initiieren. So kann die in Workshops erfahrungsgemäß hohe Veränderungsmotivation zu konkreten Schritten und Vereinbarungen genutzt werden.

Daneben ist es ebenso sinnvoll, die (gesundheitsbezogenen) Kompetenzen der Mitarbeiter/innen zu stärken. Hier sind Interventionen vielversprechend, die Betroffene langfristig befähigen, mehr Eigenverantwortung, Selbststeuerung, Kontrolle über ihr eigenes

Leben zu gewinnen und gleichzeitig die Gestaltungsspielräume auszunutzen. Dabei ist ein sensibles Vorgehen wichtig. Die Kompetenzen der Mitarbeiter/innen sollen gestärkt werden ohne dass der Eindruck entsteht, sie seien selbst an ihrer Situation schuld. Die konstruktive Bewältigung persönlicher Stresssituationen und die Ermunterung aktiv das eigene Leben zu gestalten sollen im Vordergrund stehen.

Im Sinne der Nachhaltigkeit sind regelmäßige moderierte Gesundheitswerkstätten sinnvoll. In diesen Treffen sollte es um den Austausch betrieblicher und persönlicher Ressourcen und Belastungen sowie der Lösung anspruchsvoller Situationen gehen. Je nach betrieblichen und persönlichen Voraussetzungen kann eine Teilnahme der Führungskräfte an den Werkstätten punktuell oder auch dauerhaft hilfreich sein. Bei dieser Entscheidung gilt es abzuwägen, ob die Beziehungen zwischen Führungskräften und Mitarbeiter/innen bereits vertrauensvoll und tragfähig genug sind, um konstruktive Lösungen partnerschaftlich zu erarbeiten.

Literatur

Alexy B (1990) Workplace health promotion and the blue collar worker. Official J Am Assoc Occup Health Nurses 38(1):12–16

Badura B, Ducki A, Schröder H, Klose J, Meyer M (2012) Fehlzeitenreport 2012. Gesundheit in der flexiblen Arbeitswelt: Chancen nutzen – Risiken minimieren. Springer, Berlin

Bengel J, Lyssenko L (Hrsg) (2012) Resilienz und psychologische Schutzfaktoren im Erwachsenenalter. Stand der Forschung zu psychologischen Schutzfaktoren von Gesundheit im Erwachsenenalter. Schriftenreihe zu Forschung und Praxis der Gesundheitsförderung, Bd 43. Bundeszentrale für gesundheitliche Aufklärung, Köln

Busch C, Roscher S, Ducki A, Kalytta T (2009) Stressmanagement für Teams in Service, Gewerbe und Produktion – ein ressourcenorientiertes Trainingsmanual. Springer Medizin, Heidelberg

Campbell M, Tessaro I, De Vellis B, Benedict S, Kelsey K, Belton L, Henriquez-Roldan C (2000) Tailoring and targeting a worksite health promotion program to address multiple health behaviors among blue-collar women. Am J Health Promot 14(5):306–313

Edmonson AC (2001) Disrupted routines: team learning and new technology implementation in hospitals. Adm Sci Q 46:685–719

European Foundation for the Improvement of Living and Working Condition (2007) Fourth European working conditions survey. http://www.eurofound.europa.eu/pubdocs/-2006/98/en/2/ef0698en.pdf. Zugegriffen: 2. März 2016

Forjanic L (2002) Bildungsmotivation und Berufsplanung bei FacharbeiterInnen gegenüber ungelernten Berufstätigen in Beziehung zur Persönlichkeit (intellektuelle Voraussetzungen Zeitperspektiven und Belohnungsaufschub). Unveröffentlichte Dissertation, Universität Graz, Naturwissenschaftliche Fakultät

Fürst J, Ottomeyer K (2004) Psychodramatherapie. Ein Handbuch. Facultas-Verlag, Wien

Karasek RA (1979) Job demands, job decision latitude and mental strain: implications for job redesign. Adm Sci Q 24(2):285–308

Köper B, Richter G (2012) Restrukturierung in Organisationen und mögliche Auswirkungen auf die Mitarbeiter. http://www.baua.de/de/Publikationen/Fachbeitraege/artikel27.html;jsessionid=D1AE8C4A92D667ED67167857A697DACA.1_cid343. Zugegriffen: 2. März 2016

Lipp U, Will H (2008) Das große Workshop-Buch. Beltz, Weinheim

Rauen C (2016) Coaching-Report. Die Coaching-Wissensbasis mit Fakten, News und Hintergrund-infos. http://www.coaching-report.de/definition-coaching.html. Zugegriffen: 2. März 2016
Robert-Koch-Institut (Hrsg) (2006) Gesundheit in Deutschland. Gesundheitsberichterstat-tung des Bundes, Robert-Koch-Institut. http://www.gbe-bund.de/gbe10/ergebnisse.prc_tab?fid=10955&suchstring=&query_id=&sprache=D&fund_typ=TXT&methode=&vt=&verwandte=1&page_ret=0&seite=1&p_lfd_nr=1&p_news=&p_sprachkz=D&p_uid=gast&p_aid=51433645&hlp_nr=2&p_janein=J. Zugegriffen: 2. März 2016
Simich L, Beiser M, Mawani FN (2003) Social support and the significance of shared experience in refugee migration and resettlement. West J Nurs Res 25(7):872–891
Welter-Enderlin R, Hildenbrand B (Hrsg) (2006) Resilienz. Gedeihen trotz widriger Umstände. Carl-Auer-System, Heidelberg

Über die Autorin

Petra Homberg Diplom-Pädagogin. Studium der Pädagogik (Schwerpunkt Erwach-senenbildung), Psychologie und Publizistik in Berlin, Frankfurt und Mainz. Nach Abschluss des Studiums mehrjährige Tätigkeit bei einer Personalberatung als Beraterin, Trainerin und später Leiterin eines Unternehmensstandortes. Danach tätig in einer Unter-nehmensberatung als Managementberaterin und -Trainerin mit dem Arbeitsschwerpunkt: Führungskräfteentwicklung und Potenzialanalysen. Seit 2001 Projektmanagerin in der Betrieblichen Gesundheitsförderung bei der AOK Hessen. Arbeitsschwerpunkte: Betrieb-liches Gesundheitsmanagement, Organisationsentwicklung, Stressbewältigung, Führung und Gesundheit.

Gesundheitsmanagement im Krankenhaus – auf dem Weg zu einem Good-Practice-Modell

13

Bernd Runde und Elisabeth Tenberge

Zusammenfassung

Die Erkenntnis, dass das wirtschaftliche Potenzial effektiver gesundheitsförderlicher Maßnahmen enorm ausfällt, darf mittlerweile einer Binsenweisheit gleichkommen. Zielgröße entsprechender Maßnahmen ist dabei nicht nur – und nicht einmal primär – die Reduzierung der Fehlzeitenquote. Vielmehr geht es um die Reduzierung arbeitsbelastender und krank machender Faktoren: Unzufriedenheit, permanent belastende Stressfaktoren und zunehmende Entfremdung von der eigenen Arbeitstätigkeit. Diese Phänomene führen nicht unmittelbar zu einem Ausfall durch Krankheit, sondern zunächst zu gestörten Arbeitsabläufen in Form von sowohl qualitativ als auch quantitativ kritischen Ergebnissen. Die medizinische und pflegerische Qualität sinkt, Fehlerraten und Gefahren für Mitarbeitende und Patienten steigen. Vor diesem Hintergrund entwickeln die Niels-Stensen-Kliniken seit nunmehr 4 Jahren ihr betriebliches Gesundheitsmanagement unter dem Label „AktiVerbund". Nach einer Analyse der Istsituation und anschließender Zieldefinition folgten die Konzeption der Maßnahmen und deren Verankerung in der Unternehmensorganisation. Im Beitrag wird auf die inhaltliche Ausgestaltung der dargestellten Säulen, die sowohl auf Verhaltens- als auch Verhältnisebene ansetzen, genauer eingegangen. Erfolgs- und Misserfolgsfaktoren der Einführung sowie erste Evaluationsergebnisse werden präsentiert. Der Beitrag verdeutlicht, dass

B. Runde (✉)
Abteilung für Personalmanagement, Niels-Stensen-Kliniken GmbH,
Georgsmarienhütte, Deutschland
E-Mail: bernd.runde@niels-stensen-kliniken.de

E. Tenberge
Personalentwicklung, Niels-Stensen-Kliniken GmbH,
Georgsmarienhütte, Deutschland
E-Mail: elisabeth.tenberge@niels-stensen-kliniken.de

© Springer Fachmedien Wiesbaden 2016   213
M.A. Pfannstiel und H. Mehlich (Hrsg.), *Betriebliches Gesundheitsmanagement,*
DOI 10.1007/978-3-658-11581-4_13

BGM nicht als Allheilmittel für organisationale Defizite gelten kann. Problemfelder bzw. Defizite in der Organisationseinheit, die mittelfristig gesundheitsbeeinträchtigende Wirkungen entfalten können, sind oftmals nur mit umfassenden organisationalen Veränderungsprozessen bzw. Restrukturierungen zu beheben. BGM schafft darüber hinaus Erwartungen: Die Einführung eines systematischen Programms zur Erhaltung und Förderung der Gesundheit der Mitarbeitenden wird – einmal gestartet – nie beendet sein. Gesundheitsförderung ist schließlich eine Aufgabe des Unternehmens, indem es Arbeitsmaterialien und Abläufe entsprechend gestaltet, berät, Kreativität und soziale Beziehungen fördert, Kommunikation und Werbung für das Thema betreibt.

Inhaltsverzeichnis

13.1   Einleitung

Unternehmen, die die Gesundheit ihrer Mitarbeitenden nachhaltig sicherstellen und verbessern wollen, müssen die Bedingungen dafür schaffen. Verantwortung tragen Organisationsverantwortliche und Mitarbeitende gleichermaßen. Letztere müssen den oftmals im Weg stehenden „inneren Schweinehund" überwinden, erstere müssen gesundheitsfördernde Veränderungen wollen und fördern.

Betriebliches Gesundheitsmanagement rangiert vor diesem Hintergrund seit mehr als 10 Jahren auf den Spitzenplätzen strategischer HR-Themen. Die Gründe hierfür sind zunächst im wirtschaftlichen Potenzial entsprechender gesundheitsförderlicher Maßnahmen zu suchen.

In deutschen Unternehmen entstehen krankheitsbedingte Kosten in Höhe von 3600 € pro Mitarbeiter. Die Bundesanstalt für Arbeitsschutz und Arbeitsmedizin schätzt die volkswirtschaftlichen Produktionsausfälle auf insgesamt 59 Mrd. EUR bzw. den Ausfall an Bruttowertschöpfung auf 103 Mrd. EUR (Bundesanstalt für Arbeitsschutz und Arbeitsmedizin 2015). Knapp die Hälfte dieser Kosten muss durch die Unternehmen getragen werden. Gleichzeitig stagnieren die Krankenstände – höchste Zeit also für die Unternehmen zu handeln und Kostensenkungen durch langfristig geringere Fehlzeiten zu erreichen. Der primären Prävention von Erkrankungen des Muskel-Skelett-Systems kommt hierbei das größte Potenzial zu, es folgen die Diagnosegruppen aus den Bereichen Atmungssystem und psychische Verhaltensstörungen (Bundesanstalt für Arbeitsschutz und Arbeitsmedizin 2013). Mehr als jeder Vierte (27,8 %) scheidet aus gesundheitlichen Gründen aus dem Erwerbsleben aus. Durchschnittliches Alter dabei: 55,1 Jahre. Für den Healthcare-Bereich sehen die Zahlen eher noch dramatischer aus: Mit 25 Fehltagen pro Jahr werden die Mitarbeitenden in der Krankenpflege nur von Halbzeugputzern (26,5 Tage) und Straßenreinigern (28,4) überholt (Badura et al. 2012). Der Krankenstand lag im Jahresdurchschnitt 2013 bei 3,72 % bzw. 9,3 Arbeitstagen (Institut für Arbeitsmarkt und Berufsforschung 2014).

Neben diesen rein wirtschaftlichen Faktoren ist der seit Jahren aktive „war for talents" ein weiterer Grund zur Fokussierung auf das Thema Gesundheit: Die deutlich veränderten Präferenzstrukturen der sogenannten Generationen Y und Z für die Wahl des zukünftigen Arbeitgebers werden auch durch gesundheitsförderliche Initiativen positiv beeinflusst. Die Generation junger, werteorientierter Fachkräfte, um die jeder Personaler buhlt, weiß die Anstrengungen des Arbeitgebers zur langfristigen Sicherung der wahrgenommenen Lebens- und Arbeitsqualität deutlicher höher zu schätzen als frühere Generationen.

13.2   Der falsche Fokus: Absentismus

Das Thema Gesundheit lässt sich nicht auf eine Maßzahl, nämlich die Anwesenheit der Mitarbeitenden, reduzieren. Der offizielle Krankenstand ist nur die Spitze des Eisbergs. Die weitaus größeren und für den Krankenhausbereich, der noch mehr als andere Branchen von bindungsmotivierten und selbstverantwortlich tätigen Mitarbeitenden abhängig sind, bedeutsameren Probleme verbergen sich unter der Oberfläche: in Form von Unzufriedenheit, permanent belastenden Stressfaktoren und zunehmender Entfremdung von der eigenen Arbeitstätigkeit. Diese Phänomene führen nicht unmittelbar zu einem Ausfall durch Krankheit, sondern zunächst zu gestörten Arbeitsabläufen in Form von qualitativ als auch quantitativ kritischen Ergebnissen. Die medizinische und pflegerische Qualität sinkt, Fehlerraten und Gefahren für Mitarbeitende sowie Patienten steigen. Diese Faktoren können für Krankenhäuser, die sich im Wettbewerb behaupten müssen und dabei auf hohe Qualität, Patientenorientierung und das Engagement der Mitarbeitenden angewiesen sind, zur Existenzfrage werden.

Ein niedriger Krankenstand kann zudem auch als Signal für die Angst um den Arbeitsplatz interpretiert werden, anstatt von einem guten Gesundheitszustand der Mitarbeiterschaft auszugehen. Oftmals herrscht in diesem Zusammenhang die Annahme des sogenannten „happy medium level of job insecurity" vor: ein mittleres Maß an Arbeitsplatzunsicherheit sei für die Anwesenheit der Mitarbeitenden gut. Die Qualität der Anwesenheit wird bei dieser Sichtweise ausgeblendet. Das Phänomen, dass Mitarbeitende am Arbeitsplatz erscheinen, dabei aber nicht voll leistungsfähig sind, bezeichnen die Arbeitsmediziner als Präsentismus. Mehrere internationale Studien messen Produktivitätsverluste von bis zu 15 % durch nicht leistungsfähige Mitarbeitende am Arbeitsplatz – drei bis sieben Mal mehr als durch krankgeschriebene Kolleginnen und Kollegen (Steinke und Badura 2011).

13.3   „Betriebliches Gesundheitsmanagement" ist mehr als Veggie-Day und Rückenschulung

Rückenschule am Schreibtisch oder während der Dienstübergabe, "Fitnessmenüs" in der Kantine und Gesundheitstage. Immer mehr Firmen erkennen die oben dargestellten Potenziale und bieten den Mitarbeitenden ein gesundes Arbeitsumfeld. Das Arbeitsschutzgesetz liefert hierfür – nur – den formalen Rahmen, indem es die Arbeitgeber verpflichtet, Gesundheit und Wohlbefinden der Beschäftigten zu erhalten und arbeitsbedingten Erkrankungen vorzubeugen. Das Konzept des systematischen betrieblichen Gesundheitsmanagements geht weit darüber hinaus. Betriebliches Gesundheitsmanagement ist die bewusste Steuerung und Integration aller betrieblichen Prozesse mit dem Ziel der Erhaltung und Förderung der Gesundheit und des Wohlbefindens der Beschäftigten. Im Kern impliziert diese Umschreibung nicht weniger als die Anforderung, dem Thema "Gesundheit" bei allen Entscheidungen und Strukturen im Krankenhaus eine hohe Priorität einzuräumen und in die Organisation zu verankern. Es muss ein Teil von Führung, Zielsystem und Controlling und mit externen Partnern professionell vorangetrieben werden. Ein an den spezifischen Erfordernissen eines Krankenhauses angepasstes betriebliches Gesundheitsmanagement ist daher ein wichtiger Bestandteil zukunftsorientierter Krankenhauspolitik – und ein nicht zu unterschätzender Standortfaktor.

Trotz der genannten Vorteile haben bisher allerdings nur 36 % der Unternehmen in Deutschland Maßnahmen zur Gesundheitsförderung umgesetzt (Roland Berger Strategy Consultants 2012) – denn besonders die kleinen und mittleren Unternehmen und somit auch Krankenhäuser tun sich hier oftmals schwer. Die Gründe sind nachvollziehbar: Kleinere Unternehmen bzw. Krankenhäuser ohne Integration in einen größeren Verbund haben oft nur wenige, aber dafür tendenziell ausgelastete Mitarbeitende und können wegen der begrenzten Personalressourcen in der Regel keine eigene BGM-Verantwortliche abstellen. Hinzu kommt das oftmals fehlende Know-how, wie man das Thema Gesundheitsförderung im Krankenhaus erfolgreich umsetzen und den Mitarbeitenden nachhaltig kommunizieren kann. Zudem scheint sich der Aufbau eigener BGM-Strukturen mangels Größe oftmals kaum zu lohnen. Regionale Vernetzungen und Kooperationen können hier jedoch sowohl effektiv als auch effizient Abhilfe leisten.

13.4   Umsetzung des Betrieblichen Gesundheitsmanagements

Die Umsetzung eines systematischen betrieblichen Gesundheitsmanagements kommt einem umfassenden Veränderungsprozess nahe. Solche Prozesse bedürfen klarer Projektmanagementstrukturen mit zugeordneten Zeit- und Ressourcenplänen. In der Literatur sind wesentliche Projektschritte abhängig vom Differenzierungsgrad der Darstellung nachlesbar. An dieser Stelle ist eine Auflistung der aus unserer Sicht wesentlichen Punkte ausreichend:

1. Um die Notwendigkeit und den unternehmensinternen „Leidensdruck" transparent zu machen ist zunächst eine Analyse der Istsituation zwingend notwendig. Hier gilt es Fehlzeiten, Altersstrukturanalysen, kostenfreie Reports der für das Krankenhaus wesentlichen Krankenversicherungen zusammenfassend darzustellen.
2. Anschließend ist – in aller Regel durch Verantwortliche des Personalmanagements – die Festlegung von Strategie, Zielen und Maßnahmen vorzunehmen. Der Unternehmenskommunikation kommt an dieser Stelle bereits eine zentrale Rolle zu.
3. Denn erst durch klare Kommunikationsstrukturen sowie partizipative Gestaltung der nachfolgenden Prozesse (z. B. durch enge Einbindung von Stakeholdern wie der Personalvertretung, den ärztlichen und pflegerischen Direktoren etc.). gelingt die wichtige Ansprache und Einbindung der Zielgruppe. Diese Phase muss als eine der schwierigsten gewertet werden. Noch sind keine Maßnahmen sichtbar und die notwendige Analyse durch Gesundheitszirkel (s. u.) ist zunächst primär arbeitsintensiv mit unklarer Perspektive zur Umsetzbarkeit bzw. Lösbarkeit erkannter Problemfelder.
4. Parallel wird die Gewinnung von Partnern (andere Firmen, Krankenversicherungen, Dienstleister, Leistungserbringer etc.) vorangetrieben. Gerade die Möglichkeit Krankenversicherungen mit einem gesetzlich hierfür vorgeschriebenen Budget zu gewinnen, erweist sich als hilfreich und relativ schnell machbar.
5. Nachdem Finanzierungen, Partner und wesentliche Problemfelder identifiziert werden konnten, ist es Aufgabe der BGM-Verantwortlichen, die Konzeption und Durchführung von Maßnahmen des BGM voranzutreiben.
6. Erst durch das klare Commitment der Führung gelingt nachfolgend die Verankerung in die Organisation, die BGM über das Niveau isolierter, zeitlich begrenzter Maßnahmen zur Gesundheitsförderung hebt.
7. Begleitend sollte die Evaluation und das Controlling der Maßnahmen vorangetrieben werden, unter anderem auch, um die im vorherigen Schritt erwähnte notwendige Organisationsverankerung zu unterstützen. Die Erwartungshaltung schnell erzielbarer Erfolge ist oftmals ein Misserfolgsfaktor von BGM. Fehlzeiten werden sich durch BGM sicherlich langfristig reduzieren lassen. Als „quick-win" ist dieses Kriterium allerdings denkbar ungeeignet. Abwesenheit vom Arbeitsplatz ist multikausal zu werten: Nicht nur arbeitsplatzbezogene Facetten sind für das Fernbleiben ausschlaggebend, sondern auch das private Umfeld, Persönlichkeitsstrukturen und Support-Systeme. Das multifaktorielle Entstehungsmuster des zunehmend kritisch bewerteten Themenfelds des Burn-outs ist z. B. sehr klar herausgearbeitet worden (Sosnowsky 2007).

13.5   Blick in die Praxis

Beim Blick in die Praxis wird nicht auf alle oben genannten Projektschritte eingegangen, es wird der Fokus auf die Darstellung eines Säulenmodells als Rahmenvorgabe für das BGM gelegt, die Maßnahmen des BGM mit dem Titel „AktiVerbund" näher dargestellt sowie die Durchführung von Gesundheitszirkeln erläutert. Abschließend werden erste Evaluationsergebnisse dargestellt.

Zunächst wurde in den Niels-Stensen-Kliniken ein Name für das Maßnahmenpaket zur betrieblichen Gesundheitsförderung gefunden: AktiVerbund. „Aktiv" weist auf die zentrale Bedeutung von Aktivität hin, „Verbund" drückt den verbundweiten Geltungsbereich der Maßnahmen aus.

Im Herbst 2011 fiel dann der „Startschuss" für AktiVerbund mit einem groß angelegten Gesundheits- und Familientag. An diesem Tag wurde den Mitarbeitenden ein vielfältiges Programm rund um die Themen Sport, Entspannung und Ernährung geboten. Zum Start dieses Tages gab es einen Wettlauf der Geschäftsführer – symbolisch gesehen war es auch der Startschuss für AktiVerbund. Anschließend folgte das Fußball- und Beachvolleyballturnier. Ebenso wurden Gesundheits-Checks, Laufanalysen, Massagen, Vorträge und Sport-Schnupperkurse wie Nordic-Walking, Rückenfitness, Yoga und Pilates angeboten. Im Dialogzelt gab es für die Mitarbeitenden und ihre Familien Informationen zu AktiVerbund und die Möglichkeit, Wünsche und Ideen zu äußern. Insgesamt war es eine gelungene Veranstaltung, die viele Ideen für weitere Maßnahmen lieferte und das Thema Gesundheit bei den Mitarbeitenden in den Fokus rückte (Runde und Baumeister 2014).

Im Anschluss an dieses Ereignis folgte ein Paket verschiedener Maßnahmen und Angebote. Diese sind in einem Säulenmodell in fünf thematische Säulen zusammengefasst (Abb. 13.1).

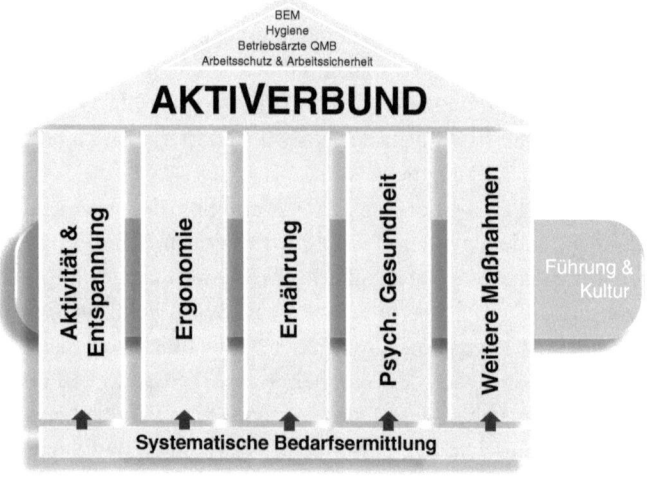

Abb. 13.1   Säulenmodell AktiVerbund der Niels-Stensen-Kliniken

Das Säulenmodell ist die Rahmenvorgabe des BGM in den Niels-Stensen-Kliniken. Neben den fünf thematischen Säulen hebt das Modell hervor, dass die Maßnahmen und Angebote durch eine systematische Bedarfsermittlung (s. u.) entstehen und die Führungskräfte sowie die Unternehmenskultur die Rahmenbedingungen für AktiVerbund prägen. Im Folgenden wird das Säulenmodell näher erläutert, im ersten Schritt werden einige Maßnahmen aus den fünf Säulen dargestellt:

Aktivität und Entspannung

- Für die Mitarbeitenden besteht durch das Firmenfitnessprogramm Hansefit die Möglichkeit, vergünstigt in bestimmten Fitnessstudios zu trainieren.
- Den Mitarbeitenden steht ein Massagesessel zur Verfügung.
- Es werden Zumba-Kurse sowie Rücken- und Ausdauertraining angeboten.
- Es besteht die Möglichkeit der Inanspruchnahme von Kurzmassagen.

Ergonomie

- Es werden Grund- und Aufbaukurse in Kinästhetik über das eigene Bildungszentrum angeboten.
- Es stehen Kinästhetik-Beauftragte und -Trainer den Mitarbeitenden zur Verfügung.

Ernährung

- Es wurde das Angebot eines Salatbuffets und von frischem Obst/Gemüse in allen Cafeterien geschaffen.
- Jährlich gibt es eine Aktion „Lecker und Gesund", bei der in den Cafeterien vollwertige Gerichte zu Aktionspreisen angeboten werden.

Psychische Gesundheit

- Es besteht die Möglichkeit der ethischen Fallbesprechung.
- Es werden Resilienz- und Salutogenesekurse über das eigene Bildungszentrum angeboten.
- Ebenso bietet das Bildungszentrum Kurse zum Thema Kommunikation in schwierigen Situationen an.

Weitere Maßnahmen

- Die Betriebsärzte bieten Schutzimpfungen an.
- Es besteht die Möglichkeit der Inanspruchnahme einer professionellen Zahnreinigung.
- Das eigene Bildungszentrum bietet Kurse wie „Positives Feedback als Führungsinstrument", „Lösungsorientierte Gesprächsführung" oder „Deeskalation und Selbstschutz" an (Runde und Baumeister 2014).

Alle Angebote und Maßnahmen haben das Ziel, sowohl auf der Individualebene als auch auf der Ebene der Arbeitsverhältnisse aktiv zu werden.

Die Basis für AktiVerbund, daher wird es im Säulenmodell als Fundament dargestellt, ist eine systematische Bedarfsermittlung, sowohl qualitativ als auch quantitativ. Zum einen werden Fehlzeiten und Altersstrukturanalysen erhoben sowie jährliche Reports der Krankenkassen angefordert. Neben Datenanalysen werden zum anderen durch Gesundheitszirkel die Mitarbeitenden mit einbezogen und umfangreiche Maßnahmen erarbeitet.

Gesundheitszirkel sind moderierte Gruppendiskussionen, in denen Mitarbeitende gesundheitsgefährdende Risiken ihres Arbeitsumfeldes identifizieren und gemeinsam konkrete Lösungsvorschläge erarbeiten. In den Niels-Stensen-Kliniken wurde zunächst mit Gesundheitszirkeln in einem Haus des Verbundes gestartet. Es wurden drei Zirkelrunden nach den Berufsgruppen „Pflege- und Funktionsdienst", „Ärzte" und „weitere Berufsgruppen" gebildet. In diesen Zirkelrunden wurden Gesundheitsrisiken im Arbeitsumfeld identifiziert und hierzu Lösungsvorschläge erarbeitet. Eine weitere Arbeitsgruppe sondierte die Gesamtheit der Lösungsvorschläge und bewertete sie. Es entstand eine Positivliste, die an die Krankenhausleitung weitergeleitet und dort zur Umsetzung verabschiedet wurde. Sukzessive werden nun die vorgeschlagenen Maßnahmen umgesetzt. In Zukunft sollen Gesundheitszirkel in allen Häusern des Verbundes durchgeführt werden.

Ein letzter wichtiger Aspekt, den das Säulenmodell hervorhebt und der zum Erfolg von AktiVerbund beiträgt, ist die Integrierung von gesundheitsrelevanten Themen in die Führungsaufgabe. Daher ist in den Niels-Stensen-Kliniken das Thema Gesundheit in Führungskräfteschulungen mit eingebunden. Ebenso ist das Thema Gesundheit in den Leitfaden für das jährliche Mitarbeiter-Vorgesetzten-Gespräch integriert und wird somit durch die Führungskraft mit dem Mitarbeitenden besprochen.

13.6   Reflexion, Erfolgs- und Misserfolgsfaktoren

Die Umsetzung des BGM in den Niels-Stensen-Kliniken ist trotz aktuell erzielter Erfolge (u. a. durch die Auszeichnung mit dem Corporate Health Award) kein leichter Weg. Viele Dinge, wie z. B. die Umsetzung der Gesundheitszirkel, erforderten intensive Überzeugungsarbeit. Nicht-Umsetzung von Ideen aus diesen Zirkeln führte zu Nachfragen und Frustration. Die Akzeptanz der Maßnahmen jedoch liefert ein eindeutiges Bild. Mehr als 25 % unserer 4300 Mitarbeitenden nutzen seit Einführung die Sportprogramme; die Maßnahmen zur gesunden Ernährung werden ausschließlich sehr positiv bewertet, die Führung bekennt sich weiter (unter anderem durch klare Ressourcenverfügbarkeiten) zum Thema und die Führungskräfte sind zunehmend sensibilisiert. In den nächsten Monaten werden – im Zuge eines langfristigen Controllings – Screening-Instrumente (wie z. B. der Work-Ability-Index) zur Erfassung der Arbeitsfähigkeit eingesetzt. Förderlich für den Erfolg von AktiVerbund sind folgende Erfolgsfaktoren gewesen:

a) Besonders wichtig war und ist die Unterstützung und Begleitung durch das Top-Management in Kooperation mit der Mitarbeitervertretung (überzeugend geschieht dies sowohl durch sichtbare Teilnahme an den Maßnahmen als auch durch erklärte und gesicherte Investitionsbereitschaft).

b) Das BGM muss durch einen Projektauftrag auf den Weg gebracht und durch ein Lenkungsgremium langfristig begleitet werden. Nur hierdurch kann u. a. die Unternehmensdurchdringung gesichert werden.

c) Die Unternehmensdurchdringung setzt Vernetzung mit den Stellen und Einrichtungen voraus, die sich mittelbar oder unmittelbar mit dem Thema BGM befassen: Nur eine enge Verzahnung mit der Arbeitsmedizin, Arbeitssicherheit, den Hygienefachkräften, Ernährungsberatern usw. macht das Projekt zu einem Erfolgsprojekt.

d) Das Thema BGM ist schwerfällig und braucht innovatives Marketing. Durch systematische Einbindung der Unternehmenskommunikation, Nutzung aller internen Medien und nicht zuletzt auch Einzelmaßnahmen mit Breitenwirkung muss das Thema für alle Mitarbeitenden positiv besetzt werden. Die Gestaltung eines groß angelegten Gesundheitstages als Auftakt des BGM-Projekts war im Verbund der Niels-Stensen-Kliniken ein wesentlicher positiv besetzter Meilenstein.

e) Wichtig ist eine Unternehmens- sowie Führungskultur, die auch das Thema Gesundheit im Fokus hat. Um eine solche Kultur zu entwickeln, müssen solche Führungskräfte gefördert werden, die ein Gespür dafür haben, welche Auswirkungen ihr Verhalten auf das Wohlbefinden und somit die Gesundheit ihrer Mitarbeitenden hat. Vorgesetzte, die gesund führen, haben eine hohe Sozialkompetenz und leisten Beziehungsarbeit. Sie schaffen es, individuelle und soziale Bedürfnisse und Ziele ihrer Mitarbeitenden in Einklang mit den Zielen der Organisation zu bringen. Hierbei ist das richtige Maß an Belastung gemeint, denn sowohl Überforderung als auch Unterforderung können Bore-out machen und bis zum Burn-out oder Bore-out führen. Ein weiteres Phänomen ist der sogenannte „Senseout", der Verlust an Sinnhaftigkeit der eigenen Arbeit. Gesund führen heißt daher Handlungsspielräume der Mitarbeitenden zu fördern und gezielt zu entwickeln.

f) Neben den Führungskräften muss BGM auf fruchtbaren Nährboden im Team stoßen. Fragen wie „Auf welche Art und Weise gelingt es uns auf der Station bei zunehmender Arbeitsverdichtung eine gesundheitsfördernde und patientenorientierte Arbeitsatmosphäre zu schaffen?" sollten auch regelmäßig auf der Agenda von Teambesprechungen stehen. Zudem sollte im Team über Strategien nachgedacht werden, wie in Zeiten einer hohen Arbeitsbelastung trotzdem eine gewisse Work-Life-Balance gewahrt werden, beziehungsweise wann und in welcher Form ein Ausgleich erfolgen kann.

Neben diesen Erfolgsfaktoren sind Bedingungen zu berücksichtigen, die sich kritisch auf die Fortführung des Projekts auswirken können:

a) BGM ist kein Allheilmittel für organisationale Defizite. In der Analysephase werden erfahrungsgemäß durch die Mitarbeitenden oftmals Problemfelder bzw. Defizite in der Organisationseinheit genannt, die zwar mittelfristig gesundheitsbeeinträchtigende Wirkungen entfalten können, die jedoch nur mit umfassenden organisationalen Veränderungs- bzw. Prozessrestrukturierungen behoben werden können. Wesentlich ist bereits zu Beginn eines BGM-Projekts die Klarstellung, dass es um gesundheitsbezogene Fragestellungen und entsprechende Problemlösungsansätze geht und insofern das Thema nicht mit unerfüllbaren Erwartungen überfrachtet wird.

b) BGM schafft Erwartungen: Die Einführung eines systematischen Programms zur Erhaltung und Förderung der Gesundheit der Mitarbeitenden wird – einmal gestartet – nie beendet sein. Die Mitarbeitenden erleben jeweils individuelle Beanspruchungen und leiten entsprechende Wünsche ab. Die Umsetzung erfordert einen langen Atem und Frustrationstoleranz der Projektverantwortlichen, denn vollkommen zu Recht fokussieren die Mitarbeitenden kontinuierlich auf die Problemfelder, die noch keiner Lösung zugeführt wurden.

c) Gesundheitsförderung ist, wie oben mehrfach dargestellt, eine Aufgabe des Unternehmens, indem es Arbeitsmaterialien und Abläufe entsprechend gestaltet, berät, Kreativität und soziale Beziehungen fördert, Kommunikation und Werbung für das Thema betreibt. Gesundheitsförderung kann aber an Grenzen stoßen, wenn der Einzelne – aus welchen Gründen auch immer – nicht bereit ist, seine Gesundheit zu verbessern, auf seine Ernährung zu achten, die persönlichen Lebensbedingungen entsprechend einzurichten, auf Körperfitness Wert zu legen und vieles mehr. Gesundheitsmanagement kann und muss Überzeugungsarbeit leisten, starren Widerstand Einzelner – die in der Summe mit zunehmender Implementierung von BGM abnehmen sollten – wird ein BGM nicht beheben können.

13.7 Erste Evaluationsergebnisse

Ein betriebliches Gesundheitsmanagement zielt darauf ab, die Gesundheit dauerhaft und nachhaltig zu verbessern. Auf der Basis eines umfassenden Gesundheitsverständnisses sollen Handlungserfordernisse erkannt und derart bewältigt werden, dass Gesundheit und Zufriedenheit der Mitarbeitenden mit wirksamen, anforderungsgerechten Maßnahmen erhalten bzw. gefördert werden. Dabei darf es aber nicht das Ziel sein, Gesundheit und Zufriedenheit nur um ihrer selbst willen zu verbessern. Vielmehr erfordert die betriebliche Realität, dass Effektivitäts- und Effizienzgesichtspunkte nicht außer Acht gelassen werden. Dies bedeutet letztlich, dass auch Maßnahmen zur Verbesserung von Gesundheit und Zufriedenheit einer Aufwands-/Nutzen-Betrachtung zu unterziehen sind.

Vor diesem Hintergrund spielt die umfassende Bewertung eines betrieblichen Gesundheitsmanagementsystems sowohl bei dessen Aufbau als auch bei seiner Weiterentwicklung eine besondere Rolle. Bezüglich dieser Anforderung befinden sich die Niels-Stensen-Kliniken allerdings erst ganz am Anfang des Weges.

Im Rahmen einer ersten multimethodalen Mitarbeiterbefragung sollten sowohl frage-bogen- als auch interviewgestützt die bisherigen Initiativen bewertet werden. Nachfol-gend werden erste Ergebnisse skizziert.

Stichprobe

Haus- und dienstartenspezifisch stratifiziert und somit weitgehend repräsentativ für die 4500 Mitarbeitenden in unserem Verbund wurden 302 Interviews geführt und 277 Frage-bögen in die Auswertung aufgenommen.

Ergebnisse

Auf die Frage nach negativ besetzten arbeitsrelevanten Themen nannten allein ein Drittel der Auskunftspersonen (96 Personen) gesundheitsrelevante Themen. Dies mag zunächst als sehr ernüchterndes Ergebnis der bisherigen Bemühungen der Niels-Stensen-Kliniken gewertet werden. Bei genauer Betrachtung differenziert sich das Bild. Die Auskunftsper-sonen wurden konkret befragt, welche Aspekte zum Thema Gesundheit aus ihrer Pers-pektive negativ besetzt sind. Tab. 13.1 zeigt die absoluten Häufigkeiten an Nennungen.

Hierbei wurden zum einen Aspekte genannt, die einen unmittelbaren Einfluss auf die Gesundheit haben können, wie körperliche und psychische Beanspruchung. Es ist jedoch ersichtlich, dass die Wahrnehmung des Themas Gesundheit stark geprägt ist durch Aspekte, die nur mittelbar mit Gesundheit zusammenhängen, also gesundheitliche Belastungen zur Folge haben können. Schlechte organisationale Prozesse, die zu Zeit-druck führen, werden ebenso der Kategorie Gesundheit zugeordnet wie beispielsweise Personalmangel.

Diese Wahrnehmung betont die enorme Wichtigkeit der Integration gesundheitsbezo-gener Maßnahmen in alle betrieblichen Prozesse und Abläufe. Nicht nur aus Experten-sicht (s. o.), auch aus Sicht von Mitarbeitenden sollte sich Gesundheitsförderung nicht auf einzelne Maßnahmen, wie Rücken- oder Ernährungsangebote, beschränken, sondern fester Bestandteil der Führungs- und Teamkultur sein.

Tab. 13.1 Namen und Häufigkeiten genannter Kategorien zum Thema Gesundheit. (Quelle: Eigene Darstellung 2016)

Kategorien zum Thema Gesundheit	Anzahl Personen, die diese Kategorie genannt haben
Arbeitsverdichtung/Zeitdruck	55
Körperliche Beanspruchung	47
Emotionale/psychische Beanspruchung	45
Arbeitszeiten	31
Personalmangel	31
Grübeln/negative Auswirkung auf das Privatleben	23
Fehlende Pausen-/Ruhezeiten	18
Fehlende/unpassende Gesundheitsangebote	13

Die Frage nach Verbesserungsvorschlägen (siehe Tab. 13.2) unterstreicht dies:

Neben dem Wunsch nach gezielten Angeboten zur Förderung der körperlichen und psychischen Gesundheit liegt der Schwerpunkt auch hier auf der Einbindung des Themas Gesundheit in die Prozesse und Abläufe des Unternehmens. So gaben die Befragten zum Beispiel an, dass durch die gezielte Verbesserung organisatorischer Abläufe psychische Belastungen verringert oder verhindert werden könnten. Auch eine angemessene, prospektive Personalplanung sorgt zweifelsohne für Entlastung und insofern auch für gesundheitsförderliche Rahmenbedingungen. Hieraus sind jedoch keine gezielten Präventionsprogramme ableitbar, professionelle Personalplanung setzt vielmehr voraus, dass das Thema Gesundheit Bestandteil wahrgenommener Führungsverantwortung und eines funktionierenden Personalmanagements ist.

Da im Rahmen der qualitativen Erhebung nur Personen zum Thema Gesundheit näher befragt wurden, die dieses Thema als negativstes von elf arbeitsbezogenen Themengebieten bewerteten, liefern die erhobenen Fragebogendaten weitere differenzierte Erkenntnisse.

Nachfolgend werden die Antworten von 277 befragten Personen dargestellt (siehe Tab. 13.3).

Am positivsten bewerteten die befragten Mitarbeitenden ihre subjektiv wahrgenommene Gesundheit und zukünftige Leistungsfähigkeit. Die Tatsache, dass die bisherigen Maßnahmen zur Gesundheitsförderung zwar als tendenziell hilfreich angesehen, aber nicht von der Mehrheit der Personen in Anspruch genommen werden, zeigt, dass in Bezug auf die Durchdringung der Maßnahmen Verbesserungspotenzial vorhanden ist. Nicht nur die von einigen Befragten gewünschte Erweiterung der Angebote im Bereich der körperlichen und psychischen Gesundheit, auch eine stärkere Förderung des Themas Gesundheit durch die Führungskräfte sollte mit Blick auf die Fragebogen- und Interviewergebnisse im Fokus zukünftiger Investitionen stehen.

Tab. 13.2 Namen und Häufigkeiten genannter Verbesserungsvorschläge zum Thema Gesundheit. (Quelle: Eigene Darstellung 2016)

Verbesserungsvorschläge (kategorisiert) zum Thema Gesundheit	Anzahl Nennungen
Personalplanung	65
Gesundheitsangebote, allgemein	29
Verbesserung der Arbeitsorganisation/-abläufe	23
Verbesserung der Kommunikation/Zusammenarbeit	20
Arbeitszeitgestaltung	16
Gesundheitsangebote, psychisch	13
Selbstfürsorge (körperlich/psychisch)	12
Ausstattung	11
Reduktion der Arbeitsbelastung	10

Tab. 13.3 Durchschnittliche Bewertungen der Fragen zum Thema Gesundheit. (Quelle: Eigene Darstellung 2016)

Frage	M
Ich fühle mich bei der Arbeit in Sicherheit vor Gesundheitsgefährdungen und Berufskrankheiten	2,47
Ich bin körperlich gesund und kann meine Aufgaben im Verbund gut schaffen	1,8
Auch in Zukunft (in den nächsten 3–5 Jahren) bin ich körperlich dazu in der Lage meine derzeitige Tätigkeit weithin auszuüben	1,82
Die Maßnahmen zur Gesundheitsförderung durch den Dienstgeber („AktiVerbund") sind hilfreich	2,53
Ich nehme bereits Angebote im Rahmen der Gesundheitsförderung wahr	3,83
Ich wünsche mir mehr Angebote zum Thema körperliche Gesundheit	2,86
Mein Vorgesetzter unterstützt mich und meine Kollegen/innen gesundheitsfördernde Maßnahmen wahrzunehmen	3,34
Ich persönlich fühle mich hinsichtlich der psychischen Beanspruchung in meinem Arbeitsalltag im Allgemeinen gewachsen	2,15
Ich wünsche mir mehr Angebote zur Bewältigung der psychischen Belastungen	3,00
Likert-Skala: 1 = ja, vollständig; 6 = nein, gar nicht	

13.8 Schlussbetrachtung

Die Anstrengungen im Kontext BGM sind in den Niels-Stensen-Kliniken von der Überzeugung getragen, dass Gesundheit neben Bildung eine zentrale Bedingung für die Leistungsbereitschaft und Leistungsfähigkeit unserer Einrichtungen darstellt. Gesundheitsförderung in unserem Unternehmen braucht ein eigenes Marketing. Wer die Mitarbeitenden erreichen will, muss für sein Anliegen werben und die Vorteile ernsthaft aufzeigen. Doch gerade psychische Belastungen und Erkrankungen sind noch immer ein Tabu-Thema. Die Führungskräfte legen sie als Schwäche aus, die Mitarbeitenden trauen sich nicht, offen darüber zu sprechen. Nachhaltiges Gesundheitsmanagement muss diese Tabus aufbrechen und Aufklärung betreiben.

BGM ist stets auch eine Investition mit mehrfacher Rendite. Unternehmen die sich dem Thema Gesundheit widmen übernehmen auch stets eine gesellschaftliche Verantwortung. Die Zukunftsfähigkeit des Unternehmens hängt von der Leistungsfähigkeit der Mitarbeitenden ab. Nur mit überdurchschnittlichen Leistungen und großer Innovationskraft wird der Wettbewerb in der globalisierten Wirtschaft zu bestehen sein. Für seine Gesundheit ist natürlich jeder zunächst selbst verantwortlich, sie kann nicht verordnet werden. Durch geeignete Anreize kann jedoch der Einzelne gezielt unterstützt werden. Und bei steigendem Gesundheitsbewusstsein sind die gesundheitlichen Aspekte ein immer wichtigerer Faktor bei der Wahl eines Arbeitgebers.

Darüber hinaus ist BGM ein unverzichtbarer Beitrag zur Gesundheitsförderung in der Gesellschaft. Will man – mit begrenzten Mitteln – die Gesundheitsvorsorge der Bevölkerung verbessern, muss man sich auf diejenigen Personen konzentrieren, die sich nicht aus eigenem Antrieb gesund verhalten. Denn es gilt nach wie vor und mehr denn je die Aussage: Gesunde Mitarbeiter kosten Geld – Kranke ein Vermögen!

Literatur

Badura B, Ducki A, Schröder H, Klose J, Meyer M (2012) Fehlzeitenreport 2012. Gesundheit in der flexiblen Arbeitswelt: Chancen nutzen – Risiken minimieren. Springer, Heidelberg

Bundesanstalt für Arbeitsschutz und Arbeitsmedizin (2013) Sicherheit und Gesundheit bei der Arbeit 2011 – Unfallverhütungsbericht Arbeit. 1. Aufl. Dortmund, Berlin, Dresden. http://www.baua.de/de/Publikationen/Fachbeitraege/Suga-2011.html?nn=667378. Zugegriffen: 29. Febr. 2016

Bundesanstalt für Arbeitsschutz und Arbeitsmedizin (2015) Kosten durch Arbeitsunfähigkeit. http://www.baua.de/de/Informationen-fuer-die-Praxis/Statistiken/Arbeitsunfaehigkeit/Kosten.html. Zugegriffen: 25. Febr. 2016

Institut für Arbeitsmarkt und Berufsforschung (2014) Presseinformation des Instituts für Arbeitsmarkt- und Berufsforschung vom 12.3.2014. http://www.iab.de/2769/section.aspx. Zugegriffen: 25. Febr. 2016

Roland Berger Strategy Consultants (2012) think:act CONTENT: BGM ist eine Investition mit mehrfacher Rendite. Hamburg: Roland Berger Strategy Consultants GmbH. https://www.rolandberger.de/media/pdf/Roland_Berger_tac_Occupational_health_20120124.pdf. Zugegriffen: 22. März 2016

Runde B, Baumeister T (2014) Zum Wohle aller. Führen Wirtsch Krankenh 2014(8):746–749

Sosnowsky N (2007) Burnout – Kritische Diskussion eines vielseitigen Phänomens. In: Rothland M (Hrsg) Belastungen und Beanspruchungen im Lehrerberuf. VS Verlag, Wiesbaden, S 119–139

Steinke M, Badura B (2011) Präsentismus. Ein Review zum Stand der Forschung. Bundesanstalt für Arbeitsschutz und Arbeitsmedizin. 1. Aufl. Dortmund, Berlin, Dresden. http://www.baua.de/de/Publikationen/Fachbeitraege/Gd60.html. Zugegriffen: 29. Febr. 2016

Über die Autoren

Dr. rer. nat. Bernd Runde, Dipl.-Psych studierte in Osnabrück, Münster und Göttingen Psychologie und Medizin. Durch seine Zeit als Mitarbeiter bei Prof. Dr. S. Greif konnte er wissenschaftliches Arbeit für und mit der Praxis erlernen. Nach beruflichen Stationen bei der Deutschen Gesellschaft für Personalwesen sowie im Sozialwissenschaftlichen Dienst des Innenministeriums NRW, wo er in den Bereichen Coaching, Personalauswahl, Eignungsdiagnostik, Stakeholderanalysen arbeitete, ist er nun Mitglied der Geschäftsführung im Verbund der Niels-Stensen-Kliniken und dort Geschäftsführer von 3 Krankenhäusern. In seinen Buch- und Zeitschriftenveröffentlichungen beschäftigt er sich vor allem mit den Themen Change Management, Coaching und der Erfassung und Entwicklung Sozialer Kompetenzen.

Elisabeth Tenberge, M.Sc.-Psych studierte in Bamberg und Münster Psychologie. Besondere Schwerpunkte legte sie hierbei auf die Konzipierung und Durchführung anwendungsbezogener Projekte, im Bereich Personalauswahl am Klinikum Nürnberg sowie im Demografiemanagement bei der BASF Coatings GmbH. Nach der Erlangung des Master of Science mit einer Studie zum Thema „Erfolgreiches Altern im Beruf", betreut sie nun als Referentin für Personalentwicklung u.a. den Bereich des Betrieblichen Gesundheitsmanagements der Niels-Stensen-Kliniken.

Bedeutung der Büroumgebung im BGM – Gestaltung von Büros und der begleitende Veränderungsprozess

Lukas Windlinger, Jennifer Konkol, Cornelia Sterner und Rudolf Zurkinden

Zusammenfassung

Dieser Beitrag beleuchtet den Einfluss des Büroraums auf die Gesundheit der darin tätigen Mitarbeitenden. Dazu wurden Einflussfaktoren im Büroraum identifiziert, welche sich auf die Gesundheit der Mitarbeitenden auswirken. Ebenso wurde betrachtet, welche Einflussfaktoren im Workplace Change Management dazu beitragen können, dass weniger Stress, Unsicherheiten und Ängste durch die Veränderung der Büroräume ausgelöst werden. Wie diese Einflussfaktoren in der Praxis angewandt werden können, wird anhand eines Fallbeispiels im Umzugsprojekt von Gesundheitsförderung Schweiz veranschaulicht. Zusammenfassend lässt sich schließen, dass sowohl im Büroraum, als auch im begleitenden Veränderungsprozess ein erhebliches Potenzial für die Förderung der Gesundheit liegt, welches vom Betrieblichem Gesundheitsmanagement (BGM) in der Praxis noch weitgehend ungenutzt ist.

L. Windlinger (✉) · J. Konkol
Institut für Facility Management, Zürcher Hochschule für Angewandte Wissenschaften, Wädenswil, Schweiz
E-Mail: Lukas.windlinger@zhaw.ch

J. Konkol
E-Mail: Jennifer.konkol@zhaw.ch

C. Sterner · R. Zurkinden
Gesundheitsförderung Schweiz, Bern, Schweiz
E-Mail: Cornelia.Sterner@promotionsante.ch

R. Zurkinden
E-Mail: Rudolf.Zurkinden@promotionsante.ch

© Springer Fachmedien Wiesbaden 2016
M.A. Pfannstiel und H. Mehlich (Hrsg.), *Betriebliches Gesundheitsmanagement*,
DOI 10.1007/978-3-658-11581-4_14

Inhaltsverzeichnis

14.1   Die Bedeutung des Büroraums und des Workplace Change Managements für die Gesundheit

In Deutschland arbeiten etwa 17 Mio. Erwerbstätige in einem Bürogebäude (Bundes-anstalt für Arbeitsschutz und Arbeitsmedizin 2010, S. 3). Bedenkt man, wie viel ihrer Lebenszeit diese Menschen im Büroraum verbringen, wird seine Bedeutung für die Gesundheit der Mitarbeitenden offensichtlich. Pointiert wird dieses Thema dadurch, dass Unternehmen heute zunehmend offene und flexible Büroräume einführen. In der Tages-presse werden diese Büroräume häufig undifferenziert und kritisch diskutiert und einige Studien wollen Belege gefunden haben, dass Großraumbüros krank machen. Darüber hinaus ist zu erwähnen, dass der Büroraum für Mitarbeitende ein emotionales Thema ist. Man richtet sich dort sein Territorium ein (Brown et al. 2005) und empfindet es als illegitim, wenn der Arbeitgeber über die Veränderung dieses Territoriums entscheidet (Bell 2006). Es ist daher überraschend, dass der Büroraum bis dato oft nur mit Blick auf die Ergonomie Einzug in die Leistungen des Betrieblichen Gesundheitsmanagements (BGM) gefunden hat.

Im Kontext der Einführung von neuen Büroräumen ist es nicht nur wichtig, die physische Umgebung zu betrachten. Auch der Veränderungsprozess von der gewohnten Umgebung in neue Büroräume, die oft neue Arbeits- und Verhaltensweisen erfordert, kann einen Einfluss auf das Wohlbefinden und Stresserleben der Mitarbeitenden haben.

Das Ziel dieses Beitrags besteht darin, aufzuzeigen, welche Faktoren im Büroraum förderlich für die psychische Gesundheit sind und welche Stress auslösen können. Zusätzlich sollen die Faktoren identifiziert werden, welche im bürobezogenen Veränderungsprozess (Workplace Change Management) beachtet werden müssen, um die Ressourcen der Mitarbeitenden zu stärken und Stressoren zu minimieren. Anschließend an die Beschreibung der Faktoren wird die Umsetzung eines Büroraumveränderungsprojektes unter Berücksichtigung dieser Einflussfaktoren am Fallbeispiel von Gesundheitsförderung Schweiz aufgezeigt.

14.2 Rahmenmodell für gesundheitsförderliche Büroräume und das begleitende Workplace Change Management

Abgeleitet aus bestehenden Stressmodellen (Cavanaugh et al. 2000; LePine et al. 2005) wurde ein Rahmenmodell für die Wirkungen von Büroumgebungen und die Wirkungen des bürobezogenen Veränderungsprozesses auf die Mitarbeitenden entwickelt (Windlinger et al. 2014).

Ausgangspunkt des Stressmodells sind Wahrnehmungen und Bewertungen von Anforderungen aus (längerfristig wirksamen) Situationen oder (kurzfristigen) Ereignissen in der (Arbeits-)Umwelt. Die individuellen Bewertungen werden durch die wahrgenommenen Ressourcen beeinflusst, die einer Person für die Reaktion auf die Verhaltensaufforderung aus der Situation zur Verfügung stehen. In Abhängigkeit der Bewertung wird die Situation oder das Ereignis als herausfordernder Stressor (Situationen oder Ereignisse, die sowohl zu Stresserleben wie auch zu positiv bewerteten Folgen führen können) oder als behindernder Stressor (Situationen oder Ereignisse, die zu Zusatzaufwand und damit zu Stresserleben führen) wirken. Entsprechende Stressreaktionen beeinflussen das kurz- und längerfristige psychische Wohlbefinden. Von den beiden Arten von Stressoren werden Ressourcen abgegrenzt, die zu positiven Wirkungen auf die psychische Gesundheit führen.

Die ökonomische Bedeutung des Stressprozesses wird über Folgen der Gesundheit der Mitarbeitenden für das Unternehmen im Sinn von krankheitsbedingten Abwesenheiten und die Arbeitsleistung bzw. das Arbeitsengagement der Mitarbeitenden beschrieben (vgl. Fritz 2006).

Auf Basis eines umfassenden Literaturreviews und 16 Experteninterviews wurden Einflussfaktoren im Büroraum und im Workplace Change Management identifiziert, welche als Stressoren oder Ressourcen wirken können (für eine ausführliche Darstellung s. Windlinger et al. 2014, S. 35 ff. und 55 ff.). Die Einflussfaktoren sind in Abb. 14.1 zusammenfassend dargestellt.

| Einflussfaktoren im Büroraum | Zielgrössen | Einflussfaktoren im Workplace Change Management |

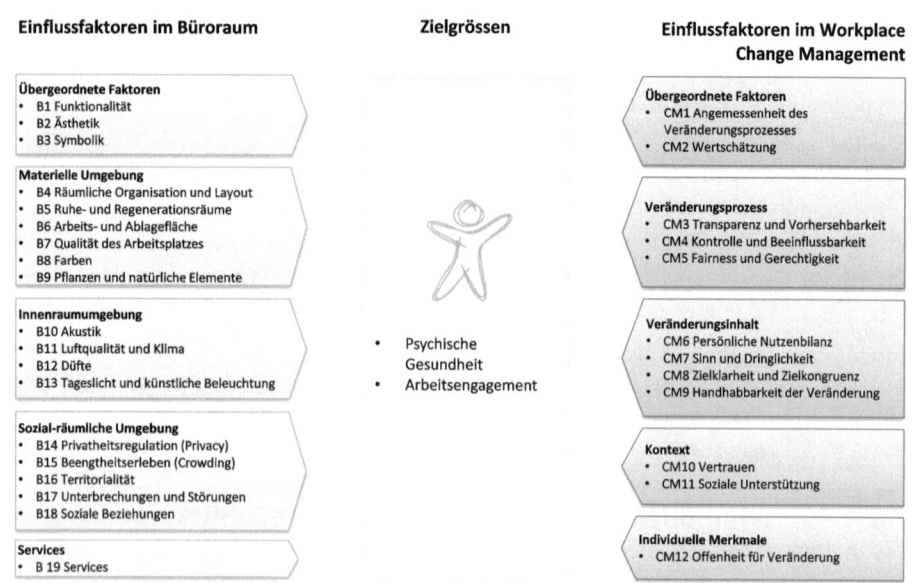

Abb. 14.1 Übersicht Einflussfaktoren im Büroraum und im begleitenden Workplace Change Management auf die psychische Gesundheit und das Arbeitsengagement

14.3 Einflussfaktoren des Büroraums auf die psychische Gesundheit

Die umgebungsbezogenen Einflussgrössen auf die psychische Gesundheit lassen sich in fünf Gruppen unterteilen (McCoy und Evans 2005): 1) übergeordnete Faktoren des Büroraums, 2) materielle Umgebung, 3) Innenraumumgebung, 4) sozial-räumliche Umgebung, sowie 5) Services.

14.3.1 Übergeordnete Faktoren des Büroraumes

Die übergeordneten Faktoren des Büroraumes beziehen sich auf Funktionalität, Ästhetik und Symbolik (Vilnai-Yavetz et al. 2005). Die Büroumgebung sollte zunächst die Aktivitäten, die im Büro stattfinden, bestmöglich unterstützen (Funktionalität). Die Gestaltung der Büros ist dazu mit Arbeitsaufgaben, -prozessen, Kommunikationsstrukturen und Führungsstil abzustimmen. Ferner soll die Arbeitsumgebung verschiedene Sinne ansprechen und eine angenehme Atmosphäre schaffen (Ästhetik). Die Assoziationen, welche Arbeitsumgebungen hervorrufen sollen die Werte und Kultur der Organisation widerspiegeln (Symbolik) (McElroy und Morrow 2010).

14.3.2 Materielle Umgebung

Die materielle Umgebung umfasst architektonische, bauliche und Layout-bezogene
Aspekte von Bürogebäuden bzw. Büroräumen. Für die psychische Gesundheit sind dabei
die räumliche Organisation, Layout und die Innenraumgestaltung relevant, wobei in der
Literatur v. a. die Offenheit der Bürostruktur und die Bürogröße diskutiert wurden. Die
empirischen Befunde hinsichtlich Bürogröße und Offenheit der Bürostrukturen in Bezug
zu ihrer Wirkung auf die psychische Gesundheit der Nutzenden sind widersprüchlich.
Offene Bürostrukturen erhöhen die Menge von akustischen und optischen Reizen was
zu vermehrten Unterbrechungen und Störungen führen kann. Außerdem können sie die
Privatheit reduzieren wenn Rückzugsmöglichkeiten fehlen. Diese Wirkungen sind jedoch
abhängig von der Aufgabenkomplexität und individuellen Eigenschaften.
   Die Verfügbarkeit von Ruhe- und Regenerationsräumen bzw. für Schlaf- und Ruhe-
pausen hat positive Wirkungen auf die Gesundheit. Es liegen zudem Befunde vor, die
zeigen, dass die wahrgenommene Arbeitsplatzgröße und die wahrgenommene Qualität
der unmittelbaren Arbeitsplatzumgebung positiv mit der Gesamtzufriedenheit mit der
Büroumgebung und mit Gesundheit korrelieren.
   Für den Einsatz von Farben liegen keine eindeutigen Belege vor. Es gibt jedoch Hinweise darauf, dass eine moderat bunte Arbeitsumgebung sich positiv auf das Wohlbefinden auswirkt. Als weiterer Aspekt der Innenraumgestaltung wurde der Einsatz von
Pflanzen in Büroräumen untersucht. Die Studien zeigen, dass Pflanzen in Innenräumen
das Potenzial haben, Stress zu reduzieren. Die Ergebnisse sind uneinheitlich, jedoch
wurden in keiner Studie negative Effekte dokumentiert. Eindeutiger sind die Befunde in
Bezug auf den visuellen Kontakt zur Außenwelt und insbesondere zur Aussicht in die
natürliche Umwelt: Die positive Wirkung der Aussicht ins Freie auf Zufriedenheit und
Wohlbefinden sind gut bestätigt.

14.3.3 Innenraumumgebung

Die Innenraumumgebung umfasst Akustik, Luftqualität und Klima sowie Tageslicht und
künstliche Beleuchtung.
   Die häufigste Quelle akustischer Störung in Büros sind Gespräche von Kolleginnen
und Kollegen im gleichen Raum, unabhängig von deren Lautstärke. Durch diese Störungen müssen durch zusätzliche, willentliche Konzentrationsleistungen kompensiert werden, was sich v. a. bei dauernder Exposition negativ auf das Wohlbefinden auswirken
kann.
   Luftqualität und Klima wurden in vielen Studien untersucht. Allerdings liegt der
Fokus dabei meist auf der körperlichen Gesundheit und meist werden physikalisch
messbare Parameter überprüft. Jedoch liegen Befunde vor, die zeigen, dass die subjektive Wahrnehmung und Bewertung von Luftqualität und Klima einen größeren Einfluss
auf die Gesundheit ausüben kann als physikalisch messbare Größen. Für die psychische

Gesundheit ist es ferner wichtig, dass wahrgenommene Möglichkeiten zur Einfluss-
nahme auf die Innenraumbedingungen bestehen. Der Einsatz von Düften wurde bislang
kaum untersucht, es gibt jedoch Hinweise darauf, dass angenehme Gerüche positive
Stimmungen und unangenehme Gerüche umgekehrt schlechte Stimmungen hervorrufen.

Im Hinblick auf Tageslicht und künstliche Beleuchtung zeigt sich, dass der Zugang zu
Tageslicht und die individuelle Möglichkeit, auf die Lichtsituation im eigenen Arbeitsumfeld Einfluss auszuüben, die psychische Gesundheit beeinflussen.

14.3.4 Sozial-räumliche Umgebung

Mit den Faktoren der sozial-räumliche Umgebung wird der Tatsache Rechnung getragen, dass die räumliche Gestaltung von Büros die Interaktionsbeziehungen und das soziale Gefüge beeinflussen. Im Vordergrund steht dabei die Privatheitsregulation (Privacy),
welche das gewünschte Ausmaß des Einflusses darauf beschreibt, wie eine Person selber
oder visuelle und akustische Informationen zugänglich sind. Das Fehlen von Privatheit
und der Möglichkeit, diese zu regulieren, führt zu Stresserleben und reduziert Wohlbefinden und Zufriedenheit. In engem Zusammenhang zu Privacy steht das Beengtheitserleben (Crowding), welches das subjektiv negative Erleben von sozial bedingter Enge
und den damit verbundenen Stress beschreibt. Territorialität oder Territorialautonomie
beschreibt den Wunsch, Verbundenheit mit Territorien auszudrücken, z. B. durch Personalisierung. Verlust oder Unmöglichkeit von Personalisierung kann die Zufriedenheit mit
der Büroumgebung beeinträchtigen.

Zu den bedeutendsten Stressfaktoren im Büroraum gehören Unterbrechungen und
Störungen, insbesondere sprachliche Reize aus der Umgebung, die mit dem verbalen
Arbeitsgedächtnis interferieren. Unterbrechungen und Störungen können aber auch als
Gegenstück zu effizienter informeller Kommunikation angesehen werden und können
zusammen mit den anderen sozial-räumlichen Faktoren die sozialen Beziehungen bzw.
soziale Unterstützung – eine der wichtigsten Ressourcen für die psychische Gesundheit –
beeinflussen.

14.3.5 Services

Services umfassen Unterstützungsleistungen und -angebote in der Arbeitsumgebung, die
das Arbeiten im Büroraum unterstützen und zum Wohlbefinden beitragen. Services sind
insofern den Ressourcen zuzurechnen. Sie beinhalten z. B. Verpflegung, Hygiene, Sport-
und Entspannungsangebote. Bestimmte Services können auch den logistischen Aufwand
im Alltag verringern (z. B. Wäscherei oder Concierge-Services).

14.4   Einflussfaktoren im Workplace Change Management auf die psychische Gesundheit

Gerade weil der physische Arbeitsplatz oft von hoher emotionaler Bedeutung für Mitarbeitende ist, können Büroraumveränderungen Stress zur Folge haben, der sich in Unsicherheiten, Ängsten und Widerständen äußert. Der Einfluss von Veränderungsprozessen auf die Gesundheit ist gut belegt (Jong et al. 2016; Bamberger et al. 2012). Für den Erfolg von Workplace Change und seine Wirkung auf die psychische Gesundheit der Betroffenen wurden insgesamt zwölf Einflussfaktoren identifiziert. Die Einflussfaktoren im Workplace Change Management können in folgende fünf Ebenen unterschieden werden: 1) übergeordnete Faktoren 2) Veränderungsprozess, 3) Veränderungsinhalt, 4) Kontext und 5) Individuelle Merkmale.

14.4.1   Übergeordnete Faktoren des Workplace Change Management

Die übergeordneten Faktoren des Workplace Change Management beziehen sich auf die Angemessenheit des Veränderungsprozesses und die Wertschätzung, die im Veränderungsprozess den Betroffenen entgegengebracht wird. Veränderungsprozesse lassen sich nicht standardisieren. Ausgehend von der betrieblichen Ausgangslage (z. B. Kultur, Hierarchie, Ziele der Veränderung), situativen Einflüssen (Anforderungen aus dem Projekt, Umfang der Veränderung) und Merkmalen der Beteiligten (z. B. Kompetenzen, Ressourcen, Einstellung und Offenheit) muss ein angemessenes Vorgehenskonzept erstellt und dynamisch angepasst werden. Im Veränderungsprozess ist auf die Wertschätzung zu achten, denn sie ist eine wichtige Ressource für das individuelle Wohlbefinden. Viele der nachfolgend aufgeführten Faktoren können – symbolisch oder im Handeln der beteiligten Akteure – Wertschätzung widerspiegeln.

14.4.2   Veränderungsprozess

Folgende drei miteinander verbundene Merkmale des Veränderungsprozesses wurden als wichtig für das Wohlbefinden der Betroffenen identifiziert:

- Transparenz und Vorhersagbarkeit: Die Betroffenen sollen das Ziel und die einzelnen Schritte des Veränderungsprozesses kennen und wissen, inwiefern und wann sie durch die Veränderung selbst betroffen sein werden, damit sie sich darauf einstellen können.
- Beeinflussbarkeit: Menschen erleben weniger Stress und akzeptieren Veränderungen eher, wenn sie die Ereignisse um sich herum beeinflussen können. Es ist daher wünschenswert, dass die Mitarbeitenden im Veränderungsprozess beteiligt werden und das Ergebnis (mit)beeinflussen können.

- Fairness: In Veränderungsprozessen sind oft verschiedene Gruppen mit unterschiedlichen Zielen betroffen. Der Prozess der Veränderung muss deshalb als fair empfunden werden können, was sich durch Information, Partizipation und Korrigierbarkeit erreichen lässt.

14.4.3 Veränderungsinhalt

Die Bereitschaft, eine Verhaltensveränderung vorzunehmen, hängt davon ab, wie Mitarbeitende die Balance zwischen Kosten und Nutzen einschätzen (persönliche Nutzenbilanz). Veränderungen werden dann eher akzeptiert, wenn die Betroffenen den Sinn und die Notwendigkeit der Maßnahme verstehen (Sinn und Dringlichkeit). Dies gilt insbesondere dann, wenn die Ziele der Veränderung klar und konsistent kommuniziert werden und mit anderen Zielen in der Organisation abgestimmt sind (Zielklarheit und -kongruenz). Es gilt schließlich in Bezug auf den Veränderungsinhalt auch sicherzustellen, dass die Betroffen von einer Veränderung weder inhaltlich noch mengenmäßig (Zeitdruck) überfordert werden (Veränderungsintensität), sondern sie als handhabbar empfinden.

14.4.4 Kontext

Die oben vorgestellten Faktoren zum Workplace Change Management machen deutlich, dass der soziale Kontext, in dem die Veränderung stattfindet, für das individuelle Wohlbefinden eine wichtige Rolle spielen kann. Hierbei geht es einerseits um Vertrauen im Team und zu Führungskräften, dass die Veränderung auch bei begrenzten eigenen Einflussnahme-Möglichkeiten zu einem positiven Ergebnis führt. Andererseits ist die soziale Unterstützung eine wichtige Ressource, um eine potenziell stresshafte Veränderung zu bewältigen.

14.4.5 Individuelle Merkmale

Verschiedene individuelle Kompetenzen und Persönlichkeitsmerkmale tragen dazu bei, dass Veränderungen gesund und erfolgreich bewältigt werden können. Viele davon sind durch die Gestaltung des Veränderungsvorgehens wenig oder gar nicht beeinflussbar. Es ist jedoch davon auszugehen, dass die Offenheit für Veränderung über Veränderungsinhalt, Veränderungsprozess und Kontext beeinflusst wird und als Mediator zum Verhalten fungiert.

Die vorstehend erläuterten Einflussfaktoren (zusammengefasst in Abb. 14.1) werden derzeit in Praxisprojekten, in welchen Büroraumumgestaltungen vorgenommen werden, untersucht. Eines der Praxisprojekte ist das Umzugsprojekt von Gesundheitsförderung Schweiz. Dieses Projekt wird im Folgenden näher beschrieben.

14.5 Fallbeispiel Einführung eines gesundheitsförderlichen Büroraums bei Gesundheitsförderung Schweiz

Gesundheitsförderung Schweiz ist als Hauptumsetzungspartner aktiv im Forschungsprojekt und testet zugleich die Forschungserkenntnisse im Selbstversuch. Dabei hat man sich zum Ziel gesetzt die Erkenntnisse zur gesundheitsförderlichen Planung sowie zum begleitenden Veränderungsprozess vorbildlich und als Vorreiter umzusetzen. Die gewonnenen Erfahrungen zur gesundheitsförderlichen Gestaltung sollen in weiterer Folge an interessierte Unternehmen weitergegeben werden. Der Einzug von Gesundheitsförderung Schweiz wird Ende 2016 erfolgen. Nachfolgend werden das Vorgehen und das geplante Büroraumkonzept beschrieben.

14.5.1 Vorgehen bei der nutzerorientierten Planung (Phase 1–3)

Aufgrund stetig enger werdenden Platzverhältnisse, die den Anforderungen moderner Büroarbeitsplätze nicht mehr genügten, wurde 2014 der Entscheid gefällt, dass der bisherige Standort aufgegeben werden muss. Daraufhin führte Gesundheitsförderung Schweiz eine vertiefte Standortevaluation durch und entschied sich für einen Neubau. Es war ihr ein Anliegen, den Prozess für die Konzeption und Planung des Büroraums (siehe Einflussfaktor CM 4) partizipativ mit den Mitarbeitenden zu gestalten. Der Prozess startete daher mit Workshops zum einen mit der Geschäftsleitung und zum anderen mit Nutzervertretenden (Abb. 14.2). Die Nutzervertretenden kamen aus den Reihen der Mitarbeitenden, wobei darauf geachtet wurde, dass alle Teams vertreten waren. Die Workshops wurden gemeinsam von dem Büroplaner und den Mitgliedern des Forschungsteams der ZHAW in der Rolle als „trailing researchers" (Stensaker 2014) aufgesetzt und durchgeführt. Ende 2014 fand der erste Workshop mit der Geschäftsleitung statt, in welchem eine Projektvision und Projektziele vereinbart wurden (Einflussfaktoren CM 7 und CM 8). Als wichtigste Ziele wurden die folgenden drei erarbeitet:

- Wir haben eine Vorbildfunktion hinsichtlich gesundheitsförderlicher Büroraumgestaltung inne
- Unsere Mitarbeitenden fühlen sich wohl, sind gesund und leistungsfähig
- Unser Leitbild und unsere Mitarbeitendenpolitik spiegeln sich am neuen Standort wieder

Weiterhin fällte die Geschäftsleitung nach eingehender Evaluation den Grundsatzentscheid, dass das neue Büro offen und ohne fix zugeordnete Arbeitsplätze geplant werden sollte, um den Austausch und die Kommunikation zwischen den Mitarbeitenden zu stärken. Um die neue Praxis selbst vorzuleben entschied die Geschäftsleitung, dass auch sie selbst kein eigenes Büro und keinen festen Arbeitsplatz haben würde. Alle anderen Planungsentscheidungen sollten zusammen mit den Nutzervertretenden gefällt werden (CM

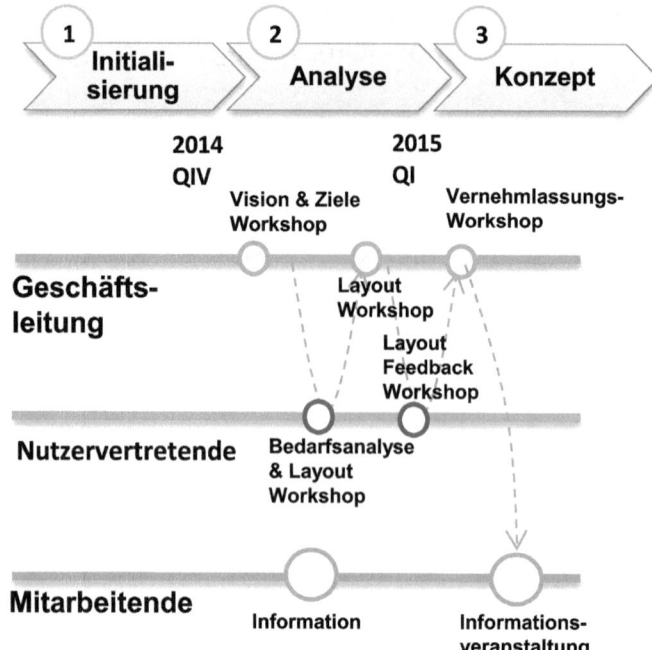

Abb. 14.2 Einbindung aller Ebenen in der Büroraum-Planung (Phase 1–3)

2 und CM 4). Es folgte eine erste Information an alle Mitarbeitenden, in welcher über Sinn und Treiber der Veränderung, Ziele sowie alle anderen Ergebnisse des Visions- und Ziele Workshops informiert wurden (CM 3, CM 4, CM 5, CM 7 und CM 8).

Im ersten Workshop mit den Nutzervertretenden wurden die Ergebnisse aus dem Geschäftsleitungs-Workshop vorgestellt (CM 3). Anschließend wurde mit den Mitarbeitenden diskutiert, wie sie arbeiten, welche Anforderungen und welche Bedarfe sie im Hinblick auf die neue Büroraumumgebung haben (CM 4) und was sie brauchen würden, um trotz Verlust des persönlich zugeordneten Arbeitsplatzes eine Umgebung zu haben, in der sie gut arbeiten und sich wohlfühlen können (CM 6). Die neuen Flächen des künftigen Büroraums mit seinen Funktionen wurden mit den Mitarbeitenden in Form eines Layout-Puzzles geplant. Im darauffolgenden Geschäftsleitungs-Workshop wurde dieses Puzzle auch mit der Geschäftsleitung durchgeführt, um die beiden Sichtweisen zusammen zu bringen. Auf Basis aller Informationen und Anforderungen erstellte der Büroraumplaner dann einen ersten Planentwurf. Die Nutzervertretenden gaben zu diesem Entwurf im nächsten Workshop Feedback und brachten ergänzende Anforderungen und Ideen ein (CM 3, CM 4 und CM 5). Des Weiteren wurde von den Mitarbeitenden abgeholt, welche Begleitung sie sich im Veränderungsprozess wünschen würden, damit dieser für sie stressfrei handhabbar ist (CM 1 und CM 9). Es wurde auch besprochen, wie offen die Nutzervertretenden ihre Teamkollegen und Führungskräfte im Hinblick auf diese Veränderung einschätzen (CM 12) und was von diesen als Verluste bzw. Gewinne erlebt würde (CM 6). Auf Basis dieser Informationen finalisierte der Büroplaner den Planentwurf und die ZHAW erstellte einen Fahrplan, welcher alle Aktivitäten aufführte, derer es bedarf, um die Mitarbeitenden gesund durch den Veränderungsprozess zu begleiten und die Offenheit gegenüber der Veränderung beizubehalten oder zu erhöhen (CM 1, CM 3, CM 9 und CM 12). Im dritten Geschäftsleitungs-Workshop, wurden sowohl der Büroraumplan als auch der Change Management Plan frei gegeben. Anschließend wurde eine Information an alle Mitarbeitenden herausgegeben. Nachdem das konzeptionelle Layout erstellt war, wurde der Büroplaner mit der Feinplanung des Layouts, sowie der Erstellung des Möblierungs-, Materialisierungs- und Farbkonzepts beauftragt. Auch hierbei haben die Nutzervertretenden ein hohes Mitspracherecht erhalten. Viele Entscheidungen von der Auswahl des richtigen Mobiliars über die Wahl zwischen Teppich und Parkett, sowie Design-Themen und Farben wurden in Workshops mit ihnen erarbeitet (CM 2, CM 4, CM 5, CM 6 und CM 10). Im folgenden Abschnitt wird der auf diesem iterativen Weg entstandene Büroraumplan vorgestellt.

14.5.2 Das neue Büroraumkonzept

Das entstandene Layout ist in Abb. 14.3 dargestellt. Im Rahmen der vorstehend beschriebenen Planungsphase wurde ein aktivitätsorientiertes Büroraumkonzept entwickelt, in welchem Mitarbeitende nicht mehr über einen persönlich zugeordneten Arbeitsplatz

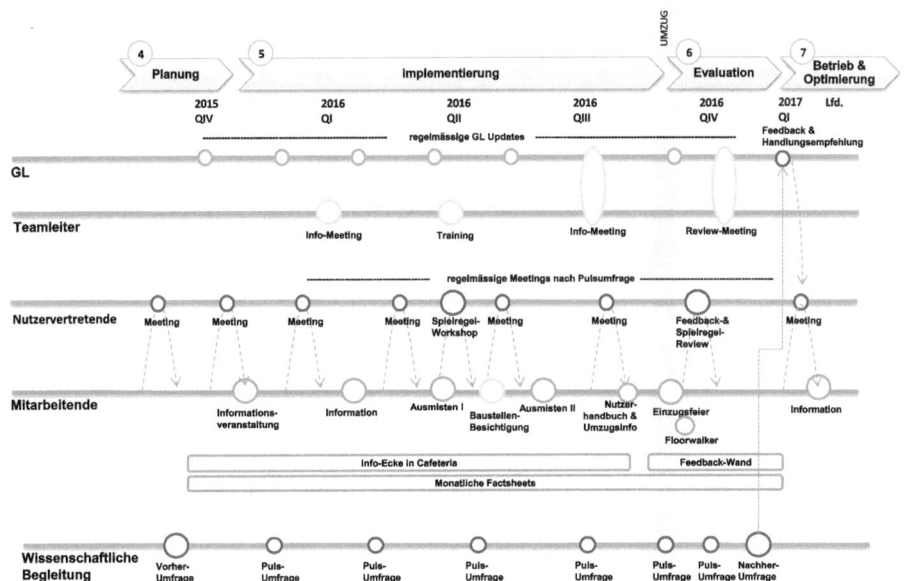

Abb. 14.3 Der Plan des neuen, gesundheitsförderlichen Büroraums von Gesundheitsförderung Schweiz

bzw. ein eigenes Territorium (B 16 nicht erfüllt) verfügen, sondern ihren Arbeitsplatz je nach Aufgabe oder persönlicher Präferenz und Stimmung wählen. Durch das Teilen von Arbeitsplätzen werden weniger Standardarbeitsplätze als Mitarbeiter benötigt. Die dadurch gewonnene Fläche wird genutzt, um eine Vielfalt von Flächenarten für (hoch-) konzentrierte, kommunikative oder restorative Aktivitäten zur Verfügung zu stellen.

Durch die nutzerorientierte Planung, bei der sowohl Tätigkeiten als auch Bedarfe sowie Präferenzen in Design und Ausstattung eingeflossen sind, können die übergeordneten Einflussfaktoren (B 1, B 2 und B 3) sicher gestellt werden.

Im Eingangsbereich befindet sich neben dem Empfang eine Cafeteria und eine Küche, in welcher gemeinsam gekocht und Pause gemacht werden kann (B 5 und B 18). Ebenso befinden sich dort Schulungs- und Besprechungsräume. Betritt man die Büroräume finden sich dort die Standardarbeitsplätze direkt an den Fensterfronten für optimale Tageslichtverhältnisse (B 13). Die Arbeitsplätze verfügen über ausreichend große Arbeitsflächen (B 6) und sind mit Möbeln hoher Qualität ausgestattet (B 7). Alle Tische sind höhenverstellbar und das Mobiliar entspricht ergonomischen Anforderungen gemäß aktuellen Richtlinien (B 1). Ebenso wurde darauf geachtet, dass die Abstände zwischen den Arbeitsplätzen genügend groß sind und die offenen Flächen immer wieder durch kleinere Zonen unterbrochen werden, damit kein Beengtheitserleben (B 15) oder das Gefühl eines riesigen Großraums entsteht (B 4). In der Mittelzone des Büroraums und am Kern befinden sich kleine Inseln für Einzelrückzug oder kurze Besprechungen, buchbare Einzelbüros, eine Bibliothek, Think Tanks sowie kleine Besprechungsräume, um Rückzug zu ermöglichen und Störungen zu vermeiden (B 10, B 14 und B 18). Mit einem Projektraum für kreatives Arbeiten wird dem Bedarf der Mitarbeitenden Rechnung getragen. Für Schlaf- oder Entspannungspausen steht ein Regenerationsraum zur Verfügung (B 4). Für unterbrechungsfreies Arbeiten steht ein Silent-Raum zur Verfügung, in welchem hoch konzentrierte Arbeiten ausgeführt werden können, da Gespräche und Telefonate hier nicht erlaubt sind (B 17).

Bei der Anordnung der Flächen wurde darauf geachtet, dass laute und leise Zonen jeweils akustisch voneinander getrennt sind (B 4, B 10 und B 17). Im gesamten Büroraum werden Pflanzen eingesetzt und naturnahe Elemente wie der Office Garden eingesetzt. Ebenso sorgt ein Farbkonzept für ein ästhetisch ansprechendes und moderat buntes Umfeld (B 2 und B 8). Im Eingangsbereich finden sich auch farbige Elemente der Corporate Identity. Hohe Luftqualität und behagliches Klima sollen durch eine vollautomatische Klimatisierung sichergestellt werden (B 11). Die Fenster werden nicht öffenbar sein, da es sich um ein hinsichtlich Energieeffizienz zertifiziertes Gebäude handelt, bei welchem dies nicht umsetzbar ist.

Durch die Berücksichtigung der oben genannten Faktoren soll der Büroraum die Kultur von Gesundheitsförderung Schweiz und Wertschätzung gegenüber den Mitarbeitenden widerspiegeln (B 3).

Die Qualität der Einflussfaktoren im Büroraum wird erst abschließend bewertbar sein, wenn das fertige Büro Ende 2016 bezogen wird. Studien der ZHAW zeigen, dass die wahrgenommene Qualität der Büroumgebung weniger über objektiv messbare Kriterien erklärt werden kann sondern vielmehr auf Bewertungen der Mitarbeitenden beruht (Janser et al. 2015). Sowohl ein Jahr vor dem Einzug als auch sechs Monate nach Einzug werden die Mitarbeitenden daher von ZHAW per schriftlicher Befragung gefragt, wie sie die einzelnen Einflussfaktoren in der jeweiligen Büroumgebung bewerten. Der Vorher-nachher-Vergleich wird Aufschluss darüber bringen, welche Einflussfaktoren sich vom alten zur neuen Büroraumumgebung verändert haben aber auch darüber, wie sich die Gesundheit der umziehenden Mitarbeitenden im Vergleich zu einer Kontrollgruppe verändert hat.

Ebenso werden die Mitarbeitenden bis zum Einzug und danach in Pulsumfragen regelmäßig dazu befragt, wie gut sie den Change Management Prozess im Hinblick auf die vorgestellten Einflussfaktoren bewerten. Um die Mitarbeitenden in den Prozess einzubinden und auf die Veränderung vorzubereiten, schloss sich an die Nutzenden-Workshops in der Planungsphase eine Vielzahl von Change Aktivitäten an, welche im folgenden Kapitel beschrieben werden.

14.5.3 Der weitere Workplace-Change-Management-Prozess (Phase 4–7)

Im Anschluss an die Phasen 1–3 (Abschn. 14.1) wurden die Workshops mit den Nutzervertretenden fortgeführt, um Fragen der Feinplanung, Möblierung und des Designkonzepts zu diskutieren (Abb. 14.4). Im zweiten Quartal 2016 ist mit ihnen ein Spielregel-Workshop geplant, in welchem die Projektleitung zusammen mit den Nutzervertretenden Regeln erarbeitet, wie man im neuen Büroraumkonzept miteinander arbeiten, kommunizieren und umgehen möchte (CM 3, CM 4, CM 5 und CM 8). Die Geschäftsleitung wird bis zum Einzug von der Projektleitung regelmäßig über die getroffenen Entscheide und den Stand des Projekts informiert (CM 3 und CM 4). Die Teamleitenden erhalten in der Regel dieselben Informationen wie die Mitarbeitenden (CM 3, CM 5), werden aber hinsichtlich ihrer Führungsrolle und den damit verbundenen besonderen Fragestellungen (Vertraulichkeit, Mitarbeitendenführung im Veränderungsprozess und im neuen Büroraum sowie Vorbildverhalten) gesondert trainiert (CM 3, CM 7 und CM 9).

Die Mitarbeitenden werden einerseits von den Nutzervertretenden über den aktuellen Stand des Projektes informiert und können über diese Fragen und Bedarfe einbringen, werden aber auch im Rahmen von Informationsveranstaltungen und über gesonderte E-Mails der Projektleitung kontinuierlich informiert. Während des gesamten Projektes erhalten sie die wichtigsten Informationen in monatlichen Factsheets. Sie erhalten auch jeweils ein Feedback zu den Ergebnissen der Puls-Umfragen etc. (CM 3, CM 4 und CM 8).

Für 2016 sind weiterhin „Ausmist-Aktionen" geplant, bei denen die Mitarbeitenden darin unterstützt werden, sich von alter Ablage und nicht mehr benötigten Aktenbergen zu befreien. Eine Besichtigung der sich im Mieterausbau befindenden Büroräume mit Apéro soll den Mitarbeitenden einen ersten Eindruck von den neuen Räumlichkeiten sowie die Möglichkeit zu informellem Austausch mit der Geschäftsleitung und der

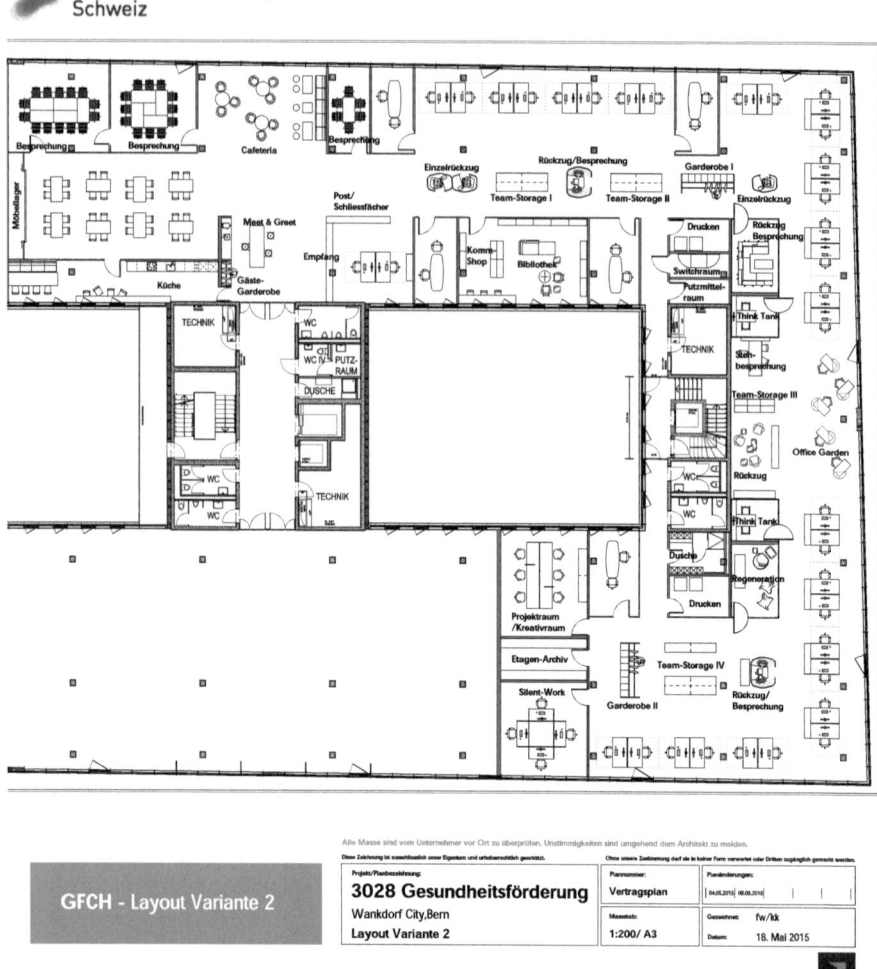

Abb. 14.4 Übersicht aller Aktivitäten im begleitenden Workplace Change Management (Phase 4–7)

Projektleitung bieten (CM 2, CM 3 und CM 4). Vor dem Einzug erhalten die Mitarbeitenden ein Nutzerhandbuch, welches die neuen Räumlichkeiten und die Möglichkeiten
am neuen Standort erklärt sowie die definierten Spielregeln vorstellt (CM 3, CM 4 und
CM 8). Ebenso erhalten sie detaillierte Informationen zum Umzug mit Informationen
darüber was wann geplant ist und welche Aufgaben die Mitarbeitenden erfüllen müssen
(CM 3, CM 4 und CM 9). Am Einzugstag wird die Ankunft im neuen Büroraumkonzept gemeinsam gefeiert und ein Ausblick von der Geschäftsleitung gegeben, wie man
sich die Zusammenarbeit in der neuen Umgebung vorstellt (CM 2, CM 3 und CM 8). So
genannte Floorwalker werden den Mitarbeitenden am Einzugstag bei Fragen rund um IT

oder Ergonomie der neuen Möbel direkte und persönliche Hilfestellung geben (CM 9). Die Mitarbeitenden können ihr Feedback zu den neuen Räumlichkeiten auf einer Feedback-Wand notieren, werden aber auch über Puls-Umfragen und die Nachher-Befragung Gelegenheit haben Rückmeldungen anzubringen (CM 4 und CM 5). Die Ergebnisse dieser Umfragen werden zeitnah an die Mitarbeitenden zurückgespiegelt (CM 3 und CM 5) und es werden Maßnahmen ergriffen, wenn sich Handlungsbedarf zeigt (CM 1, CM 2, CM 5 und CM 9).

Die Geschäftsleitung und Teamleiter werden nach Einzug in einem gemeinsamen Meeting darüber reflektieren, inwieweit die Ziele, welche zu Beginn definiert wurden, erreicht wurden und welche Maßnahmen nötig sind, um einerseits die Büroraumumgebung und andererseits auch Führungs- und Arbeitsweisen im neuen Büroraum zu optimieren (CM 6 und CM 8).

Auch die Nutzervertretenden bleiben nach Einzug aktiv. Sie sammeln das Feedback ihrer Kollegen und tragen es an die Projektleitung heran. In einem Workshop wird von ihnen auch überprüft inwiefern die eingangs definierten Spielregeln sich in der Praxis bewähren (CM 1 und CM 4).

Nach Durchführung der Nachher-Umfrage werden von ZHAW die Ergebnisse zusammengefasst und Handlungsempfehlungen abgeleitet. Diese werden mit der Geschäftsleitung und anschließend mit den Nutzervertretenden diskutiert und Maßnahmen definiert. Die Mitarbeitenden werden anschließend darüber informiert (CM 3, CM 4, CM 5 und CM 6).

Es bleibt abzuwarten inwiefern der dargestellte Workplace Change Prozess den Ansprüchen der Betroffenen genügt. Der Fahrplan versteht sich als dynamisch und basierend auf dem Feedback der Mitarbeitende in den Pulsumfragen oder der Nutzervertretenden wird vom Projektteam reagiert, falls sich andere Bedarfe zeigen (CM 1). Die Ergebnisse der Vorher-Umfrage zeigen jedoch, dass man sich auf einem guten Weg befindet, denn knapp 70 % der Mitarbeitenden geben an, dass sie sich auf den Einzug in die neuen Büroräumlichkeiten freuen.

14.6 Diskussion und Schlussbetrachtung

Erst in 2017 wird man abschließend beurteilen können, welche Stärken und Schwächen die neue Büroumgebung von Gesundheitsförderung Schweiz in der Praxis birgt und wie groß der Effekt auf die psychische Gesundheit der Mitarbeitenden ist. Festzuhalten ist, dass es auf Basis einer strukturierten Analyse mit Experten aus Praxis und Wissenschaft sowie in enger Zusammenarbeit mit den künftigen Nutzenden erarbeitet wurde. Das Risiko von Fehlplanungen, ungenügender Funktionalität oder Stressoren wurden dadurch minimiert und Ressourcen aus Sicht der Betroffenen explizit berücksichtigt. Ebenso wurden durch Beachtung der Einflussfaktoren im Büroraum und Veränderungsprozess aktuelle Erkenntnisse aus der Wissenschaft berücksichtigt. Damit wurde viel getan, um sicher zu stellen, dass die neue Büroumgebung und der Veränderungsprozess der Gesundheit zuträglich sind.

Das oben dargestellte Büroraumkonzept und auch das Vorgehen im Veränderungsprozess ist nicht als grundsätzlich exemplarisch zu verstehen, sondern als passende Lösung für die Bedürfnisse von Gesundheitsförderung Schweiz. Jede Organisation muss basierend auf ihrer Struktur, Kultur, Tätigkeiten und Prozessen eine individuelle Lösung entwickeln.

Das in Abschn. 14.2 vorgestellte Stressmodell und die in Abschn. 14.3 vorgestellten Einflussfaktoren sind über Literatur und vorhergehende Studien der ZHAW zwar gut abgestützt, werden dennoch in weiteren Praxisprojekten überprüft und validiert. Erst dann lassen sich Aussagen bezüglich ihres Gewichts, ihrer Priorisierung oder ihrer Rolle als behindernde oder herausfordernde Stressoren ableiten. Der gesamthafte Einfluss des Büroraums und des Veränderungsprozesses auf die Gesundheit konnte jedoch in einigen Studien gezeigt werden. Es ist folglich augenscheinlich, dass der Büroraum ein Potenzial für die betriebliche Gesundheitsförderung darstellt. Dieses wird jedoch derzeit noch wenig von Büroraumplanern, Facility Managern, Personalverantwortlichen oder Fachleuten des BGM genutzt. Ein Austausch unter diesen Beteiligten und die gezielte Zusammenarbeit mit den Nutzenden auf allen Hierarchieebenen könnte Synergien freisetzen und sich positiv auf die Gesundheit, Leistungsfähigkeit und das Engagement der Mitarbeitenden auswirken. Es bleibt zu hoffen, dass dem Thema Büroplanung zukünftig die strategische Bedeutung beigemessen wird, die es verdient, damit eine Win-win-win-Situation für Organisation, Fachbereiche und die Mitarbeitenden geschaffen werden kann.

Literatur

Bamberger SG, Vinding AL, Larsen A, Nielsen P, Fonager K, Nielsen RN, Ryom P, Omland Ø (2012) Impact of organisational change on mental health: a systematic review. Occup Environ Med 69(8):592–598

Bell A (2006) Making change work. In: Worthington J (Hrsg) Reinventing the workplace. Routledge, Burlington, S 185–202

Brown G, Lawrence T, Robinson S (2005) Territoriality in organizations. Acad Manag Rev 30(3):577–594

Bundesanstalt für Arbeitsschutz und Arbeitsmedizin (Hrsg) (2010) Wohlbefinden im Büro – Arbeits- und Gesundheitsschutz bei der Büroarbeit, 7. Aufl. Bundesanstalt für Arbeitsschutz und Arbeitsmedizin, Dortmund

Cavanaugh MA, Boswell WR, Roehling MV, Boudreau JW (2000) An empirical examination of self-reported work stress among U.S. managers. J Appl Psychol 85(1):65–74

Fritz S (2006) Ökonomischer Nutzen „weicher" Kennzahlen: (Geld-)Wert von Arbeitszufriedenheit und Gesundheit, 2. Aufl. vdf Hochschulverlag, Zürich

Janser M, Windlinger L, Leiblein T, Hofmann T, Wallbaum H, Feige A, Cui Y Y, Lange S (2015) Leitfaden für Nachhaltige Bürogebäude. http://www.nachhaltigebueros.ch. Zugegriffen: 15. Febr. 2016

Jong T de, Wiezer N, Weerd M de, Nielsen K, Mattila-Holappa P, Mockałło Z (2016) The impact of restructuring on employee well-being: a systematic review of longitudinal studies. Work Stress 30(1):1–24

LePine JA, Podsakoff NP, LePine MA (2005) A meta-analytic test of the challenge stressor-hindrance stressor framework: an explanation for inconsistant relationships among stressors and performance. Acad Manag J 48(5):764–775

McCoy JM, Evans GW (2005) Physical work environment. In: Barling J, Kelloway EK, Frone MR (Hrsg) Handbook of work stress. Sage Publications, Thousand Oaks, S 219–245

McElroy JC, Morrow PC (2010) Employee reactions to office redesign: a naturally occurring quasi-field experiment in a multi-generational setting. Hum Relat 63(5):609–636

Stensaker IG (2014) Methods for tracking and trailing change. Res Organ Chang Dev 21:149–174

Vilnai-Yavetz I, Rafaeli A, Schneider Yaacov C (2005) Instrumentality, aesthetics, and symbolism of office design. Environ Behav 37(4):533–551

Windlinger L, Konkol J, Schanné F, Sesboüé S, Neck R (2014) Gesundheitsförderliche Büroräume: Wissenschaftliche Grundlagen zum Zusammenhang zwischen psychischer Gesundheit und Büroraumgestaltung sowie dem begleitenden Veränderungsprozess. Gesundheitsförderung Schweiz, Bern

Über die Autoren

Prof. Dr. Lukas Windlinger ist Arbeits- und Organisationspsychologe (lic. Phil. I) und hat am University College London promoviert. Am Institut für Facility Management der ZHAW hat er die Leitung der Kompetenzgruppe Betriebsökonomie und Human Resources in FM inne. Er lehrt und forscht im Gebiet Workplace Management.

Jennifer Konkol hat einen Bachelorabschluss in Facility Management und einen Masterabschluss in Wirtschaftspsychologie. Nachdem Sie mehrere Jahre im Bereich von innovativen Arbeitsplatzkonzepten beratend tätig war, trat sie 2013 eine Stelle als wissenschaftliche Mitarbeiterin an der ZHAW an.

Dr. Cornelia Sterner promovierte in Sozial- und Wirtschaftswissenschaften. Nach mehrjähriger Tätigkeit als Forscherin im Bereich Wirtschafts- und Innovationsforschung ist sie seit 2015 bei Gesundheitsförderung Schweiz als Projektleiterin im Bereich Produktentwicklung Betriebliches Gesundheitsmanagement tätig.

Rudolf Zurkinden ist Wirtschaftswissenschafter (lic.rer.pol.) und arbeitet seit 2008 bei Gesundheitsförderung Schweiz als Mitglied der Geschäftsleitung. In dieser Funktion hat er von Beginn weg dieses Umzugsprojekt und den damit einhergehenden Veränderungsprozess begleitet und in der Geschäftsleitung und dem Stiftungsrat vertreten.

Gesundheitszirkel im Krankenhaus – Bedarfsanalyse, Durchführung und Evaluation eines Gesundheitszirkels im Klinikum Stuttgart

Cornelia Walter, Miriam List, Ruth Dankbar, Daniela Steinacher und Elvira Schneider

Zusammenfassung

Es gibt viele Maßnahmen des Betrieblichen Gesundheitsmanagements: Betriebssportgruppen, Gesundheitstage und Führungskräfteentwicklung werden am häufigsten genannt. Doch kaum eine Maßnahme wurde auf ihre Wirksamkeit erforscht. In diesem Artikel erhalten die Leser Einblick in ein Best Practice für eine gelungene Maßnahme des Betrieblichen Gesundheitsmanagements im Krankenhaus. Insbesondere im Krankenhaus ist die Ausfallquote hoch. Absentismus und Präsentismus sind Begleiterscheinungen des stressigen Arbeitsalltags von Pflegefachkräften. Hinzu kommt eine

C. Walter (✉)
Organisations- und Personalentwicklung im Gesundheitswesen,
Stuttgart, Deutschland
E-Mail: info@cornelia-walter.de

M. List
Klinikum Stuttgart, Stuttgart, Deutschland
E-Mail: m.list@klinikum-stuttgart.de

R. Dankbar
Wohlfahrtswerk für Baden-Württemberg, Stuttgart, Deutschland
E-Mail: ruth.dankbar@wohlfahrtswerk.de

D. Steinacher
Dialyse/Nephrologische Ambulanz, Zentrum für Innere Medizin, Klinikum
Stuttgart, Stuttgart, Deutschland
E-Mail: D.Steinacher@klinikum-stuttgart.de

E. Schneider
Zentrum für Innere Medizin, Klinikum Stuttgart,
Stuttgart, Deutschland
E-Mail: e.schneider@klinikum-stuttgart.de

© Springer Fachmedien Wiesbaden 2016
M.A. Pfannstiel und H. Mehlich (Hrsg.), *Betriebliches Gesundheitsmanagement*,
DOI 10.1007/978-3-658-11581-4_15

hohe Fluktuation von Pflegefachkräften in der Hoffnung, am neuen Arbeitsplatz bessere Arbeitsbedingungen zu erhalten. Das Klinikum Stuttgart begegnete der hohen Ausfallquote und der Fluktuation mithilfe eines Gesundheitszirkels. Dieser Gesundheitszirkel wurde aufgrund einer wissenschaftlichen Bedarfsanalyse auf einer Pilotstation durchgeführt und ebenso wissenschaftlich evaluiert. Bereits nach zwei Jahren sank die Ausfallquote um zwei Prozent und die Arbeitszufriedenheit der Pflegefachkräfte stieg merkbar an.

Inhaltsverzeichnis

15.1   Einleitung

In der wissenschaftlichen Literatur werden arbeitsbedingte Belastungen im Gesundheitssektor verstärkt ins Visier genommen (Glaser und Höge 2005, S. 51–64). Insbesondere zeigt sich, dass die Arbeitsbelastung von Pflegefachkräften in Krankenhäusern in den letzten Jahren deutlich gestiegen ist. Als Gründe werden steigende Fallzahlen und reduzierte Verweildauern bei gleichzeitigem Fachkräftemangel genannt. Weiterhin ändert sich durch den demografischen Wandel nicht nur das Patientenklientel, sondern auch die Altersstruktur der Pflegefachkräfte. Dies geht mit erhöhtem physisch und psychisch bedingtem Arbeitsausfall einher (DIP 2010, S. 15). Nicht nur bei älteren Pflegefachkräften ist ein hoher Krankenstand zu erkennen. Laut DAK-Gesundheitsbericht 2015 liegt der Krankenstand im Gesundheitswesen mit 4,5 % deutlich über dem bundesweiten Durchschnitt von 3,9 %. Erkrankungen des Muskel-Skelett-Systems und psychische Erkrankungen stehen dabei an erster Stelle (Kordt 2015, S. VI).

Werden die Ursachen der Belastungen näher betrachtet, stellt man fest, dass die eigentliche Arbeitsaufgabe, die Pflege von multimorbiden, chronisch erkrankten Menschen, als belastend empfunden wird (Cichocki et al. 2015, S. 2–3). Andererseits zeigen Studien, dass die Arbeitsbedingungen einen größeren Einfluss auf die wahrgenommenen

Belastungen ausüben als die Arbeitsaufgabe selbst (Brause et al. 2010, S. 6). Diese Erkenntnisse legen nahe, dass die Reduzierung von arbeitsbedingten Belastungen innerhalb der Pflege verstärkt in das Betriebliche Gesundheitsmanagement aufgenommen werden muss. Dabei stehen präventive und verhältnisbezogene Ansätze, wie zum Beispiel die Durchführung eines Gesundheitszirkels, im Fokus (Badura et al. 2005, S. V). In diesem Artikel wird anhand eines Praxisbeispiels die Durchführung eines Gesundheitszirkels im Klinikum Stuttgart im Sinne des PDCA-Zyklus nach Deming (Plan, Do, Check, Act) dargestellt.

15.2   Ausgangslage

Das Klinikum Stuttgart ist als Maximalversorger und akademisches Lehrkrankenhaus der Universität Tübingen eines der größten kommunalen Krankenhäuser Deutschlands mit aktuell ca. 2200 Betten in über 50 Fachbereichen und Instituten. Die über 7000 Beschäftigten, davon 2900 Mitarbeiter im Pflege- und Funktionsdienst betreuen jährlich 90.000 stationäre und 500.000 ambulante Patienten. Der Jahresumsatz liegt bei ca. 500 Mio. EUR. Durch die Zuordnung der Fachgebiete und Institute in Zentren wird eine moderne Aufbaustruktur gewährleistet (Klinikum Stuttgart 2016).

Eine im Jahre 2009 durchgeführte quantitative Befragung zur Gesundheits- und Belastungssituation der Beschäftigten gab einen ersten Überblick über die Notwendigkeit der Einführung von gesundheitsfördernden Maßnahmen. Im Jahre 2011 wurde im Klinikum Stuttgart ein Projekt „Attraktiver Arbeitgeber" etabliert, welches zum Ziel hatte, innerhalb definierter Handlungsfelder Problemlagen zu analysieren, Lösungswege aufzuzeigen und Umsetzungsstrategien voranzutreiben. Eines dieser Handlungsfelder beschäftigte sich mit dem Thema Gesundheitsförderung. Im Rahmen des Projektes wurde beschlossen, eine Bedarfsanalyse zur Durchführung von Gesundheitszirkeln im Klinikum Stuttgart durchzuführen. In der Bedarfsanalyse sollten folgende Fragen beantwortet werden:

Besteht im Klinikum Stuttgart der Bedarf zur Ein- und Durchführung von Gesundheitszirkeln?

Sind im Klinikum Stuttgart die Voraussetzungen zur Ein- und Durchführung von Gesundheitszirkeln vorhanden?

15.3   Bedarfsanalyse

15.3.1 Methodisches Vorgehen der Bedarfsanalyse

Die Bedarfsanalyse wurde in Form von Experteninterviews durchgeführt. Diese kommen häufig im Rahmen eines Methodenmixes zum Einsatz (Meuser und Nagel 1991, S. 441). Aufgrund dessen erschien es naheliegend, neben der bereits vorliegenden quantitativen

Erhebung der Gesundheits- und Belastungssituationen im Klinikum Stuttgart qualitative Experteninterviews durchzuführen.

Die Identifizierung des Bedarfs für Gesundheitszirkel erfolgte anhand von Kriterien (siehe Tab. 15.1), die aus bisherigen Erfahrungen mit Gesundheitszirkeln in der Literatur (Westermayer und Bähr 1994; Müller et al. 1997; Sochert 1999; Aust und Ducki 2004) abgeleitet wurden. In diesen Gesundheitszirkeln konnten Verbesserungen in der Arbeitsorganisation, Reduzierungen von psychischen und physischen Belastungen, als auch Optimierungen in der Kommunikation und Kooperation festgestellt werden (Kriterium 1–3). Weiterhin wird beschrieben, dass bestimmte Faktoren für eine erfolgreiche Umsetzung von Gesundheitszirkeln relevant sind (Kriterium 4–6).

Die Experteninterviews erfolgten mit zwei Führungskräften der Pflege und einer Führungskraft des Therapiezentrums. Dies hatte den Grund, dass die ausgewählten Personen aufgrund Ihrer Führungsposition sowohl Informationen über die gesundheitlichen Belastungen bestimmter Personengruppen (nämlich ihrer Mitarbeiter) geben können als auch in irgendeiner Weise Verantwortung für die Implementierung von Gesundheitszirkeln haben könnten. Der Interviewleitfaden wurde so konzipiert, dass für jedes der sechs Kriterien Informationen generiert und ausgewertet werden konnte. Die Interviews wurden auf Tonband aufgenommen, transkribiert und mithilfe einer Software (MAXQDA) nach Meuser und Nagel (1991) ausgewertet.

Tab. 15.1 Kriterien der Bedarfsanalyse zur Durchführung von Gesundheitszirkeln im Klinikum Stuttgart. (Quelle: Eigene darstellung 2012)

Kriterien	Kriterium beinhaltet
Kriterium 1: Arbeitsorganisation und Arbeitsbedingungen	Arbeitsablauf Arbeitsstrukturen Möglichkeiten zur Arbeitsgestaltung
Kriterium 2: Psychische und physische Belastungen	Belastungen, die durch die Arbeitsorganisation oder der Zusammenarbeit mit anderen Berufsgruppen entstehen Belastungen, die bei der Arbeit am Patienten aufkommen
Kriterium 3: Kommunikation und Kooperation	Soziale Unterstützung Teamzusammenhalt ein wertschätzender Umgang miteinander transparente Informationsstrukturen
Kriterium 4: Führungsqualität und Personalentwicklung	Führungsverhalten soziale Kompetenzen der Beschäftigten Möglichkeiten zur Fort- und Weiterbildung
Kriterium 5: Partizipation	Möglichkeit von Entscheidungs- und Handlungsspielräumen innerhalb der eigenen Arbeitsorganisation
Kriterium 6: Gesundheit	Gesundheitsverständnis Wissen über Gesundheitszirkel Maßnahmen zur Gesundheitsförderung

15.3.2 Ergebnisse der Bedarfsanalyse

Die Ergebnisse sind nach Kriterien wie folgt zusammengefasst:

Kriterium 1: Arbeitsorganisation und Arbeitsbedingungen

- Die Arbeit im Krankenhaus ist zunächst durch die Einhaltung des gesetzlichen Versorgungsauftrages geprägt. Insofern ist auch der Arbeitsablauf durch festgesetzte Tätigkeiten, Absprachen und gesetzlichen Rahmenbedingungen definiert.
- Beschäftigte können innerhalb dieser Rahmenbedingungen ihren Tagesablauf selbst gestalten. Mitgestaltungsmöglichkeiten werden von den befragten Führungskräften ausdrücklich gewünscht und gefördert.
- Innerhalb der Arbeitsorganisation wird Optimierungsbedarf gesehen.
- Es werden höhere Krankenstände, höhere Belastungen und somit auch eine Zunahme der Arbeitsunzufriedenheit und der Fluktuation beobachtet.
- Als eine Ursache werden vor allem gesetzliche Rahmenbedingungen gesehen.
- Die Führungskräfte sind bemüht, durch geregelte Arbeitsbedingungen ihre Beschäftigten vor höheren Belastungen zu schützen. Sie erkennen aber auch, dass dies nicht immer möglich ist.
- Die Arbeitsbedingungen im Hinblick auf die Vereinbarkeit von Familie und Beruf werden zum Teil als gut betrachtet.

Kriterium 2: Belastungen

- Belastungen sind sowohl physischer als auch psychischer Art.
- Psychische Belastungen nehmen aufgrund von verschärften Rahmen- und Arbeitsbedingungen sowie schlechter Arbeitsorganisation vermehrt zu.
- Maßnahmen zur Reduzierung dieser Belastungen werden bereits angeboten. Sie beziehen sich vermehrt auf verhaltensbezogene Veränderungen (z. B. Teamtage, Supervision).
- Verbesserungsmaßnahmen auf Verhältnisebene, die vor allem Verbesserungen in der Arbeitsorganisation zum Ziel haben, werden als sehr wichtig eingeschätzt.
- Es wird insbesondere gefordert, dass das obere Management durch eine Veränderung von Strukturen unterstützend eingreifen sollte.

Kriterium 3: Kommunikation und Kooperation

- Quantitativ wird sehr viel Zeit in die Kommunikation investiert. Die Qualität wird jedoch ganz unterschiedlich bewertet.
- Die Themen Wertschätzung und Transparenz werden explizit als Grundvoraussetzungen für gute Kommunikation und Zusammenarbeit genannt. Diese werden aber nicht immer gesehen.

- Gründe für das Fehlen eines wertschätzenden und offenen Umgangs miteinander werden in der Größe des Klinikums, der gegebenen Rahmenbedingungen, sowie in der sozialen Kompetenz der Beschäftigten und der Führungskräfte gesehen.

Kriterium 4: Führungsqualität und Personalentwicklung

- Führungsseminare und Personalentwicklungsseminare werden im Klinikum Stuttgart angeboten. Diese werden als sehr wichtig und gut empfunden.
- Ein großer Nachholbedarf besteht darin, das Thema Gesundheitsförderung in die Führungsseminare zu integrieren.

Kriterium 5: Partizipation

- Partizipationsmöglichkeiten werden von den befragten Führungskräften gefördert, gewünscht und unterstützt. Es werden bereits ähnliche Instrumente (Qualitätszirkel) eingesetzt, um Verbesserungen im Arbeitsablauf zu entwickeln.
- Von einer flächendeckenden Partizipationsmöglichkeit kann jedoch nicht gesprochen werden. Gründe hierfür liegen in der fehlenden Bereitschaft der Beschäftigten zu partizipieren und in der fehlenden Qualifikation der Führungskräfte.

Kriterium 6: Gesundheit

- Die Interviewpartner definieren Gesundheit als einen umfangreichen, den Vorstellungen der Ottawacharta entsprechenden Begriff.
- Gesundheitsförderung und die Gesunderhaltung der Beschäftigten wird als Leitungsaufgabe gesehen.
- Das Instrument des Gesundheitszirkels wird als sehr positiv und sinnvoll dargestellt. Das Potenzial des Gesundheitszirkels wird erkannt und es wird erwartet, dass er zum Wohlbefinden und zur Zufriedenheit der Beschäftigten beitragen kann.

15.3.3 Fazit der Bedarfsanalyse

Zusammenfassend konnte festgestellt werden, dass im Klinikum Stuttgart typische arbeitsorganisatorische Problemstellungen bestehen, die mit der Einführung von Gesundheitszirkeln sinnvoll angegangen und die damit verbundenen Belastungen gemindert werden können. Zudem könnten die zum Teil vorhandenen Kommunikationsprobleme durch die Einführung von Gesundheitszirkeln verbessert sowie eine wertschätzende Zusammenarbeit zwischen den Berufsgruppen optimiert werden.

Eine effektive Implementierung von Gesundheitszirkeln im Klinikum Stuttgart kann grundsätzlich als positiv gesehen werden. Besonders wichtig ist für diese Erkenntnis die Tatsache, dass alle befragten Interviewpartner dem Gesundheitszirkel aufgeschlossen gegenüberstehen. Einschränkend muss darauf hingewiesen werden, dass nicht alle Führungskräfte auf eine Einführung von Gesundheitszirkeln vorbereitet sind. Daher scheint es von besonderer Bedeutung, Führungskräfte zuvor mit Prinzipien der Gesundheitsförderung und der Zielsetzung von Gesundheitszirkeln vertraut zu machen. Weiterhin müssten Gesundheitszirkel und weitere Maßnahmen des Betrieblichen Gesundheitsmanagements durch die Krankenhausleitung gesteuert und befürwortet werden.

Abschließend wird die Einführung eines Gesundheitszirkels in einem Pilotprojekt empfohlen.

15.4 Implementierung und Durchführung des Gesundheitszirkels

Basierend auf der Bedarfsanalyse und der daraus resultierenden Empfehlung über die Einführung eines Gesundheitszirkels wurde seitens der Pflegerischen Zentrumsleitung der Inneren Medizin des Klinikums Stuttgart die Dialyse als Abteilung ausgewählt.

Die Dialyse ist dem Fachbereich Nephrologie mit 33 Mitarbeitern im Pflegeteam in Voll- und Teilzeit zugeordnet. Davon sind 28 Pflegefachkräfte, vier Medizinische Fachangestellte und eine Pflegehilfskraft. Das pflegerische Leitungsteam besteht aus einer Stationsleitung und einer Stellvertretung. Die Dialyse verfügt über 33 Hämodialyseplätze im Zentrum. Darüber hinaus werden Peritonealdialysepatienten versorgt.

Auslösend für die Implementierung des ersten Gesundheitszirkels am Klinikum Stuttgart war die Unzufriedenheit der Mitarbeiter des Pflegeteams der Dialyse sowie die überdurchschnittlich hohe Ausfallquote im Jahr 2012 bedingt durch Krankheit. Diese lag in der Dialyse im Vergleich zum Bundesdurchschnitt von 4,02 % (Techniker Krankenkasse 2013, S. 151) bei 7,67 %. Im Vorfeld wurden bereits diverse Maßnahmen wie Prozessoptimierungen, Coaching des Leitungsteams und Gesamtteams sowie diverse Schulungen durchgeführt, die jedoch nicht den erhofften und gewünschten Effekt erzielt haben.

Durch die Einführung eines Gesundheitszirkels sollte der Mitarbeiterunzufriedenheit und der hohen Ausfallquote durch Krankheit in dieser Abteilung entgegengesteuert werden, indem direkt durch die Mitarbeiter des Pflegeteams die Ursachen für deren gesundheitliche Beschwerden am Arbeitsplatz identifiziert und Lösungen sowie Maßnahmen zu deren Reduktion generiert werden. In Vorgesprächen zwischen der Stationsleitung, der Pflegerischen Zentrumsleitung und zwei Moderatorinnen wurden die Ziele und der Ablauf des Gesundheitszirkels sowie die beidseitigen Erwartungen an den Gesundheitszirkel geklärt.

Der Gesundheitszirkel bestand aus zwei Gremien, die Gesundheitszirkelgruppe sowie die Steuerungsgruppe. Der Gesundheitszirkelgruppe, in der die Mitarbeiter des Pflegeteams die zu bearbeitenden Themen identifiziert, die Ursachen analysiert und Verbesserungen vorgeschlagen haben. Die Steuerungsgruppe bestand aus den beiden Moderatorinnen, einer Vertreterin der Gesundheitszirkelgruppe, der Stationsleitung und der Pflegerischen Zentrumsleitung. Die Steuerungsgruppe traf sich immer nach zwei

Sitzungen der Gesundheitszirkelgruppe, um die Machbarkeit und Umsetzung der Maßnahmen zu diskutieren und zu beschließen.

Die Umsetzung des Gesundheitszirkels begann im November 2013 mit einer Kick-
off-Veranstaltung, bei der alle Beschäftigten der Dialyse und ein Mitarbeiter des Per-
sonalservices über den Anlass des Gesundheitszirkels in der Dialyse, das Ziel des
Gesundheitszirkels sowie den konkreten zeitlichen und methodischen Ablauf informiert
wurden. Weiter konnten in diesem Rahmen Fragen geklärt werden. Abb. 15.1 zeigt den
Ablauf des Gesundheitszirkels in der Dialyse.

Geplant waren zehn Gesundheitszirkeltreffen nach dem Berliner Modell (Friczewski 2010, S. 149–155) von November 2013 bis April 2014 mit acht Gesundheitszirkel-
teilnehmern aus dem Pflegeteam der Dialyse einer hierarchischen Ebene. Das Berliner
Modell hat den Vorteil, dass Konflikte und Belastungen ohne Führungskraft eher offen
angesprochen werden können. Die zwei Moderatorinnen der Gesundheitszirkelgruppe
waren keine Mitarbeiterinnen der Dialyse. Beide arbeiteten jedoch zum Zeitpunkt der
Gesundheitszirkeltreffen im Klinikum Stuttgart in anderen Abteilungen und sind daher
mit den Strukturen und Rahmenbedingungen der Einrichtung vertraut. Die Teilnahme
am Gesundheitszirkel war freiwillig, jedoch war eine konstante Teilnahme bei allen
zehn Treffen notwendig, damit der Arbeitsprozess während der Gesundheitszirkeltreffen
gewährleistet werden konnte. In jeder Sitzung wurde zwar ein in sich abgeschlossenes
Thema besprochen, doch gelegentlich kam es zu Überschneidungen der Themen. Jede
Pflegefachkraft und alle Medizinischen Fachangestellten der Dialyse hatten die Gelegenheit zur Teilnahme an den Gesundheitszirkeltreffen. Insgesamt meldeten sich sieben
interessierte Mitarbeiter zur Teilnahme. Es fand sich eine heterogene Gruppe mit unterschiedlichen Qualifikationen, Berufserfahrungen und Altersgruppen. Für alle anderen
Pflegefachkräfte und Medizinischen Fachangestellten der Dialyse bestand weiterhin

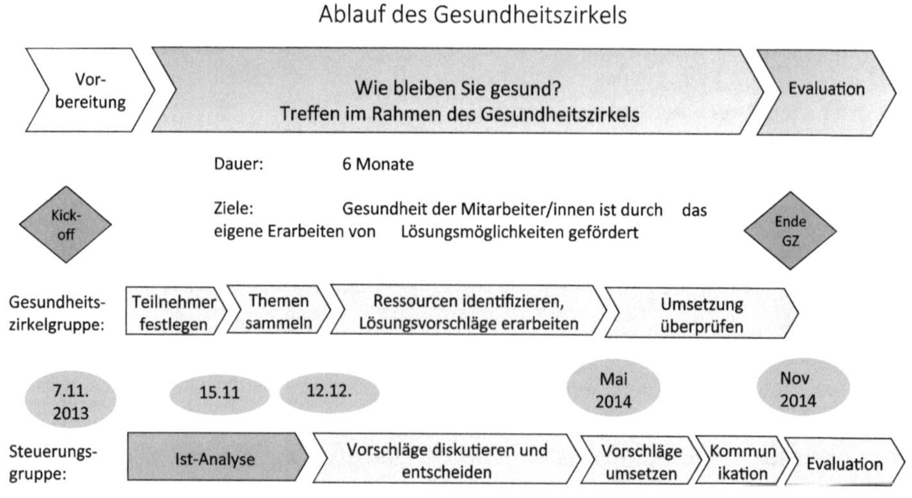

Abb. 15.1 Ablauf des Gesundheitszirkels. (Quelle: Eigene darstellung 2013)

das Angebot, jederzeit an einzelnen Gesundheitszirkeln teilzunehmen. Zudem wurden, je nach bearbeitetem Thema, entsprechende Personen wie Führungskräfte, Ärzteteam und Casemanagement zu einzelnen Gesundheitszirkeln eingeladen. Somit wurden die Gesundheitszirkeltreffen nicht ausschließlich nach dem Berliner Modell durchgeführt. Je nach Bedarf wurden diese nach dem Düsseldorfer Modell abgehalten, nach dem nicht nur Mitarbeiter aus einer Hierarchieebene am Gesundheitszirkel teilnehmen (Friczewski 2010, S. 149–155). Die Gesundheitszirkeltreffen fanden in einem zwei- bis dreiwöchigen Abstand mit einer Dauer von ca. eineinhalb bis zwei Stunden statt. Diese Zeiten wurden als Dienstzeit angerechnet. Abb. 15.2 stellt die Zusammensetzung des Gesundheitszirkels dar.

In den Tab. 15.2, 15.3, 15.4, 15.5, 15.6, 15.7, 15.8, 15.9, 15.10, 15.11 werden Themen, Ziele, Methoden und Ergebnisse der einzelnen Gesundheitszirkeltreffen dargestellt:

Um dem Pflegeteam der Dialyse die Arbeit in den einzelnen Gesundheitszirkeltreffen transparent zu machen, wurden jedem Einzelnen die Protokolle ins Mitarbeiterfach gelegt. Darüber hinaus war in jeder monatlichen Teambesprechung das Thema Gesundheitszirkel auf der Agenda. Hierbei stellten abwechselnd die Gesundheitszirkelteilnehmer die erarbeiteten Themen und deren Lösungsmöglichkeiten sowie Maßnahmen vor. Die Gesundheitszirkelteilnehmer vermeldeten ebenfalls, dass sie als Ansprechpartner für Themenwünsche des Pflegeteams gelten. Diese Themenwünsche wurden anschließend in den jeweiligen Gesundheitszirkeln eingebracht und bearbeitet. Vor dem siebten Gesundheitszirkeltreffen fand eine Zwischenbilanz statt. Zu dieser wurden alle Mitarbeiter des Pflegeteams der Dialyse eingeladen. Bei dieser Zwischenbilanz stellten die Gesundheitszirkelteilnehmer die bisherigen Ergebnisse sowie die weiteren offenen Themen zur Bearbeitung vor. Außerdem wurden diese Ergebnisse im Plenum diskutiert und offene Fragen geklärt. Im Rahmen einer offiziellen Abschlusspräsentation im Mai 2014 wurden die Endergebnisse des Gesundheitszirkels präsentiert. Hierbei waren neben dem Pflegeteam

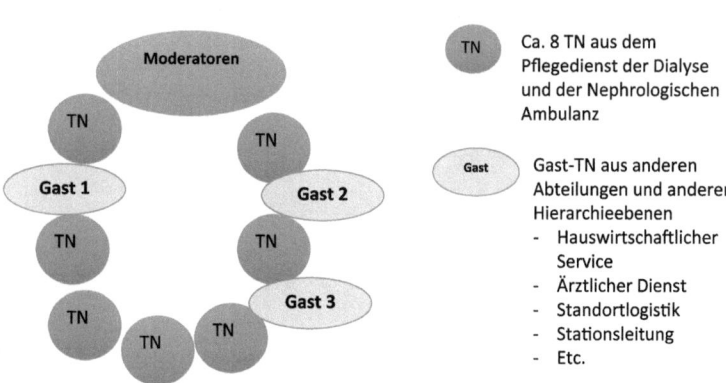

Abb. 15.2 Zusammensetzung des Gesundheitszirkels. (Quelle: Eigene Darstellung 2016)

Tab. 15.2 Erstes Treffen im Gesundheitszirkel. (Quelle: Eigene darstellung 2016)

Themen	Ziele	Methoden	Ergebnisse
Vorstellung, Einführung Vereinbarung	Teilnehmer … … sind über den Anlass und den Hintergrund des Gesundheitszirkels informiert. … konnten offene Fragen klären … haben Erwartungen und Befürchtungen mitgeteilt … haben Arbeitsbelastungen in der Dialyse beschrieben … haben sich schriftlich verpflichtet, die Themen vertraulich zu behandeln … kennen die weiteren Termine	Kartenabfrage, vorformulierte Vereinbarung	Themen, für die es im Rahmen des Gesundheitszirkels Lösungen gibt

Tab. 15.3 Zweites Treffen im Gesundheitszirkel. (Quelle: Eigene darstellung 2016)

Themen	Ziele	Methoden	Ergebnisse
Themen und Ressourcen	Die Themen sind bekannt und priorisiert. Die Ressourcen sind bekannt und nach individuellen, sozialen und institutionellen Ressourcen unterteilt	Priorisierung an Pinnwand durch Zuordnung zu Themenblöcken und Dringlichkeit des Themas, schnell umsetzbare Themen („quick wins")	Fahrplan für weitere Sitzungen

Tab. 15.4 Drittes Treffen im Gesundheitszirkel. (Quelle: Eigene darstellung 2016)

Themen	Ziele	Methoden	Ergebnisse
Zuständigkeit von Tätigkeiten	Die Themen zu Arbeitsabläufen und Arbeitsstruktur sind konkretisiert Bisherige Aktivitäten und Stolpersteine, um Problem zu lösen, sind bekannt Lösungsvorschläge sind identifiziert Einzelne Schritte zur Lösung sind definiert Pate, der sich um das Thema kümmert, ist benannt	Leitfragen und Antworten auf Pinnwand: Um was geht es konkret? Was wurde bisher gemacht? Welches Ergebnis soll erzielt werden? Gibt es Stolpersteine? Welche Ressourcen sind vorhanden? Welche Schritte werden umgesetzt? Welche/r Pate/in kümmert sich um die Umsetzung?	Kompetenzkatalog

Tab. 15.5 Viertes Treffen im Gesundheitszirkel. (Quelle: Eigene darstellung 2016)

Themen	Ziele	Methoden	Ergebnisse
Kompetenzen im Team	Thema ist konkretisiert Bisherige Aktivitäten und Stolpersteine, um Problem zu lösen, sind bekannt Lösungsvorschläge sind identifiziert Einzelne Schritte zur Lösung sind definiert Pate, der sich um das Thema kümmert, ist benannt	Leitfragen und Antworten auf Pinnwand: Um was geht es konkret? Was wurde bisher gemacht? Welches Ergebnis soll erzielt werden? Gibt es Stolpersteine? Welche Ressourcen sind vorhanden? Welche Schritte werden umgesetzt? Welche/r Pate/in kümmert sich um die Umsetzung?	Bildung von Kompetenzteams

Tab. 15.6 Fünftes Treffen im Gesundheitszirkel. (Quelle: Eigene darstellung 2016)

Themen	Ziele	Methoden	Ergebnisse
Umgang mit Belastungen	Gesundheitsfördernde Faktoren sind identifiziert und stellvertretend für die Beschäftigten in der Dialyse geclustert	Appreciative-Inquriy-Methode auf Pinnwand Weiterführende Fragen: Welche Ressourcen haben Sie in der Vergangenheit genutzt, um mit Belastungen umzugehen? Welche Ressourcen benötigen Sie in Zukunft ebenso, um mit Belastungen umzugehen?	Liste mit gesundheitsfördernden Maßnahmen

Tab. 15.7 Sechstes Treffen im Gesundheitszirkel. (Quelle: Eigene darstellung 2016)

Themen	Ziele	Methoden	Ergebnisse
Führung und Team	Das Team und die Stationsleitung kennen ihre gegenseitigen Erwartungen	Abfrage und Gegenüberstellung auf Pinnwand	Teamentwicklung

Tab. 15.8 Siebtes Treffen im Gesundheitszirkel. (Quelle: Eigene darstellung 2016)

Themen	Ziele	Methoden	Ergebnisse
Kommunikation im Team	Die Teilnehmer haben eine Möglichkeit, die Kommunikation im Team zu verbessern	Aufstellung mit Figuren: wer kommuniziert wie mit wem? Leitfragen: Welche Verhaltensweisen der Kommunikation beobachten Sie? Wie wirken sich diese Verhaltensweisen auf das Team aus? Wie wollen Sie in Zukunft miteinander reden? Welche Eigenschaften sind erwünscht, nicht erwünscht? Welche Kommunikation ist erwünscht? Antworten der letzten Frage auf Karten schreiben und clustern	Kommunikationsregeln, die im Dienstzimmer im DIN A3 Format für alle sichtbar aufgehängt sind

Tab. 15.9 Achtes Treffen im Gesundheitszirkel. (Quelle: Eigene darstellung 2016)

Themen	Ziele	Methoden	Ergebnisse
Personalplanung	Für eine gleichmäßige Dienstplangestaltung in Bezug auf die Besetzung der einzelnen Schichten ist gesorgt	Leitfragen und Antworten auf Pinnwand: Um was geht es konkret? Was wurde bisher gemacht? Welches Ergebnis soll erzielt werden? Gibt es Stolpersteine? Welche Ressourcen sind vorhanden? Welche Schritte werden umgesetzt? Welche/r Pate/in kümmert sich um die Umsetzung?	Weitere Recherche und Klärung zur Sollbesetzung. Ausfallmanagementkonzept. Konstante Einarbeitung neuer Mitarbeiter und Auszubildenden

Tab. 15.10 Neuntes Treffen im Gesundheitszirkel. (Quelle: Eigene darstellung 2016)

Themen	Ziele	Methoden	Ergebnisse
Patientenplanung	Die Ursachen für Fehler in der Patientenplanung sind bekannt. Die Teilnehmer haben eine Möglichkeit entwickelt, die Patientenplanung zu optimieren	Leitfragen und Antworten auf Pinnwand Um was geht es konkret? Was wurde bisher gemacht? Welches Ergebnis soll erzielt werden? Gibt es Stolpersteine? Welche Ressourcen sind vorhanden? Welche Schritte werden umgesetzt? Welche/r Pate/in kümmert sich um die Umsetzung?	Interdisziplinäre Gesundheitszirkelgruppe zur Dialysekoordination mit dem Ärztlichen Dienst und Casemanager. Einstellung eines Dialysekoordinators, der Ansprechpartner für alle An- und Abmeldungen sein wird und diese koordiniert

Tab. 15.11 Zehntes Treffen im Gesundheitszirkel. (Quelle: Eigene darstellung 2016)

Themen	Ziele	Methoden	Ergebnisse
Materielle Ressourcen	Die Teilnehmer haben eine Möglichkeit entwickelt, die materiellen Ressourcen besser einzusetzen	Leitfragen und Antworten auf Pinnwand Um was geht es konkret? Was wurde bisher gemacht? Welches Ergebnis soll erzielt werden? Gibt es Stolpersteine? Welche Ressourcen sind vorhanden? Welche Schritte werden umgesetzt? Welche/r Pate/in kümmert sich um die Umsetzung?	Arbeitsplatzbegehung mit Ist- und Sollanalyse der Ausstattung von Geräten, Patientenplätzen, Hard- und Software

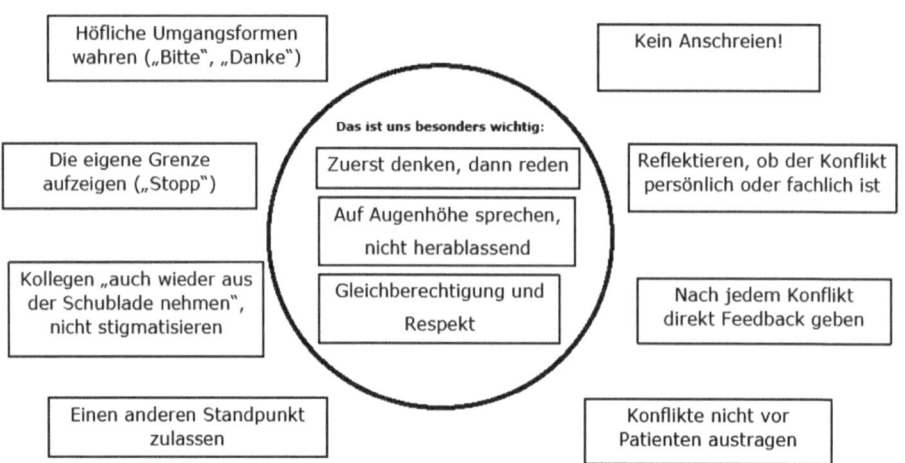

Abb. 15.3 Kommunikationsregeln in der Dialyse. (Quelle: Eigene darstellung 2014)

ebenfalls das Ärzteteam der Dialyse, die Pflegedirektion, die Pflegerische Zentrumsleitung sowie ein Mitarbeiter des Personalservice anwesend, um für eine Transparenz des Projektes zu sorgen und damit einhergehend die zukünftige Implementierung der Lösungen und Maßnahmen sicherzustellen. Abb. 15.3 zeigt ein Ergebnisbeispiel des siebten Gesundheitszirkeltreffens auf, bei dem Kommunikationsregeln für das Pflegeteam generiert wurden.

15.5   Evaluation

15.5.1 Ziele der Evaluation

Ziel einer Evaluation ist es, Bedeutung und Wirksamkeit sowie das Ausmaß einer Intervention oder eines Programms zu ermitteln und zu bewerten (Müller et al. 1997, S. 259; Gollwitzer und Jäger 2014, S. 20). Demnach gilt es festzustellen, welche Bedeutung die Mitarbeiterinnen und Mitarbeiter der Gesundheitszirkelarbeit beimessen, wie sie den Prozess erlebt haben und ob bzw. in welchem Ausmaß sie organisationale und strukturelle Veränderungen wahrnehmen und auf den Gesundheitszirkel zurückführen. Daraus ergeben sich folgende zentrale Fragestellungen:

Wie haben Mitarbeiterinnen und Mitarbeiter der Dialyse die Gesundheitszirkelarbeit erlebt?

Welche Faktoren haben die Umsetzung des Gesundheitszirkels gefördert bzw. behindert?

In welchem Ausmaß nehmen die Mitarbeiterinnen und Mitarbeiter Veränderungen in ihrem Arbeitsalltag aufgrund des Gesundheitszirkels wahr?

Die Forschungsfragen zielen darauf ab, die subjektive Wahrnehmung bzw. die Konstruktionen des Einzelnen in Bezug zum Gesundheitszirkel und seine Auswirkungen festzustellen und anhand dieser Konstruktionen zu evaluieren. Durch die qualitative Evaluation sollen neue Erkenntnisse generiert bzw. zu einem vertieften Verständnis der Wirkungsweise beigetragen werden.

15.5.2 Vorgehen bei der Evaluation

Um die Forschungsfragen zu beantworten, wurden insgesamt sieben leitfadengestützte Interviews durchgeführt. Drei Interviewpartner haben aktiv am Gesundheitszirkel teilgenommen. Die anderen vier interviewten Personen sind Teammitglieder, die die Auswirkungen des Gesundheitszirkels erleben.

Nach den Interviews wurden die Tonaufnahmen wörtlich in Schriftsprache übertragen und anhand des thematischen Codierens nach Flick (2012) ausgewertet. Dieses Auswertungsverfahren wurde für vergleichende Studien entwickelt und schien, aufgrund der zwei interviewten Gruppen, besonders geeignet. Es wurden unter Verwendung von MAXQDA Kategorien und thematische Bereiche generiert. Die auf diese Weise entstandene thematische Struktur spiegelt die Bereiche des Interviewleitfadens wider. Zunächst wurden Fallanalysen für alle Interviews erstellt. Danach wurden Gruppenanalysen durchgeführt und anschließend fand ein Gruppenvergleich statt. Die Gemeinsamkeiten und Unterschiede wurden verdichtet und bieten so die Möglichkeit zur Verallgemeinerung

15.5.3 Ergebnisse der Evaluation bezogen auf die Forschungsfragen

Wie haben Mitarbeiterinnen und Mitarbeiter der Dialyse die Gesundheitszirkelarbeit erlebt?

Diese Frage wurde von den interviewten Personen sehr unterschiedlich beantwortet. Hier wird einerseits ein Unterschied zwischen den Teilnehmenden und den Nicht-Teilnehmenden des Gesundheitszirkels deutlich. Pflegefachkräfte, die nicht bzw. nur einmalig bei den Treffen anwesend waren, hatten das Gefühl nicht richtig eingebunden und informiert zu werden. Aus diesem Grund haben sie die Gesundheitszirkelarbeit als „schwach" bzw. sich selbst als Außenstehende und Beobachter erlebt. Gleichwohl räumen die Meisten ein, dass sie diese Rolle freiwillig gewählt haben und es durchaus die Möglichkeit zu Gesprächen oder einer aktiven Beteiligung gab. Demgegenüber zeigt sich, dass die Teilnehmenden des Gesundheitszirkels versucht haben, ihre Kolleginnen und Kollegen zu informieren und einzubinden. Sie hatten jedoch auch den Eindruck, dass es ihnen nicht umfassend gelungen ist, die nötige Transparenz und folglich Akzeptanz zu schaffen. Obwohl die Transparenz und Kommunikation von den interviewten Personen kritisch betrachtet wird, haben sich die Kommunikation im gesamten Team sowie die Arbeitsatmosphäre für fast alle spürbar verbessert. Auf diesen Punkt wird unter Frage drei genauer eingegangen. Die befragten Personen beider Gruppen haben die Zeit während des Gesundheitszirkels als zusätzliche Belastung und Anstrengung erlebt. Für die Gruppe der Teilnehmenden lässt sich das mit dem zusätzlichen Arbeitsaufwand (regelmäßige Treffen, Protokoll schreiben, etc.) begründen. Da es jedoch insgesamt zu Veränderungen kam, ist es nachvollziehbar, dass auch die anderen eine Beanspruchung empfunden haben. Die Arbeit innerhalb des Gesundheitszirkels wurde von den Teilnehmenden äußerst positiv bewertet. Sie beschreiben eine konstruktive und zielgerichtete Zusammenarbeit und eine gute Organisation und Durchführung der Treffen.

Welche Faktoren haben die Umsetzung des Gesundheitszirkels gefördert bzw. behindert?

Es konnten mehrere förderliche und hemmende Faktoren identifiziert werden. Die förderlichen Faktoren wurden vor allem von den Mitgliedern des Gesundheitszirkels benannt. Dazu zählen der vertrauensvolle, geschützte Rahmen, in dem offen diskutiert und auch Kritik geäußert werden konnte. Gleichzeitig wurde die gute Kooperation und gegenseitige Unterstützung im Gesundheitszirkel als äußerst hilfreich erlebt. Eine Person hat die Heterogenität bezogen auf verschiedene Berufsgruppen und Hierarchieebenen als förderlich wahrgenommen. Wohingegen eine andere interviewte Person die Anwesenheit von Führungskräften eher hinderlich fand, da dies die Offenheit der Kommunikation eingeschränkt hat. Ein weiterer Aspekt, der maßgeblich zum Gelingen des Gesundheitszirkels beiträgt, ist die Informationsweitergabe ans Team. Zwei Personen, die nicht am Gesundheitszirkel teilgenommen haben, erlebten die Kommunikation und Transparenz positiv und gelungen. Die anderen interviewten Personen waren anderer Meinung. In ihren Augen war der Austausch unzureichend, sodass die fehlende Kommunikation als hemmender Faktor interpretiert werden kann.

In welchem Ausmaß nehmen die Mitarbeiterinnen und Mitarbeiter Veränderungen in ihrem Arbeitsalltag aufgrund des Gesundheitszirkels wahr?

Da es sich um eine qualitative Evaluation handelt, können keine konkreten Zahlen genannt werden. Es hat sich jedoch gezeigt, dass einige positive Veränderungen wahrgenommen werden. Ein Beispiel ist die Einführung des Dialysekoordinators. Diese Änderung wird von allen interviewten Personen eindeutig auf den Gesundheitszirkel zurückgeführt. Dadurch, dass der Dialysekoordinator den Ablauf organisiert und den zentralen Ansprechpartner darstellt, wurden Verantwortlichkeiten gebündelt und Arbeitsabläufe besser strukturiert. In der Konsequenz wird eine Arbeitserleichterung wahrgenommen. Für die Person, die die Rolle des Dialysekoordinators übernimmt, wird zwar eingeräumt, dass der Stress in dieser Position größer ist, aber gleichzeitig wird von einer Erhöhung der Arbeitszufriedenheit berichtet. Des Weiteren schildern fast alle befragten Personen eine Verbesserung der Kommunikation und Arbeitsatmosphäre und das obwohl die Informationsweitergabe und Transparenz als nicht gelungen empfunden wird. Personen aus beiden Gruppen berichten von einer größeren Offenheit und Lernbereitschaft, und davon dass Handlungsspielräume eher gesehen und genutzt werden. Die Zusammenarbeit im Team hat sich verbessert und die Motivation sich einzubringen, ist gestiegen. Die vorliegende Untersuchung bestätigt bisher also den positiven Trend bezüglich der Wirkung von Gesundheitszirkeln.

15.6 Zusammenfassung und Schlussfolgerung für die Praxis

Der Gesundheitszirkel hat auf der Dialyse viel in Bewegung gesetzt. Obwohl es zu Konflikten und Widerständen kam, nehmen die Mitarbeitenden überwiegend positive Veränderungen wahr. Die Erkenntnisse aus anderen Projekten werden auch in dieser Untersuchung bestätigt (vgl. Montano et al. 2014, S. 6; Müller und Münch 2002, S. 140–141; Rojatz et al. 2015, S. 137). Gesundheitszirkel dienen demnach dazu:

- Arbeitsplatzspezifische Probleme zu erfassen und Lösungen zu entwickeln.
- Intra- und interdisziplinäre Kommunikationsstrukturen zu verbessern.
- Kooperation und gegenseitige Unterstützung zu fördern.
- Motivation und Partizipation der Mitarbeiterinnen und Mitarbeiter zu erhöhen.
- Die Arbeitsatmosphäre zu verbessern.

Zentrale Einflussfaktoren, die nach der gängigen Literatur das Gelingen oder Misslingen beeinflussen, sind die neutrale Moderation des Gesundheitszirkels, die Informationsweitergabe, das Schaffen von Transparenz, die Beteiligung aller Mitarbeiterinnen und Mitarbeiter des Interventionsbereichs und die Unterstützung durch direkte Vorgesetzte sowie des Managements.

Wie die Evaluation gezeigt hat, trugen alle diese Punkte im Gesundheitszirkel der Dialyse zum Erfolg bei. So stellte nicht nur die niedrigere Ausfallquote durch Krankheit von 5,9 % im Jahr 2015 ein erfreuliches Ergebnis dar. Auch wenn die beiden

Moderatorinnen zum Zeitpunkt der Durchführung am Klinikum Stuttgart angestellt waren, waren sie jedoch in anderen Abteilungen tätig und daher neutral. Insbesondere durch das Bottom-up-Verfahren des Gesundheitszirkels hatten die Pflegefachkräfte die Möglichkeit, Arbeitsabläufe, zum Beispiel durch die Einrichtung des Dialysekoordinators, zu optimieren. Dieses Verfahren ist nachhaltig, weil die Beschäftigten sich durch Partizipation für die Ergebnisse verantwortlich fühlen. Gleichzeitig ist die Zuordnung von klaren Verantwortlichkeiten wichtig. Sonst besteht die Gefahr, dass Maßnahmen nicht umgesetzt werden und man dem Prinzip der Partizipation nicht mehr gerecht wird.

Alle Pflegefachkräfte der Dialyse wurden in den Informationsveranstaltungen und Zwischenberichten über die Prinzipien und den Verlauf des Gesundheitszirkels informiert. Trotzdem fehlte manchen Pflegekräften die Transparenz. An diesem Beispiel wird deutlich, dass die Hol- und Bringschuld von Informationen kontinuierlich deutlich gemacht werden muss.

Die Gruppe des Gesundheitszirkels war heterogen zusammengesetzt, was wiederum in der Vielfalt der Ergebnisse deutlich wurde. Dieser Aspekt ist für weitere Gesundheitszirkel notwendig, denn geeignete Maßnahmen entstehen durch unterschiedliche Perspektiven. Die Heterogenität betrifft ebenfalls die Wahl des Gesundheitszirkelmodells. Während beim Düsseldorfer Modell Beschäftigte unterschiedlicher Hierarchieebenen zusammentreffen, ist das Berliner Modell eher für Gruppen gedacht, die ohne Leitungsebene frei sprechen möchten. Diese Entscheidung muss je nach Vorgeschichte im Team gut durchdacht sein.

Nach einem erfolgreichen Pilotprojekt sollte der Gesundheitszirkel flächendeckend eingeführt werden um somit zur Organisationsentwicklung im Unternehmen beizutragen.

Das in der Einleitung beschriebenes Ziel der Verbesserung der Versorgungsqualität der Patienten durch den Gesundheitszirkel konnte im Rahmen dieser Evaluation nicht überprüft werden und stellt damit einen offenen Forschungspunkt dar. Ein weiteres Forschungsdesiderat ist die Kosten-Nutzen-Analyse des Gesundheitszirkels. Werden die Ausgaben in Form von Arbeitszeit aller Beteiligten den Einnahmen durch weniger Ausfalltage gegenübergestellt, kann der Gesundheitszirkel bei einem positiven Ergebnis als ökonomisch erfolgreich bezeichnet werden.

Zusammenfassend konnte durch die wissenschaftliche Begleitung des Gesundheitszirkels eine Maßnahme des Betrieblichen Gesundheitsmanagements in der Praxis erprobt und als erfolgreich evaluiert werden.

Literatur

Aust B, Ducki A (2004) Comprehensive health promotion interventions at the workplace: experiences with health circles in Germany. J Occup Health Psychol 9(3):258–270

Badura B, Schellschmidt H, Vetter C (2005) Fehlzeiten-Report 2004. Gesundheitsmanagement in Krankenhäusern und Pflegeeinrichtungen. Springer, Berlin

Brause M, Horn A, Büscher A, Schaeffer D (Hrsg) (2010) Gesundheitsförderung in der stationären Langzeitversorgung – Teil II. Institut für Pflegewissenschaft an der Universität Bielefeld.

Veröffentlichungsreihe, Nr. P10–144. Bielefeld. https://www.uni-bielefeld.de/gesundhw/ag6/downloads/ipw-144.pdf. Zugegriffen: 2. Apr. 2016

Cichocki M, Quehenberger V, Zeiler M, Krajic K (2015) Gesundheit am Arbeitsplatz in der stationären Altenbetreuung. Status und Determinanten der Arbeitsfähigkeit von Pflegepersonen. Prävent Gesundheitsförderung 10(3):206–211. doi:10.1007/s11553-015-0498-x

DIP (Hrsg) (2010) Pflege-Thermometer 2009. Eine bundesweite Befragung von Pflegekräften zur Situation der Pflege und Patientenversorgung im Krankenhaus. Deutsches Institut für angewandte Pflegeforschung e. V. (dip), Köln. http://www.dip.de. Zugegriffen: 1. März 2016

Flick U (2012) Qualitative Sozialforschung. Eine Einführung, 5 Aufl. Rowohlt Taschenbuch, Reinbek bei Hamburg

Friczewski F (2010) Partizipation im Betrieb: Gesundheitszirkel & Co. In: Faller G (Hrsg) Lehrbuch Betriebliche Gesundheitsförderung. Huber, Bern, S 149–155

Glaser J, Höge T (2005) Spezifische Anforderungen und Belastungen personenbezogener Krankenhausarbeit. In: Badura B, Schellschmidt H, Vetter C (Hrsg) Fehlzeiten-Report 2004. Gesundheitsmanagement in Krankenhäusern und Pflegeeinrichtungen, Zahlen, Daten, Analysen aus allen Branchen der Wirtschaft. Springer, Berlin, S 51–64

Gollwitzer M, Jäger R (2014) Evaluation kompakt. 2. Aufl. Beltz, Weinheim

Klinikum Stuttgart (2016) Katharinenhospital. http://www.klinikum-stuttgart.de/ueber-uns/startseite/katharinenhospital/. Zugegriffen: 1. März 2016

Kordt M (2015) DAK-Gesundheitsreport 2015. http://www.dak.de/dak/download/Vollstaendiger_bundesweiter_Gesundheitsreport_2015-1585948.pdf. Zugegriffen: 1. März 2016

Meuser M, Nagel U (1991) ExpertInneninterviews – vielfach erprobt, wenig bedacht. In: Garz D, Kraimer K (Hrsg) Qualitativ-empirische Sozialforschung. Westdeutscher Verlag, Opladen, S 441–471

Montano D, Hoven H, Siegrist J (2014) Effects of organisational-level interventions at work on employees' health: a systematic review. BMC public health 2014. http://www.ncbi.nlm.nih.gov/pmc/articles/PMC3929163/. Zugegriffen: 30. Juli 2015

Müller B, Münch E (2002) Gesundheitsförderndes Krankenhaus – Voraussetzungen und Grenzen der Evaluation komplexer Veränderungsprozesse. In: Badura B, Siegrist J (Hrsg) Evaluation im Gesundheitswesen. Ansätze und Ergebnisse, 2. Aufl. Juventa, Weinheim, S 135–148

Müller B, Münch E, Badura B (1997) Gesundheitsförderliche Organisationsgestaltung im Krankenhaus. Juventa, Weinheim

Rojatz D, Merchant A, Nitsch M (2015) Zentrale Einflussfaktoren der betrieblichen Gesundheitsförderung. Ein systematischer Literaturreview. http://link.springer.com/article/10.1007/s11553-015-0488-z. Zugegriffen: 1. Aug. 2015

Sochert R (1999) Gesundheitsbericht und Gesundheitszirkel. Evaluation eines integrierten Konzepts betrieblicher Gesundheitsförderung. Wirtschaftsverlag NW, Bremerhaven

Techniker Krankenkasse (Hrsg) (2013) Gesundheitsreport 2013 – Veröffentlichungen zum Betrieblichen Gesundheitsmanagement der TK. Schwerpunktthema: Berufstätigkeit, Ausbildung und Gesundheit. Techniker Krankenkasse. Bd 28. https://www.tk.de/centaurus/servlet/contentblob/516416/Datei/2700/Gesundheitsreport-2013.pdf. Zugegriffen: 1. März 2016

Westermayer G, Bähr B (1994) Gesundheitszirkel als Instrument einer integrierten Personal- und Organisationsentwicklung. In: Westermayer G, Bähr B (Hrsg) Betriebliche Gesundheitszirkel. Verlag für Angewandte Psychologie, Göttingen, S 37–45

Über die Autoren

Cornelia Walter, MBA Nach einem Lehramtsstudium in Mathematik, Englisch und Geografie studierte Frau Walter Pflegemanagement. Es folgte der Master in Business Administration mit Schwerpunkt Human Resources Management in Australien. Weiterbildungen in Coaching, Mediation und Prozessbegleitung runden ihr Profil ab. Frau Walter ist seit mehr als 25 Jahren in der Organisations- und Personalentwicklung in verschiedenen Einrichtungen des Gesundheitswesens tätig.

Miriam List, M.Sc. absolvierte vor 9 Jahren ein Diplom-Studium der Oecotrophologie. Es folgte ein Masterstudium in Public Health Nutrition an der Hochschule Fulda mit dem Schwerpunkt der Betrieblichen Gesundheitsförderung. Frau List arbeitet seit 2007 am Klinikum Stuttgart, seit 2016 in leitender Funktion.

Ruth Dankbar, M.A. absolvierte vor 14 Jahren die Ausbildung zur Gesundheits-und Krankenpflegerin. Es folgten ein Bachelorstudium in Pflege/Pflegemanagement (B.A.) und ein Masterstudium in Pflegewissenschaft (M.A.) an der Hochschule Esslingen. Seit 2015 ist sie im Projektmanagement beim Wohlfahrtswerk für Baden-Württemberg tätig.

Daniela Steinacher, M.A. absolvierte vor 13 Jahren die Ausbildung zur Krankenschwester. Es folgten die Fachweiterbildung Nephrologie, ein Bachelorstudium in Pflege/Pflegemanagement (B.A.) und ein Masterstudium in Pflegewissenschaft (M.A.) an der Hochschule Esslingen. Seit 2003 ist sie in der Dialyse tätig, seit 2015 Stationsleitung der Dialyse und Nephrologischen Ambulanz.

Elvira Schneider, M.A. absolvierte vor mehr als 30 Jahren eine generalistische Ausbildung zur Gesundheits- und Krankenpflegerin. Es folgten das Studium für Pflegemanagement und das Masterstudium für Management und Führungskompetenz an der Katholischen Fachhochschule in Freiburg. Seit 2013 ist Frau Schneider als Pflegerische Zentrumsleitung des Zentrums für Innere Medizin am Klinikum Stuttgart, tätig.

Das Handlungsfeld Betriebliches Eingliederungsmanagement im Betrieblichen Gesundheitsmanagement – Erfahrungen und Ergebnisse aus Forschung und Praxis

16

Tobias Reuter, Anja Liebrich und Marianne Giesert

Zusammenfassung

Das Betriebliche Eingliederungsmanagement (BEM) ist seit 2004 in Deutschland gesetzlich geregelt. Die Statistiken der Krankenkassen machen die aktuelle und zukünftige Bedeutung dieses Präventionsinstrumentes deutlich. Die gesetzliche Grundlage lässt jedoch einige Fragen zur Umsetzung offen. Aus der Rechtsprechung und durch Forschungsarbeiten haben sich Mindeststandards und Grundsätze des BEM etabliert. Auf dieser Grundlage dient das Rahmenkonzept Arbeitsfähigkeitscoaching (AFCoaching) dazu, betriebliche und außerbetriebliche Rahmenbedingungen für ein BEM zu schaffen, um darauf aufbauend BEM-Berechtigte in sieben Schritten bei der Eingliederung zu unterstützen und zu begleiten. Um das BEM auf Wirksamkeit zu prüfen und kontinuierlich weiterzuentwickeln, ist in diesem Konzept ein Evaluationsprozess vorgesehen, das den Erfolg der einzelnen Fälle prüft, den BEM-Prozess und Strukturen weiterentwickelt sowie betriebliche Verbesserungsvorschläge aufzeigt. Erste Evaluationsergebnisse des AFCoachings zeigen eine positive Beurteilung des Rahmenkonzeptes sowie Hinweise auf erfolgreiche Eingliederungsprozesse.

T. Reuter (✉) · A. Liebrich · M. Giesert
IAF Institut für Arbeitsfähigkeit GmbH – Giesert, Liebrich, Reuter, Mainz, Deutschland
E-Mail: tobias.reuter@arbeitsfaehig.com

A. Liebrich
E-Mail: anja.liebrich@arbeitsfaehig.com

M. Giesert
E-Mail: marianne.giesert@arbeitsfaehig.com

© Springer Fachmedien Wiesbaden 2016
M.A. Pfannstiel und H. Mehlich (Hrsg.), *Betriebliches Gesundheitsmanagement*,
DOI 10.1007/978-3-658-11581-4_16

Inhaltsverzeichnis

16.1 Einleitung

Die Bundesanstalt für Arbeitsschutz und Arbeitsmedizin schätzt die jährlichen volkswirtschaftlichen Kosten durch Arbeitsunfähigkeit in Deutschland auf insgesamt 59 Mrd. EUR, den Ausfall von Bruttowertschöpfung sogar auf 103 Mrd. EUR (BAuA 2015). Der Gesundheitsreport der BKK (Knieps und Pfaff 2015) zeigt – ähnlich wie bei anderen großen Krankenkassen – auf, dass vor allem Langzeiterkrankungen mit mehr als 42 Tagen für einen Großteil der AU-Tage verantwortlich sind. So machen gerade mal 4,2 % der Fälle mit Langzeiterkrankungen insgesamt 47,5 % der AU-Tage aus. Die Langzeiterkrankungen korrelieren dabei mit dem Alter der Beschäftigten. Vor dem Hintergrund des demografischen Wandels und des stetigen Anstiegs der Erwerbstätigenquote Älterer in Deutschland (von 1994 stieg diese bei den 55 bis 64 jährigen von 36,6 % auf 65,6 % in 2014; Eurostat 2015), wird der Handlungsbedarf in den Betrieben immer größer. Vor allem das Thema psychische Erkrankung steht mehr und mehr im Kontext des BEM auf der Agenda, was die Zahlen der Krankenkassen unterstreichen: psychischen Störungen weisen mit durchschnittlich 39,1 AU-Tagen pro Fall die längsten Fehlzeiten auf (Knieps und Pfaff 2015).

Im Jahr 2004 hat der Gesetzgeber in Deutschland mit dem § 84 Abs. 2 SGB IX reagiert und das Betriebliche Eingliederungsmanagement (BEM) eingeführt. Der Gesetzgeber argumentiert:

> Durch die gemeinsame Anstrengung aller Beteiligten soll ein betriebliches Eingliederungsmanagement geschaffen werden, das durch geeignete Gesundheitsprävention das Arbeitsverhältnis möglichst dauerhaft sichert. Viele Abgänge in die Arbeitslosigkeit erfolgen immer noch aus Krankheitsgründen (Deutscher Bundestag 2003).

Das BEM unterstützt Beschäftigte nach längerer Erkrankung wieder im Betrieb Fuß zu fassen und eine Balance zwischen den Arbeitsanforderungen auf der einen Seite und den individuellen Möglichkeiten auf der anderen Seite herzustellen. Dieser Beitrag zeigt die gesetzlichen Grundlagen sowie Mindeststandards und Grundsätze des BEM auf. Da eine genaue Vorgehensweise nicht aus dem Gesetz hervorgeht, wird das Rahmenkonzept „Arbeitsfähigkeitscoaching" zur Einführung bzw. Weiterentwicklung und Umsetzung des BEM vorgestellt. Es werden notwendige betriebliche und außerbetriebliche Rahmenbedingungen skizziert und ein BEM-Prozess Schritt für Schritt beschrieben. Der Beitrag endet mit Evaluationsergebnissen aus dem vom ESF in Bayern kofinanzierten Projekt „BEM-Netz".

16.2 Das Betriebliche Eingliederungsmanagement im Betrieblichen Gesundheitsmanagement

16.2.1 Rechtliche Grundlagen

Das BEM ist im § 84 Abs. 2 SGB IX verankert und ist eines von drei Handlungsfeldern des Betrieblichen Gesundheitsmanagements (vgl. Abb. 16.1).

Ein ganzheitliches Betriebliches Gesundheitsmanagement vereinigt die Handlungsfelder Betrieblicher Arbeitsschutz, Betriebliches Eingliederungsmanagement sowie Betriebliche Gesundheitsförderung und ist Basis für alle Aktivitäten zum Schutz und zur

Abb. 16.1 Das Betriebliche Gesundheitsmanagement mit den Handlungsfeldern Arbeitsschutz, BEM und Betriebliche Gesundheitsförderung. (Giesert 2012)

Stärkung der physischen, psychischen und sozialen Gesundheit. Alle Handlungsfelder berücksichtigen das individuelle Verhalten der Beschäftigten, die Gestaltung von gesundheitsgerechten Arbeitsbedingungen im betrieblichen Kontext sowie die Regelung von gesundheitsförderlichen Prozessen (Giesert 2012).

Bei der Umsetzung des BEM im Betrieb ist es zielführend, die Strukturen und Prozesse der drei Handlungsfelder so zu gestaltet, dass diese eng miteinander verzahnt sind. Das BEM sollte bspw. die Gefährdungsbeurteilungen aus dem Arbeitsschutz zur Analyse nutzen, selbst aber auch Hinweise für betriebliche Verbesserungsmaßnahmen generieren. Ebenso ist es sinnvoll, bestehende Gesundheitsförderungsprogramme in das individuelle BEM-Verfahren zu integrieren (Reuter und Jungkunz 2015).

Im § 84 Abs. 2 SGB IX heißt es:

> Sind Beschäftigte innerhalb eines Jahres länger als sechs Wochen ununterbrochen oder wiederholt arbeitsunfähig, klärt der Arbeitgeber mit der zuständigen Interessenvertretung im Sinne des § 93, bei schwerbehinderten Menschen außerdem mit der Schwerbehindertenvertretung, mit Zustimmung und Beteiligung der betroffenen Person die Möglichkeiten, wie die Arbeitsunfähigkeit möglichst überwunden werden und mit welchen Leistungen oder Hilfen erneuter Arbeitsunfähigkeit vorgebeugt und der Arbeitsplatz erhalten werden kann (betriebliches Eingliederungsmanagement). […]

BEM-berechtigt sind diejenigen Beschäftigten, die länger als sechs Wochen am Stück oder wiederholt in einem zurückliegenden Zeitraum von zwölf Monaten arbeitsunfähig waren. Ziel des BEM-Verfahrens ist es, die Arbeits- und Beschäftigungsfähigkeit dieser Beschäftigten wiederherzustellen, zu erhalten und zu fördern und dabei den Arbeitsplatz zu erhalten.

Das BEM muss vom Arbeitgeber angeboten werden. Es ist allerdings mitbestimmungspflichtig, sodass die Interessensvertretung – meist Betriebs- oder Personalrat – an der Einführung und Umsetzung entscheidend mitwirkt. Von zentraler Bedeutung ist die Partizipation der BEM-Berechtigten selbst, ohne deren Zustimmung ein BEM erst gar nicht durchgeführt werden darf. Weitere Beteiligte sind nach dem Gesetz die Schwerbehindertenvertretung, Betriebsärztin/-arzt sowie Externe wie bspw. die Gemeinsamen Servicestellen der Rehabilitationsträger oder das Integrationsamt.

16.2.2 Grundsätze des BEM

Welche genauen Schritte beim BEM gegangen werden müssen, geht nicht aus dem Gesetz hervor. Jedoch haben sich im Laufe der Zeit einige Mindeststandards aus der Rechtsprechung herauskristallisiert. So fordert bspw. das Bundesarbeitsgericht eine Einbeziehung aller nach dem Gesetz geforderten Stellen und Personen und macht deutlich, dass eine sachliche Erörterung aller von den Teilnehmenden eingebrachten Vorschlägen zu erfolgen hat. Dabei dürfen keine Anpassungs- und Änderungsmöglichkeiten per se ausgeschlossen werden (BAG 10.12.2009 – 2 AZR 400/08). Das Bundesverwaltungsgericht verdeutlicht zudem, dass das BEM einer Analyse der bestehenden Arbeitsbedingungen bedarf, um konkrete Anpassungen vornehmen zu können. Hierzu gehören auch der Einsatz von technischen Hilfsmitteln, Anpassung des Arbeitsgeräts, Arbeitsplatz- und Arbeitszeitgestaltung (BVerwG 5.6.2014 – 2 C 22/13).

Für die Zielsetzung des BEM sind systematische, verbindliche und transparente Strukturen und Prozesse notwendig. Bei der Einführung dieser wichtigen Rahmenbedingungen müssen wesentliche Grundsätze des BEM beachtet werden (Reuter et al. 2015):

- Freiwilligkeit: Das BEM erfordert ein Höchstmaß an Vertrauen und Akzeptanz. Der Prozess muss als Hilfe wahrgenommen werden und allen Beschäftigten muss transparent sein, dass das BEM bei allen Aktivitäten und Maßnahmen freiwillig ist und der Zustimmung bedarf.
- Gleichheit: Das BEM muss so gestaltet sein, dass alle BEM-Berechtigten einen systematischen Prozess und damit die gleiche Chance erhalten. Der Betrieb muss gewährleisten, dass alle Berechtigten identifiziert werden und genügend personelle Ressourcen zur Verfügung stehen.
- Beteiligung: Der Erfolg der betrieblichen Eingliederung hängt von der konstruktiven Mitarbeit der inner- und außerbetrieblichen Akteurinnen und Akteure ab. Es muss sichergestellt werden, dass insbesondere die BEM-Berechtigten an allen Schritten entscheidend mitgestalten können. Es sollten Vernetzungsstrukturen aufgebaut werden, damit die innerbetrieblichen (z. B. Betriebsärztin/-arzt, Fachkraft für Arbeitssicherheit, Führungskräfte) und außerbetrieblichen (z. B. Rehabilitationsträger und Integrationsamt) Akteurinnen und Akteure gut eingebunden sind.
- Vertraulichkeit und Datenschutz: Die vertrauensvolle Zusammenarbeit aller Beteiligter, insbesondere mit den BEM-Berechtigten ist entscheidend für den Erfolg der Verbesserungsmaßnahmen. Der gesamte Prozess muss hierfür für alle Beschäftigten transparent sein. Ebenso ist es von besonderer Bedeutung den Datenschutz für alle Verantwortlichen in jedem Schritt zu klären. Beim Datenschutz gilt: „So wenig wie möglich, so viel wie nötig."
- Prävention: BEM bedeutet nicht nur die Wiederherstellung der Arbeitsfähigkeit, sondern die Maßnahmen auch so zu gestalten, dass langfristig eine stabile Balance zwischen Arbeitsanforderungen und den Möglichkeiten der Beschäftigten entsteht. Dabei ist sowohl die Verhaltens- als auch Verhältnisprävention zu beachten.

16.3 Das Rahmenkonzept Arbeitsfähigkeitscoaching

Um der gesetzlichen Pflicht eines BEM nachzukommen und die oben beschriebenen Mindeststandards und Grundsätze zu erfüllen, wurde in zwei Projekten[1] das Rahmenkonzept Arbeitsfähigkeitscoaching (AFCoaching) entwickelt und erprobt. Dieses Konzept ist darauf ausgelegt, Prozesse und Strukturen auf betrieblicher, überbetrieblicher und individueller Ebene so zu gestalten, dass der betriebliche Eingliederungsprozess der BEM-Berechtigten nachhaltig begleitet und unterstützt wird. Darüber hinaus wird auf den Erwerb betrieblicher sowie individueller Handlungskompetenzen gezielt (Giesert und Reuter 2015), um die Arbeitsfähigkeit auch langfristig zu erhalten und zu fördern.

16.3.1 Betriebliche Rahmenbedingungen schaffen

Die Implementierung des BEM auf betrieblicher Ebene beginnt mit der Bildung eines mit entsprechenden Entscheidungsbefugnissen ausgestatteten Steuerungskreises, der die Einführung aber auch kontinuierliche Weiterentwicklung des BEM lenkt (Prümper und Reuter 2015). Es folgt zunächst eine Istsituationsanalyse des Betrieblichen Gesundheitsmanagements, um bestehende Strukturen und Prozesse zu identifizieren, weiterzuentwickeln und für das Eingliederungsmanagement zu nutzen. Ein weiterer bedeutender Schritt ist die Festlegung des eigenen BEM-Prozesses mit den dazugehörenden Verantwortlichkeiten (Reuter und Stadler 2015). In diesem Zusammenhang ist es zielführend, Aufgaben und Erwartungen der involvierten internen Akteurinnen und Akteure durch einen moderierten Rollenklärungsprozess intensiv zu diskutieren und festzulegen. Mehrere Qualifizierungen flankieren diese Maßnahmen. So werden Fallmanager, sogenannte Arbeitsfähigkeitscoaches (AFCoaches), in einer ca. einjährigen Weiterbildung befähigt, die BEM-Berechtigten bei ihrer Eingliederung zu begleiten und zu unterstützen (siehe Abschnitt unten). Um diesen Prozess adäquat zu unterstützen, werden weitere wichtige betriebliche Verantwortliche (Führungskräfte, Interessensvertretung, Betriebsarzt/-ärztin etc.) zu ihren Handlungsmöglichkeiten sowie zu ihren Rechten und Pflichten beim BEM und Betrieblichen Gesundheitsmanagement geschult (Giesert und Reuter 2015). Um die Transparenz in der Belegschaft zu fördern, eignet sich ein Kommunikationskonzept, das interne Kommunikations- und Informationsprozesse nutzt. Beispielhafte Medien, die in der betrieblichen Praxis hierfür verwendet wurden, sind Betriebs-, Belegschafts- oder Personalversammlungen, BEM-Flyer, Aushänge, Betriebszeitung, Internet und Intranet Anschreiben zur Kontaktaufnahme, Qualifizierungsmaßnahmen (Liebrich 2015).

---

[1]Das Projekt „Neue Wege im BEM" wurde für die gesamte Laufzeit April 2010 bis März 2013 finanziell unterstützt durch das Bundesministerium für Arbeit und Soziales und dem Ausgleichsfonds nach § 78 Sozialgesetzbuch IX in Verbindung mit § 41 Schwerbehinderten-Ausgleichsabgabeverordnung (www.neue-wege-im-bem.de). Das Projekt „BEM-Netz" lief von April 2013 bis Juni 2015 unter Kofinanzierung des ESF in Bayern sowie dem Bayerischen Staatsministerium (www.bem-netz.org).

16.3.2 Externe Unterstützung gewinnen

Auf überbetrieblicher Ebene sieht das AFCoaching eine stärkere Vernetzung mit externen Akteurinnen und Akteuren vor. Hier sind zunächst die Gemeinsamen Servicestellen der Rehabilitationsträger sowie diese selbst und die Integrationsämter zu nennen, die mit ihren beratenden, finanziellen oder materiellen Hilfen als externe Unterstützer aktiv eingebunden werden. Weitere Partner ergeben sich auch auf Grundlage der regionalen Besonderheiten: Zusammenarbeit mit Kliniken und Fachärzten, Berufsförderungswerken, kirchlichen Institutionen etc. (Lippold und Wögerer 2015).

16.3.3 BEM-Berechtigte richtig eingliedern

Auf individueller Ebene wird ein Prozess modelliert, der die Begleitung von BEM-Berechtigten bei ihrer Eingliederung durch einen AFCoach in sieben Schritten vorsieht (Liebrich et al. 2015; Abb. 16.2).

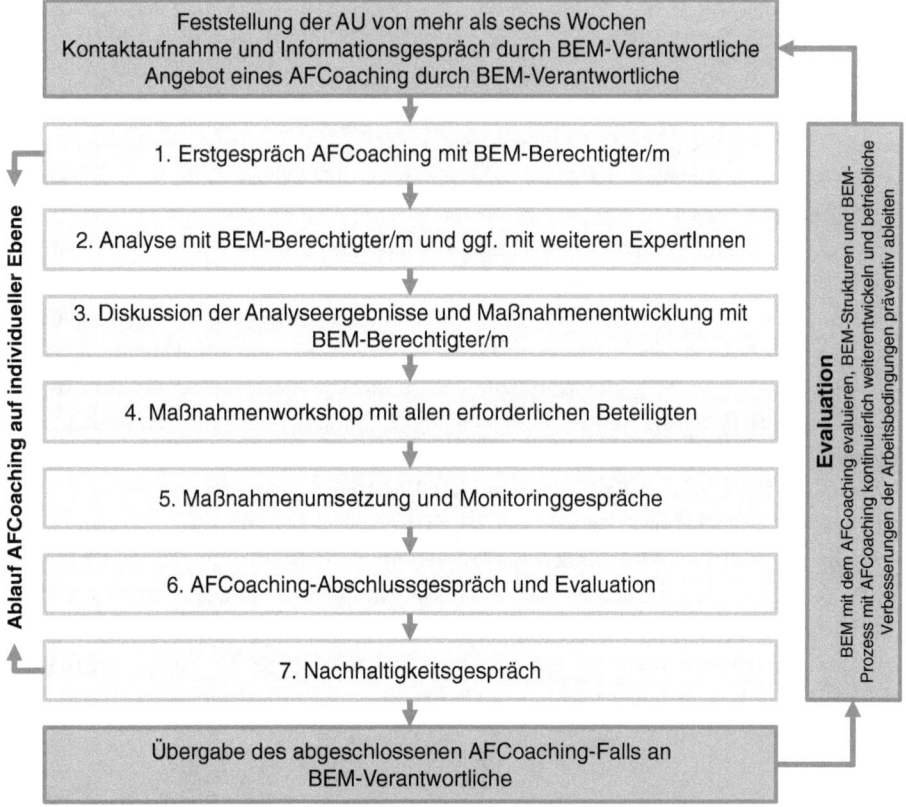

Abb. 16.2 Sieben Schritte des Arbeitsfähigkeitscoachings auf individueller Ebene. (Giesert et al. 2013)

Der Prozess beginnt formal mit der Feststellung der Arbeitsunfähigkeit von mehr als sechs Wochen, einer darauf folgenden (schriftlichen) Kontaktaufnahme, einem ersten Informationsgespräch sowie dem Angebot eines AFCoachings an den BEM-Berechtigten. Erst wenn dieser dem Verfahren und dem weiteren Verlauf zustimmen, beginnt das AFCoaching mit einem Erstgespräch zwischen AFCoach und BEM-Berechtigten. Dieses Gespräch wie auch alle weiteren Schritte sind freiwillig, d. h., die BEM-Berechtigten können den Prozess auch jederzeit ablehnen bzw. abbrechen.

Das Erstgespräch ist für eine vertrauensvolle Zusammenarbeit besonders wichtig: es beinhaltet die Erläuterung des Verfahrens, der Ziele sowie des Datenschutzes sowie die Unterzeichnung eines Coachingvertrags, der die Rahmenbedingungen und Rollen der Beteiligten expliziert. Im zweiten Schritt wird die Ausgangssituation auf Basis des finnischen Arbeitsfähigkeitskonzepts (Tempel und Ilmarinen 2013) mit den Faktoren Gesundheit, Kompetenz, Werte, Arbeit sowie persönliches, familiäres und regionales Umfeld analysiert, um daraus systematisch Maßnahmen abzuleiten. Hierfür sind zwei Perspektiven grundlegend:

1. Was kann die/der BEM-Berechtigte selbst und
2. Was kann das Unternehmen tun, um die persönliche Arbeitsfähigkeit wiederherzustellen und zu fördern?

Die Maßnahmenentwicklung erfolgt zunächst in Schritt 3 im Dialog zwischen BEM-Berechtigten und AFCoach. Die Maßnahmen werden priorisiert und sind, sofern weitere Verantwortliche nötig sind, die Grundlage für den „Maßnahmenworkshop" (Schritt 4). Hier treffen sich BEM-Berechtigte, AFCoach und weitere interne Akteurinnen und Akteure z. B. Führungskraft, Betriebsärztin/-arzt, Mitglied der Personalabteilung, sowie ggf. auch externe Akteurinnen und Akteure die für die Umsetzung der wichtigsten Maßnahmen bedeutend sind. Es werden konkrete Schritte, Umsetzungstermine und Verantwortlichkeiten beschlossen. Schritt 5 beinhaltet die verantwortungsvolle Umsetzung sowie Wirksamkeitsprüfung. Nach der Umsetzung folgt ein Abschlussgespräch (Schritt 6) über den Verlauf des Prozesses sowie ein Nachhaltigkeitsgespräch (Schritt 7) nach ca. sechs Monaten.

Die AFCoaches beraten und begleiten die BEM-Berechtigten. Die eigentliche Veränderungsarbeit erwächst aus der Kooperation zwischen BEM-Berechtigten, betrieblichen und außerbetrieblichen Akteurinnen und Akteuren. So entstehen ausreichend Möglichkeiten, der individuellen Situation des BEM-Berechtigten sowie der des Unternehmens gerecht zu werden. Durch diese partizipative Vorgehensweise können maßgeschneiderte Lösungen erarbeitet werden, die auf eine langfristige Wiederherstellung und Erhaltung der Arbeitsfähigkeit abzielen (Liebrich et al. 2011).

16.3.4 Kontinuierlich prüfen: Evaluation des BEM

Begleitet wird das AFCoaching durch einen systematischen Evaluationsprozess. Folgende Fragen sollten durch die Evaluationsmaßnahmen beantworten werden:

- Sind die gesetzlichen und vereinbarten Ziele (z. B. in der Betriebs- oder Dienstvereinbarung) des BEM erreicht worden?
- Existieren im BEM effektive und effiziente Prozesse und Strukturen?
- Welche betrieblichen Verbesserungsmaßnahmen lassen sich aus den individuellen BEM-Verfahren ableiten (z. B. Hinweise für den Arbeitsschutz und die Gesundheitsförderung)?

Die Ergebnisse zeigen auf individueller Ebene, ob der einzelne Eingliederungsprozess erfolgreich war und geben darüber hinaus Anstoß für einen kontinuierlichen Verbesserungsprozess sowie Ansätze für betriebliche und damit kollektive Präventivmaßnahmen (Reuter und Prümper 2015).

16.3.5 Erste Ergebnisse aus Forschung und Praxis

Das Rahmenkonzept AFCoaching wurde im Projekt „BEM-Netz" zwischen 2013 und 2015 erprobt (Liebrich et al. 2015). Insgesamt arbeiteten sechs Projektbetriebe an der Optimierung von Prozessen und Strukturen und 39 AFCoaches nahmen ihre Arbeit auf. Aus diesem aktuell abgeschlossenen Forschungsprojekt liegen erste Evaluationsdaten bzgl. des AFCoachings vor (Sporbert et al. 2015; Liebrich et al. 2016).

Um ein systematisches Fazit zum Projekt und somit zum Einsatz des AFCoachings als Rahmenkonzept zu ziehen, nahmen 18 betriebliche Akteurinnen und Akteure (davon sieben Personen aus den Personalabteilungen, fünf Betriebs-/Personalräte, vier Schwerbehindertenvertrauenspersonen und zwei Betriebsärztinnen) aus den Projektbetrieben an halb standardisierten, leitfadengestützten Experteninterviews teil. Der Mehrwert des Projektes lag nach Meinung der Befragten vor allem in der nachhaltigen Implementierung von BEM, der Zusammenarbeit und dem Austausch mit anderen sowie der professionellen Begleitung und Schaffung von Akzeptanz für die betriebliche Eingliederung. Die Ausbildung der AFCoaches, Runde Tische mit externen Akteurinnen und Akteuren sowie die Steuerkreistreffen wurden neben den Schulungen der Multiplikatoren als besonders hilfreich für die tägliche Arbeit bewertet. Die positiven Auswirkungen der betrieblichen und überbetrieblichen strukturschaffenden Elemente des AFCoachings werden vor allem darin deutlich, dass runde Tische mit externen Akteuren sowie geschaffene Strukturen zur Verbesserung der betrieblichen Zusammenarbeit wie Steuerkreis, Evaluationstreffen sowie Informationsaustausch im BEM-Team über die Projektlaufzeit hinaus weitergeführt werden.

Durch eine Vorher-nachher-Befragung zum Stand des BEM im Betrieb konnte gezeigt werden, dass die Bekanntheit des BEM bei den Beschäftigten während der Projektlaufzeit deutlich gestiegen ist (von 71 % auf 93 % innerhalb der Belegschaften).

Ebenfalls aus der Vorher-nachher-Befragung ergaben sich erste Ergebnisse bzgl. der individuellen Ebene des AFCoachings, wobei aufgrund der geringen Fallzahl diese als erste Hinweise für Effekte dieses Ansatzes zu verstehen sind (Sporbert et al. 2015). In die Analyse konnten Aussagen von insgesamt 39 BEM-Berechtigten aufgenommen werden, elf Datensätze stammen aus 2014 (vor Einführung des AFCoachings), 28 aus 2015 (nach Einführung des AFCoachings). Diese beiden Gruppen unterscheiden sich deutlich bzgl. der Bewertung des eigenen BEM-Prozesses. Sowohl das Anschreiben als auch zentrale Aspekte des Erstgesprächs (Beschreibung der Ziele, des Ablaufs und des Datenschutzes) sowie die Unterstützung im gesamten Prozess wurden nach Projektbeginn deutlich besser beurteilt.

Von den 28 befragten BEM-Berechtigten wurden 16 durch ein individuelles AFCoaching begleitet. Bei dieser Gruppe zeigt sich eine signifikant bessere Bewertung der Unterstützung während des gesamten BEM-Prozesses als bei jenen, die ein konventionelles BEM ohne Coaching erhielten. Des Weiteren fiel bei dieser Gruppe die Einschätzung der Zusammenarbeit der betrieblichen Akteurinnen und Akteure deutlich positiver aus. Darüber hinaus geben diese ersten Ergebnisse Hinweise darauf, dass sich – trotz des knappen Befragungsintervalls nach bzw. während noch laufender BEM-Prozesse und der kleinen Stichprobe (N = 28) – die Arbeitsfähigkeit der BEM-Teilnehmenden mit AFCoaching deutlicher verbessert hat, als die Arbeitsfähigkeit derjenigen Teilnehmenden ohne AFCoaching.

16.4 Schlussbetrachtung und Ausblick

Das BEM ist seit 2004 in Deutschland gesetzlich geregelt. Die aktuelle und zukünftige Bedeutung dieses Präventionsinstrumentes wird durch die Statistiken der Krankenkassen sowie Entwicklungen wie dem demografischen Wandel deutlich. Allerdings lässt die gesetzliche Grundlage auch Fragen offen, insbesondere wie das BEM konkret umzusetzen ist. Aus der Rechtsprechung und durch Forschungsarbeiten haben sich bislang Mindeststandards und Grundsätze des BEM etabliert. Auf dieser Grundlage dient das Rahmenkonzept Arbeitsfähigkeitscoaching dazu, betriebliche und außerbetriebliche Rahmenbedingungen für ein BEM zu schaffen, um darauf aufbauend BEM-Berechtigte in sieben Schritten bei der Eingliederung zu unterstützen und zu begleiten. Um das betriebliche Eingliederungsmanagement auf seine Wirksamkeit zu prüfen und kontinuierlich weiterzuentwickeln ist ein Evaluationskonzept notwendig, das den Erfolg des einzelnen Falls prüft, Prozesse und Strukturen weiterentwickelt sowie betriebliche Verbesserungsvorschläge aufzeigt.

Erste Evaluationsergebnisse betonen die Bedeutung klarer Strukturen und Prozesse auf betrieblicher Ebene. Ebenfalls wird die Nützlichkeit einer überbetrieblichen

Vernetzung zur besseren Inanspruchnahme externer Ressourcen betont. Auf individueller Ebene deuten die Ergebnisse darauf hin, dass das AFCoaching einerseits einen erfolgreich gestalteten BEM-Prozess, andererseits den Aufbau von Handlungskompetenz aufseiten der BEM-Berechtigten fördert. BEM-Berechtigte berichten von einer besseren Unterstützung und von einer Verbesserung der selbst eingeschätzten Arbeitsfähigkeit. Die positive Beurteilung der Zusammenarbeit mit betrieblichen Verantwortlichen lässt Rückschlüsse auf die Bedeutung der Prozessgestaltung und Rollenklärung zu. Aufgrund der geringen Stichprobengröße lassen sich jedoch zum jetzigen Zeitpunkt nur Tendenzen berichten. Es sind weitere Daten nötig, um belastbarere Aussagen treffen zu können. Aktuell wird die Arbeit von AFCoaches weiterhin begleitet, um die Aussagen auf eine breitere empirische Datenbasis zu stellen.

Literatur

BAuA (2015) Volkswirtschaftliche Kosten durch Arbeitsunfähigkeit 2013. http://www.baua.de/de/Informationen-fuer-die-Praxis/Statistiken/Arbeitsunfaehigkeit/Kosten.html. Zugegriffen: 28. Febr. 2016

Deutscher Bundestag (2003) Gesetzentwurf der Fraktionen SPD und BÜNDNIS 90/DIE GRÜNEN. Entwurf eines Gesetzes zur Förderung der Ausbildung und Beschäftigung schwerbehinderter Menschen, Drucksache 15/1783. http://dip21.bundestag.de/dip21/btd/15/017/1501783.pdf. Zugegriffen: 28. Febr. 2016

Eurostat (2015) Erwerbstätigenquote älterer Erwerbstätiger. http://ec.europa.eu/eurostat/tgm/table.do?tab=table&init=1&language=de&pcode=tsdde100&plugin=1. Zugegriffen: 28. Febr. 2016

Giesert M (2012) Arbeitsfähigkeit und Gesundheit erhalten. Arbeitsrecht Betr 2012(5):336–340

Giesert M, Reuter T (2015) Qualifizierung betrieblicher AkteurInnen – Kooperation und Handlungskompetenz. In: Prümper J, Reuter T, Sporbert A (Hrsg) BEM-Netz – Betriebliches Eingliederungsmanagement erfolgreich umsetzen. HTW, Berlin, S 63–68

Giesert M, Reiter D, Reuter T (2013) Neue Wege im Betrieblichen Eingliederungsmanagement – Arbeits- und Beschäftigungsfähigkeit wiederherstellen, erhalten und fördern. Ein Handlungsleitfaden für Unternehmen, betriebliche Interessenvertretungen und Beschäftigte. DGB Bildungswerk Bund, Düsseldorf

Knieps F, Pfaff H (2015) Langzeiterkrankungen. BKK Gesundheitsreport. MWV, Berlin

Liebrich A (2015) Gut geplant ist halb gewonnen – Kommunikation und Information zum BEM. In: Prümper J, Reuter T, Sporbert A (Hrsg) BEM-Netz – Betriebliches Eingliederungsmanagement erfolgreich umsetzen. HTW, Berlin, S 59–62

Liebrich A, Giesert M, Reuter T (2011) Das Arbeitsfähigkeitscoaching im Betrieblichen Eingliederungsmanagement. In: Giesert M (Hrsg) Arbeitsfähig in die Zukunft – Willkommen im Haus der Arbeitsfähigkeit! VSA, Hamburg, S 81–93

Liebrich A, Giesert M, Reuter T (2015) Das Arbeitsfähigkeitscoaching. In: Prümper J, Reuter T, Sporbert A (Hrsg) BEM-Netz – Betriebliches Eingliederungsmanagement erfolgreich umsetzen. HTW, Berlin, S 73–78

Liebrich A, Reuter T, Giesert M (2016) Das Arbeitsfähigkeitscoaching. Vorgehensweise und empirische Ergebnisse. In: GfA (Hrsg.) Arbeit in komplexen Systemen — Digital, vernetzt, human?! GFA-Press, Dortmund, B.1.19, S 1–4

Lippold K, Wögerer K (2015) Externe Unterstützung im BEM. In: Prümper J, Reuter T, Sporbert A (Hrsg) BEM-Netz – Betriebliches Eingliederungsmanagement erfolgreich umsetzen. HTW, Berlin, S 93–96

Prümper J, Reuter T (2015) Realisierung des Betrieblichen Eingliederungsmanagements. Organisation, Initiierung, Intervention und Evaluation. GesundheitsManager 2015(5):6–11

Reuter T, Jungkunz C (2015) Betriebliches Eingliederungsmanagement im Betrieblichen Gesundheitsmanagement. In: Prümper J, Reuter T, Sporbert A (Hrsg) BEM-Netz – Betriebliches Eingliederungsmanagement erfolgreich umsetzen. HTW, Berlin, S 9–14

Reuter T, Prümper J (2015) Evaluation im Betrieblichen Eingliederungsmanagement. In: Prümper J, Reuter T, Sporbert A (Hrsg) BEM-Netz – Betriebliches Eingliederungsmanagement erfolgreich umsetzen. HTW, Berlin, S 104–109

Reuter T, Stadler D (2015) Das BEM-Verfahren und notwendige Strukturen im Betrieblichen Eingliederungsmanagement. In: Prümper J, Reuter T, Sporbert A (Hrsg) BEM-Netz – Betriebliches Eingliederungsmanagement erfolgreich umsetzen. HTW, Berlin, S 59–53

Reuter T, Prümper J, Jungkunz C (2015) Grundsätze des Betrieblichen Eingliederungsmanagements. In: Prümper J, Reuter T, Sporbert A (Hrsg) BEM-Netz – Betriebliches Eingliederungsmanagement erfolgreich umsetzen. HTW, Berlin, S 43–48

Sporbert A, Prümper J, Reuter T (2015) Projektevaluation – Ergebnisse aus dem transnationalen BEM-Netz. In: Prümper J, Reuter T, Sporbert A (Hrsg) BEM-Netz – Betriebliches Eingliederungsmanagement erfolgreich umsetzen. HTW, Berlin, S 110–118

Tempel J, Ilmarinen J (2013) Arbeitsleben 2025. Das Haus der Arbeitsfähigkeit im Unternehmen bauen. Herausgegeben von Marianne Giesert. VSA, Hamburg

Über die Autoren

Tobias Reuter, Dipl. oec. ist geschäftsführender Gesellschafter der IAF Institut für Arbeitsfähigkeit GmbH und Lehrbeauftragter der Hochschule für Technik und Wirtschaft HTW Berlin. Seine Arbeitsschwerpunkte sind Forschungsprojekte, Betriebsberatungen und Schulungen in den Bereichen Betriebliches Gesundheits- und Arbeitsfähigkeitsmanagement, insbesondere mit den Themenfeldern Betriebliches Eingliederungsmanagement (BEM), gesundes und wertschätzendes Führen sowie alterns- und gesundheitsgerechte Arbeitsgestaltung.

Prof. Dr. Anja Liebrich ist Diplom-Psychologin, geschäftsführende Gesellschafterin der IAF Institut für Arbeitsfähigkeit GmbH und seit 2015 Professorin für Wirtschaftspsychologie an der FOM Hochschule für Oekonomie und Management. Ihre Arbeitsschwerpunkte liegen in den Bereichen „alterns- und gesundheitsgerechte Arbeitsgestaltung", „Demografischer Wandel" „Diversity Management" sowie „Psychische Belastung und Beanspruchung".

Marianne Giesert, Dipl. Betriebswirtin, Dipl. Soz.Ök. ist seit 2013 als geschäftsführende Gesellschafterin und Direktorin im IAF Institut für Arbeitsfähigkeit tätig. Davor war sie über einige Jahre Abteilungsleiterin für Gesundheit und Arbeit beim DGB Bildungswerk Bund sowie bei der IQ Consult gGmbH und als Leiterin eines

Bildungszentrums tätig. Ihre Arbeitsschwerpunkte sind Forschungsprojekte für die betriebliche Umsetzung, Beratung und Schulungen in den Bereichen des Betrieblichen ganzheitlichen Gesundheitsmanagements – Betrieblicher Arbeitsschutz, Betriebliches Eingliederungsmanagement, Betriebliche Gesundheitsförderung – sowie Supervision und Coaching für Gruppen und Einzelpersonen in besonders herausfordernden Situationen.

Jeder Standort zählt – PwC checkt Herz und Kreislauf

Lars Grein und Franziska Seidel

Zusammenfassung

Herz-Kreislauferkrankungen sind bei der PricewaterhouseCoopers AG (PwC) ursächlich für eine hohe Anzahl an Fehltagen verantwortlich. Um dem entgegenzuwirken, initiierte die PricewaterhouseCoopers AG mit der Betriebskrankenkasse PricewaterhouseCoopers AG (BKK PwC) im Jahr 2011 die Präventionskampagne „5 auf einen Streich". Neben Aufklärung zum Thema Herz-Kreislauf konnten die Beschäftigten von PwC an einem Cardio-Neuro-Screening mit Stressgefährdungstest teilnehmen. Dieser Test wurde von 716 Teilnehmerinnen und Teilnehmer an 9 Standorten in Anspruch genommen. Bei etwas mehr als die Hälfte wurde ein „normaler" Stresslevel gemessen. 29,8 % der untersuchten Beschäftigten wiesen einen leicht höhten, 10,4 % einen erhöhten und 3,7 % einen stark erhöhten Stresswert auf. Im Jahr 2015/2016 hat PwC und die BKK PwC erneut Herz-Kreislauf zum Topthema gemacht – auch als Konsequenz aus den Ergebnissen der Herz-Kreislaufs-Screenings in den Vorjahren. Im Rahmen der BKV-Dachkampagne „Herzenssache" bietet PwC in Kooperation mit der BKK PwC Aktionstage und Check-ups an.

L. Grein (✉)
BKK PwC, Melsungen, Deutschland
E-Mail: lars.grein@bkk-pwc.de

F. Seidel
BKV e.V., Berlin, Deutschland
E-Mail: franziska.seidel@bkv-verein.de

© Springer Fachmedien Wiesbaden 2016
M.A. Pfannstiel und H. Mehlich (Hrsg.), *Betriebliches Gesundheitsmanagement*,
DOI 10.1007/978-3-658-11581-4_17

Inhaltsverzeichnis

17.1   Einleitung

Das Herz eines Menschen schlägt rund drei Milliarden Mal im Laufe eines Lebens und pumpt dabei etwa 25 Mio L Blut durch den Körper. Dieser für uns lebenswichtige Muskel will gut gehegt und gepflegt werden. Erkrankt das Herz, drohen schwere Krankheiten wie etwa Herzinfarkt, Koronare Herzkrankheit oder Herzschwäche. Um es nicht so weit kommen zu lassen, geht die PricewaterhouseCoopers AG (PwC) mit der Betriebskrankenkasse PricewaterhouseCoopers AG (BKK PwC) einen anderen Weg. Der vorliegende Beitrag beschreibt zunächst das Herz-Kreislauf-System. Anschließend gehen wir auf die Frage ein, warum sich die PricewaterhouseCoopers AG und BKK PwC überhaupt mit dem Herz-Kreislauf beschäftigen. Im zweiten Abschnitt werden zwei PwC-Präventionskampagnen zum Thema Herz-Kreislauf vorgestellt. Der Beitrag endet mit einem Fazit und einem Ausblick.

17.1.1 Herz und Kreislauf

Seit Jahren sind nach wie vor Herz-Kreislauferkrankungen die Todesursache Nummer 1 in Deutschland. Im Jahr 2014 waren laut dem Statistischen Bundesamt 38,9 % aller Sterbefälle darauf zurückzuführen. Von den 338.056 Menschen, die an einer Herz-Kreislauferkrankung verstarben, waren 148.538 Männer und 189.518 Frauen (Abb. 17.1). Vor allem bei älteren Menschen führten diese Erkrankungen zum Tod. 92 % der an einer Krankheit des Herz-Kreislaufsystems Verstorbenen waren 65 Jahre und älter. An einem Herzinfarkt, der zu dieser Krankheitsgruppe gehört, verstarben im Jahr 2014 insgesamt 50.104 Menschen. Davon waren 56,9 % Männer und 43,1 % Frauen (vgl. Statistisches Bundesamt Deutschland 2015).

Anatomie des Herzens
Nicht größer als eine Faust und einem Gesamtgewicht von etwa 300 g liegt das Herz zwischen den beiden Lungenflügeln etwas nach links versetzt, schräg hinter dem

Abb. 17.1 Todesursachen
nach Krankheitsarten

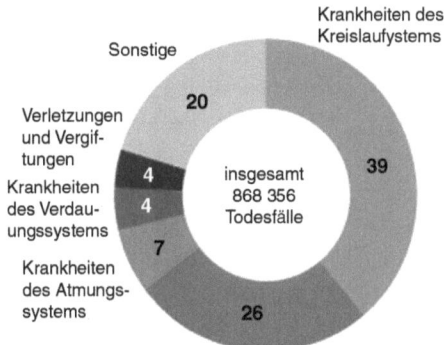

Todesursachen nach Krankheitsarten 2014
Anteile in %

Sonstige

Krankheiten des
Kreislaufystems

Verletzungen
und Vergif-
tungen

Krankheiten
des Verdau-
ungssystems

Krankheiten
des Atmungs-
systems

20

4

4

7

insgesamt
868 356
Todesfälle

39

26

Bösartige Neubildungen (Krebs)

© Statistisches Bundesamt, Wiesbaden 2015

Brustbein. Der Herzbeutel, ein Sack aus Bindegewebe, hält das Herz an seinem Platz. Zusammen mit den Blutgefäßen bildet das Herz das sogenannte Herz-Kreislauf-System. Im Minutentakt werden mit rhythmischen Kontraktionen etwa fünf Liter Blut durch unseren Körper gepumpt – ca. 7000 L pro Tag. Bei körperlicher Anstrengung (z. B. Sport) kann die Pumpleistung etwa auf das Fünffache gesteigert werden – bei Leistungssportlern sind es sogar noch mehr.

Bei genauerer Betrachtung besteht der Herzmuskel aus zwei Hälften – zwei im gleichen Takt schlagende Pumpen, die durch die Herzscheidewand getrennt sind (siehe Abb. 17.2). Während die rechte Pumpe den Lungenkreislauf versorgt, ist die linke Pumpe für den Körperkreislauf zuständig. Die rund um das Herz angeordneten

Abb. 17.2 Herz-Kreislauf

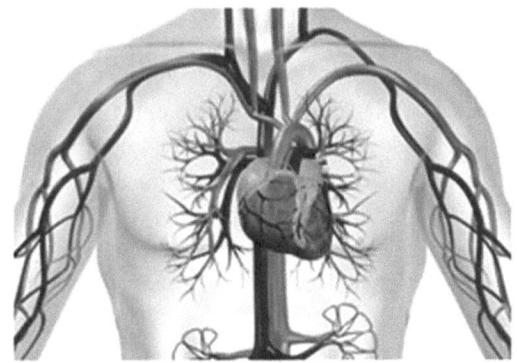

Herzkranzgefäße (Koronararterien) sorgen dafür, dass der Herzmuskel selbst gut durchblutet und ausreichend mit Sauerstoff versorgt wird (vgl. Herzner 2016).

Ursachen für Herzerkrankungen
Infolge schädlicher Ablagerungen von Blutfetten können die Koronararterien enger werden und an Elastizität verlieren. Lange Zeit schreitet dieser Prozess unbemerkt voran. Das Risiko für einen Herzinfarkt steigt. Kommt es schließlich zum Verschluss einer der Herzarterien, wird das Herz nicht mehr ausreichend mit Sauerstoff versorgt. Muskelgewebe stirbt ab. Durch den Infarkt ausgelöste Herzrhythmusstörungen können im schlimmsten Fall zum plötzlichen Herztod führen. Je schneller Ärzte einen Herzinfarkt behandeln, desto größer sind die Überlebenschancen und die Langzeitprognose der Patienten.

Das Risiko für eine Verhärtung und Verdickung der Arterienwände durch Ablagerungen, die Arteriosklerose – auch „Arterienverkalkung" genannt –, kann vererbt sein. Aber auch beeinflussbare Faktoren wie Übergewicht, erhöhte Blutfettwerte, Bluthochdruck oder Rauchen spielen bei der Entstehung von Gefäßverengungen eine wichtige Rolle. Veränderungen in der Lebensweise kommt deshalb große Bedeutung zu. Sie verringern nicht nur das Risiko für einen Herzinfarkt sondern auch das Schlaganfallrisiko.

17.1.2 Warum beschäftigt sich PwC mit dem Thema Herz-Kreislauf?

Bei der PricewaterhouseCoopers AG haben in den letzten Jahren insbesondere die Erkrankungen des Kreislaufsystems erheblich zugenommen. Unmittelbare Folge sind zunehmende Ausfallzeiten der Beschäftigten und hohe Behandlungskosten für die BKK PwC. In diesem Abschnitt gehen wir kurz auf die Beschäftigungsstruktur bei PwC ein, um uns dann den Ursachen und den Wirkungen der Herz-Kreislauf-Erkrankungen auf die Beschäftigten und das Unternehmen zu widmen.

17.1.2.1 Beschäftigungsstruktur PwC
PricewaterhouseCoopers AG (kurz: PwC), gegründet 1849 von Samuel Lowell Price in London, ist in Deutschland mit einem Umsatzvolumen von rund 1,65 Mrd. EUR eine der führenden Wirtschaftsprüfungs- und Beratungsgesellschaften. PwC bietet Dienstleitungen für nationale und internationale Mandanten jeder Größe in den Bereichen Wirtschaftsprüfung und prüfungsnahe Dienstleitungen (Assurance), Steuerberatung (Tax) sowie in den Bereichen Consulting und Deals (Advisory) an.

Die Geschäftsbereiche bei PwC verlangen hoch qualifizierte Mitarbeiter. So arbeiten an 29 Standorten deutschlandweit 9.804 Personen als Partner, Berater, Wirtschaftsprüfer oder sonstige Fachkräfte, Verwaltungskräfte und Auszubildende. Das Verhältnis Frauen zu Männern ist ausgewogen. Derzeit arbeiten 45 % Frauen bei PwC Deutschland.

PwC ist insbesondere für jüngere Menschen attraktiv, die von der Uni kommen. So verwundert es nicht, dass der Altersdurchschnitt der Mitarbeiter bei PwC bei 36 Jahren liegt (vgl. PwC 2015).

17.1.2.2 Gesundheitsbericht PwC

Der junge Altersdurchschnitt kann nicht darüber hinwegtäuschen, dass Projektarbeit, Termindruck und eine überdurchschnittliche tägliche Arbeitszeit bei den Beschäftigten ihren Tribut fordern. Sie sind Ursache für die hohe Zahl von Fehltagen aufgrund von Erkrankungen des Herz-Kreislaufsystems.

Um dem Vorzubeugen soll ein betrieblicher Gesundheitsbericht Aufschluss über den Gesundheitszustand der Belegschaft und Belastungsschwerpunkte im Unternehmen geben. Eine Informationsquelle sind die Analysen von Arbeitsunfähigkeitsdaten der Krankenkassen. Für die Beurteilung des Arbeitsunfähigkeitsgeschehens sind die Arbeits-unfähigkeitsfälle (AU-Fälle) und die Arbeitsunfähigkeitstage (AU-Tage) von Bedeutung. AU-Fälle geben Hinweise auf die Häufigkeit von Erkrankungen, AU-Tage geben den Schweregrad einer Krankheit wieder. Der Krankenstand in einer bestimmten Höhe kann so z. B. aus einer geringen Anzahl schwerer Anzahl schwerer Fälle oder aus einer großen Anzahl weniger schwerer Fälle resultieren. Verglichen werden die Daten des Unterneh-mens mit Branchendaten oder Regionaldaten (vgl. PwC 2013, S. 6).

Die Aussagekraft eines Gesundheitsberichts zeigt sich dadurch, dass der Betriebsme-diziner auf dieser Basis Gesundheitsgefährdungen einschätzen kann. Diese Bestandsauf-nahme erleichtert es, zielgerichtet Maßnahmen zur betrieblichen Gesundheitsförderung zu ergreifen (vgl. Wittig-Goetz und Gröben 2016).

Für die PricewaterhouseCoopers AG erstellte die BKK PwC in Zusammenarbeit mit dem Team Gesundheit mbH ein Gesundheitsbericht mit dem Fokus Herz-Kreislaufer-krankungen. Anhand einer Arbeitsunfähigkeitsanalyse aus Daten der BKK PwC wurden alle innerhalb des Untersuchungszeitraums 01.01.2007 bis 31.12.2011 abgeschlossenen Arbeitsunfähigkeitsfälle der pflicht- und freiwillig versicherten Mitglieder der BKK PwC, die bei der PricewaterhouseCoopers AG beschäftigt sind, ausgewertet. Verglichen wurden die AU-Fälle und die AU-Tage sowohl unternehmensintern als auch mit den Ergebnissen der Branche „Dienstleistungen". Daran schloss sich eine Untersuchung der Arbeitsunfähigkeiten nach Alter, Geschlecht, Betroffenheit sowie Langzeit- und Kurz-zeitarbeitsunfähigkeiten an. Des Weiteren erfolgte eine vergleichende Betrachtung nach Krankheitsgruppen in den untersuchten Standorten von PwC (vgl. PwC 2013, S. 6).

17.1.2.3 Kosten durch Herz-Kreislauferkrankungen für die PricewaterhouseCoopers AG im Jahr 2011

In den Jahren 2009 und 2010 haben die Erkrankungen des Kreislaufsystems und die psychischen Erkrankungsbilder erheblich zugenommen. Zunehmende Ausfallzeiten der Beschäftigten und hohe Behandlungskosten für die BKK PwC sind unmittelbare Folge. Allein im Jahr 2011 sind 1000 Krankheitstage bei Beschäftigten der Pricewa-terhouseCoopers AG, welche die bei der BKK PwC versichert waren, aufgrund von

Herz-Kreislauferkrankungen angefallen. Diese 1000 AU-Tage verteilen sich auf 64 AU-Fälle, was eine durchschnittliche AU-Falldauer von 15,625 Kalendertagen ergibt; d. h. im Schnitt werden in diesem Zeitraum auf arbeitsfreie Zeit aufgrund von Wochenenden 4 Tage fallen. Hiermit lässt sich eine durchschnittliche AU-Falldauer von 11,625 Arbeitstagen schätzen. 52,6 % der Erkrankten sind kurzzeiterkrankt. Legt man pro Monat ein Volumen von 20 Arbeitstagen und für das Jahr 2011 einen durchschnittlichen Monatsverdienst von 3358,90 EUR inklusive Arbeitgeberanteil zugrunde, ergibt sich für das Jahr 2011 ein Volumen von 124.982,33 EUR an Lohnfortzahlungen im Krankheitsfall allein für Ausfälle aufgrund von Herzlauferkrankungen (vgl. PwC 2013, S. 14).

Rechtzeitig erkannt, wird eine Stressmanagement-Strategie eingeleitet und so kann die Verschlimmerung der Krankheitsbilder verhindert werden. Zumal bei vielen Herz-Kreislauferkrankungen eindeutige Symptome sich erst relativ spät bemerkbar machen. Von daher ist gerade hier präventives Handeln besonders wichtig, will man dauerhafte Folgeschäden vermeiden und die Gesundheit der Beschäftigten erhalten.

17.2 BKK PwC-Kampagnen zu Herz-Kreislauf

Nachdem eine Bestandsaufnahme zu den Ursachen und Wirkungen einer Herz-Kreislauferkrankung erfolgte, initiierten PwC mit der BKK PwC im Jahr 2011 die Präventionskampagne „5 auf einem Streich", von der im nachfolgenden Abschnitt berichtet wird. Da auch bei PwC Herz-Kreislauf ein „Topthema" ist, widmeten sich Unternehmen und BKK erneut im Jahr 2015/2016 im Rahmen der BKV-Dachkampagne „Herzenssache" diesem Thema. Im zweiten Abschnitt werden die Kampagne und erste Ergebnisse vorgestellt.

17.2.1 „5 auf einen Streich"

Um das Gefährdungsrisiko für eine Herz-Kreislauferkrankung festzustellen, haben die BKK PwC und das Unternehmen PricewaterhouseCoopers AG unter dem Präventionskampagnentitel „5 auf einen Streich" ein Cardio-Neuro-Screening mit Stressgefährdungstest aufgesetzt. In Zusammenarbeit mit KME Kern Medical Engineering GmbH wurden an den verschiedenen Unternehmensstandorten Screenings zwischen Juli 2011 bis November 2012 durchgeführt. Die ärztlichen Untersuchungen wurden beispielsweise von angestellten Kardiologen des Klinikums der Johann Wolfgang Goethe-Universität Frankfurt durchgeführt und begleitet (vgl. Bundesministerium für Gesundheit 2011).

Bei dem Screening handelt es sich um eine nicht-invasive Methode, bei der fünf, für das Herz-Kreislaufsystem relevante Parameter gemessen und ausgewertet werden. Hierdurch ist es möglich, frühzeitig Gefährdungen zu identifizieren und eine zeitnahe Behandlung einzuleiten (vgl. PwC 2013, S. 95).

Seitens des Unternehmens wurden die Beschäftigten über das Krankheitsbild, die Ursachen und die Möglichkeiten zur Prävention informiert. Die Information erfolgte über das firmeninterne Intranet (EWS) und Kampagnenaushänge (u. a. Plakate). Die Einladung zur Untersuchung erfolgte arbeitgeberseitig individuell für jede Niederlassung. Für das Projekt stellte PwC in den Niederlassungen Räumlichkeiten zur Verfügung, die für Untersuchung und Gespräche genutzt wurden. Für die BKK PwC wurden an zentralen Orten der Niederlassung Beratungsflächen für Gespräche eingerichtet, wo über Behandlungsmöglichkeiten und Eigenaktivitäten (auch vertraulich) gesprochen werden konnte.

Zur Vorbereitung der Untersuchungstermine in den Niederlassungen wurde vonseiten der BKK PwC eine elektronische Terminvergabe entwickelt und für die Mitarbeiter bereitgestellt.

An den Screenings konnte jeder Beschäftigte von PwC teilnehmen, unabhängig von der Krankenkassenmitgliedschaft. Für die Gesamtkosten des Cardio-Neuro-Screenings kam die BKK PwC allein auf.

Ergebnisse

Insgesamt liegen die Daten von 716 Teilnehmerinnen und Teilnehmern an Screening bzw. für 9 Unternehmensstandorte vor. Dabei stehen die Teilnahmezahlen in Abhängigkeit von der jeweiligen Standortgröße (Abb. 17.3).

Mit 53,5 % haben insgesamt mehr Frauen gegenüber 45,9 % männlichen Teilnehmern das Screening in Anspruch genommen. Dabei gab es jedoch unter den Standorten zum Teil erhebliche Unterschiede (Abb. 17.4).

Das durchschnittliche Alter der Teilnehmerinnen und Teilnehmer lag bei 41 Jahren – sowohl bei den Männern wie bei den Frauen (Abb. 17.5).

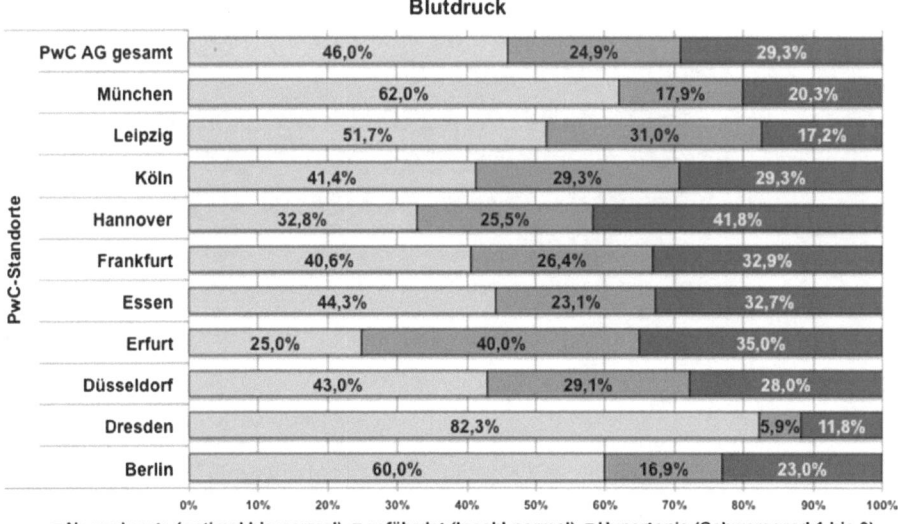

Abb. 17.3 Teilnehmer an den einzelnen PwC-Standorten

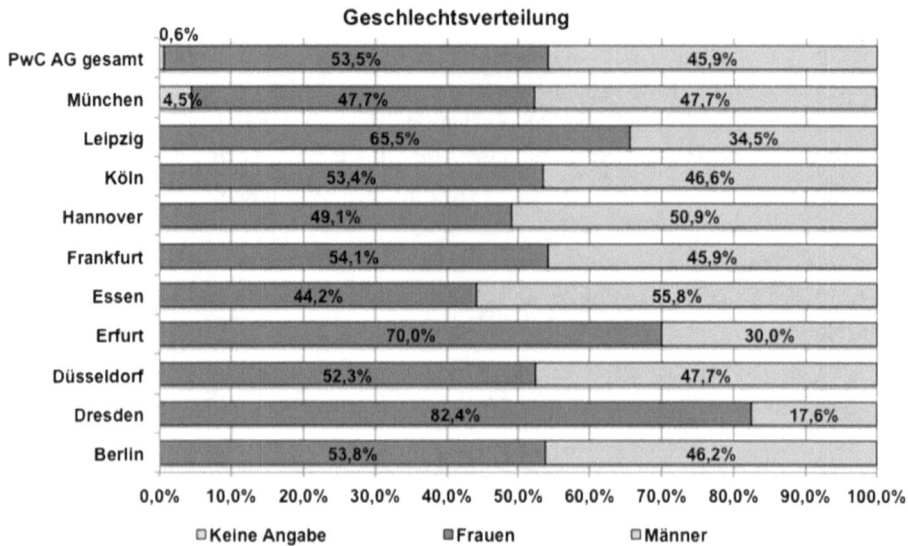

Abb. 17.4 Geschlechtsverteilung

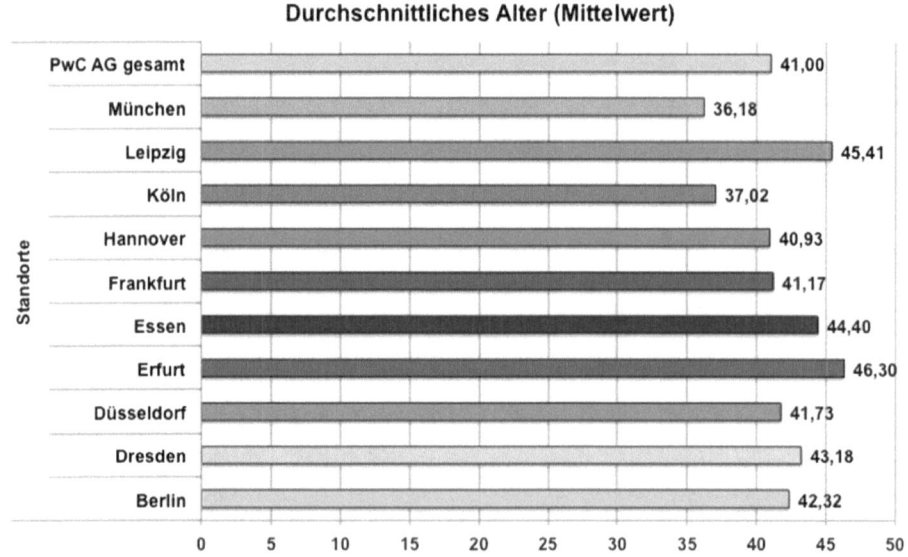

Abb. 17.5 Durchschnittliches Alter (Mittelwert)

Hinsichtlich der Stressgefährdung wurde insgesamt bei etwas mehr als die Hälfte der untersuchten Personen ein „normaler" Stresslevel gemessen. 29,8 % der untersuchten Beschäftigten wiesen einen leicht erhöhten und 3,7 % einen stark erhöhten Stresswert auf. Über den Stresslevel gibt die Abb. 17.6 Auskunft:

Abb. 17.6 Stress-Level: PwC
AG gesamt (N=711)

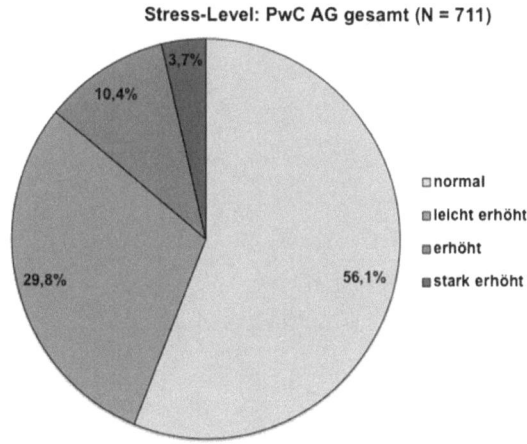

Dabei bestehen zwischen den einzelnen Standorten zum Teil erhebliche Unterschiede. So hatten am Standort Leipzig 79,3 % der Untersuchten einen normalen und 20,7 % einen erhöhten Stresslevel; in Hannover hingegen wurde bei nur 45,5 % der untersuchten Beschäftigten ein normaler Stresswert gemessen. Dagegen fand sich bei mehr als der Hälfte der Untersuchten (54,5 %) ein erhöhter Stresswert (Abb. 17.7).

Unter Ruhebedingungen sollte der Bluthochdruck zuverlässig unter 140/90 mmHg bei Erwachsenen liegen (Tab. 17.1).

Bezüglich des Bluthochdrucks zeigte das Cardio-Neuro-Screening im Gesamtunternehmen folgendes Bild: Bei etwa einem Viertel der Untersuchten (24,2 %) wurde ein

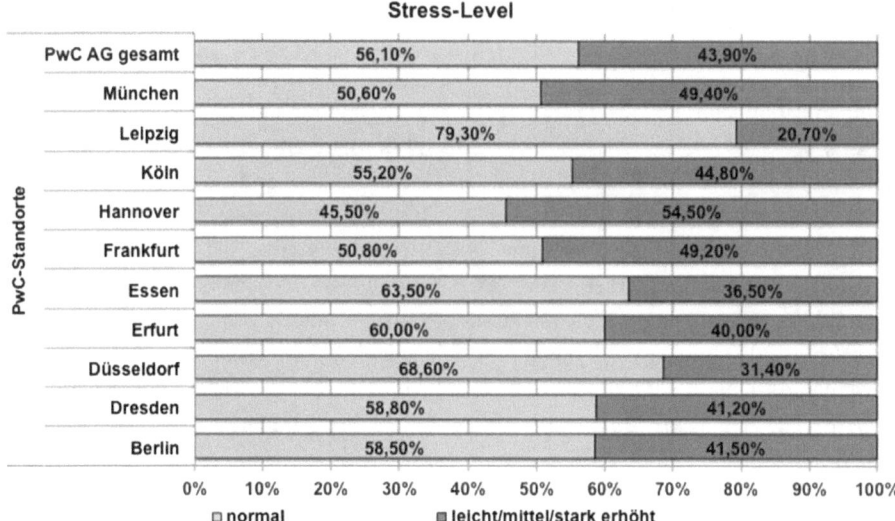

Abb. 17.7 Stresslevel

Tab. 17.1 Klassifikation des Blutdrucks Kategorie Systolisch (mmHg) zu Diastolisch (mmHg) der Deutschen Hochdruckliga. (Quelle: BKK PwC 2013)

Kategorie	Systolisch (mmHG)	Diastolisch (mmHG)
Optimal	< 120	< 80
Normal	≤ 130	≤ 85
‚Noch'-normal	130 bis 139	85 bis 89
Hypertonie (Schweregrad 1)	140 bis 159	90 bis 99
Hypertonie (Schweregrad 2)	160 bis 179	100 bis 109
Hypertonie (Schweregrad 3)	> 180	> 110

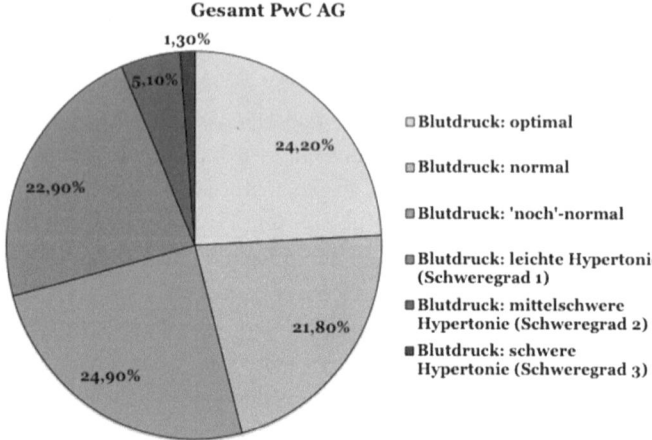

Abb. 17.8 Bluthochdruckwerte gesamt PwC AG

optimaler Bluthochdruck festgestellt; 21,8 % wiesen normale Blutdruckwerte auf und etwa ein weiteres Viertel (24,9 %) hatte „noch"-normale Blutdruckwerte – also an der Grenze zum beginnenden Bluthochdruck (Hypertonie) (Abb. 17.8).

Die Standorte zeigen auch hier wieder deutliche Unterschiede: Während in Dresen 82,3 % der untersuchten Beschäftigten Normalwerte aufweisen, nur 5,9 % mit „noch"-normalen Werten als gefährdet anzusehen sind und 11,8 % über bereits hypertonische Blutdruckwerte verfügen, haben am Standort Erfurt lediglich 25 % der Untersuchten Normalwerte, 40 % müssen als gefährdet gelten und 35 % weisen eine Hypertonie des Schweregrads 1 bis 3 auf. Am Standort Hannover haben sogar 41,8 % der untersuchten Beschäftigten eine Hypertonie des Schweregrads 1 bis 3 (siehe Abb. 17.9) (vgl. PwC: 2013, S. 100).

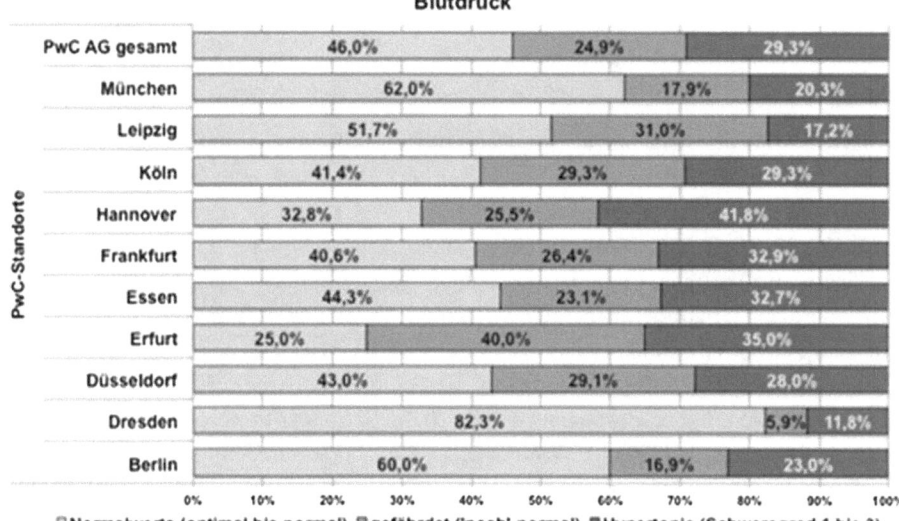

Abb. 17.9 Blutdruckwerte nach Standorten PwC AG. (Quelle: BKK PwC 2013)

17.2.2 BKV-Dachkampagne „Herzenssache"

Die Interessengemeinschaft Betriebliche Krankenversicherung e. V. (kurz: BKV e. V.) ist ein Zusammenschluss unternehmensbezogener Betriebskrankenkassen zur Förderung einer wettbewerbsorientierten, versichertengerechten, innovativen und effizienten Gesundheitspolitik. Gerade unternehmensbezogene Betriebskrankenkassen verfügen im Vergleich zu anderen Kassenarten über die höchste Kompetenz auf dem Gebiet der betrieblichen Gesundheitsförderung.

Der BKV e. V. hat sich 2005 gegründet – damals unter dem Namen BKK im Unternehmen e. V. Mitglieder sind 23 traditionelle Betriebskrankenkassen namhafter Unternehmen wie Bosch, Daimler, PwC, Würth sowie Merck, EWE u. a. BKV e. V. vertritt die Interessen von rund 920.000 Versicherten.

Unter dem Namen „Herzenssache" führte die Interessengemeinschaft Betriebliche Krankenversicherung e. V. im Jahr 2015 erstmals eine gemeinsame Dachkampagne zum Nutzen aller Mitgliedskassen durch (Abb. 17.10) (vgl. BKV e. V. 2016).

Abb. 17.10 Logo der BKV-Dachkampagne „Herzenssache"

Ziel der Dachkampagne „Herzenssache" ist es, das Bewusstsein der Versicherten für die Risiken von Herz-Kreislauferkrankungen zu stärken und sie zu herzgesundem Verhalten zu motivieren. Den Mitgliedskassen wurde ein Set an Materialien, wie beispielsweise ein Web-Banner mit dem pulsierenden Kampagnen-Motiv, und Aktionsideen für die niedrigschwellige Ansprache im Betrieb zur Verfügung gestellt. Darüber hinaus wurden Screenings zu Cardioscan Herz-Kreislauf, Blutdruck und Lungenfunktionstest und zur Messung der Halsschlagader angeboten. Als Highlight der Kampagne konnte der BKV e. V. den Triathlon-Weltmeister Daniel Unger gewinnen. Ihn konnten die Mitgliedskassen für Vorträge, Laufworkshops und sogar für einen Vorbereitungstrainings für einen Jedermann-Triathlon buchen. Die konkrete Ausgestaltung lag aber in den Händen der jeweiligen Betriebskrankenkasse.

Der Arbeitskreis BGM@PwC, in dem die BKK PwC, Arbeitgeber und Betriebsrat zusammenarbeiten, haben das Herz im Jahr 2015/2016 zum Topthema gemacht – auch als Konsequenz aus den Ergebnissen der Herz-Kreislaufs-Screenings in den Vorjahren. So gehörte die BKK PwC zu den ersten BKV-Kassen, die schon im Januar 2015 Aktionstage im Rahmen der BKV-Dachkampagne „Herzenssache" durchgeführt hatte (siehe Tab. 17.2). Bis Mitte 2016 sind weitere Aktionstage vorgesehen.

Im Rahmen der Aktionstage können die Beschäftigten bei PwC unter anderem an einem Check-up des TÜV Rheinlands teilnehmen, an denen bereits über 950 Mitarbeiter teilgenommen haben: Dabei werden die wesentlichen Risikofaktoren für Herz-Kreislauferkrankungen bestimmt. Zunächst werden Daten zu Lebensgewohnheiten und Vorerkrankungen abgefragt. Im Anschluss misst ein erfahrener Arzt Blutdruck, BMI und Bauchumfang. Blutfette und Blutzucker werden durch einen kleinen Picks in die Fingerbeere oder das Ohrläppchen bestimmt.

Tab. 17.2 Aktionstage PwC „Herzenssache" 2015. (Quelle: BKK PwC 2015 und Aktionstage Herzenssache PwC 2015)

Düsseldorf	4	Februar
München	4	Juli
Hamburg	4	Mai
Berlin	4	März
Hannover	3	Juni
Köln	2	August
Erfurt	1	September
Dresden	1	September
Leipzig	1	September
Duisburg	1	Oktober
Essen	2	Oktober
Kassel	1	November
Magdeburg	1	November

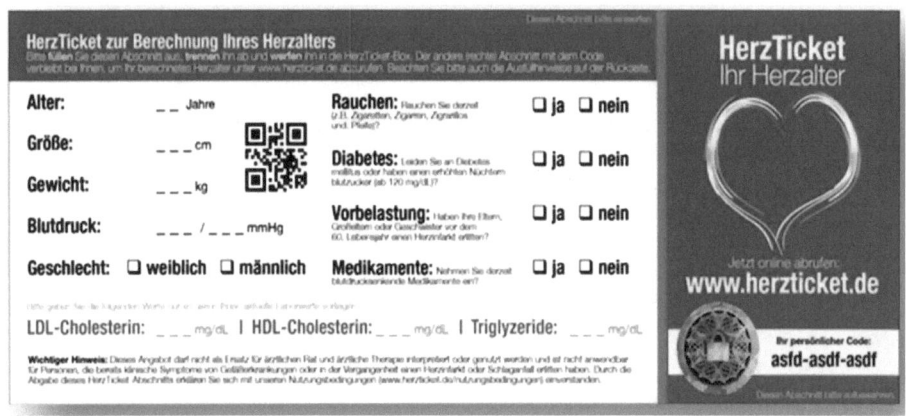

Abb. 17.11 Auswertung Herzticket

Nach dem Check-up bekommt jeder Teilnehmer einen persönlichen Code für sein Herzticket. Unter www.herzticket.de meldet sich der Teilnehmer an, um dort seine Ergebnisse zu Herzinfarktrisiko und individuellem Herzalter zu sehen. Darüber hinaus erhält der Teilnehmer individuelle Informationen und Tipps zu seinem Ergebnis (siehe Abb. 17.11).

Für die Auswertung Herzticket zeichnet sich die PrevaMed GmbH – Tochtergesellschaft der Assmann-Stiftung für Prävention verantwortlich. Die gewonnen Daten gibt es ab Mitte 2016 und sollen später in die PROCAM-Studie mit einfließen.

17.3 Schlussbetrachtung und Ausblick

Im „Gesetz zur Stärkung der Gesundheitsförderung und der Prävention", kurz Präventionsgesetz (PrävG), welches im Juli 2015 in Kraft trat, liegt der Schwerpunkt auf der Betrieblichen Gesundheitsförderung (BGF). Seit diesem Jahr fließt mehr Geld in BGF hinein, fast das Dreifache vom damaligen Istzustand (2013: 54 Mio. EUR) (vgl. MDS und GKV-Spitzenverband 2014, S. 34). Mit diesem finanziellen Engagement der Krankenkassen sollen nach Wunsch der Bundesregierung insbesondere Projekte und Maßnahmen bei klein- und mittelständische Unternehmen (KMU) gestärkt und ausgeweitet werden. Aber was bringt es unterm Strich den Unternehmen und den Beschäftigten selbst? Es liegen klar die Vorteile für beide Seiten auf der Hand.

Tätigt das Unternehmen Investitionen im BGF, beispielsweise mit Ziel der Reduzierung von Fehlzeiten, so übersteigt der Nutzen i. d. R. die dafür notwendigen Investitionsausgaben bei weitem. Laut amerikanischen Studien von Aldana wurde für eine 1 US\$ getätigte Investition im BGF eine Kosteneinsparung von 2,50 bis 4,85 US\$ erreicht (vgl. Esslinger et al. 2010, S. 55).

Bei den Beschäftigten kann durch eine BGF-Maßnahme, z. B. Screening, eine Krankheit frühzeitig erkannt und entsprechend behandelt werden. Dies trägt zur Erhaltung der Gesundheit bei.

Diesen Weg der „Win-win"-Situation gehen die unternehmensbezogenen Betriebskrankenkassen (BKK) seit Jahrzenten. Durch die Nähe zum Trägerunternehmen können die unternehmensbezogenen BKKn, ob individuell, wie wir als BKK PwC mit der Präventionskampagne „5 auf einem Streich", oder im Verbund als Interessengemeinschaft Betriebliche Krankenversicherung e. V. mit der Dachkampagne „Herzenssache", ihren Versicherten bedarfsgerechte und niederschwellige Angebote anbieten.

Literatur

BKK PwC (Hrsg) (2013) Herz-Kreislauf-Screening. Gesundheitsbericht zur Betrieblichen Gesundheitsförderung. Betriebskrankenkasse der PricewaterhouseCoopers Aktiengesellschaft Wirtschaftsprüfungsgesellschaft (BKK PwC), Melsungen

Bundesministerium für Gesundheit (2011) Projekte Vorsorge: 5 auf einem Streich – PwC AG und Betriebskrankenkasse PwC. http://bmg.bund.de/themen/praevention/betriebliche-gesundheitsfoerderung/best-practice-hessen/projekte-vorsorge/5-auf-einen-streich-pwc-ag-und-betriebskrankenkasse-pwc.html. Zugegriffen: 24. Febr. 2016

GKV-Spitzenverband und Medizinischer Dienst des Spitzenverbandes Bund der Krankenkassen e. V. (MDS) (2014) Präventionsbericht 2014. https://www.gkv-spitzenverband.de/media/dokumente/krankenversicherung_1/praevention__selbsthilfe__beratung/praevention/praeventionsbericht/2014_GKV_MDS_Praeventionsbericht_L.pdf. Zugegriffen: 24. Febr. 2016

Herzner S (2016) Das Herz: Aufbau, Funktion und Erkrankungen. http://www.apotheken-umschau.de/Herz. Zugegriffen: 24. Febr. 2016

Interessengemeinschaft Betriebliche Krankenversicherung e. V. (BKV e. V.) (2016) Dafür stehen wir. http://www.bkv-verein.de/bkv/dafuer-stehen-wir/. Zugegriffen: 24. Febr. 2016

PricewaterhouseCoopers Aktiengesellschaft Wirtschaftsprüfungsgesellschaft (PwC) (Hrsg) (2015) Corporate Responsibility 2014. http://www.pwc.de/de/corporate-responsibility/assets/corporate-responsibility-2014-komplett.pdf. Zugegriffen: 24. Febr. 2016

Singer S, Neumann A (2010) Beweggründe für ein Betriebliches Gesundheitsmanagement und seine Integration. In: Esslinger AS, Emmert M, Schöffski O (Hrsg) Betriebliches Gesundheitsmanagement. Mit gesunden Mitarbeitern zu unternehmerischen Erfolg. Gabler, Wiesbaden, S 55

Statistisches Bundesamt Deutschland (2015) Zahl der Todesfälle im Jahr 2014 um 2,8 % gesunken. https://www.destatis.de/DE/PresseService/Presse/Pressemitteilungen/2015/12/PD15_465_232.html. Zugegriffen: 24. Febr. 2016

Wittig-Goetz U, Ferdinand G (2016) Betrieblicher Gesundheitsbericht. http://www.infoline-gesundheitsfoerderung.de/ca/j/hdk/. Zugegriffen: 24. Febr. 2016

Über die Autoren

Lars Grein Krankenkassenbetriebswirt leitet seit 2008 als Vorstand die unternehmensbezogene BKK PwC. Sein Schwerpunkt liegt in der Entwicklung und Umsetzung von Versorgungskonzepten für die Beschäftigten des Trägerunternehmens PwC. Seit 1996 ist

er für die BKK bzw. PwC und deren Vorgängergesellschaften tätig. Er gehört dem ehren-
amtlichen Vorstand der Interessengemeinschaft Betriebliche Krankenversicherung e. V.
(BKV e. V.) an. Darüber hinaus engagiert er sich in weiteren Gremien der Betrieblichen
Krankenversicherung, z. B. im BKK Dachverband e. V., Berlin.

Franziska Seidel Diplom-Volkswirtin ist Referentin für Politik bei der Interessenge-
meinschaft Betriebliche Krankenversicherung e. V. (BKV e. V.). Ihre Schwerpunkte
liegen in der Prävention, im BGM, in der BGF, im ehealth und in der Finanzierung/
Morbi-RSA. Davor war sie lange Jahre als wissenschaftliche Mitarbeiterin bei einem
Abgeordneten im Deutschen Bundestag tätig. Dort war sie für Gesundheitspolitik sowie
Arbeits- und Sozialpolitik zuständig.

Orthopädische Services für Mitarbeiter

Christian Weyer

Zusammenfassung

Die Verbindung effizienter Präventionsmaßnahmen mit hoher Mitarbeiterakzeptanz und überschaubarem Zeit- und Kostenaufwand stellt eine der größten Herausforderungen im Betrieblichen Gesundheitsmanagement dar. Orthopädische Services können dazu beitragen, weit verbreitete krankenstands- und sicherheitsrelevante Risikofaktoren frühzeitig zu identifizieren, durch direkte medizinische Versorgung der Mitarbeiter reguläre Therapiewege zu optimieren und steigenden Anforderungen im Arbeitsschutz ohne größeren Mehraufwand gerecht zu werden.

Inhaltsverzeichnis

C. Weyer (✉)
c/o Bauerfeind AG, Zeulenroda-Triebes, Deutschland
E-Mail: christian.weyer@bauerfeind.com

© Springer Fachmedien Wiesbaden 2016

M.A. Pfannstiel und H. Mehlich (Hrsg.), *Betriebliches Gesundheitsmanagement*,
DOI 10.1007/978-3-658-11581-4_18

18.1   Einleitung

Gesundheitsförderung zur Senkung des Krankenstands: Diese Gleichung geht nur bedingt auf, da die Effizienz von BGM-Konzepten von vielen Faktoren abhängig und mit zeitlichem Abstand zu bewerten ist. Die Notwendigkeit betrieblicher Gesundheitsleistungen bleibt gleichwohl unbestritten und nimmt aufgrund gesellschaftspolitischer Veränderungen stetig zu. Als vielversprechender Ansatz erweist sich die Kombination von Präventionsmaßnahmen mit aktuellen Anforderungen im Arbeitsschutz. Entscheidend ist dabei die Berücksichtigung der verschiedenen Bedarfe von Führungskräften und Beschäftigten wie auch eine klare Zieldefinition der durchzuführenden Maßnahmen: Neue Angebotsformen orthopädischer Services für Mitarbeiter tragen dazu bei, die branchenübergreifende Dominanz von Muskel-Skelett-Krankheiten und Defizite in der gesundheitlichen Vorsorge vieler Mitarbeiter zeit- und kosteneffizient aufzugreifen und in praktikable Lösungen zu überführen.

18.2   Medizinische Versorgung von Beschäftigten

Der Gesundheitszustand von Mitarbeitern ist nur zum Teil abhängig von den Arbeitsbedingungen im Betrieb. Neben dem Einfluss des persönlichen Lebensstils bezüglich Ernährung, sportlicher Aktivität sowie der mentalen Verfassung und Sozialisation wirkt sich auch die allgemeine medizinische Grundversorgung entscheidend aus auf die Ermittlung von Risikofaktoren, den Umfang von Vorsorgemaßnahmen und die weitere Entwicklung von Erkrankungen. Die Anpassung von Versorgungssystemen an gesellschaftspolitische Veränderungen erfordert daher auch eine entsprechende Neuorientierung von Betrieben und Beschäftigten.

18.2.1 Entwicklung des Gesundheitssystems

Medizinische Beratungen, Behandlungen und Vorsorgemaßnahmen bilden seit den Sozialgesetzgebungen im 19. Jahrhundert einen festen Bestandteil des deutschen Gesundheitswesens (Nagel 2007). Nach dem zweiten Weltkrieg führte der wirtschaftliche Aufschwung in der Bundesrepublik zu einem hohen Niveau der Beitragszahlungen, während in der DDR vor allem staatliche Regulierung eine umfassende Grundversorgung sicherte. Vorsorgemaßnahmen wie ärztliche Untersuchungen und Impfungen für Kinder und Jugendliche wurden beispielsweise auch in Schulen durchgeführt und waren von privater Initiative weitgehend unabhängig.

Steigende Kosten durch verbesserte Therapie- und Diagnoseverfahren sowie technische Weiterentwicklungen ließen sich von den Krankenversicherungen lange Zeit ausgleichen durch moderate Erhöhung der Beitragssätze. Zu den wesentlichen Voraussetzungen für ein Funktionieren dieses Systems zählt allerdings eine ausgewogene demografische Struktur, die mittlerweile starke Veränderungen erfährt infolge von Geburtenrückgang und steigendem Durchschnittsalter.

Über eine Vielzahl von Gesundheitsreformen wie auch Anreizsystemen wurde mit unterschiedlichem Erfolg versucht, den komplexen Herausforderungen dieses gesamtgesellschaftlichen Trends zu begegnen. Sparzwänge führten dazu, dass bislang gewährte Kassenleistungen nach dem Maßstab des medizinisch Notwendigen neu bewertet und teilweise oder ganz gestrichen wurden. Der finanzielle Druck hatte weiterhin Auswirkungen auf die Vergütung ärztlicher Leistungen, wie auch Verordnungen von Heilmitteln und Behandlungen budgetiert wurden.

Die Betreuung von Kassenpatienten verlor dadurch für Mediziner an wirtschaftlicher Attraktivität, wie auch der Zugang zu spezialisierten Fachärzten erschwert wurde durch die Notwendigkeit vorangehender hausärztlicher Überweisung. Hinzu kommen in den 1990er Jahren regional eingeführte Niederlassungsbeschränkungen, die dem zwischenzeitlich gewachsenen Behandlungsbedarf nur noch eingeschränkt entsprechen: Degenerative Erkrankungen und Multimorbidität treten vor allem bei Menschen in der zweiten Lebenshälfte in Erscheinung, und mit der demografischen Entwicklung geht ein indikationsbezogen gestiegenes Patientenaufkommen einher.

Im Vergleich zu europäischen Nachbarländern, die in den letzten Jahren ebenfalls tief greifende Veränderungsprozesse durchlaufen mussten, zeigt sich das deutsche Gesundheitssystem in Hinblick auf die medizinische Grundversorgung und Versicherungsleistungen zwar weiterhin auf einem hohen Niveau. Die vielfältigen Abhängigkeiten wie insbesondere das Verhältnis zu erwartender Beiträge zu erforderlichen Ausgaben drohen das System jedoch absehbar zu überlasten:

Schon heute lassen sich bestimmte Anforderungen der medizinischen Versorgung nur noch eingeschränkt oder über Querfinanzierung wie Zuschüsse weiterer Leistungsträger, private Zusatzversicherungen und Zuzahlungen erfüllen (Fuhrmann 2004). Gleichzeitig hat die Kostenbeteiligung der Versicherten bereits ein hohes Maß erreicht: Ab 2016 wurde auch der bis dahin hälftig berechnete Arbeitgeberanteil auf 7,3 % eingefroren (Veröffentlichungen der Bundesregierung 2015), künftige Beitragserhöhungen sind somit vollständig vom Arbeitnehmer zu tragen. Dieser steht neben ökonomischen Zwängen auch der Rentenvorsorge immer häufiger in der Verantwortung für pflegebedürftige Angehörige sowie unter dem Einfluss sich verdichtender Arbeitsprozesse.

Gesundheitliche Leistungen müssen daher in Zukunft bereits aus Gründen der allgemeinen Kostendeckung wie auch des Leistungserhalts von Beitragszahlern weitaus stärker am Gedanken der Prävention ausgerichtet sein: Ein System, das seine Leistungen und wirtschaftlichen Anreize vorrangig auf die Nachsorge und kurative Behandlungen bereits Erkrankter konzentriert, kann bei den sich wandelnden Rahmenbedingungen langfristig nicht bestehen.

18.2.2 Gesundheitsvorsorge im Setting Betrieb

War für Beschäftigte in Deutschland lange Zeit ein guter Zugang zu umfassenden Gesundheitsleistungen gegeben, sahen Betriebe auch aufgrund unkritischer Indikationsraten und hoher Verfügbarkeit von Arbeitskräften keine Notwendigkeit, eigene Ressourcen für die Erhaltung und Förderung der Mitarbeitergesundheit bereitzustellen. Diese lag vornehmlich im privaten Eigeninteresse und in der Eigenverantwortung des Einzelnen, wie umgekehrt krankheitsbedingte Minderleistungen nur in geringem Maße von Vorgesetzten und Arbeitgebern toleriert wurden.

Mit dem Wandel vom Arbeitgeber- zum Arbeitnehmermarkt hat hier in den letzten Jahren ein Umdenken eingesetzt. Dominierend sind dabei weniger der viel zitierte Fachkräftemangel und „war for talents" (Michaels et al. 2001, S. 1), der Wettstreit um qualifizierte Mitarbeiter, sondern vielmehr der sich abzeichnende und gesamtwirtschaftlich besonders folgenreiche Rückgang auch einfacher Arbeitskräfte:

Für Tätigkeiten etwa in der Entsorgungs- und Logistikbranche, in Handwerks- und Pflegeberufen findet sich eine zu geringe Zahl von Bewerbern, um mittelfristig eine angemessene Produktivität der Betriebe sicherzustellen. Erschwerend kommt hinzu, dass in den genannten Berufsgruppen erhöhte körperliche Belastungen auftreten und dadurch Frühverrentung oder Berufsunfähigkeit mit weiterer Verknappung der Personalressourcen verbreitet sind.

Die Möglichkeiten der Technisierung und Automatisierung können diese Bedarfslücke nicht vollständig schließen und tragen auch ihrerseits zu einer Veränderung der Arbeitsbedingungen bei, die gesundheitlich kritisch zu werten ist: Steigende Verdichtung und Komplexität von Abläufen, erhöhte persönliche Verantwortung und geringere Fehlertoleranz haben schon jetzt erheblichen Anteil an psychischen Beschwerden wie Stress und pathologischen Erschöpfungszuständen.

Zur langfristigen Sicherung der benötigten Mitarbeiterressourcen erfährt daher das Betriebliche Gesundheitsmanagement (BGM) zunehmend Beachtung. Konzeptionell bestehen hier vielerorts noch Unsicherheiten: Das Instrument sogenannter Gesundheitstage wird weiterhin häufig genutzt, deckt infolge Unverbindlichkeit und überwiegend informell-werblichem Charakter aber nicht die Mindestanforderungen effektiver und gesetzlich geforderter betrieblicher Vorsorge. Gleiches gilt für Gesundheitsleistungen, die zeitlich wie inhaltlich nicht mit den Möglichkeiten und Bedürfnissen der Beschäftigten korrespondieren und entsprechend wenig genutzt werden.

Gleichwohl ist mit dem Setting Betrieb ein idealer Rahmen gegeben für eine nachhaltige und breitflächige Etablierung von Präventionsmaßnahmen: Personal- und Sicherheitsverantwortliche nehmen stärker als bisher gesundheitliche Aspekte in den Blick, wobei auch finanzielle Anreize eine Rolle spielen. Krankenversicherer erhalten die Möglichkeit, ergänzend zu individuell abrufbaren Leistungen frühzeitig und zielgruppengerecht zu intervenieren. Der für Mitarbeiter verbesserte Zugang zu medizinischen Services umfasst dabei Leistungen der Regelversorgung ebenso wie neue, durch externe Anbieter realisierte Maßnahmen im Arbeits- und Gesundheitsschutz.

18.3   Anforderungen im Arbeits- und Gesundheitsschutz

Angebote zur betrieblichen Gesundheitsförderung haben in den letzten Jahren stark zugenommen und umfassen eine kaum überschaubare Bandbreite an Leistungen. Auch aufgrund unterschiedlicher Zuständigkeiten in den Unternehmen werden Aspekte des Arbeitsschutzes dabei oft nicht ungenügend berücksichtigt: Auch in diesem Bereich gibt es entscheidende Anpassungen der Regelwerke, deren Umsetzung zudem gesetzlich verpflichtend ist und dazu beitragen kann, gesundheitsfördernde Maßnahmen zielführend zu strukturieren.

18.3.1 Betriebliches Risikomanagement

Die ökonomische Bedeutung eines betrieblichen Gesundheitsschutzes wurde schon zu Beginn der Industrialisierung erkannt (siehe Abb. 18.1). Durch das Unfallversicherungsgesetz standen ab 1884 Beschäftigten Ausgleichsleistungen bei arbeitsbedingten Gesundheitsschäden zu. Berufsgenossenschaften definierten verbindlich einzuhaltende Mindeststandards in der Sicherheit von Betriebsstätten, und die in den 1920er Jahren in

Abb. 18.1 Eine schlechte
Leiter kann dein Tod sein!

den USA aufgekommene „safety first"-Bewegung nahm zunehmend auch Einfluss auf die europäische Unternehmenskultur (Schmidt 2005).

Formelle Verbindlichkeit schuf in Deutschland schließlich das 1974 erlassene Arbeitssicherheitsgesetz, dem vielfältige Verordnungen und Richtlinien zur Vermeidung von Arbeitsunfällen, Reduzierung potenzieller Gefahren und Beschaffenheit persönlicher Schutzausrüstung zugeordnet sind. Einen festen Bestandteil des Arbeitsschutz-Managementsystems bilden dabei auch regelmäßig durchzuführende Unterweisungen, Prüfprozesse und Audits.

Von der dadurch erreichten Schaffung weitgehend stabiler und sicherer Produktionsverhältnisse profitieren neben den Beschäftigten auch die durch sinkende Fallzahlen kostenseitig entlasteten Unfallkassen und nicht zuletzt die Unternehmen: Der in den Jahren 2002 bis 2012 zu verzeichnende Rückgang von Arbeitsunfällen um 30 % (885.000 gegenüber 1,2 Mio.) rechtfertigt daher die aufgrund ihres formalen Anspruchs mitunter als bürokratisch empfundenen Regelwerke (Bundesministerium für Arbeit und Soziales 2014).

Durch fortschreitende Technisierung veränderte Tätigkeiten und neue Berufsbilder machten allerdings in immer kürzeren Zyklen eine Anpassung der einzelnen Bestimmungen erforderlich, was zu steigender Komplexität und Schwierigkeiten bei der praktischen Umsetzung führte. Über die Sicherheit der Betriebsstätten und Arbeitsbedingungen hinaus wurden neben Gefahrstoffen und ergonomischen Bedingungen auch allgemeine Gesundheitsrisiken der Mitarbeiter relevant:

Das verstärkte Auftreten vielfältiger, auch Lebensstil-bedingter Volkskrankheiten, insbesondere aber altersbedingter Verschleißerscheinungen als erstes Indiz der demografischen Entwicklung machte daher eine Revision der Arbeitsschutzvorgaben erforderlich, die ab 2011 mit den DGUV-Vorschriften 2 und 1 erfolgte.

18.3.2 Akteure und Instrumente

Die Einhaltung der Vorgaben im Arbeits- und Gesundheitsschutz liegt immer in der Verantwortung der Geschäftsführung, welche die konkrete, fachlich qualifizierte Umsetzung üblicherweise delegiert an Arbeitsmediziner und Fachkräfte für Arbeitssicherheit, denen meist weitere Sicherheitsverantwortliche zugeordnet sind. Beide können im Angestelltenverhältnis bei dem Unternehmen beschäftigt oder auch als externe Dienstleister beauftragt sein. Sie sind in auftragsgemäßer Ausübung ihrer entsprechenden Pflichten nicht weisungsgebunden und hinsichtlich Persönlichkeitsrechte der Mitarbeiter zu besonderer Beachtung des Datenschutzes verpflichtet (siehe Abb. 18.2).

Gegenüber der Geschäftsführung haben sie vor allem berichtende und beratende Funktion: Ein über die Pflicht zu Sorgfalt und Vollständigkeit hinausgehendes Weisungsrecht besteht dabei nicht, weshalb die Durchführung empfohlener Maßnahmen des Arbeits- und Gesundheitsschutzes in vieler Hinsicht abhängig ist von der Zustimmung

Abb. 18.2 Arbeitsschutz und -medizin im Team

und Bereitstellung erforderlicher Mittel durch die Entscheidungsträger im Unternehmen. Der bei entsprechenden Maßnahmen nicht unmittelbar gegebenen Wertschöpfung sind bei der Bewertung von Kosten und Nutzen vor allem versteckte Kosten gegenüberzustellen, die mit Ausfallrisiken und finanziellen Restriktionen bei Nichtbeachtung von Vorgaben beispielsweise im Arbeitsschutzgesetz verbunden sind.

Als Instrument zur Bewertung betrieblicher Sicherheitsrisiken und geeigneter Maßnahmen steht die Gefährdungsbeurteilung zur Verfügung, die verpflichtend durchzuführen und regelmäßig auf aktuellen Stand zu bringen ist. Konzentrierte diese sich bis zur Revision der gesetzlichen Vorgaben 2011 auf vornehmlich technisch-ergonomische Aspekte, sind mit der Bewertung gesundheitlicher Risiken neue Anforderungen hinzugekommen. Hervorzuheben, aber nicht isoliert zu beachten ist die Pflicht zur psychischen Gefährdungsbeurteilung, mit der einer in den vergangenen Jahren festzustellenden deutlichen Zunahme entsprechender Indikationen wie Depressionen und pathologischen Erschöpfungszuständen begegnet werden soll.

Aus dieser Erweiterung des Risikobegriffs ergibt sich die Notwendigkeit einer verstärkten Zusammenarbeit der jeweiligen Akteure in Arbeitsschutz und -medizin, um die jeweiligen Kompetenzen und Befugnisse zu bündeln. Im Regelfall sind daneben auch betriebliche Strukturen den sich ändernden Verhältnissen und Anforderungen im Betrieb anzupassen: Eine Aufgabe, die zumeist größeren zeitlichen Vorlauf wie auch hohe Sensibilität hinsichtlich der einzubeziehenden Führungskräfte mit jeweils eigener Personal- und Ergebnisverantwortung erfordert.

Die Organisation und Durchführung interner Analysen wie weitergehender Maßnahmen im Arbeits- und Gesundheitsschutz schließt selbstverständlich auch einzelne Teams und Mitarbeiter ein, weshalb eine frühzeitige Information und Beratungsmöglichkeit gegeben sein muss. Daher sollten dem als Entscheidungsgremium zu bildenden

Lenkungsausschuss auch Sprecher der Mitarbeitervertretung angehören, wie ferner eine Diskretion und Datenschutz sichernde Stelle bereitzustellen ist. Möglichkeiten hierzu bieten geeignete externe Dienstleister oder an die ärztliche Schweigepflicht gebundene Arbeitsmediziner.

18.4 Lösungsansätze und Praxiserfahrungen

Der Auf- oder Ausbau eines betrieblichen Arbeits- und Gesundheitsschutzes stellt noch immer eine Pionieraufgabe dar, und Theorien sind mit der Realität bisweilen schwer in Deckung bringen. Nachfolgend beschriebene Ansätze sind das Ergebnis fachlichen Austauschs mit Unternehmern, Personalverantwortlichen, Arbeitsmedizinern und Mitarbeitervertretungen aus verschiedenen Branchen. Rückblickend zusammengefasst werden darin auch Projekterfahrungen aus der mehrjährigen Praxis als Dienstleister.

18.4.1 Bedarfsanalyse

Krankenversicherer, die einen hohen Mitgliederanteil bei Beschäftigen im Unternehmen haben, stellen diesem auf Anfrage einen anonymisierten Krankenstandsbericht zur Verfügung. Dieser gibt Überblick über die wesentlichen Indikationsgruppen, deren Zuwachs oder Rückgang im Beobachtungszeitraum und ermöglicht Vergleiche zu regionalen oder branchenbezogenen Durchschnittswerten. Hierüber lassen sich Auffälligkeiten feststellen wie auch langfristige Auswirkungen betrieblicher Maßnahmen beobachten.

Eine Betrachtung der die Gesamtbelegschaft zusammenfassenden Krankenstandsquote signalisiert womöglich Handlungsbedarf bei größeren Abweichungen, liefert darüber hinaus aber keine Anhaltspunkte für konkrete Ursachen und einzuleitende Maßnahmen. Auch bei den Indikationen sind die Fallzahlen daraus resultierender Krankschreibungen zu differenzieren von den damit verbundenen, quantitativen Ausfalltagen wie auch den jeweils betroffenen Altersgruppen:

So kann die Statistik stark beeinflusst sein durch Langzeiterkrankungen älterer Beschäftigter, von einer temporären Erkältungswelle mit hohen Fallraten bei nur kurzzeitiger Krankheitsdauer etc. Auch Freizeitverhalten und Sozialisation einzelner Mitarbeiter schlagen sich in diesen Berichten ohne entsprechende Identifikationsmöglichkeit nieder, da hier aus Datenschutzgründen weder spezifische Diagnosen erscheinen noch Aufschluss gegeben wird über individuelle Krankheitsursachen und gesundheitliche Vorbelastungen (siehe Abb. 18.3).

Branchenübergreifend bilden die Hauptdiagnosegruppen Krankheiten des Muskel-Skelettsystems und Atemwegserkrankungen, gefolgt von psychischen Störungen und Herz-Kreislauf-Problemen. Alle genannten Gruppen umfassen sehr unterschiedliche Erkrankungsarten und Ausprägungen, wobei das Phänomen Rückenschmerz deutlich vor

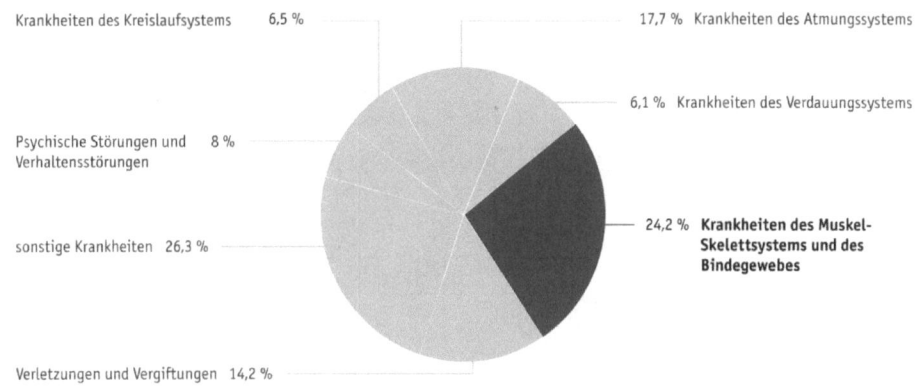

Abb. 18.3 Indikationen 2008 (SuGA-Report)

allen anderen Beschwerdebildern dominiert und mitunter auch in Wechselwirkung zu anderen Indikationen steht. Aufgrund dieser Bedarfslage sind Maßnahmen zur Prävention von Muskel-Skelett-Erkrankungen besonders geeignet, um einen großen Anteil von Beschäftigten anzusprechen und messbaren Einfluss auf den betrieblichen Krankenstand zu nehmen.

18.4.2 Orthopädische Services

Die starke Verbreitung von Beschwerden des Muskel-Skelett-Apparats hat vielfältige Ursachen. Stehende und sitzende Tätigkeiten machen einen Großteil der heutigen Beschäftigungsarten aus, was bei fehlendem Ausgleich in der Freizeit zu einem allgemeinen Bewegungsmangel führt. Eine Degeneration der Bänder und Gelenke ist die Folge, verstärkt durch Fehlbelastungen infolge Übergewicht, konditioniertem Schonverhalten und sporadischer Über- und Fehlbelastungen.

Erste Symptome von Verschleißerscheinungen, wie sie sonst bei anhaltend hohen Belastungen oder in fortgeschrittenem Alter zu erwarten wären, treten entsprechend vorzeitig schon bei jüngeren Beschäftigten in Erscheinung und wirken sich leistungsmindernd aus in Form chronischer Schmerzen oder eingeschränkter Mobilität. Obgleich präventive Interventionsmöglichkeiten hier umfassend gegeben sind, steht deren Umsetzung in der Praxis vor teils schwer zu überwindenden Hürden (siehe Abb. 18.4).

Insbesondere der Zugang zu fachärztlichen Leistungen ist durch Überweisungspflicht und starke Auslastung von Orthopäden oft eingeschränkt. Mehrere Monate Wartezeit auf freie Termine sind nicht ungewöhnlich, während Schmerzmittel weitgehend frei verfügbar sind und als Therapieersatz Verwendung finden. Angebote von Fitnessstudios wie Rückenschulen werden oft pauschal empfohlen, ohne dass eine angemessene Untersuchung vorangeht und medizinische Qualifikationen gegeben sind. Auch andere Angebotsformen wie „bewegte Pause", Laufgruppen oder Betriebssport setzen in der Regel

Abb. 18.4 Ergebnis Mitarbeiterbefragung

eine besondere Affinität zu Sport und Gesundheit, hohe persönliche Motivation sowie ausreichende zeitliche Ressourcen der Beschäftigten voraus.

Mit den Präventionsrichtlinien von 2010 wurden erstmals Rahmenbedingungen definiert, die auch für die steuerliche Geltendmachung betrieblicher Gesundheitsleistungen maßgeblich sind. Ein wesentliches Kriterium ist dabei die sogenannte Verhaltensänderung, die auch inhaltliches Verständnis und positive Grundeinstellung des Mitarbeiters zu den Maßnahmen beinhaltet. Als weiterer Aspekt relevant ist die medizinisch valide Erhebung individueller Gesundheitsdaten: Diese müssen nicht das fachliche Niveau einer ärztlichen Diagnose aufweisen, wohl aber von nachweislich qualifiziertem Personal durchgeführt werden und in ihren Ergebnissen reproduzierbar sowie für den Betriebsarzt in Form einer Maßnahmenempfehlung nachvollziehbar aufbereitet sein.

Ist ein aufwandsarm zu erreichender, persönlicher Nutzen der Beschäftigten als stärkster Anreiz zur aktiven Teilnahme zu werten, sollte über den dokumentarischen Wert zur Bereitstellung von Kennzahlen und Steuergrößen hinaus auch konkrete, werthaltige Hilfe zur Linderung der gesundheitlichen Beschwerden in Aussicht gestellt werden. Beschränkt sich diese nur auf die Empfehlung allgemein- oder fachärztlicher Konsultation, gesünderer Lebensweise und mehr Bewegung, sind Nutzwert und Erfolgsaussichten entsprechender Maßnahmen eher gering.

18.4.3 Planung und Kommunikation

Mitarbeiterseitig stoßen betriebliche Gesundheitsleistungen auf unterschiedliche Resonanz: Sorgen vor einem Eingriff in die Privatsphäre sind ebenso verbreitet wie Befürchtungen, dass damit ein „Gesundheitsranking" mit personalrechtlich nachteiligen Folgen betrieben werden soll. Die Einbeziehung eines externen Dienstleisters dient daher neben der Aufwandsminimierung für Planung und Organisation auch der Schaffung eines neutralen Rahmens. Von Krankenversicherern durchgeführte Gesundheitstage können ein erster Schritt zur informellen Aufklärung sein, konkrete Interventionsmöglichkeiten sind aber hauptsächlich über kommerzielle Anbieter gegeben.

Nach Abstimmung der zu erbringenden Serviceleistungen mit den für die betriebliche Gesundheitspolitik Hauptverantwortlichen sowie der Vorstellung und Diskussion im Lenkungsausschuss unterstützen solche Dienstleister auch professionell bei der Gewinnung von Führungskräften und zielgruppengerechten Ansprache von Mitarbeitern mit Aushängen, Flyern, Online-Informationen bis hin zur Schaltung anonymer Beratungs-Hotlines.

Unternehmensspezifische Belange bleiben hierbei weitgehend außen vor, während der persönliche Nutzen des zur verbindlichen Anmeldung anstehenden orthopädischen „Inhouse-Services" betont wird. Die dadurch erreichten Anmeldequoten liegen mit 60–80 % der Belegschaft deutlich über der sonstigen Wahrnehmung gesundheitsfördernder Angebote.

Voraussetzung ist neben dem mit 5–6 Wochen anzusetzenden informellen Vorlauf ein straffer verbindlicher Zeitplan, der Wartezeiten vermeidet und betriebsinterne Abläufe, Schichtzeiten und Linienproduktion nicht stört. Bewährt hat sich eine Kombination aus drei, jeweils zehnminütigen orthopädischen Screenings mit einem halbstündigen Kompakt-Workshop zur gesundheitlichen Aufklärung und Sensibilisierung. Dieser greift die wesentlichen Tätigkeiten der teilnehmenden Beschäftigten auf, erläutert niedrigschwellig Grundfunktion und Mechanismen des Muskel-Skelett-Systems sowie dessen mögliche Beeinträchtigungen und angemessene Vorsorgeformen (siehe Abb. 18.5).

Während ein Mitarbeiter des Dienstleisters die Workshop-Einheiten übernimmt, führt ein Team mit sechs weiteren Betreuern (bestehend aus medizinischen Fachkräften regionaler Sanitätshäuser, Podologen und Physiotherapeuten) die Screenings durch. Durch die doppelte Besetzung der Messstationen, Rotation der Teilnehmer und parallele Durchführung von Messungen und Workshops können pro betreuendem Team 12 Mitarbeiter pro Stunde bzw. rund 100 Mitarbeiter am Tag die in firmeneigenen Räumlichkeiten angebotenen Services nutzen.

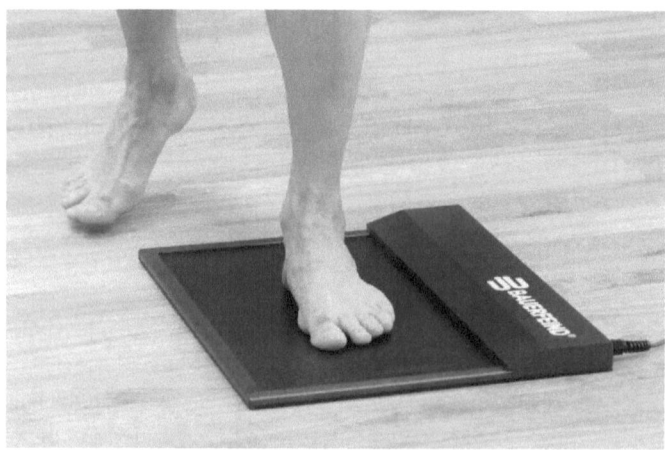

Abb. 18.5 Dynamische Fußdruckmessung

18.4.4 Messdaten und Auswertung

Als Messverfahren kommen in der orthopädietechnischen Praxis bewährte Systeme zum Einsatz. Die Rückenanalyse erfolgt über eine PC-gestützte Videoanalyse zur schnellen und quantifizierten Ermittlung von Schulter- und Beckenschiefstand, Deformitäten der Wirbelsäule und möglichen Fehlhaltungen. Ergänzend werden physiotherapeutisch etablierte Mobilitätstests wie Finger-Boden-Abstand etc. durchgeführt und festgestellte Auffälligkeiten notiert.

Oftmals lassen sich Gelenkschmerzen und Verspannungen zurückführen auf eine Degeneration des Fußgewölbes: Spreiz-Senkfüße sind wie viele andere Fußprobleme in der Allgemeinbevölkerung weit verbreitet, aber nur zu geringem Teil erkannt und behandelt. Mit einer dynamischen Fußdruckmessung und Visualisierung am PC können Beeinträchtigungen der Fußanatomie und daraus resultierende Dysbalancen anschaulich nachvollzogen werden.

Insbesondere bei andauernden stehenden und sitzenden Tätigkeiten sind Störungen des venösen Systems zu beobachten, die zu frühzeitig nachlassender Konzentration, „schweren Beinen" und der Bildung von Krampfadern mit signifikanter Erhöhung des Thromboserisikos führen können. Oberhalb des Knöchels angebrachte und nach dem Prinzip der Licht-Resonanz-Rheografie arbeitende Sensoren ermöglichen eine schnelle und zuverlässige Messung von Pumpleistung und Wiederauffüllzeit der Beinvenen.

Die jeweiligen Beobachtungen werden für den Mitarbeiter in einem individuellen „Gesundheitsprofil" nach vereinfachtem Schema protokolliert. In diesem Informationsblatt enthalten sind auch Anleitungen für einfache, in der Pause oder daheim durchzuführende Ausgleichsübungen (siehe Abb. 18.6).

Im Anschluss an die vor Ort durchgeführten Maßnahmen erstellt der Dienstleister eine zusammenfassende, anonymisierte Auswertung unter besonderer Berücksichtigung

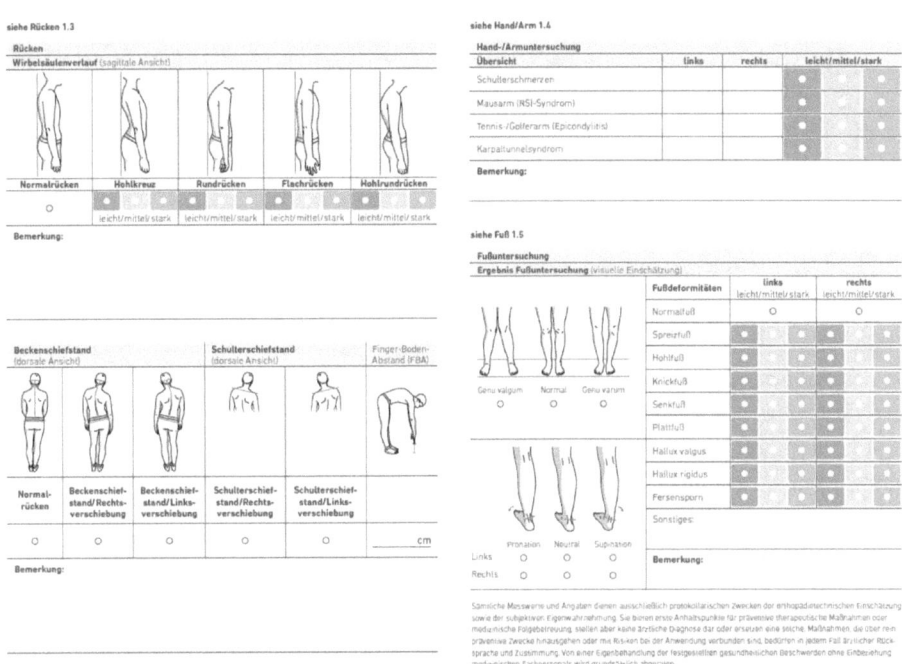

Abb. 18.6 Gesundheitsprofil für Mitarbeiter

der an den Betriebsstätten angetroffenen Arbeitsverhältnisse und wesentlichen Tätig-
keitsprofile. Die Aufbereitung dieser Daten entspricht dabei formal und inhaltlich den
Kriterien der erweiterten Gefährdungsbeurteilung und dient der Ermittlung potenzieller
Risiken wie der Priorisierung konkret empfohlener gesundheitsfördernder Maßnahmen.

Grundlage dieser individuellen Auswertung ist ein umfangreicher Messbogen, der
über die Messdaten hinaus auch Elemente einer Mitarbeiterbefragung wie Freizeitbe-
schäftigung, Eigenwahrnehmung, gesundheitliche Vorbelastungen oder durchlaufene
Behandlungen und deren Ergebnisse aufgreift.

Bei mit Unterschrift gegebener Einwilligung des Mitarbeiters fließen diese Daten
weiter ein in eine streng vertraulich zu handhabende Maßnahmenempfehlung für den
Betriebsarzt. Zur besseren Übersicht sind die Mitarbeiterdaten farblich nach dem Ampel-
prinzip gekennzeichnet, wobei „Grün" für unauffällige Ergebnisse steht und „Rot" für
kritische bzw. uneindeutige Werte, angesichts derer einfache Präventionsmaßnahmen
nicht geboten erscheinen.

18.4.5 Allgemeiner Präventionsbedarf

Lässt der mit 25–30 % durchweg hohe Anteil von Muskel-Skelett-Erkrankungen im
betrieblichen Krankenstand bereits einen entsprechenden Präventionsbedarf vermuten,

liegen die Ergebnisse bei Berücksichtigung bisher durchgeführter Maßnahmen noch einmal deutlich darüber:

Unter Berücksichtigung tätigkeitsspezifisch unterschiedlicher Ausprägung in den jeweiligen Betrieben wurden bei durchschnittlich 32 % aller teilnehmenden Beschäftigten behandlungsbedürftige Insuffizienzen des Venensystems festgestellt. Über die Hälfte der Teilnehmer hatten wiederkehrend signifikante Beschwerden an Arm-, Hand- und Kniegelenken sowie des Rückens, wobei hier weniger die Wirbelsäule als vielmehr eine degenerierte Rückenmuskulatur als Ursache zu sehen ist (Badura et al. 2014; Knieps und Pfaff 2015; Marschall et al. 2016).

Der mit Abstand deutlichste Präventionsbedarf zeigte sich schließlich bei Deformitäten des Fußgewölbes, von denen zusammen mit Fersenschmerz 74 % der Beschäftigten betroffen waren. Dass dieser Wert noch über dem bundesdeutschen Durchschnitt liegt, ist vor allem auf das Tragen ungeeigneten Schuhwerks (wie beispielsweise Sicherheitsschuhe vom Discounter, falsche Größen und Weiten) sowie mangelnder Dämpfung bei mehrstündigem Stehen und Gehen auf harten Böden (Asphalt oder Werkhalle) zurückzuführen (Knieps und Pfaff 2015; Marschall et al. 2016).

Die meisten der hier festgestellten Beschwerdebilder schränken die Leistungsfähigkeit der Mitarbeiter in einem anfangs noch beherrschbaren Maß ein, sind oft aber chronifiziert und mit absehbaren Folgerisiken verbunden, die bei ausbleibender Prävention mittelfristig zu einem weiteren Anstieg betrieblicher Ausfalltage führen. Zu bemerken ist auch eine verbreitete Resignation vieler Teilnehmer, deren wiederholte Therapiebemühungen nicht zum Erfolg und zu teils erheblichem Einsatz von Schmerzmitteln führten. Fehlende oder falsche Informationen, mangelnde Zeit und geringes Vertrauen in Leistungserbringer lassen Möglichkeiten medizinischer Regelversorgung oft ungenutzt und machen einen hohen Aufklärungsbedarf deutlich.

Als präventive Erstmaßnahme erhalten die Teilnehmer nach Abschluss der Auswertungen und durch den Betriebsarzt bestätigter Empfehlung individuell passende orthopädische Hilfsmittel wie Aktivbandagen, orthopädische Einlagen und Kompressionsstrümpfe zur Schmerzlinderung und Mobilisierung. Hierbei handelt es sich ausnahmslos um Medizinprodukte, die zur Eigenanwendung geeignet sind und bei denen Kontraindikationen über entsprechende Abfragen im Messbogen ausgeschlossen wurden. Die Abgabe auch mehrerer Produkte an die jeweiligen Mitarbeiter erfolgt in verschlossenen neutralen Taschen, so dass Diskretion und Datenschutz durchgängig gewahrt bleiben (siehe Abb. 18.7).

Werden grundlegende Aspekte der Anwendung und möglicher allgemeinärztlicher Folgeverordnungen durch bereits im vorangehenden Workshop thematisiert, können sich die Teilnehmer auch zeitlich unabhängig von den Maßnahmen und der Produktausgabe im orthopädietechnischen Fachhandel vor Ort persönlich beraten lassen.

Abb. 18.7 Aktivbandagen schützen und stabilisieren

18.5 Flankierende Maßnahmen und Finanzierung

Die materielle Unterstützung durch orthopädische Produkte und dadurch bewirkte Verbesserung des persönlichen Befindens regt die meisten Mitarbeiter zu intensiverer Beschäftigung mit Fragen der Gesunderhaltung an. Die von Personalverantwortlichen mitunter befürchtete „Pathologisierung" und Verunsicherung weitgehend gesunder Mitarbeiter tritt somit nicht ein, vielmehr wird die Bereitschaft zur Teilnahme an ergänzenden Angeboten betrieblicher Gesundheitsförderung wie Laufgruppen etc. deutlich erhöht.

Zur Sicherung nachhaltiger Effekte wie auch frühzeitiger Erfassung weiterer Präventionsbedarfe und qualifizierter Beratung eignen sich Angebote des telefonischen Gesundheitscoachings: Über eine vom Unternehmen für längere Dauer gebuchte Hotline-Nummer kann sich der Mitarbeiter jederzeit mit unterschiedlichen Fragen vertraulich an qualifizierte Fachkräfte eines externen Dienstleisters wenden.

Je nach Komplexität und medizinischer Relevanz der Problemstellung werden Spezialisten bis hin zu Fachärzten beratend hinzugezogen und geeignete Lösungen der medizinischen Regelversorgung vermittelt. Das beauftragende Unternehmen erhält lediglich ein anonymisiertes Nutzungsprotokoll sowie eine zusammenfassende Auswertung, während alle personenbezogenen Daten der Anrufer vertraulich und datenschutzrechtlich abgesichert sind.

Zur Kosten-Nutzen-Relation gesundheitsfördernder Maßnahmen im Betrieb gibt es unterschiedliche Analysen, die sich zudem nicht vollständig auf den eigenen Betrieb übertragen lassen. Auch vor der Frage nach Fördermöglichkeiten sollten zunächst die Pflichtaufgaben und unternehmerischen Grundanforderungen im Arbeits- und Gesundheitsschutz auf bestehende Defizite geprüft werden. Sind diese erkannt, bietet sich eine kostensparende Bearbeitung in Kombination mit weitergehenden Maßnahmen im betrieblichen Gesundheitsmanagement an.

Beispielhaft zu nennen ist hier die Umsetzung der DGUV 112-191 (ehem. BGR 191), welche die Benutzung von Fuß- und Knieschutz seit 2007 rechtsverbindlich definiert (Deutsche Gesetzliche Unfallversicherung 2007). Von dieser Regel betroffen sind alle Betriebe, bei denen Arbeitssicherheitsschuhe zur persönlichen Schutzausstattung (PSA) gehören. Anders als im privaten oder nicht-gewerblichen Bereich sind solche Schuhe bei Feststellung medizinischer Notwendigkeit mit orthopädischen Einlagen zu versehen, für die auch eine Baumusterprüfung für das jeweilige Schuhmodell vorliegt.

Die Abstimmung bei der Beschaffung geeigneter Schuhe, der Anpassung der Einlagen wie auch die Abwicklung der Kostenerstattung über unterschiedliche Leistungsträger stellt viele Betriebe vor große, durchaus auch finanzielle Herausforderungen. Im Rahmen der unter 3.4 geschilderten Fußdruckmessungen lassen sich nicht nur bestehende Bedarfe schnell und ohne Mehrkosten ermitteln, sondern auch mit entsprechenden Produktempfehlungen und Belehrungen der Mitarbeiter sowie administrativer Unterstützung verbinden.

Krankenversicherer leisten wie geschildert bereits bei der Analyse wertvolle Unterstützung und beteiligen sich unter Voraussetzung detaillierter Absprache, Seriosität und Nachhaltigkeit des Angebots bisweilen auch mit Zuschüssen an den Kosten für gesundheitsfördernde Maßnahmen. Der übernommene Kostenanteil liegt dabei meist deutlich über der mit dem Präventionsgesetz geforderten Unterstützung betrieblicher Gesundheitsvorsorge.

Werden dabei die Kriterien der Präventionsrichtlinie umfänglich eingehalten, ist auch eine steuerliche Geltendmachung der Aufwendungen als betriebsbedingte Ausgabe möglich. Sofern es thematisch passend und inhaltlich zielführend ist, lassen sich zudem einzelne, für sich genommen nicht abzugsfähige Maßnahmen wie Kurse und Trainings einem übergeordneten, systematisch angelegten BGM-Konzept zuordnen und bei der Berechnung berücksichtigen.

18.6   Schlussbetrachtung

Bei der koordinierten, gesetzliche Anforderungen und persönliche Interessenlagen gleichermaßen berücksichtigenden Umsetzung des betrieblichen Arbeits- und Gesundheitsschutzes sind bei Einbeziehung verschiedener Akteure und umsichtiger Planung vielfältige Synergieeffekte zu erzielen und über steuerliche und persönliche Anreizsysteme hinaus kostensenkend zu nutzen:

Der Nutzen für die Produktivitätssicherung und Attraktivität des Betriebs für bestehende und neue Mitarbeiter besitzt ungeachtet dessen immer den höchsten Kapitalwert, der nicht in zu großer Abhängigkeit stehen sollte zu wechselnden gesundheitspolitischen Rahmenbedingungen und gesetzlichen Regelwerken:

Mit rückläufigen Leistungen des Gesundheitssystems und zunehmender Fürsorgepflicht mit neuen Aufgaben von Arbeitgebern für Arbeitnehmer bieten sich auch neue Chancen, über Arbeitsleistung und Gehalt hinaus das betriebliche Profil für alle

Beteiligten vorteilhaft und zukunftsorientiert zu stärken. Orthopädische Services sind ein Beispiel entsprechend konzipierter Maßnahmen, die sich in der Praxis branchenübergreifend bewährt haben.

Literatur

Badura B, Ducki A, Schröder H, Klose J, Meyer M (2014) Fehlzeiten-Report 2014: Erfolgreiche Unternehmen von morgen – gesunde Zukunft heute gestalten. Springer, Heidelberg

Bundesministerium für Arbeit und Soziales (Hrsg) (2014) Sicherheit und Gesundheit bei der Arbeit 2012. Bundesanstalt für Arbeitsschutz und Arbeitsmedizin, Dortmund

Deutsche Gesetzliche Unfallversicherung (Hrsg) (2007) Benutzung von Fuß- und Knieschutz. Deutsche Gesetzliche Unfallversicherung (DGUV), Berlin

Fuhrmann W. (2004) Wachsende Bürokratie bei sinkenden Leistungen: Das GKV-Modernisierungsgesetz – GMG. http://www.Konsumentenschutz.de. Zugegriffen: 28. Apr. 2016

Knieps F, Pfaff H (2015) BKK Gesundheitsreport 2015: Langzeiterkrankungen. Medizinisch Wissenschaftliche Verlagsgesellschaft, Berlin

Marschall J, Hildebrand S, Sydow H, Nolting H-D (2016) Gesundheitsreport 2016: Analyse der Arbeitsunfähigkeitsdaten. DAK-Gesundhei, Hamburg

Michaels E, Handfield-Jones H, Axelrod B (2001) The war for talent. Harvard Business Press, Brighton

Nagel E (2007) Struktur, Leistungen. Weiterentwicklung. Deutscher Ärzte-Verlag, Köln

Schmidt MG (2005) Sozialpolitik in Deutschland: Historische Entwicklung und internationaler Vergleich. Springer, Berlin

Über den Autor

Christian Weyer wurde 1968 in der Universitätsstadt Marburg geboren. Nach Studium in Marburg, Bonn und Halle/Saale begann er als Diplomtheologe eine berufliche Laufbahn in Marketing und Business Development mit Schwerpunkt Medizintechnik. 2010 wechselte er zur Bauerfeind AG in Zeulenroda/Thüringen, wo er seit 2014 den Geschäftsbereich Gesundheitsmanagement leitet. Christian Weyer ist Autor mehrerer populärwissenschaftlicher Publikationen und spricht regelmäßig als Referent auf arbeitsmedizinischen Fachtagungen.

Natur- und Outdoorsport im betrieblichen Gesundheitsmanagement – Teamentwicklung, Naturerfahrung und Wohlbefinden durch betriebliche Outdoorsportangebote

Manuel S. Sand

Zusammenfassung

Sport und körperliche Aktivität haben sich als wichtige Inhalte betrieblicher Gesundheitsförderung etabliert. Positive Effekte von körperlicher Aktivität auf die Gesundheit sind dabei längst hinreichend erforscht und nachgewiesen. Die meisten Sportprogramme beschränken sich bisher primär auf klassische Fitness- und Ausdauersportangebote, die unbestritten einen hohen gesundheitlichen Nutzen haben. Dieser Beitrag möchte dazu anregen, zunehmend Outdoorsportangebote im betrieblichen Gesundheitsmanagement zu implementieren, die über die sportspezifischen Aspekte hinaus auch noch weitere Gesundheitsressourcen positiv bedingen. So können Outdoorsportarten in Verbindung mit Teambuildingaufgaben als Gruppenaktivität von Abteilungen durchgeführt werden, bei denen bspw. Kommunikation, Arbeitsprozesse und weitere Kompetenzen positiv geschult werden, genauso können aber auch Selbstwirksamkeit, Wohlbefinden und der Umgang mit Stress durch Sport in der Natur gefördert werden. Dabei decken sich postulierte Effekte mit Kompetenzen im Betrieb. Somit kann der Outdoorsport im betrieblichen Gesundheitsmanagement positive Synergieeffekte liefern, die bei herkömmlichen Sportarten nur bedingt auftreten. Dieser Beitrag möchte diese Effekte diskutieren, zum Nachdenken über Outdoorsport anregen und erste Hilfestellungen zur Implementierung liefern.

M.S. Sand (✉)
Adventure Campus Treuchtlingen. Hochschule für angewandtes Management, Treuchtlingen, Deutschland
E-Mail: manuel.sand@fham.de

© Springer Fachmedien Wiesbaden 2016
M.A. Pfannstiel und H. Mehlich (Hrsg.), *Betriebliches Gesundheitsmanagement,*
DOI 10.1007/978-3-658-11581-4_19

Inhaltsverzeichnis

19.1   Einleitung

Generell verbringen wir heutzutage viel zu viel Zeit in geschlossenen Räumen und am Schreibtisch. Immer weniger Menschen erleben regelmäßig aktiv die Natur und die Besonderheiten, die diese mit sich bringt. Die Norweger bspw. verbringen gemäß dem Lebensstil „Friluftsliv" (Leben in der Natur, im Einklang mit der Natur, mit allen Sinnen erleben, ohne Konkurrenz und technische Hilfsmittel; Liedtke 2003) regelmäßig Zeit im Freien, sie schätzen ihre Natur und verehren sie auch ein Stück weit. So sollten auch wir wieder mehr über Outdoor-Aktivitäten nachdenken und diese auch in den beruflichen Alltag integrieren.

Die Idee des betrieblichen Gesundheitsmanagements existiert schon seit einiger Zeit, so richtig durchsetzen konnte sich eine gezielte Gesundheitsförderung in Unternehmen aber erst seit Beginn der 1980er Jahre (Singer 2010). Ziel ist es, mittels adäquater Aktionen und Interventionen die Mitarbeiter eines Unternehmens zu einem gesunden Lebensstil zu ermutigen, durch den präventiv physischen und psychischen Erkrankungen vorgebeugt wird (Badura 2001; Badura et al. 2010; Lümkemann 2004). Dies dient aus Sicht des Unternehmens zum einen der Produktivität und der Motivation von Mitarbeitern und beugt zum anderen kostspieligen krankheitsbedingten Fehlzeiten vor (Eberhard und Wülser 2012). Sport und körperliche Aktivität nehmen dabei, neben anderen Maßnahmen, eine bedeutende Rolle ein (Lümkemann 2004; Emrich et al. 2009). Der gesundheitliche Nutzen von Sport bzw. körperlicher Aktivität ist mittlerweile vielfältig belegt, insofern er regelmäßig und nach gesundheitssportlichen Aspekten ausgeübt wird, liefert er einen hohen präventiven Nutzen (Lampert et al. 2005). Berücksichtigung finden dabei zunehmend klassische Sportarten, die oftmals in geschlossenen Räumen und meist für sich alleine ausgeführt werden (Emrich et al. 2009), Outdoorsportarten finden bisher kaum Berücksichtigung. Dabei könnten diese gesundheitliche Ressourcen noch umfassender stärken als dies bspw. ein Training in einem Fitnessstudio vermag (Abraham et al. 2009).

In diesem Beitrag soll daher zunächst die Gesundheitsförderung durch Sport darge-stellt werden wie sie bisher überwiegend angewendet wird. Im Anschluss wird aufge-zeigt, wie outdoorsportliche Angebote einen umfassenden Beitrag zum betrieblichen Gesundheitsmanagement leisten können, ehe die Vor- und Nachteile diskutiert werden. Zum Abschluss wird dargestellt, wie Outdoorsport in betriebssportliche Strukturen integriert werden kann.

19.2 Betriebliche Gesundheitsförderung durch Sport

Im Rahmen der betrieblichen Gesundheitsförderung nimmt der Sport nach Emrich et al. (2009) zwei Schlüsselrollen ein. Zum einen unter dem Gesichtspunkt der Produktivität und der damit prognostizierten Steigerung der Wettbewerbsfähigkeit von Unternehmen (Brandenburg et al. 2000). Dies ist bisher allerdings schwer nachzuweisen (Emrich et al. 2009). Zum anderen dienen die eingangs erwähnten positiven Eigenschaften von Sport auf die Gesundheit dazu, Krankheiten und somit teure Fehlzeiten der Mitarbeiter zu ver-meiden (Lampert et al. 2005; Emrich et al. 2009; Lümkemann 2004). Dabei liegt ein ganzheitlicher Ansatz zugrunde, der neben der Leistungsfähigkeit auch die Stressreduk-tion und das Wohlbefinden der Mitarbeiter im Blick hat.

Zwar wurden die positiven Effekte von Betriebssport auf die Gesundheitsförderung im Unternehmen mehrfach postuliert und diskutiert, deren konkreter empirischer Nach-weis blieb bisher jedoch meist noch aus (Emrich et al. 2009; Mess 2009). Während positive Effekte auf die allgemeine Gesundheit unumstritten sind, so sind die Steige-rung der Produktivität und die erhöhte Motivation der Mitarbeiter schwerer messbar und nachweisbar. Zudem ist es ein großes Problem, die Mitarbeiter von einem sportlicheren Lebensstil zu überzeugen, sie für die körperliche Aktivität zu motivieren und Anreiz-strukturen zu schaffen.

Sportliche Aktivitäten werden in vielen Betrieben bereits angeboten, zum Teil wäh-rend der Arbeitszeit, zum Teil in der Freizeit, zum Teil mit finanzieller Unterstützung, zum Teil ohne, zum Teil auf Initiative des Unternehmens, zum Teil auf Initiative der Mitarbeiter (Lümkemann 2004). Empfehlung zur Implementierung von Gesundheits-management-Maßnahmen und Sportprogrammen gibt es bereits auch hinreichend (Stähr 2010). Bisher werden primär Fitness- und Gesundheitssportkurse angeboten, die über-wiegend in Büroräumen, Sporthallen oder Fitnessstudios stattfinden. Wenngleich die gesundheitlichen Effekte dieser Programme und positive psychische Begleiterscheinun-gen unumstritten sind, so könnten Programme, die im Freien stattfinden und mit Erleb-nissen verbunden sind, einen zusätzlichen Nutzen bieten.

19.3   Outdoorsportangebote im betrieblichen Kontext

Im Folgenden wird dargestellt, welchen Beitrag Outdoorsportarten für das betriebliche Gesundheitsmanagement leisten können und wie sich diese von herkömmlichen Sportangeboten unterscheiden. Outdoorsport liegt aktuell mehr denn je im Trend (Opaschowski 2000), auch wenn diese sportliche Betätigungsform bereits seit den 70er Jahren an Bedeutung gewinnt (Rupe 2000). Die Definition von Outdoorsport ist jedoch bisweilen missverständlich und nicht klar definiert, zählen doch oftmals auch Ballsportarten wie bspw. Fußball, die faktisch natürlich im Freien stattfinden, zu Outdoorsport dazu. Diese Definitionsproblematik zeigt sich auch bei der Definition der Fachgruppe Outdoor (FGO) des Bundesverbands der Deutschen Sportartikel-Industrie, gemäß der „Outdoor alle Aktivitäten umfasst, welche durch eigene menschliche Kraft in der Natur/ im Freien ausgeübt werden können" (FGO 2016). Somit würden alle im Freien durchführbaren Sportarten dazu zählen. Eine Auflistung von Sportarten durch die FGO zeigt aber, dass primär Aktivitäten wie Trekking, Eisklettern, Mountainbiken, Wandern, Zelten oder Bergsteigen aufgeführt werden. Nach Meinung des Autors finden zwar viele Sportarten im Freien statt, zum klassischen Outdoorsport werden diese aber erst dann, wenn eine bewusste Interaktion mit der Natur eingegangen wird. Ähnlich sieht es die Definition von Beier: „Formen sportlicher Betätigung, die in einem überwiegend natürlichen Umfeld ausgeübt werden, wie z. B. Skifahren, Mountainbiken, Klettern, Windsurfen, Rafting, u. a. (…)" (Beier 2002, S. 82). Somit umfasst Outdoorsport Aktivitäten, die einen gewissen Erlebnischarakter aufweisen und in der Auseinandersetzung mit der Natur ausgeübt werden. Damit einhergehend sind auch oftmals ein gewisses Risiko und ein Überwinden von Grenzen.

Hier werden nun zunächst positive Effekte von Outdoorsport dargestellt, ehe dann auf mögliche Implementierungsformen im Unternehmen eingegangen wird.

19.3.1 Positive gesundheitliche Effekte von Outdoorsport

Der Outdoorsport hat bisher noch nicht viel Aufmerksamkeit im Hinblick auf positive gesundheitliche Effekte bekommen, jedoch gibt es einige Anhaltspunkte dafür, dass dieser über die Förderung der physischen Gesundheit hinaus auch vermehrt die psychische Gesundheit fördert. Viele Studien zeigen, dass der Aufenthalt in der Natur gesundheitsförderliche Effekte mit sich bringt (Hansmann et al. 2010). Abraham et al. (2009) wiesen in einer Analyse von Studien nach, dass Natur und Landschaft wichtige Gesundheitsressourcen darstellen. „In the field of health promotion, landscape should be understood to be a multi-faceted resource for physical, mental and social health and well-being" (Abraham et al. 2009, S. 65). Gemäß den Autoren spielt Natur in der Freizeit aber auch im Arbeitsumfeld eine bedeutende Rolle, da ein Aufenthalt in der Natur Aufmerksamkeit und Konzentration wieder herstellen kann, die Stresserholung fördert, positive Emotionen hervorruft, zu körperlicher Aktivität anregt, soziale Integration unterstützen und ein gemeinsames Naturerlebnis schaffen kann (Abraham et al. 2009). Johansson et al. (2011)

fanden heraus, dass die positiven Effekte, im Hinblick auf Wohlbefinden und Stressabbau, beim Walking in Parks und Naturräumen stärker ausfallen als beim Walken auf Straßen in der Stadt. Kerr et al. (2006) konnten, mit einer sehr kleinen Stichprobe nur geringe Unterschiede im Hinblick auf psychische Auswirkungen eines 5 km Laufs auf dem Laufband und in der Natur verzeichnen. Harte und Eifert (1995) zeigten in einer ähnlichen Studie, dass Laufen in der Natur negative Emotionen stärker verringern kann als das Laufen auf einem Laufband. In einer Studie mit 250 Sportlern fanden Hansmann et al. (2010) heraus, dass bei einem Outdoor Training die Belastung durch Alltagssorgen stärker abnimmt und eine höhere geistige Ausgeglichenheit erzielt wurde, jedoch gaben die Befragten nach einem Training im Fitnessstudio an, mehr Stress reduziert zu haben und körperlich ausgeglichener zu sein. Insgesamt hatten beide Trainingsformen positive Effekte. Darüber hinaus zeigten sie in einer weiteren Studie, dass positive Effekte auf Stressniveau und Ausgeglichenheit durch den Aufenthalt in der Natur größer sind, wenn der Aufenthalt in der Natur mit einer sportlichen Tätigkeit kombiniert ist.

Gezielte Outdoor-Aktivitäten werden bereits zur Gesundheitsförderung bei Kindern eingesetzt (McCurdy et al. 2010). Eine Kombination von Outdoor-Aktivitäten und Gesundheitstraining führt nach Li et al. (2013) zu einer höheren Bereitschaft bei Jugendlichen, das eigene Gesundheitsverhalten zu ändern. Ähnliches sagen auch Pryor et al. (2005) für Erwachsene voraus, nämlich dass der gezielte Einsatz von Outdoor-Aktivitäten in einem erlebnispädagogischen Setting in Kombination mit gesundheitlicher Aufklärung zu einer positiven Veränderung des Verhaltens führt.

Auch ein Blick auf die Motive von Outdoorsportlern zeigt, dass gesundheitliche Aspekte, sowohl psychisch als auch physisch, eine bedeutende Rolle spielen. In Zusammenarbeit mit der OutDoor Messe erhob die Universität Bayreuth (Häußler et al. 2010) die Motive von Outdoorsportlern und stellte dabei fest, dass psychisches Wohlbefinden, Gesundheit und Fitness und das Naturerleben die vorderen Plätze einnehmen. Eine genaue Übersicht über die Motive liefert Abb. 19.1 Somit empfinden die Sportler selbst ihre Outdoor-Aktivitäten als förderlich für die Gesundheit und das psychische Wohlbefinden.

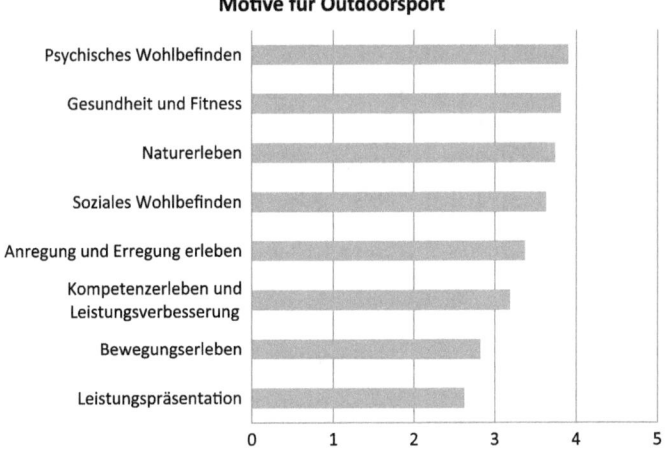

Abb. 19.1 Motive für Outdoorsport nach Häußler et al. (2010)

Hadbawnik (2011) fand in einer Befragung heraus, dass mit Outdoor und Extremsport Eigenschaften verknüpft werden, die auch im beruflichen Kontext eine große Rolle spielen. So verbinden 82 % der Befragten mentale Stärke, 77 % Durchhaltevermögen, 73 % Belastbarkeit und 54 % Zeit- und Selbstmanagement mit Outdoor-Aktivitäten. Da diese Kompetenzen im beruflichen Alltag vieler Angestellter eine wichtige Rolle spielen, erscheint der Outdoorsport auch aus dieser Perspektive als förderlich. So können Angestellte und Führungskräfte bei Outdoorsport-Aktivitäten wichtige Kompetenzen schulen und entsprechende positive Erfahrungen sammeln.

Sand (2007) konnte zeigen, dass ein achtwöchiges, lebensstilbasiertes Firmenfitness-Programm, das überwiegend Outdoor stattfand, das Wohlbefinden und die Selbstwirksamkeit der Teilnehmer signifikant verbesserte. Auch wenn die Stichprobe relativ klein war, so liefert diese Studie doch einen ersten Ansatz auf diesem Gebiet.

19.3.2 Flow-Erleben und Wohlbefinden

Positive Effekte von Outdoorsport werden bisher überwiegend mittels des Flow-Empfindens nach Czikzentmihlyi erklärt (Opaschowski 2000). Dabei geht der Sportler völlig in seinem Tun auf und nimmt in einer Art meditativem Bewusstseinszustand nur die konkrete Bewältigung einer Aufgabe wahr. Dieser Zustand wird überwiegend bei rhythmischen, gleichbleibenden Bewegungen oder Aktivitäten, die sehr hohe Konzentration erfordern, erreicht (Nakamura und Csikzentmihlyi 2002). Dabei muss die Aktivität zwischen Unterforderung und Überforderung im sogenannten Flow-Kanal angesiedelt sein. Der Flow Zustand wird maßgeblich für positive Effekte im Hinblick auf Wohlbefinden, Selbstwirksamkeit und Selbstkonzept verantwortlich gemacht. „(…) studies on flow suggest that people are motivated to participate because of the intrinsic feelings of enjoyment, well-being and personal competence that they experience" (Boniface 2007). Flow kann generell bei jeder klar definierten Aufgabe empfunden werden, besonders hoch ist er aber, wenn die Aufgabe gerade noch so gemeistert werden kann (Nakamura und Csikzentmihlyi 2002). Während des Flow-Empfindens werden alle anderen Gedanken ausgeblendet, was zu einer Entspannung und Stressreduktion führt (Nakamura und Csikzentmihlyi 2002). Flow fördert aber auch die Kreativität und hat somit auch unter diesem Aspekt positive Effekte auf die berufliche Leistungsfähigkeit.

Auch wenn das Flow-Erleben genauso indoor hervorgerufen werden kann, so eignen sich generell sportliche Aktivitäten besonders gut und im Hinblick auf Outdoorsportarten ist zum einen die Herausforderung vorteilhaft, zum anderen die geringere Ablenkung (McKenzie et al. 2011).

19.3.3 Selbstwirksamkeit und Selbstkonzept

In einer Gesellschaft, in der im Alltag kaum noch Risiken anzutreffen sind, suchen Menschen zunehmend Situationen mit kalkulierbarem Risiko, um sich selbst zu verwirklichen und zu bestätigen (Bette 2004; Opaschowski 2000).

Durch das Meistern von Herausforderungen und das Überwinden schwieriger Situation werden die eigenen Ressourcen zur Bewältigung von künftigen Aufgaben besser eingeschätzt (Bandura 1997) Zudem wird die eigene Person als positiver und leistungsfähiger empfunden. Da bei Outdoor Aktivitäten gehäuft herausfordernde Situationen auftreten und eine Auseinandersetzung mit der Natur und ihren Elementen stattfindet (z. B. Wind, Regen etc.), liegt der Verdacht nahe, dass diese Sportarten im Hinblick auf Selbstwirksamkeit und Selbstkonzept größere Effekte liefern. Wer sich in sportlicher und privater Hinsicht mehr zutraut und selbstsicherer ist, der ist auch in beruflichen Situationen zuversichtlicher und belastbarer. Eine hohe Selbstwirksamkeit wirkt sich positiv auf die berufliche Motivation und Leistungsfähigkeit aus (Edelmann 2002). Auch ein positives Selbstkonzept wirkt sich sehr positiv auf die berufliche Tätigkeit aus (Judge et al. 1998). Somit können mittels der Verbesserung der Selbstwirksamkeit und des Selbstkonzeptes auch berufliche Kompetenzen gestärkt werden und die gesundheitlichen Dimensionen Motivation und Belastbarkeit gefördert sowie Stress vorgebeugt werden.

Positive Auswirkungen von Outdoorsportarten auf das Selbstkonzept (Boeger und Schutt 2005; Fengler 2007; Fandrey 2013) und die Selbstwirksamkeit (Meier et al. 2009; Größ 2012; Sand 2015) sind bisher meist nur in Kombination mit erlebnispädagogischen Interventionen mit Schülern dokumentiert. Auch wenn die Ursachen für die Veränderungen nicht bekannt sind (vgl. Fandrey 2013), so stärken Outdoorsport-Aktivitäten mit Erlebnischarakter vermehrt das Selbstbewusstsein der Aktiven. Dies wären auch wichtige Ressourcen im gesundheitlichen Kontext innerhalb von Betrieben (Poppelreuther und Mierke 2008). Ob die Effekte übertragbar sind, bleibt abzuwarten.

19.3.4 Teamentwicklung und soziale Kompetenzen

Outdoorsport-Aktivitäten werden zunehmend bei Teamtrainings und Teambuildingmaßnahmen im betrieblichen Umfeld eingesetzt (Kern und Schmidt 2001). Diese Sportarten eignen sich hervorragend, um Lerneffekte im erlebnispädagogischen Sinne hervorzubringen (Michl 2009). Dabei werden die Teilnehmer gezielt vor Herausforderungen in der Natur gestellt, die es, meist in der Gruppe, zu lösen gilt. Wurden erlebnispädagogische Settings zunächst im schulischen Kontext genutzt, finden diese nun zunehmend Anwendung im beruflichen Kontext. Neben allgemeinem Kompetenzerwerb wie bspw. Kommunikation, soziale Kompetenzen, Teamfähigkeit, Selbstbewusstsein, Problemlösungsstrategien, können auch spezifische Probleme im betrieblichen Kontext angegangen und verändert werden (Michl 2009). Teambuilding-Seminare nehmen einen hohen Stellenwert für die Teamentwicklung in Betrieben ein (Kern und Schmidt 2001), diese hier näher zu betrachten, würde jedoch den Rahmen sprengen. Vielmehr sollen die Erfahrungen und Lerneffekte, die mit Outdoorsport möglich sind, im Mittelpunkt stehen.

Ähnlich wie bei anderen Sportarten werden auch Outdoor-Sportarten oftmals im Team oder in der Gruppe durchgeführt. Somit ergeben sich ähnliche positive Effekte im Hinblick auf Teamfähigkeit und soziale Kompetenz. Jedoch ist man bei Outdoor-Aktivitäten stärker aufeinander angewiesen und muss sich vermehrt auf den anderen verlassen können (Opaschowski 2000). Beim Klettern bspw. liegt das eigene Leben in den Händen des Partners, der einen sichert.

19.4   Handlungsempfehlungen für die Implementierung von Outdoorsport im betrieblichen Gesundheitsmanagement

Nachdem nun die Argumente für Outdoorsport im betrieblichen Kontext dargestellt wurden, sollen hier nun konkrete Handlungsempfehlungen gegeben werden. Die Integration von Outdoorsport in das betriebliche Gesundheitsmanagement kann kontinuierlich erfolgen.

Projekte zur Verbesserung des Gesundheitsmanagements wie sie u. a. Ulich und Wülser (2012) beschreiben, können hervorragend mit einem Teambuilding Kick-off im Outdoorsportbereich angestoßen werden. Die Teilnehmer sollen durch gemeisterte Herausforderungen dazu ermutigt werden, ihr Verhalten zu ändern und regelmäßige sportliche Aktivität aufzunehmen. Dies ist eine Einsatzmöglichkeit von Outdoor-Aktivitäten, die gesondert betrachtet werden sollte und ihre Berechtigung im Hinblick auf Teambuilding hat. Aber auch im Hinblick auf die Aufnahme eines gesundheitsbewussten Lebensstils kann der Einsatz positive Erfolge vorweisen (Li et al. 2013; Pryor et al. 2005).

Zwar sind manche Outdoorsportarten generell mit einem höheren Risiko verbunden (z. B. Klettern), jedoch ist die Verletzungsanfälligkeit nicht bedeutend höher als bei anderen Sportarten (abgesehen von Extremsportarten). Ansteigende Fehlzeiten aufgrund von Verletzungen sind daher nicht zu erwarten. Dennoch sollte bei der Auswahl von Sportarten und Anbietern Wert auf die Sicherheit gelegt werden.

Nachdem die wenigsten Unternehmen über unmittelbare Grünanlagen verfügen, sollten Outdoorsportangebote überwiegend am Feierabend oder an Wochenenden angeboten werden. Die Angebote können als konkrete Kurse (z. B. Segelkurs, Kletterkurs, Mountainbikekurs etc.) zur Verfügung gestellt werden oder als freie Sportgruppen, die den Sport regelmäßig gemeinsam ausüben. Generell ist es wichtig, ein breites Spektrum an Sportarten anzubieten, damit jeder etwas für sich individuell Passendes findet. Dabei sollte das Einstiegsniveau nicht zu hoch sein, sodass, je nach Fitness- und Könnensstand jeder die Outdoor-Aktivität erleben kann und nicht abgeschreckt wird. Eventuell empfehlt es sich, zwei Leistungsgruppen zu unterscheiden (Anfänger und Fortgeschrittene).

Bei den Angeboten sollte es primär um Spaß, Natur und Erlebnis gehen, die Leistung sollte zunächst in den Hintergrund rücken. Sollte sich eine Gruppe etablieren, die den Sport ernsthaft betreiben möchte, so können perspektivisch auch Wettkämpfe angeboten werden.

Outdoor-Angebote sollten nicht als Konkurrenz zu anderen Sportangeboten gesehen werden, vielmehr verstehen sie sich ergänzend. Einige Sportarten können ja nach Witterung innen oder außen stattfinden (z. B. Schwimmen, Joggen, Klettern).

Im Hinblick auf Anreizsysteme und motivationsfördernde Maßnahmen gelten im Hinblick auf Aufnahmestrategien die gleichen Empfehlungen wie für allgemeine Sportprogramme (vgl. Harlaß 2011).

19.5   Schlussbetrachtung

Dieser Beitrag soll erste Impulse setzen, um Outdoorsportarten zunehmend in betriebliche Gesundheits- und Sportprogramme zu integrieren. Outdoorsportarten sind nur schwer in den betrieblichen Alltag zu integrieren, jedoch können sie, in der Freizeit ausgeübt, viele positive Effekte für Arbeitnehmer und Arbeitgeber mit sich bringen. Im Vergleich zu Indoor-Sportarten können sie verstärkt das Wohlbefinden erhöhen, die Selbstwirksamkeit stärken und Stress abbauen. Leider liegen bisher nur sehr limitiert Evidenzen vor, sodass weitere Untersuchungen notwendig sind, um eindeutige Aussagen treffen zu können. Speziell im betrieblichen Gesundheitsmanagement wurden noch keine gezielten Studien durchgeführt.

Dieser Beitrag soll in keinster Weise die Berechtigung und die Sinnhaftigkeit von etablierten Sportangeboten im betrieblichen Kontext schmälern. Jede Art von Bewegung und Training hat ihre Daseinsberechtigung und führt, richtig ausgeübt, zu positiven Effekten auf die physische Gesundheit, ganz gleich ob indoor oder outdoor. Zur Förderung von psychischen Ressourcen und zur Schulung von berufsspezifischen Kompetenzen sollten Outdoorsportarten jedoch zunehmend diskutiert werden. Eine nähere Untersuchung der Zusammenhänge sollte zeitnah angestrebt werden.

Erstmals wurde der Outdoorsport in den Kontext betrieblichen Gesundheitsmanagements gestellt. Es wurde dargelegt, warum der Outdoorsport gesundheitliche Vorteile für Betriebe liefern kann, die im Indoorsport nicht explizit gefördert werden. Das psychische Wohlbefinden kann gezielter verbessert werden, ebenso wie, Selbstwirksamkeit, Teamfähigkeit und andere berufsspezifische Kompetenzen. Die Implementierung in das betriebliche Gesundheitsmanagement wurde angesprochen und es wurden konkrete Vorschläge unterbreitet. Die Bedeutung von Outdoorsport soll künftig im betrieblichen Gesundheitsmanagement stärker diskutiert und untersucht werden.

Literatur

Abraham A, Sommerhalder K, Abel T (2009) Landscape and well-being: a scoping study on the health-promoting impact of outdoor environments. Int J Public Health 55(1):59–69

Badura B (2001) Betriebliches Gesundheitsmanagement. Was ist das, und wie lässt es sich erfolgreich praktizieren? Bundesgesundheitsblatt – Gesundheitsforschung – Gesundheitsschutz 44(8):780–788

Badura B, Walter U, Hehlmann T (2010) Betriebliche Gesundheitspolitik: Der Weg zur gesunden Organisation. Springer, Wiesbaden

Bandura A (1997) Self-efficacy. The excercise of control. Freeman, New York

Beier K (2002) Was reizt Menschen an sportlicher Aktivität in der Natur? Zu den Anreizstrukturen von Outdoor-Aktivitäten, Tourismus und Sport. In: Dreyer A (Hrsg) Tourismus und Sport. Wirtschaftliche, soziologische und gesundheitliche Aspekte des Sport-Tourismus. Springer, Wiesbaden, S 81–92

Bette K-H (2004) X-treme. Zur Soziologie des Abenteuer- und Risikosports. transcript, Bielefeld

Boeger A, Schut T (2005) Erlebnispädagogik in der Schule – Methoden und Wirkungen. Logos, Berlin

Boniface MR (2007) Towards an understanding of flow and other positive experience phenomena within outdoor and adventurous activities. J Advent Educ Outdoor Learn 1(1):55–68

Brandenburg U, Nieder P, Susen B (2000) Gesundheitsmanagement im Unternehmen: Grundlagen, Konzepte und Evaluation. Juventa, Weinheim.

Eberhard U, Wülser M (2012) Gesundheitsmanagement in Unternehmen: Arbeitspsychologische Perspektiven. Springer, Wiesbaden

Edelmann M (2002) Gesundheitsressourcen im Beruf: Selbstwirksamkeit und Kontrolle als Faktoren der multiplen Stresspufferung. Beltz, Weinheim

Emrich E, Pieter A, Fröhlich M (2009) Eine explorative Studie zur betrieblichen Gesundheitsförderung – Auswirkungen von Betriebssport auf das Betriebsklima, die Unternehmensidentifikation und das subjektive Wohlbefinden der Teilnehmer. Z Sozialmanagement 7(1):65–82

Fachgruppe Outdoor (2016) Definition outdoor. http://www.bsi-sport.de/outdoor/0388f599160d38119/index.html. Zugegriffen: 24. Febr. 2016

Fandrey D (2013) Erlebnispädagogische Settings und Selbstkonzept. Kovac, Hamburg

Fengler J (2007) Erlebnispädagogik und Selbstkonzept: Eine Evaluationsstudie. Logos, Berlin

Größ E-M (2012) Die persönlichkeitsbildende Wirkung der Erlebnispädagogik und ihre Realisierung im System Schule. Eine theoretische und empirische Untersuchung. Diplomica, Hamburg

Hadbawnik I (2011) Bis ans Limit und darüber hinaus. Faszination Extremsport. Die Werkstatt, Göttingen

Hansmann R, Eigenheer-Hug S-M, Berset E, Seeland K (2010) Erholungseffekte sportlicher Aktivitäten in stadtnahen Wäldern, Parks und Fitnessstudios. Schweiz Z Forstwes 161(3):81–89

Harlaß S (2011) Leitfaden für betriebliches Gesundheitsmanagement: Hinweise und Arbeitsvorlagen für eine erfolgreiche Umsetzung. Bachelor & Master, Hamburg

Harte JL, Eifert GH (1995) The effects of running, environment, and attentional focus on athletes' catecholamine and cortisol levels and mood. Psychophysiol 32(1):49–54

Häußler V, Tittlbach S, Brehm W (2010) Motivations-Studie Outdoorsport. Interner Forschungsbericht, Bayreuth

Johansson M, Hartig T, Staats H (2011) Psychological benefits of walking: moderation by social context and outdoor environment. Appl Psychol Health Well Being 3(3):261–280

Judge TA, Erez A, Bono JE (1998) The power of being positive: the relation between positive self-concept and job performance. Hum Perform 11(2/3):167–187

Kern H, Schmidt D (2001) Nutzen und Chancen des Outdoor-Trainings: eine Methodentriangulation zur Überprüfung des Praxistransfers im betrieblichen Kontext, Dissertation Universität Bielefeld, Bielefeld

Kerr JH, Fujiyama H, Sugano A, Okamura T, Chang M, Onouha F (2006) Psychological responses to exercising in laboratory and natural environments. Psychol Sport Exerc 7(4):345–359

Lampert T, Mensink GBM, Ziese T (2005) Sport und Gesundheit bei Erwachsenen in Deutschland. Bundesgesundheitsblatt Gesundheitsforschung Gesundheitsschutz 48(12):1357–1364

Li WHC, Chung OKJ, Ho KY, Chiu SY, Lopez V (2013) Effectiveness of an integrated adventure-based training and health education program in promoting regular physical activity among childhood cancer survivors. Psycho-Oncology 22(11):2601–2610

Liedtke G (2003) Erlebnispädagogik versus Friluftsliv – Pädagogische Perspektiven auf Erlebnisse im Natursport. In: Schwier J, Gissel N (Hrsg) Abenteuer, Erlebnis, Wagnis – Perspektiven für den Sport in Schule und Verein? Czwalina, Hamburg, S 181–188

Lümkemann D (2004) Bewegungsmanagement – Möglichkeiten und Nutzen betrieblicher Angebote. In: Meifert MT, Kesting M (Hrsg) Gesundheitsmanagement im Unternehmen. Springer, Wiesbaden, S 167–182

McCurdy LE, Winterbottom KE, Mehta SS, Roberts JR (2010) Using nature and outdoor activity to improve children's health. Pediatr Adolesc Health Care 40(5):102–117

McKenzie SH, Hodge K, Boyes M (2011) Expanding the flow model in adventure activities. A reversal theory perspective. J Leisure Res 42(4):519–544

Meier M, Hampel P, Gaiswinkler M, Kümmel U (2009) Einfluss einer erlebnispädagogischen Intervention auf Klassenklima und Selbstwirksamkeit von Jugendlichen. Psychol Erzieh Unterr 56(1):64–69

Mess F (2009) Sport und sozialisation. Wege zur Integration neuer Beschäftigter. Hofmann, Schorndorf

Michl W (2009) Erlebnispädagogik. UTB, Stuttgart

Nakamura J, Csikzentmihalyi M (2002) The concept of flow. In: Snyder CR, Lopez SJ (Hrsg) Handbook of positive psychology. Oxford University Press, Oxford, S 89–105

Opaschowski HW (2000) Xtrem. Der kalkulierte Wahnsinn. Germa Press, Hamburg

Poppelreuter S, Mierke K (2008) Psychische Belastungen am Arbeitsplatz. Ursachen – Auswirkungen – Handlungsmöglichkeiten. Schmidt, Berlin

Pryor A, Carpenter C, Townsend M (2005) Outdoor education and bush adventure therapy: a socio-ecological approach to health and wellbeing. Aust J Outdoor Educ 9(1):3–13

Rupe C (2000) Trends im Abenteuersport: Touristische Vermarktung von Abenteuerlust und Risikofreude. LIT Verlag, Hamburg

Sand MS (2007) Die Auswirkungen eines lebensstilbasierten Sportprogramms für die Firma DATEV auf ausgewählte Parameter psychischer Gesundheit. Unveröffentlichte Diplomarbeit. Erlangen

Sand MS (2015) Die Auswirkungen des sechsmonatigen Segel-Schulprojektes Klassenzimmer unter Segeln auf die Persönlichkeitsentwicklung Jugendlicher. Czwalina, Hamburg

Singer S (2010) Entstehung des betrieblichen Gesundheitsmanagements. In: Esslinger AS, Emmert M, Schöffski O (Hrsg) Erfolgreiches Betriebliches Gesundheitsmanagement in Organisationen: Grundlagen und Best Practice. Gabler, Wiesbaden, S 25–48

Stähr U (2010) Vom Konzept zur praktischen Umsetzung: Erfolgsfaktoren und Stolpersteine. In: Esslinger AS, Emmert M, Schöffski O (Hrsg) Erfolgreiches Betriebliches Gesundheitsmanagement in Organisationen: Grundlagen und Best Practice. Gabler, Wiesbaden, S 270–281

Ulich E, Wülser M (2012) Gesundheitsmanagement in Unternehmen. Arbeitspsychologische Perspektiven. Gabler, Wiesbaden

Über den Autor

Manuel S. Sand ist Professor für Sportwissenschaft und Outdoorsport und Adventuremanagement an der Hochschule für angewandtes Management. Er absolvierte sein Diplom der Sportwissenschaft an der Friedrich-Alexander-Universität Erlangen-Nürnberg, dabei befasste er sich in seiner Diplomarbeit mit den Auswirkungen eines betrieblichen Gesundheitsprogramms auf Aspekte der psychischen Gesundheit. Seine Promotion absolvierte er an der Julius-Maximilians Universität Würzburg über die Auswirkungen eines erlebnispädagogischen Segel-Schul-Projektes auf die Persönlichkeit. Heute befasst er sich mit Outdoorsport und Adventuremanagement in Forschung und Lehre. Dabei möchte er den immer mehr an Bedeutung gewinnenden, aber noch nicht an Hochschulen verbreiteten, Bereich des Outdoor- und Adventuresports auf die akademische Landkarte bringen.

Mehr Zugkraft via App und Web: Eine Zukunftsaufgabe im Betrieblichen Gesundheitsmanagement

Thomas Konnopka

Zusammenfassung

Das Betriebliche Gesundheitsmanagement in seiner klassischen Form wird zunehmend durch die neuen Medien unterstützt und ergänzt. Es soll in einem kurzen Abriss die Bedeutung und der Einsatz von digitalen BGM-Lösungen dargestellt werden. Dabei wird eine Kategorisierung vorgenommen und es werden Datenschutzaspekte betrachtet. Anhand eines aktuellen Forschungsprojektes wird ein Ausblick in die zukünftige Nutzung von digitalen Lösungen im Betrieblichen Gesundheitsmanagement gegeben.

Inhaltsverzeichnis

T. Konnopka (✉)
Online Lösungen für mehr Mitarbeitergesundheit, Hückeswagen,
Deutschland
E-Mail: konnopka@bgm-systemhaus.com

© Springer Fachmedien Wiesbaden 2016
M.A. Pfannstiel und H. Mehlich (Hrsg.), *Betriebliches Gesundheitsmanagement*,
DOI 10.1007/978-3-658-11581-4_20

20.1   Einleitung

„Die neuen Medien bringen viele neue Möglichkeiten, aber auch viele neue Dummheiten mit sich." stellte der österreichischer Lehrer, Dichter und Aphoristiker Ernst Ferstl bereits 1955 in seinem Werk „Lebensspuren" fest (Ferstl 2002).

Dass die sogenannten neuen Medien sich auch sehr dynamisch im Gesundheitsbereich etablieren werden, war ein nicht aufzuhaltender und gewünschter Prozess. Das komplexe Thema bezeichnen wir heute als E-Health, auch Electronic Health (englisch für: auf elektronischer Datenverarbeitung basierende Gesundheit), einen Sammelbegriff für den Einsatz digitaler Technologien im Gesundheitswesen. „Er bezeichnet alle Hilfsmittel und Dienstleistungen, bei denen Informations- und Kommunikationstechnologien (IKT) zum Einsatz kommen, und die der Prävention, Diagnose, Behandlung, Überwachung und Verwaltung im Gesundheitswesen dienen." (Europäische Kommission 2016). Mit dem neunen E-Health-Gesetz werden die Rahmenbedingungen für eine sichere digitale Kommunikation und Anwendungen im Gesundheitswesen (E-Health-Gesetz) sowie die Einführung einer digitalen Infrastruktur mit höchsten Sicherheitsstandards geschaffen (Abb. 20.1).

Mit der zunehmenden Flexibilisierung der Arbeitswelt, dem technologischen Fortschritt, dem erhöhten internationale Wettbewerbsdruck und den hohen Ansprüche an Qualität führen in der Wirtschaft zu stetig steigenden Anforderungen an alle Beschäftigten. Die Arbeitswelt verändert sich mit nie da gewesener Geschwindigkeit. Die Beschäftigten müssen immer mehr Informationen verarbeiten und sich immer schneller auf Veränderungen einstellen. Die moderne Arbeitswelt setzt Beschäftigte und Betriebe inhaltlich und zeitlich unter einen enormen Anpassungsdruck. Gesunde, qualifizierte, motivierte und leistungsstarke Mitarbeiter sind der entscheidende Faktor, um die aktuellen und zukünftigen Herausforderungen in einer globalisierenden Weltwirtschaft zu meistern (Initiative Neue Qualität der ARBEIT, INQA).

Innerhalb von fünf Jahren stieg die Zahl der Arbeitsunfähigkeitstage in Deutschland deutlich. Statistischen Angaben zufolge von 12,8 % in 2006 um fünf Prozentpunkte auf

Abb. 20.1 Vernetzte
Gesundheit

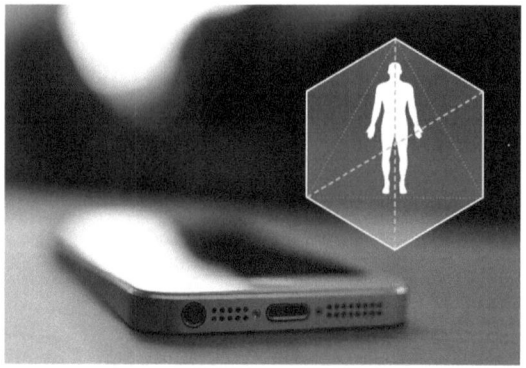

17,8 in 2013. Die damit verbundenen Kosten für die ausgefallene Bruttowertschöpfung sind immens, so die Initiative Gesundheit und Arbeit (iga). Auf rund 103 Mrd. EUR beziffern die iga-Träger diese Kosten. Gleichzeitig gibt es immer weniger Beschäftigte, die sich von ihrem Unternehmen bei der Gesunderhaltung unterstützt fühlen. Dabei kann betriebliche Prävention einen Beitrag zur Gesunderhaltung der Belegschaften leisten und für die Betriebe auch ökonomischen Nutzen erzielen.

Zum Verständnis: Zum Erhalt der Gesundheit und der Leistungsfähigkeit der Mitarbeiter tragen sowohl das individuelle Verhalten als auch die Verhältnisse, also Arbeitsbedingungen, Arbeitsorganisation etc., bei. Vor allem zwischen den Arbeitsbedingungen und der Gesundheit der Mitarbeiter gibt es deutliche Zusammenhänge: Schlechte arbeitsorganisatorische und arbeitstechnische Abläufe können sich negativ auf die psychische und physische Gesundheit auswirken (Bechmann et al. 2011).

Immer wieder werden Unternehmen vor die Herausforderung gestellt, möglichst strukturiert und individuell auf die Gesundheit ihrer Beschäftigten einzugehen. Dabei sind die Anliegen sehr unterschiedlich. Sei es Stress am Arbeitsplatz, Bewegungsmangel oder Ernährungsgewohnheiten zu ändern. Drei zentrale Fragestellungen lassen sich daraus ableiten:

1. Wie lassen sich die weniger gesundheitsaffinen Beschäftigten an gesünderes Verhalten heranführen?
2. Wie können die gesundheitsbewussten Beschäftigten weiter gefördert werden?
3. Wie können Unternehmen die neuen Möglichkeiten der Digitalisierung auch in ihre BGM-Prozesse integrieren?

Dabei wird die Gesundheitskommunikation im BGM zum Schlüsselthema in der nachhaltigen Implementierung von sogenannten Gesundheitsstrukturen im Unternehmen. Hierbei geht es insbesondere um Prozesskommunikation und der Frage, wie kann ich weniger gesundheitsaffine Beschäftige aktiv in Gesundheitsprogramme mit einbinden (Walter et al. 2012).

Der schnelle Wandel in der Arbeitswelt ist Teil des Problems und zugleich Bestandteil der Lösung: Die zunehmende Arbeitsdichte und ein hoher Leistungsdruck belasten die Mitarbeiter. Auf der anderen Seite ermöglicht die Digitalisierung neue, attraktive Ansätze in der Prävention: Webbasiertes Gesundheitsmanagement erweist sich lt. Prof. Dr. Volker Nürnberger als wirksamer Hebel in der Zielgruppe der Männer, Migranten und Minderqualifizierten als Präventionsmuffel identifiziert hat. Insbesondere technikaffine Männer ließen sich mit web- und App-basierten Angeboten zeitgemäß ansprechen (Nürnberger 2015). Menschen mit Migrationshintergrund könnten zudem in ihrer Herkunftssprache adressiert werden.

20.2   Begriffsklärung „The Quantified Self"

Der Trend zu „Wearables" und „Selftracking" ist keine bloße Spielerei, sondern stärkt den selbstbestimmten und eigenverantwortlichen Umgang mit der Gesundheit. Zu diesem Ergebnis kommt eine Studie des Universitätsklinikums Freiburg im Auftrag der Techniker Krankenkasse (TK), die heute in Berlin vorgestellt wurde. Die Wissenschaftler untersuchten, welche Angebote es bereits auf dem Markt der rund 400.000 Medizin-, Gesundheits- und Lifestyle-Apps gibt und was die Nutzer davon haben. Ihr Fazit: Gesundheitsbezogene Apps werden künftig in der Prävention und der Chroniker-Versorgung ihren festen Platz haben. Es hapert heute jedoch bei den meisten Angeboten noch an der Qualität – und an der Nachhaltigkeit.

Selbstvermessung liegt im Trend. Tag für Tag werfen Entwickler neue elektronische Gadgets auf den Markt, mit dem sich das eigene Leben in Zahlen und Grafiken darstellen lässt. Technik, die man am Körper tragen kann und die Daten an Smartphones übermittelt, gilt als heißer Wachstumsmarkt. Fitnesstracker, die den Puls messen oder die Schritte zählen, sind längst im Mainstream angekommen.

„The Quantified Self" ist lt. Wikipedia ein Netzwerk aus Anwendern und Anbietern von Methoden sowie Hard- und Softwarelösungen, mit deren Hilfe umwelt- und personenbezogene Daten aufzeichnen, analysieren und auswerten. Ein zentrales Ziel stellt dabei der Erkenntnisgewinn u. a. zu persönlichen, gesundheitlichen und sportlichen, aber auch gewohnheitsspezifischen Fragestellungen dar.

20.3   BGM in der Praxis

Betriebliche Gesundheitsförderung (BGF) umfasst gemäß der Luxemburger Deklaration von 2007 alle gemeinsamen Maßnahmen von Arbeitgebern, Arbeitnehmern und Gesellschaft zur Verbesserung von Gesundheit und Wohlbefinden am Arbeitsplatz. Dies kann durch eine Verknüpfung folgender Ansätze erreicht werden:

1. Verbesserung der Arbeitsorganisation und der Arbeitsbedingungen
2. Förderung einer aktiven Mitarbeiterbeteiligung
3. Stärkung persönlicher Kompetenzen.

Grundlage für die aktuellen Aktivitäten zur BGF bilden zwei Faktoren. Zum einen hat die EG- Rahmenrichtlinie Arbeitsschutz (Richtlinie des Rates 89/391/ EWG) eine Neuorientierung des traditionellen Arbeitsschutzes in Gesetzgebung und Praxis eingeleitet. Zum anderen wächst die Bedeutung des Arbeitsplatzes als Handlungsfeld der öffentlichen Gesundheit (Public Health).

Gesunde, motivierte und gut ausgebildete Mitarbeiter sind sowohl in sozialer wie ökonomischer Hinsicht Voraussetzung für den zukünftigen Erfolg der Europäischen Union. Der zuständige Dienst der Europäischen Kommission hat daher eine Initiative zum Aufbau eines Europäischen Netzwerkes für BGF unterstützt. Diese Initiative befindet sich im Einklang mit Artikel 129 des Vertrages zur Gründung der Europäischen Gemeinschaft und dem Aktionsprogramm der Gemeinschaft zur Gesundheitsförderung, -aufklärung, -erziehung und -ausbildung innerhalb des Aktionsrahmens im Bereich der öffentlichen Gesundheit (Nr. 645/96/EG). Der Arbeitsplatz beeinflusst Gesundheit und Krankheit auf verschiedene Art und Weise. Wenn Beschäftigte unter gesundheitsgefährdenden Bedingungen arbeiten müssen, nicht angemessen qualifiziert sind oder nicht ausreichend von Kollegen unterstützt werden, kann Arbeit krank machen. Arbeit kann aber auch die berufliche und persönliche Entwicklung fördern.

Gründe für Betriebliche Gesundheitsförderung (Siebert 2005)

- Die Gesundheit der Mitarbeiterinnen und Mitarbeiter muss vor Schädigungen, die durch bestimmte berufliche Tätigkeiten hervorgerufen werden können, geschützt werden (Arbeitsschutzgesetz).
- Über das Setting Betrieb wird der Zugang zu gesunden Erwachsenen (schwer erreichbare Zielgruppe) über einen langen Zeitraum ermöglicht. Insbesondere die schwer erreichbare Zielgruppe der erwachsenen Männer, die außerhalb von Gesundheitsbeschwerden i. d. R. weniger mit Gesundheitsdiensten in Kontakt kommen, sind über das Setting Betrieb gut erreichbar.
- Vor dem Hintergrund, dass die Beschäftigten eines Betriebes für die Gesundheitsförderung eine in sich geschlossene Adressatengruppe sind, wird das „follow up" der Maßnahmen erleichtert sowie die Chancen der Beteiligung an Gesundheitsförderungsmaßnahmen erhöht, da es in den Betrieben bereits etablierte Kommunikationskanäle gibt, die genutzt werden können (Naidoo und Wills 2003).
- Betriebe sind zweckrationale Organisationen und im Vergleich zu anderen Settings durch eine hohe Plastizität ihrer Strukturen gekennzeichnet – großer Kontingenzspielraum (Bauch 2002).

BGF will diejenigen Faktoren beeinflussen, die die Gesundheit der Beschäftigten verbessern. Dazu gehören:

- Unternehmensgrundsätze und -leitlinien, die in den Beschäftigten einen wichtigen Erfolgsfaktor sehen und nicht nur einen Kostenfaktor
- eine Unternehmenskultur und entsprechende Führungsgrundsätze, in denen Mitarbeiterbeteiligung verankert ist, um so die Beschäftigten zur Übernahme von Verantwortung zu ermutigen
- eine Arbeitsorganisation, die den Beschäftigten ein ausgewogenes Verhältnis bietet zwischen Arbeitsanforderungen einerseits und andererseits eigenen Fähigkeiten, Einflussmöglichkeiten auf die eigene Arbeit und sozialer Unterstützung
- eine Personalpolitik, die aktiv Gesundheitsförderungsziele verfolgt
- ein integrierter Arbeits- und Gesundheitsschutz.

Während es Unternehmen gibt, die Betriebliches Gesundheitsmanagement als reinen Wettbewerbsfaktor betrachten, verstehen andere Betriebliches Gesundheitsmanagement als ein „Authentisches Kümmern" aus unternehmerischer Verantwortung. In beiden Fällen hat das Kommunikationsmanagement einen hohen Nutz- und Stellenwert, aber eben einen jeweils ganz anderen. Erst eine kommunikative Konsistenz nach innen und außen kann Betriebliches Gesundheitsmanagement im Unternehmen zu nachhaltigem Erfolg führen. Wichtig ist dazu ein stimmiger Einbau von BGM in bereits definierte Unternehmenskultur und -identität. Dazu gehört auch die Einbeziehung aller Mitarbeiterebenen in die Kommunikation des Betrieblichen Gesundheitsmanagements, um eine durchdachte BGM-Strategie sorgfältig zu implementieren. Aber auch nach außen ist eine stringente Kommunikation entscheidend für den Auftritt des Unternehmens in dem Bereich des Betrieblichen Gesundheitsmanagements. Richtig verstanden kann der komplexe Prozess im Unternehmen im Employer Branding nach außen hin effektiv genutzt werden. Und wenn Mitarbeiter von Beginn an bei der Umsetzung des Betrieblichen Gesundheitsmanagements authentisch miteinbezogen werden, können sie für die Innen- und Außenkommunikation sogenannte Ambassador-Rollen übernehmen (Ternès 2015). Die Abb. 20.2 zeigt Herausforderungen und Konflikte im Zusammenhang mit dem Betrieblichen Gesundheitsmanagement auf.

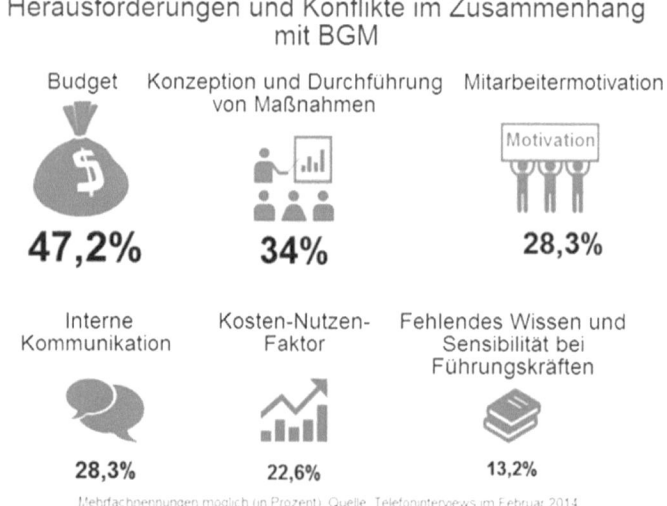

Abb. 20.2 Herausforderungen und Konflikte im BGM

20.4   Nutzung von digitalen Lösungen im BGM/BGF

Die kollektive Bereitstellung von Wissen, die Vernetzung, der Erfahrungsaustausch und das Wissen über Aufenthaltsorte sind neue Nutzwerte, die Maßnahmen der Betrieblichen Gesundheitsförderung (BGF) unterstützen können. Von der Laufgruppe bis zur Ernährungsberatung, vom Stresspräventions-kurs bis zur Sicherheitsunterweisung – alles ist auch virtuell und interaktiv oder schlicht einfacher und schneller gestalt- und realisierbar. Unter dem Thema: „Betriebliche Gesundheitsförderung im Web 2.0 – Apps, Blogs, Chats" hat die iga in der iga.Aktuelle-Ausgabe 2/2015 einen ersten Einstieg in digitalen Möglichkeiten im BGM thematisiert (Abb. 20.3).

Begleitet wurde dieses Projekt von einer Umfrage zur bisherigen Verbreitung von Web 2.0 in den Betrieben. Betriebliche Akteure wurden um ein kurzes Feedback gebeten, ob Anwendungen des Web 2.0 in den Unternehmen genutzt werden, welche dies sind und für welche Zwecke sie eingesetzt werden. 45 % der 296 Teilnehmenden gaben dabei an, Web 2.0 Anwendungen bereits in den Unternehmen zu nutzen, wenn auch nicht immer für die BGF. Noch wichtiger: Nur 8 % haben kein Interesse an Web 2.0 Anwendungen. Sowohl die Bereitschaft der Unternehmen als auch die Akzeptanz durch die Beschäftigten scheint sehr hoch ausgeprägt zu sein.

Digitale Lösungen im BGM/BGF können u. a. wirksame Strategien aufzuzeigen und fördern:

- Evidenzgeleitete Gesundheitsförderung verstärken
- einen gezielteren Einsatz begrenzter Ressourcen unterstützen

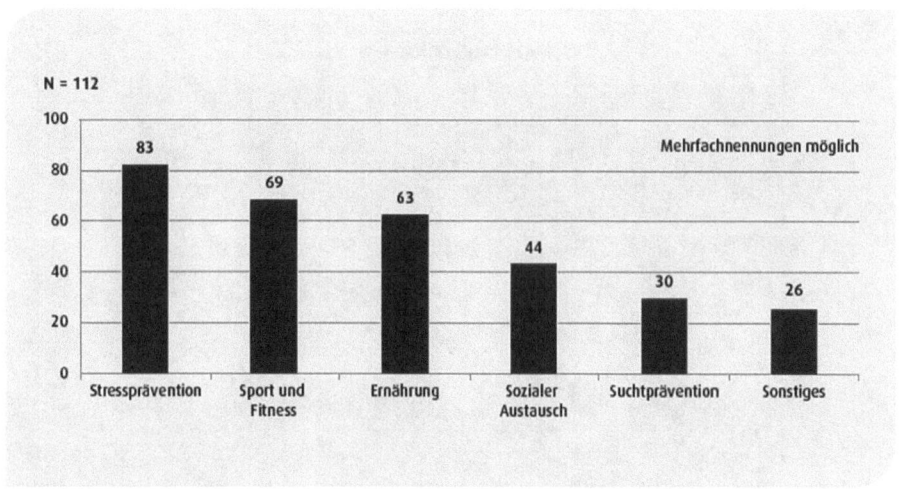

Für welche Gesundheitsthemen nutzen Sie das Web 2.0?

Abb. 20.3   Für welche Gesundheitsthemen nutzen Sie das Web 2.0?

- besser auf den Bedarf der Zielgruppen eingehen und sie besser zu erreichen
- helfen unwirksame Strategien zu vermeiden.

20.5 Kategorisierung von digitalen BGM-Lösungen

Mess nimmt eine Zuordnung in drei bzw. vier Handlungsfeldern vor. Die Optimierung der betrieblichen Gesundheitskommunikation, die Integration von Gesundheitsmaßnahmen direkt in den Arbeitsalltag der Beschäftigten (aufsuchende Gesundheitsförderung) und das Thema „BGM 2.0", unter dem wir den Einsatz moderner E-Health-Technologien wie Apps, Smartwatches oder Gesundheitsportale zur Mitarbeitermotivation und -information verstehen (Abb. 20.4). Neben diesen drei Trendthemen, die vor allem auf die Erschließung neuer Zielgruppen für das BGM in Unternehmen zielen, stellen wir einen Bedeutungszuwachs der Handlungsfelder Schlaf und Erholung in der Arbeitswelt, Präsentismus und – aufgrund gesetzlicher Bestimmungen – Gefährdungsbeurteilungen psychischer Belastungen am Arbeitsplatz fest (Mess 2015).

Die Fokussierung auf die Handlungsfelder Gesundheitsportale/Coaching-Programme sowie Management-Programmen erleichtern die Suche und damit den Einstieg in die digitale BGM-Welt (Tab. 20.1).

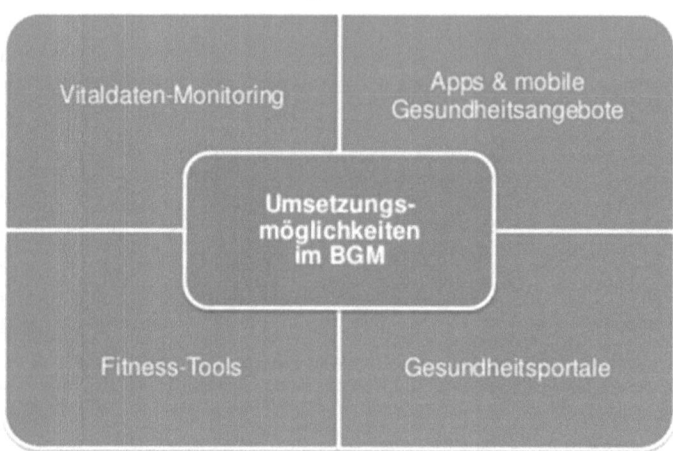

Abb. 20.4 Anwendungsfelder im BGM

Tab. 20.1 Kategorisierung von Angeboten zum digitalen BGM

BGM-Gesundheitsportale	BGM-Coaching-Programme	BGM-Management-Programme
Gesundheitsportale sind Geburtshelfer von webbasierten Lösungen in der Gesundheitsförderung. Sie dienen insbesondere der Information und Aufklärung zu spezifischen Themen der Gesundheitsförderung. Insbesondere Krankenkassen und Unfallversicherungsträger verfügen über umfangreiche Informationsplattformen für ihre Mitglieder. Die Bundeszentrale für gesundheitliche Aufklärung (BZgA), die Bundesvereinigung für Prävention und Gesundheitsförderung e. V.(bvpg), die Gemeinsame Deutsche Arbeitsschutzstrategie (GDA) sowie die Initiativen Neue Qualität in der Arbeit (INQA) sowie Gesundheit und Arbeit (iga) Verfügen über einen aktuellen und qualitativ hohen Informationsstandard. Bei den Berufsgenossenschaften wird stellvertretend auf die Berufsgenossenschaft für Gesundheitsdienst und Wohlfahrtspflege (BGW) verwiesen	Coaching-Programme im BGM werden gezielt für die Beschäftigten eingesetzt und können dabei bereits etablierte E-Learning-Programme ergänzen bzw. komplettieren. Sie können individuelle auf die Mitarbeiterinteressen angepasst werden. Dabei werden unterschiedlichste Handlungsfelder bedient. (u. a. Bewegung, Entspannung, Ernährung, gesunde Führung). Neben dem Einsatz am Arbeitsplatz können diese Programme zu Hause, in der Freizeit weiter genutzt werden. Beispielhaft sind die Programme bzw. Dienstleister: Fitbase GmbH, moove, GesundheitsManufakur, Fitatwork, decadoo und da:nova genannt	Management-Programme im BGM unterstützen insbesondere die Akteure im BGM wie z. B. Gesundheitsmanager, Personalverantwortliche und Betriebsärzte. Es können komplexe BGM-Projekte standortübergreifend abgebildet und gesteuert werden. Sie können den Managementzyklus abbilden und können in der Analysephase unterschiedliche Befragungsinstrumente einbinden wie z. B. COPSQ, WAI und Psychische Gefährdungsbeurteilung. Anwendungsbeispiele sind der ISIS MANAGER von der Stock Informatik, das Programm moove von vitaliberty und der HAWARD

20.6 Datenschutz

Nicht erst seit den Enthüllungen von Edward Snowden spielt das Thema Datenschutz auch in der digitalisierten Arbeitswelt eine große Rolle. Arbeitnehmer müssen sich darauf verlassen können, dass ihre Daten sicher sind. Arbeitgeber erwarten von ihren Mitarbeitern, dass sie keine Firmeninterna weitergeben und wollen ihre Daten gegen die Konkurrenz schützen. In Zeiten der Digitalisierung wird dies jedoch immer komplexer. Folgende Grundanforderungen an den Datenschutz müssen bei der Nutzung digitaler BGM-Lösungen im Unternehmen erfüllt werden (Brodersen und Lück 2016).

- Bevor eine Anwendung genutzt wird: Wie bewertet der Datenschutzbeauftragte die Anwendung? Welche weiteren Akteure sind vorab einzubinden?
- Auswertbarkeit durch den Arbeitgeber: Wie schützt der Chef die Daten seiner Beschäftigten vor missbräuchlicher Verwendung?
- Hat die für die Installation, Wartung und Datenpflege zuständige Person auch Zugriff auf die Inhalte? Kann sie bspw. in einem Forum oder Blog über belastende Situationen Klarnamen auslesen?
- Datenschutzerklärungen und Betriebsvereinbarungen sollten erwogen werden.
- Wenn Führungskräfte als Gruppenleitung einer Gesundheitsaktion fungieren: Besteht die Gefahr eines Interessenkonflikts?
- Entstehen Nachteile für Beschäftigte, die sich nicht beteiligen möchten? Die Führungskraft könnte Kenntnisse über den Gesundheitszustand der Mitarbeiter und Mitarbeiterinnen erlangen!
- Bei der Nutzung von kommerziellen Produkten: Welche Datensicherheit sichert der Anbieter zu? Werden die Nutzerbedingungen des Anbieters berücksichtigt?
- Viele Produkte erfassen zusätzliche Daten, die für die eigentlich gewünschte Funktion nicht erforderlich sind.
- Sicherheit der Kommunikationswege: Sind Alternativen zu populären, aber unsicheren Anwendungen geprüft worden? Häufig gibt es weniger bekannte Alternativen, die aber eine höhere Datensicherheit gewährleisten (Verschlüsselungstechniken etc.).
- Sensibilisierung der Beschäftigten: Werden Beschäftigte zur Interaktion bspw. Über persönliche Gesundheit und Fitness aufgefordert? Über mögliche Folgen muss aufgeklärt und hinreichend sensibilisiert werden.
- Regeln zur Kommunikation: Firmeninterne Richtlinien erarbeiten, um z. B. Mobbing oder anderweitige negative Konsequenzen aus Foren und Netzwerken etc. aktive Beschäftigte zu verhindern? Beispielsweise können Regeln in Foren firmenintern festgelegt werden, wie etwa über die Verwendung von Klarnamen.

20.7 Vor- und Nachteile von digitalen BGM-Lösungen

Bei der Anwendung und dem Einsatz von digitalen BGM-Lösungen ergeben sich zahlreiche Vor- und Nachteile (siehe Tab. 20.2 und 20.3). Die Übersicht zeigt wesentliche Vor- und Nachteile auf.

Tab. 20.2 Vor- und Nachteile von digitalen BGM-Lösungen für Unternehmen

Vorteile	Nachteile
Unternehmen können von Beginn an schnell und ohne großen organisatorischen Aufwand niederschwellige Gesundheitsangebote ihren Beschäftigten anbieten Unternehmen können digitale BGM-Lösungen für ihre Analysen und damit in die Planung von BGM-Prozessen einbinden. (z. B. Gesundheitsreports der Krankenkassen) Unternehmen erreichen standortübergreifend alle Beschäftigten (sowohl im Arbeitsumfeld als auch in der Freizeit) eines Unternehmens Beschäftigte können im Unternehmen zu mehr Eigenverantwortung angeregt werden. Unternehmen können einen Vielzahl von Interventionen flexibel, für alle Bedürfnisse von Beschäftigten ohne größeren organisatorischen Aufwand anbieten Unternehmen können komplexe BGM-Prozesse einfacher und transparenter steuern und auswerten Die Erhebung von bestimmten Kennzahlen kann deutlich vereinfacht werden	Unternehmen besitzen in der Regel nicht die Bewertungskompetenz bei der Auswahl von digitalen BGM-Lösungen Nicht in allen Unternehmen haben immer alle Beschäftigten freien Zugang zu Wiedergabegeräten wie z. B. PC, Notebook, Tablet und Smartphone Betriebliches Gesundheitsmanagement kann mit diesen Programmen schnell in der Anonymität enden Nicht alle Beschäftigten sind im Handling von solchen Programmen geübt Mitarbeitervertretungen fordern (zu Recht) einen komplexen Datenschutz ein Oft müssen Änderungen an der IT-Infrastruktur des Unternehmens vornehmen lassen (z. B. freier Zugang ins Web) Digitale Programme können in der täglichen Informationsflut untergehen und in ihrer Priorität niedriger eingestuft werden

Tab. 20.3 Vor- und Nachteile von digitalen BGM-Lösungen für Beschäftigte

Vorteile	Nachteile
Beschäftigte können von Anfang an aktiv in den BGM-Prozess mit eingebunden werden Das BGM bekommt im Unternehmen ein Gesicht und damit ist eine höhere Compliance zu erwarten Besonders junge, technikaffine Beschäftigte können für langfristige BGM-Projekte begeistert werden Digitale BGM-Lösungen können zur Verbesserung der Gesundheitskompetenz gezielt genutzt werden Viele Angebote können sowohl im Unternehmen (während der Arbeitszeit) als auch in der Freizeit genutzt werden Die individuelle Anpassung an den Menschen, den Arbeitsplatz und die Arbeitszeit wird möglich	Die Einhaltung des Datenschutzes und der Privatsphäre kann Beschäftigte von der Nutzung abhalten Digitale BGM-Lösungen erhöhen die individuelle Informationsflut am Arbeitsplatz und damit die psychische Belastung Beschäftigte ohne Zugang zu Wiedergabegeräten (Bandarbeit, Handwerk, z. T. Pflege) fühlen sich ausgegrenzt Insbesondere nicht technikaffine Mitarbeiterinnen und Mitarbeiter werden sich beim Einsatz der digitalen Lösungen schwer tun und wo immer es geht die Technik umgehen

20.8   Strategien, Ausblick, Wissenschaft und Forschung

Wo geht die Entwicklung im digitalen BGM hin? Welche neuen Möglichkeiten bieten diese Lösungen. Hier ein Beispiel, wie digitales BGM, digitale Arbeitsplatzanalyse und digitales Coaching:

Das Projekt „Wellbeing" und der „Arbeitsplatz 50+" von morgen – Ein EU-Forschungsprojekt zur Entwicklung von neuen Lösungen für den zukünftigen Arbeitsplatz mit Schwerpunkt für ältere Beschäftigte

Das Ziel von Wellbeing ist die Entwicklung eines modularen Systems, das die Bereiche der klassischen Gesundheitsförderung vereint, um die Arbeitsfähigkeit und das Wohlbefinden von älteren Menschen am Arbeitsplatz zu verbessern. Dieses ganzheitliche System basiert auf einer Web-Plattform, die von modernster 3-D-Sensor-Technik unterstützt wird und dem Nutzer ein Echtzeit-Biofeedback ermöglicht. 3-D-Sensoren messen zusammen mit einer RGB-Kamera Körperbewegungen und die Sitzhaltung des Probanden. Die aufgezeichneten Bewegungen, akustischen Signale (Sprache) und weitere Einflussfaktoren werden auf einer Online-Plattform gespeichert, entschlüsselt und interpretiert. Auf dieser Datenbasis können zukünftig individuelle, „bürogesunde" Trainingskonzepte erstellt werden, die exakt auf die Bedürfnisse jedes einzelnen Beschäftigten zugeschnitten sind.

Neben der Universität Wien, die als Koordinator fungieren, sind zwei österreichische Unternehmen, sowie je eine Institution aus Spanien, den Niederlande und Rumänien an dem von der fitbase GmbH im Rahmen des AAL-Joint-Programm der EU initiierten Projekts beteiligt. Unterstützt wird Wellbeing zudem von dem interdisziplinär besetzten Advisory Board, in dem u. a. die Barmer GEK und die ZHAW Zürich aktiv beteiligt sind. Weitere Informationen unter www.wellbeing-project.eu.

20.9   Schlussbetrachtung

Das BGM in seiner heutigen Form (Managementzyklus, Gesundheitstagen und Kursangeboten) muss langfristig neu gedacht werden. Dabei wird aus einer ganzheitlichen Perspektive, zukünftig auf vernetzte Lebensführung und die Fokussierung auf sogenannte Verschränkungsbedingungen (Schnittstellen zwischen Arbeit und Nichtarbeit, physischer Präsenz und digitaler Präsenz, individueller und struktureller Resilienz) gelegt. Digitale BGM-Lösungen besitzen eine hohe Attraktivität und werden in der Zukunft auch in immer mehr Unternehmen zur Anwendung kommen. Sie stellen einen Anreiz dar, sich stärker mit der eigenen Gesundheit oder dem Aktivitätsverhalten auseinanderzusetzen, und können sogar mit einem persönlichen Health-Report verbunden werden (Mess 2015).

Literatur

Bauch J (2002) Der Settingansatz in der Gesundheitsfördrung. In: Prävention. Zeitschrift für Gesundheitsförderung. 25. Jg., Heft 3, S 67–70

Bechmann S, Jäckle R, Lück P, Herdegen R (2011) Motive und Hemmnisse für Betriebliches Gesundheitsmanagement (BGM). iga-Report, Nr. 20

Brodersen S, Lück P (2016) Apps, Blogs und Co. – Neue Wege in der betrieblichen Gesundheitsförderung? iga.Wegweiser 1. Aufl., Februar 2016, S 19

Europäische Kommission (2016) Europäische Kommission DG Gesundheit. http://www.webcitation.org/6e8drhqdT. Zugegriffen: 12. Mai 2016

Ferstl E (2002) Aphorismen -Archiv aus „Lebensspuren". Geest-Verlag, Vecht-Langförden

Mess F (2015) Digitale Technologien müssen in die strategischen Gesundheitsziele eingebunden sein. Personalwirtschaft 2015(5):26–27. http://www.personalwirtschaft.de. Zugegriffen: 12. Mai 2016

Naidoo J, Wills J (2003) Lehrbuch der Gesundheitsförderung. Umfassend und anschaulich mit vielen Beispielen und Projekten aus der Praxis der Gesundheitsförderung. Bundeszentrale für gesundheitliche Aufklärung (BZgA) (Hrsg der dt. Ausgabe). Conrad, Hamburg

Nürnberger V (2015) Gesundheit an den Mann bringen, Pressemitteilung Zukunft Personal Themenbereich Corporation Health vom 30.06.2015

Siebert D (2005) Stand und Perspektiven der settingbezogenen Netzwerkarbeit in der Gesundheitsförderung in Deutschland. Diplomarbeit, Hochschule Magdeburg-Stendal (FH), Magdeburg

Ternès A (2015) Betriebliches Gesundheitsmanagement hat mehr Trends, als ich vorstellen kann. Interview (HCC-Magazin) brainlight GmbH vom 19.09.2015

Walter UN, Wäsche H, Sander M (2012) Dialogorientierte Kommunikation im Betrieblichen Gesundheitsmanagement. Prävent Gesundheitsförderung 7(4):295–301

Über den Autor

Thomas Konnopka, Dipl. Sportlehrer, Sporttherapeut DVGS ist Inhaber der Firma „Online Lösungen für mehr Mitarbeitergesundheit". Er besitzt ein Diplom der Deutschen Hochschule für Körperkultur im Bereich Sportwissenschaften mit dem Vertiefungsfach „Wasserfahrsport", ein Zertifikat des Deutschen Verbandes für Gesundheitssport und Sporttherapie. Bei der BARMER GEK arbeitete er u. a. als stellv. Bereichsleiter Betriebliches Gesundheitsmanagement. An der Bergischen Universität hat er einen Lehrauftrag zu „Gesundheitsprogrammen aus soziologischer Sicht". Er ist in vielen Großprojekten zum Betrieblichen Gesundheitsmanagement, u. a. DekaBank, Targobank, Städtische Kliniken Bielefeld und Gemeinschaftskrankenhaus Witten-Herdecke im Projektmanagement tätig gewesen.

Licht ins Dunkel – Analyse im BGM

21

Björn Wegner

Zusammenfassung

Die Analysephase stellt eine Art Herzstück im BGM-Prozess dar. Sie kann Aufschluss darüber geben, wie es um die gesundheitliche und motivationale Situation der Beschäftigten bestellt ist und welche Faktoren der Arbeitssituation eben diese beeinflussen. Somit bildet eine fundierte Analyse die Grundlage dafür geeignete Maßnahmen abzuleiten, die die Arbeit und Zusammenarbeit im Betrieb effektiv gesünder und letztendlich erfolgreicher gestalten. Der Beitrag verdeutlicht handlungsorientiert und mit vielen Beispielen aus der Beraterpraxis, wie eine erfolgreiche Analyse gelingen kann. Eine wichtige Voraussetzung ist hierbei die Beteiligung unterschiedlicher Akteure. Am Beispiel des erweiterten Belastungs-Beanspruchungsmodells wird verdeutlicht, welche Inhalte Bestandteil der Analysephase sein können. Im weiteren Verlauf werden, neben allgemeinen Grundlagen zu Analyseinstrumenten, die Instrumente Fehlzeitenanalyse, Beschäftigtenbefragung und Gesundheitszirkel detaillierter beschrieben. Abschließend wird dargestellt, wie Analyseinstrumente aussagefähig miteinander verknüpft werden können.

Inhaltsverzeichnis

B. Wegner (✉)
Bielefeld, Deutschland
E-Mail: bjoern_wegner@web.de

© Springer Fachmedien Wiesbaden 2016
M.A. Pfannstiel und H. Mehlich (Hrsg.), *Betriebliches Gesundheitsmanagement*,
DOI 10.1007/978-3-658-11581-4_21

21.1   Der Einstieg ins Thema

Vor ein paar Jahren waren Tagungen zum Betrieblichen Gesundheitsmanagement gedanklich wie folgt ausgelegt: „Wurm sucht Fisch" oder so ähnlich. Im Zentrum stand die Frage wie die Beschäftigten davon überzeugt werden können, an Maßnahmen zur betrieblichen Gesundheitsförderung wie Rückenschulen, Yogakursen etc. teilzunehmen. Flyer, Newsletter, Apps, Teamspiele, Plakate, persönliche Ansprache, Führungskräfte als Vorbilder und vieles mehr wurden dort diskutiert. Doch eine zugegebenermaßen unpopuläre Antwort sprach kaum jemand aus: wenn wir keine Teilnehmenden haben, bieten wir vielleicht die falschen Maßnahmen zur falschen Zeit an. Oder anders gesagt: wie soll ich wissen, was meine Beschäftigten brauchen, wenn ich Sie im Vorfeld nicht gefragt habe? Das wäre dann doch eher BGM-by-Hoffen mittels Tappen-im-Dunkeln. Eine umfassende Risikobeurteilung, sprich eine fundierte Analyse der betrieblichen Situation, bringt eben dieses Licht ins Dunkel. Sie schafft die Grundlage für ein wirksames BGM (vgl. Bräunig et al. 2015, S. 68 f.). „Diagnostiziert werden dabei Gesundheitstrends und die diesen zugrunde liegenden Ursachen bzw. Triebkräfte" (Badura et al. 1999, S. 83). Ohne die valide Erfassung des Gesundheitszustandes der Beschäftigten und ohne eine Analyse der diesen Gesundheitszustand beeinflussenden Arbeits- und Organisationsbedingungen ist keine wirksame Intervention möglich (vgl. Badura 2001, S. 147). Analyse ist also bildlich gesprochen unsere Taschenlampe, die wir gezielt und fokussiert in den Betrieb halten können, um vor allem diese zwei Aspekte zu beleuchten:

„Was hemmt, demotiviert, frustriert, macht krank? Was fördert, motiviert, schafft Arbeitszufriedenheit, hält gesund?" (Wegner 2009, S. 3).

Der Betrieb soll mittels der Analyse dazu in die Lage versetzt werden, eine bewusste und verantwortungsvolle Entscheidung darüber zu treffen, welche Themen für welche Beschäftigtengruppen virulent sind und welche Schwerpunkte das BGM somit weiterverfolgen soll. Im weiteren Verlauf des BGM-Zyklus dient die Analyse auch der Evaluation (vgl. Arbeitsgruppe „Systematisches Gesundheitsmanagement" 2014, S. 8). Dann unter der Fragestellung: Was haben meine Aktivitäten bewirkt? Wo sind Verbesserungen einzuleiten und wo sind wir auf den richtigen Weg?

Grundsätzlich lässt sich eine Analysephase in diese Schritte unterteilen:

Schritt 1:   Planung (Projektgruppe zusammensetzen, Untersuchungsbereich aussuchen, Inhalte festlegen, Instrumente auswählen, Zeitschiene entwickeln, Datenschutz berücksichtigen, Kommunikationskonzept für die Schritte 2 bis 5 erstellen)

Schritt 2:   Umsetzung (Einsatz der ausgesuchten Instrumente, Durchführungskontrolle)

Schritt 3:   Auswertung (Datenmaterial aufarbeiten und wenn möglich verknüpfen)

Schritt 4:   Bewertung (Interpretation und Handlungsschwerpunkte festlegen)

Schritt 5:   weiteres Vorgehen (vertiefende Analyse planen, erste Lösungsmöglichkeiten entwickeln)

Im Folgenden möchte ich vor allem darstellen, was bei der Planung der Analysephase berücksichtigt werden sollte, welche Analyseinstrumente typischerweise im BGM eingesetzt werden und einen Einblick darin geben, wie eine Verknüpfung einzelner Analyseinstrumente gelingen kann.

Immer unter dem Motto Analyse vor Aktion!

21.2   Wer sollte bei der Analyse beteiligt werden?

Machen Sie sich mit Ihrer Taschenlampe nicht alleine auf den Weg. Analyse ist kein Sololauf in einem Einzelbüro. Sie ist vielmehr eine Gemeinschaftsaufgabe, die eine partnerschaftliche Zusammenarbeit verschiedener Akteure und Professionen benötigt (vgl. Uhle und Treier 2011, S. 99). Daher hat sich die Bildung eines Steuergremiums bewährt. Dies kann das für das BGM insgesamt verantwortliche Steuergremium sein (z. B. Arbeitskreis Gesundheit), aber auch ein für diese speziell Aufgabe gebildetes Team (z. B. zur Erstellung eines Fragebogens oder zur Durchführung einer Altersstrukturanalyse) (vgl. Arbeitsgruppe „Systematisches Betriebliches Gesundheitsmanagement" 2015, S. 21).

Erfahrungsbedingt sollten zumindest diese Personen in die Analysephase eingebunden werden (hierbei können auch mehrere Rollen von einer Person übernommen werden):

- Vertretung der Leitung
- die für das BGM zuständige Person
- Personalabteilung
- Betriebsrat/Personalrat
- Datenschutzbeauftragte/r

Nach Bedarf kann es fachlich hilfreich oder betriebspolitisch notwendig sein weitere Personen zu berücksichtigen:

- Gleichstellungsbeauftragte
- Schwerbehindertenvertretung
- Betriebsarzt/Betriebsärztin
- Fachkraft für Arbeitssicherheit

- Sozialberatung
- Führungskräfte
- Mitarbeitende aus den zu analysierenden Bereichen
- Externe Experten (z. B. gesetzlichen Krankenkassen oder Unfallversicherungsträger)

Beteiligung bedeutet aber auch die Beschäftigten frühzeitig in den Prozess mit einzubinden und zu informieren. Das hier beschriebene Steuergremium ist – im Rahmen der Koordinierung der gesamten Analysephase – auch für ein Kommunikationskonzept gegenüber der Gesamtbelegschaft verantwortlich. Schließlich sollen sich die Mitarbeiterinnen und Mitarbeiter bei vielen Analyseinstrumenten direkt beteiligen (z. B. bei Beschäftigtenbefragungen oder Gesundheitszirkeln). Mit der erfolgreichen Partizipation der Beschäftigten steht und fällt der Erfolg der Analyse! Hierzu müssen die Beschäftigten ausreichend über den Sinn und Zweck der Analysephase informiert werden. Was wird wie, wann und wozu erhoben? Wie gestaltet sich der Folgeprozess? Hier gilt es Ängsten und Sorgen entgegenzuwirken, wie beispielsweise „was passiert mit meinen Daten?", „wie ist meine Anonymität gesichert?", „das hatten wir doch alles schon und am Ende passiert wieder nichts!" oder „wird hier Jagt auf Kranke und Leistungsgeminderte gemacht?".

Es gilt zu verdeutlichen, dass die Analyse gerade nicht dazu dient, die Leistungsfähigkeit und Leistungsbereitschaft Einzelner herauszufiltern. Vielmehr widmet sich die Analyse im BGM der Suche nach Stressoren und Ressourcen größerer Beschäftigtengruppen, für die und mit denen zielgruppenspezifische Maßnahmen entwickelt werden sollen. Immer mit dem Ziel Arbeit und Zusammenarbeit gesünder zu gestalten.

Je besser es Ihnen gelingt diese Botschaft zu kommunizieren, desto intensiver beteiligen sich die Beschäftigten an der Analysephase. Das bedeutet unter anderem hohe Rückläufe bei Beschäftigtenbefragungen, offene Diskussionen in den Gesundheitszirkeln, ehrliche Antworten bei Experteninterviews und im Ergebnis eine belastbare Informationsbasis, die einen für alle Seite gewinnbringenden Veränderungsprozess ermöglicht.

Exkurs in die Beraterpraxis

In einem verwaltungsorientierten Unternehmen mit ca. 800 Beschäftigten wurde im Rahmen des BGM eine Beschäftigtenbefragung begleitet. Die Ergebnisse sollten dazu dienen, zielgerichtet Handlungsschwerpunkte für das BGM festzulegen. Um eine möglichst hohe Rücklaufquote zu erreichen, ging das Unternehmen folgendermaßen vor: Zunächst wurde das Vorhaben auf der Betriebsversammlung grundsätzlich vorgestellt. Bereits ab diesem Moment positionierten sich die Unternehmensleitung und der Betriebsrat als eine Einheit mit gemeinsamen Zielen. Daraufhin wurde ein Projektteam eingerichtet, welches neben der Personalabteilung, den Interessenvertretungen, einem Vertreter des Unfallversicherungsträgers, auch jeweils eine Person aus jedem Arbeitsbereich des Unternehmens beinhaltete. Das Team war zwar etwas größer als üblich, aber der Informationsfluss und die Berücksichtigung der Belange aller Unternehmensteile konnten so gewährleistet werden. Aufgabe des Projektteams war es unter anderem ein Kommunikationskonzept zu entwickeln, welches im Folgenden stichpunktartig darstellt wird:

- Intensive Vorabinformation der Führungskräfte um den Prozess positiv zu unterstützen.
- Schriftliche Information im Intranet.
- Information per E-Mail vier Wochen vor Befragungsbeginn.
- Informationsveranstaltung für alle interessierten Beschäftigten 2 Wochen vor Befragungsbeginn unter Beteiligung von Unternehmensleitung, Betriebsrat, Datenschutzbeauftragtem und dem externen Dienstleister, der mit der Auswertung beauftragt wurde. Hier wurden das Instrument sowie das gesamte Vorgehen, inklusive dem geplantem Folgeprozess mit Zeitschiene, vorgestellt.
- Plakataktion über den Befragungszeitraum hinweg (dieser war für drei Wochen angesetzt). Die Plakate zeigten kontinuierlich an, wie viele Tage noch für das Ausfüllen des Fragebogens zur Verfügung standen.
- Eine Woche vor Befragungsschluss haben Unternehmensleitung und Betriebsrat gemeinsam eine E-Mail an alle Beschäftigten gesandt. Ziel war es sich bei allen zu bedanken die bereits an der Befragung teilgenommen haben und diejenigen zu motivieren den Bogen noch auszufüllen, die es noch nicht geschafft haben.

Am Ende des Befragungszeitraums wurden ein Rücklauf von sehr guten 79 % und somit allgemein anerkannte und repräsentative Datenbasis erreicht.

21.3 Auf welche Inhalte kann sich die Analyse fokussieren?

Grundsätzlich ist natürlich vieles denkbar, worauf ein Betrieb seine Taschenlampe richten kann. Somit beginnt jede systematische Analyse mit der Frage was gemessen werden soll (vgl. Bamberg et al. 2011, S. 161)? Eine gute Orientierung bietet hierzu das erweiterte Belastungs-Beanspruchungsmodell in Abb. 21.1 (vgl. Joiko et al. 2010, S. 11).

Hier wird deutlich, dass wir auf der einen Seite Belastungsfaktoren haben, bzw. Rahmenbedingungen und Anforderungen, die aktuell im Betrieb gegeben sind. Diese reichen unter anderem von der Arbeitsaufgabe und Arbeitsorganisation in einer definierten Arbeitsumgebung, über die verwandten Arbeitsmittel bis hin zu der Qualität von Führung und Zusammenarbeit im Team. Auch die gelebte Unternehmenskultur spielt hier eine wichtige Rolle. Folglich ist der Belastungsbegriff neutral und somit nicht ausschließlich negativbelegt (vgl. Uhle und Treier 2011, S. 77). Diese Belastungsfaktoren wirken nun auf die Beschäftigten ein, die diesen ihre ganz individuellen Leistungsvoraussetzungen entgegenbringen (Einstellung, Kompetenz, Alter, etc.).

Je nachdem wie die an sie gestellten Anforderungen von den Beschäftigten verarbeitet werden können, kommt es zu positiven oder negativen Folgen, die sich in kurz- und langfristigen Beanspruchungsfolgen äußern können. Diese nennen wir in der Analyse auch Früh- und Spätindikatoren. Typische Frühindikatoren können körperliche, psychische oder im verhaltensbedingte Aspekte wie z. B. Kopfschmerzen, Erschöpfung, Ärger oder sozialer Rückzug, aber auch Freude, Tatendrang oder Gelassenheit sein. Treten

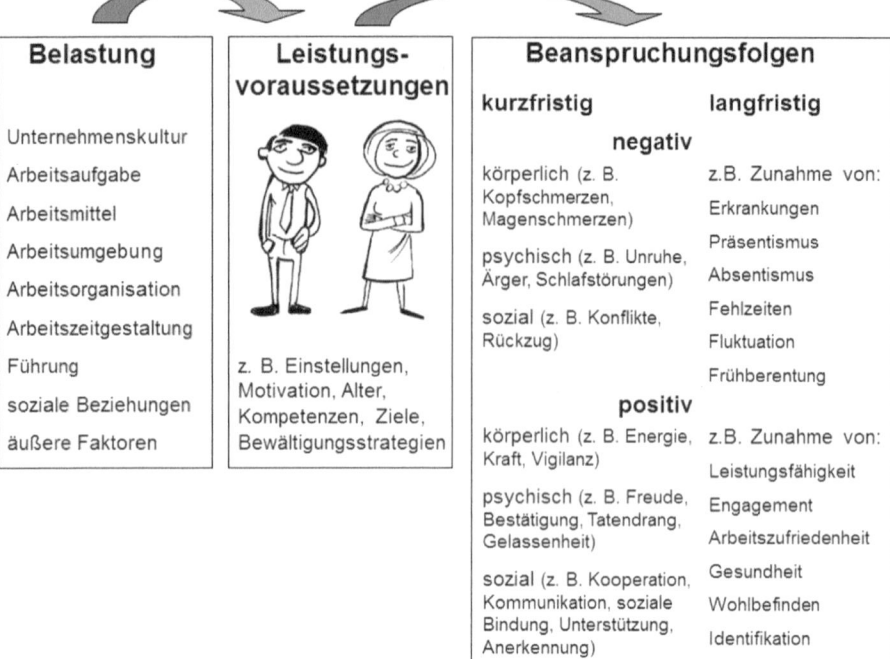

Abb. 21.1 Erweitertes Belastungs-Beanspruchungsmodell. (Quelle: Eigene Darstellung 2016)

kurzfristigen Beanspruchungsfolgen dauerhaft auf, können hieraus langfristige Beanspruchungsfolgen entstehen. In der Analyse dann als Spätindikatoren messbar. Im negativen Sinne kann es zu der Zunahme von (chronischen) Erkrankungen und Fehlzeiten, der Steigerung der Fluktuation, der Abnahme der Arbeitsqualität und Produktivität sowie zur Häufung innerer Kündigungen kommen (Uhle und Treier 2011, S. 101). Im positiven Fall erleben wir eine Steigerung von Arbeitszufriedenheit und Gesundheit oder auch von Leistungsfähigkeit und Engagement.

In der Analysephase geht es uns nun darum, diesem Ursache-Wirkungs-Geflecht auf den Grund zu gehen. Wir versuchen die Frage zu beantworten, welche Belastungsfaktoren (z. B. Arbeitsaufgabe, Arbeitsorganisation, soziale Beziehungen) von den Beschäftigten wie erlebt werden, welche kurzfristigen und langfristigen Beanspruchungsfolgen auftreten und wie diese Aspekte miteinander zusammenhängen.

Bei der inhaltlichen Ausrichtung der Analyse sollte das Steuergremium zunächst folgende Fragen beantworten:

- Welche Belastungsfaktoren sollen erhoben werden? Wie ganzheitlich soll die betriebliche Situation beurteilt werden (z. B. Arbeitsaufgabe, Arbeitsumgebung, Arbeitsorganisation, soziale Beziehungen, Störungen, Unternehmenskultur) (vgl. Uhle und Treier

2011, S. 83 f.)? Wertvolle Hinweise für die Auswahl der psychischen Belastungsfaktoren bietet der iga.Report 31 (vgl. Rau 2015).

- Sollen Frühindikatoren (kurzfristige Beanspruchungsfolgen) gemessen werden und wenn ja welche (z. B. körperliche, psychische und soziale Reaktionen, Einstellungen und Verhaltensweisen)?
- Sollen Spätindikatoren (langfristige Beanspruchungsfolgen) gemessen werden und wenn ja welche (z. B. Fehlzeiten, Fluktuation, Arbeitszufriedenheit)?

Exkurs in die Beraterpraxis

In einer großen Forschungseinrichtung wurde mit der inhaltlichen Ausrichtung der Analysephase ein Zielentwicklungsworkshop zum BGM verbunden. Schnell kristallisierte sich heraus, das Hauptanliegen der Organisation war es nicht, die Fehlzeiten zu reduzieren. Als Forschungseinrichtung mit einem dezentralen Standort war es schwierig qualifiziertes Personal dauerhaft zu binden. Um der seit langem hohen Fluktuation entgegenzuwirken, wollte man als möglichst attraktiver Arbeitgeber punkten. Ein wichtiger Spätindikator, der folgerichtig in die Analysephase miteinbezogen werden sollte, war somit die Zielgröße Fluktuation. Es herrschte Einigkeit darüber, dass dies einen umfassenden Blick auf die Arbeitssituation notwendig machte. Von den Arbeitsaufgaben und den dort erlebten sozialen Beziehungen, über die Arbeitszeitmodelle, bis hin zu den Weiterentwicklungsmöglichkeiten. Als Erfolgsfaktoren für die Attraktivität als Arbeitgeber wurden neben der Fluktuation eine hohe Identifikation mit der Organisation, eine hohe Arbeitszufriedenheit sowie ein guter Gesundheitszustand definiert. Mittels Beschäftigtenbefragung erhob man nun sowohl die Identifikation, die Arbeitszufriedenheit sowie den Gesundheitszustand der Beschäftigten. Zudem ließ man die Beschäftigten umfassend deren aktuelle Arbeitssituation bewerten. Im weiteren Verlauf wurden diese Ergebnisse dann statistisch ausgewertet miteinander in Verbindung gebracht. So konnten unter anderem nicht nur konkrete Aussagen darüber getroffen werden, wie es um die Identifikation, die Arbeitszufriedenheit und den Gesundheitszustand der Beschäftigten und definierter Beschäftigtengruppen bestellt war, sondern auch, welche Faktoren der Arbeitssituation den größten Einfluss auf eben diese drei Kriterien hatten. Im Folgenden konnten so sehr konkrete Handlungsschwerpunkte abgeleitet und weiterverfolgt werden.

Nachdem Einigkeit über die inhaltliche Ausrichtung der Analyse besteht, widmen Sie sich im Steuergremium den nächsten Fragen der Planungsphase:

- In welche Untersuchungsgruppen soll die Analyse unterschieden werden, da zu erwarten ist, das sich Anforderungen und/oder Leistungsvoraussetzungen bestimmter Beschäftigtengruppen deutlich voneinander unterscheiden (siehe Abschn. 21.4)?
- Mit welchen Instrumenten sollen Belastungsfaktoren und Beanspruchungsfolgen erhoben werden und wie können Zusammenhänge sichtbar gemacht werden? (siehe Abschn. 21.5 bis 21.7)?

21.4   Welche Untersuchungsgruppen sollen gebildet werden?

Jede Analyse braucht Ihren klar definierten Untersuchungsbereich. Auf wen möchten Sie Ihre Taschenlampe richten? Geht es um den gesamten Betrieb oder soll der Fokus zunächst auf eine bestimmte Beschäftigtengruppe gelegt werden?

Möchten Sie den gesamten Betrieb untersuchen, kann es hilfreich sein, zunächst eine sogenannte Betriebelandkarte zu erstellen. Diese beschreibt den Betrieb in seiner gesamten Struktur. In welche Arbeitsbereiche (z. B. Abteilungen, Referate, Sachgebiete) und Tätigkeitsgruppen (z. B. gewerbliche Arbeitsaufgaben oder Verwaltung) teilt sich der Betrieb auf? Welche Besonderheiten und Herausforderungen sind hier bereits bekannt? Wie ist die Altersstruktur im Betrieb? Wie ist die Verteilung hinsichtlich des Geschlechts?

Dieser differenzierte Blick ist notwendig, denn eine allgemeine betriebsübergreifende Analyse ergibt zwar interessante Gesamtergebnisse, eignet sich aber nur bedingt dazu konkrete und passgenaue Handlungsschwerpunkte und Maßnahmen abzuleiten. Zu unterschiedlich sind die organisationalen Rahmenbedingungen und Aufgaben einzelner Bereiche und Tätigkeiten. Zu individuell sind die Leistungsvoraussetzungen der Mitarbeiter und Mitarbeiterinnen sowie verschiedener Beschäftigtengruppen.

Stellen Sie Thesen auf! Was vermuten Sie, welche Beschäftigtengruppen ihre Arbeitssituation unterschiedlich erleben und beurteilen und in der Folge dann auch spezifische Lösungen benötigen? Nehmen Führungskräfte ihre Arbeitssituation anders war als deren Mitarbeitenden und brauchen daher auf andere unterstützende Maßnahmen? Sind Beschäftigte in der Verwaltung anders beansprucht als jene im gewerblichen Bereich? Unterscheiden sich ältere Beschäftigte von jüngeren? Diese Thesen werden dann als sogenannte Strukturvariablen in die Analyse integriert, um entsprechende Untersuchungsgruppen festzulegen. Die Strukturvariablen mit den größten Unterschieden, und daher bei der Bildung der Untersuchungsgruppen besonders zu diskutieren, sind diese:

- Arbeitsbereich (Abteilungen, Sachgebiete, o. ä.)
- Tätigkeit (Schreibtischarbeit, gewerbliche Tätigkeit, Verkauf)
- Arbeitszeitmodell (Schicht-, Voll- und Teilzeitarbeit)
- Führungsverantwortung ja oder nein
- Verantwortung für betreuungsbedürftige Personen
- Alter
- Geschlecht

(vgl. Arbeitsgruppe „Systematisches Gesundheitsmanagement" 2015, S. 9 f.)

Sie merken schon, bei der Auswahl der Strukturvariablen ist der Kreativität keine Grenzen gesetzt, doch Achtung! Je mehr Strukturvariablen erhoben werden, desto mehr Daten generieren Sie und desto mehr „Baustellen" können auftreten. Vieles ist vielleicht interessant zu wissen, aber ob für jede der einzelnen Strukturvariablen tatsächlich die Bereitschaft und die Möglichkeit besteht Maßnahmen abzuleiten, steht häufig auf einem ganz anderen Blatt. Glauben Sie, dass sich Männer und Frauen voneinander unterscheiden? Sind Sie bereit dazu, Maßnahmen speziell für Männer anzubieten? Dann analysieren Sie auch geschlechtsspezifisch – sonst nicht. Denn eine Analyse wirbelt auch immer viel Staub auf und weckt bei den Beschäftigten entsprechende Erwartungen.

Und auch der Datenschutz will ja zu seinem Recht kommen. „Um den rechtlichen Bestimmungen zu genügen und im Sinne der Vertrauensförderung sind Analysen im BGM stets nach optimalem Datenschutzstandard zu konzipieren. Bei allen Auswertungen ist sicherzustellen, dass zu keinem Zeitpunkt Rückschlüsse auf einzelne Personen möglich sind. (…) Eine multivariable Auswertung (z. B. nach Alter, Geschlecht und Laufbahngruppe) kann ebenfalls nur dann durchgeführt werden, wenn die Rücklaufquote für die Vergleichsgruppe mehr als fünf Personen umfasst." (Arbeitsgruppe „Systematisches Gesundheitsmanagement" 2015, S. 18 f.)

Nach dem Sie den Untersuchungsbereich festgelegt haben, stellt sich nun die Frage, welche Instrumente die gewünschten Informationen erheben können?

21.5 Analyseinstrumente im BGM

Mit welcher Taschenlampe, beziehungsweise mit welchen Taschenlampen, möchten Sie sich auf den Weg machen, Licht ins Dunkel zu bringen? Werfen wir hierzu zunächst einen kurzen Blick auf die Grundvoraussetzungen, die an Analyseinstrumente gestellt werden:

Um tragfähige und belastbare Ergebnisse zu generieren, sollten die eingesetzten Analyseinstrumente allgemeinen wissenschaftlichen Kriterien entsprechen. Dies gilt besonders für den Einsatz von Beschäftigtenbefragungen. Hier kommen immer wieder von den Betrieben selbst gestrickte Instrumente zum Einsatz, die dann weder objektiv, gültig noch zuverlässig messen. Andererseits möchten die meisten Betriebe keine Elfenbeinturmwissenschaft sondern Analytik die zwar genau, aber dennoch schnell verfügbar, effizient beschaffbar, kostengünstig und verständlich ist (vgl. Weinreich und Weigl 2012, S. 233). Die Anforderung besteht nun darin, beiden Ansprüchen möglichst gerecht zu werden. Zudem müssen bei jedem Analyseinstrument die Belange

- des Datenschutzes (§ 3, 3a, 4, 4a, 28 Bundesdatenschutzgesetz – BDSG; Gesundheitsdaten, Sparsamkeit, Zulässigkeit, Einwilligung, Gebrauch für eigene Zwecke),
- der Mitbestimmung (§ 81 Bundespersonalvertretungsgesetz; Mitwirkungsrechte),
- des Arbeitsschutzes (§§ 3, 5, 6, 15 Arbeitsschutzgesetz – ArbSchG; Arbeitgeber- und Arbeitnehmerpflichten) und
- der Gleichstellung (§ 1, 7 Allgemeines Gleichbehandlungsgesetz – AGG; Kriterien, Benachteiligungsverbot)

berücksichtigt werden.

Alle Analyseinstrumente aufzuführen, die im Rahmen des BGM eingesetzt werden können, würde hier den Rahmen sprengen. Daher möchte ich mich auf die am häufigsten eingesetzten Verfahren beschränken und an dieser Stelle schon einmal dafür werben, sich nicht auf die Aussage eines Instrumentes zu verlassen (siehe Abschn. 21.7). Auch gibt es nicht die eine Analysephase von der Stange, die für alle Betriebe gleich aussieht. Die

Auswahl und die Ausgestaltung der Instrumente orientieren sich immer an den jeweiligen betrieblichen Belangen, den zur Verfügung stehenden personellen und finanziellen Ressourcen sowie den unternehmenskulturellen Voraussetzungen.

Grundsätzlich lassen sich alle Daten die erhoben werden in diese Kategorien unterteilen:

- objektive (Außensicht durch Expertinnen und Experten und Kennwerte) und subjektive (Innensicht der Betroffenen) Daten
- quantitative (nummerisch messbare) und qualitative (beschreibende) Daten
(vgl. Arbeitsgruppe „Systematisches Gesundheitsmanagement" 2014, S. 10 f.)

Hieraus ergeben sich insgesamt vier Analyseebenen, in die sich die Instrumente einteilen lassen (die drei mit Stern gekennzeichneten Instrumente werden im folgenden Kapitel detailliert dargestellt):

- Quantitativ objektive Verfahren: z. B. Fehlzeitenanalyse*, Altersstrukturanalyse, Gesundheitsbericht der Gesetzlichen Krankenversicherung
- Qualitativ objektive Verfahren: z. B. Arbeitsplatzanalysen, arbeitsmedizinische Untersuchungen
- Quantitativ subjektive Verfahren: z. B. Beschäftigtenbefragung*
- Qualitativ subjektive Verfahren: z. B. Gesundheitszirkel*, Experteninterviews
(vgl. Wegner 2009, S. 10)

Zusätzlich sollten die erhobenen Daten, wie möglichst die gesamte Analysephase, mit der Gefährdungsbeurteilung nach Arbeitsschutzgesetz verknüpft werden.

Exkurs Gefährdungsbeurteilung psychischer Belastung
Laut Arbeitsschutzgesetz ist „der Arbeitgeber verpflichtet, die erforderlichen Maßnahmen des Arbeitsschutzes unter Berücksichtigung der Umstände zu treffen, die Sicherheit und Gesundheit der Beschäftigten bei der Arbeit beeinflussen. Er hat die Maßnahmen auf ihre Wirksamkeit zu überprüfen und erforderlichenfalls sich ändernden Gegebenheiten anzupassen. Dabei hat er eine Verbesserung von Sicherheit und Gesundheitsschutz der Beschäftigten anzustreben" (vgl. § 3, Abs. 1 ArbSchG). Weiterhin heißt es, „die Arbeit ist so zu gestalten, dass eine Gefährdung für das Leben sowie die physische und die psychische Gesundheit möglichst vermieden und die verbleibende Gefährdung möglichst gering gehalten wird" (vgl. § 4 ArbSchG, Ziffer 1). Das Arbeitsschutzgesetz verpflichtet Arbeitgeberinnen und Arbeitgeber im Folgenden dazu, „auf Basis einer Beurteilung der Arbeitsbedingungen zu ermitteln, welche Maßnahmen des Arbeitsschutzes erforderlich sind (vgl. § 5 ArbSchG). Bei dieser Gefährdungsbeurteilung sind auch psychische Belastungen der Arbeit zu berücksichtigen (vgl. § 5 ArbSchG, Ziffer 6)" (Beck et al. 2016, S. 4).

Die Gefährdungsbeurteilung ist also einerseits ein Prozess, der aus

- planen,
- analysieren,
- Maßnahmen ableiten,
- Maßnahmen umsetzen und deren
- Wirksamkeitsüberprüfung besteht.

Andererseits muss die Belastung durch die Arbeit ganzheitlich – eben auch unter Berücksichtigung psycho-sozialer Belastungsfaktoren – ermittelt werden. Ein ganz ähnliches Vorgehen wie beim Betrieblichen Gesundheitsmanagement. Somit ist eine Verknüpfung der Gefährdungsbeurteilung (vor allem die der psychischen Belastung) mit dem BGM sinnvoll. Dies schafft Synergien und bildet eine rechtliche Grundlage für systematische und umfassende Sicherheits- und Gesundheitsarbeit im Betrieb. Ganzheitliche Analytik ist also kein „nice-to-have" mehr, sondern gesetzliche Verpflichtung. Eine umsetzerfreundliche Handlungshilfe zur Gefährdungsbeurteilung psychischer Belastung bietet die Broschüre "Was Stresst" der Unfallversicherung Bund und Bahn (vgl. Schuck und Hetmeier 2016).

21.6   Kurzbeschreibung häufig verwandter Instrumente

Im Folgenden möchte ich die drei Analyseinstrumente kurz vorstellen, die ich selber in meiner Beraterpraxis am häufigsten einsetze, bzw. die mir in den Betrieben am häufigsten begegnen. Diese eigenen sich auch sehr gut für ein gestuftes Vorgehen in der Analysephase, bzw. zur Kombination miteinander (siehe auch Abschn. 21.7):

- Fehlzeitenanalyse
- Beschäftigtenbefragung
- Gesundheitszirkel

Fehlzeitenanalyse
„Fehlzeiten und deren veränderungsbezogene Thematisierung sind oftmals ein Türöffner für betriebliches Gesundheitsmanagement. (…) Die Daten dienen aufgrund ihrer leichten Gewinnbarkeit, hohen Reichweite und geringen Kosten als grobe Orientierungsgrundlage zum Gesundheitsgeschehen und (mit Abstrichen) als Kennzahl für die Erfolgsmessung" (Weinreich und Weigl 2002, S. 81).

Durch die Fehlzeitenanalyse können Abwesenheiten bei definierten Beschäftigtengruppen (z. B. Abteilung, Alter, Geschlecht) gesamt und hinsichtlich ihrer Dauer und Häufigkeit ermittelt und miteinander verglichen werden. In vielen Fällen ist auch ein Branchenvergleich möglich (vgl. Pohen und Esser 1995, S. 32–34).

Angewendet werden Fehlzeitenanalysen im BGM besonders unter diesen Zielstellungen:

- Beurteilung des aktuellen Fehlzeitengeschehens unter Berücksichtigung definierter Gruppen.
- Entwicklung von inner- und überbetrieblichen Vergleichswerten.
- Darstellung von Verläufen und Entwicklungen für Monate und Jahre.

Mögliche Nachteile von Fehlzeitenanalysen sind vor allem

- die fehlenden Hinweise über die Ursachen und, dass damit keine Ableitung von Maßnahmen möglich ist (vgl. Badura et al. 1999, S. 87),
- die multifaktorielle Entstehungsgeschichte von Fehlzeiten, die oft auch außerhalb des Betriebs liegt und in einer großen Zahl kaum zu beeinflussen ist (vgl. Uhle und Treier 2011, S. 100),
- die fehlende Möglichkeit Aussagen darüber zu treffen, inwieweit sich die Anwesenden bei der Arbeit engagieren (vgl. Ulich und Wülser 2004, S. 136 f.),
- der Trugschluss, dass alle die abwesend, sind krank sind und alle die anwesend sind, gesund sind (vgl. Schröer und Sochert 1996, S. 136),
- die Schwierigkeiten beim Fehlzeitenvergleich zwischen verschiedenen Arbeitsbereichen einer Organisation (hier werden häufig „Äpfel mit Birnen" verglichen. Ein Arbeitsbereich, der beispielsweise viele Beschäftigte mit einfachen Tätigkeiten umfasst sowie über eine überdurchschnittlich große Zahl älterer Mitarbeiterinnen und Mitarbeiter verfügt, wird wahrscheinlich höhere Fehlzeiten aufweisen als ein Bereich, der sich überwiegend aus jüngeren Beschäftigten mit ganzheitlichen Tätigkeiten zusammensetzt. Um hier Verzerrungen zu verhindern, sollten nach Möglichkeit Alters-, Laufbahn- und idealerweise auch Geschlechtsstandardisierungen durchgeführt werden. Auch Langzeiterkrankte sollten testweise aus den Statistiken herausgerechnet werden. So wird verhindert, dass, vor allem in kleinen Untersuchungsgruppen, einzelne Langzeiterkrankte das Ergebnis überproportional beeinflussen.) (vgl. Arbeitsgruppe „Systematisches Gesundheitsmanagement" 2015, S. 26) sowie
- die fehlende Einflussmöglichkeit der Maßnahmen des BGM auf die Beschäftigten, die nicht am Arbeitsplatz sind.

Beschäftigtenbefragung

Eine Beschäftigtenbefragung bietet oftmals die Basis in der Analyse zum BGM. Sie erhebt „systematisch und umfassend Meinungen, Einstellungen, Erwartungen, Bedürfnisse und Verhaltensweisen von Beschäftigten einer Organisation" (Unfallkasse des Bundes 2013, S. 6). Sie kann sowohl Belastungsfaktoren (z. B. Unternehmenskultur, Arbeitsorganisation, Führung und Zusammenarbeit), als auch Früh- (z. B. körperliche oder psychische Beanspruchungen) und Spätindikatoren (z. B. Arbeitszufriedenheit, Identifikation, Präsentismus) erheben und setzt diese statistisch miteinander in Verbindung (vgl. Badura et al. 1999, S. 87). Wie steht es beispielsweise um die Gesundheit und

Zufriedenheit der Beschäftigten und was sind die größten arbeitsbezogenen Einflussfaktoren auf eben diese? Durch eine Beschäftigtenbefragung erhält die Organisation einen umfassenden und detaillierten ersten Überblick, wo mögliche Handlungsschwerpunkte für das BGM bestehen.

Der Einsatz einer Beschäftigtenbefragung lohnt sich besonders für größere und/oder dezentrale Organisationen (vgl. Arbeitsgruppe „Systematisches Gesundheitsmanagement" 2015, S. 22).

Angewendet werden Beschäftigtenbefragungen im BGM besonders unter diesen Zielstellungen:

- Stärken und Potenziale der Organisation und einzelner Beschäftigtengruppen herausfinden
- Arbeitsabläufe und Arbeitsorganisation optimieren
- Führung, Zusammenarbeit und Kommunikation verbessern
- Fehlzeiten senken
- Organisationskultur verbessern
- Ursache-Wirkungs-Zusammenhänge darstellen
- Wirksamkeit durchgeführter Aktivitäten überprüfen
- Eigene oder organisationsübergreifende Benchmarks entwickeln
- Schaffung eines kontinuierlichen Instruments zur Organisationsentwicklung (Einsatz ca. alle drei Jahre)

(vgl. Unfallkasse des Bundes 2013, S. 6 f.)

Mögliche Nachteile von Beschäftigtenbefragungen sind vor allem

- der hoher organisatorische und kommunikative Aufwand,
- die große Erwartungshaltung der Beschäftigten im Nachgang,
- die externen Kosten (vorausgesetzt die interne Kompetenz zur Auswertung ist nicht vorhanden),
- die Sicherstellung des Datenschutzes (sofern nicht extern vergeben wird),
- dass in der Regel keine direkte Ableitung von Maßnahmen möglich ist und
- dass die Qualität der Daten abhängig ist von einer repräsentativen Beteiligungsquote und der wissenschaftlichen Güte des Fragebogens.

Gesundheitszirkel

Im Gesundheitszirkel „setzt man auf die Meinungen und Erfahrungen von einzelnen ausgesuchten Beschäftigten, die als Vertretung und Sprachrohr ihrer Gruppe fungieren" (Wegner et al. 2015, S. 10). Anlassbezogen und zeitlich begrenzt wird das Expertenwissen der Beschäftigten genutzt, die acht Stunden am Tag, fünf Tage die Woche, vier Wochen im Monat, etc. in genau dieser Arbeitssituation sind. In zumeist extern moderierten „Gruppendiskussionen werden Handlungsschwerpunkte identifiziert, inhaltlich beschrieben sowie Verbesserungsvorschläge entwickelt" (Arbeitsgruppe „Systematisches Gesundheitsmanagement" 2015, S. 34). Es geht also in Gesundheitszirkeln darum, unter

Beteiligung der Beschäftigten „Belastungen und Ressourcen am Arbeitsplatz zu ermitteln, Ursachen zu analysieren und Lösungsvorschläge zu entwickeln" (Bamberg et al. 2011, S. 142). Die Zusammensetzung der Gesundheitszirkel kann homogen (Beschäftigte einer Hierarchieebene bleiben unter sich) oder heterogen (Beschäftigte arbeiten zusammen mit Fachexpertinnen und Fachexperten sowie ihren Führungskräften) sein (vgl. Weinreich und Weigl 2002, S. 53–55).

Angewendet werden Gesundheitszirkel im BGM besonders unter diesen Zielstellungen:

- Durch eine Voranalyse sind Problemschwerpunkte grundsätzlich bekannt. Deren detaillierte Ursachen sollen nun eindeutig beschrieben werden (vgl. Arbeitsgruppe „Systematisches Gesundheitsmanagement" 2015, S. 34).
- Das Expertenwissen der Beschäftigten soll einerseits genutzt werden, um Verbesserungspotenziale aufzuzeigen. „Es geht aber auch darum festzustellen, wo die Ressourcen liegen und wie diese weiter ausgebaut werden können" (Wegner et al. 2015, S. 12).
- Es soll allgemein eine Möglichkeit zur Beteiligung geschaffen werden (vgl. Badura et al. 1999, S. 86).

Mögliche Nachteile von Gesundheitszirkeln sind vor allem

- Der hohe organisatorische, zeitliche und bei externer Moderation finanzielle Aufwand (vgl. Badura et al. 1999),
- Akzeptanzprobleme durch das Auswahlverfahren der Teilnehmenden,
- Akzeptanzprobleme durch eine nicht-repräsentative Stichprobe sowie
- die Sicherstellung des Datenschutzes (vgl. Wegner et al. 2015, S. 14).

21.7 Mehrebenen-Analysen

Um möglichst aussagefähige Ergebnisse zu erzielen, die ausreichend Licht ins Dunkle zu bringen, sollten Sie sich, wie bereits geschrieben, nicht auf die Aussage eines Instrumentes verlassen. Zur Erarbeitung verlässlicher, handlungsleitender Grundlagen für das BGM sind Mehrebenen-Analysen unverzichtbar geworden (vgl. Ulrich und Wülser 2004, S. 158). Versuchen Sie hierbei Daten unterschiedlicher Instrumente verschiedener Analyseebenen geschickt miteinander zu verknüpfen, um ein möglichste genaues Bild zu skizzieren. Hierzu bietet sich ein gestuftes Vorgehen an, in dem objektive und subjektive Daten berücksichtigt werden (vgl. Badura et al. 1999, S. 84). So entsteht Schritt für Schritt ein Bild, das es ermöglicht Maßnahmen zu implementieren, die den Beschäftigten wirklich helfen. Widerstehen Sie aber auch der Versuchung zu viele Daten und Instrumente miteinander in Verbindung zu setzen. Sonst entsteht schnell ein unüberschaubarer Datenwust in dem die Orientierung für das Wesentliche verloren geht.

Die Verknüpfung kann auf zwei Arten erfolgen:

- mehrdimensional: Instrumente verschiedener Analyseebenen kommen zum Einsatz, indem sowohl quantitative und qualitative Daten als auch objektive und subjektive Instrumente genutzt werden (z. B. Fehlzeitenanalysen und Beschäftigtenbefragung).
- mehrschichtig: Die Analysen werden zeitlich versetzt durchgeführt. Auf der Grundlage von Erkenntnissen aus bereits durchgeführten Analysen (z. B. Fehlzeitenanalysen und Beschäftigtenbefragungen) können feinere und zielgenauere Instrumente eingesetzt werden (z. B. Gesundheitszirkel, Interviews).

(vgl. Arbeitsgruppe „Systematisches Gesundheitsmanagement" 2015, S. 14)

Für die erfolgreiche Verknüpfung möchte ich Ihre Aufmerksamkeit besonders auf zwei Aspekte lenken:

1. Die Strukturvariablen in den einzelnen Instrumenten müssen einheitlich sein. Wenn Sie z. B. Ihre Fehlzeiten nach anderen Altersgruppen auswerten als die Beschäftigtenbefragung, ist keine altersbezogene Verknüpfung mehr möglich.
2. Die Ergebnisse verknüpfter Analysen dürfen nicht zwingend als kausal angesehen werden. Wenn Sie z. B. Fehlzeitenanalysen mit den Ergebnissen einer Beschäftigtenbefragung verknüpfen, besteht die Problematik, dass Sie nicht mit Sicherheit sagen können, dass die Beschäftigten, die die Fehlzeiten erzeugen, auch an der Befragung teilgenommen haben.

So könnte eine Mehrebenen-Analyse aussehen:

Schritt 1: Grobanalyse
Zunächst verschaffen Sie sich durch eine Grobanalyse einen Überblick über die betriebliche Situation insgesamt und ob es Unterschiede bezüglich der von Ihnen ausgewählten Strukturvariablen (Arbeitsbereiche, Tätigkeitsgruppen, Alter, Geschlecht, etc.) gibt. Sie leuchten sozusagen im ersten Schritt allgemein mit Ihrer Taschenlampe quer durch den gesamten Betrieb. Hierzu können vor allem die quantitativ objektiven Daten der Fehlzeitenanalyse mit den quantitativ subjektiven Ergebnissen einer Beschäftigtenbefragung verknüpft werden. So gewinnen Sie erste Erkenntnisse darüber, welche Schwerpunkte für den gesamten Betrieb relevant sind und welche Themen nur für bestimmte Beschäftigtengruppen Bedeutung haben. Aus der Grobanalyse entwickeln Sie also die Handlungsschwerpunkte für das BGM.

Exkurs aus der Beraterpraxis
Menschen und Organisationen neigen leider zu häufig dazu, sich nur auf die negativen Geschehnisse und Ergebnisse zu fokussieren. Wo sind Dinge, die nicht gut laufen, schlecht bewertet werden, nicht so sind wie erhofft. Dabei wird schnell vergessen, den Blick auch auf die vorhandenen Ressourcen zu richten. Wo sind ausgemachte Stärken, die es zu erhalten und weiter zu fördern gilt? So wurde beispielsweise in einem

Ministerium mittels Beschäftigtenbefragung herausgearbeitet, dass das Verhalten der Führungskräfte zwar keinen direkten Einfluss auf die Gesundheit und Zufriedenheit der Beschäftigten hat, aber mit allen Faktoren die eben hierfür entscheidend sind maßgeblich zusammenhängt. Führung war sozusagen der Treiber einer positiv erlebten Arbeitssituation, die wiederum bedeutsam für die Gesundheit und die Zufriedenheit der Beschäftigten war. Jetzt war es aber so, dass die Beschäftigten ihre direkten Vorgesetzten durchaus positiv beurteilten. Manch ein Betrieb hätte sich jetzt zurückgelehnt, nach dem Motto „dann ist ja alles gut, gehen wir zur Tagesordnung über". Die Hausleitung kam aber zu dem Schluss, dass wenn das Thema so bedeutsam ist, lohnt es sich eben besonders dort zu investieren. Sie baute die Führungskräfteentwicklung in vielerlei Hinsicht aus und die Ergebnisse einer weiteren Beschäftigtenbefragung gaben ihr Recht. Fast alle wichtigen Einflussfaktoren hatten sich signifikant verbessert.

Auch macht es nicht immer Sinn, nur in diejenigen Arbeitsbereiche reinzugehen, wo schlechte Ergebnisse erhoben wurden. Bei der Suche nach Lösungen hört man dann immer wieder „das geht nicht, das können wir nicht machen". Manchmal ist es daher klug auch in die Bereiche zu schauen, die besonders gute Ergebnisse haben. So ein wenig mit der Frage „wie kann es denn sein, dass unsere Beschäftigten dort zufrieden sind"? Oft finden sich so viele gesundheitsfördernde Aspekte, die auf andere Bereiche übertragen werden können. Hier geht es nicht mehr darum, was nicht geht, sondern was geht – und das ist gesund!

Schritt 2: Feinanalyse

Haben Sie nun auf der Grundlage Ihrer ersten Analysephase die Handlungsschwerpunkte festgelegt, stellt sich die Frage wie Sie zu den richtigen Maßnahmen kommen. In den meisten Fällen, werden diese noch nicht offensichtlich sein. Es fehlen Informationen, geeignete Maßnahmen auf den Weg zu bringen. In diesem Fall müssen die ausgewählten Handlungsschwerpunkte tiefer gehend beleuchtet werden. Hier kommt neben dem mehrdimensionalen der mehrschichtige Analyseansatz zum Tragen. Als zeitlich nachgeordnete Instrumente, die anlassbezogen eingesetzt werden können, eignen sich vor allem Arbeitsplatzanalysen, Gesundheitszirkel und/oder Experteninterviews. Diese liefern detailliertere Informationen und in der Regel auch schon konkrete Lösungsmöglichkeiten. In der Feinanalyse bearbeiten Sie also die Handlungsschwerpunkte so weit, dass Maßnahmen abgeleitet werden können. „Eine der häufigsten Kombinationen im BGM ist die Verknüpfung einer Mitarbeiterbefragung mit Gesundheitszirkeln und/oder Experteninterviews. Hierbei generiert die Mitarbeiterbefragung die Handlungsschwerpunkte, die durch die beiden anderen Instrumente vertieft beschrieben werden" (Arbeitsgruppe „Systematisches Gesundheitsmanagement" 2015, S. 16).

Ein Exkurs in die Beraterpraxis

Mittels Fehlzeitenanalyse wurde in einer Stadtverwaltung eine besonders hohe Abwesenheitsquote bei den Reinigungskräften festgestellt. Die Leitung entschied daraufhin, die Arbeitssituation dieser Beschäftigtengruppe tiefer gehend zu beleuchten. Weitere Informationen konnten der Gefährdungsanalyse entnommen werden. Schwerpunkte waren hier die hohe körperliche Belastung durch die Tätigkeit sowie zum Teil sehr aggressive Reinigungsmittel. Auch ein Blick in die alle drei Jahre durchgeführte Beschäftigtenbefragung brachte Interessantes zutage. Hervorzuheben war eine sehr schlechte Bewertung der persönlichen Schutzausrüstung und eine geringe Anerkennung der geleisteten Arbeit. Jetzt konnten aber noch nicht direkt die Maßnahmen abgeleitet werden. Die Situation war noch nicht ausreichend konkret beschrieben. Daher wurde zum Äußersten gegriffen: Es wurde über diese Themen mit den Reinigungskräften in einem Gesundheitszirkel geredet. Dieser ergab einerseits, dass die Schutzhandschuhe so wenig Atmungsaktiv waren, dass es für die Betroffenen kaum vorstellbar war, diese zu verwenden. Andere Handschuhe und der Einsatz alternativer Reinigungsmittel brachte hier schnell Abhilfe. Andererseits war den Reinigungskräften das Thema körperliche Belastung überraschenderweise nicht so wichtig. Klar war die Belastung da, aber diese konnte gut kompensiert werden.

Aber da war ja noch die Sache mit der Anerkennung. Es stellte sich heraus, die Reinigungskräfte waren durchaus zufrieden damit, Reinigungskräfte zu sein und hatten in ihrem privaten Umfeld keine Hemmungen dies zu kommunizieren. Das Problem war die fehlende Anerkennung durch die Beschäftigten, die in dem Bereich arbeiteten, für den sie putzten. So äußerte sich beispielsweise eine Reinigungskraft folgendermaßen: „Wenn ich bei denen sauber mache, redet kaum einer mit mir. Ich habe nicht den Eindruck, dass die sich in irgendeiner Form für mich interessieren. Es sei denn, es ist etwas nicht richtig sauber. Dann wird sofort rumgemeckert… Und dann tut mir auch mal ein bisschen der Rücken weh oder es juckt in der Nase – also dann reiß ich mir doch für die nicht noch den A … auf. Da bleib ich zu Hause." Hier war die Lösung natürlich nicht so einfach und dem Betrieb war in der Folge klar, dass auch Themen wie gelebte Werte und Unternehmenskultur stärker in den Fokus gerückt werden mussten.

Die eingesetzten Analyseinstrumente wurden nun erfolgreich eingesetzt, ausgewertet und verknüpft. Dem Betrieb liegen, neben umfassenden Kenntnissen über die betriebliche Situation, auch konkret beschriebene Handlungsschwerpunkte und erste Lösungsmöglichkeiten vor. Die Analysephase ist somit zunächst einmal abgeschlossen. Im nächsten Schritt des BGMs muss entschieden werden, welche Maßnahmen wie, wann und durch wen umgesetzt werden.

21.8 Schlussbetrachtung

Ein Betriebsratsmitglied hat einmal gesagt: „Analyse ist kein Selbstzweck!" Und das ist richtig. Häufig ist es in Unternehmen so, dass diese analysieren, analysieren, analysieren, weil Sie sich zu Hundertprozent sicher sein wollen, das Richtige zu tun. Oder die Verantwortlichen brauchen einen guten Grund, noch keine Maßnahmen ableiten zu müssen. Doch allein die Probleme zu kennen löst diese nicht – fördert also nicht, motiviert niemanden, schafft keine Zufriedenheit, keine Gesundheit und keinen unternehmerischen Erfolg. Andere Betriebe wiederum analysieren gar nicht, sondern machen erst einmal das, was andere auch schon mal gemacht haben. Sie versuchen ihre irgendwie gefühlten Probleme mit Maßnahmen zu lösen, mit denen andere ihre Probleme der Vergangenheit angegangen sind. Da fehlt dann leider häufig der innere Bezug zu den wirklichen Bedürfnissen der Mitarbeiterinnen und Mitarbeiter. Daher ist eine fundierte Analyse, die auch die Beschäftigten als Experten ihrer Arbeit zu Wortkommen lässt, für ein erfolgreiches BGM unerlässlich. Und das ist gar nicht so schwer. In der Zwischenzeit gibt es eine Vielzahl gut evaluierter Beschäftigtenbefragungen, die eingesetzt werden können sowie gute Leitfäden zur Durchführung von Gesundheitszirkeln, zur Gefährdungsbeurteilung psychischer Belastung oder weiterer Verfahren. Hierbei zeigt sich, dass eine umfassende und belastbare Analyse sicher mit externer Begleitung denkbar ist, Betriebe aber auch vieles alleine realisieren können. In erster Linie brauche es etwas Mut, die Dinge anzusprechen und einen langen Atem dann auch wirklich etwas umzusetzen. Ein paar von diesen Leitfäden und Instrumenten finden Sie in der Literaturliste.

Literatur

Arbeitsgruppe „Systematisches Gesundheitsmanagement" (Hrsg) (2014) Eckpunkte für ein Rahmenkonzept zum Betrieblichen Gesundheitsmanagement in der Bundesverwaltung. Ressortarbeitskreis Gesundheitsmanagement. Bundesministerium des Inneren, Berlin
Arbeitsgruppe „Systematisches Gesundheitsmanagement" (Hrsg) (2015) Schwerpunktpapier Analyse in Betrieblichen Gesundheitsmanagement. Ressortarbeitskreis Gesundheitsmanagement. Bundesministerium des Inneren, Berlin
Badura B (2001) Evaluation und Qualitätsentwicklung betrieblichen Gesundheitsmanagements. In: Badura B, Litsch M, Vetter C (Hrsg) Fehlzeitenreport 2000. Springer, Berlin, S 145–159
Badura B, Ritter W, Scherf M (Hrsg) (1999) Betriebliches Gesundheitsmanagement – ein Leitfaden für die Praxis. Hans-Böckler-Stiftung, Düsseldorf
Bamberg E, Ducki A, Metz A-M (2011) Gesundheitsförderung und Gesundheitsmanagement in der Arbeitswelt. Hogrefe, Göttingen
Beck D, Berger S, Breutmann N, Fergen A, Gergersen S, Morschhäuser M, Reddehase B, Ruck Y, Sandrock S, Splittgeber B, Theiler A (Hrsg) (2016) Empfehlungen zur Umsetzung der Gefährdungsbeurteilung psychischer Belastung. Leitung des GDA-Arbeitsprogramms Psyche c/o Bundesministerium für Arbeit und Soziales, Berlin
Bräuning D, Haupt J, Kohstall T, Kramer I, Pieper C, Schröer S (Hrsg) (2015) iga.Report 28 – Wirksamkeit und Nutzen betrieblicher Prävention. AOK-Bundesverband, BKK Dachverband e. V., Deutsche Gesetzliche Unfallversicherung. Verband der Ersatzkassen, Berlin
Joiko K, Schmauder M, Wolff G (Hrsg) (2010) Psychische Belastung und Beanspruchung im Berufsleben: Erkennen – Gestalten. Bundesanstalt für Arbeitsschutz und Arbeitsmedizin, Dortmund
Pohen J, Esser W (1995) Fehlzeiten senken. Sauer, Heidelberg
Rau R (Hrsg) (2015) iga.Report 31 – Risikobereiche für psychische Belastungen. AOK-Bundesverband, BKK Dachverband e. V., Deutsche Gesetzliche Unfallversicherung. Verband der Ersatzkassen, Berlin
Schröer A, Sochert R (1996) Betriebliche Gesundheitsförderung durch Gesundheitszirkel. In: Marr R (Hrsg) Absentismus. Der schleichende Verlust an Wettbewerbspotential. Verlag für angewandte Psychologie, Göttingen, S 133–148

Schuck T-C, Hetmeier J (Hrsg) (2016) Was stresst? Gefährdungsbeurteilung psychischer Belastung. Unfallversicherung Bund und Bahn, Wilhelmshaven

Uhle T, Treier M (2011) Betriebliches Gesundheitsmanagement. Springer, Berlin

Ulrich E, Wülser M (2004) Gesundheitsmanagement in Unternehmen. Gabler, Wiesbaden

Unfallkasse des Bundes (Hrsg) (2013) Gute Fragen für mehr Gesundheit. Unfallkasse des Bundes, Wilhelmshaven

Wegner B (Hrsg) (2009) Unser Leitfaden für mehr Gesundheit – Betriebliches Gesundheitsmanagement Marke Unfallkasse des Bundes. Unfallkasse des Bundes, Wilhelmshaven

Wegner B, Möbus A, Wein M (2015) Gesundheitszirkel – eine runde Sache für mehr Gesundheit. Unfallversicherung Bund und Bahn, Wilhelmshaven

Weinreich I, Weigl C (2002) Gesundheitsmanagement erfolgreich umsetzen. Luchterhand, Kriftel

Weinreich I, Weigl C (2012) Unternehmensratgeber betriebliches Gesundheitsmanagement. Schmidt, Berlin

Über den Autor

Björn Wegner studierte Sportwissenschaften mit den Schwerpunkten Prävention und Rehabilitation. Nach seinem Studium arbeitete er mehrere Jahre als Unternehmensberater zum Betrieblichen Gesundheitsmanagement für diverse Großkonzerne und mittelständische Unternehmen, aber auch für verschiedene öffentliche Betriebe. Seit 2008 ist Björn Wegner bei der Unfallversicherung Bund und Bahn und als selbstständiger Coach und Berater aktiv. Seine aktuelle Tätigkeit umfasst unter anderem die Entwicklung und Durchführung von Konzepten, Analyseinstrumenten, Qualifizierungsangeboten und Informationsmedien zur Gestaltung gesunder Arbeit und Zusammenarbeit für die Bundesverwaltung. Seit 2015 hat er einen Lehrauftrag an der Fachhochschule für Sport und Management Potsdam, Lehrstuhl Gesundheitsmanagement.

Selbstbewertung des BGM von Pflegeeinrichtungen mithilfe eines praxisorientierten Leitfadens der AOK Bayern

Volker Weißmann und Gertraud Resch-Becke

Zusammenfassung

Die AOK Bayern unterstützt stationäre und ambulante Pflegeeinrichtungen im Betrieblichen Gesundheitsmanagement mit einem standardisierten Leitfaden zur Analyse der Arbeitsbelastungen. Pflegekräfte in der Altenpflege berichten von körperlichen, psychosozialen und organisatorisch bedingten Belastungsauslösern. In einer Reihe von Praxisprojekten wird der hohe Nutzen dieses evidenzbasierten Analyseinstrumentes für die Beschäftigten beschrieben. Demnach bilden die dokumentierten Ergebnisse die Grundlage für vielfältige Verbesserungen der Arbeitsverhältnisse in den Pflegeeinrichtungen. Darüber hinaus berichten die Beschäftigten, dass über verhaltenspräventive Maßnahmen die Ausprägung vielfältiger Gesundheitsressourcen realisiert wird. Der Leitfaden stellt somit ein ressourcenschonendes Verfahren dar, mit dessen Hilfe mitarbeiterorientiert und nachhaltig BGM-Strukturen und -Prozesse in Pflegeeinrichtungen implementiert werden können.

V. Weißmann (✉)
Zentrale Gesundheitsförderung, c/o Direktion Würzburg, AOK Bayern, Ochsenfurt, Deutschland
E-Mail: volker.weissmann@by.aok.de

G. Resch-Becke
Zentrale Gesundheitsförderung, c/o Direktion Rosenheim, AOK Bayern, Rosenheim, Deutschland
E-Mail: gertraud.resch-becke@by.aok.de

© Springer Fachmedien Wiesbaden 2016
M.A. Pfannstiel und H. Mehlich (Hrsg.), *Betriebliches Gesundheitsmanagement*,
DOI 10.1007/978-3-658-11581-4_22

Inhaltsverzeichnis

22.1   Einleitung

Die AOK Bayern begleitet und unterstützt mit ihrem Beraterteam für das Betriebliche Gesundheitsmanagement (BGM) jährlich rund 3200 Unternehmen aus der bayerischen Wirtschaft. Damit steuert die bayerische Gesundheitskasse bundesweit rund 23 % aller im System der gesetzlichen Krankenversicherung erfassten Projekte zur Betrieblichen Gesundheitsförderung (BGF) bei.

Für die Pflegebranche und deren Beschäftigte besteht ein erheblicher Bedarf an Maßnahmen zur BGF. Allein in 2014 wurden 313 bayerische Alten- und Pflegeheime mit 36.000 Beschäftigten durch Fachkräfte der AOK Bayern auf ihrem Weg zu einem gesunden Unternehmen unterstützt.

Der häufig beklagte Fachkräftemangel, der steigende Anteil älterer Arbeitnehmer in der Pflege sowie die zunehmende Morbidität der Pflegebedürftigen sind demografische Faktoren, die starken Einfluss auf die pflegerischen Rahmenbedingungen nehmen. In diesem Kontext berichten Pflegekräfte von hohen Belastungen im Arbeitsalltag, die zu hohen gesundheitlichen Beanspruchungen führen können.

Beispiel

Mit dem bayerischen AOK-Report Pflege 2014 liegt speziell für die Pflegebranche eine Datenbasis vor, die ausführlich über die aktuelle Gesundheitssituation der Beschäftigten in der Altenpflege Auskunft gibt:

Mit 6,3 % liegt der Krankenstand in der Pflegebranche um 1,8 %-Punkte höher als der bayerische Gesamtkrankenstand für alle Wirtschaftszweige (siehe Abb. 22.1).

Der Krankenstand in der Pflegebranche ist deutlich gestiegen. 2008 lag er noch bei 5,4 %.

50,5 % aller Arbeitsunfähigkeitstage sind durch Langzeiterkrankungen bedingt (Bayernwert: 44,2 %).

Der Altersdurchschnitt der Beschäftigten ist mit 42,9 Jahren deutlich erhöht (Bayernwert: 39,8 Jahre).

Die Muskel-Skelett-Erkrankungen verursachen mit 23,7 %, die psychischen Erkrankungen mit 15,0 % die meisten Ausfalltage. Auffällig ist die jeweils längere Genesungszeit. Mit durchschnittlich 32 Kalendertagen liegt die Falldauer für psychische

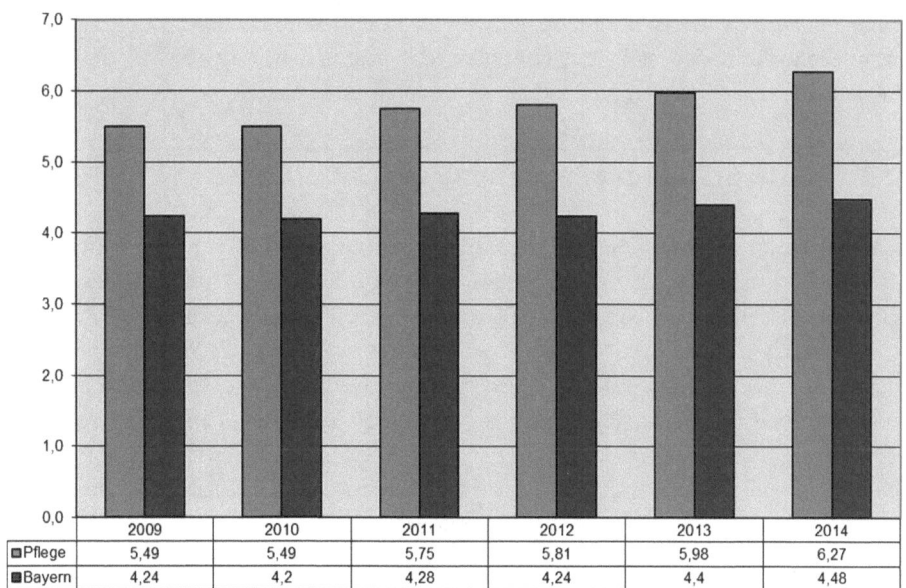

Abb. 22.1   Gesamtkrankenstand nach Alter in %. (Quelle: AOK Bayern 2015)

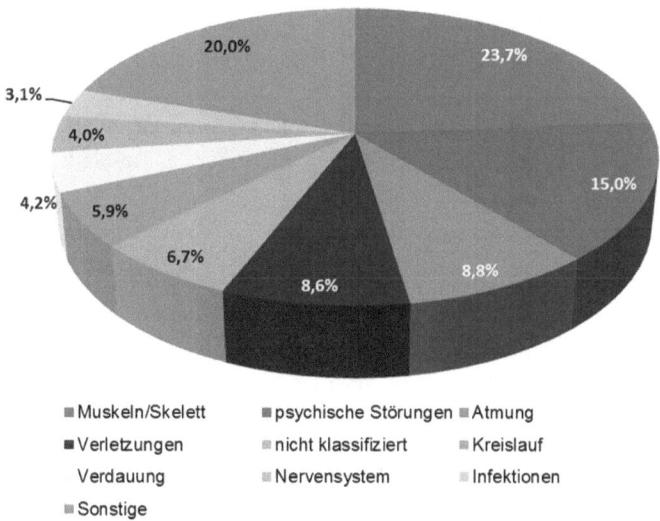

Abb. 22.2   Anteil AU-Tage ausgewählter Diagnosen in %. (Quelle: AOK Bayern 2015)

Erkrankungen um 22 % und für Muskel- und Skeletterkrankungen mit rund 23 Kalendertagen um 31 % über den Werten der bayerischen Wirtschaft (siehe Abb. 22.2).

Ein systematisches und zielgerichtetes BGM hilft dabei, die Belastungen zu verringern und Gesundheitsressourcen aufzubauen. Auch die wahrgenommenen Beanspruchungen durch die Beschäftigten in stationären Altenheimen können durch die regelmäßige

Teilnahme an BGF-Aktivitäten reduziert werden (Dietrich et al. 2015). Der im Weiteren beschriebene Leitfaden stellt ein erprobtes BGF-Instrument dar, das bedarfsorientiert Maßnahmen in Richtung Gesundheit am Arbeitsplatz entwickelt.

22.2 Hintergründe zur Entstehung des Leitfadens

Im Rahmen eines Modellprojektes der AOK Bayern zur BGF in Klein- und Mittelbetrieben (KMU) entstand unter aktiver Beteiligung von Pflegekräften aus ganz Bayern der Leitfaden „Gesundheit für die Beschäftigten in der Altenpflege" (Resch et al. 2005).

In der Analyse der betrieblichen Gegebenheiten, die am Anfang von Projekten zum BGM steht, schilderten die Mitarbeiterinnen und Mitarbeiter aus bayerischen Einrichtungen der ambulanten und stationären Pflege vergleichbare, zum Teil identische Arbeitsbelastungen, wenn auch mit unterschiedlichen Ausprägungen und persönlichen Gewichtungen. Hier zeigt sich ein wesentlicher praxisrelevanter Vorteil im Einsatz des Leitfadens: Die formulierten Lösungsvorschläge sind in Pflegeeinrichtungen erprobte und damit bewährte Maßnahmen aus der betrieblichen Realität. Körperliche, psychosoziale und organisatorische Beanspruchungen gehören in der Regel zum Arbeitsalltag und sind nicht selten Voraussetzungen für gesundheitliche Probleme, die letztlich zu Arbeitsunfähigkeiten führen können.

Die Effizienz des Leitfadens besteht darin, dass er die relativ homogenen, arbeitsbedingten Gesundheitsbelastungen für Pflegekräfte ohne eine umfängliche vorgeschaltete Analysephase aufnimmt und berücksichtigt. Das Arbeitsgeschehen in der Pflege ist in der Regel gekennzeichnet durch ein Zusammenwirken von körperlichen, psychosozialen und organisatorisch bedingten Belastungen. Zudem begrenzen enge zeitliche Rahmenbedingungen in der Altenpflege den Handlungsspielraum der Beschäftigten, nicht selten fehlen die notwendigen zeitlichen Ressourcen.

22.3 Der Leitfaden zur Selbstbewertung des BGM

Mit dem Leitfaden erhalten interessierte Pflegeeinrichtungen die Möglichkeit, mithilfe einer strukturierten Vorlage die vorhandenen arbeitsbedingten Belastungen und gesundheitsfördernden Faktoren in ihrer Organisation selbstständig zu analysieren und Anregungen für die Reduzierung von Gesundheitsgefahren zu erhalten.

Zwingend erforderlich ist vor dem Einsatz eine eingehende Beratung der verantwortlichen Personen einer Pflegeeinrichtung, in der die Ziele im Einsatz des Leitfadens thematisiert und geprüft werden. Langfristig sollen sich Gesundheitszustand, Zufriedenheit und Leistungsfähigkeit der Beschäftigten erhöhen.

Der Leitfaden „Gesundheit für die Beschäftigten in der Altenpflege"

- ist ein Instrument zur standardisierten Analyse der Belastungen und Entwicklung von Verbesserungen,
- trägt zur gesundheitsförderlichen Personal- und Organisationsentwicklung in Pflegeeinrichtungen bei,

- hilft den Beschäftigten, das eigene Handeln und die Organisation des Arbeitsbereiches zu reflektieren,
- umfasst die wesentlichen Belastungen und organisatorischen Defizite in der Altenpflege,
- ermöglicht, die individuellen Belastungsschwerpunkte für das Unternehmen herauszufinden,
- zeigt konkrete Veränderungsempfehlungen für Führungskräfte und Mitarbeitende, die in der Praxis anderer Pflegeeinrichtungen entwickelt und erprobt wurden,
- hilft, Maßnahmen zur Belastungsreduzierung, Förderung der gesundheitlichen Ressourcen, aber auch der Organisations- und Personalentwicklung zeitnah zu planen,
- regt einen intensiven Kommunikationsprozess im Unternehmen an.

Ein wesentliches positives Merkmal dieses Analyseinstrumentes ist die hohe partizipative Methodik und Ausrichtung im Einsatz. Das subjektive Belastungsempfinden der ausgewählten Mitarbeiter, die als Vertreter und Sprachrohr der Abteilung/des Wohnbereichs fungieren, ist von besonderer Bedeutung, auch für die Akzeptanz der Ergebnisse in der gesamten Pflegeeinrichtung.

Darüber hinaus ermöglichen der selbsterklärende Aufbau und die einfache fünfspaltige Struktur eine eigenständige zeitliche Planung des Einsatzes unter Berücksichtigung von Belastungsspitzen bzw. eher ruhigeren Arbeitsphasen (siehe Abb. 22.3).

In der Praxis wählen die Organisationen unterschiedliche Varianten im Einsatz des Leitfadens. So berichten Einrichtungen beispielsweise von wöchentlichen Sitzungen à zwei Stunden Dauer. Andere Einrichtungen investieren einen kompletten Arbeitstag, um den Leitfaden „am Stück" durchzuarbeiten. Wieder andere Einrichtungen prüfen die

Problembereiche/ Tätigkeit	Probleme/ Belastungen	Lösungsansätze/ Leitfragen	Informationen/ Angebote/ Hilfestellungen	Veränderungs- bedarf
Konflikte mit/unter den Pflegebedürftigen	• Steigende Ansprüche der Pflegebedürftigen. • Demente Pflegebe- dürftige. • Pflegebedürftige spielen das Pflege- personal aus.	• Werden „Problem- fälle" im Team besprochen? • Bildet das Team eine Einheit (gegenseitige Unterstützung, gleiche Tätigkeit)? • Wird die Betreuung eines Pflegebedürf- tigen bei Bedarf gewechselt? • Geben die Führungs- kräfte Rücken- deckung?	• Information an den Pflegebedürftigen – was ist an Leistung möglich? • Leitfaden für Beschäf- tigte auf der Station zum Umgang bzw. zu Leistungen und Preisen. • Fortbildung: Konflikt-, Beschwerdemana- gement; Umgang mit dementen Pflegebe- dürftigen. • Bei Konflikten evtl. Gespräch der Führungskraft mit dem Pflegebedürf- tigen.	
	• Belastung durch Konflikte unter den Pflegebedürftigen.	• Wird zeitnah reagiert, wenn sich Pflege- bedürftige nicht verstehen?	• Evtl. Zimmerbelegung ändern.	

Abb. 22.3 Der Aufbau des Leitfadens für Beschäftigte in der Altenpflege. (Quelle: AOK Bayern 2005)

Arbeitsbelastungen themenbezogen, sodass zunächst alle körperlichen Arbeitsbelastungen erfasst und auf Verbesserungsmöglichkeiten überprüft werden. Im Anschluss werden die psychosozialen Belastungsmerkmale geprüft, schließlich die organisatorisch bedingten. Unabhängig von der gewählten Einsatzvariante sind in etwa 10 Arbeitsstunden pro prozessbeteiligtem Arbeitnehmer für die Bearbeitung des Leitfadens zu veranschlagen.

22.4   Notwendige Prozessschritte im Einsatz

Seit vielen Jahren ist der Leitfaden „Gesundheit für die Beschäftigten in der Altenpflege" erfolgreich als branchenspezifisches Analyseinstrument der AOK Bayern im Einsatz. Mehrere Dutzend Pflegeeinrichtungen in ganz Bayern haben bereits von diesem ressourcenschonenden und ganzheitlichen Analyseverfahren profitiert.

Eine wesentliche Voraussetzung für den erfolgreichen Einsatz ist, gemeinsam mit den verantwortlichen Personen die einrichtungsspezifischen Gegebenheiten hinsichtlich Organisation und Durchführung des Einsatzes des Leitfadens zu berücksichtigen (vgl. Abb. 22.4). Im Rahmen eines Beratungsgesprächs werden die Ziele der Leitungspersonen und deren Erwartungen hinsichtlich der Ergebnisse erfragt und mit den Erfahrungen aus anderen Einrichtungen abgeglichen.

Im Weiteren erfolgt eine detaillierte Information der Belegschaft zu den Planungen im Einsatz des Leitfadens. Da zur Bearbeitung eine Projektgruppe notwendig ist, die sich aus einer Auswahl an freiwilligen Interessierten aus der Pflege zusammensetzt, ist es notwendig, das Verfahren vorab im Detail zu erläutern. Sobald sich eine Projektgruppe gebildet hat, erfolgt anhand von Leitfragen die Selbstreflexion der Einrichtung in Richtung BGM. Es werden einrichtungsspezifische Belastungsmerkmale gesammelt sowie

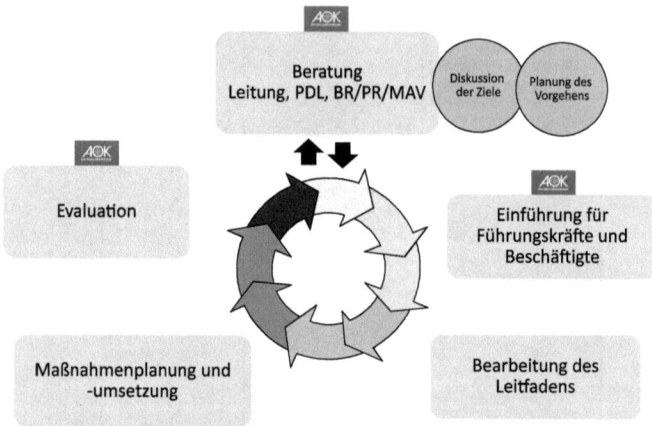

Abb. 22.4 Projektschritte im Einsatz des Pflegeleitfadens im Überblick. (Quelle: AOK Bayern 2014)

ein notwendiger Veränderungsbedarf festgehalten. Der gefüllte Leitfaden bildet im weiteren Projektverlauf die Arbeitsgrundlage für die Planung und Umsetzung von gesundheitsförderlichen Maßnahmen (siehe Abb. 22.4).

22.5 Weitere förderliche Faktoren

Für die organisatorischen Aufgaben zur Bearbeitung des Pflegeleitfadens empfiehlt es
sich, einen Projektkoordinator zu benennen. Dieser lädt die ausgewählten Teilnehmer zu
den Besprechungsterminen und organisiert die räumlichen und zeitlichen Rahmenbedingungen. Positive Erfahrungen werden aus Einrichtungen berichtet, die die Projektkoordi-
nation im Qualitätsmanagement angesiedelt haben. Es sind auch Beispiele bekannt, wo
Führungskräfte diese Aufgabe übernommen haben, die in dieser Rolle akzeptiert werden.
    Der Einbindung von Führungskräften (Einrichtungsleitung, Pflegedienst- und Wohn-
bereichsleitung), der Arbeitnehmervertretung und ggf. weiteren betrieblichen Experten (Betriebsarzt, Fachkraft für Arbeitssicherheit) kommt neben den Beschäftigten als
Experten für ihren Arbeitsplatz beim Einsatz des Leitfadens besondere Bedeutung zu.
Der gemeinsame Bearbeitungsprozess unterstützt den Hierarchie übergreifenden Erfahrungsaustausch und fördert damit die oftmals bemängelte Transparenz und Kommunikation in der Organisation.
    Die Ergebnisse werden idealerweise in einem innerbetrieblichen Steuergremium bera-
ten. Dort wird über die einrichtungsweite Kommunikation und die – möglichst zeitnahe –
Umsetzung von Verbesserungsmaßnahmen entschieden.

22.6 Ergebnisse aus Evaluationsgesprächen

Die Ergebnisse aus einer Vielzahl an Evaluationsgesprächen dokumentieren anschaulich
und praxisnah den Erfolg dieses Analyseinstrumentes. Im Rahmen von strukturierten
Interviews bestätigen die projektverantwortlichen Personen den hohen Nutzen im Ein-
satz des Leitfadens, mit dem eine strukturelle Verankerung von gesundheitsförderlichen
Maßnahmen in Richtung BGM erfolgte. Einige ausgewählte Beispiele verdeutlichen im
Folgenden die positiven Ergebnisse aus der Projektarbeit.

Körperlicher Bereich
So wurden auf Grundlage von festgestellten Arbeitsbelastungen im körperlichen Bereich
fehlende Arbeits- und Hilfsmittel wie Triangeln, Mobilisationsgurte, Gleitmatten, Lif-
tertücher u. ä. angeschafft. Ergänzend wurden die Mitarbeiterinnen und Mitarbeiter von
Fachkräften zur ergonomisch korrekten Handhabung und Anwendung der Hilfsmittel
geschult.

Auch der kommunikative Austausch unter den Pflegekräften wurde thematisiert, man unterstützte sich gegenseitig und bittet künftig aktiv um mehr Unterstützung aus dem Kollegenkreis (z. B. beim Patiententransfer). Ebenso wurde informiert, über welche Bewegungspotenziale die einzelnen Bewohner noch verfügen, um diese im Bedarfsfall zur Arbeitserleichterung nutzen zu können.

Fortbildungen zu ergonomischen Themen wurden angeboten und umgesetzt, die von den Pflegekräften im Leitfaden als notwendig und hilfreich beschrieben wurden (z. B. zu Infektionsgefahren, Handhabung von Arbeitsmitteln wie Insulin-Pens etc.).

Psychischer Bereich

Im psychischen Bereich wurden Fortbildungsmaßnahmen angeboten und durchgeführt, die vor allem die psychosozialen Belastungen von Pflegekräften aufgreifen. Dazu zählen unter anderem Fortbildungen zu Sterbebegleitung und Umgang mit Demenz, aber auch zu Beschwerdemanagement und Führen von Kritikgesprächen.

Es wurden Informationsveranstaltungen zu pflegerischen Themen abgehalten, um in der Belegschaft mehr Transparenz und Verständnis zu pflegerischen Leistungen und den damit verbundenen Kosten zu schaffen.

Für die Angehörigenansprache wurden feste Gesprächspartner (i. d. R. Führungskräfte) benannt, um die Pflegekräfte zu entlasten.

Es wurde eine Fülle an verhaltenspräventiven Angeboten (Zeitmanagement, diverse Entspannungsmethoden) gemacht, um die Beschäftigten zu befähigen, mit den Stressbelastungen in der Pflege gesundheitsorientierter umgehen zu können.

Organisatorische Belastungen

Organisatorisch bedingte Belastungen wurden reduziert durch eine Steigerung der Partizipation von Pflegekräften an betrieblichen Entscheidungsprozessen wie Dienstplangestaltung oder Belegung von Bewohnerzimmern. Das vorhandene Erfahrungswissen der Pflegekräfte konnte so besser genutzt werden.

Ein gemeinsam entwickeltes Einarbeitungskonzept zur verlässlichen Arbeitsvorbereitung neuer Pflegefach- und -hilfskräfte wurde erstellt.

Während der Pflege anwesende Fachkräfte des Sozialdienstes wurden stärker in die Pflegetätigkeit eingebunden, um so gemeinsam mit der Pflegekraft „Hand in Hand" eine verbesserte Pflegequalität zu erreichen.

Erfolgreiches betriebliches Gesundheitsmanagement ist gekennzeichnet durch ein dauerhaftes und langfristig angelegtes Engagement. Eine Reihe von Pflegeeinrichtungen berichtet von einem wiederholten Einsatz des Pflegeleitfadens, um die Arbeitsbedingungen und -belastungen immer wieder auf den Prüfstand zu stellen und laufend zu analysieren. Auf Grundlage der Ergebnisse werden in regelmäßigen Abständen Maßnahmen zur Gesundheitsförderung auf den Weg gebracht, sodass die Gesundheitssituation der Beschäftigten nachhaltig verbessert werden kann.

22.7   Schlussbetrachtung und Ausblick

Der Leitfaden „Gesundheit für die Beschäftigten in der Altenpflege", eine standardisierte Selbstbewertungsmethode zur Analyse der branchenspezifisch wesentlichen körperlichen, psychosozialen und organisatorisch bedingten Belastungen der Beschäftigten in der Altenpflege, hat sich in den letzten Jahren in der betrieblichen Praxis bewährt. Unternehmen und deren Mitarbeiterinnen und Mitarbeiter profitieren von den zahlreichen praxiserprobten Veränderungsideen, die im Rahmen eines Modellprojektes für KMU in der Altenpflege entwickelt wurden. Der Leitfaden erfasst ressourcenschonend die zielgruppenspezifische Arbeitssituation unter dem aktiven Einbezug der Beschäftigten. Er trägt damit entscheidend zur Bedarfsorientierung der abgeleiteten BGF-Maßnahmen bei.

Um die Nachhaltigkeit des Erfolges zu gewährleisten, eignet sich der Leitfaden auch zum wiederholten Einsatz im Unternehmen bzw. zur Evaluation. Der Leitfaden vereint damit wesentliche Qualitätsprinzipien im BGM, wie z. B. ein systematisches Vorgehen von Analyse, Maßnahmenableitung und -umsetzung sowie Evaluation oder die Partizipation von Vorgesetzten und Beschäftigten gleichermaßen. Er trägt dazu bei, betriebliche Strukturen und Prozesse sowie eine Unternehmens- und Führungskultur zu entwickeln, die eine gesundheitsförderliche Gestaltung von Arbeit in der Altenpflege zum Ziel hat.

Literatur

AOK Bayern (2005) Der Aufbau des Leitfadens für Beschäftigte in der Altenpflege. AOK Bayern, Nürnberg
AOK Bayern (2014) Projektschritte im Einsatz des Pflegeleitfadens im Überblick. AOK Bayern, Nürnberg
AOK Bayern (2015) Report Pflege 2014, eigene Berechnungen. Allgemeine Ortskrankenkasse Bayern (AOK Bayern), Nürnberg
Dietrich U, Rößler M, Bellmann M, Kirch W (2015) Betriebliches Gesundheitsmanagement in der Altenpflege. Prävent Gesundheitsförderung 10(1):3–10
Resch G, Heimerl K, Weissmann V, Gunkel L (2005) Gesunde Arbeit in der Altenpflege – ein leitfadenbasiertes Selbstbewertungsverfahren zur Reduktion arbeitsbedingter Belastungen. In: Badura B, Schellschmidt H, Vetter C (Hrsg) Fehlzeiten-Report 2004. Gesundheitsmanagement in Krankenhäusern und Pflegeeinrichtungen. Springer, Berlin, S 237–251

Über die Autoren

Volker Weißmann, Diplom-Sportökonom, M.A. Personalentwicklung, Demografie-Berater nach INQA, Systemischer Berater und Coach nach QRC, ist Referent für Betriebliches Gesundheitsmanagement seit 1997 bei der AOK Bayern – Zentrale Gesundheitsförderung. Tätigkeitsschwerpunkte sind Organisationsberatung und -entwicklung zu Konzeption und Durchführung von Projekten zum Betrieblichen Gesundheitsmanagement sowie Individual-Coaching; Schwerpunktthemen sind betriebliches Stressmanagement, Resilienz und psychische Gesundheit.

Gertraud Resch-Becke Diplomsportlehrerin, Demografie-Beraterin nach INQA, beschäftigt sich seit mehr als 20 Jahren mit dem Zusammenhang von Arbeit und Gesundheit. Seit 1999 ist sie als Referentin für Betriebliches Gesundheitsmanagement der AOK Bayern – Zentrale Gesundheitsförderung tätig. Die Arbeitsschwerpunkte liegen in der Organisationsberatung zu Aufbau und Optimierung von Prozessen im Betrieblichen Gesundheitsmanagement, der Umsetzung von Analysemaßnahmen wie Mitarbeiterbefragungen und Gesundheitszirkeln sowie den Themen psychische Gesundheit und gesundheitsgerechte Mitarbeiterführung.

Evaluation von Betrieblichem Gesundheitsmanagement

Dr. Annekatrin Wetzstein

Zusammenfassung

Eine positive Wirkung von Betrieblichem Gesundheitsmanagement (BGM) ist vielfach belegt. Dennoch ist die Umsetzung von BGM in Unternehmen, gerade in Klein- und Mittelbetrieben, noch nicht sehr verbreitet. Um gute Argumente zur Einführung von BGM zu haben, sind Evaluationen unerlässlich. Für die Evaluation liegen drei Ansätze vor. Bei der Strukturevaluation geht es darum, die strukturelle Verankerung in der Aufbau- und Ablauforganisation zu erfassen. Bei der Prozessevaluation geht es darum, die Durchführung der Maßnahmen im BGM zu verfolgen. Bei der Ergebnisevaluation geht es darum, die Qualität und Wirkung des BGM festzustellen. Im Beitrag werden zu diesen drei Arten konkrete Erhebungsinstrumente sowie Indikatoren vorgestellt, die Akteuren im Betrieb hilfreiche Anregungen liefern sollen.

Inhaltsverzeichnis

Dr. A. Wetzstein (✉)
Bereich Evaluation und Betriebliches Gesundheitsmanagement, Institut für Arbeit und Gesundheit der Deutschen Gesetzlichen Unfallversicherung, Dresden, Deutschland
E-Mail: annekatrin.wetzstein@dguv.de

© Springer Fachmedien Wiesbaden 2016
M.A. Pfannstiel und H. Mehlich (Hrsg.), *Betriebliches Gesundheitsmanagement*,
DOI 10.1007/978-3-658-11581-4_23

23.1   Einleitung

Betriebliches Gesundheitsmanagement (BGM) trägt zur Reduzierung arbeitsbedingter Belastungen und Beanspruchungen bei und unterstützt bzw. verbessert langfristig
und nachhaltig die Gesundheit sowie Leistungsfähigkeit der Beschäftigten. Dabei werden nicht nur körperliche Belastungen identifiziert, sondern auch mögliche psychische
Belastungen und Beanspruchungen berücksichtigt. In einem Forschungsprojekt des
Instituts für Arbeit und Gesundheit der DGUV (IAG) mit der UK NRW wurde in 2012
eine Studie durchgeführt, bei der die Mitgliedsbetriebe zu Umsetzung und Wirksamkeit
von BGM befragt wurden. Die Gesamtbetrachtung der möglichen Auswirkungen von
BGM zeigte, dass über 80 % der Befragten eine Wirkung des BGM feststellen konnten (Wundratsch et al. 2012). Doch BGM ist noch immer kein Selbstläufer. Es ist zwar
in vielen Großunternehmen und großen öffentlichen Verwaltungen verbreitet, es fehlt
aber an der Umsetzung in Klein- und Mittelbetrieben sowie auch in Bezug auf einzelne
arbeitsmarktpolitisch relevante Sektoren wie das Gesundheitswesen und den Bildungs-
bereich. So geht aus einer Befragung des IAG von mehr als 1600 Unternehmerinnen und
Unternehmern hervor, dass das Thema Gesundheit bisher nur in einem Viertel der Unternehmen systematisch und strukturiert in die Unternehmensprozesse integriert ist. Rund
17 % der Befragten gaben an, ein BGM sei in Planung, mehr als die Hälfte der Befragten
(56 %) berichteten, dass es bisher kein BGM gibt und ein solches auch nicht in Planung
sei (Hessenmöller und Rogosky 2014). Anliegen sowohl der gesetzlichen Kranken- als
auch Unfallversicherung ist es deshalb, Unternehmen für die Einführung eines BGM zu
motivieren und bei der Einführung, Umsetzung und Optimierung eines BGM zu unterstützen. Eine Grundvoraussetzung dafür ist die Überzeugung der Management- bzw.
Führungsebene. Da die Einführung eines BGM sowohl zeitliche, als auch personelle und
finanzielle Investitionen erfordert, suchen die Präventionsexperten der Unfall- und Krankenversicherung sowie Betriebsärzte, Fachkräfte für Arbeitssicherheit, Gesundheitsbe-
auftragte etc. immer wieder nach guten Gründen, konkreten Zahlen über Investitionen
und Auswirkungen sowie Forschungsergebnissen zur Überzeugung der Managementebene verschiedenen Ansätzen zur Evaluation von BGM.

23.2   Begriffsklärung

Betriebliches Gesundheitsmanagement umfasst die systematische Entwicklung und
Steuerung betrieblicher Rahmenbedingungen, Strukturen und Prozesse, die die gesundheitsförderliche Gestaltung der Arbeit und Organisation sowie die Befähigung zum
gesundheitsfördernden Verhalten zum Ziel haben (DGUV 2011). Optimaler Weise
wird bei der Umsetzung von BGM in der Praxis ein Kernprozess als Lern- und Ent-
wicklungszyklus durchgeführt. Dieser besteht aus fünf Elementen. Zunächst werden
die strukturellen Voraussetzungen geschaffen. Bei den strukturellen Voraussetzungen
geht es allgemein um die Verankerung des Themas Gesundheit in die Aufbau- und

Ablauforganisation des Unternehmens, um die Festlegung der Beteiligten/Zuständigen, um das zur Verfügung stellen von Ressourcen für Personal, Zeit und einem Budget. Mögliche Kooperationen mit externen und internen Partnern sollten Bedacht werden. Der nächste Schritt im BGM-Zyklus ist die Analyse. Es wird ermittelt, wie die Istsituation im Unternehmen ist, wo besondere Handlungsfelder liegen könnten, sowie eine systematische Erfassung der gesundheitlichen Situation der Beschäftigten und möglicher Einflussfaktoren wird erstellt. Es schließt sich die Phase der Projekt- bzw. Maßnahmenplanung an. Daraufhin werden die geplanten Projekte bzw. Maßnahmen durchgeführt und letztlich evaluiert. Im Sinne einer kontinuierlichen Fortführung und systematischen Weiterentwicklung, wie es ein erfolgreiches BGM verlangt, ist eine Evaluation unerlässlich. BGM ist in der Regel mit einem Einsatz von Ressourcen, beispielsweise finanziellen, räumlichen oder auch personellen Ressourcen, verbunden. Für die Unternehmen ist es von Interesse, getätigte Maßnahmen zu bewerten und auf Wirksamkeit zu prüfen, also eine Evaluation vorzunehmen. Diese hilft festzustellen, ob man sich „auf dem richtigen Weg" befindet und die in vielen Köpfen vorhandene Frage „Was bringt uns das eigentlich?" sowie den gerechtfertigten Mitteleinsatz zu klären.

Evaluation ist eine Voraussetzung für ein systematisches bzw. zielorientiertes Vorgehen im BGM. Evaluation im wissenschaftlichen Sinne ist die „explizite und systematische Verwendung wissenschaftlicher Forschungsmethoden zur Beschreibung und Bewertung bestimmter Gegenstände oder Maßnahmen hinsichtlich Zielsetzung und Planung, Einrichtung und Durchführung sowie Wirksamkeit und Effizienz" (Westermann 2002). Evaluation im BGM bedeutet somit die systematische Untersuchung der Qualität, Durchführung und Wirksamkeit mit wissenschaftlichen Methoden und stellt insofern sowohl eine rückblickende Wirkungskontrolle als auch eine vorausschauende Steuerung dar. Dabei beruhen die erzielten Ergebnisse und Schlussfolgerungen auf empirisch gewonnenen, beobachteten und/oder gemessenen Daten, sind nachvollziehbar und reproduzierbar und werden anhand zuvor festgelegter messbarer Ziele bewertet (DGUV 2014).

Welche konkreten Aspekte bzw. Werte einer Evaluation zugrunde liegen, hängt von den Zielen der Intervention ab und ist somit sehr differenziert (vgl. Pfaff 2001). Gegenstand der Evaluation sind Interventionen, die es zu bewerten gilt.

Interventionen im BGM können auf der Maßnahmen-, Programm- oder Managementebene verortet sein. Maßnahmen bezeichnet Pfaff als Elemente einer Intervention, sie stellen meist Komponenten eines Programms dar und zielen auf die Veränderung einzelner Prozess- oder Strukturvariablen. Eine Maßnahmenevaluation liegt vor, wenn die nicht mehr aufteilbaren Elemente einer Intervention Gegenstand der systematischen Bewertung sind. Beispielhaft für einen Gegenstand der Evaluation von einer (Einzel-) Maßnahme kann die Bewertung der Durchführung eines Gesundheitszirkels genannt werden (vgl. Pfaff 2001). Programme sind als Ebene über den Maßnahmen anzusehen und zielen auf die Verbesserung der Situation von Menschen in sozialen Systemen oder die Optimierung des Systems an sich. Programmevaluationen fokussieren die Gesamtheit aller durchgeführten Maßnahmen sowie deren Koordination und Zusammenspiel. Ziel ist die Beurteilung des Konzepts, der Implementierung und der Wirksamkeit von komplexen Interventionsprogrammen. Beispielhaft für ein Programm im Rahmen des BGM ist ein aus verhaltensbezogenen Maßnahmen (z. B. Stressbewältigungstechniken), verhältnisbezogenen Maßnahmen (z. B. Verbesserung Arbeitsumgebung) und ergebnis-offenen (z. B. Gesundheitszirkel) bestehendes Gesundheitsprogramm (vgl. Pfaff 2001). Pfaff definiert ein Managementsystem als „ein zusammenhängendes Set von Manage-mentprinzipien und -regeln, das der Steuerung eines Unternehmens und der Erreichung bestimmter Sachziele dient" (vgl. Pfaff 2001). Beispielhaft für die Evaluationsform der Managementevaluation kann die Evaluation von BGM gesamt genannt werden.

Evaluationen gesundheitsbezogener Interventionen unterscheiden sich nicht nur bezüglich der dargestellten Evaluationsformen. Pfaff spricht weiterhin die Systemevalu-ation an, welche das Ziel verfolgt, Zustände wie z. B. Struktur-, Prozess- und Ergebnis-qualität sozialer Systeme zu bewerten. Die Entwicklung des Evaluationsgegenstandes wird an dieser Stelle als Prozess betrachtet. Am Anfang steht der Entwurf einer Maß-nahme. Zu diesem Zeitpunkt kann eine Konzeptevaluation durchgeführt werden. Dieser Prozessabschnitt wird auch als präformative Phase bezeichnet. Aufbauend auf dem Ent-wurf wird durch praktische Erprobung ein konkreter Vorschlag geformt, mit dem Ziel, ein Produkt ohne offensichtliche Schwachstellen zu generieren (Entwicklungsphase). An diesem Produkt setzt die formative Evaluation an. Im Prozess folgt die (erste) sum-mative Evaluation, welche zur Beurteilung eines fertigen Produkts geeignet ist. Hierbei handelt es sich um die Erprobungsphase. In der letzten Prozessphase der Entwicklung eines Evaluationsgegenstandes besteht das Ziel, die Qualität eines Produkts unter Rou-tinebedingungen zu erhalten. Dies stellt eine Qualitätskontrolle und zugleich, aus Sicht der Evaluation, die zweite summative Phase dar (Uhl 2007).

Bei Input- bzw. Strukturevaluationen werden persönliche, materielle und organisatori-sche Ressourcen, die den Leistungserbringern zur Verfügung stehen, bewertet. Im BGM gelten die Trägerschaft, die Projektorganisation, die organisatorische und personelle Ver-netzung, die gegebene Organisationsstruktur, die Qualifikation der Beschäftigten, der Leis-tungsauftrag sowie die finanziellen und personellen Ressourcen als mögliche Indikatoren.

Eine formative Evaluation (auch Prozessevaluation genannt) erfolgt während der Ent-wicklung und Durchführung einer Präventionsmaßnahme. Durch diese begleitende Eva-luation werden die Durchführung der Präventionsmaßnahme sowie deren Wirkungen fortlaufend kontrolliert. Es werden Stärken und Schwächen identifiziert und wenn nötig Veränderungen initiiert. Die formative Evaluation wird zur kontinuierlichen Verbesse-rung eines Maßnahmenkonzepts und seiner Umsetzung angewendet sowie zur Identifika-tion von Wirkungsketten.

Bei der summativen Evaluation werden die Eigenschaften der fertigen Dienstleistung bzw. deren Folgen, der Erfolg oder die Effizienz einer Präventionsmaßnahme (Effekte-valuation, Outputevaluation) bewertet. Eine summative Evaluation erfolgt nachdem die Präventionsmaßnahme endgültig abgeschlossen ist.

Tab. 23.1 zeigt eine Übersicht über die Arten der Evaluation mit dazugehörigen Fragen und möglichen Methoden Die Methoden auf den unterschiedlichen Evaluati-onsebenen werden in den folgenden Kapiteln ausführlich und anhand von Beispielen dargestellt.

Tab. 23.1 Übersicht über Arten der Evaluation mit dazugehörigen Fragen und Methoden

Art	1) Strukturevaluation – Evaluation des Konzeptes	2) Prozessevaluation – Evaluation der Durchführung	3) Ergebnisevaluation – Evaluation der Wirkungen
Typische Fragen	Sind die notwendigen Strukturen geschaffen, um die Ziele zu erreichen?	Sind die Maßnahmen reibungslos und wie geplant umgesetzt worden?	Waren die Beteiligten zufrieden? Sind die Ziele erreicht? Wie hoch ist der Zielerreichungsgrad?
Methoden	Checklisten - Für einzelne Unternehmen - Für mehrere Unternehmen	• Interviews mit beteiligten Personen • Fragebögen für Einzelmaßnahmen	• Dokumentationen • Mitarbeiterbefragung • Globaleinschätzung • Bilanzierungs-Workshop • Kennzahlen

23.3 Strukturevaluation von BGM

Bei der Strukturevaluation geht es um die Frage, welche persönlichen, materiellen, organisatorischen und strukturellen Ressourcen zur Verfügung stehen, um die gesetzten Ziele zu erreichen. Dazu wird im Folgenden die Methode der Checklisten mit entsprechenden Beispielen vorgestellt. Sie dokumentieren, welche Strukturen und Prozesse für das BGM bereits geschaffen sind und welche noch ausstehen.

Der BGM-Check (Schmidt 2012) ist eine Checkliste zur Erfassung des Status quo eines BGM in Unternehmen. Mithilfe dieser umfangreichen Checkliste werden die Elemente eines BGM systematisch im Betrieb abgefragt. Aus den Ergebnissen können Handlungsfelder für das BGM eines Betriebs abgeleitet werden. Der BGM-Check hat folgenden Aufbau: 1) Angaben zum Unternehmen, 2) Strukturelle Rahmenbedingungen, 3) Gesundheitsbezogenes Führen im BGM, 4) Organisationsbezogene Maßnahmen im BGM, 5) Verhaltensbezogene Maßnahmen der Gesundheitsförderung, 6) Evaluation, 7) Handlungs- und Unterstützungsbedarf.

Ein anderer Ansatz zur Evaluation der Strukturen kann sein, dass mehrere Unternehmen gleichzeitig evaluiert und verglichen werden sollen. Hier eignet sich eine Betriebsbefragung. Die Befragung wird von der Unternehmensleitung ausgefüllt. Dabei werden die folgenden Aspekte abgefragt: 1) Betriebspolitische Voraussetzungen, 2) Strukturelle und planerische Rahmenbedingungen, 3) Durchführung der Kernprozesse (Diagnose, Maßnahmenplanung, Maßnahmen, Evaluation), 4) Besonderheiten der Umsetzung, 5) Gesamtbeurteilung (Tchorz 2010).

23.4   Prozessevaluation von BGM

Bei der Prozessevaluation interessiert, ob Maßnahmen so umgesetzt wurden wie geplant. Sie bezieht sich auf Aktivitäten und den passgenauen Einsatz der vorhandenen Ressourcen, unter Beachtung von indirekten Einflüssen. Dazu können zum einen Interviews mit Personen geführt werden, die an der Umsetzung der Maßnahmen beteiligt waren, und zum anderen können Fragebögen eingesetzt werden, die generell die Umsetzung der Maßnahmen erfragen. Um konkreter auf die einzelnen Maßnahmen im Rahmen des BGM eingehen zu können, gibt es einige Fragebögen, die speziell auf die jeweiligen Maßnahmen zugeschnitten sind.

Interviews mit beteiligten Personen: Die Zielpersonen dieser Interviews sind die BGM-Koordinatoren, die Unternehmensleitung sowie alle anderen Personen, die an der Umsetzung von Maßnahmen beteiligt sind. Fragen sollten zu folgenden Punkten gestellt werden: Wie ist der Iststand der Maßnahmen? Wird der Zeitplan eingehalten? Muss er angepasst werden? Gab es Probleme bei der Umsetzung? Sind Änderungen nötig? Wenn ja, welche? Werden zusätzliche Ressourcen benötigt?

Fragebögen zur Prozessevaluation bieten Betrieben unter anderem die Möglichkeit, Prozesse im BGM selbstständig zu bewerten. Dabei wird erfragt, welche verschiedenen Personengruppen bei der Planung, Umsetzung oder Auswertung teilgenommen haben, ob die Maßnahmen wie geplant umgesetzt wurden, ob die anvisierte Zielgruppe erreicht wurde und die Maßnahme von dieser akzeptiert wurde. Zuletzt wird der Fokus auf die Verbesserung von Erhebungsmethoden und Materialien gelegt.

Fragebögen für Einzelmaßnahmen: Zusätzlich können auch Einzelmaßnahmen separat evaluiert werden. Anhand der folgenden Indikatoren kann selbst bewertet werden, ob eine Maßnahme wie geplant durchgeführt wird und ob Änderungen nötig sind:

Indikatoren
Zahl der Teilnehmenden | Beteiligungshäufigkeit | Fluktuation der Teilnehmenden | Tag und Uhrzeit passend | Aufbau/Ablauf der Maßnahmen (Bewertung der Dauer, etc.) | Inhalte (Strukturierung, Alltagsnähe, etc.) | Akzeptanz der Maßnahmen durch Teilnehmende | Zufriedenheit mit der Maßnahme | Verbesserungspotenziale | Würden Teilnehmende die Maßnahme weiterempfehlen? | Würden Teilnehmende wieder teilnehmen? | Finanzieller Aufwand | Personeller Aufwand | Transfer in Arbeit/Alltag? (Nachhaltigkeit) | Änderung von Wissen, Einstellung, Verhalten bei Teilnehmenden (Ziele erreicht?)

23.5   Ergebnisevaluation von BGM

Bei der Ergebnisevaluation geht es um die Frage, ob die Ziele erreicht wurden und welche Qualität das Ergebnis hat. Dazu sind Dokumentationen, Mitarbeiterbefragungen, ein Globalansatz, Bilanzierungs-Workshops sowie Kennzahlen als Methoden geeignet. Diese werden im Folgenden kurz vorgestellt und erläutert.

Dokumentation von Strukturen: Zur Dokumentation vorhandener Strukturen im Rahmen des BGM können Checklisten, wie sie unter dem Punkt „Strukturevaluation von BGM" aufgelistet sind, verwendet werden. Dabei wird erfasst, ob bestimmte Strukturen vorhanden sind oder nicht.

Dokumentation von Maßnahmen/Kursen: Um vorhandene Maßnahmen und Kurse zu dokumentieren und bewerten, kann Tab. 23.2 genutzt werden. Dabei können alle durchgeführten Maßnahmen im Rahmen des BGM erfasst und hinsichtlich wichtiger Kriterien aufgeschlüsselt werden. Zuletzt soll ein Fazit zu jeder Maßnahme erstellt werden. Die Kriterien können je nach Notwendigkeit angepasst und erweitert werden.

Tab. 23.2 Beispielhaftes Schema zur Maßnahmendokumentation

Maßnahme	1	2	3
Oberziele			
Teilziele			
Merkmale			
Zielgruppe			
Häufigkeit			
Arbeitszeit			
Tag			
Ort			
Strukturelle Verankerung			
Verhaltens-/Verhältnisprävention			
Externe oder interne Ressourcen			
Auswirkungen auf:			
Gesundheit (körperlich & geistig)			
Arbeitszufriedenheit			
Leistung			
Betriebsklima			
Evaluation			
Zahl der Teilnehmenden			
Beteiligungshäufigkeit			
Fluktuation der Teilnehmenden			
Zufriedenheit mit der Maßnahme			
Würden Teilnehmende die Maßnahme weiterempfehlen?			
Würden Teilnehmende wieder teilnehmen?			
Finanzieller Aufwand			
Personeller Aufwand			
Haben Teilnehmer einen Transfer in Arbeit/Alltag? (Nachhaltigkeit)			
Bewertung/Fazit (Beibehalten, Abschaffen, Verbessern,…)			

Mitarbeiterbefragungen: Mit schriftlichen Mitarbeiterbefragungen können Meinungen, Einstellungen, Erwartungen, Bedürfnisse und Verhaltensweisen von Beschäftigten umfassend erfragt werden. Um eine Veränderung in tätigkeitsbezogenen psychischen und physischen Faktoren durch BGM festzustellen, ist es nötig, die Beschäftigten vor und nach der Einführung zu befragen. Dadurch können die Effekte verglichen werden. Tab. 23.3 enthält einen Überblick über Chancen und Grenzen von Mitarbeiterbefragungen.

Im Rahmen der Evaluation von BGM sind Mitarbeiterbefragungen vor allem zur Beurteilung von Belastungen und Beanspruchungen wichtig. Relevante Indikatoren, die erfragt werden können, sind (vgl. Klotz 2012): Arbeitsumgebung (Lärm, Licht, persönliche Gestaltungsmöglichkeiten, Spielraum für Privates, etc.), Arbeitstätigkeit und Arbeitsorganisation (Arbeitsintensität, Aufgabenvielfalt, Handlungsspielraum, etc.), Organisation, Führung, Team (Betriebsklima, Soziale Unterstützung, etc.), Individuelle Einstellungen (Selbstwirksamkeit, etc.), Kurzfristige Beanspruchungsfolgen (Engagement, Stress, etc.), Langfristige Beanspruchungsfolgen (Einstellung und Motivation, geistige und körperliche Gesundheit).

Im Rahmen eines Globalansatzes können komprimierte Fragebögen zur Einschätzung des gesamten Prozesses des BGM, von den Voraussetzungen bis zur Evaluation der Maßnahmen, genutzt werden. Diese Bögen sind von den BGM-Koordinatoren und Führungskräften auszufüllen. Der Fragebogen zur Umsetzung und Wirkung von BGM (Wundratsch et al. 2012) kann als Globalansatz zur Evaluation verstanden werden. Er enthält folgende Facetten: 1) Allgemeine Angaben, 2) Bewertung der Handlungsfelder zum Thema Gesundheit; 3) Personalmanagement, 4) Betriebliche Gesundheitsförderung, 5) Arbeitsbezogene Faktoren, 6) Unterstützungsleistungen, 7) (betriebliche) Voraussetzungen, 8) Gesamtbewertung zum Thema „Gesundheit im Betrieb", 9) Sonstiges.

Bilanzierungs-Workshops sind eine Möglichkeit zur gemeinsamen Diskussion über Ziele und eingeführte Maßnahmen des BGM, um diese zu bewerten und Verbesserungen abzuleiten. Teilnehmende solcher Workshops können der Steuerkreis Gesundheit, BGM-Koordinatoren, Führungskräfte und auch Beschäftigte sein. Konkret sollen der Iststand besprochen, positive und negative Aspekte der Umsetzung von BGM ausgearbeitet, sowie Probleme und Handlungsbedarf aufgedeckt werden.

Tab. 23.3 Chancen und Grenzen von Mitarbeiterbefragungen

Chancen	Grenzen
Vergleichbar geringer Aufwand ǀ alle Beschäftigten erreichbar ǀ Anonymität ǀ Istanalyse (Vergleich mehrerer Zeitpunkte) ǀ aktive Teilnahme der Beschäftigten ǀ Motivation der Beschäftigten, da ihre Meinung gefragt ist	Erfahrung und Methodenkenntnisse nötig (Selbstkonstruktion kritisch) ǀ Kein Rückschluss auf einzelne Arbeitsplätze möglich (nur durchschnittliche Meinung) ǀ Dokumentation von Missständen, nicht von Ursachen ǀ liefert keine fertigen Maßnahmenpakete ǀ Vertrauensverlust, falls nachher keine Maßnahmen eingeführt werden

Kennzahlen sind für Unternehmen informative Zahlen. Sie stellen finanzielle (nach-laufend, langfristig, großer Fokusrahmen) oder nicht-finanzielle Sachverhalte (aktuell, kurzfristig, kleiner Bezugsrahmen) dar (Baumanns 2009). Eine weitere Unterteilungs-möglichkeit von Kennzahlen besteht in Früh- (z. B. physisches und psychisches Befin-den) und Spätindikatoren (z. B. Fehlzeiten). Frühindikatoren sind meist qualitative Indikatoren (aus Befragung oder Interview) und messen das Ergebnis der Interventionen. Spätindikatoren werden von Frühindikatoren beeinflusst und haben eine direkte kau-sale Wirkung auf den ökonomischen Unternehmenserfolg (Baumanns 2009). Kennzah-lensysteme sind eine Zusammenstellung von harten und weichen Kriterien, die in einer sachlich sinnvollen Beziehung zueinander stehen, einander ergänzen oder erklären und insgesamt auf ein übergeordnetes Ziel ausgerichtet sind. Dabei sind die Kennzahlen über Ursache-Wirkungsbeziehungen untereinander und auch mit monetären Unterneh-menszielen verbunden. Ein Beispiel für ein Kennzahlensystem ist die Balanced Score-card. Sie ist ein etablierter Ansatz zur Darstellung von Ursache-Wirkungs-Ketten auf die finanziellen Zielgrößen eines Unternehmens. Sie gibt einen formalen Orientierungsrah-men vor und kann unternehmensspezifisch ausgefüllt werden. Somit kann sie bei Mes-sung der Auswirkungen von Maßnahmen im BGM helfen (Baumanns 2009).

23.6 Schlussbetrachtung

Unternehmen profitieren nachgewiesenermaßen von BGM. Es gibt über die letzten Jahre eine Fülle an Studien und systematischen Reviews zum ökonomischen Nutzen von BGM (iga-Report 28, 2015). Ergebnisse zeichnen ein positives Bild und stellen einen positi-ven Return-on-Invest bzw. Return-on-Prevention für Unternehmen heraus. Neben diesen Berechnungen zeigen Studien Veränderungen durch BGM in harten Kennzahlen, wie Produktivitätssteigerung oder Kosteneinsparung, und weichen Kennzahlen, wie Verbes-serung des Betriebsklimas und der Arbeitszufriedenheit. Doch reichen Argumente dieser Art schon aus, um ein Management zu überzeugen und Investitionen in BGM zu begrün-den? Die Erfahrung aus der Beratung zeigt: Das reicht im konkreten Betrieb nicht! Son-dern, wir müssen am Bedarf und den spezifischen Problemen des Betriebs andocken, die sich nur über eine IST-Stands-Analyse mithilfe verschiedener Erhebungsinstrumente (BGM-Check, Experteninterviews, Gesundheitsbericht etc.) ermitteln lassen.

Literatur

Baumanns R (2009) Unternehmenserfolg durch betriebliches Gesundheitsmanagement. Ibidem-Verlag, Stuttgart

DGUV (2011) Gemeinsames Verständnis zur Ausgestaltung des Präventionsfeldes „Gesundheit im Betrieb" durch die Träger der gesetzlichen Unfallversicherung und die Deutsche Gesetz-liche Unfallversicherung (DGUV), Stand September 2011, verabschiedet vom Vorstand der DGUV am 29.11.2011. http://www.dguv.de/medien/inhalt/praevention/themen_a_z/gesund-heit_betrieb/documents/gemein_verst_gib.pdf. Zugegriffen: 22. Febr. 2016

DGUV (2014) Leitpapier zur Evaluation. Grundverständnis in der gesetzlichen Unfallversicherung. DGUV-Grundsatz 311-001. DGUV Berlin

Hessenmöller A, Rogosky E (2014) „Denk an mich. Dein Rücken" – Eine Befragung zu Rückengesundheit und Präventionskultur in Unternehmen. IAG-Report1/2014. DGUV Berlin

iga-Report 28 (2015) Wirksamkeit und Nutzen betrieblicher Prävention. BKK DV, DGUV, AOK-BV, vdek. Berlin

Klotz M (2012) IAG-Standard für Mitarbeiterbefragungen im Rahmen des BGM Nr. 3049, Ausgabe 07/2012. In: Institut für Arbeit und Gesundheit der Deutschen Gesetzlichen Unfallversicherung (IAG) (Hrsg) Aus der Arbeit des IAG, Loseblatt Ausgabe, Dresden. http://publikationen.dguv.de/dguv/pdf/10002/iag3049.pdf. Zugegriffen: 22. Febr. 2016

Pfaff H (2001) Evaluation und Qualitätssicherung des betrieblichen Gesundheitsmanagements. In: Pfaff H, Slesina W (Hrsg) Effektive betriebliche Gesundheitsförderung. Konzepte und methodische Ansätze zur Evaluation und Qualitätssicherung. Juventa, Weinheim

Schmidt N (2012) Checkliste zur Erfassung des Status Quo eines BGM in Unternehmen, Nr. 3050, Ausgabe 07/2012. In: Institut für Arbeit und Gesundheit der Deutschen Gesetzlichen Unfallversicherung (IAG) (Hrsg) Aus der Arbeit des IAG, Loseblatt Ausgabe, Dresden. http://publikationen.dguv.de/dguv/pdf/10002/iag3050.pdf. Zugegriffen: 22. Febr. 2016

Tchorz U (2010) Gesundheit im Betrieb. Ergebnisse einer Mitgliederbefragung. UK NRW Düsseldorf

Uhl A (2007) Kriterien der Evaluation in der Suchtprävention. Prävention. Zeitschrift für Gesundheitsförderung. 30(4):120–124 (Schwerpunktheft: Evaluation in der Prävention und Gesundheitsförderung)

Westermann R (2002) Merkmale und Varianten von Evaluationen: Überblick und Klassifikation. Z Psych 210(1):4–26

Wundratsch I, Wetzstein A, Tchorz U (2012) Umsetzung und Wirkung von Betrieblichem Gesundheitsmanagement. Ergebnisse einer Mitgliederbefragung der UK NRW. UK NRW Düsseldorf

Über die Autorin

Dr. Annekatrin Wetzstein, Dipl.-Psych. ist Leiterin des Bereichs Evaluation und Betriebliches Gesundheitsmanagement im Institut für Arbeit und Gesundheit der Deutschen Gesetzlichen Unfallversicherung. Sie studierte Arbeitspsychologie und Klinische Psychologie an der Humboldt-Universität zu Berlin und promovierte in den Naturwissenschaften an der Technischen Universität Dresden zur Unterstützung der Innovationsentwicklung. Sie arbeitet an Projekten zur Evaluation von Präventionsmaßnahmen und zum Betrieblichen Gesundheitsmanagement. Sie ist ausgebildete Kommunikations- und Verhaltenstrainerin und systemischer Coach (DGSF).

Einbindung verpflichtender Evaluierungen in ein integriertes Gesundheitsmanagement – Best Practice im Ordenskrankenhaus der Elisabethinen Graz

Elisabeth Nöhammer, Michaela Drexel, Sabine Katzdobler
und Harald Stummer

Zusammenfassung

Das Best-Practice-Evaluierungsprojekt zeigt, wie standardmäßige und gesetzlich verpflichtend umzusetzende Erhebungen in einem einzigen Projekt kombiniert werden können. Durch die Nutzung von und Triangulierung mit bereits vorhandenen Daten (Familienaudit, Zufriedenheitserhebungen) reduziert sich der Aufwand für die Erhebung der psychischen Belastungen, die Ergebnisdichte und der Informationsgehalt der gewonnenen Erkenntnisse werden verbessert. Die Datenbasis kann für den Kick-off von Gesundheitsförderung und Gesundheitsmanagement verwendet werden. Über die Kombination verschiedener Datenquellen können damit sowohl ökonomische als auch Gesundheitsziele erreicht werden.

E. Nöhammer (✉) · H. Stummer
Department für Public Health, Versorgungsforschung und HTA, Institut für Management und Ökonomie im Gesundheitswesen, UMIT, Private Universität für Gesundheitswissenschaften, Medizinische Informatik und Technik, Hall in Tirol, Österreich
E-Mail: elisabeth.noehammer@umit.at

H. Stummer
E-Mail: harald.stummer@umit.at

M. Drexel
Krankenhaus der Elisabethinen GmbH Graz, 8020 Graz, Österreich
E-Mail: michaela.drexel@elisabethinen.at

S. Katzdobler
Institut für Gesundheitsmanagement und Innovation, Privatuniversität Schloss Seeburg, Seekirchen am Wallersee/Salzburg, Österreich
E-Mail: sabine.katzdobler@uni-seeburg.at

© Springer Fachmedien Wiesbaden 2016

M.A. Pfannstiel und H. Mehlich (Hrsg.), *Betriebliches Gesundheitsmanagement*,
DOI 10.1007/978-3-658-11581-4_24

Inhaltsverzeichnis

24.1   Hintergrund

Die berufliche Tätigkeit umfasst qualitative, quantitative und soziale Herausforderungen sowie tägliche Ärgernisse. Je nach verfügbaren Ressourcen können Individuen diese
Herausforderungen entweder bewältigen oder sie als belastend erleben (Helmenstein
et al. 2004). Welches dieser beiden Resultate erreicht wird, kann von der Arbeitsumgebung und -organisation beeinflusst werden (Badura und Hehlmann 2003; Busch et al.
2009). Forschungsergebnisse zeigen nicht nur den möglichen Einfluss von Arbeit auf
Gesundheit (Leitner 1999; Meggeneder 2006), sondern deuten auch den umgekehrten
von Wohlbefinden auf Leistung an (siehe z. B. Jancik 2002). Aus diesem Grund und
wegen der weiter unten für Krankenhäuser spezifizierten sozialen und wirtschaftlichen
Veränderungen (Badura und Hehlmann 2003), sind Forschungen zum Thema der gesunden Organisationsentwicklung für ArbeitnehmerInnen im Gesundheitswesen von hoher
Relevanz.

24.2   Arbeit und Gesundheit

Gesundheit am Arbeitsplatz wird durch gesunde Arbeitsumgebung und -organisation
erreicht. Für deren Gestaltung müssen die dort Tätigen mit in den Veränderungsprozess
eingeschlossen werden (ENWHP 2007; Nöhammer et al. 2009). In diesem Kontext ist
Betriebliche Gesundheitsförderung (BGF) einer der zentralsten Ansätze für die Reduktion pathogener Potenziale von Arbeit, insbesondere durch Stärkung von Ressourcen
(Meggeneder 2006). Es soll nicht nur die Gesundheit und das Wohlbefinden der Einzelnen verbessert, sondern langfristig eine „gesunde Organisation" geschaffen werden (Breucker 2000). Aus Sicht der Organisation hofft man auf positive Resultate auch
finanzieller Natur (Badura und Schellschmidt 1999; Meuser 2004) in Bezug auf Prozess-
soptimierung, geringere Krankenstandsquoten, etc. (Helmenstein et al. 2004). Um diese
Ziele zu erreichen, sollte BGF so attraktiv wie möglich und so nahe wie möglich an
den Bedürfnissen der MitarbeiterInnen gestaltet werden (Nöhammer et al. 2010, 2011).
Diese sind nicht nur je nach Wirtschaftszweig und Berufsgruppe unterschiedlich.

24.3   Betriebliche Gesundheitsförderung in Krankenhäusern

Krankenhäuser gelten generell als komplexe Settings, in denen zwar sehr viel Expertise und Wissen zum Themenfeld Gesundheit verfügbar ist (Stummer et al. 2010) dieses aber meist nur für PatientInnen angewendet wird und wenig nach innen in die Organisation. Die Strukturen in Krankenanstalten sind wegen Zielen wie Ressourcennutzungsoptimierung und Risikominimierung in weiten Teilen reglementiert, die ständige medizinisch-technische Weiterentwicklung verlangt häufige Anpassungen seitens der Organisation und ihrer Mitglieder, weiters wird der Kosten- und Einsparungsdruck tendenziell intensiver. Die Veränderungen der Arbeitssituationen im Krankenhaus treffen gleichermaßen die MitarbeiterInnen der Bereiche Pflege, Medizin und Verwaltung. Durch die Segmentierung (Arbeitszeit, erhöhte Patientenfluktuation, ...) entstehen neue bzw. nicht erforschte Belastungskonstellationen, deren Langzeitfolgen auf die Gesundheit der MitarbeiterInnen noch nicht absehbar sind. Im Rahmen der NEXT-Studie (2011) mit dem Fokus auf Pflegepersonal zeigte sich, dass viele den Beruf bereits nach den ersten Jahren verlassen, da die physischen und psychischen Belastungen enorm sind. Im Kontext der demografischen Veränderungen ist dies hoch problematisch. Im ärztlichen Bereich sind vor allem die psychischen Belastungen sehr hoch (Voltmer et al. 2007), in einzelnen Disziplinen auch die physischen (Padosch et al. 2011). Weitere Gesundheitsberufe sind kaum untersucht.

Häufig assoziieren Führungskräfte die Umsetzung von Projekten zur Erhebung von Gefahrenbelastungen, Zufriedenheit, Work-Life-Balance und des Gesundheitszustands der MitarbeiterInnen und der Organisation mit einem überdurchschnittlich hohen zeitlichen und/oder finanziellen Ressourceneinsatz. Deshalb werden derartige Projekte oft erst dann durchgeführt, wenn sie verpflichtend sind und vor allem in kleinen und mittelständischen Unternehmen oft stiefmütterlich behandelt und selten in ein Gesamtsystem integriert. Jedoch sind Evaluationen über gesundheitliche Ressourcen und Belastungsfaktoren unerlässlich, da die Ergebnisse wesentlich für organisationale Optimierungen sind (De Greef und Van den Broek 2004, S. 17). Die Mindestinhalte beziehen sich auf die allgemeinen Rahmenbedingungen, die hemmenden und fördernden Interventionsbedingungen sowie die Zielerreichung (Lenhardt 2003, S. 22). Meist liegen die Problematiken in der langfristigen Orientierung und Komplexität von Gesundheitsförderung (Lenhardt 2003, S. 21) sowie dem wissenschaftstheoretischen Problem der Bewertung von Vermeidung (Helmenstein et al. 2004, S. 10).

Grundsätzlich sind daher zwei Argumentations- und Handlungslinien für das Themenfeld relevant. Zum einen 1) muss mit möglichst hoher Sicherheit dargestellt werden, dass Gesundheitsförderung im Betrieb Nutzen generiert, zum anderen 2) müssen Projekte und Programme dazu möglichst gut in bestehende Prozesse eingegliedert werden, um sie langfristig verändern zu können.

Der erste Punkt lässt sich mit Rückgriff auf Literatur beantworten. Maßnahmen der Betrieblichen Gesundheitsförderung (BGF) bewirken tendenziell eine Verringerung der Krankheitskosten und eine Reduktion des Absentismus (Sockoll, Kramer und Bödeker 2008). Die Bedeutung von BGF aus wirtschaftlicher Sicht wurde auch in

metaanalytischen Studien untersucht. Aldana (2001) berichtet aus einer Zusammen-
schau von 14 Studien mit Absentismus als Ergebnisvariable, dass BGF-Maßnahmen
die Abwesenheitszeiten bei den TeilnehmerInnen zwischen 12–36 % reduzieren. In drei
Studien zeigte sich sogar ein Kosten-Nutzen-Verhältnis zwischen 1:2,5 und 1:4,85. Eine
Metaanalyse von Chapman (2012), in die 62 ökonomisch orientierte Evaluationsstudien
einbezogen wurden, verdeutlicht den ökonomischen Nutzen von BGF aus langfristiger Sicht. Die Investition in BGF ist eine der bedeutsamen Möglichkeiten den Gesundheitszustand der MitarbeiterInnen und der Organisation zu verbessern und lohnt sich im
Idealfall nicht nur aus humaner bzw. sozialer, sondern auch aus betriebswirtschaftlicher
Sicht (De Greef und Van den Broek 2004).

Der zweite Punkt ist praxisorientiert und hierauf fokussiert der vorliegende Beitrag.
Wie können übliche Prozesse und verpflichtende Evaluierungen für Betriebliche Gesundheitsförderung bzw. in weiterer Folge Betriebliches Gesundheitsmanagement genutzt
werden? Dargestellt wird dies an einem Best-Practice-Beispiel eines Ordenskrankenhauses in der Steiermark (Österreich).

24.4   Setting

Das Krankenhaus der Elisabethinen Graz ist einer der medizinischen Grundversorger,
insbesondere der steirischen Bevölkerung und hat seinen Sitz in Graz. Mit Stichtag 31.
Mai 2015 waren in der GmbH 432 MitarbeiterInnen in den unterschiedlichen medizinischen Bereichen (Chirurgie, Interne, HNO, Anästhesie/Schmerz, Radiologie) bzw. in
Verwaltung und Service (Haustechnik, Küche, Gärtnerei, etc.) beschäftigt. In den Abteilungen Chirurgie, HNO, Innere Medizin, Anästhesie und Intensivmedizin werden insgesamt 197 systemisierte Betten bereitgestellt.

Wegen der stark unterschiedlichen Bereiche ist jede Station in ihren Abläufen und
Strukturen individuell und auch die soziodemografischen Variablen in der Population der
MitarbeiterInnen sind breit gestreut. Die generellen Hauptaufgaben der MitarbeiterInnen
liegen jedoch stets in:

- der medizinischen Behandlung und pflegerischen Versorgung
- der Beantwortung von Fragen zu medizinischen und pflegerischen Maßnahmen
- der umfassenden Aufklärung zu Behandlungen und Operationen
- der Nachfrage nach den Bedürfnissen und dem Befinden der PatientInnen
- einem überlegten Einsatz von Medikamenten, Medizinprodukten und anderen Mitteln, wobei das Wohl der PatientInnen an oberster Stelle steht und ein sorgsamer
  Umgang mit Ressourcen zu beachten ist.

Die Zufriedenheit der Organisationsmitglieder und der PatientInnen haben einen hohen
Stellenwert und werden im Rahmen von Zufriedenheitsbefragungen standardisiert erhoben. Ebenso durchgeführt wird das gesetzlich verpflichtende Audit zum Thema Vereinbarkeit von Berufstätigkeit und Familie (Familienaudit). Seit der Novellierung des

Bundesgesetzes über Sicherheit und Gesundheitsschutz bei der Arbeit ist es in Österreich für Unternehmen ab einer bestimmten Größe seit 01.01.2013 verpflichtend, auch die psychischen Belastungen der ArbeitnehmerInnen zu erheben (§§ 4f. und 7 AschG). Ziel der wissenschaftlich begleiteten Erfüllung dieser Vorschrift war es, (a) diese möglichst ressourcenschonend umzusetzen und sie dafür an diverse laufende bzw. bereits verpflichtende Prozesse wie das Audit zu koppeln sowie (b) über die Zusammenführung der gewonnenen Daten die Implementierung von BGF vorzubereiten und (c) für die zukünftige Nutzung effiziente kombinierte Erhebungs- und Evaluierungs-Tools zu entwickeln. Mit der Ausnahme des Familienaudits wird in der untenstehenden Grafik (Abb. 24.1) dargestellt, wie die Prozesse der Zufriedenheitsbefragungen und der Erhebung der psychischen Belastung abliefen und verbunden wurden.

24.5   Methode

Im Rahmen der externen Begleitung des Ordenskrankenhauses der Elisabethinen wurde zur Erreichung des oben genannten Ziels zunächst analysiert, welche Daten bereits vorlagen. Es erfolgten zusätzlich mehrere Treffen mit einer aus der Unternehmensleitung und zentralen Playern zusammengesetzten Steuerungsgruppe sowie dem bisher für die Zufriedenheitserhebungen beauftragten Institut. Dies ermöglichte in weiterer Folge eine Triangulation aus Daten der 1) im Haus etablierten Erhebung der Zufriedenheit der MitarbeiterInnen und 2) der Zufriedenheit der PatientInnen, sowie 3) der gesetzlich verpflichtenden Evaluierung psychischer Arbeitsbelastungen und 4) der Auditierung zu Familie & Beruf.

Wegen der erstmaligen gesetzlich vorgeschriebenen Durchführung von 3) musste dafür ein geeigneter Fragebogen erarbeitet werden. Nach Durchsicht der bestehenden Fragebatterien aus 1), 2) und 4) bzw. Rücksprache mit den dafür verantwortlichen Personen und Gremien wurde ein Instrument entwickelt. Dieses basiert auf der Struktur des Kurzfragebogens zur Arbeitsanalyse (KFZA) (Prümper/Hartmannsgruber/Frese 1995) und Teilen desselben in Kombination mit Teilen des Copenhagen Psychosocial Questionnaires (COPSOQ) in seiner deutschen Version (Nübling et al. 2005), der Bewertung von Arbeitsbedingungen – Screening für Arbeitsplatzinhaber (BASA II) (Richter und Schatte 2011) sowie Items mit spezifisch für das Krankenhaus der Elisabethinen Graz relevanten Aspekten. Diese wurden in Gruppendiskussionen mit Führungskräften (Steuerungsgruppe, Geschäftsführung) und neun Einzelinterviews sowie einer Fokusgruppe mit MitarbeiterInnen (von der externen wissenschaftlichen Begleitung) entwickelt. Die Auswahl der InterviewpartnerInnen erfolgte nach einem theoretischen Sampling bzgl. demografischer Unterschiede. Explizit ausgeschlossen wurden für die Erhebung Items zur physischen Gesundheit bzw. hier verfügbaren Ressourcen und auftretenden sowie etwaige Suchtproblematiken. Ebenfalls stark beachtet wurde das Thema Anonymisierung, das sich in der sehr groben Abfrage von bestimmten demografischen Kriterien spiegelt. Das Instrument wurde vom Arbeitsinspektorat begutachtet und freigegeben.

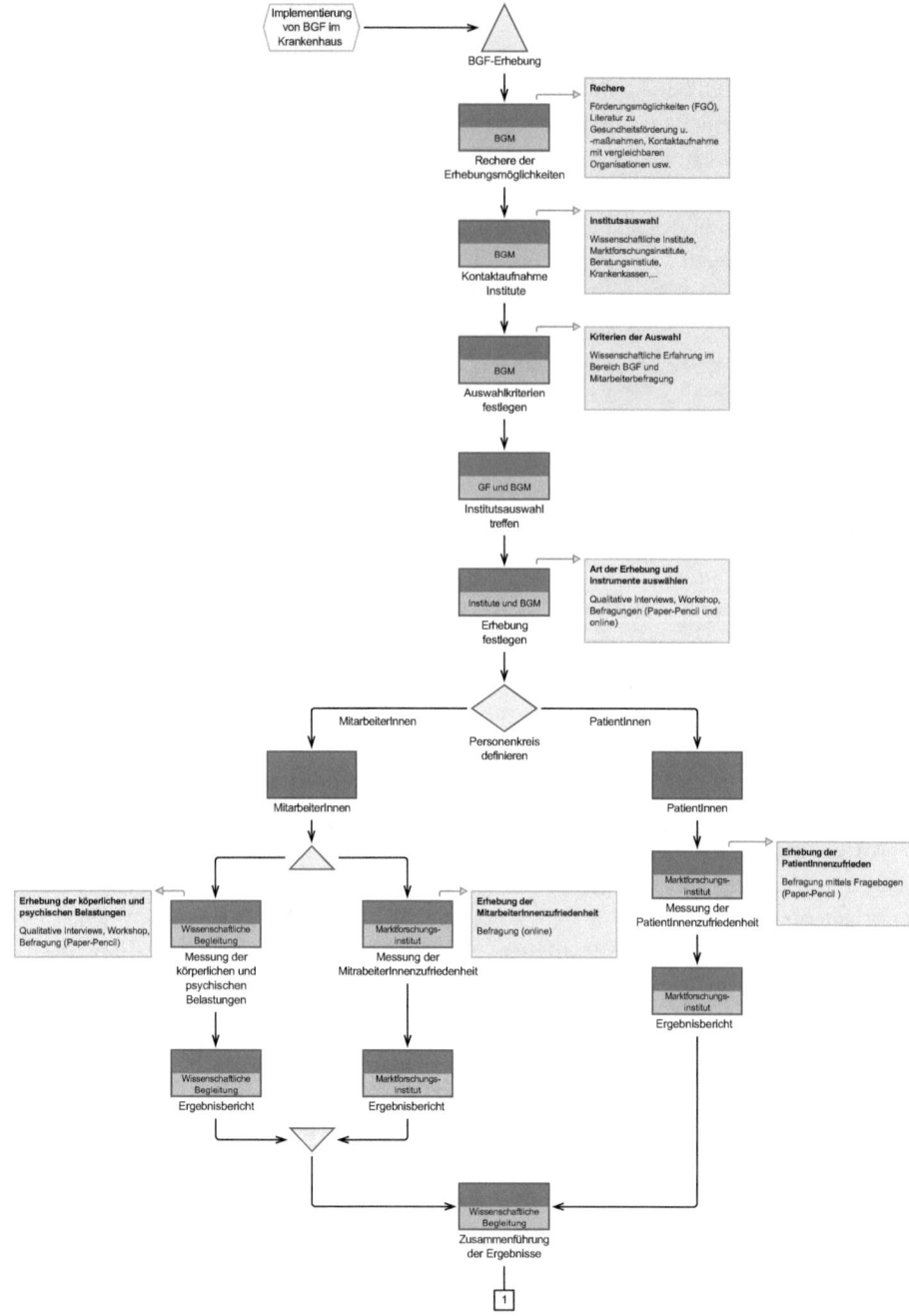

Abb. 24.1 Empfohlene Vorgehensweise. (Nöhammer et al. 2015)

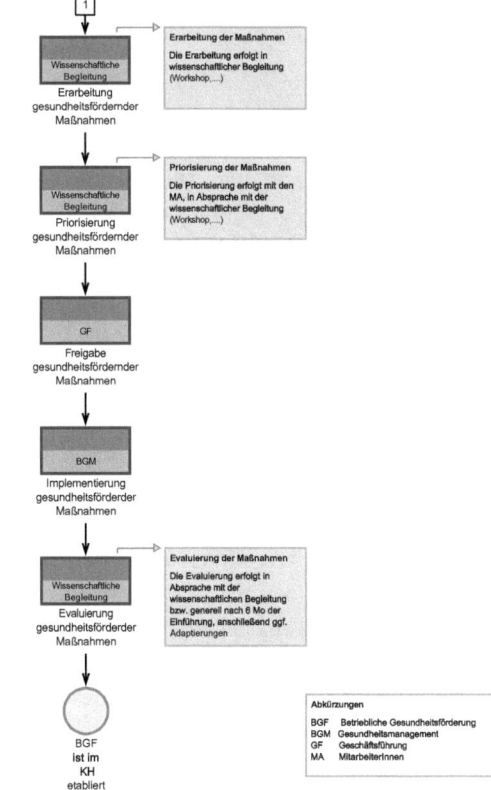

Abb. 24.1   (Fortsetzung)

Wegen der inhaltlichen und zeitlichen Abstimmung der Erhebung mit der Zufrieden-heitsbefragung der MitarbeiterInnen und einer umfassenden Information der Mitarbeite-rInnen konnten sowohl in der Auswertung als auch beim Rücklauf große Erfolge erzielt werden. Die Zufriedenheitserhebung wurde knapp vor der Evaluierung der psychischen Belastung mit hohem Rücklauf durchgeführt, der für letztere sogar noch gesteigert werden konnte. Die Ergebnisse beider Befragungen wurden mit der Steuerungsgruppe besprochen und den MitarbeiterInnen in einer gemeinsamen Veranstaltung präsentiert. Dabei konnten bereits erste Zusammenhänge und übergreifende Themen diskutiert wer-den, womit die Dichte der gewonnenen Informationen gesteigert und das Engagement der Organisation für die MitarbeiterInnen verdeutlicht wurden.

24.6   Ergebnisse

Insgesamt wurden 391 Fragebögen zur Erhebung der psychischen Belastung ausgege-ben, 17 Personen waren während des Befragungszeitraums durchgängig nicht anwesend (Urlaub etc.) und wurden daher nicht berücksichtigt, als die Befragung in Papierform

durchgeführt wurde. 256 Fragebögen wurden mit einer äußerst hohen Vollständigkeits-
quote retourniert, was einen Rücklauf von 65,473 % bedeutet. Zwar kann nicht gänzlich
ausgeschlossen werden, dass es Verzerrungen in der Repräsentativität gibt, allerdings
deutet die Verteilung im Vergleich mit der Organisationsdemografie auf zumindest demografische Repräsentativität hin. Auch die Streuung der Antworten trotz klarer Trends gibt
einen Hinweis, dass voraussichtlich keine Gruppe aufgrund hostiler Einstellungen oder
Angst vor der Befragung grundsätzlich fern geblieben ist.

Zusammenfassend ist zur Istsituation der psychischen Belastungen im Krankenhaus
der Elisabethinen Graz zu sagen, dass ein großer Teil der Werte im guten und sehr guten
Bereich liegt. Berufsbedingt und zum Teil organisationsbedingt treten unterschiedliche
psychische Belastungen auf, denen auf individueller, Führungs- und organisationaler
Ebene begegnet werden sollte. Hierzu liefern alle genannten Datenquellen wertvolle
Hinweise, die in Kleingruppen weiter diskutiert werden. Die einzelnen Berufsgruppen
sind beispielsweise mit unterschiedlichen Möglichkeiten ausgestattet, gesundheitsförderlich zu arbeiten. Belastungen können auch durch Aspekte der Work-Life-Balance
resultieren – Lösungsansätze dafür liefern vor allem die gewonnenen Informationen aus
dem Familienaudit. Der individuelle Wert der Befragungen wird durch die Triangulati-
onsmöglichkeit mit den weiteren Erhebungen massiv erhöht. Kombinationen der Daten
sind in alle Richtungen denkbar. Die Möglichkeit der Verknüpfung der Zufriedenheitsbefragungen kann etwaige organisationsstrukturelle Verbesserungspotenziale aufzeigen, die
sich möglicherweise auch belastungsreduzierend äußern. Dies wird durch die zusätzliche
Erfassung von hemmenden und fördernden Interventionsbedingungen sowie die Analyse
der allgemeinen Rahmenbedingungen (Lenhard 2003, S. 22) im Zuge der Erfassung der
psychischen Belastung gewährleistet.

Das Ergebnis der geplanten, von internen und externen Akteuren zielgerichtet kombi-
nierten Erhebungssituationen bedeutet:

1. Eine optimale Basis für die Erarbeitung qualitativ hochwertiger Interventionen
2. Eine Datenbasis, die zeigen kann
   – welche Änderungen wo und wofür positive Auswirkungen haben
   – welche Mehrfachnutzen bestehen
3. Ein Instrument zur Erhöhung der
   – Internen Akzeptanz
   – Qualität der Evidenzmessung

24.7 Schlussfolgerungen

Das Best-Practice-Evaluierungsprojekt zeigt, wie standardmäßige und gesetzlich verpflichtend umzusetzende Erhebungen in einem einzigen Projekt – mit minimalem Zusatzaufwand – kombiniert werden können. Die geringen Aufwendungen sind auf die Nutzung
von bereits vorhandenen Daten zurückzuführen. Diese stammen aus einem integrierten
Qualitätsmanagementsystem, Messungen der Zufriedenheit von MitarbeiterInnen und

PatientInnen sowie einem Audit zur Vereinbarkeit von Familie und Beruf. Zudem unterstützten spezielle Befragungsinstrumente den Evaluierungsprozess. Diese wurden an die Anforderungen des Krankenhauses angepasst, aber beruhten teils auf einer validierten und standardisierten Basis. Die abgeleiteten Handlungsempfehlungen beinhalten die Individual-, Führungs- und Organisationsebene. Insgesamt konnten die Erwartungen der Führungskräfte hinsichtlich einer ressourcenintensiven Umsetzung widerlegt werden.

BGF am Krankenhaus der Elisabethinen muss aus dem Gesichtspunkt der Auswirkungen auf die MitarbeiterInnen sowie aus dem Gesichtspunkt des Images für das Krankenhaus als moderne Dienstgeber gesehen werden. Die Globalisierung der Wirtschaft, die gesellschaftliche Werteänderung und die Veränderungen in der Erbringung von Gesundheitsdienstleistungen, machen Gesundheitsförderung nötig. Für das Krankenhaus der Elisabethinen ist Ziel, den/die gesunde/n, gut ausgebildete/n, produktive/n MitarbeiterIn durch gezielte BGF-Maßnahmen in den Mittelpunkt zu rücken. Aufgrund nachweisbarer Erfolge von abgeschlossenen BGF-Projekten in anderen Krankenanstalten kann davon ausgegangen werden, dass der/die „gesunde MitarbeiterIn" durch ein gesundheitsförderndes Krankenhaus dahin gehend beeinflusst wird, größeres individuelles Potenzial sowie individuelle Verbesserungen in den Arbeitsprozess zu investieren.

Literatur

Badura B, Hehlmann T (2003) Betriebliche Gesundheitspolitik. Der Weg zur gesunden Organisation. Springer, Berlin

Badura B, Schellschmidt H (1999) Sozialwissenschaftlicher Gutachtenteil. In: Badura B, Francke R, Göpfert W, Hart D, Huber E, Hungeling G, Kranich C, Schellschmidt H, Stuchlik F (Hrsg) Gutachten im Auftrag des Ministeriums für Arbeit, Gesundheit und Soziales des Landes Nordrhein-Westfalen Bürgerorientierung des Gesundheitswesens Selbstbestimmung, Schutz, Beteiligung. Nomos, Baden-Baden, S 40–101

Breucker G (2000) Gesundheitsförderung - Zum Wohle von Unternehmen und Mitarbeitern. Arb Arbeitsrecht 2000(6):240–246

Bundesgesetz über Sicherheit und Gesundheitsschutz bei der Arbeit (ArbeitnehmerInnenschutzgesetz – ASchG) (1993) Vom 26. Mai 1993 (BGBl. Nr. 335/1993), das zuletzt u. a. durch Artikel 4 und 7 des Gesetzes vom 28. Dezember 2012 (BGBl. I Nr. 118/2012) geändert worden ist

Busch C, Bamberg E, Ducki A (2009) Stressmanagement und Personalentwicklung. Ein Diskussionsbeitrag zum Status Quo. Gr Organ 40(1):85–101

Chapman LS (2012) Meta-evaluation of worksite health promotion economic return studies: 2012 update. http://chapmaninstitute.com/articles/05_TAHP_26_4_Meta_Evaluation_2012.pdf. Zugegriffen: 1. März 2016

De Greef M, Van den Broek K (2004) Making the case for workplace health promotion. Analysis of the effects of WHP. http://www.enwhp.org/fileadmin/downloads/report_business_case.pdf. Zugegriffen: 30. Juli 2009

European Network for Workplace Health Promotion (2007) Luxembourg Declaration on Workplace Health Promotion in the European Union. http://www.enwhp.org/fileadmin/rs-dokumente/dateien/Luxembourg_Declaration.pdf. Zugegriffen: 22. März 2016

Helmenstein C, Hofmarcher M, Kleissner A, Riedel M, Röhrling G, Schnabl A (2004) Ökonomischer Nutzen Betrieblicher Gesundheitsförderung. http://www.sportministerium.at/files/doc/Studien/FitforBusiness_Endbericht1.pdf; http://www.austria.gv.at/2004/7/28/FitforBusiness_Endbericht1.pdf?wai=true. Zugegriffen: 1. März 2016

Jancik JM (2002) Betriebliches Gesundheitsmanagement. Produktivität fördern, Mitarbeiter binden, Kosten senken. Gabler, Wiesbaden

Leitner K (1999) Kriterien und Befunde zu gesundheitsgerechter Arbeit – Was schädigt, was fördert die Gesundheit? In: Oesterreich R, Volpert W (Hrsg) Psychologie gesundheitsgerechter Arbeitsbedingungen: Konzepte Ergebnisse und Werkzeuge zur Arbeitsgestaltung. Hans Huber, Bern, S 63–124

Lenhardt U (2003) Bewertung der Wirksamkeit betrieblicher Gesundheitsförderung. Z Gesundheitswissenschaften 11(1):18–37

Meggeneder O (2006) Gesundheitsförderung. Landesverlag-Denkmayr, Linz

Meuser T (2004) Die ökonomischen Wirkungen des Betrieblichen Gesundheitsmanagements. In: Kuhn D, Sommer D (Hrsg) Betriebliche Gesundheitsförderung. Ausgangspunkte – Widerstände – Wirkungen. Gabler, Wiesbaden, S 237–250

Nöhammer E, Drexel M, Stummer H (2015) Evaluation und Evidenz von Betrieblicher Gesundheitsförderung - Best Practice am Beispiel der Elisabethinen Graz. Frühjahrestagung Evidenzbasierung in der Gesundheitsförderung. Poster-Beitrag, Wien

Nöhammer E, Eitzinger C, Schaffenrath-Resi M, Stummer H (2009) Zielgruppenorientierung und Betriebliche Gesundheitsförderung – Angebotsgestaltung als Nutzungshemmnis Betrieblicher Gesundheitsförderung aus Mitarbeiterperspektive. Prävent Gesundheitsförderung 2009(1):77–82

Nöhammer E, Schusterschitz C, Stummer H (2010) Determinants of employee participation in workplace health promotion. Int J Workplace Health Manag 3(2):97–110

Nöhammer E, Stummer H, Schusterschitz C (2011) Improving employee well-being through worksite health promotion? The employees' perspective. Public Health 19(2):97–110

Nübling M, Stößel U, Hasselhorn H-M, Michaelis M, Hofmann F (2005) Methoden zur Erfassung psychischer Belastungen – Erprobung eines Messinstrumentes (COPSOQ). Bremerhaven: Wirtschaftsverlag NW, Schriftenreihe der Bundesanstalt für Arbeitsschutz und Arbeitsmedizin, Fb 1058. https://www.copsoq.de/assets/pdf/BUCH-coposq-dt-baua-2005-Fb1058.pdf. Zugegriffen: 1. März 2016

Padosch SA, Schmidt CE, Spöhr FAM (2011) Mitarbeiterbindung durch Personalentwicklung – Am Beispiel Kardioanästhesie. Anästhesio, Intensivmed, Notfallmedizin, Schmerzthe 46(5):364–369

Prümper J, Hartmannsgruber K, Frese M (1995) KFZA. Kurz-Fragebogen zur Arbeitsanalyse. Z Arbeits Organ 39(3):125–132

Richter G, Schatte M (2011) Psychologische Bewertung von Arbeitsbedingungen–Screening für Arbeitsplatzinhaber II (BASA II). Validierung, Anwenderbefragung und Software. 2. Aufl. Dortmund: Bundesanstalt für Arbeitsschutz und Arbeitsmedizin. http://www.baua.de/de/Publikationen/Fachbeitraege/F1645-2166-2.pdf?__blob=publicationFile&v=12. Zugegriffen: 1. März 2016

Simon M, Tackenberg P, Hasselhorn H-M, Kümmerling A, Büscher A, Müller BH (2005) Auswertung der ersten Befragung der NEXT-Studie in Deutschland. http://www.next.uni-wuppertal.de/index.php?artikel-und-berichte-1. Zugegriffen: 01. März 2016

Stummer H, Müller G, Nöhammer E, Schusterschitz C, Schaffenrath-Resi M (2010) Betriebliche Gesundheitsförderung für MitarbeiterInnen österreichischer Krankenhäuser. Österr Pflegezeitschrift 2010(6–7):22–23

Voltmer E, Kischke U, Spahn C (2007) Arbeitsbezogenes Verhalten und Erleben bei Ärzten im dritten bis achten Berufsjahr. Z Psychosom Med Psychother 53(3):244–257

Über die Autoren

Assist.-Prof. Dr. Elisabeth Nöhammer hat an der Johannes Kepler Universität (JKU) Linz Wirtschaftswissenschaften und Sozialwirtschaft (Diplom) sowie an der UMIT Gesundheitswissenschaften (Doktorat) studiert. Sie ist als Assistenzprofessorin an der UMIT tätig und sammelte auch an der FH Fresenius in München und Frankfurt sowie der Universität Salzburg Unterrichtserfahrung. Ihre Forschungtätigkeit bezieht sich auf salutogene Strukturen und Prozesse im Unternehmen, dabei wird meist das Individuum fokussiert. Die Verbesserung von Arbeitsbedingungen sind ihr dabei sehr wichtig.

Michaela Drexel, Mag. MAS hat an der UMIT Gesundheitswissenschaften studiert. Ab 1986 war sie in verschiedenen Gesundheitseinrichtungen als Pflege- und Verwaltungsdirektorin sowie als Qualitätsmanagerin tätig. Derzeit leitet sie die Abteilung für Qualitäts-, Beschwerde- und Risikomanagement und Betriebliche Gesundheitsförderung im Krankenhaus der Elisabethinen GmbH Graz und beschäftigt sich im Rahmen ihrer Tätigkeit mit der nachhaltigen Umsetzung der Betrieblichen Gesundheitsförderung im Krankenhaus.

Sabine Katzdobler, Mag. ist wissenschaftliche Mitarbeiterin und Consultant am Institut für Gesundheitsmanagement und Innovation (IGeMI) der Privatuniversität Schloss Seeburg. Im Rahmen von BGF-Projekten haben nachhaltige Lösungen für sie eine besonders hohe Bedeutung. Davor war sie im Amt der Tiroler Landesregierung tätig. In ihrem Studium der Internationalen Wirtschaftswissenschaften an der Universität Innsbruck wurde sie mehrfach ausgezeichnet.

Univ.-Prof. Dr. Harald Stummer hat an der Johannes Kepler Universität (JKU) Linz und an der Université Jean Moulin Lyon III Betriebswirtschaft und Handelswissenschaft (Diplom) und an der JKU im Doktorat Sozial- und Wirtschaftswissenschaften studiert. In Linz war er auch 10 Jahre wissenschaftlicher Mitarbeiter am Institut für Unternehmensführung. Nach einem kurzen Gastaufenthalt an der Fakultät für Gesundheitswissenschaften der Universität Bielefeld leitete er an der UMIT in Wien und in Hall in Tirol die akademische Division für Organisation und Betriebliche Gesundheitsförderung. Sein Forschungsgebiet beschäftigt sich im weitesten Sinn mit Verhalten in Organisationen, mit einem Fokus auf Gesundheit im Betrieb bzw. auch einem Anwendungsbereich für das Gesundheitswesen als Ganzes. Kleinere, aber lang laufende Fixpunkte der Forschung sind Beiträge zur Irrationalität und zu Paradoxien in Unternehmen. Aktuell ist er Professor für Management im Gesundheitswesen an der UMIT in Hall in Tirol und für Organisation an der Privatuniversität Schloss Seeburg und unterrichtet auch im Doktoratsprogramm der Gesundheitswissenschaften der Universität Bielefeld und an der Psychologenakademie in Berlin.

Stichwortverzeichnis

A

Abwesenheitszeiten, 384
Akteursanalyse, 168
Akzeptanzprobleme, 354
Alter, 355
Altersstrukturanalyse, 217, 350
Analyse, 342
Analyseinstrument, 344, 349, 357, 365
Anforderungen, 95
Arbeitsanalyse, 138, 385
Arbeitsatmosphäre, 221
Arbeitsaufgabe, 345
Arbeitsbedingungen, 9, 92, 114, 140, 155, 194,
    248, 251, 270, 298
Arbeitsbelastung, 46, 140, 364, 366
  psychische, 138
Arbeitsbereich, 348
Arbeitseigenschaften, 138
Arbeitsengagement, 138
Arbeitsfähigkeitscoaching, 269
Arbeitsgestaltung, 92, 113
Arbeitsintensivierung, 148
Arbeitsleistung, 231
Arbeitsmedizin, 214, 230
Arbeitsmediziner, 27
Arbeitsmedizinische Untersuchungen, 350
Arbeitsmerkmale, 138
Arbeitsmittel, 345
Arbeitsorganisation, 113, 251, 345, 378
Arbeitsplatz, 155, 382
Arbeitsplatzanalyse, 338, 350, 356
Arbeitsplatzbeobachtung, 122
Arbeitsplatzgestaltung, 74
Arbeitsplatzunsicherheit, 215
Arbeitsqualität, 215, 346

Arbeitsschutz, 25, 27, 214, 230, 298
Arbeitsschutzgesetz, 5, 115, 216, 350
Arbeitsschutzstrategie, 112
Arbeitssicherheit, 112, 271
Arbeitssicherheitsgesetz, 23, 116, 302
Arbeitssituation, 348
Arbeitstätigkeit, 378
Arbeitsumgebung, 232, 345, 378, 382
Arbeitsunfähigkeit, 268
Arbeitsunfähigkeitsanalyse, 201
Arbeitsunfähigkeitsfälle, 174, 285
Arbeitsunfähigkeitstage, 3, 183
Arbeitszeit, 317
Arbeitszeitmodell, 348
Arbeitszufriedenheit, 148, 263, 342, 379
Aufgabenverteilung, 86
Aufklärungsarbeit, 15
Aufwand-/Nutzen-Betrachtung, 222
Ausgleichsübungen, 199

B

Balanced Scorecard, 379
Beanspruchung, 223
Beanspruchungsfolgen, 347
Bedarfsanalyse, 194, 249, 304
Bedarfsermittlung, 8
Bedarfsorientierung, 369
Befragung, quantitative, 249
Belastung, 251, 383
  qualitative, 144
Belastungs-Beanspruchungsmodell, 345
Belastungsbewertung, 147
Belastungseinschätzung, 147
Belastungsfaktoren, 195, 345, 352

© Springer Fachmedien Wiesbaden 2016
M.A. Pfannstiel und H. Mehlich (Hrsg.), *Betriebliches Gesundheitsmanagement,*
DOI 10.1007/978-3-658-11581-4